EUL VERLAG

SUPPLY CHAIN, LOGISTICS AND OPERATIONS MANAGEMENT

Herausgegeben von Prof. Dr. Dr. h. c. Wolfgang Kersten, Hamburg

Band 2
Meike N. Schröder
Förderung der Leistungsbereitschaft in unternehmensübergreifenden Projektteams – Eine empirische Analyse
Lohmar – Köln 2010 • 264 S. • € 57,- (D) • ISBN 978-3-89936-995-3

Band 3
Jan Koch
Qualitätsmanagement in Logistikunternehmen – Eine empirische Untersuchung
Lohmar – Köln 2010 • 272 S. • € 58,- (D) • ISBN 978-3-8441-0007-5

Band 4
Wolfgang Kersten, Thorsten Blecker and Carlos Jahn (Eds.)
International Supply Chain Management and Collaboration Practices
Lohmar – Köln 2011 • 496 S. • € 73,- (D) • ISBN 978-3-8441-0071-6

Band 5
Thorsten Blecker, Carlos Jahn and Wolfgang Kersten (Eds.)
Maritime Logistics in the Global Economy – Current Trends and Approaches
Lohmar – Köln 2011 • 464 S. • € 69,- (D) • ISBN 978-3-8441-0072-3

Band 6
Thomas Will
RFID in Maritime Container Logistics – Participant-Specific Benefits and Process Optimization
Lohmar – Köln 2011 • 292 S. • € 59,- (D) • ISBN 978-3-8441-0081-5

Band 7
Fabian Müller
Service Engineering für Logistikkooperationen – Empirische Analyse der Entscheidungskoordination in Cluster-Initiativen
Lohmar – Köln 2012 • 404 S. • € 66,- (D) • ISBN 978-3-8441-0143-0

JOSEF EUL VERLAG

Reihe: Supply Chain, Logistics and Operations Management · Band 7
Herausgegeben von Prof. Dr. Dr. h. c. Wolfgang Kersten, Hamburg

Dr.-Ing. Fabian Müller

Service Engineering für Logistikkooperationen

Empirische Analyse der Entscheidungskoordination in Cluster-Initiativen

Mit einem Geleitwort von Prof. Dr. Ralf Elbert,
Technische Universität Darmstadt

EUL VERLAG

Bibliografische Information der Deutschen Nationalbibliothek

Die Deutsche Nationalbibliothek verzeichnet diese Publikation in der Deutschen Nationalbibliografie; detaillierte bibliografische Daten sind im Internet über <http://dnb.d-nb.de> abrufbar.

Dissertation, Technische Universität Berlin, 2011, unter dem Titel: Cluster Service Engineering – Entscheidungskoordination in Logistikkooperationen: Ergebnisse einer theoriegeleiteten Analyse und einer Fallstudie in der Automobilzulieferindustrie

D 83

ISBN 978-3-8441-0143-0
1. Auflage April 2012

JOSEF EUL VERLAG GmbH
Brandsberg 6
53797 Lohmar
Tel.: 0 22 05 / 90 10 6-6
Fax: 0 22 05 / 90 10 6-88
E-Mail: info@eul-verlag.de
http://www.eul-verlag.de

Bei der Herstellung unserer Bücher möchten wir die Umwelt schonen. Dieses Buch ist daher auf säurefreiem, 100% chlorfrei gebleichtem, alterungsbeständigem Papier nach DIN 6738 gedruckt.

Für meine Eltern

Geleitwort

Das Thema „Cluster" ist obwohl seines regionalen Bezugs – Cluster als regionale Anhäufung von Akteuren und Institutionen – keine regional begrenzte Erscheinung. Vielmehr sind Cluster ein global auftretendes Phänomen, welches gerade jüngst in Forschung, Praxis und Politik weltweit eine hohe Aufmerksamkeit erfahren hat. Vergleichbar zur historischen ausdifferenzierten Entwicklung – Industrial Districts, Wachstumspole, Innovationssysteme, Industriebezirke und soziale Netzwerke – sind Cluster heute Forschungsgegenstand unterschiedlichster Forschungsdisziplinen.

In der vorliegenden Arbeit knüpft der Autor an den relevanten betriebswirtschaftlich orientierten Diskurs der Clusterforschung an, nimmt aber im Unterschied zur vorherrschenden angebotsorientierte Sichtweise von „Logistik-Clustern" in seiner Arbeit eine neue nachfrageorientierte Sichtweise ein und betrachtet somit Cluster als „Märkte für Logistikdiensteistungen". Er stellt folglich die Frage auf, wie Cluster von Industrie-/Handelsunternehmen als Märkte für Logistikdienstleistungen von einem Logistikdienstleister zielgerichtet bearbeitet werden können. Die Arbeit macht deutlich, dass die klassische Projektakquisition für Logistikdienstleister wie sie für einen Kunden praktiziert wird, die häufig durch eine reaktive Angebotsabgabe auf Logistikausschreibungen von Industrie- und Handel charakterisiert ist, bei heterarchischen und polyzentrischen Cluster-Organisationsstrukturen nicht anwendbar ist. Die Identifikation von Synergiepotenzialen im Cluster erfordert horizontale Logistikkooperationen zwischen den Cluster-Unternehmen. Voraussetzung dafür ist jedoch, dass der Logistikdienstleister zwischen den Cluster-Unternehmen pro-aktiv laterale Logistikkooperationen initiieren kann, um die Unternehmen im Cluster bei der Leistungsanbahnung wie einen Kunden koordiniert ansprechen zu können. Für diese Lösungsidee der pro-aktiven Projektanbahnung von Logistikdienstleistern in Clustern definiert der Autor den Begriff „Cluster Service Engineering".

Mit der Arbeit wird die Zielsetzung verfolgt, einen Referenzprozess für das Cluster Service Engineering zu entwickeln, der die Entscheidungsinterdependenzen der Cluster-Unternehmen aufzeigt und damit die Koordinationsprobleme offenlegt, die von den Akteuren zu bewältigen sind. Zur Bewältigung dieser Koordinationsprobleme werden auf Basis einer Cluster Governance – die Gesamtheit der im Cluster überbetrieblich entwickelten und praktizierten Koordinationsmechanismen – die effizienten Koordinationsinstrumente für eine zwischenbetriebliche Logistikkooperation identifiziert. In Verbindung mit der pro-aktiven Vorgehensweise von Logistikdienstleistern im Cluster Service Engineering präsentiert der Autor mit seiner Arbeit eine innovative Lösungsidee zur Hebung von Synergiepotenzialen im Cluster, die über den bisherigen Erkenntnisstand der Logistikforschung und -praxis hinausgeht.

In diesem Sinne wünsche ich der Arbeit beim wissenschaftlichen Fachpublikum breite Anerkennung und eine vielfältige pro-aktive Verbreitung des Cluster Service Engineering in Forschung und Praxis.

Darmstadt im März 2012 Professor Dr. Ralf Elbert

Vorwort

Die vorliegende Arbeit stellt eine nahezu unveränderte Fassung meiner Dissertation dar. Sie wurde im Oktober 2011 von der Fakultät Wirtschaft & Management der Technischen Universität Berlin angenommen.

Meinen ersten Dank richte ich an meinen akademischen Lehrer und Doktorvater, Herrn Professor Dr. RALF ELBERT. Ich danke ihm für das mir entgegengebrachte Vertrauen und für seine richtungsweisenden fachlichen Impulse und Anregungen bei der Betreuung meiner Arbeit. Herrn Professor Dr. Dr. h.c. HANS-CHRISTIAN PFOHL danke ich für die Übernahme des Koreferats. Er hat bereits zu Beginn meiner Tätigkeit an der Technischen Universität Darmstadt mein Forschungsvorhaben unterstützt und mir wertvolle Anregungen für die Gestaltung des Forschungsdesigns gegeben. Herrn Professor Dr.-Ing. FRANK STRAUBE danke ich für seine aktive Unterstützung meiner Promotion an der Technischen Universität Berlin.

Der Deutsche Bahn AG danke ich für ihre Förderung der Logistikforschung durch die Stiftungsprofessur „Logistikdienstleistungen und Transport" an der Technischen Universität Berlin. Ohne dieses Engagement hätte meine Dissertation in der vorliegenden Form nicht entstehen können. Ebenso danke ich dem Verband der Metall- und Elektrounternehmen Hessen e.V. (HESSENMETALL) für die Förderung der Cluster-Forschung an der Technischen Universität Darmstadt. Im Rahmen meiner Tätigkeit an der von HESSENMETALL gestifteten Juniorprofessur „Cluster & Wertschöpfungsmanagement" wurde der Grundstein der Arbeit gelegt.

Eine Dissertation stellt zwar eine wissenschaftliche Einzelleistung dar, sie wird jedoch getragen von Wegbegleitern, die einen wesentlichen Beitrag zur erfolgreichen Fertigstellung leisten. Ich danke meinen Freunden und Kollegen an der TU Berlin und der TU Darmstadt für viele spannende Fachdiskussionen und die gute Zusammenarbeit, die mir viel Freude bereitet hat. Meinen besonderen Dank richte ich an Herrn Dr.-Ing. ROMAN GRIG, Herrn Dipl.-Kfm. STEFAN ROTHER und Herrn Dipl.-Oec. ULF-THIDO GERDES. Sie haben mir während der konzeptionellen Entwicklung meiner Arbeit als fachliche Sparringspartner zur Seite gestanden. Frau CLAUDIA MUND danke ich für ihre Motivierungsarbeit und für die Übernahme des Lektorats.

Neben dem akademischen Umfeld danke ich meiner Familie für den Rückhalt, die sie mir in den vergangenen Monaten gab. Meinen ersten Dank richte ich an meine Ehefrau SINA. Mit ihrer großen Geduld und ihrer moralischen Aufbauarbeit während des Schreibens war sie meine wichtigste Stütze. Darüber hinaus danke ich meinen Eltern PRISKA und CLEMENS MÜLLER, die mich in jeder Lebenssituation vorbehaltslos unterstützt haben. Sie haben mein Studium an der Technischen Universität Darmstadt und an der University of Linköping ermöglicht und und damit die Voraussetzung für meine Promotion geschaffen. Ihnen widme ich dieses Buch.

Berlin im März 2012 Fabian Müller

Inhaltsverzeichnis

Abbildungsverzeichnis

Tabellenverzeichnis

Formelverzeichnis

$E(\Delta K)_{i,n}^{KF}$	Erwartungswert der erzielbaren Kostensenkungen ΔK in den Kooperationsfeldern KF des Akteurs i in Phase n des CSE
EN_i	Handlungskonsequenzen einer Entscheidung von Akteur i bei Entscheidungsproblem N des CSE
$GK_{LDL,s}^{t}$	Governance-Kosten in Phase t eines LDL
HN_i	Menge möglicher Handlungsfelder einer Entscheidung von Akteur i bei Entscheidungsproblem N des CSE
$K[x_1, 0] + K[x_2, 0] > K[x_1, x_2]$	Bedingung der Kostenkomplementarität
$\sum_{i=1}^{n} K(x_i) > K\left[\sum_{i=1}^{n} x_i\right]$	Bedingung der Kostensubadditivität
KIS_{CI}^{p}	Menge der Koordinationsmuster, die bei der Koordination von Selektionsentscheidungen auf der Ebene einer Cluster-Initiative zum Einsatz kommen
KIA_{CI}^{p}	Menge der Koordinationsmuster, die bei der Koordination von Allokationsentscheidungen auf der Ebene einer Cluster-Initiative zum Einsatz kommen
KIR_{CI}^{p}	Menge der Koordinationsmuster, die bei der Koordination von Regulationsentscheidungen auf der Ebene einer Cluster-Initiative zum Einsatz kommen
KIE_{CI}^{p}	Menge der Koordinationsmuster, die bei der Koordination von Evaluationsentscheidungen auf der Ebene einer Wertschöpfungskooperation zum Einsatz kommen
KIS_{WK}^{p}	Menge der Koordinationsmuster, die bei der Koordination von Selektionsentscheidungen auf der Ebene einer Wertschöpfungskooperation zum Einsatz kommen
KIA_{WK}^{p}	Menge der Koordinationsmuster, die bei der Koordination von Allokationsentscheidungen auf der Ebene einer Wertschöpfungskooperation zum Einsatz kommen
KIR_{WK}^{p}	Menge der Koordinationsmuster, die bei der Koordination von Regulationsentscheidungen auf der Ebene einer Wertschöpfungskooperation zum Einsatz kommen
KIE_{WK}^{p}	Menge der Koordinationsmuster, die bei der Koordination von Evaluationsentscheidungen auf der Ebene einer Wertschöpfungskooperation zum Einsatz kommen
PK^t	Produktionskosten in Phase t des CSE
SaN_i	Sachziel einer Entscheidung von Akteur i bei Entscheidungsproblem N des CSE

TK_s^t	Statische Transaktionskosten in Phase t des CSE
TK_d^t	Dynamische Transaktionskosten in Phase t des CSE
UN_i	Gestaltbare Elemente der Umwelt einer Entscheidung von Akteur i bei Entscheidungsproblem N des CSE
XN_i	Nicht gestaltbare Elemente der Umwelt einer Entscheidung von Akteur i bei Entscheidungsproblem N des CSE
ZN_i	Präferenzstruktur einer Entscheidung von Akteur i bei Entscheidungsproblem N des CSE

Abkürzungsverzeichnis

c-Engineering	Collaborative Engineering
ceo hessen	Cluster Entrepreneurship Offensive Hessen
CM	Cluster-Manager
CSE	Cluster Service Engineering
DIN	Deutsches Institut für Normung
E	Endzustand einer Entscheidung
EFT	Eye For Transport
EU	Europa
EWS	Entfernungswerk Straße
EX	Experte
FF	Forschungsfrage
GFT	Güterfernverkehrstarif
GK	Governance-Kosten
GPO	Group Purchasing Organization
H	Handlungsmenge einer Entscheidung
IT	Informationstechnologie
KK	Koordinationskosten
KM-A	Koordinationsmuster A
KM-B	Koordinationsmuster B
KM-C	Koordinationsmuster C
KM-D	Koordinationsmuster D
KM-EK	Koordinationsmuster der Entscheidungskoordination
KM-KE	Koordinationsmuster zur Kontrolle von Leistungsbeiträgen
LDL	Logistikdienstleister
LK	Lernkosten
LL	Leistungslehre
LLP	Lead Logistics Service Provider
LOP	Line-of-order Penetration
LU	Leitunternehmen
MI-I	Instrumente der Informationsbeschaffung und -distribution
MK	Messkosten
OEM	Original Equipment Manufacturer
PK	Produktionskosten
R	Ressourcensituation bzgl. einer Entscheidung
RFI	Request for Information
RFQ	Request for Quotation
RKT	Reichskraftwagentarif
RWF	Regionale Wirtschaftsförderung
Sa	Sachziel eines Unternehmens
SDL	Service Dominant Logic
TK	Transaktionskosten
U_i	Cluster-Unternehmen i

V	Verband
VAS	Value added services
X	Umweltzustände einer Entscheidung
2PL	Second-Party Logistics Service Provider
3PL	Third-Party Logistics Service Provider
4PL	Fourth-Party Logistics Service Provider

1 Einführung

1.1 Problemstellung und Zielsetzung der Arbeit

Cluster als Gegenstand der angebots- und nachfrageorientierten Logistikforschung

Die betriebswirtschaftliche Forschung hat *Cluster* – regionale Agglomerationen miteinander kooperierender und/oder konkurrierender Unternehmen einer (oder verwandter) Branche(n) und die mit ihnen verbundenen öffentlichen und privaten Organisationen – Anfang der 1990er Jahre (wieder)entdeckt,[1] nachdem der Ökonom und Managementforscher MICHAEL E. PORTER im Auftrag der US-amerikanischen REAGAN-Regierung die Auswirkungen regionaler Unternehmensagglomerationen auf die Wettbewerbsfähigkeit amerikanischer Unternehmen untersucht hatte.[2] Mit dem als *Diamant-Modell* in der Literatur vielfach zitierten konzeptionellen Bezugsrahmen der regionalen Wettbewerbskräfte erklärt er, wie regionale Nähe von Unternehmen durch eine gesteigerte Interaktion der Akteure zu Standortvorteilen führen kann.[3] PORTERS Thesen finden ihren Niederschlag in den Wirtschaftswissenschaften, die eine Renaissance der Regionalökonomik erleben.[4] Auch die Wirtschaftspraxis zieht Konsequenzen, was sich an der Zahl der in den vergangenen Jahren gegründeten *Cluster-Initiativen* erkennen lässt.[5] Durch eine bewusste, formal oder informell organisierte kooperative Zusammenarbeit von Unternehmen, Universitäten, (Fach)Hochschulen und verwandten Organisationen wird darauf gezielt, regionale Wirtschaftsstandorte zu stärken und den beteiligten Unternehmen komparative Wettbewerbsvorteile in einer globalen Wirtschaft zu ver-

---

[1] MICHAEL E. PORTER wird in der Literatur vielfach als Begründer der Clustertheorie bezeichnet, siehe stellvertretend HUBER (2005), S. 310 und KATAWAZI (2010), S. 17. RASCHKE bezeichnet PORTERS Werk *On Competition* gar als *grundlegendes Paradigma* der Clusterforschung, siehe RASCHKE (2009), S. 1. Dabei darf jedoch nicht übersehen werden, dass regionale Unternehmensagglomerationen und regionale Unternehmensnetzwerke sowie deren Auswirkungen auf die Wettbewerbsfähigkeit von Unternehmen bereits lange vor PORTER Gegenstand der betriebs- und volkswirtschaftlichen Forschung sind. Siehe dazu stellvertretend MARTIN/SUNLEY (2003), S. 7 und S. 9. Auch der Terminus *Cluster* wurde (wenn auch in geringerem Ausmaß als heute) bereits vor PORTER als Bezeichnung für regionale Unternehmensagglomerationen geführt, vgl. stellvertretend LASUÉN (1973), S. 163 und S. 169 - 188.

[2] Als Mitglied der von US-Präsident REAGAN einberufenen *President's Commission on Industrial Competitiveness* war PORTER gemeinsam mit weiteren Wissenschaftlern, Vorständen US-amerikanischer Unternehmen, Gewerkschaftsvertretern und ehemaligen Regierungsmitgliedern an der Erarbeitung eines Berichts über die Wettbewerbsfähigkeit der Vereinigten Staaten von Amerika beteiligt. Dies war der Auslöser für PORTERS Auseinandersetzung mit nationalen und regionalen Wettbewerbsvorteilen. Siehe PORTER (1990), S. XI - XVI.

[3] Das *Diamant-Modell* wird von PORTER zunächst zur Erklärung und Beschreibung *nationaler* Wettbewerbsvorteile eingesetzt, vgl. PORTER (1991), S. 151. Später überträgt er das Modell auf *regionale* Fragestellungen und nutzt es zur Erklärung der Clusterbildung, vgl. PORTER (2000), S. 20 und S. 28, PORTER (1998b), S. 90 sowie die empirische Untersuchung regionaler Wirtschaftsräume in den USA bei PORTER (2003), S. 550 - 571.

[4] PORTERS Cluster-Studien zogen eine hohe Aufmerksamkeit auf sich, die zur Wiederentdeckung zahlreicher wirtschaftsgeographischer Veröffentlichungen und einer Vielzahl aktueller Publikationen in der Management- und Organisationsliteratur führten. Siehe MARTIN/SUNLEY (2003), S. 8.

[5] Zur Entwicklung von Clustern in den Jahren 1991 - 2007 in Deutschland siehe FLOETING/ZWICKER-SCHWARM (2008), S. 27 und 29. Auf europäischer Ebene wurden von EUROPE INNOVA in den Ländern Deutschland, Österreich, Schweiz, Polen, Tschechien und Slowenien bis Anfang April (2011) über 1.200 Cluster-Initiativen identifiziert. In den EU-27-Staaten sind im *European Cluster Observatory* der Europäischen Union über 3.000 Cluster-Initiativen dokumentiert worden. Die Dokumentation der Cluster ist im Internet zugänglich unter: *http://www.clusterobservatory.eu/index.html* (letzter Aufruf am 01.08.2011).

schaffen.[6] Auch die Politik hat die Vorteile der Clusterentwicklung erkannt; *Clusterförderung* und *Clusterpolitik* haben sich längst als Instrumente der regionalen Wirtschaftsförderung durchgesetzt.[7]

Aus betriebswirtschaftlicher Sicht können Cluster als eine besondere Ausprägung *regionaler Wertschöpfungsnetzwerke* modelliert werden, die zumeist durch heterarchische und polyzentrische Organisationsstrukturen gekennzeichnet sind.[8] Dabei finden sich Unternehmen in Clustern nur teilweise in direkten Zulieferer-Abnehmer-Beziehungen. Sie sind vielfach *horizontal* verbunden und dennoch Akteure *eines* Wertschöpfungsnetzwerks, da gleiche (End-)Kunden bedient werden oder auf eine gemeinsame regionale Lieferantenbasis zugegriffen wird.[9] Die Komplexität dieser regionalen Wertschöpfungsnetzwerke zeigt sich insbesondere daran, dass sie eine Vielfalt und Vielzahl über- und zwischenbetrieblicher Kooperationen in verschiedenen unternehmerischen Funktionsbereichen hervorbringen – von der Logistik, der Beschaffung, der Produktion, dem Marketing bis hin zum Personalwesen – und dabei zu einer Steigerung der Produktivität und Innovationskraft der Unternehmen beitragen.[10] So entstehen vielfältige Formen der regionalen und interorganisationalen Zusammenarbeit, die sich oft mit dem Begriff *co-opetition* überschreiben lassen: Kooperationen, an welchen auch solche Unternehmen beteiligt sind, die zugleich in einem anderen Bereich in einer direkten oder indirekten Wettbewerbssituation stehen.[11]

In der *Logistikforschung* werden Cluster als Untersuchungsgegenstand aus verschiedenen Perspektiven betrachtet. Vielfach wird eine *angebotsorientierte Logistik-Perspektive* eingenommen: *Logistik-Cluster*, d. h. Agglomerationen von Logistikunternehmen und logistikbezogenen Akteuren wie Forschungseinrichtungen und Transferplattformen stehen im Fokus die-

---

6 Vgl. SÖLVELL et al. (2003), S. 9 und S. 15 - 17. In der Praxis haben sich Clusterpolitik und aktives Cluster-Management nach PORTERS Veröffentlichungen in der Breite durchgesetzt. Vgl. MARTIN/SUNLEY (2003), S. 6 - 7.

7 Vgl. FLOETING/ZWICKER-SCHWARM (2008), S. 24 - 29. *Clusterpolitik* ist eine Form der Industriepolitik. Der Begriff wird von FLOETING als Gesamtheit aller Politikansätze verstanden, die auf die Förderung regionaler Spezifika ausgerichtet sind und die Weiterentwicklung von Clusterpotenzialen zu Clustern bzw. eine Weiterentwicklung von vorhandenen Clustern zum Ziel haben. Siehe FLOETING/ZWICKER-SCHWARM (2008), S. 21. Für eine weitere Auseinandersetzung mit den konzeptionellen Grundlagen der Clusterpolitik sei verwiesen an KETELS (2008); FLOETING (2008) sowie an ASTOR (2007) und HINTZE (2007). Für Beispiele der deutschen Cluster-Politik siehe BROICH (2007) und SCHEER (2007). Beispiele der österreichischen und schwedischen Cluster-Politik finden sich bei STEINER (2007) und EKLUND (2007).

8 Vgl. PFOHL et al. (2008), S. 285.

9 PORTER betont, dass Cluster Branchenanhäufungen darstellen, in denen Unternehmen *horizontal* oder auch *vertikal* verknüpft sind. Vertikale Verknüpfungen entstehen durch Käufer-Lieferantenbeziehungen, horizontale Verknüpfungen durch eine gemeinsame Lieferanten- oder Kundenbasis, gleichermaßen eingesetzte Technologien oder gemeinsame Vertriebskanäle, vgl. PORTER (1991), S. 97 und S. 172.

10 Vgl. SÖLVELL et al. (2003), S. 27 und ENRIGHT/THE COMPETITIVENESS INSTITUTE (2000), S. 6.

11 Vgl. SCHRAMM-KLEIN (2005), S. 551 und PORTER (1990), S. 667. Für eine intensive Auseinandersetzung mit dem Begriff und den konzeptionellen Grundlagen der *co-opetition* sei verwiesen an SCHMIDTCHEN (2005), S. 67 - 68; BENGTSSON et al. (2010), S. 19 - 39; CZAKON (2010), S. 58 - 73; GALVAGNO/GARRAFFO (2010), S. 40 - 57; SEMLINGER (2000), S. 126 - 155 und SCHMIELE/SOFKA (2007), S. 4 - 7.

ser Perspektive.[12] Logistik-Cluster werden dabei als Nukleus einer vorteilhaften Logistikinfrastruktur betrachtet, der durch die Steigerung regionaler Logistikkompetenz eine Ansiedlung neuer und das Wachstum bestehender Unternehmen begünstigt.[13] Im Gegensatz zu dieser angebotsorientierten Logistik-Perspektive fokussiert die in der vorliegenden Arbeit eingenommene *nachfrageorientierte Logistik-Perspektive Cluster als Märkte für Logistikdienstleistungen*. Dabei sind es nicht Logistik-Cluster, die in den Fokus rücken, sondern *Cluster von Industrieunternehmen*, die Nachfrage nach Logistikdienstleistungen generieren.

In einer nachfrageorientierten Logistik-Betrachtung wird für Logistikdienstleister (LDL) die Fragestellung relevant, wie Cluster als Märkte für Logistikdienstleistungen zielgerichtet zu bearbeiten sind. Dass Cluster für Logistikdienstleister im Vergleich zu räumlich weit aufgefächerten Wirtschaftsstrukturen Vorteile bieten, lässt sich aus der Logistikliteratur ableiten: Reduziert man Cluster auf eine regionale Agglomeration von Unternehmen einer Branche, so liegen aufgrund der besonderen *Quelle-Senke-Charakteristika* insbesondere für die Gestaltung von Transportsystemen Möglichkeiten vor, höhere Effizienzen zu erzielen, als in räumlich weit aufgefächerten Strukturen.[14] Darüber hinaus ist davon auszugehen, dass der in einem Cluster vorliegende Branchenschwerpunkt und das daraus resultierende, vergleichsweise homogene logistische Anforderungsprofil der Unternehmen eine Konsolidierung von Warenströmen leichter zulassen, als dies in Industrieregionen mit einem vielfältigeren Branchenmix und räumlich weit aufgefächerten Wirtschaftsstrukturen möglich wäre.

Cluster als Kunden von Logistikdienstleistern: Herausforderungen für die Kundenintegration

Die für Original Equipment Manufacturer (*OEM*) und andere Großkunden ausgelegten, zumeist (kunden)individuell implementierten Logistiklösungen wie Vollladungsverkehre, Gebietsspeditionen und moderne Konsolidierungs- und Lagerhauslösungen könnten auch in historisch gewachsenen Clustern implementiert werden, sofern die konsolidierten Bedarfe der Unternehmen den dienstleisterseitig erforderlichen kritischen Mindestvolumina entsprechen.[15] Im Gegensatz zu Großunternehmen, die mit Zentrallogistikabteilungen eine zentrale Koordinationsstelle besitzen, zeichnen sich historisch gewachsene Cluster vielfach jedoch

---

12 Vgl. ELBERT et al. (2008), S. 194 - 322. Siehe auch die Beschreibung und Analyse verschiedener Logistik-Cluster u. a. in Hamburg (Logistik-Initiative Hamburg), Niederösterreich (Logistik Cluster Niederösterreich), Liverpool (Mersey Maritime) bei SCHÖNBERGER (2011), S. 118 - 132.

13 Siehe stellvertretend ELBERT (2009), S. 61 - 67; ELBERT et al. (2008), S. 194 - 322; FRANCK/WEHRLE (2008), S. 205 - 216 und ELSNER et al. (2005). ELSNER behandelt insbesondere Logistik-Cluster in Hafenstädten, siehe ELSNER et al. (2005) Teil I, S. 1 - 43.

14 Zu den Logistik-Begriffen *Quelle* und *Senke* in logistischen Netzwerken siehe FLEISCHMANN (2008), S. 6.

15 Zur vertiefenden Auseinandersetzung mit horizontalen Logistikkooperationen wird verwiesen an die Literaturanalyse bei CRUIJSSEN (2006), S. 41 - 47 sowie die Typologie der Kooperationsformen auf S. 51 ebenda. Zur weiteren Auseinandersetzung mit Vor- und Nachteilen horizontaler Kooperationen siehe die umfassende Literaturzusammenstellung bei CRUIJSSEN (2006), S. 30 und S. 34.

durch eine vorwiegend *heterarchische und polyzentrische Organisation* aus.[16] Kann eine Koordination der Auslagerungsprozesse der Cluster-Unternehmen und ein gemeinsames, koordiniertes Logistikmanagement in der Leistungsphase aus diesem Grund nicht praktiziert werden, können die in einem Cluster vorhandenen logistischen Synergiepotenziale nicht oder nur in Teilen gehoben werden. Die unkoordiniert beauftragten Logistikdienstleister können die gewonnenen Logistikaufträge zwar in ihren Produktionssystemen mit den Sendungen anderer Kunden in und außerhalb des Clusters konsolidieren und dadurch Bündelungseffekte realisieren. Die auf Basis einer systematischen Cluster-weiten Konsolidierung und eines gemeinsamen Logistikmanagements der Verlader erreichbaren Synergieeffekte lassen sich hierbei jedoch nur in Teilen generieren.

Aus der Sicht von Logistikdienstleistern ließen sich die Potenziale eines Clusters in einem noch erheblicheren Umfang heben, wenn es gelänge, die Cluster-Unternehmen wie *einen* Großkunden zu bedienen. Abseits von Konzernstrukturen setzte dies jedoch eine *horizontale Kooperation der Cluster-Unternehmen* voraus.[17] Durch eine koordinierte Bedarfsformulierung, Ausschreibung, Lösungsentwicklung und Vertragsverhandlung nähmen die Cluster-Unternehmen dabei eine Rolle ein, die in der Dienstleistungsforschung mit dem Begriff des *Co-Designers* umschrieben wird: Der Kunde würde zu einem aktiven (Mit)Gestalter der Dienstleistung, die er gemeinsam mit dem Logistikdienstleister und den anderen verladenden Kooperationspartnern plant und (mit)entwickelt.[18] Umfasst die horizontale Kooperation der verladenden Unternehmen nicht nur die koordinierte Ausschreibung der Logistikleistungen, sondern darüber hinaus das koordinierte Logistikmanagement in der Phase der Leistungserstellung (z. B. durch eine gemeinsame Sendungsverdichtung oder die gemeinsame Bewirtschaftung von Lagerhäusern), könnten zusätzliche Synergieeffekte gehoben werden. Die Dienstleistungsforschung sähe den Verlader dann in der Rolle des *Co-Producers*, der durch seine aktive Beteiligung an der Leistungserstellung auf dispositiver Ebene die Dienstleistungsproduktion aktiv unterstützt.[19]

---

16 SYDOW folgend, sind regionale Netzwerke in Clustern durch eine zumeist heterarchische und polyzentrische Organisation gekennzeichnet bzw. durch das Fehlen eines Akteurs, der die strategische Netzwerkführerschaft für sich beansprucht. Die Organisation der unternehmensübergreifenden Geschäftsprozesse werde entsprechend weitgehend gleichberechtigt zwischen den Akteuren abgestimmt. Siehe SYDOW (2006a), S. 397 - 398.

17 Hierbei kann beispielsweise eine Abstimmung der *Transportmodi* der Unternehmen, eine Abstimmung der *Incoterms* oder eine Abstimmung von *Liefertagen* und *Lieferzeitfenstern* erforderlich werden.

18 Zum Begriff des Co-Designers in der Dienstleistungsforschung siehe MÜLLER (2007), S. 28, S. 78 und S. 90. In der Literatur, die sich mit speziellen Aspekten der Kundenintegration befasst, ist die Rolle des Kunden als Co-Designer ebenfalls beachtrachtet worden. Siehe stellvertretend den Vergleich der verschiedenen Kundenrollen im Dienstleistungsbereich von GOUTHIER, der auch die Rollen des Kunden als Co-Marketer und Co-Interaktor beschreibt, bei GOUTHIER (2003), S. 396 sowie zur Rolle des Kunden als Co-Designer im Kontext der Dienstleistungsqualität bei MEYER et al. (2000), S. 57.

19 Vgl. LASSHOF (2006), S. 123 - 126, S. 157, S. 182 und S. 187.

Die proaktive Marktbearbeitung in Clustern als Lösungsidee: Forschungsbedarf

Ein Blick in die Praxis bestätigt, dass Logistikkooperationen in Clustern bereits heute eine wichtige Rolle einnehmen.[20] Im Rahmen einer klassischen Projektakquisition lassen sich die beschrieben Potenziale jedoch nur heben, wenn die Cluster-Unternehmen in der Lage und willens sind, gemeinsame Leistungsausschreibungen durchzuführen. Erfolgt diese Konsolidierung nicht auf Initiative der verladenden Unternehmen, bestünde für LDL nur dann eine Chance zur gezielten Hebung der Synergieeffekte in Clustern, wenn statt der reaktiven Bearbeitung der am Markt platzierten Logistikausschreibungen der Cluster-Unternehmen eine pro-aktive Marktbearbeitung erfolgen würde. Vergleichbar mit der Marktpositionierung von LDL bei Key Account Kunden könnte dies durch eine Betreuung von Cluster-Unternehmen bereits vor der eigentlichen Ausschreibungs- und Vergabephase geschehen.

In der aktuellen Logistikliteratur wird die Anbahnung von Logistikprojekten mit mehreren Logistikkunden unter dem Begriff *Insinking* diskutiert.[21] Dieser Ansatz sieht eine pro-aktive Akquisition von Logistikaufträgen bei mehreren Unternehmen zur Realisierung kooperationsinduzierter Bündelungseffekte vor. *Insinking* wird dabei als Antonym zum klassischen *Outsourcing* verstanden, da eine *pro-aktive* Herauslösung von Logistikumfängen bei den Kunden durch den LDL erfolgt. Durch eine gezielte Auswahl und Akquisition potenzieller Kunden werden dabei Bündelungseffekte generiert, die zu Effizienzgewinnen bei den beteiligten LDL und Kosteneinsparungen bei den verladenden Unternehmen führen.[22] Bei der Leistungsanbahnung steht nicht länger die Auswahl eines LDL im Fokus des Prozesses, sondern die Identifikation von Synergiepotenzialen zwischen den Kunden und die gemeinsame Entwicklung von Lösungskonzepten für ein kooperatives Logistiksystem im Rahmen eines gemeinsamen *Service Engineering*.

Aus der Übertragung des Insinking auf Cluster wird die *Lösungsidee* der vorliegenden Arbeit für eine gezielte Marktbearbeitung von Clustern abgeleitet: Die *proaktive* Akquisition von Logistikaufträgen in einem Cluster durch eine Initiierung horizontaler Logistikkooperationen. Durch das pro-aktive Vorgehen eines LDL könnten die Konsolidierungseffekte in einem Cluster auch dann gehoben werden, wenn bislang noch keine Logistikkooperationen im Cluster vorliegen. Die Unternehmen könnten dann als *ein Kunde* behandelt werden, sofern durch die Betreuung der Unternehmen vor der eigentlichen Leistungsvergabe eine Bündelung ihrer Logistikbedarfe gelingt. Aus dieser Lösungsidee resultieren verschiedene bislang unbeantwortete konzeptionelle Fragestellungen, die nachfolgend näher beschrieben werden. Sie beschreiben den Forschungsbedarf, der nachfolgend im Rahmen der Zielsetzung der Arbeit aufgegriffen wird.

---

20 Vgl. Enright/The Competitiveness Institute (2000), S. 6.
21 Vgl. Cruijssen et al. (2010), S. 763 - 774.
22 Vgl. Cruijssen (2006), S. 145 - 168.

Beschreibung der Koordinationsbedarfe bei der Leistungsanbahnung: Aus der Beteiligung mehrerer Kunden an der Dienstleistungsgestaltung ergeben sich Koordinationsbedarfe, die im Rahmen unkoordinierter Auslagerungsprozesse einzelner Unternehmen nicht auftreten würden. Als Beispiele können die *Wahl geeigneter Kooperationspartner*, die *Identifikation von Kooperationspotenzialen* und die *Regelung der Verteilung kooperationsinduzierter Gewinne* genannt werden. Diese Koordinationsbedarfe und die daraus resultierenden Verhandlungsprozesse stellen Herausforderungen sowohl für LDL als auch die beteiligten verladenden Unternehmen bei der Dienstleistungsgestaltung dar.[23] Eine Ausarbeitung der Koordinationsbedarfe und ihre Berücksichtigung beim Service Engineering sind erforderlich, bevor eine effiziente Lösung der Koordinationsprobleme diskutiert werden kann.

Beschreibung von Koordinationsinstrumenten für die Leistungsanbahnung: Aus der erstgenannten Herausforderung folgt unmittelbar, dass geeignete Koordinationsinstrumente zu identifizieren sind, mit denen sich die beschriebenen Koordinationsbedarfe bewältigen lassen. CRUIJSSEN berücksichtigt bei seiner konzeptionellen Ausarbeitung des Insinking lediglich den Preismechanismus als Koordinationsmechanismus.[24] Da in Clustern jedoch eine Vielzahl von Koordinationsmechanismen und -instrumenten zwischen Markt und Hierarchie zur Verfügung stehen, greifen die konzeptionellen Grundlagen auch an dieser Stelle für die Anwendung des Insinking in Clustern zu kurz. Daher besteht Forschungsbedarf darin, aus der Literatur diejenigen Koordinationsmechanismen und -instrumente herauszuarbeiten, die sich für eine Koordination von Entscheidungen zwischen autonomen und dezentral organisierten Akteuren in Clustern einsetzen lassen.

Beschreibung und Erklärung der Kundenintegration im Rahmen der Koordinationsleistung: Aus der Beschreibung der Koordinationsbedarfe und der Identifikation potenziell geeigneter Koordinationsinstrumente folgt die nachgelagerte Fragestellung, wie die Cluster-Unternehmen bei der Koordination von Entscheidungen im Rahmen eines gemeinsamen Service Engineering Prozesses zu beteiligen sind. Es stellt sich hier die Frage, wie Kunden in ihrer Rolle als Co-Designer der Dienstleistung auch für Koordinationsaufgaben bei der Leistungsanbahnung gewonnen werden können, und in welchem Umfang eine Kundenbeteiligung aus der Sicht von LDL aus Effizienzgesichtspunkten zielführend ist.[25] Dabei ist neben der *Bereitschaft* auch die *Fähigkeit der Kunden* zu berücksichtigen, als Koordinatoren eines

23 Vgl. CRUIJSSEN (2006), S. 31 - 33.

24 CRUIJSSEN berücksichtigt den Preismechanismus als einzigen Koordinationsmechanismus im Rahmen der pro-aktiven Marktbearbeitung von LDL. In Folge daraus trägt der LDL das finanzielle Risiko von lateralen Logistikkooperationen, wenn aufgrund ungeplanter Preisanstiege Kooperationspartner aus der Kooperation ausscheiden und damit die den verladenden Unternehmen zugesicherten kooperationsinduzierten Konsolidierungspotenziale nicht realisiert werden können. Siehe dazu CRUIJSSEN et al. (2010), S. 766 - 768.

25 Die Frage nach dem richtigen Ausmaß und der Art der Kundenbeteiligung stellt ein Kernproblem des Dienstleistungsmanagements dar. Siehe dazu stellvertretend HALLER (2001), S. 16 - 17.

gemeinsamen Service Engineering Prozesses im Cluster – einem *Cluster Service Engineering* – tätig zu werden.[26]

Zielsetzung der Arbeit „Cluster Service Engineering"

Im vorangegangenen Abschnitt wurden mit der Beschreibung des Forschungsbedarfs die *Projektanbahnung* in Clustern als *Erkenntnisobjekt*, die *Hebung von Konsolidierungspotenzialen* als *Problemstellung* und die *proaktive Vorgehensweise* von LDL als *Lösungsidee* der Arbeit dargelegt. Nachfolgend wird die *Zielsetzung der Arbeit* wird in Form einer forschungsleitenden Fragestellung konkretisiert. Die forschungsleitende Fragestellung lautet:

Wie lässt sich ein integrativer Service Engineering Prozess für laterale Logistikkooperationen in Clustern bei der pro-aktiven Marktbearbeitung durch LDL kosteneffizient koordinieren?

Der Begriff *laterale Logistikkooperation* stellt dabei eine Erweiterung der im vorigen Abschnitt beschriebenen horizontalen Logistikkooperation dar, an der auch der Logistikdienstleister als Kooperationspartner beteiligt ist. Aus der forschungsleitenden Fragestellung lassen sich zwei konkrete Forschungsfragen ableiten.

Forschungsfrage 1: Welche Koordinationsprobleme treten in einem integrativen Service Engineering Prozess für laterale Logistikkooperationen in einem Cluster auf?

Forschungsfrage 1 der Arbeit führt zur Zielsetzung, einen Referenzprozess für das Cluster Service Engineering zu entwickeln, der die Entscheidungsinterdependenzen der Cluster-Unternehmen transparent beschreibt und damit die Koordinationsprobleme darlegt, die von den Akteuren zu bewältigen sind. Forschungsfrage 1 führt zu einem deskriptiven Forschungsprozess.

Forschungsfrage 2: Mit welchen Koordinationsinstrumenten lassen sich die Koordinationsprobleme in einem integrativen Service Engineering Prozess für laterale Logistikkooperationen in einem Cluster bewältigen, und welche Rolle spielt dabei die Cluster Governance?

Forschungsfrage 2 der Arbeit führt zu der Zielsetzung, effiziente Koordinationsinstrumente für die Bewältigung der beschriebenen Koordinationsprobleme zu identifizieren. Dabei wird nicht angenommen, dass ein Set universal-effizienter Koordinationsmechanismen und -instrumente verfügbar ist. Stattdessen wird die Cluster Governance – die Gesamtheit der im Cluster verfügbaren Koordinationsinstrumente, die in vorangegangenen Kooperationen der Akteure in der Cluster-Initiative entwickelt wurden – näher betrachtet. Es soll untersucht wer-

[26] Vgl. POZNANSKI (2007), S. 40 und FLIEß (2001), S. 69.

den, inwiefern diese in überbetrieblichen Kooperationen entwickelten Koordinationsmechanismen und -instrumente im Rahmen einer zwischenbetrieblichen Logistikkooperation aufgegriffen und angewendet werden können. Aus Forschungsfrage 2 resultiert eine explanatorische Untersuchung, die im Ergebnis die Frage beantworten soll, *wie* die Organisation eines Clusters für die effiziente Koordination des Cluster Service Engineering genutzt werden kann.

1.2 Wissenschaftstheoretische Betrachtung der Arbeit

Die *Methodologie* befasst sich als Lehre von den Forschungsmethoden mit der Art und Weise des wissenschaftlichen Arbeitens.[27] Sie behandelt das Verhältnis von Theorie und Wirklichkeit und die Frage, wie neue Erkenntnisse gewonnen werden.[28] Mangelndes Wissen eines Forschers über die geschichtliche Entwicklung und den aktuellen Stand seiner Wissenschaft begünstigen eine mögliche Fehleinordnung neuer Problemstellungen, wie die hier betrachtete Problematik der Koordination interdependenter Entscheidungen im Service Engineering für laterale Logistikkooperationen. Die Wissenschaftstheorie fordert daher, am Startpunkt eines wissenschaftlichen Diskurses die gewählte Perspektive dazulegen und die der Arbeit zugrunde liegenden Prämissen transparent darzustellen.[29] Die in den bisherigen Ausführungen angesprochenen Theorien und Konzepte werden daher in *Kapitel 1.2.1* in ein Forschungsprogramm eingeordnet.

Wissenschaftsziel des Cluster Service Engineering

Um den Forschungsgegenstand einer Realwissenschaft abgrenzen zu können, sind das Erfahrungsobjekt und das Erkenntnisobjekt zu benennen. Das *Erfahrungsobjekt* ist der reale Sachverhalt, der wissenschaftlich betrachtet werden soll. Das *Erkenntnisobjekt* ist dasjenige Teilgebiet des Erfahrungsobjekts, das die wissenschaftliche Betrachtung bestimmt.[30]

Die betriebswirtschaftliche Forschung befasst sich als Teildisziplin der Wirtschaftswissenschaften und in Abgrenzung zur volkswirtschaftlichen Forschung mit einzelwirtschaftlichem Handeln. Das *Erfahrungsobjekt* ist klassischerweise der Betrieb.[31] Abweichend dazu ist das *Erfahrungsobjekt* des Cluster Service Engineering die laterale Logistikkooperation als Kooperation mehrerer verladender Unternehmen mit einem Logistikunternehmen. Das Erkenntnisobjekt der Arbeit ist die vorvertragliche Phase der Kooperation: Das Service Engineering. Im Laufe des Forschungsprozesses konkretisiert sich das Erkenntnisobjekt zur Koordination des *Service Engineering für laterale Logistikkooperationen*.

---

27 Vgl. SCHNEIDER (2001), S. 9.
28 Vgl. ebenda.
29 Vgl. WEBER (1997), S. 276.
30 Vgl. JUNG (2006), S. 21.
31 Vgl. ebenda.

Erkenntnisgewinn wird allgemein durch das Formulieren deskriptiver, explikativer oder instrumenteller Aussagen angestrebt. *Deskriptive Aussagen* werden auch als Basis- bzw. Protokollsätze bezeichnet. Sie gehören zur Gruppe der empirischen Aussagen und *beschreiben* einzelne Sachverhalte.[32] Sie haben einen Raum-Zeit-Bezug und behaupten, dass ein Sachverhalt zu einer bestimmten Zeit in einem bestimmten Raum beobachtet werden kann.[33] Da deskriptive Aussagen Prognosen bestätigen oder zurückweisen können, bilden sie die Basis für eine empirische Erkenntnis.[34] *Explikative Aussagen* können ebenfalls beschreibend sein, sie beziehen sich dabei aber nicht auf singuläre Sachverhalte, sondern auf umfassendere Ausschnitte der Realität.[35] Damit sind explikative Aussagen erklärende, generelle Sätze. Sie haben keinen Raum-Zeit-Bezug, sondern gelten (in ihrer strengen Form) immer und überall.[36] *Instrumentelle Aussagen* sind ausgerichtet auf die Aufbereitung theoretischen Wissens zur Lösung praktischer Probleme.[37] Sie leisten damit einen Beitrag zur Gestaltung der praktischen Wirklichkeit.[38]

Als angewandte Disziplin strebt die Betriebswirtschaftslehre neben der Deskription und der Explikation realer Sachverhalte eine Formulierung von Gestaltungsempfehlungen für die Praxis an. Dabei vertritt der Forscher mit Hinblick auf die wissenschaftliche Arbeitsteilung jedoch den Standpunkt, dass eine Formulierung instrumenteller Aussagen erst dann vorgenommen werden sollte, wenn die Beschreibung des Untersuchungsobjekts und die Erklärung der relevanten Zusammenhänge im eigenen Forschungsgang oder in vorangegangenen Forschungsgängen (anderer Forscher) erfolgreich geleistet wurden. Deskriptive Aussagen über Einzelsachverhalte sind dabei als Vorbereitung für explikative Aussagen zu generellen Sachverhalten zu sehen. Ebenso stellen explikative Aussagen die Basis für eine Formulierung von Aussagen instrumenteller Art dar. Im Rahmen des explorativen Forschungsprogramms des Cluster Service Engineering wurde eine dem Forschungsstand angemessene Forschungsfrage formuliert, deren Beantwortung durch vorwiegend deskriptive und erklärende Aussagen möglich ist.

Das *theoretische Forschungsziel* richtet sich aus an der Entwicklung von Aussagen zur Prognose zukünftiger Sachverhalte:[39] Der effizienten Koordination interdependenter Entscheidungen im Rahmen des Service Engineering für laterale Logistikkooperationen in einem Cluster (kurz: Cluster Service Engineering). Die Aussagekraft der explorativen Untersu-

---

32 Vgl. KORNMEIER (2007), S. 48.
33 Vgl. ebenda.
34 Vgl. FROMM und PASCHELKE differenzieren deskriptive Aussagen mit direktem und indirektem Bezug zu realen Gegebenheiten. Im ersten Fall werden direkt beobachtbare Gegebenheiten benannt. Im zweiten Fall geht es um Sammelbegriffe für beobachtbare Phänomene. Siehe FROMM/PASCHELKE (2006), S. 58.
35 Vgl. KORNMEIER (2007), S. 49.
36 Vgl. ebenda.
37 Vgl. SCHANZ (1977), S. 75.
38 Vgl. ABEL (1979), S. 158. Für eine Vertiefung wissenschaftstheoretischer Grundfragen der Betriebswirtschaftslehre als angewandte Wissenschaft sei verwiesen an RAFÉE/ABEL (1979).
39 Vgl. CHMIELEWICZ (1994), S. 150.

chung beschränkt sich dabei auf beschreibende und erklärende Aussagen über das Erfahrungsobjekt. Das *pragmatische Forschungsziel* des *Cluster Service Engineering* ist es, nach der kritischen Prüfung der Thesen erste tendeziell-explikative Gestaltungsempfehlungen für die Gestaltung des Cluster Service Engineering zu formulieren.

Formallogisches Vorgehen des Cluster Service Engineering

Die formalen Anwendungsregeln einer Wissenschaftssprache drücken sich aus in einer *formallogischen Vorgehensweise* sowie in *mathematischen Techniken*.[40] Zweck der Syntax ist die Sicherstellung von Widerspruchsfreiheit in Forschungsprogrammen.[41] Da auf den Einsatz mathematischer Techniken in der Arbeit weitgehend verzichtet werden kann, steht an dieser Stelle das formallogische Vorgehen des Forschers im Vordergrund.

Zwei gegensätzliche formallogische Vorgehensweisen sind das deduktive und das induktive Schließen. *Deduktion* ist das Ableiten von Implikationen aus Hypothesen oder Hypothesensystemen, um sie für die anschließende Verifikation vorzubereiten.[42] Sie entwickelte sich als Schluss- oder Beweisverfahren aus der formalen Logik von ARISTOTELES.[43] Dabei wendet die Deduktion eine allgemeingültige Aussage Gesetz(mäßigkeit) auf einen Einzelfall an. Während deduktive Schlüsse die Wahrheit mit Sicherheit von den Prämissen auf die Konklusion übertragen, sind induktive Schlüsse unsicher, da die Prämissen nur die Berücksichtigung der bis zum Zeitpunkt der Induktion vorliegenden Beobachtungsfälle zulassen.[44] Daher wird die Deduktion zur Bildung ökonomischer Modelle oder zur *Prüfung von Gesetzmäßigkeiten* durchgeführt. Die *Prüfung von Gesetzmäßigkeiten* erfolgt u. a. im Rahmen der Theorieprüfung und -entwicklung: Ist die bei der Deduktion als Gesetzmäßigkeit verwendete Prämisse eine ökonomische Theorie, so kann eine Prüfung der Theorie durch eine Überprüfung der deduktiv formulierten Aussagen erfolgen. Wird jedoch das Ziel verfolgt, ein *ökonomisches Modell* zur Beschreibung oder Erklärung eines Sachverhaltes zu entwickeln, so dient das deduktive Vorgehen der Sicherstellung widerspruchsfreier Modellannahmen und -aussagen.[45] (Neues) Erfahrungswissen ist dazu nicht erforderlich, die Modellbildung erfolgt durch logisches Schließen: *„Deduziert wird, um zu erfahren, was durch das Zusammenfügen von Prämissen in dieser Menge an Annahmen logisch alles enthalten ist."*[46]

Die *Induktion* ist das Gegenstück zur Deduktion, sie entspricht dem Schluss von einem Einzelfall auf eine Gesetzmäßigkeit.[47] Der Forscher entwickelt dabei eine aus Handlungen resul-

[40] Vgl. SCHNEIDER (2001), S. 29.
[41] Vgl. ebenda.
[42] Vgl. STRAUSS (1998,) S. 37.
[43] Vgl. SCHNEIDER (2001), S. 326.
[44] Vgl. SCHURZ (2011), S. 47.
[45] Vgl. SCHNEIDER (2001), S. 326 und SCHANNES (2009), S. 112.
[46] SCHNEIDER (2001), S. 326.
[47] Vgl. SCHANNES (2009), S. 3.

tierende Vermutung, die er anschließend in eine Hypothese umwandelt.[48] Das Schließend von Einzelfällen auf Gesamtheiten wird auf BACON zurückgeführt. Da die Induktion *Erfahrungen als Erkenntnisquelle* nutzt, können auch Aussagen formuliert werden, die sich nicht durch ein deduktives Vorgehen aus dem vorhandenen theoretischen Wissen ableiten lassen.[49]

Im Rahmen der vorliegenden Arbeit wird eine *kombiniert deduktiv-induktive Vorgehensweise* gewählt. Der Autor vertritt die Position, dass wissenschaftlicher Erkenntnisgewinn sowohl durch deduktive als auch durch induktive Schlüsse erzielt werden kann, und führt eine deduktive Untersuchung durch, an die sich eine induktive Forschung anschließt. Aufbauend auf den gelegten theoretischen und konzeptionellen Grundlagen wird deduktiv ein Referenzprozess für das *Cluster Service Engineering* erarbeitet. Anschließend werden zur Erarbeitung eines Erklärungsansatzes für die kosteneffiziente Koordination von Entscheidungsinterdependenzen über besagten Referenzprozess im Rahmen einer theoriegeleiteten Analyse Thesen zur effizienten Koordination des CSE entwickelt. Diese Thesen operationalisieren die Lösungsidee, die in einer Cluster-Initiative bewährten Koordinationsinstrumente für die Koordination des CSE zu nutzen. Erst nach der theoriegeleiteten Analyse wird eine empirische Forschung durchgeführt. Sie verfolgt als exporativ-empirische Untersuchung in Form einer Einzelfallstudie das Ziel, die deduktiv entwickelten Thesen einer ersten, qualitativen Prüfung zu unterziehen. Gleichzeitig dient sie der explorative Entdeckung alternativer und weiterführender Erklärungszusammenhänge.

Durch die Verbindung induktiver und deduktiver Vorgehensweisen grenzt sich die vorliegende Arbeit sowohl vom *Logischen Positivismus* als auch vom *Kritischen Rationalismus* ab. Die im *Wiener Kreis* entwickelte Philosophie des *Logischen Positivismus* erkennt Erkenntnisfortschritt nur an, wenn dieser in Form prüfbarer Thesen in der Praxis validiert werden kann.[50] Jedoch wird keine Falsifikation angestrebt, sondern die positive Bestätigung wissenschaftlicher Aussagen. Es wird davon ausgegangen, dass Theorien durch induktive Schlüsse auf Basis zusätzlicher Beobachtungen in wachsendem Maße *bestätigt* werden können.[51] Dieser Position folgend, kann das in qualitativen Fallstudien oder Experimenten gewonnene Erfahrungswissen zur Formulierung von Hypothesen und damit zur Theoriebildung genutzt werden. Der *Kritische Rationalismus* wiederum repräsentiert eine philosophische Auffassung, die in ihrer ursprünglichen Form von Sir KARL R. POPPER in den 30er Jahren des 20. Jahrhunderts in Auseinandersetzung mit verschiedenen Versionen des Kantianismus und dem

[48] Vgl. STRAUSS (1998), S. 37.

[49] Vgl. SCHNEIDER (2001), S. 330.

[50] Vom Standpunkt der Wissenschaftstheorie ist CARNAP das bedeutendste Mitglied des *Wiener Kreises*. Vgl. MOULINES (2008), S. 48 sowie die Ausführung auf S. 48 - 56. Weitere Mitglieder des Kerns des Kreises waren OTTO NEURATH (1882 - 1945) und MORITZ SCHLICK (1882 - 1936). Siehe SCHURZ (2011), S. 13 - 14.

[51] Vgl. SCHNEIDER (2001), S. 379 - 382.

besagten *Wiener Kreis* entwickelt wurde.[52] POPPER ist wie die Vertreter des *Wiener Kreises* ein Verfechter der empirischen Forschung, jedoch lehnt er das induktive Schließen ab. Seiner Position folgend, steht der Forscher niemals vollständig außerhalb des untersuchten Systems. Er hat stets ein relevantes Vorwissen, jede Beobachtung ist daher bewusst theoriebezogen oder unbewusst theoriegetränkt. Somit sind alle Schlussweisen deduktiv.[53] POPPER befürwortet ein ständiges kritisches Hinterfragen und gleichzeitiges Verbessern der *noch gültigen* (noch nicht widerlegten) Theorien.[54] Dabei stehen Falsifikationsversuche im Fokus der empirischen Forschung, denn nach POPPER definiert sich die Grenze zwischen Wissenschaft und Spekulation ausschließlich durch die Möglichkeit der Falsifikation:[55] *„Wir sehen die Aufgabe des Forschers vor allem darin, zu Systemen von immer größerem empirischen Gehalt vorzudringen, zu möglichst streng geprüften Systemen vorzudringen. Forschen, Erkennen heißt für uns: Den Gehalt der Theorien steigern.“*[56]

Problematisch erscheint an der Position POPPERS, dass die Induktion als Methode für den Erkenntnisgewinn kategorisch ablehnt wird.[57] Die explorative Entdeckung von Erklärungszusammenhängen ist unter dem Leitbild des Kritischen Rationalismus daher nicht möglich, da er nur eine objektive Wirklichkeit kennt und damit auch nur die deduktiv entwickelten Erklärungszusammenhänge wissenschaftlich untersucht werden können. Der induktive Ansatz des Logischen Positivismus ermöglicht zwar das explorative Entdecken neuer Erklärungszusammenhänge, er verzichtet jedoch auf die Möglichkeiten, durch theoriegeleitete Analysen belastbare Erklärungszusammenhänge zu formulieren, um auf diesem Weg vorhandenes Wissen und bewährte Theorien als Instrumente gezielt für den Erkenntnisgewinn einzusetzen. Die vorliegende Arbeit orientiert sich daher an der Position von SCHURZ, der eine Kombination deduktiver und induktiver Methoden vorschlägt und dabei ausgehend von einer deduktiven Untersuchung zur Thesenentwicklung induktive Methoden zur Thesenprüfung und Entwicklung alternativer Lösungsideen und Erklärungszusammenhänge vorsieht.[58] *Wie* ein Forscher Lösungsideen und Theorien entwickelt, ist nach Ansicht von SCHURZ belanglos, da nicht die Entwicklung von Lösungsideen und die Theoriebildung dem Postulat der Deduktion

[52] Vgl. ALBERT (2002), S. 3. Verschiedene Varianten des kritischen Rationalismus haben sich seitdem herausgebildet. Zur vertiefenden Lektüre wird verwiesen auf ALBERT (2002), S. 3 - 21; MUSGRAVE, S. 26 - 42 und KEUTH (2002), S. 43 - 57. Für eine vertiefende Lektüre sei verwiesen an ALBERT/SALAMUN (1993) und BÖHM et al. (2002).

[53] Vgl. ALBERT (1993), S. 16.

[54] Vgl. POPPER (2006), S. 462 - 473.

[55] Vgl. TUTOR (1988), S. 123 - 125 sowie Schurz (2011), S. 15. So sind nach POPPER wissenschaftliche Theorien nicht verifizierbar, aber sie müssen falsifizierbar sein. Wenn sie nur einmal falsifiziert werden, dann werden sie als falsch ausgeschieden. Haben sie jedoch mehrere Falsifikationsversuche erfolgreich bestanden, dann gelten sie nach POPPER als bewährt. Siehe Schurz (2011), S. 15.

[56] POPPER (2006), S. 475.

[57] Vgl. POPPER (2010), S. 6 - 7.

[58] Vgl. SCHURZ (2002), S. 126.

POPPERS unterliegen, sondern ausschließlich die Formulierung und Prüfung der Hypothesen.[59]

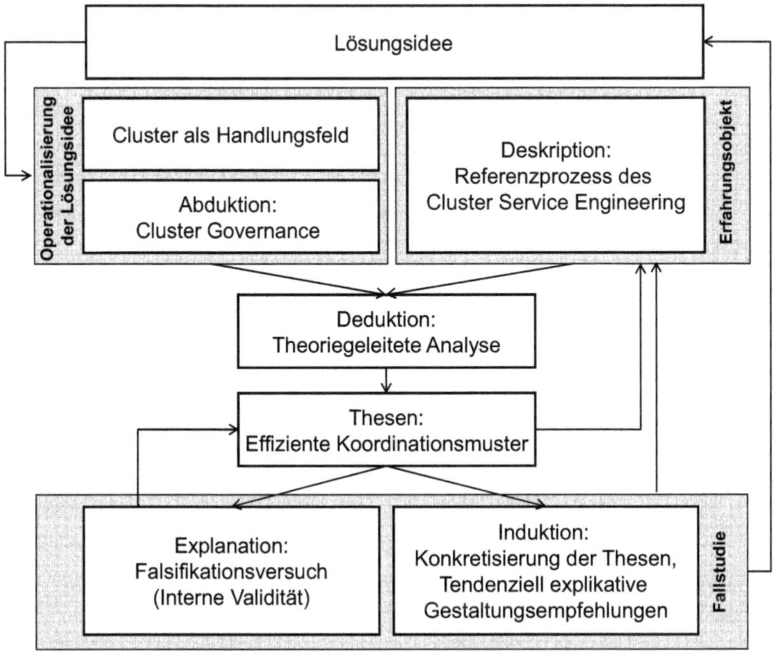

Abbildung 1-1: Formallogisches Forschungsdesign der Arbeit.

Letztere werden deduktiv aus einer Theorie abgeleitet und einer empirischen Prüfung unterzogen, indem sie mit den Beobachtungssätzen der tatsächlichen Beobachtungsdaten verglichen werden.[60] Dieser Position folgend, lässt sich eine explorative Untersuchung als Fortführung einer deduktiven Untersuchung praktizieren, wenn im Rahmen der Induktion keine Neuformulierung von Forschungsthesen angestrebt wird, sondern lediglich ihre Konkretisierung als Grundlage für eine nachfolgende konfirmatorische Untersuchung bzw. wenn die Formulierung neuer Lösungsideen als Grundlage für eine nachfolgende theoriegeleitete Analyse erfolgt. Das entsprechend dieser Position entwickelte formallogische Forschungsdesign dieser Arbeit ist in *Abbildung 1-1* dargestellt.[61]

Ein aus deduktiven Schlüssen erarbeiteter Referenzprozess für das Cluster Service Engineering kann als Erfahrungsobjekt unter Zuhilfenahme der Transaktionskostentheorie deduk-

[59] Vgl. ebenda.
[60] Vgl. ebenda.
[61] Für eine vertiefende Auseinandersetzung mit der wissenschaftstheoretischen Denkhaltung POPPERS wird verwiesen auf HANSEN (2006) und BÖHM et al. (2002).

tiv zur Formulierung von Thesen analysiert werden. Die empirische Untersuchung dient einerseits einem ersten Falsifikationsversuch der Thesen, gleichzeitig der induktiven Entwicklung alternativer Erklärungsansätze und Lösungsideen. Eine Schärfung der Thesen ist nicht direkt durch das Erfahrungswissen der Akteure möglich, vielmehr ist dieses in Form neuer Modellannahmen oder alternativer Lösungsideen bei der Modellbildung zu berücksichtigen.

1.3 Aufbau der Arbeit

Die beschriebenen Elemente des Forschungsprogramms spiegelt der Aufbau der Arbeit wider. In *Kapitel 1* wurden die Problemstellung, die Zielsetzung der Arbeit sowie die methodologische Positionierung des Forschers dargestellt.

In *Kapitel 2* wird das Cluster Service Engineering als konzeptioneller Bezugsrahmen der Arbeit vorgestellt. Der konzeptionelle Bezugsrahmen verbindet das *Untersuchungsobjekt Service Engineering* mit dem *Handlungsfeld Cluster* unter besonderer Berücksichtigung *lateraler Logistikkooperationen als Anwendungsfall* für das Service Engineering in Clustern. Dazu wird in *Kapitel 2.1* zunächst das Handlungsfeld *Cluster* erarbeitet. Nach einer Einführung in die begrifflichen und konzeptionellen Grundlagen der Clusterforschung wird ein Cluster-Modell ausgearbeitet, das auf einer systemischen Modellierung regionaler Wertschöpfungsnetzwerke basiert und diese um horizontale und laterale Kooperationsbeziehungen erweitert. Anschließend wird die Koordination von Kooperationen in diesem Systemmodell fokussiert betrachtet. Nach einer entscheidungsorientierten Definition des Koordinationsbegriffs wird ausgeführt, wie Entscheidungsinterdependenzen zwischen den Akteuren eines Clusters durch eine wechselseitige Beeinflussung nicht-gestaltbarer Elemente der Feldkomponente einer Entscheidung entstehen können. Bezugnehmend auf SYDOW werden die Entscheidungsinterdependenzen in Clustern konkretisiert. Anschließend werden Konzepte diskutiert, die zur Bewältigung der Entscheidungskoordination in Clustern eingesetzt werden können. Dabei kommen Kommunikationskonzepte, Segmentierungskonzepte und Strukturierungskonzepte zur Betrachtung. Die resultierenden Koordinationsmuster werden in ihrer Gesamtheit als Cluster Governance charakterisiert. Im Ergebnis bereitet *Kapitel 2.1* Cluster als Handlungsfeld für laterale Logistikkooperationen vor und bietet für die spätere Auseinandersetzung mit der Problematik der Koordination von Entscheidungsinterdependenzen im CSE relevante Anknüpfungspunkte.

In *Kapitel 2.2* beginnt die Legung der Grundlagen für die Beschreibung des *Service Engineering* als Erkenntnisobjekt. Dabei werden nach einer Einführung in die begrifflichen und konzeptionellen Grundlagen des Dienstleistungsmanagements die Grundlagen des Service Engineering erarbeitet. Dabei wird insbesondere die Prozessdimension der Dienstleistungsgestaltung fokussiert, um mit Hilfe der im Service Engineering angebotenen Vorgehensmodelle einen Referenzprozess für die proaktive Leistungsanbahnung im Rahmen lateraler Logistikkooperationen in Clustern zu schaffen. Anschließend wird die Kundenintegration als Gestaltungsproblem des Service Engineering problematisiert. Daraufhin wird eine Fokussierung und Konkretisierung des Untersuchungsgegenstandes dadurch erreicht, dass Logistikdienstleister als Ausprägung von Dienstleistungsunternehmen in den Fokus rücken und fortan die besonderen Herausforderungen der Kundenintegration im Service Engineering von LDL betrachtet werden.

In *Kapitel 2.3* werden die erarbeiteten konzeptionellen Grundlagen auf den Anwendungsfall lateraler Logistikkooperationen übertragen. Dazu wird der Stand der Forschung zu horizontalen und lateralen Logistikkooperationen erarbeitet. Basierend auf den bis dahin erarbeiteten Erkenntnissen wird ein entscheidungsorientierter Referenzprozess für das Cluster Service Engineering formuliert. Dabei wird die Wahl von Koordinationsmustern als Kundenintegrationsproblem modelliert und die Kosteneffizienz als Gestaltungsziel der Kundenintegration im Referenzprozess begründet. *Wie* eine kosteneffiziente Kundenintegration realisiert werden kann und *welche* Koordinationsmechanismen und -instrumente in der Lösung zum Einsatz kommen können, bleibt in *Kapitel 2.3* offen. Der konzeptionelle Bezugsrahmen fasst die erarbeiteten konzeptionellen Grundlagen zusammen und schließt *Kapitel 2* mit einem Zwischenfazit.

In *Kapitel 3* erfolgt eine theoriegeleitete Analyse der Koordinationsmuster des Cluster Service Engineering. Dazu wird ein metatheoretischer Transaktionskostenansatz zur Anwendung gebracht, um die Effizienz verschiedener Koordinationsmuster für das Cluster Service Engineering zu beurteilen. Dabei werden Verhaltensunsicherheiten im Service Engineering als Hauptgrund für kostenbehaftete Absicherungsbedarfe der Akteure vertieft. Unter Berücksichtigung von Governance-Kosten, Messkosten und dynamischen Transaktionskosten werden komparative Koordinationskostenprofile verschiedener Koordinationsmuster erarbeitet, um dadurch theoriegeleitet eine Beurteilung verschiedener Koordinationsmuster durchführen zu können. *Kapitel 3* schließt mit acht Thesen über die Effizienz von Koordinationsmustern für das Cluster Service Engineering unter Berücksichtigung der Wirkung, die von der Cluster Governance ausgeht. Vier Thesen beziehen sich auf die Kosteneffizienz der Koordinationsmuster aus der Perspektive des pro-aktiv agierenden LDL und vier Thesen beziehen sich auf die Beurteilung der Effizienz der Koordinationsmuster aus der Perspektive der Cluster-Unternehmen.

In *Kapitel 4* erfolgt die empirische Analyse der Arbeit. Im Rahmen einer relevatorischen Einzelfallstudie werden die erarbeiteten Thesen einer empirischen Prüfung unterzogen. Gleichermaßen wird im Rahmen eines explorativen Vorgehens Erfahrungswissen aus der Fallstudie verarbeitet, um alternative und ergänzende Erklärungsansätze aufzuzeigen und zu diskutieren. *Kapitel 4* schließt mit ersten tendeziell explikativen Gestaltungsansätzen für das Cluster Service Engineering in der Praxis.

Kapitel 5 fasst die Forschungsergebnisse zusammen und reflektiert diese kritisch. Anschließend werden Anregungen für die Gestaltung nachfolgender Forschungsprogramme formuliert.

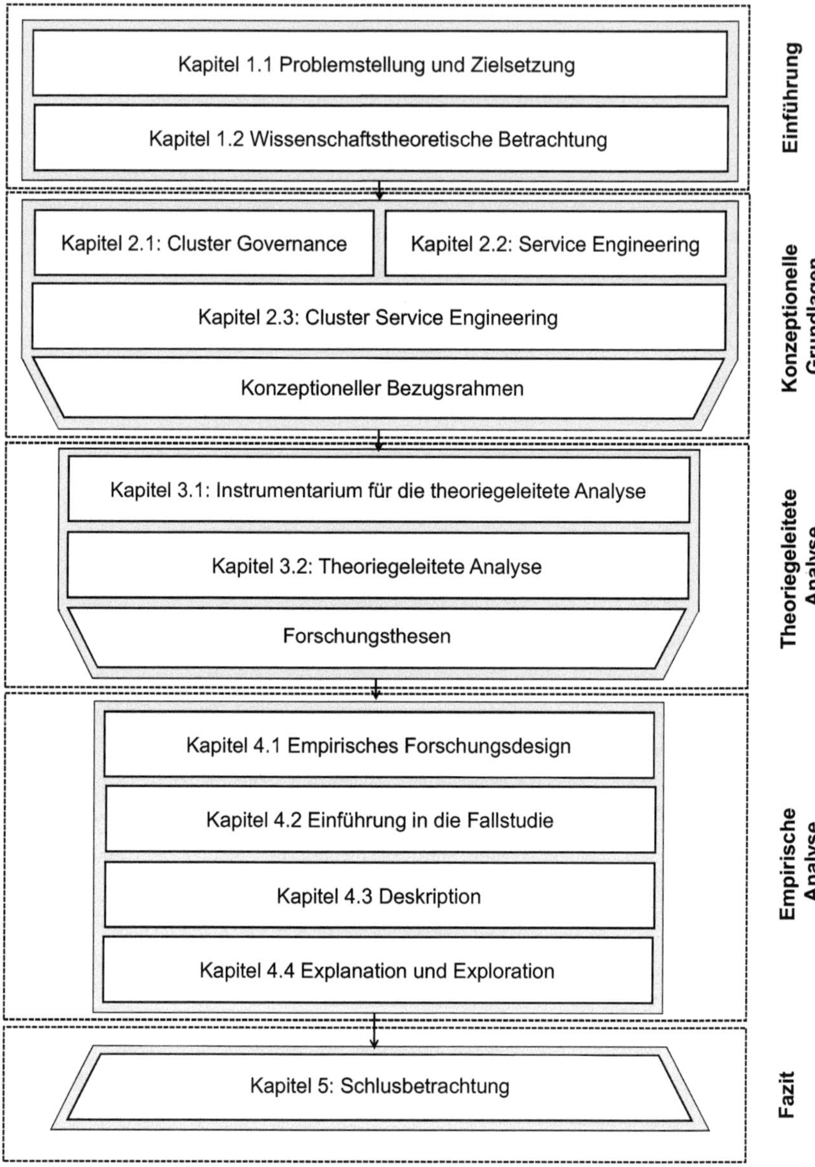

Abbildung 1-2: Aufbau der Arbeit.

2 Begriffliche und konzeptionelle Grundlagen des Cluster Service Engineering

Kapitel 2 legt die begrifflichen und konzeptionellen Grundlagen der Arbeit. Die Struktur des Kapitels orientiert sich an der Zielsetzung, den Untersuchungsgegenstand systematisch vom Allgemeinen zum Speziellen aufzubauen. Die eigentliche Problemstellung der Arbeit – die Gestaltung des Service Engineering im Rahmen lateraler Logistikkooperationen in Clustern – wird in Kapitel 2.3 behandelt. Die Bearbeitung dieser speziellen betriebswirtschaftlichen Problemstellung erfordert zuvor eine Erarbeitung aller relevanten theoretischen und konzeptionellen Grundlagen in den *Kapiteln 2.1* und *2.2*, die von der Charakterisierung des Clusters als Wertschöpfungssystem über die Modellierung der Cluster Governance bis hin zur Erarbeitung der Grundlagen des Service Engineering und der Rolle der Kundenintegration im Service Engineering umfassen. In *Kapitel 2.3* wird ein Referenzprozess für das Collaborative Service Engineering erarbeitet. Die gelegten Grundlagen werden anschließend in einem konzeptionellen Bezugsrahmen zusammengefasst.

2.1 Cluster Governance: Koordinationsmechanismen und -instrumente für die Entscheidungskoordination in Cluster-Initiativen

2.1.1 Begriffliche und konzeptionelle Grundlagen der Clusterforschung

Der Cluster-Begriff: Ergebnisse der Begriffsbildung in unterschiedlichen wissenschaftlichen Denkschulen

Der Terminus *Cluster* stammt ab von dem altdeutschen Wort *kluster* (m., Pl.: *kluster,* auch *klump* oder *klunder*), das im heutigen deutschen Sprachgebrauch durch die Termini *Büschel* oder *Bündel* ersetzt wird.[1] In der englischen Alltagssprache wird der Begriff *cluster* auch heute noch verwendet und erfährt zudem in verschiedenen wissenschaftlichen Disziplinen eine akademische Verwendung, um Objektballungen verschiedenster Art zu beschreiben.[2]

In der betriebswirtschaftlichen Forschung wird der Terminus *Cluster* zur Bezeichnung regionaler Unternehmensagglomerationen erstmals in den 1970er Jahren verwendet.[3] Regionale Unternehmensagglomerationen haben zu diesem Zeitpunkt jedoch in der Geographie und

---

1 Der Begriff Cluster steht in diesem alten deutschen Sprachgebrauch für etwas, *„was dicht und dick zusammensitzt"*, siehe GRIMM/GRIMM (1873), S. 1307. Mit den Begriffen *kluster*, *klump* und *klunder* wurden Büschel oder Häufungen von Fäden und Haaren, auch bei Lebensmitteln wie Beeren, Früchten, Kräutern und auch Häufungen von Tieren (z. B. ein Bienen-Schwarm) bezeichnet. Im schriftlichen englischen Sprachgebrauch wurde *kluster* bereits 1873 als *cluster* oder auch als *clyster* übersetzt. Vgl. GRIMM/GRIMM (1873), S. 1307.

2 So werden in der Astronomie Cluster als Synonym für Sternenhaufen verwendet, in der Musik werden Akkorde eng nebeneinander liegender Töne (gleichzeitiges Erklingen großer und kleiner Sekunden) als Cluster bezeichnet und in der Medizin beschreibt der Cluster-Kopfschmerz das Symptom eines stark fokussierten seitlichen Schmerztensors. Zum Clusterbegriff in der Astronomie siehe ASHMAN/ZEPF (1998), S. 1 - 4. Der musikwissenschaftliche Clusterbegriff der Akkordlehre wird bei EGGEBRECHT/ RIETHMÜLLER (1995), S. 94 dargelegt. Zum Clusterbegriff in der Medizin siehe DIENER (2009). Für weitere Beispiele disziplinspezifischer Clusterbegriffe siehe KIESE (2008), S. 55.

3 Vgl. LASUÉN (1973), S. 163 und S. 169 - 188.

der Ökonomie bereits eine lange Tradition als Untersuchungsgegenstand und dort zur Entwicklung der *Theorie der Wachstumspole* geführt.[4] Diese dient Gegnern der neoklassischen Wirtschaftstheorie als Argumentationsrahmen zur Erklärung temporärer ökonomischer Ungleichgewichte.[5] Dabei sind alternative Ansätze in-nerhalb der Theorie der Wachstumspole zu unterscheiden: Die *sektorale* und die *regionale Polarisationstheorie*. Die auf PERROUX zurückreichende Theorie der *sektoralen Wachstumspole* erklärt temporäre ökonomische Ungleichgewichte mit sektoralen Wachstumspolen, die zu überdurchschnittlichem Wachstum in bestimmten Industrien oder Sektoren führen. Dieser Ansatz wurde insbesondere im wirtschaftsgeographischen Diskurs der 1960er und 1970er Jahre weiterentwickelt.[6] Die *regionale Polarisationstheorie* wiederum führt temporäre Ungleichgewichte auf ein besonders starkes Wachs-tum in bestimmten Regionen und auf die dort vorliegenden Standortvorteile zurück.[7] Erst rund 20 Jahre später setzt sich in der *betriebswirtschaftlichen Forschung* der Cluster-Begriff durch. Das als *Silicon Valley* bekannt gewordene Santa Barbara Valley in Kalifornien ist dabei als eines der prominentesten Cluster Gegenstand verschiedenster Analysen.[8]

Neben den wissenschaftliche Diskurse prägenden Publikationen PORTERS[9] haben sich Schulen der Clusterforschung entwickelt, die sich in den Untersuchungszielen und im Untersuchungsgegenstand deutlich unterscheiden.[10] Teilweise wird sogar die Grundsatzkritik vertreten, dass das Cluster-Konzept unter einer fehlenden begrifflichen Präzision leide.[11] ROSENFELD geht so weit zu sagen, es gäbe so viele Definitionen des Begriffs *Cluster* wie Akteure, die den Begriff verwenden.[12] Er bringt damit wie auch JACOBS und DE MAN Kritik an der seiner Ansicht nach vorhandenen begrifflichen Unschärfe zum Ausdruck.[13] MARTIN und SUNLAY greifen diese Problematik auf und untersuchen unter dem provokant gewählten Titel *„De-*

4 Bereits vor der Entwicklung den Poltheorien waren Unternehmenshäufungen Gegenstand der Forschung. Der erste dem Autor bekannte Beitrag zur Erklärung der räumlichen Anhäufung von Industrien stammt von ALFRED MARSHALL, der im Jahr 1890 die Existenz spezialisierter Industriestandorte (*localized industries*) mit externen Effekten erklärte und als *localized industries* beschrieb. Siehe MARSHALL (1922), S. 267 - 277.

5 Der Terminus *Wachstumspol* geht zurück auf PERROUX, der Wachstumspole (*pôles de croissance*) ausgehend von SCHUMPETERS Thesen über die Adoption von Innovationen als regionale Agglomerationen innovativer Unternehmen einer Branche beschreibt, vgl. PERROUX (1969), S. 157 - 227 in Verbindung mit SCHUMPETER (1954). Für eine intensive Auseinandersetzung mit der Poltheorie sei verwiesen an ZARKA 1958, S. 65 - 106.

6 Siehe stellvertretend für eine Vielzahl früher wirtschaftsgeographischer Veröffentlichungen Å DICKEN/LLOYD (1990), BUTTLER (1975) und LASUÉN (1969).

7 Vgl. HIRSCHMAN 1978 S. 29 - 49 und MYRDAL (1957), S. 3 - 10. Zur temporären Interaktion sektoraler und geographischer Wachstumspole siehe LASUÉN (1973).

8 Zum Studium der Entwicklung des Silicon Valley sei verwiesen an die Studie *IKT-Cluster* von ELBERT, MÜLLER und PERSCH, in der die Entwicklung des Clusters im kalifornischen Santa Barbara Valley mit der Entwicklung der IKT-Cluster in Bengaluru (Indien), Oulu (Finnland) und Dresden verglichen wird. Siehe ELBERT et al. (2009), S. 29 - 77. Für eine vertiefende Befassung mit der Historie und der Entwicklung des Silicon Valley sein verwiesen an KENNEY (2000), S. 67 - 103 und LEE (2000).

9 Siehe PORTER (2003); PORTER (2000); PORTER (1999); PORTER (1998c); PORTER (1998b); PORTER (1991) und PORTER (1990).

10 Vgl. TERSTRIEP (2007), S. 1 und JACOBS/DE MAN (1996), S. 425.

11 Vgl. INGSTRUP et al. (2009), S. 2 und SCHRAMM-KLEIN (2005), S. 534 - 535.

12 Vgl. ROSENFELD (1997), S. 5. Siehe auch KIESE (2008), S. 56 - 57.

13 Vgl. JACOBS/DE MAN (1996), S. 425.

constructing clusters: chaotic concept or policy panacea?" die Berechtigung für die zahlreichen und teilweise divergierenden Cluster-Begriffe sowie den generellen Innovationsbeitrag des Cluster-Konzepts in der sozialwissenschaftlichen Forschung.[14] In ihrem kritischen Beitrag stellen sie zahlreiche Cluster-Begriffe gegenüber und zeigen die Heterogenität des Forschungsfeldes auf, das sich aus Beiträgen der Managementforschung, der Innovationsforschung, der volks- und betriebswirtschaftlichen Forschung sowie Beiträgen der Geographie, Stadt- und Regionalplanung konstituiert.[15] Gerade mit dieser aufgezeigten Heterogenität lassen sich jedoch auch, entgegen der dargestellten Unschärfe-Kritik, die vielfältigen Cluster-Definitionen rechtfertigen, da die Zweckmäßigkeit der Definition bei vielfältigen Forschungsperspektiven auch vielfältige Definitionen erfordern kann: *„This fuzzines is among other things caused by the fact that cluster definitions are used in different contexts and for different purposes e.g. regional development, analysis of innovative systems, etc."*[16]

MARSHALLIANISCHE Denkschule	*„A regional cluster is an industrial cluster in which member firms are in close proximity to each other."*	ENRIGHT (2001), S. 191.
	„Clusters are here defined as groups of firms withinone industry based in one geographical area."	SWANN/ PREVEZER (1996), S. 1139.
	„A 'cluster' is very simply used to present concentrations of firms that are able to produce synergy because of their geographic proximity and interdependence, even though their scale of employment may not be pronounced or prominent."	ROSENFELD (1997), S. 4.
	„A cluster means a large group of firms in related industries at a particular location."	SWANN/PREVEZER (1998), S. 1.
	„The more general concept of cluster suggests something looser: a tendency for firms in similar types of business to locate close together, thought without having a partioularly important presence in an area."	CROUCH/ FARRELL (2001), S. 163.
	„The similar theoretical approaches of clustering and agglomeration are conceptualizations that have been major cornerstones of industrial location theory throughout the twentieth century. Indeed, for the purpose of this paper, the terms cluster and agglomeration will be judged synonymous since they both define geographical areas where an industry (or industries) are concentrated to produce localized economic advantages."	OAKEY et al. (2001), S. 401.
	„A local industrial cluster is an industrial agglomeration that is caused by local self-augmenting processes."	BRENNER (2004), S. 15.

Tabelle 2-1: Cluster-Begriffe der Marshallianischen Denkschule
Quelle: In Anlehnung an Ingstrup et al. (2009), S. 7 - 9 u. Martin/Sunley (2003), S. 12.

[14] Siehe MARTIN/SUNLEY (2003).

[15] Vgl. MARTIN/SUNLEY (2003), S. 12. Sie kritisieren, dass das Cluster-Konzept von PORTER die zahlreichen bereits vor (1990) erarbeiteten Grundlagen der Agglomerationsforschung ignoriert und daher nicht an den Stand der Forschung anknüpft. Sie sprechen der Arbeit PORTERS jedoch nicht ab, eine deutlich höhere Popularität erreicht zu haben als die Arbeiten der Wirtschaftsgeographie. Vgl. MARTIN/SUNLEY (2003), S. 6 - 7.

[16] INGSTRUP et al. (2009), S. 2. Dieses Argument lässt sich weiter bekräftigen, wenn berücksichtigt wird, dass die zahlreichen und vielfältigen Definitionsversuche einen gemeinsamen begrifflichen Kern aufweisen. Dazu zählt die Akzeptanz der Bedeutung vertikaler und horizontaler interorganisationaler Beziehungen für den Erfolg eines Clusters sowie die Offenheit der Definitionen hinsichtlich der systemischen Abgrenzung des Clusters nach außen. Weiterhin herrscht Einigkeit darüber, dass Cluster Potenziale Synergieeffekte schaffen, die innerhalb einzelner Unternehmen nicht entstehen können. Siehe INGSTRUP et al. (2009), S. 10.

Eine Übersicht über ausgewählte Cluster-Definitionen wird von MARTIN und SUNLEY vorgestellt. Diese wird von INGSTRUP, FREYTAG und DAMGAARD weiter ausgearbeitet und fünf verschiedenen Denkschulen der Clusterforschung zugeordnet.[17] Sie differenzieren dabei die *MARSHALLIANISCHE-Denkschule*, die *PORTERSCHE-Denkschule*, die *Denkschule der Wirtschaftsgeographie*, die *Denkschule der regionalen Innovations- und Lernsysteme* sowie die *Denkschule der Italienischen Industrial Districts.*[18] In *Tabelle 2-1* (vorige Seite) sind ausgewählte Begriffsdefinitionen der **MARSHALLIANISCHEN-Denkschule** sowie ihre Vertreter abgebildet. Nach der *Denkschule MARSHALLS* werden Cluster als Gruppe von Unternehmen einer Industrie verstanden, die innerhalb regionaler geographischer Grenzen angesiedelt sind. Die räumliche Nähe der Unternehmen („co-location"[19]) ist dabei als das zentrale definitorische Merkmal zu sehen. In dieser Denkschule wird die These vertreten wird, dass Unternehmen aufgrund der räumlichen Nähe Vorteile durch positive externe Effekte erlangen können.[20]

Die ***Denkschule nach PORTER*** unterscheidet sich von der Denkschule MARSHALLS durch eine Erweiterung der Verbindungsmöglichkeiten der Unternehmen: Statt ausschließlich Unternehmen einer Industrie zu berücksichtigen, werden alle regional angesiedelten Unternehmen berücksichtigt, welche wettbewerbsrelevante Gemeinsamkeiten oder Ergänzungsmöglichkeiten besitzen.

PORTERSCHE Denkschule	*„A cluster is a geographically proximate group of interconnected companies and associated institutions in a particular field, linked by commonalities and complementarities."*	PORTER (1998a), S. 199.
PORTERSCHE Denkschule	*„A cluster is a critical mass of companies in a particular field in a particular location, whether it is a country, a state or region, or even a city. Clusters take varying forms depending on their depth and sophistication, but most include a group of companies, suppliers of specialized inputs, components, machinery, and services, and firms in related industries."*	PORTER (1998c), S. 10.
PORTERSCHE Denkschule	*„[Clusters] include, for example, suppliers of specialized inputs such as components, machinery, and services, and Providers of specialized infrastructure. Clusters also often extend downstream to channels and customers and laterally to manufacturers of complementary products and to companies in industries related by skills, technologies, or common inputs. Finally, many clusters include governmental and other institutions – such as universities, standards-setting agencies, think tanks, vocational training Providers, and trade associations – that provide specialized training, education, information, research, and technical support."*	PORTER (1998b), S. 78.
PORTERSCHE Denkschule	*„Concentrations of businesses that co-locate because of trading (buyer-supplier) relationships and/or to share common factor markets (including infrastructure, knowledge resources, and labor) and/or common goods markets."*	FESER/LUGER (2003), S. 13.

Tabelle 2-2: Cluster-Begriffe der Porterschen Denkschule
Quelle: Erweiterte Darstellung von Ingstrup et al. (2009), S. 7 - 9 u. Martin/Sunley (2003), S. 12.

17 Siehe MARTIN/SUNLEY (2003) und MARTIN/SUNLEY (2001).

18 Vgl. INGSTRUP (2009) et al. Auch GUPTA/SUBRAMANIAN entwickeln eine Gegenüberstellung verschiedener Denkschulen, legen dabei jedoch einen Schwerpunkt auf den Vergleich der Forschungsziele und Forschungsfragen und führen die begrifflichen Differenzen in geringerem Umfang aus. Siehe GUPTA/SUBRAMANIAN (2008).

19 INGSTRUP et al. (2009), S. 3.

20 Vgl. INGSTRUP et al. (2009), S. 3 - 4.

Zentrales Verbindungsmerkmal der Unternehmen und Organisationen ist nach Porter ihre positive Wirkung auf die Wettbewerbsfähigkeit der im Cluster angesiedelten Unternehmen. Daraus folgt, dass das vorteilhafte Wettbewerbsumfeld nicht nur Resultat, sondern gleichzeitig definitorisches Merkmal eines Clusters ist: *„Clusters encompass an array of linked industries and other entities important to competition."*[21] Dies sind beispielsweise vergleichbare bzw. sich ergänzende Infrastruktur- und Faktorbedarfe oder gemeinsam zur Anwendung gebrachte Produktionstechnologien.[22] In *Tabelle 2-2* (vorige Seite) sind die Cluster-Begriffe der Porterschen Denkschule dargestellt.

Charakteristisch für die Denkschule Porters ist darüber hinaus, dass auch Unternehmen als Cluster-Akteure berücksichtigt werden, die nicht selbst an der Wertschöpfung im Cluster beteiligt sind, sofern sie zur Steigerung der Wettbewerbsfähigkeit des Clusters beitragen können. Somit können nach Porter auch Bildungs- und Forschungseinrichtungen, Normungsinstitute und öffentliche Institutionen Akteure eines Clusters sein.[23]

Die ***Denkschule der Wirtschaftsgeographie*** betont stärker als Marshall und Porter die Interaktion von Unternehmen zur bewussten Generierung und Nutzung von Synergieeffekten in Clustern. Roelandt betont die Rolle wechselseitiger Abhängigkeit verschiedener Unternehmen in einem Netzwerk produzierender Unternehmen sowie die Kooperation mit ergänzenden Institutionen und Organisationen im Cluster.[24]

Wirtschaftsgeographie	*Clusters „[...] may be said to have been formed when the following characteristics are present in A local industry: Spatial and sectoral concentration of enterprises, socio-cultural ties amongst local economic agents, creating A common code of behavior, intense vertical and horizontal linkages, based both on market and non-market exchange of goods, services, information and people, A network of public and private local institutions supporting the enterprises in the district."*	Simmie et al. (1999), S. 11.
	„Clusters can be characterized as networks of producers and strongly interdependent firms (including specialized suppliers) linked each other in A value-adding production chain."	Roelandt/ den Hertog (1999), S. 9.
	„Economic clusters are not just related and supporting industries and institutions, but rather related and supporting institutions that are more competitive by virtue of their relationships."	Feser (2000), S. 19.
	„The popular term 'cluster' is mostly related to this local or regional dimension of networks. [...] most definitions share the notion of clusters as localized networks of specialized organizations, whose production processes are closely linked through the exchange of goods, services and/or knowledge."	van den Berg et al., S. (2001), S. 187.

Tabelle 2-3: Cluster-Begriffe der Wirtschaftsgeographie
Quelle: Darstellung in Anlehnung an Ingstrup et al. (2009), S. 7 - 9 und Martin/Sunley (2003), S. 12.

[21] Porter (1998b), S. 78.

[22] Ausgehend von einer fokalen Branche spricht Porter von vor- und nachgelagerten Branchen sowie von ergänzenden und verwandten Branchen. Verbindungsmerkmale werden sowohl in vertikaler als auch in horizontaler Richtung berücksichtigt, siehe Porter (1998a), S. 199 - 200.

[23] Vgl. Porter (1998a), S. 199.

[24] Vgl. Roelandt/den Hertog (1999), S. 9.

FESER betont die Bedeutung der Beziehungen zwischen den Unternehmen und Institutionen im Cluster und VAN DEN BERG, BRAUN und WINDEN konkretisieren die Beziehungen der Unternehmen in einem Cluster als Netzwerk, das sich durch den Austausch von Gütern, Dienstleistungen und Wissen konstituiert.[25] Eine Übersicht über ausgewählte Definitionen der Wirtschaftsgeographie ist in *Tabelle 2-3* (vorige Seite) dargestellt.

Die ***Denkschule der regionalen Innovationssysteme*** hat sich Ende der 1990er Jahre entwickelt. Sie weist Parallelen zum Clusterverständnis PORTERS auf und baut auf der Literatur über nationale Innovationssysteme auf.[26] Sie betont das Zusammenwirken von Unternehmen, privaten und öffentlichen Forschungseinrichtungen und sonstigen Institutionen in gemeinsamen regionalen Innovationsprozessen. Innovationsprozesse werden dieser Denkschule folgend nicht zu technologischen Entwicklungsprozessen reduziert; sie schließen auch organisationale Lernprozesse mit ein. Dabei werden Cluster als organisationales Arrangement betrachtet, das durch die Interaktion der Akteure die Region zum Ort des Lernens werden lässt: *„In this theoretical school [clusters] are perceived as learning and knowledge constructs, which adds to localized production and innovation in favor of strengthening and creating local knowledge spillovers.“*[27] In *Tabelle 2-4* sind Cluster-Begriffe der regionalen Innovationssysteme u. italienischen Clusterforschung dargestellt.

Schule der regionalen Innovationssysteme	*„Innovation, especially among early stage start-up ventures, is generally understood to accelerate when such ventures are in close proximity groupings known as Clusters of Innovation (COI).“*	ENGEL/DEL-PALACIO (2011), S. 27.
	„In particular, geographical agglomeration or clustering facilitates three important processes: face-to-face contact; social and cultural interaction; and enhancement of knowledge and innovation.“	DICKEN (2011), S. 70.
Italienische Schule der Clusterforschung	*„Italian Industrial Districts comprise a great variety of firms and are criss-crossed by various networks and business groups.“*	LAZERSON/LORENZONI (1999), S. 1.
	„Emilia-Romagna provides a clear an often-cited example of industrial clustering which, in this case, developed naturally in the cities and provinces of the region where certain manufacturing traditions and expertise already existed.“	ROWE (2005), S. 225.[28]

Tabelle 2-4: Cluster-Begriffe der regionalen Innovationssysteme u. italienischen Clusterforschung
Quelle: Darstellung in Anlehnung an Cooke (2002), S. 7 - 9.

[25] Vgl. FESER (2000), S. 13 und VAN DEN BERG et al. (2001), S. 187.
[26] Vgl. INGSTRUP et al. (2009), S. 6, verweisend auf DAHL (2003) sowie DYBE/KUJATH (2000), S. 16.
[27] INGSTRUP et al. (2009), S. 6.
[28] ROWE verweist bei seinen Ausführungen bzgl. der italienischen Clusterentwicklung auf INSTITUTE OF WELSH AFFAIRS (2001), befasst sich jedoch selbst insbesondere mit der Cluster-Entwicklung in Neuseeland. Siehe dazu auch IFOR (2005), S. 187 - 204 sowie die dort zitierte Literatur.

Die ***Denkschule der italienischen Clusterforschung*** hingegen weist Parallelen zur Denkschule MARSHALLS auf, jedoch fokussiert sie in stärkerem Ausmaß soziale Aspekte in Clustern.[29] Dies wird insbesondere in der Definition von LAZERSON und LAZERONI deutlich, die sich auf den Marshallianischen Industrial District beziehen, dabei jedoch nicht wie bei MARSHALL die Größe der Agglomeration, sondern die Vielfalt und die Vernetzung der Unternehmen hervorheben.[30] Das besondere Interesse an der Clusterforschung entwickelte sich in Italien Ende der 1970er Jahre aufgrund des besonderen wirtschaftlichen Erfolges zahlreicher italienischer Regionen in Städten, wobei kleinen und mittleren Unternehmen und ihrer Interaktion in regionalen Netzwerken eine Schlüsselrolle zukommt.[31] Zusammenfassend sind Industrial Districts nach der italienischen Schule Unternehmensagglomerationen, die durch soziale Netzwerke und zwischenbetriebliche Kooperation sowie zwischenbetrieblichen Wettbewerb gekennzeichnet sind.[32]

Konzeptionelle Grundlagen der Clusterforschung: Perspektiven der Clusterforschung

Die im vorigen Abschnitt erarbeitete Gegenüberstellung verschiedener Cluster-Begriffe und ihre Zuordnung zu verschiedenen Denkschulen der Clusterforschung gibt bereits Anlass zur Annahme, dass *die* Clusterforschung als *eine* abgrenzbare Forschungsdisziplin nicht existiert, sondern dass sie als ein interdisziplinäres Forschungsfeld charakterisiert werden muss. Diese Vermutung lässt sich bestätigen, wenn im Literaturstudium nachvollzogen wird, in welchem disziplinären Kontext und in welchem Stadium des jeweiligen wissenschaftlichen Diskurses Cluster untersucht werden. Es fällt auf, dass sich zahlreiche Schulen und Perspektiven der Clusterforschung entwickelt haben.[33] Eine bei GUPTA und SUBRAMANIAN gewählte Zusammenfassung verschiedener Perspektiven und Forschungsrichtungen zu sieben Perspektiven der Clusterforschung ist anschlussfähig zu den bereits vorgestellten Denkschulen von INGSTRUP, FREYTAG und DAMGAARD. Diese Struktur soll daher in der vorliegenden Arbeit gewählt werden, um die bisherige Entwicklung und damit den Stand der Clusterforschung aufzuzeigen. [34] Zu einer ergänzenden Forschungsperspektive werden in der vorliegenden Arbeit, ausgehend von INGSTRUP, FREYTAG und DAMGAARD und in Ergänzung zu GUPTA und

[29] Vgl. INGSTRUP et al. (2009), S. 3 - 5, verweisend auf BECANTTINI (1990) und SFORZI (1990).

[30] Vgl. LAZERSON/LORENZONI (1999), S. 1 und S. 238. Die Definition nach LAZERSON und LAZERONI weicht von den übrigen vorgestellten Definitionen ab, da nicht die Bezeichnung *Cluster*, sondern der Terminus *Industrial District* aufgegriffen wird. Da die Einordnung von LAZERSON und LAZERONI jedoch die italienische Denkschule der Clusterforschung treffend charakterisiert, wurde diese Definition ergänzend zu INGSTRUP et al. an dieser Stelle berücksichtigt. Zum Begriff des *Industrial District* in der italienischen Clusterforschung siehe auch PIETROBELLI/BARRERA (2002) S. 542 - 544 sowie PANICCIA (1998), S. 668.

[31] Vgl. INGSTRUP et al. (2009), S. 4.

[32] Vgl. LAZERSON/LORENZONI (1999), S. 1 und INGSTRUP et al. (2009), S. 3. Für weiterführende Auseinandersetzung mit der italienischen Clusterforschung sei verwiesen an PYKE et al. (1990).

[33] GUPTA/SUBRAMANIAN unterscheiden sieben Perspektiven der Clusterforschung.

[34] Vgl. GUPTA/SUBRAMANIAN (2008), S. 372 - 378. Weitere Schulen der Clusterforschung, die bei GUPTA/SUBRAMANIAN nicht berücksichtigt werden, sind die *Californian School* sowie die *Nordic School of Innovation and Learning*. Diese werden bei BAHLMANN und HUYSMAN genannt, jedoch auch dort nicht weiter ausgearbeitet. Siehe BAHLMANN/HUYSMAN (2008), S. 304.

SUBRAMANIAN, Beiträge und Ansätze der Wertschöpfungs- und Netzwerkforschung zusammengefasst, da die Netzwerkorganisation und die allgemeine Netzwerkforschung eigene Beiträge zur Clusterforschung leisten, die in den ausgearbeiteten Perspektiven der Clusterforschung bislang nicht umfänglich berücksichtigt worden sind.

MARSHALL wird insbesondere in wirtschaftsgeographischen und volkswirtschaftlichen Beiträgen der Clusterforschung als Bezugspunkt gewählt.[35] Dabei ist es GUPTA und SUBRAMANIAN folgend zweckmäßig, die ***geographische Perspektive der Clusterforschung*** in eine klassische und eine neuere Strömung zu unterscheiden.[36] Sie sehen in KRUGMAN und MARSHALL die Hauptvertreter der *klassischen, geographisch orientierten Clusterforschung*.[37] MARSHALL bezeichnet bereits 1890 regionale Unternehmensagglomerationen als *Industrial Districts* und untersucht Gründe für die erhöhte Unternehmensproduktivität, die in Industrial Districts erreicht werden kann.[38] Zur Erklärung der Ursachen für die Entwicklung industrieller Ballungsräume arbeitet MARSHALL die Vorteile räumlicher Nähe heraus.[39] Somit werden die An- und Umsiedlung neuer Unternehmen und damit das Wachstum des Industrial Districts begünstigt. Schließlich bieten Industrial Districts nach MARSHALL Möglichkeiten zur Steigerung der Unternehmensproduktivität durch eine gesteigerte Arbeitsteiligkeit und durch eine gemeinsame Nutzung von Ressourcen und gemeinsame Entwicklung und Umsetzung von Innovationen im Rahmen von Kooperationen zwischen Unternehmen innerhalb einer *„localiced industry“*[40]. Zusammenfassend steht bei MARSHALL die Betrachtung positiver (externer) Skaleneffekte im Vordergrund, die sowohl passiv (durch Ansiedlung im Industrial District) als auch aktiv (durch kooperatives Wirtschaften) in regionalen Unternehmensagglomerationen entstehen können.[41]

---

35 Somit lassen sich die Beiträge, die MARSHALLS Agglomerationsverständnis als zentralen Bezugspunkt der Argumentation wählen, der Geographischen Perspektive der Clusterforschung zuweisen. Vgl. ENRIGHT (2001), S. 191; SWANN/PREVEZER (1996), S. 139; ROSENFELD (1997), S. 4; SWANN/PREVEZER (1998), S. 1 - 12 und BRENNER (2004), S. 15 - 20. Typisch für diese Denkrichtung ist die Position von OAKEY, der *Cluster* und *Agglomerationen* als Synonyme betrachtet, siehe OAKEY et al. (2001), S. 401.

36 GUPTA/SUBRAMANIAN unterscheiden die geographische Perspektive nach KRUGMAN (Krugman's geography perspective) und die neue geographische Perspektive (Neo-geography perspective), siehe GUPTA/SUBRAMANIAN (2008), S. 372 - 374.

37 Vgl. GUPTA/SUBRAMANIAN (2008), S. 372 - 378. Der Clusterbegriff ist bei MARSHALL noch nicht gebräuchlich.

38 Bevor der Cluster-Begriff in Geographie und der Volkswirtschaftslehre als Bezeichnung für Unternehmensagglomerationen Verwendung fand, wurden alternative Begriffe erarbeitet. Siehe MARSHALL (1922); CHAPTER (2000), S. 267 - 277 sowie PORTER (1999), S. 217; MARTIN/SUNLEY (2001), S. 6 - 7 und PIETROBELLI und BARRERA (2002), S. 542 - 543. CORTRIGHT verwendet synonym den Begriff *industry cluster*, siehe CORTRIGHT (2005), S. 8.

39 Einerseits sieht er in den günstigen Voraussetzungen des Wissensaustausches zwischen Unternehmen in regionaler Nähe im Vergleich zu räumlich weit aufgefächerten Strukturen Vorteile. Darüber hinaus argumentiert er, dass Industrial Districts regional konzentrierte Arbeitsmärkte entstehen lassen, die Austausch- und Lernprozesse auf Mitarbeiterebene fördern und somit ein Potenzial zur Steigerung der Mitarbeiterqualifikation eröffnen. Vgl. MARSHALL (1922), S. 270 - 271.

40 MARSHALL (1922), S. 268.

41 Das von MARSHALL erarbeitete Konzept der *industrial districts* wird von KRUGMAN aufgegriffen und weiterentwickelt. Vgl. KRUGMAN (2000), S. 36 - 38 und 43 - 63. KRUGMAN führt die Entwicklung von Clustern (er spricht von *High Technology Clusters)* in den USA insbesondere auf Gründungsaktivitäten von und im Umfeld von Hochschulen zurück. Siehe KRUGMAN (2000), S. 64 - 65.

Die *neo-geographische Perspektive der Clusterforschung* unterscheidet sich nach GUPTA und SUBRAMANIAN von den klassischen geographischen Beiträgen insbesondere durch die aufkommende Berücksichtigung transaktionskostentheoretischer Argumentationen.[42] INGSTRUP, FREYTAG und DAMGAARD argumentieren, dass in der neueren wirtschaftsgeographischen Clusterforschung – neben der Berücksichtigung von Transaktionskosten – auch eine Verbindung der Aspekte der anderen Cluster-Denkschulen vorgenommen wird: Sowohl Aspekte flexibler Produktionssysteme, die Rolle regionaler sozialer Regeln und Normen, Transaktionskostenaspekte als auch die Rolle regionaler interorganisationaler Beziehungen werden in der neo-geographischen Perspektive aufgearbeitet.[43] Es wird argumentiert, dass die wirtschaftliche Entwicklung einer Region insbesondere durch die Entwickelung regionaler Netzwerke, regionaler Standards, Normen sowie regionaler institutioneller und wirtschaftlicher-organisationaler Set-ups mitgeprägt wird.[44] Dabei wird Zulieferer-Abnehmer-Beziehungen („traded relations"[45]) die gleiche Bedeutung beigemessen wie Netzwerkbeziehungen auf horizontaler bzw. lateraler Ebene: Netzwerke außerhalb der Zulieferer-Abnehmer-Beziehungen prägen das „social interplay"[46] und sind damit ebenso wie direkte Wertschöpfungsverflechtungen für den Erfolg des Clusters von Bedeutung.[47]

Die ***wettbewerbstheoretische Perspektive der Clusterforschung***[48] ist bis heute stark von den Beiträgen des amerikanischen Managementforschers PORTER geprägt.[49] Neben regionalen Agglomerationen von Unternehmen einer *fokalen* Branche berücksichtigt PORTER *vor- und nachgelagerte* Branchen sowie Industrien, die aufgrund eingesetzter Technologien oder

---

42 Vgl. GUPTA/SUBRAMANIAN (2008), S. 373, verweisend auf SCOTT/STORPER (1992).

43 Vgl. INGSTRUP et al. (2009), S. 5, verweisend auf DAHL (2003) und MOULAERT und SEKIA (2003).

44 Vgl. INGSTRUP et al. (2009), S. 5, verweisend auf STORPER (1995).

45 INGSTRUP et al. (2009), S. 5.

46 INGSTRUP et al. (2009), S. 5.

47 Auch ROSENFELD betont die Bedeutung lateraler und horizontaler Beziehungen und plädiert für eine weitere Ausarbeitung dieser Form der Interaktion abseits der direkten Zulieferer-Abnehmer-Beziehung in der ökonomischen Forschung. Siehe ROSENFELD (1997), S. 3 und S. 21 - 22.

48 GUPTA/SUBRAMANIAN unterscheiden *PORTERS diamond-perspective* und die *neo-diamond perspective* in Anlehnung an das Diamant-Modell des regionalen Wettbewerbsumfelds von PORTER. Siehe GUPTA/SUBRAMANIAN (2008), S. 374. Während *PORTERS diamond-perspective* sich auf die Anwendung des Diamant-Modells auf regionaler Ebene und damit auf Interaktionen auf Branchenebene *in* Clustern bezieht, wird in der *neo-diamond perspective* die Interaktion der Elemente des Diamant-Modells über räumlich größere Distanzen betrachtet, um die Ursache-Wirkungsbeziehungen zwischen regionalen Clustern und die länder- und regionenübergreifende Netzwerkbildung berücksichtigen zu können, wie sie in bestimmten Branchen beobachtet werden kann. Diese Perspektive wird in dieser Arbeit wegen des fehlenden Bezugs zur Forschungsfrage nicht weiter ausgeführt. Verwiesen wird an dieser Stelle auf die Literatur zur Interaktion der IKT-Cluster Silicon Valley (USA) und Bengaluru (Indien) bei ELBERT et al. (2009) sowie VAN GRUNSVEN/VAN EGERAAT (1999), S. 145 - 173 und O'DONNELL (1998), S. 48 - 67.

49 Mit den Buch-Veröffentlichungen *On Competition* (PORTER (1998a) und *The Competitive Advantage of Nations* (PORTER (1990) trägt er maßgeblich zur Wiederentdeckung der Regionalökonomik als Forschungsfeld bei. Siehe auch PORTER (1998c); PORTER (1998b); PORTER (2000) sowie PORTER (2003). Weitere Beiträge zum Diskurs der wettbewerbsorientierten und entrepreneurship-orientierten Clusterforschung liefern u. a. ENRIGHT/ROBERTS (2001), S. 99 - 121; Kenney/Burg (1999), S. 67 - 103; POUDER/ST. JOHN (1996) und FELDMAN (2001), S. 861 - 868. Als Vertreter für volkswirtschaftliche Beiträge wird stellvertretend verwiesen an Zhang (2003), S. 529 - 548; SWANN (1998); SWANN PREVEZER (1998); SWANN/PREVEZER (1996) und PANDIT et al. (2002), S. 195 - 224.

charakteristischer Mitarbeiteranforderungen Gemeinsamkeiten aufweisen.[50] Hervorzuheben ist dabei, dass im Gegensatz zum französischen Cluster-Konzept der *filières* bei PORTER nicht ausschließlich vertikale Verbindungen der Unternehmen im Vordergrund stehen.[51] Zwar werden Cluster als komplexe Wertschöpfungsnetzwerke betrachtet, die durch regionale Wertschöpfungsketten geprägt sind und vertikale Kooperationen hervorbringen, allerdings spielen neben Beziehungen zwischen Unternehmen vor- und nachgelagerter Branchen (Kunden-Lieferanten-Beziehungen) auch horizontale Verbindungen zwischen Unternehmen innerhalb einer Branche und laterale Beziehungen zu Unternehmen verbundener Branchen eine zentrale Rolle.[52]

In seinem *Diamant-Modell* beschreibt PORTER die Wirkung, die das regionale Wettbewerbsumfeld eines Clusters entfachen kann. Das Modell, 1998 in „The Competitive Advantage of Nations“ erstmals vorgestellt,[53] wurde ursprünglich für die Beschreibung und Erklärung nationaler Standortmerkmale entwickelt und erst später (im Kontext der REAGAN-Untersuchung) auf den regionalen Anwendungsfall übertragen. Mit Hilfe des Modells lässt sich eine Argumentation aufbauen, wie Cluster zu einer Produktivitätssteigerung und einer gesteigerten Innovationskraft der beteiligten Unternehmen beitragen.[54] PORTER beschreibt die Interaktion der Subsysteme, um die Entwicklung und das Verhalten des Gesamtsystems Cluster zu erklären.[55]

Die Vielfalt der von PORTER vorgeschlagenen Verbindungsmerkmale erklärt sich mit der Absicht, alle wettbewerbsrelevanten Beziehungen zwischen regionalen Akteuren in einem Clus-

---

50 Vgl. PORTER (2000), S. 16.

51 Vertikale Verbindungen werden im Diamant-Modell berücksichtigt in Form *vorteilhafter Faktor- und Nachfragebedingungen*. Horizontale Verbindungen ergeben sich aus der Betrachtungsebene von Clustern, durch welche *alle* regional ansässigen Akteure einer Wertschöpfungsstufe und damit auch alle horizontalen Verbindungen berücksichtigt werden. Laterale Verbindungen erheben wiederum aus dem im Diamant-Modell dargestellten Element *verbundene und verwandte Branchen*, vgl. PORTER (2000), S. 20. Zum französischen Cluster-Konzept *filières de production*, das ausschließlich vertikale Verbindungen der Unternehmen berücksichtigt und daher als Spezialfall des PORTERSCHEN Cluster-Begriffs zu bewerten ist, siehe MONFORT/DUTAILLY (1983), S. 5 - 22.

52 Als Beispiel nennt PORTER Cluster der Landwirtschaft, die durch technologische Anforderungen und Rohstoffbedarfe zusammenhängen. Unternehmen in einem Cluster der Gesundheitswirtschaft wiederum sind durch ihre Bedarfe an Arzneimitteln, Nahrungsergänzungsmitteln und medizinischen Geräten miteinander verbunden. Vgl. PORTER (1991), S. 172.

53 Vgl. PORTER (1990), S. 71.

54 Das Modell umfasst vier Kernelemente. Das Kernelement *Faktorbedingungen* beschreibt Produktionsfaktoren, die für die Entwicklung eines Clusters relevant sind. Das Kernelement *Nachfragekonditionen* beinhaltet als Subsystem die regionale Faktor-Nachfrage nach Cluster-spezifischen Produkten und Dienstleistungen. Vgl. PORTER (1999), S. 177 sowie S. 185 - 186. Das Kernelement *verwandte und unterstützende Branchen* umfasst international wettbewerbsfähige Zulieferbranchen sowie Branchen, die aufgrund der eingesetzten Technologien oder der Wettbewerbsanforderungen mit den Fokusbranchen des Clusters verwandt sind. Das Element *Strategie, Struktur und Wettbewerb* beschreibt alle Regeln und Anreize, durch welche Art und Intensität der Rivalität zwischen den Unternehmen am Standort bestimmt werden. Vgl. PORTER (1999), S. 189. Wertschöpfungspartnerschaften und horizontale Kooperationen bei gleichzeitigem verschärften Wettbewerb in anderen Leistungsbereichen der Unternehmen sind typische Handlungsmuster in Clustern, die den Begriff *co-opetition* geprägt haben. *Wertschöpfungspartnerschaften* werden in der Literatur als Ausprägung vertikaler Kooperationen im Rahmen von Zulieferer-Abnehmer-Beziehungen definiert. Siehe ERDMANN (1999), S. 23, verweisend auf BELZER (1997), S. 31.

55 Vgl. PORTER (1999), S. 254 - 255.

ter zu berücksichtigen. Die dabei entstehende begriffliche Unschärfe wird von zahlreichen Autoren kritisiert und mit Konkretisierungsvorschlägen flankiert, welche wiederum als zweckmäßige Definitionen im Kontext alternativer (zumeist fokussierter) Forschungsprogramme zu sehen sind.[56] PORTERS Beitrag zur Clusterforschung ist insbesondere seitens wirtschaftsgeographischer Autoren der Kritik ausgesetzt, wenige neue Erkenntnisse entwickelt zu haben. Sie sprechen ihm als Leistung lediglich zu, vorhandenes Wissen erfolgreich in die Praxis transferiert zu haben: *„Clever positioning and marketing of the cluster idea have been extremely influental in selling it to policy-makers the world over. In adopting the cluster idea, policy-makers purchase the ‚Porter brand', and in doing so serve to reinforce the brand's prominence.“*[57]

In der Praxis hat sich die Perspektive PORTERS weitgehend durchgesetzt: Insbesondere das Diamant-Modell hat in der öffentlichen und privaten Clusterpolitik Beachtung und breite Akzeptanz gefunden.[58] Es wird in zahlreichen Studien und Publikationen seit Ende der 1990er Jahre in nahezu unveränderter Form zur Anwendung gebracht.[59] Dies erklären MARTIN und SUNLAY damit, dass PORTER vorhandenes Wissen in einem leicht verständlichen Managementbezugsrahmen aufgearbeitet und damit der Wirtschaftspraxis zugänglich gemacht hat.[60]

Neben der geographischen und der wettbewerbstheoretischen Clusterforschung sind Cluster Gegenstand der Innovationsforschung. Die ***Perspektive der Innovationsforschung*** kann weiter differenziert werden in die Perspektive der regionalen Innovationssysteme und Beiträge, die sich mit globalen Innovationssystemen auseinandersetzen.[61] Die *Perspektive der regionalen Innovationssysteme* hat insbesondere in der europäischen Clusterforschung eine wichtige Rolle eingenommen. Dieser Systemansatz ist durch eine Berücksichtigung der informellen Wissenstransfer- und Lernprozesse in einem Cluster gekennzeichnet.[62] In regionalen Innovationssystemen konzentriert sich die zwischenbetriebliche Kooperation auf den wechselseitigen Austausch von Wissen und das gemeinsame Lernen der Akteure mit dem

[56] JACOBS/DE MAN stellen Dimensionen der Clusterbildung vor, die zur Identifikation von Clustern verwendet werden sollen: *Geographische Konzentration, horizontale Verbindungen, vertikale Verbindungen, laterale Verbindungen, technologische Verbindungen, fokale Verbindungen* und *Netzwerkqualität*. Siehe JACOBS und DE MAN (1996), S. 426 - 428.

[57] INGSTRUP et al. (2009), S. 5, verweisend auf MARTIN/SUNLEY (2003).

[58] Der Begriff *Clusterpolitik* wird nachfolgend ausführlich erläutert.

[59] Siehe stellvertretend RAUEISER (2005), S. 84 und CLANCY et al. (2001), S. 9 - 26.

[60] Vgl. MARTIN/SUNLEY (2003), S. 29.

[61] GUPTA/SUBRAMANIAN differenzieren die *regional innovation systems perspective* und die *national innovation systems perspective*. Nationale Innovationssysteme werden in den nachfolgenden Ausführungen nicht weiter erläutert, da im Rahmen dieser Arbeit regionale Netzwerkbeziehungen im Fokus stehen. Zur Lektüre der Grundaussagen beider Ansätze siehe: GUPTA/SUBRAMANIAN (2008), S. 375 - 376.

[62] Dabei können zwischen den Unternehmen sowohl kompetitive als auch kooperative Beziehungen bestehen. Vgl. GUPTA/SUBRAMANIAN (2008), S. 375, verweisend auf COOKE/MORGAN (1994). Diese Form der Zusammenarbeit ist durch den Begriff *co-opetition* geprägt, der die zwischenbetriebliche Kooperation von Wettbewerbern in ausgewählten unternehmerischen Funktionsbereichen oder die überbetriebliche Kooperation von Unternehmen bezeichnet, die im zwischenbetrieblichen Wettbewerb stehen. Zum Begriff *co-opetition* sei verwiesen an SCHMIDTCHEN (2005), S. 67 - 68; BENGTSSON et al. (2010), S. 19 - 39; CZAKON (2010), S. 58 - 73; GALVAGNO/GARRAFFO (2010), S. 40 - 57 und SCHMIELE/SOFKA (2007), S. 4 - 7 und CHEN/XU (2010).

Ergebnis, dass leichter innovative Leistungen und Prozesse entwickelt werden können.[63] Neben dem Cluster-Begriff ist in der Innovationsforschung daher auch der Begriff des *Inovativen Milieux* gebräuchlich, der die Rolle der sozialen Beziehungen und die Prozesse des Wissenstransfers und des gemeinsamen Lernens betont. Unter einem *innovativen Milieu* wird *„... the set, or the complex network of mainly informal social relationships on a limited geographical area, often determining a special external 'image' and a specific internal 'representation' and a sense of belonging, which enhance the local innovative capability through the synergetic and collective learning processes ...‘*[64] verstanden. Durch eine gezielte Verflechtung der unterschiedlichen Kompetenzen und Kenntnisse der kooperierenden Unternehmen werden Kompetenzen und Ressourcen in einem innovativen Milieu gemeinsam aufgebaut, so dass jedes Unternehmen für sich im Wettbewerb außerhalb des Clusters Vorteile ziehen kann.[65] So genannte *Leitunternehmen* (auch *focal firms* oder *flagship firms*) nehmen in der Perspektive der regionalen Innovationssysteme eine wichtige Rolle ein.[66] Es handelt sich um große Unternehmen, die als Wachstumspol in einem Cluster fungieren und das Verhalten weiterer Unternehmen beeinflussen.[67]

Als weitere Strömung innerhalb der Clusterforschung soll in dieser Arbeit die ***Perspektive der Netzwerkforschung*** herausgearbeitet werden. In dieser Forschungsperspektive werden aufbauend auf dem Cluster-Begriff PORTERS die Bildung von Unternehmensnetzwerken sowie die Wertschöpfungsaktivitäten in Clustern erforscht. Dabei lassen sich innerhalb dieser Perspektive verschiedene Forschungsschwerpunkte unterscheiden. REHFELD hebt die besondere Bedeutung unternehmensübergreifender Wertschöpfungsketten hervor. Dabei stehen vertikale Kooperationen in Clustern entlang der Wertschöpfungskette im Rahmen von Handelsbeziehungen und Innovationspartnerschaften im Vordergrund.[68] Auch GUPTA und SUBRAMANIAN beziehen sich in der von ihnen vorgestellten Perspektive der *transnationalen Wertschöpfungsketten* auf vertikale Kooperationen, allerdings verlassen sie den ausschließ-

---

63 Siehe stellvertretend SILVESTRE/DALCOL (2010).

64 Vgl. CAMAGNI (1991c), S. 3.

65 *„These clusters extend the sources of a firm's competitive advantage beyond firm-specific assets and competence building (to achieve competitive advantage). They generate firm-addressable assets – i.e. the assets a firm is able to draw through networking. These assets not only enhance competence building, but also competence leveraging, i.e. application of competencies to market opportunities or shared activities“*, siehe GUPTA/SUBRAMANIAN (2008), S. 375. Eingeklammerte Erläuterungen im Original. GUPTA und SUBRA-MANIAN verweisend in ihrer Argumentation an dieser Stelle auf MITRA (2000).

66 LUCAS, SANDS und WOLFE sprechen von *anchor organizations* und bezeichnen damit große Unternehmen, staatliche Einrichtungen oder Public-Private-Partnerships sowie Forschungseinrichtungen, die als Motor der regionalen Wirtschaftsentwicklung die Keimzelle der Clusterbildung bilden und u. a. als Kapitalgeber, Wissensträger und Netzwerkinitiatoren agieren. Siehe LUCAS et al. (2009), S. 196.

67 GUPTA/SUBRAMANIAN verweisend auf AYDALOT/KEEBLE (1988). Leitunternehmen absorbieren Innovationen, die von den um sie herum angesiedelten kleineren Unternehmen im Rahmen horizontaler Kooperationen entwickelt werden oder gemeinsam von dem Leitunternehmen mit regional angesiedelten Unternehmen in vertikalen Kooperationen generiert werden. Vgl. GUPTA/SUBRAMANIAN (2008), S. 375, verweisend auf LORENZONI (1990). Für eine weiterführende Auseinandersetzung mit der innovationsorientierten Clusterforschung wird verwiesen an CAMAGNI (1991a).

68 Vgl. KIESE (2008), S. 57.

lich regionalen Kontext:[69] Infolge der zunehmenden Internationalisierung der Produktionsstandorte hat sich ihrer Ansicht nach eine zunehmende Arbeitsteiligkeit in der produktiven Supply Chain eingestellt, die zu einer Spezialisierung der Unternehmen an den einzelnen Standorten und damit zur Herausbildung arbeitsteiliger Cluster geführt hat.[70] KIESE hingegen argumentiert, dass eine Einschränkung der Wertschöpfungsperspektive auf eine lineare Wertschöpfungskette den Systemcharakter von Produktion und Innovation vernachlässige und betont die Rolle horizontaler und diagonaler (lateraler) Verbindungen in Clustern.[71] Statt den Wertschöpfungsketten lassen sich seiner Ansicht nach Cluster treffender als *„lokalisierter Teil eines unternehmensübergreifenden Wertschöpfungssystems mit Verflechtungen in vertikaler, horizontaler und diagonaler Dimension"*[72] beschreiben. Gerade die horizontalen, kompetitiven und kooperativen Beziehungen in einem Cluster grenzen dieser Position folgend Cluster von vertikal integrierten Produktionssystemen wie FORD´schen Großunternehmen oder sozialistischen Kombinaten ab.[73] Dabei sind die Begriffe *Cluster* und *Netzwerk* nach KIESE nicht gleichzusetzen; Netzwerke stellen wesentliche Bestandteile von Clustern dar und umgekehrt sind Cluster als Elemente inter-regionaler Netzwerke zu sehen, die aufgrund der Branchenzugehörigkeit oder der Technologie Verknüpfungen zu anderen Clustern aufweisen.[74]

Neben der Literatur über regionale und transnationale Wertschöpfungsketten hat sich in den vergangenen Jahren ein Literaturstrang entwickelt, der sich mit der aktiven Vernetzung von Clustern durch *Cluster-Initiativen* und *vertikale sowie horizontale Wertschöpfungskooperationen* in Clustern befasst.[75] Die Analyse von Cluster-Initiativen und der Wertschöpfungskooperationen erfolgt in dem Bewusstsein, dass neben dem Blick auf Cluster aus der Vogelperspektive – wie er in der Agglomerationsforschung häufig gewählt wird – die Cluster-Entwicklung durch private Initiativen von Cluster-Akteuren auf bilateraler und Netzwerk-Ebene aktiv gefördert und gestaltet werden kann.[76] Dabei stehen nicht nur *kooperative Wertschöpfungsbeziehungen* im Interesse, sondern auch das gemeinsame Lernen und der Aus-

---

[69] Vgl. GUPTA/SUBRAMANIAN (2008), S. 376 - 378.

[70] Vgl. GUPTA/SUBRAMANIAN (2008), S. 378.

[71] Eine derartige Abgrenzung der Begriffe *Cluster* und *Netzwerk* nimmt auch ENRIGHT vor, der sich wiederum auf ROSENFELD bezieht. Vgl. ENRIGHT (1996), S. 119 - 125 in Verbindung mit ROSENFELD (1997), S. 1 - 15. Der Begriff *horizontale Kooperation* beschreibt hierbei das Kooperieren von Unternehmen auf der gleichen Produktions- oder Handelsstufe. Im Gegensatz dazu findet bei vertikalen Kooperationen eine Abstimmung von Aktivitäten nachgelagerter Wertschöpfungsstufen, also von Lieferanten und Kunden, statt. Bei lateralen Kooperationen findet eine Abstimmung von Aktivitäten von Unternehmen verschiedener Branchen statt. Vgl. JOST (2001b), S. 56.

[72] KIESE (2008), S. 57.

[73] Vgl. ebenda.

[74] Vgl. KIESE (2008), S. 58. Zur Betrachtung von Netzwerken in Clustern aus industriesoziologischer Sicht siehe VOSKAMP/WITTKE (1997), S. 213 - 216 und KAPPELHOFF (2000), S. 30 - 32. VOSKAMP und WITTKE sehen einen konzeptionellen Erneuerungsbedarf für die Industriesoziologie, um die in Clustern entstehenden vielfältigen netzwerkartigen Interorganisationsbeziehungen erfassen zu können.

[75] Siehe stellvertretend BEER/TERSTRIEP (2010), TERSTRIEP (2008) und SÖLVELL et al. (2003). Für eine vertiefende Auseinandersetzung mit den konzeptionellen Grundlagen der *Netzwerkentwicklung* sei verwiesen an TIBERIUS (2008), S. 22 - 28.

[76] Vgl. STEINLE (2007), S. 36.

tausch von Wissen, welches zur individuellen Gestaltung wettbewerbsfähiger Wertschöpfungssysteme genutzt werden kann. Die Interaktionen der Akteure in einem Cluster gewinnen in diesem Literaturstrang an Bedeutung. So betonen STEINLE, SCHIELE und MIETZNER, dass die bei PORTER aufgezeigten Standortvorteile auf Branchenebene lediglich die *Hardware* eines erfolgreichen Clusters darstellen. Erst durch die Entwicklung regionaler Beziehungen und Netzwerke kann die Dynamik eines Clusters und damit der Innovationserfolg in einem Cluster merklich gesteigert werden.[77] INGSTRUP, FREYTAG und DAMGAARD argumentieren, dass die Herausbildung regionaler Unternehmensnetzwerke ein verbindendes Elemente vieler Cluster-Definitionen und Denkschulen darstellt, auch wenn die aktive und systematische Vernetzung und Kooperation der Akteure in Clustern nicht immer explizit gefordert werde.[78] Darüber hinaus belegen zahlreiche Studien, dass Netzwerke in Clustern bedeutsam sind für das Verständnis der wirtschaftlichen Dynamik, die Cluster entwickeln können.[79] Aufgrund dieser Erkenntnisse untersucht die Literatur über Cluster-Initiativen, wie durch eine pro-aktive und gezielt geplante Netzwerkbildung in Clustern bestehende Beziehungen und Kooperationen in Clustern intensiviert und neue Kooperationen initiiert werden können.

TEIGLAND und LINDQVIST vergleichen Cluster-Initiativen mit Public-Private-Partnerships, da sowohl der private Sektor als auch öffentliche Einrichtungen an der Vernetzung beteiligt sind.[80] TERSTRIEP und SÖLVELL verstehen Cluster-Initiativen als *organisierte Aktivitäten von Unternehmen, Vertretern der Politik und Forschungseinrichtungen mit dem Ziel, das Wachstum und die Wettbewerbsfähigkeit von Clustern in einer Region zu steigern.*[81] Das Ziel kann sowohl in der Förderung bestehender Cluster als auch in der Initiierung und damit Aktivierung latenter Cluster liegen.[82] Der Begriff *Cluster-Initiative* stellt nach TERSTRIEP und SÖLVELL, nicht wie an anderer Stelle vertreten, ein Synonym zum Clusterbegriff dar, sondern bezeichnet eine *Ausprägung von Kooperationen* in einem Cluster.[83] Eng geknüpft an die Erforschung von Cluster-Initiativen ist auch der Untersuchungsgegenstand der öffentlichen und privaten *Cluster-Politik*, die neben den klassischen Instrumenten der regionalen Wirtschaftsförderung zunehmend auch die Initiierung und Unterstützung von Cluster-Initiativen als Weg zur Förderung von Wirtschaftstandorten nutzt.[84]

---

77 Sie stellen dabei eine Verbindung her zwischen Netzwerken in Clustern und dem Begriff des *innovativen Milieus*. Siehe STEINLE (2007), S. 236.

78 INGSTRUP, FREYTAG und DAMGAARD beziehen sich dabei insbesondere auf das bei der Industrial Marketing and Purchasing Group (IMP) etablierte Konzept des *business network*. Siehe INGSTRUP et al. (2009), S. 12.

79 Vgl. INGSTRUP et al. (2009), verweisend auf SAXENIAN (1994) und SORENSON/STUART (2001).

80 Vgl. TEIGLAND/LINDQVIST (2007), S. 771.

81 Vgl. TERSTRIEP (2008), S. 2 und KRUGMAN (2000), S. 31.

82 Vgl. SÖLVELL et al. (2003), S. 12.

83 Da *Cluster-Initiativen* in dieser Arbeit SCHRAMM-KLEIN (2005) folgend als *Kooperationsform* in Clustern definiert werden, werden sie in Kapitel 2.2.2 im Rahmen der Grundlagen der Kooperation in Clustern näher ausgeführt.

84 Zum Begriff der *Clusterpolitik* siehe FLOETING/ZWICKER-SCHWARM (2008), S. 21 - 23; KETELS (2008), S. 47 - 52; KÜPPER (2008), S. 85 - 86 und BRANDT (2008), S. 138 - 140.

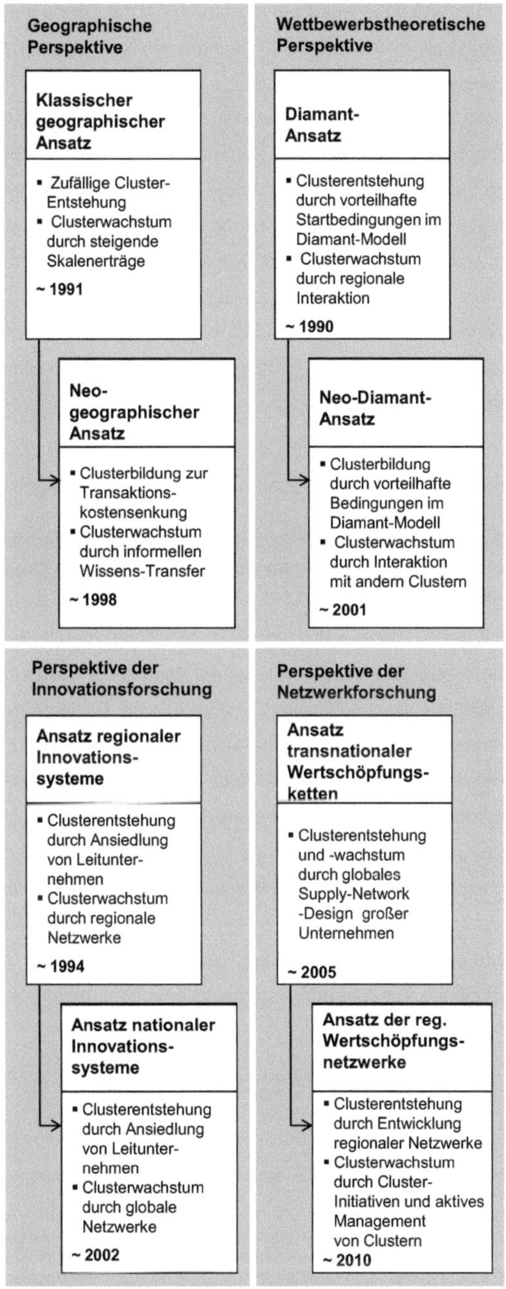

Abbildung 2-1: Historie der Clusterforschung seit 1990
Quelle: Ergänzte Darstellung von Gupta/Subramanian (2008), S. 379.

Sowohl auf europäischer und nationaler Ebene als auch auf der Ebene der Bundesländer hat sich die Clusterförderung als Instrument der Wirtschaftspolitik durchgesetzt. Schließlich sind in der aktuellen Cluster-Literatur vermehrt Beiträge zu finden, die im Rahmen der Betrachtung von Clustern als Wertschöpfungsnetzwerke die Netzwerk-Organisation fokussieren. Hier wird der Standpunkt vertreten, dass die Koordination von Wertschöpfungsbeziehungen und die Koordination von Wissens- und Know-how-Transfers in gemeinsamen Lernprozessen in Clustern nicht von einer zentral koordinierenden Stelle allein erfolgen können, sondern eine auf regionalen Werten, Institutionen und Regeln basierende, relationale Koordination kooperativer Aktivitäten erforderlich sei. Giegenstand der Forschung sind hierbei Organisationsstrukturen, Governance-Mechanismen und das Management von Cluster-Initiativen. Zusammenfassend sind in *Abbildung 2-1* (vorige Seite) sind die verschiedenen Perspektiven der Clusterforschung dargestellt.

2.1.2 Cluster-Modellierung als regionales Wertschöpfungssystem

Der Cluster-Begriff nach Porter und der Begriff des regionalen Wertschöpfungsnetzwerks nach Ritsch als Ausgangspunkte für die Erarbeitung eines Cluster-Systemmodells auf Mikroebene

Gegenstand dieses Kapitels ist die systemische Modellierung von Clustern in einer für die Arbeit zweckmäßigen Weise. Wie bei ELBERT soll die *Allgemeine Systemtheorie* hier auf die *wirtschaftswissenschaftliche systemtheoretisch-kybernetische Denkschule* eingegrenzt werden, die zur Behandlung von Unternehmen als Ausprägungsformen realer, künstlicher sozialer Systeme verwendet werden kann.[85] Während in der *systemorientierten Betriebswirtschafts- und Managementlehre* Unternehmen als Systeme beschrieben werden, die den Charakter geordneter Ganzheiten haben,[86] sind in der vorliegenden Arbeit Cluster Gegenstand der systemischen Modellierung. Der systemische Ansatz ist daher auf einer *Interorganisationsebene* zur Anwendung zu bringen. WEBER ist der Auffassung, dass der systemorientierte Ansatz als ein geeignetes Mittel nicht nur zur Beschreibung von Unternehmen, sondern auch zur Beschreibung von Interorganisationsbeziehungen genutzt werden kann.[87] SY-

---

[85] Vgl. ELBERT (2005), S. 161 - 162, verweisend auf die grundlegenden Beiträge zur Entwicklung einer allgemeinen Systemtheorie von BERTALANFFY (1949); SHANNON (1967) und ASHBY (1970).

[86] Die in der Organisations- und Managementforschung zur Anwendung kommenden systemtheoretischen Ansätze unterscheiden sich in ihren Denkrichtungen und Systemauffassungen, sie reichen von klassischen Kybernetik-Anwendungen bis hin zu phänomenologischen Betrachtungen von Sinn- und Kontextgemeinschaften. WEBER unterscheidet *klassische Systemansätze* von *neueren systemtheoretischen Ansätzen*. Siehe WEBER (1997), S. 278 sowie die dort zitierte Literatur.

[87] WEBER verweist auf MILES/SNOW (1986); NOHRIA/ECCLES (1992); SYDOW (1992) sowie JARILLO (1988), die zur Etablierung der Netzwerkorganisation als Organisationsform beigetragen und Netzwerke aus der kontingenztheoretischen Sicht systemtheoretisch beschrieben haben. Siehe WEBER (1997), S. 278. WEBER bezieht sich bei der Formulierung einer eigenen systemischen Netzwerkdefinition auf das auf BARNES (1954) zurückgehende Konzept des *sozialen Netzwerks* sowie auf MITCHELL (1969); BURT (1980); LINCOLN 1982 und SCHENK (1984). Da sich die vorliegende Arbeit auf die wirtschaftswissenschaftliche-kybernetische Denkschule beschränkt, soll die Netzwerkdefinition WEBERS, die den Autopoesiegedanken fokussiert, nicht weiter verwendet

DOW folgend, stellen interorganisationale Beziehungen auch kein neues Phänomen in der systemischen Managementforschung dar, da Unternehmen wie auch alle anderen sozialen Systeme nur durch den sozialen Austausch mit ihrer Umwelt existieren können.[88] So wird durch die Möglichkeit, Unternehmen als Systeme zu modellieren, auch die Möglichkeit eröffnet, Netzwerke als miteinander interagierende Unternehmen als System zu beschreiben. Für eine systemische Beschreibung von Clustern ist jedoch zu präzisieren, welche Systemelemente, welche Beziehungen zwischen den Elementen und ggf. welche Subsysteme bei der Modellierung zu berücksichtigen sind.[89] Darüber hinaus ist eine Abgrenzung des Systems Cluster zu seiner Umwelt zweckmäßig vorzunehmen.

In einem ersten Schritt ist die ***Modellierungsebene*** zu bestimmen. Die Clusterforschung bietet als Modellierungsebenen die *Makroebene*, die *Mesoebene* und die *Mikroebene* an.[90] Bei der Beschreibung von Clustern auf der Makroebene steht die Abgrenzung von Clustern zu räumlich aufgefächerten Wertschöpfungsstrukturen im Vordergrund. Dabei werden Cluster als (Black-Box-)Agglomerationen von Unternehmen beschrieben; Wertschöpfungsverflechtungen werden weitgehend ausgeblendet. Durch eine Beschreibung von Clustern auf der Meso- und Mikroebene hingegen lassen sich die Wertschöpfungsverflechtungen in Clustern darstellen. Auf der Mesoebene lassen sich Cluster als System modellieren, in welchen Wertschöpfungsverflechtungen auf Branchenebene oder (Unternehmens)Netzwerke als Subsysteme berücksichtigt werden. Auf der Mikroebene wird nicht nur eine Berücksichtigung einzelner Akteure innerhalb der Netzwerke, sondern darüber hinaus eine Analyse der Transaktions- und Kommunikationsverflechtungen im Cluster möglich.[91]

Da im konzeptionellen Bezugsrahmen der Arbeit die Entscheidungskoordination im Rahmen von Logistikkooperationen in Clustern behandelt wird, sind sowohl Kooperationsbeziehungen als auch Wertschöpfungsbeziehungen zwischen Unternehmen in einem Cluster zu erfassen. Daher werden Cluster modelltheoretisch als Wertschöpfungsnetzwerke erfasst und damit eine systemische Modellierung auf einer Mikroebene vollzogen. Die in der Clusterliteratur vorliegenden Beispiele für eine systemische Modellierung von Clustern sind aus diesem Grund in der vorliegenden Arbeit nicht verwendbar, denn diese stellen Modellbildungen auf der Meso- oder der Makroebene dar.[92] Eine systemische Beschreibung von Clustern, die

werden. Für eine Auseinandersetzung mit den von WEBER aufgegriffenen neueren Ansätzen des systemtheoretischen Denkens siehe: WEBER (1997), S. 281 - 283.

88 Vgl. SYDOW/WINDELER (1997b), S. 8.

89 In der systemorientierten Managementlehre werden Unternehmen als Systeme modelliert, die aus Individuen, Objekten, Prozessen und Strukturen bestehen und eine Umwelt besitzen. Vgl. ELBERT (2005), S. 161 sowie ULRICH/SCHWANINGER (2001), S. 245.

90 Vgl. SCHRAMM-KLEIN (2005), S. 539. Siehe die Beiträge zur Clusterentwicklung in England und den USA im Bereich der Biotechnologie und der Computerindustrie bei SWANN et al. (1998).

91 Vgl. SAUTTER (2004), S. 68.

92 Vgl. PORTER (1999), S. 211 und S. 247 sowie COOKE (2002), S. 149, S. 152 und S. 166. INGSTRUP formuliert folgenden begrifflichen Minimalkonsenz: Clusters are: *„An agglomeration composed of actors in a geographical context where the actors are linked to each other while producing cluster synergies under influence of the*

sowohl Wertschöpfungsverflechtungen zwischen den Unternehmen als auch ihre Kooperationsbeziehungen auf einer Mikroebene berücksichtigt, liegt bislang in der Literatur nicht vor.

Zur ***Abgrenzung der Systemelemente*** von ihrer Umwelt wird als begriffliche Bezugsbasis der in der netzwerkorientierten Clusterforschung etablierte *Cluster-Begriff* PORTERS aufgegriffen.[93] Zwar modelliert PORTER in seinen Systemmodellen Cluster auf einer Meso-Ebene, jedoch lassen sich diese Modelle aufbrechen, um die Verbindungen auf Akteursebene als Wertschöpfungs- und Kooperationsnetzwerke zu modellieren.[94] Darüber hinaus bietet sich der PORTERSCHE Cluster-Ansatz als Bezugsbasis an, da er keine Einschränkung vornimmt, welche Funktionsbereiche der Unternehmen Gegenstand von Kooperations- oder Wettbewerbsstrategien sind.[95] Somit ist eine Übertragbarkeit der erarbeiteten Konzepte auf den Anwendungsfall lateraler Transport- und Logistikkooperationen gewährleistet.

Neben den Systemelementen sind die ***Beziehungen der Systemelemente*** auf der Mikroebene zu präzisieren. Dabei werden verschiedene netzwerkartige Ausprägungen von Kooperationsbeziehungen und Wertschöpfungsbeziehungen unterschieden. Um die Systembeziehungen als Netzwerkbeziehungen erfassen zu können, ist zunächst der Netzwerkbegriff zu behandeln. Wie alle sozialwissenschaftlichen Phänomene ist der *Netzwerkbegriff* in der betriebswirtschaftlichen Forschung von der paradigmatischen Sichtweise des Managementforschers abhängig.[96] NASSIMBENI definiert Netzwerke als *„two (dyad) ore more agents, at least in part autonomous, which give rise to an exchange relationship, according to certain modalities and forms“*[97]. Nach SIEBERT sind Unternehmensnetzwerke dadurch gekennzeichnet, dass *mehr als zwei* formal unabhängige Unternehmen deutlich *kooperativer* zusammenarbeiten, als es im Rahmen einer rein marktlich koordinierten Austauschbeziehung üblich ist.[98] Dabei betonen sie den strategischen Aspekt von Netzwerken und spezifizieren deren Ziel, durch eine koordinierte Strategie mehrerer formal unabhängiger Unternehmen eine kollektive Effizienzsteigerung zu erreichen, um damit die Wettbewerbsposition jedes der beteiligten Unternehmen zu verbessern.[99] Entscheidend für die Existenz sei dabei, dass die beteiligten Unternehmen ein gemeinsames Ziel verfolgen und ihre Individualziele zumindest teilweise

---

same factor conditions. Clusters are systems in which membership is simply based on interdependence and making a contribution to the functioning of the system.“ Vgl. INGSTRUP et al. (2009), S. 10.

93 Vgl. PORTER (1998a), S. 199.

94 Vgl. PORTER (1999), S. 211 und S. 247.

95 PORTER weist lediglich darauf hin, dass Unternehmen in einzelnen Bereichen kooperieren können, auch wenn sie in anderen Bereichen im Wettbewerb zueinander stehen.

96 Vgl. WEBER (1997), S. 276. Dabei reicht die wissenschaftliche Beschäftigung mit industriellen Netzwerken zurück bis in die 1970er Jahre, vgl. HEISSINGER et al. (2000), S. 32.

97 NASSIMBENI (2004), S. 43.

98 SIEBERT schränkt den Gegenstand der Austauschbeziehung nicht ein, so dass nicht nur der Austausch von Waren und Dienstleistungen im Rahmen vertikaler Austauschbeziehungen, sondern auch der Austausch von Wissen und anderen Ressourcen in horizontalen Austauschbeziehungen im Netzwerkbegriff gefasst werden kann, vgl. dazu SIEBERT (2006), S. 8.

99 Vgl. SIEBERT (2006), S. 7.

dem Kollektivziel des Netzwerks unterordnen.[100] SYDOW definiert Netzwerke als *„Kooperationen in und/oder zwischen relativ autonomen, gleichwohl in ein Netz von Beziehungen eingebundenen Organisationen bzw. Unternehmungen (oder Organisationseinheiten)“*[101].

Es wird deutlich, dass die *Kooperation* zwischen Unternehmen zentraler Bezugspunkt des Netzwerksbegriffs ist. Das Wort *Kooperation* lässt sich sprachgeschichtlich auf das lateinische Wort *cooperatio* (cooperātio, ōnis, f. (cooperor) zurückführen, das in der deutschen Sprache als *Mitwirkung* übersetzt werden kann.[102] In der betriebswirtschaftlichen Forschung wird von Kooperation gesprochen, wenn das aufeinander abgestimmte, zusammenwirkende Handeln rechtlich unabhängiger Wirtschaftsakteure bezeichnet werden soll.[103] Eine durchgängig einheitliche Begriffsbildung liegt in der Betriebswirtschaftslehre zwar auch beim Kooperations-Begriff nicht vor, eine Synonymität der Begriffe *Kooperation* und *Netzwerk* wird jedoch einheitlich bestritten.[104] Netzwerke werden vielmehr als Unterform des allgemeineren Kooperationsbegriffs eingeordnet.[105] Präzisieren lässt sich diese Einordnung durch die Netzwerk-Definition von SYDOW, die fortan als Bezug in dieser Arbeit genutzt wird: Netzwerke stellen eine *„Organisationsform ökonomischer Aktivität zwischen Markt und Hierarchie dar, die sich durch komplex-reziproke, eher kooperative denn kompetitive und relativ stabile Beziehungen zwischen rechtlich selbstständigen, wirtschaftlich jedoch zumeist abhängigen Unternehmungen“*[106] auszeichnet.[107]

Neben dem allgemeinen Netzwerkbegriff haben sich in der betriebswirtschaftlichen Forschung unterschiedliche *spezielle Netzwerkbegriffe* herausgebildet. Die Typenvielfalt kann als Resultat der nahezu grenzenlosen Möglichkeiten zur Typisierung von Netzwerken gesehen werden.[108] *Wertschöpfungsnetzwerke* fokussieren Güterströme und bilden die Zulieferer-

---

[100] Vgl. SIEBERT (2006), S. 9.

[101] SYDOW (2006b), S. 1. Hervorhebungen im Original.

[102] Vgl. PONS Online-Wörterbuch Latein: *http://de.pons.eu/latein-deutsch/cooperatio* (letzter Zugriff am 20.08.2011).

[103] Das Kriterium der wirtschaftliche Unabhängigkeit muss dabei nicht gegeben sein, vielmehr kann durch die Zusammenarbeit von Unternehmen über reine Marktbeziehungen hinaus eine ein- oder wechselseitige wirtschaftliche Abhängigkeit entstehen.

[104] ZENTES, SWOBODA und MORSCHETT betonen, dass Netzwerke zumindest trilaterale Bindungen darstellen und neben direkten Beziehungen zwischen den Akteuren in Netzwerken auch indirekte Beziehungen existieren. Vgl. ZENTES et al. (2005b), S. 6. Damit grenzen sich ZENTES, SWOBODA und MORSCHETT von der ihrer Position folgend *zu engen* Sicht von Netzwerken als Gesamtheit direkter Kunden-Lieferanten-Beziehungen ab.

[105] Vgl. ZENTES et al. (2005b), S. 6.

[106] SYDOW (1992), S. 82.

[107] Kontrovers wird hingegen diskutiert, ob Netzwerke als *intermediäre* oder als *eigenständige* Organisationsform einzuordnen sind, siehe KREBS/ROCK (1997), S. 322. Teilweise werden Netzwerke als ergänzende Organisationsform, als sog. Sekundärorganisation zu hierarchischen Organisationsstrukturen betrachtet. Die etablierte funktionale und divisionale Organisation wird als *Primärorganisation* in der Wirtschaftspraxis häufig durch verschiedene *sekundäre Organisationsformen* ergänzt bzw. von diesen überlagert (z. B. Projektorganisation, SGE-Organisation), um die jeweiligen Nachteile der Primärorganisation auszugleichen. Die *Netzwerkorganisation* (auch unter dem Begriff *N-Form* zitiert) hat sich in jüngerer Zeit neben der Prozessorganisation und den genannten Primärorganisationen zu der vierten Ausprägung einer Primärorganisation entwickelt, vgl. SYDOW (2006a), S. 388.

[108] Vgl. SYDOW (2006a), S. 393. Zur Gewinnung eines Überblicks über die vielfältigen Möglichkeiten, Netzwerke zu typisieren, siehe die Zusammenstellung der Bestimmungsfaktoren und die aus ihrer Anwendung resultierenden Netzwerktypen bei SYDOW (2006a), S. 394.

Abnehmer-Beziehungen zwischen mehreren Wertschöpfungspartnern ab. RITSCH berücksichtigt das kooperative Element in Wertschöpfungsnetzwerken und definiert sie als *Mehrfachverflechtung von Wertschöpfungspartnerschaften.*[109] Wertschöpfungspartnerschaften werden bei RITSCH als Kooperationen von Unternehmen im Rahmen von Zulieferer-Abnehmer-Beziehungen definiert.[110] Mögliche Ausprägungsformen sind Entwicklungspartnerschaften, Fertigungspartnerschaften oder Logistikpartnerschaften.[111] Da Wertschöpfungsnetzwerke nicht notwendigerweise einen regionalen Bezug aufweisen, stellen regionale Wertschöpfungsnetzwerke eine Sonderform der Wertschöpfungspartnerschaft mit regionalem Bezug dar. *Regionale Wertschöpfungsnetzwerke* können daher Bezug nehmend auf RITSCH definiert werden als eine *Mehrfachverflechtung von Wertschöpfungspartnerschaften mit regionalem Schwerpunkt.* Mit dem so definierten Wertschöpfungsnetzwerk lassen sich die Wertschöpfungsbeziehungen in einem Cluster sowie – zunächst nur die vertikalen – Kooperationen zwischen den Unternehmen eines Clusters auf der Mikroebene abbilden.

Zwischen- und überbetriebliche Kooperationen in Clustern: Konzeptionelle Erweiterung des regionalen Wertschöpfungsnetzwerks nach Ritsch

Mit dem Begriff des Wertschöpfungsnetzwerks von RITSCH können Wertschöpfungsbeziehungen und vertikale Wertschöpfungskooperationen in Clustern modelliert werden. Dieser konzeptionelle Ausgangspunkt der Systemmodellierung ist zweckmäßig, da vertikale Kooperationen (Wertschöpfungskooperationen) in Clustern eine wichtige Rolle einnehmen: Über 70% der Transaktionen in einem Cluster in vertikaler Richtung (entlang der Supply Chain) werden in langfristigen Zulieferer-Abnehmer-Beziehungen abgewickelt.[112]

Neben Wertschöpfungsbeziehungen und vertikalen Kooperationsbeziehungen liegen in Clustern allerdings insbesondere auch horizontale zwischenbetriebliche Kooperationen und überbetriebliche Kooperationen im Rahmen so genannter Cluster-Initiativen vor. Auch diese sind bei der systemischen Modellierung zu berücksichtigen.[113] ***Horizontale zwischenbetriebliche Kooperationen*** reichen funktional betrachtet von Kooperationen in der Beschaffung, der Logistik, der Produktion, dem Marketing bis hin zu Kooperationen im Personalwesen. Sowohl Industrieunternehmen als auch industrielle Dienstleister, Universitäten, Hoch-

[109] Vgl. RITSCH (2005), S. 28.
[110] Vgl. ebenda, S. 26 - 28.
[111] Vgl. ebenda. Zu Ausprägungen von Wertschöpfungskooperationen in Clustern siehe auch SCHRAMM-KLEIN (2005), S. 549.
[112] Vgl. ENRIGHT/THE COMPETITIVENESS INSTITUTE (2000), S. 8.
[113] PORTER betont, dass Cluster Branchenanhäufungen darstellen, in welchen Unternehmen *horizontal* oder auch *vertikal* verknüpft sind. Vertikale Verknüpfungen entstehen durch Käufer-Lieferantenbeziehungen, horizontale Verknüpfungen durch eine gemeinsame Lieferanten- oder Kundenbasis, gleichermaßen eingesetzte Technologien oder genutzte Vertriebskanäle, vgl. PORTER (1991), S. 97 und S. 172.

schulen und andere (thematisch verbundene) Organisationen können daran beteiligt sein, siehe *Tabelle 2-5:*[114]

Differenzierungskriterium	***Kooperationsform (Auswahl)***
Kooperationsrichtung	*Horizontale Kooperation, vertikale Kooperation, laterale Kooperation*
Anzahl der Partner	*Zwischenbetriebliche Kooperation, überbetriebliche Kooperationen*
Bindungsintensität	*„Strong ties", „Weak ties"*
Formalisierungsgrad	*Formelle Kooperation , informelle Kooperation*
Institutionelle Zuordnung der Partner	*Unternehmen, Forschungseinrichtungen, Normungsinstitute, Regierungsstellen*
Kooperationsgegenstand	*Marketing, F&E, Produktion, Vertrieb etc.*

Tabelle 2-5: Differenzierungskriterien und Kooperationsformen in Clustern
Quelle: In Anlehnung an Schramm-Klein (2005), S. 548.

Nach SCHRAMM-KLEIN kommt insbesondere ***Cluster-Initiativen*** als Ausprägungsform überbetrieblicher Kooperationen eine wichtige Rolle in Clustern zu.[115] An diesen überbetrieblichen Kooperationen ist häufig eine Vielzahl von Unternehmen und sonstigen Akteuren eines Clusters beteiligt. Sie sind entweder als lose Arbeitsgemeinschaften oder als Vereine oder in einer anderen, eigenen Rechtsform organisiert. Diese Form der Kooperation dient u. a. dazu, die zielgerichtete zwischenbetriebliche Kooperation von Unternehmen, Universitäten, Hochschulen und verwandten Organisationen anzuregen oder zu koordinieren. Darüber hinaus werden in Cluster-Initiativen gemeinsame Ziele der Unternehmen verfolgt, die sich zumeist dem übergeordneten Ziel der Cluster-Förderung zuordnen lassen. Die Initiierung, Betreuung und finanzielle Förderung von Cluster-Initiativen wird daher insbesondere von Akteuren der regionalen Wirtschaftsförderung als Weg zur Stärkung der regionalen Wirtschaft betrachtet.[116] Die Position von SCHRAMM-KLEIN, Cluster-Initiativen als Form überbetrieblicher Kooperationen als besonders bedeutsam einzustufen, lässt sich durch die empirischen Erkenntnisse der Clusterforschung stützen: 2007 existierten europaweit mehr als 400 Cluster-Initiativen, die sich in unterschiedlichen Entwicklungsstadien befanden.[117] Gemäß einer Studie aus dem Jahr 2006 sind bereits in 2006 über 60% aller Unternehmen in der Europäischen Union mit mehr als 20 Beschäftigten Mitglied einer Cluster-Initiative. Mehr als 20% der Unternehmen geben an, in einem Cluster-ähnlichen Umfeld aktiv tätig zu sein, was sich in

---

[114] Vgl. SCHRAMM-KLEIN (2005), S. 548. Siehe auch ENRIGHT (1996), S. 198 - 200 zur vertiefenden Auseinandersetzung mit Kooperationen zwischen Wettbewerbern in Clustern.

[115] Vgl. SCHRAMM-KLEIN (2005), S. 549. Zum Begriff der Cluster-Initiative siehe auch TERSTRIEP (2008), S. 2; KRUGMAN (2000), S. 31 und PORTER (1999), S. 279 - 283.

[116] Allein in Deutschland gibt es über 400 Cluster-Initiativen, auf Europäischer Ebene werden weitere 500 Cluster-Initiativen im *European Cluster Observatory* der Europäischen Union gelistet.

[117] Vgl. TERSTRIEP (2008), S. 1.

einer starken Ausrichtung auf die regionale Infrastruktur und enge Kooperationen mit anderen im Cluster aktiven Unternehmen ausdrückt.[118] 20% der Unternehmen geben an, einen Unternehmensstandort gewählt zu haben aufgrund der Möglichkeit, in einer Cluster-Initiative tätig werden zu können.[119] Nach den Analysen von EUROPE INNOVA haben sich in den Ländern Deutschland, Österreich, Schweiz, Polen, Tschechien und Slowenien bis Anfang April 2011 kumuliert über 1.200 Cluster-Initiativen gebildet. In den EU-27-Staaten sind zum gleichen Zeitpunkt über 3.000 Cluster-Initiativen dokumentiert worden.[120]

FLOETING folgend, sind Cluster-Initiativen ein wichtiges Instrument zur strategischen (Neu)Aufstellung von Städten und Kommunen. Sie werden daher vielfach von öffentlichen Akteuren aus Politik und Regionalförderung initiiert und angetrieben.[121] Um die konkreten Aktivitäten und Ziele von Cluster-Initiativen herauszuarbeiten, haben SÖLVELL, LINDQVIST und KETELS bereits 2002 erstmals im Rahmen einer großzahligen empirischen Untersuchung die ***Ziele von Cluster-Initiativen*** analysiert.[122] Die Grundgesamtheit der an der Studie beteiligten Akteure umfasst Vertreter von 250 Cluster-Initiativen. Die auf diesem Weg ermittelten Ziele der überbetrieblichen Kooperationen lassen sich den in *Abbildung 2-2* dargestellten Kategorien zuordnen (nachfolgende Seite).[123]

Dabei unterscheiden sich die genannten Zielkategorien bzgl. der Ebenen der Zielrealisierung. Während die Förderung des Cluster-Wachstums, die politische Einflussnahme sowie die Netzwerkbildung im Rahmen überbetrieblicher Kooperationen realisiert werden können, kann eine Cluster-Initiative im Rahmen der Innovationsförderung und im Rahmen der Reali-

---

[118] Vgl. PORTER (1998b), S. 4. Der Prozentsatz der Unternehmen, die aktiv auf die Clusterinfrastruktur ausgerichtet sind und enge Kooperationen mit anderen Unternehmen in einem Cluster praktizieren, variiert nach Ländern beträchtlich. Während in Großbritannien über 80% und in Lettland und Irland jeweils über 60% der Befragten angeben, dies zu erfüllen, sind in Polen und der Tschechischen Republik nur 4% der Unternehmen in Clustern aktiv engagiert. In Frankreich und Deutschland geben 10 - 20% der Unternehmen an, enge regionale Kooperationen in Clustern zu pflegen und die Wertschöpfung auf die regionale Infrastruktur auszurichten. Vgl. PORTER (1998b), S. 4.

[119] Vgl. PORTER (1998b), S. 4. Die Studie schließt die EU25-Staaten, Bulgarien, Kroatien, Rumänien, die Türkei, Norwegen, die Schweiz und Island ein. Im Rahmen der großzahligen empirischen Erhebung wurden 20.994 zufällig ausgewählte Unternehmen angefragt. 3.528 Interviews wurden erfolgreich abgeschlossen, die Teilnehmer waren überwiegend Vertreter der Unternehmensleitung der Unternehmen, vgl. PORTER (1998b), S. 3. Siehe auch TERSTRIEP (2007), S. 2.

[120] Siehe die Dokumentation der Cluster im Internet unter: *http://www.clusterobservatory.eu/index.html* (letzter Aufruf am 01.04. 2011).

[121] Vgl. FLOETING (2008), S. 5 - 6.

[122] Die Ergebnisse von KRUGMAN (2000) basierten auf der Erhebung *The Global Cluster Initiative Survey* aus dem Jahr 2003, bei der über 500 Cluster-Initiativen weltweit (mit Schwerpunkt in Nordamerika, Europa, Neuseeland und Australien) identifiziert werden konnten und angeschrieben wurden. 238 Cluster-Initiativen haben sich an der Befragung beteiligt. Vgl. KRUGMAN (2000), S. 10. Auf Basis der Ergebnisse wurde das *Cluster Initiative Performance Model (CIPM)* als Erklärungsmodell für den Erfolg von Cluster-Initiativen entwickelt. Das Modell erklärt die Leistung einer Cluster-Initiative in Abhängigkeit ihrer Ziele, Treiber und ihrem Umfeld. Vgl. KRUGMAN (2000), S. 25 - 30.

[123] Dabei haben ältere Cluster-Initiativen tendenziell einen engeren Fokus als jüngere Cluster-Initiativen. Vgl. KRUGMAN (2000), S. 10. SÖLVELL, LINDQVIST und KETELS bezeichnen die erste Gruppe der Cluster-Ziele *„Research and Networking"* (KRUGMAN (2000), S. 26), führen jedoch den Aspekt der gemeinsamen Forschung nicht aus. Netzwerkbildung hingegen wird als das am stärksten verbreitete Ziel von Cluster-Initiativen beschrieben. Die meisten Cluster-Initiativen sind dabei breit aufgestellt und verfolgen Ziele aus vier oder fünf dieser Zielkategorien.

sierung von Wertschöpfungskooperationen lediglich initiierenden oder koordinierende Charakter haben. Diese Formen der Zusammenarbeit machen aufgrund der thematischen Nähe zu den primären Leistungsprozessen der Unternehmen i.d.R. eine intensive zwischenbetriebliche Kooperation erforderlich.

- Cluster-Wachstum und politische Einflussnahme,
- Netzwerkbildung und regionale Markenbildung,
- Innovationsförderung und Technologieentwicklung sowie die
- Realisierung von Wertschöpfungskooperationen

- - - - - Zielrealisierung auf der Ebene zwischenbetrieblicher Kooperationen

——— Zielrealisierung auf der Ebene überbetrieblicher Kooperationen

Abbildung 2-2: Zielkategorien von Cluster-Initiativen.

Die Förderung des Cluster-Wachstums stellt eine Zielkategorie der regionalen Wirtschaftsförderung dar.[124] Neben einer gezielten Einflussnahme auf die Gestaltung der regionalen, industriellen Infrastruktur und die branchenrelevante Gesetzgebung zielen diese Aktivitäten auf die Entwicklung eines gründerfreundlichen Wirtschaftsklimas. Dabei ist eine gezielte *politische Einflussnahme* der Cluster-Initiativen durch eine Dialogführung mit Cluster-Unternehmen, politischen Einrichtungen und Forschungseinrichtungen erforderlich.[125] Cluster-Initiativen können dadurch dazu beitragen, dass ökonomisch relevante Umweltbedingungen in einem Cluster vorteilhaft beeinflusst werden.[126]

Die *Netzwerkbildung* stellt eine weitere Zielkategorie dar. Viele Cluster-Initiative verfolgen das Ziel, die Cluster-Entwicklung durch den regionalen Wissenstransfer und die Interaktion der Akteure vor Ort im Rahmen der *Netzwerkbildung* zu fördern.[127] Auch Aktivitäten, die zur Bildung einer regionalen Marke beitragen, können dieser Zielkategorie zugeordnet werden.

[124] Hier werden Ziele zusammengefasst, die sich auf die Bildung regionaler Marken für Wertschöpfungsstandorte und auf eine aktive Ansiedlungspolitik durch die Werbung um Direktinvestitionen beziehen. SÖLVELL, LINDQVIST und KETELS nennen als Beispiel den Fall der Cluster-Initiative *CITI* in Südafrika, welche das Ziel verfolgt, das Image der Region als IT-Region zu stärken, sowie den Fall der Cluster-Initiative *Pannon Automotive Cluster (PANAC)* in Ungarn, wo auf die Absiedlung internationaler Großunternehmen und ihre Anbindung an die regionale Zulieferunternehmen abgezielt wurde, vgl. KRUGMAN (2000), S. 28.

[125] Cluster-Initiativen sind daher für Cluster-Unternehmen als ein Instrument der Unternehmenspolitik zu sehen. Vgl. KRUGMAN (2000), S. 28.

[126] Siehe hierzu exemplarisch den Beitrag über die Beeinflussung nicht gestaltbarer Logistikvariablen durch Logistik-Cluster bei ELBERT et al. (2008), S. 294 - 322.

[127] Vgl. KRUGMAN (2000), S. 27 - 28. Dies beinhaltet alle Tätigkeiten, die auf das Clusters aufmerksam machen (u. a. die Erstellung von Cluster-Studien, der Bereitstellung von Informationsmaterial oder die Organisation von Gastvorträgen durch Experten). Hinzu kommen die Initiierung, Unterstützung und finanzielle Förderung der interpersonellen Netzwerkbildung durch Internetplattformen oder organisierte Zusammentreffen von Mitarbeitern der Cluster-Akteure.

Hierbei wird mit der Vernetzung das Ziel verfolgt, eine Region durch den Aufbau eines bestimmten Images oder einer Marke zu stärken.[128]

Neben den Zielen, die durch überbetriebliche Kooperationen auf der Ebene der Cluster-Initiative erreicht werden können, streben viele Cluster-Initiativen auch eine Förderung der Innovationsleistung der Cluster-Akteure sowie die Förderung von Wertschöpfungskooperationen an. Diese Kooperationen sind im Rahmen der Cluster-Initiative nicht direkt umsetzbar, jedoch kann eine Kooperationsinitiierung und -unterstützung durch die *Übernahme von Koordinationsleistungen* durch die Cluster-Initiative geleistet werden. So werden die Kooperationspartner vielfach aus dem Kreis der Mitglieder einer Cluster-Initiative rekrutiert und bei der Identifikation von Kooperationspotenzialen und bei der Suche und Auswahl von Kooperationspartnern unterstützt.[129] Zwischenbetriebliche Wertschöpfungskooperationen werden dabei sowohl entlang der Wertschöpfungsbeziehungen (auf vertikaler Ebene) als auch zwischen Wettbewerbern und sonstigen Unternehmen (auf horizontaler) praktiziert.[130] Bei vertikalen Wertschöpfungskooperationen liegen in Clustern, je nach Beziehungsstärke der Akteure Produktionsverbünde oder eher, auf informellen Beziehungen zwischen den Akteuren basierende, lose Kontaktsysteme vor.[131] Gegenstand horizontaler Kooperationen in Clustern sind nach ENRIGHT u. a. gemeinsame Aktivitäten in der Beschaffung (Beschaffungskooperationen), im Vertrieb (gemeinsame Vermarktungsaktivitäten) und im Marketing (gemeinsame Marktforschung).[132]

Modellierung von Clustern als regionales Wertschöpfungssystem

Bei der abschließenden systemischen Modellierung von Clustern wird das Konzept des regionalen Wertschöpfungsnetzwerks nach RITSCH erweitert um die im vorigen Abschnitt skizzierten horizontalen und überbetrieblichen Kooperationen in Clustern.[133] Dabei ist auch die Kooperation von Wettbewerbern als typisches unternehmerisches Verhaltensmuster in Clus-

[128] Vgl. KRUGMAN (2000), S. 28. Dadurch soll die Attraktivität der Region für Investoren und externe Unternehmer sowie potenzielle Arbeitskräfte gesteigert werden.

[129] Durch Informationssammlungen und systematische Erfahrungsaustausche in Arbeitsgruppen und Seminaren, Publikation über das jeweilige Cluster, durch Einladungen von externen Sprechern und Experten sowie durch das Erstellen von Cluster-Webseiten wird das Ziel verfolgt, neue Netzwerke im Cluster zu initiieren und bestehende Netzwerke zu stärken. Die neu entstehenden *Cluster-Netzwerke* sind dabei unterschiedlich stark auf bestimmte Ziele ausgerichtet. Vgl. KRUGMAN (2000), S. 28.

[130] KRUGMAN (2000) beschreibt die Zusammenarbeit von Unternehmen in einem Cluster in den Bereichen Beschaffung (Kooperationen in Form von Einkaufskooperationen und durch gemeinsame Beschaffungsmarktforschung) und Vertrieb (Kooperation von Marketingaktivitäten) als *„commercial cooperation“* (KRUGMAN (2000), S. 28). Der Begriff Wertschöpfungskooperation wird in dieser Arbeit für Kooperationen in den direkten und indirekten Funktionen von Unternehmen verstanden, also für Kooperationen im Einkauf, in der Logistik, der Produktion, in der Forschung und im Marketing.

[131] Auch daraus können durch einen Wissens- und Informationsaustausch entlang der Wertschöpfungskette gemeinsame Entwicklungen neuer Produkte oder verbesserte Prozesse resultieren. Vgl. ENRIGHT (1996), S. 199. Siehe hierzu auch RUSSO (1985).

[132] Vgl. ENRIGHT (1996), S. 199.

[133] SEMLINGER modelliert Zuliefernetzwerke als Systeme und diskutiert auf dieser Grundlage Steuerungs- und Koordinationsmechanismen in Wertschöpfungssystemen mit sinkender Fertigungstiefe. Siehe SEMLINGER (2006), S. 62 - 67.

tern zu berücksichtigen. Dieses als *Co-opetition* bezeichnete Phänomen kann in Clustern nicht nur im Rahmen zwischenbetrieblicher Kooperationen beobachtet werden, wenn die Kooperationspartner Wettbewerber in anderen Bereichen der betrieblichen Leistungserstellung sind.[134] Co-opetition kann auch im Rahmen *überbetrieblicher Kooperationen* entstehen, wenn *Wettbewerber* mit einer Vielzahl anderer Akteure an überbetrieblichen Kooperationen beteiligt sind.[135]

Elemente des Systems Cluster sind alle Organisationen, die in PORTERS Cluster-Definition berücksichtigt sind. Dies sind neben Unternehmen auch die mit ihnen verbundenen Organisationen und Institutionen, die mit dem Management von Cluster-Aktivitäten beauftragt werden. Die Institutionalisierung eines *Cluster-Managements* kann dabei zu einer Aufgabenerweiterung bestehender Organisationen führen, aber zur Bestellung eines eigens für diesen Zweck eingerichteten Cluster-Managers führen.

Die ***System-Umwelt Abgrenzung*** erfolgt wie im Wertschöpfungsmodell von RITSCH dadurch, dass zwischen Elementen des Systems und Elementen der Umwelt keine nennenswerten regional-kooperativen Beziehungen vorzufinden sind. Somit wird die Kooperation als Verhaltensmuster zum Kriterium für die Abgrenzung zwischen System und Umwelt. Dies wird dem Netzwerk-Ansatz gerecht, der die Interaktion der Netzwerkelemente als Knoten und die Netzwerkbeziehungen als mehr oder weniger starke Kanten beschreibt. Die Netzwerkgrenzen werden dabei erreicht, wenn keine kooperativen Verbindungen (Kanten) zwischen den Knoten mehr identifiziert werden können.[136] Die Berücksichtigung der Regionalität als Kriterium für die Festlegung der Systemgrenze gestaltet sich als schwierig, da die *geographische Ausdehnung* eines Clusters einer Region, einem Bundesland oder auch nur einer Stadt entspricht und dabei politische Grenzen überschreiten kann.[137] Eine indirekte Abgrenzung lässt sich jedoch durch die Abnahme der wettbewerbsrelevanten regionalen Wirkung nach PORTER bzw. eine Abnahme der *Spillovers* definieren, die sich durch die für den Wett-

---

[134] Vgl. SCHMIDTCHEN (2005), S. 67. SCHMIDTCHEN untersucht die Frage, welche Konsequenzen sich für die Wettbewerbstheorie und die Wettbewerbspolitik durch Co-opetition als neues Mindset im Sinne von BRANDENBURGER und NALEBUFF ergeben. Zur weiteren Vertiefung des Begriffs Co-opetition siehe BRANDENBURGER/NALEBUFF (1996).

[135] Neben der klassischen Ausprägung von Co-opetition, wo Unternehmen ihr wettbewerbliches bzw. kooperatives Verhalten nach den betroffenen betrieblichen Funktionsbereichen oder anhand von Produktgruppen ausrichten, wird in Clustern vielfach kooperiert, um übergeordnete, vielfach standortbezogene Zielen zu erreichen. Diese Form der Kooperation wird in Clustern praktiziert, um vorteilhafte Wettbewerbsbedingungen für die beteiligten Akteure zu schaffen. Es wird das Ziel verfolgt, die in volkswirtschaftlichen Arbeiten beschriebenen *externen Effekte* durch gemeinsames Handeln und gemeinsame politische Einflussnahme zu verstärken.

[136] Damit lassen sich Wertschöpfungsnetzwerke systemisch beschreiben als „Wertschöpfungssysteme, deren Elemente rechtlich selbstständige Unternehmungen sind. Sie kooperieren auf aufeinanderfolgenden Stufen der Wertschöpfungskette und stehen über Waren-, Daten- und Kapitalflüsse miteinander in Verbindung [...]" RITSCH (2005), S. 37.

[137] Vgl. PORTER (2000). Bei Cluster-Initiativen kann die geographische Ausbreitung empirisch gemessen werden. Die meisten Cluster-Initiativen haben einen engen geographischen Fokus: 50% der Cluster-Initiativen haben den Großteil der Mitglieder in einer Entfernung von einer Autostunde. Die Mitgliederstruktur ist abgesehen vom regionalen Fokus und der Branchenzugehörigkeit zumeist heterogen. Unternehmen mit Auslandssitz, Wettbewerber und kleine Unternehmen werden nur selten ausgegrenzt. Vgl. KRUGMAN (2000), S. 10.

bewerb relevanten Verbindungsmerkmale der Unternehmen ergeben. Auf Akteursebene entspricht dies der Problematik, dass sich Kooperationspartner bei weiträumiger Entfernung an den regelmäßigen Aktivitäten eines Clusters in geringerem Umfang beteiligen.[138] Daher soll im Systemmodell der vorliegenden Arbeit in Anlehnung an RITSCH die Beziehungsintensität als Abgrenzungskriterium dienen.

Die ***Elementbeziehungen*** berücksichtigen sowohl Leistungsbeziehungen, Wettbewerbsbeziehungen als auch Kooperationsbeziehungen. Während in allgemeinen Wertschöpfungsnetzwerken ausschließlich vertikale Kooperationen in Wertschöpfungspartnerschaften praktiziert werden, sind in Clustern auch horizontale Kooperationen zu berücksichtigen. Als *Subsystem* des Clusters lassen sich die überbetrieblichen und zwischenbetrieblichen Kooperationen modellieren.

Das in Anlehnung an RITSCH und PORTER entwickelte systemische Cluster-Modell ist in *Abbildung 2-3* (nachfolgende Seite) dargestellt. Darin sind die im Cluster ansässigen Unternehmen U_1 bis U_9 dargestellt sowie die außerhalb des Clusters ansässigen Unternehmen U_{10} bis U_{13}. Die Unternehmen U_2 bis U_8 sowie Organisationen ohne Gewinnerzielungsabsicht (Verband *V*, Cluster-Manager *CM* und Regionale Wirtschaftsförderung *RWF*) sind Mitglieder der Cluster-Initiative. Auf zwischenbetrieblicher Ebene liegen im vorliegenden Beispiel drei Wertschöpfungskooperationen vor.

---

[138] Nach der Studie von ENRIGHT dehnen sich Cluster räumlich zumeist auf eine Stadt und ihr Umland aus. Siehe ENRIGHT/THE COMPETITIVENESS INSTITUTE (2000), S. 3.

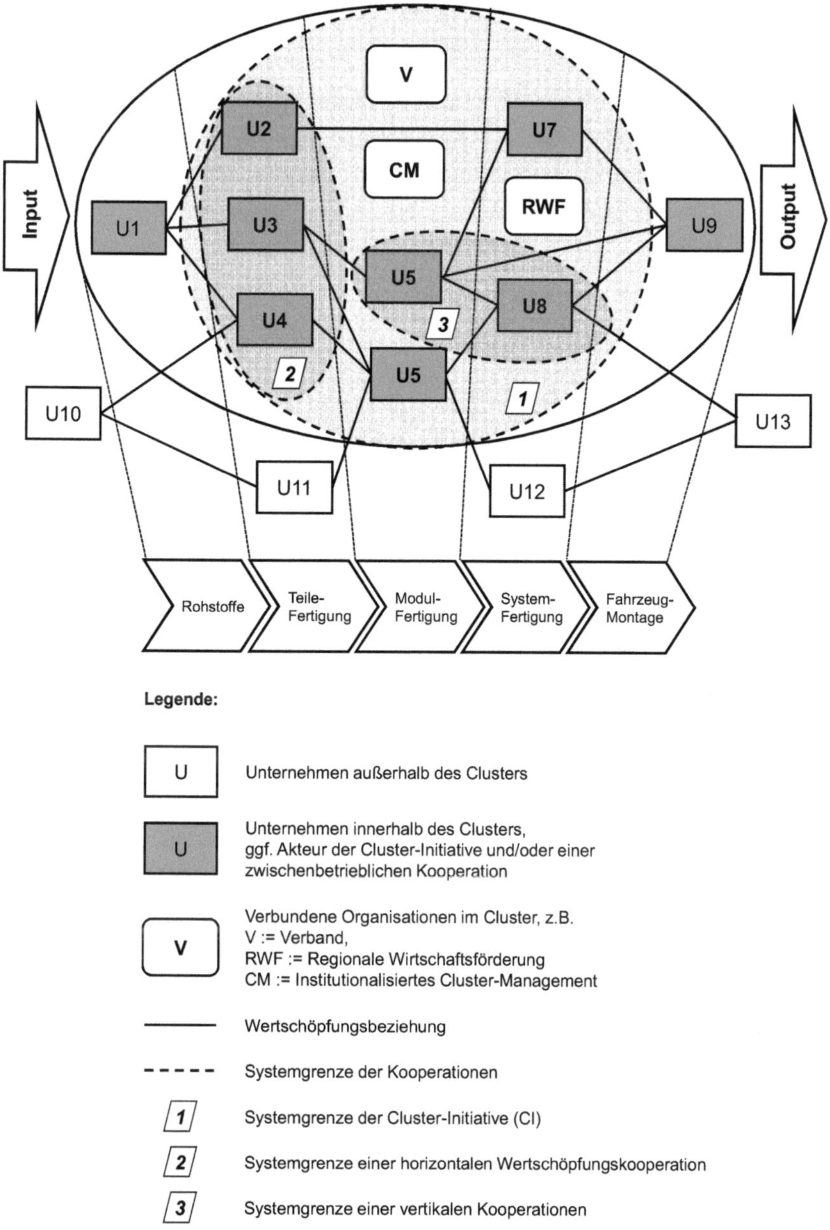

Abbildung 2-3: Cluster-Systemmodell
Quelle: Erweiterte Darstellung in Anlehnung an Ritsch (2005), S. 37.

2.1.3 Cluster Governance – Koordinationsmechanismen und -instrumente in Cluster-Initiativen

Begriffliche und konzeptionelle Grundlagen der Cluster Governance

Nachdem in *Kapitel 2.1.2* Cluster als regionale Wertschöpfungssysteme modelliert wurden, soll in *Kapitel 2.1.3* die Problematik der Koordination kooperativer Aktivitäten in Clustern herausgearbeitet werden. Dazu wird LANGEN und STURGEON folgend der *Governance-Begriff* auf Cluster übertragen.[139]

Der Begriff *Governance* steht nach BENZ, LÜTZ, SCHIMANK und SIMONIS für alle Mechanismen der Koordination von Aktivitäten autonomer Akteure, deren Handlungen sich wechselseitig beeinflussen.[140] Auch SCHIMANK bezieht den Governance-Begriff auf die wechselseitige Beeinflussung von autonomen Akteuren: Er fasst unter Governance *„Muster der Interdependenzbewältigung zwischen Akteuren"*[141]. Während der Governance-Begriff im deutschen Sprachgebrauch vorwiegend wissenschaftlich genutzt wird, wird er im Englischen auch in der Alltagssprache verwendet. Das Verb *to govern* bezeichnet nicht nur das Regieren im politischen Sinne, sondern auch das unpolitische *Kümmern um eine Sache* sowie das *Treffen von Entscheidungen bezüglich einer Sache.*[142] Im Anwendungsfall der Politik bezeichnet to govern hingegen das politische Regieren: *„...the continous exercise of authority over and the performance of funcitons for a political unit."*[143]

Die wissenschaftlichen Wurzeln des Governance-Begriffs sind in der *Institutionenökonomik* und den *Politikwissenschaften* zu suchen.[144] Aufbauend auf den in den 1930er Jahren entstandenen Arbeiten zur Transaktionskostentheorie etablierte sich ein Theoriestrang, der heute als *(ökonomischer) Neo Institutionalismus* bzw. *Neue Institutionenökonomik* bezeichnet wird.[145] 1937 publizierte COASE den als wegweisend eingestuften Artikel *The Nature oft the Firm*[146] und legte damit die konzeptionelle Grundlage für die Entwicklung der heute bekannten Transaktionskostentheorie. Der Governance-Ansatz von OLIVER E. WILLIAMSON ist dabei der bekannteste Transaktionskostenansatz, hier bezeichnen Governance-Strukturen effiziente Beherrschungs- und Überwachungssysteme ökonomischer Austauschprozesse.[147] In der

---

139 Vgl. DE LANGEN (2002), S. 2 und STURGEON/VAN BIESEBROECK (2009), S. 14 - 18.
140 Vgl. BENZ et al. (2007a), S. 9.
141 SCHIMANK (2007), S. 29.
142 Vgl. MERRIAM-WEBSTER (1989), S. 529. Die Begriffe *Governance* und *Government* werden dort als Synonyme betrachtet.
143 MERRIAM-WEBSTER (1989), S. 529. Siehe das Wörterbuch *The Concise Oxford Dictionary*, das *Governance* als *„the act or manner of governing"* beschreibt. Zitiert nach BENZ et al. (2007a), S. 10.
144 Vgl. BENZ et al. (2007a), S. 11.
145 Siehe WILLIAMSON (1975); WILLIAMSON (1973); WILLIAMSON (1971) und auf die bei WILLIAMSON (1975) verwiesenen Beiträge ALCHIAN/DEMSETZ (1973); ALCHIAN/DEMSETZ (1972); ARROW (1969); ARROW (1974); DAVIS/NORTH (1971); DOERINGER/PIORE (1971); KORNAI (1971); NELSON/WINTER (1973) und WARD (1971).
146 Siehe COASE (1937), S. 386 - 405.
147 Siehe stellvertretend PICOT/SCHULLER (2001); NEUS (2001); WINDSPERGER (2001); DIETL/VAN DER VELDEN (2001); KAAS (2001); SYDOW (2001); FRANCK/JUNGWIRTH (2001); JOST (2001b) sowie EIGLER (2001) und ALE-

Politikwissenschaft hat sich ein alternatives Begriffsverständnis für *Governance* entwickelt. Während in den Wirtschaftswissenschaften die Bedeutung von marktergänzenden Koordinationsmechanismen durch das Aufgreifen des Governance-Konzepts thematisiert wird, wird in der Politikwissenschaft, ausgehend von der Hierarchie als Koordinationsform, eine Zuwendung zu mehr marktlichen Koordinationsmechanismen behandelt.[148] Hier wird *Governance* als Alternative zum hierarchischen *Government* im Sinne einer etatisch-hierarchischen Gesellschaftssteuerung verstanden.[149]

DE LANGEN überträgt das Governance Konzept auf Cluster. Er definiert ***Cluster Governance*** als eine Konfiguration der Mechanismen, die zur Koordination in einem Cluster eingesetzt werden: *„[Cluster Governance comprises the] mix of and relations beween various mechanisms of coordination used in a cluster."*[150] In Anlehnung an DE LANGEN wird Cluster Governance in der vorliegenden Arbeit definiert als *die charakteristischen Merkmale der in einem Cluster zum Einsatz kommenden Mechanismen für die Koordination interdependenter Entscheidungen im Rahmen über- und zwischenbetrieblicher Kooperationen.* Zur Bestimmung der charakteristischen Merkmale sind

- die Art der *Koordinationsmechanismen,*
- ihr *Anwendungskontext* (Art der zu bewältigenden Koordinationsprobleme) und
- die an der Koordination beteiligten *Akteure*

zu konkretisieren. Um mögliche Ausprägungen einer Cluster Governance beschreiben zu können, sind nachfolgend die Koordinationsbedarfe, die Koordinationsinstrumente und die Akteure zu beschreiben, die als Koordinatoren zum Einsatz kommen können.

In einem ersten Schritt werden die Koordinationsbedarfe in Clustern konzeptionell erarbeitet. Dazu werden zunächst die Begriffe Integration und Koordination definiert, um anschließend aus einem Entscheidungsmodell von FRESE typische Koordinationsbedarfe in Clustern herauszuarbeiten. Anschließend werden aus der Literatur über das Schnittstellenmanagement Koordinationsmechanismen für Cluster abgeleitet und mögliche Koordinatoren in Clustern diskutiert.

WELL (2001). Für eine Auseinandersetzung mit weiteren aktuellen Beiträgen zum Governance-Ansatz wird verwiesen an JOST (2001a).

148 Vgl. ebenda (2007a), S. 12 - 13 und S. 16. So wurden u. a. Politiknetzwerke, Gemeinschaften und Verbände verstärkt unter Governance-Gesichtspunkten betrachtet. Siehe BENZ et al. (2007a), S. 13. Für eine weiterführende Auseinandersetzung mit Governance wird verwiesen auf die ergänzenden Beiträge in BENZ et al (2007b).

149 Vgl. BENZ et al. (2007a), S. 11. Bspw. sind die zumeist nicht streng hierarchisch organisierten internationalen Beziehungen ein Feld der Governance-Forschung.

150 STURGEON/VAN BIESEBROECK (2009), S. 2.

Begriffliche Grundlagen der Koordination und der Integration

Der Begriff ***Integration*** beschreibt aus systemtheoretischer Sicht die Art der Verknüpfung von Systemelementen und Subsystemen. Er bezeichnet „*die spezifische Verknüpfung (Inbeziehungsetzung) von Elementen (Teilen) zu einer Ganzheit (Gesamtheit) in einem System [...]*"[151]. Der ***Integrationsgrad*** eines Systems lässt sich an den Beziehungen zwischen den Elementen bzw. zwischen dessen Subsystemen unterschieden. *Systeme ohne Integration* sind gekennzeichnet durch inaktive Beziehungen zwischen den Elementen oder Subsystemen. *Systeme mit partieller Integration* verfügen über aktive und inaktive Beziehungen zwischen Elementen oder Subsystemen, wobei die aktiven Beziehungen einseitig oder beidseitig wirken können. *Systeme mit totaler Integration* verfügen ausschließlich über wechselseitig aktive Beziehungen zwischen den Elementen und/oder Subsystemen.[152]

In der Organisationsforschung wird die aus systemtheoretischer Perspektive eingeführte Integration als Gegenstück zur Prozesszerlegung verstanden.[153] Es handelt sich dabei um eine *strukturorientierte Form* der Integration, da die formale Organisationsstruktur Gegenstand der Integrationsleistung ist.[154] In der *aufgabenorientierten Organisationsforschung* bildet die Integration das Gegenstück zur Aufgabenzerlegung, sie entspricht dort der Wiederherstellung der infolge einer Aufgabenzerlegung aufgegebenen Einheit des Handels auf einer höheren Stufe.[155] So besteht in der *prozessorientierten Organisationsforschung* die Integrationsaufgabe darin, die Abstimmung und Verzahnung der Teilprozesse zu einer organisatorischen Gesamtheit zu leisten.[156]

Eng verbunden mit dem Begriff der *Integration* ist der Begriff der *Koordination*. NORDSIECK versteht unter ***Koordination*** alle Anstrengungen, um eine unmittelbare Zusammenführung von Abteilungen und Dienststellen in einem Arbeitsprozess zu gewährleisten. Dabei berücksichtigt er alle Bemühungen, um eine Zusammenarbeit im Sinne der Erfüllung von Einzelaufgaben und Aufgabenkomplexen, bezogen auf die gemeinsame Betriebsaufgabe, zu gewähr-

151 Vgl. LEHMANN (1980), Sp. 977.

152 Vgl. ELBERT (2005), S. 162.

153 Für einen ausführlichen Vergleich des aufgaben- und prozessorientierten Verständnisses der Integration und Koordination sowie handlungs- und strukturorientierter Integrations- und Koordinationsmechanismen siehe ELBERT (2005), S. 171 - 178.

154 Der Mitarbeiter wird bei strukturorientierter Integration als reiner Funktionsträger erachtet, der über keine individuellen Motivationen und Eigenarten verfügt, vgl. ELBERT (2005), S. 172 und GROCHLA (1972), S. 21 - 22.

155 Vgl. ELBERT (2005), S. 162 - 163 und FRESE (2005), S. 143 - 144. NORDSIECK versteht unter dem Begriff *Integration* das Schaffen von Ganzheiten, siehe NORDSIECK (1971), Sp. 67. Die Integration ist damit nach NORDSIECK gemeinsam mit der *Koordination* ein Instrument für die *Aufgabenverbindung,* um die zuvor im Rahmen der Differenzierung und Spezialisierung in Einzelfragmente zerlegten Einzelaufgaben bezogen auf den Arbeitsprozess sinnvoll zusammenzuführen bzw. aufeinander abzustimmen. Siehe NORDSIECK (1971), Sp. 65 - 68.

156 Vgl. ELBERT (2005), S. 172 und GAITANIDES (1983), S. 54 - 55 und S. 56. Die Aufgabe der Integration in der *handlungsorientierten Organisationsforschung* besteht darin, neben der Wiederherstellung der Aufgaben- und Prozessgesamtheit auch die divergierenden Einstellungen, Meinungen, Orientierungen, Sichtweisen und Ziele der Mitarbeiter zusammenzuführen, um bezogen auf den Zweck und die Ziele des Unternehmens einen gewissen Grad an Konformität der Handlungs- und Verhaltensweisen der Mitarbeiter zu erreichen.

leisten.[157] Ähnlich definieren BEA und GÖBEL *Koordination* als *„die Abstimmung von Einzelaktivitäten zu einer gemeinsamen Aufgabenerfüllung“*[158]. Betrachtet man Organisationen als Systeme, ist Koordination als die Ausrichtung der Elemente eines Systems auf ein gemeinsames Systemziel zu verstehen. So versteht FRESE unter Berücksichtigung des systemischen Ansatzes unter dem Begriff Koordination *„das Ausrichten von Einzelaktivitäten in einem arbeitsteiligen System auf ein übergeordnetes Gesamtziel“*[159]. Der Bedarf an Koordination ergibt sich in Folge der Aufgabenzerlegung, die aufgrund begrenzter qualitativer und quantitativer Kapazitäten von Organisationseinheiten bei der Organisationsgestaltung erforderlich ist.[160] Mit der Koordination wird das Ziel angestrebt, die im Zuge der Aufgabenzerlegung durch Aufgabensegmentierung und Aufgabenstrukturierung entstandenen Interdependenzen zwischen einzelnen Organisationseinheiten aufeinander abzustimmen und nachhaltige Wirkungen der Potenzialminderung durch die Aufgabenzerlegung zu reduzieren.[161]

In der vorliegenden Arbeit wird der in der *entscheidungsorientierten Organisationswissenschaft* gebräuchliche Koordinationsbegriff gewählt, um auf diesem Weg die Koordinationsbedarfe in Clustern abzuleiten.[162] Koordinationsmaßnahmen werden dem *Entscheidungssystem* zugeordnet, da die Realisation der zu koordinierenden (Gesamt)Aktivität von der Struktur involvierter (Teil)Realisationsprozesse und den diesen vorgelagerten Entscheidungen geprägt sind.[163] Sie [die Koordination] *„bezweckt die Abstimmung von Entscheidungen“*[164]. Dabei sind Entscheidungen Auswahlprozesse von Handlungen, durch welche ein gegebener Zustand der Realität (Ausgangszustand) in einen veränderten Zustand (Endzustand) überführt wird.[165]

Die Koordinationsprobleme, die in den überbetrieblichen und den zwischenbetrieblichen Kooperationen eines Clusters auftreten, werden nachfolgend aus dem Entscheidungsmodell von FRESE abgeleitet. Entscheidungen erfordern *Akte der Informationsgewinnung und -verarbeitung*, durch welche die Auswahl von Handlungen und damit die nachgelagerte Rea-

---

[157] Vgl. NORDSIECK (1971), Sp. 67.

[158] BEA/GÖBEL (2006), S. 307. BACKHAUS et al. subsumieren unter den Begriff Koordination alle planenden, organisierenden, steuernden und kontrollierenden Tätigkeiten, die einen systematischen und zielgerichteten Betriebsablauf gewährleisten. Siehe BACKHAUS et al. (2010), S. 1, verweisend auf WÖHE/DÖRING (2008), S. 10.

[159] FRESE (2005), S. 143.

[160] Vgl. FRESE (2005), S. 143 - 144.

[161] Vgl. FRESE (2005), S. 129 und HERBST (2002), S. 99.

[162] Vgl. LAUX (1998), S. 5 - 7.

[163] SCHEIBLER sieht in der Koordination die Erfordernis, Entscheidungen aufeinander abzustimmen, damit die Gefahr des Auseinanderfallens von Entscheidungsbereichen reduziert werden kann. Die Interaktionsschnittstellen zwischen den beteiligten Stellen bezeichnet er als *Koordinationslinien*. Siehe SCHEIBLER (1974), S. 169 - 170 und S. 180.

[164] FRESE (2005), S. 114.

[165] Vgl. FRESE (2005), S. 113 - 114. Die *normative Entscheidungstheorie* befasst sich mit der Problemstellung, wie aus einer Menge möglicher Handlungen diejenigen herausgearbeitet werden kann, die bezogen auf ein vorgegebenes Ziel am vorteilhaftesten ist. Die empirisch realistische (deskriptive) Entscheidungstheorie hingegen möchte beschreiben und erklären, wie Entscheidungen in der Realität getroffen werden. Vgl. SIEBEN/SCHILDBACH (1975), S. 1 - 4. Zum Vergleich der normativen und der deskriptiven Entscheidungstheorie siehe auch PFOHL/BRAUN (1981), S. 74 - 75.

lisation determiniert werden.[166] Dabei lassen sich entscheidungsrelevante Informationen von nicht entscheidungsrelevanten Informationen dadurch abgrenzen, dass sie den drei Komponenten eines Entscheidungsprozesses zugeordnet werden können. Dabei handelt es sich um die *Feldkomponente*, die *Handlungskomponente* und die *Zielkomponente*, siehe *Abbildung 2-4*.[167]

Die *Feldkomponente* beschreibt das *Handlungsfeld* und damit alle entscheidungsrelevanten Elemente eines Ausgangszustands. Sie kann weiter untergliedert werden in entscheidungsrelevante, gestaltbare Elemente *(Ressourcen U)* und entscheidungsrelevante, nicht gestaltbare Elemente *(Umweltzustände X)*.[168]

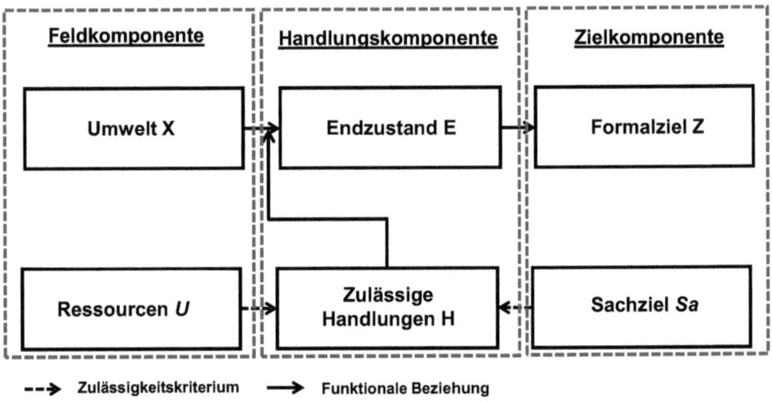

Abbildung 2-4: Organisationales Entscheidungsmodell nach Frese
Quelle: Frese (2005), S. 117.

Die Umwelt kann weiter untergliedert worden in die innere Umwelt und die äußere Umwelt. Die *innere Umwelt* beschreibt alle *nicht* der Disposition der betrachteten Entscheidungseinheit unterliegenden Teilbereiche der Gesamtorganisation. Die *äußere Umwelt* hingegen beschreibt die Umwelt der Gesamtorganisation, die sich der Gestaltung der Entscheidungseinheit entzieht.[169] Die *Handlungskomponente* umfasst die Menge der zulässigen Handlungsalternativen (*Handlungsmenge H),* die bei der Entscheidung zur Disposition stehen, sowie die Menge der zugehörigen Realitätszustände nach der Realisation der Entscheidung (*Endzustände E).* Zu beachten ist, dass *H* nicht alle theoretisch möglichen Handlungen umfasst, sondern nur jene, die unter Berücksichtigung der Ressourcensituation durchführbar sind und dabei zur Erreichung des gegebenen Sachziels der Entscheidung beitragen. Damit stellt *H*

---

[166] Vgl. FRESE (2005), S. 114 und HANF (1986), S. 131.

[167] Vgl. FRESE (2005), S. 117.

[168] Die Ressourcen kennzeichnen den Teil des Entscheidungsfeldes, über den der Entscheider aufgrund seiner Verfügungsmacht disponieren kann. Die Umwelt ist durch den Entscheider nicht gestaltbar, beeinflusst jedoch die Entscheidungen. Siehe LAAGER (1974), S. 17.

[169] Siehe FRESE (2005), S. 114 - 115.

bereits eine Reduzierung aller Handlungsalternativen auf diejenigen dar, die unter Berücksichtigung der Ressourcensituation des Unternehmens *realisierbar* und unter Berücksichtigung der Sachziele des Akteurs *zielführend* sind.[170] Die *Zielkomponente* der Entscheidung umfasst das bereits angesprochene Sachziel des Entscheiders sowie die aus dem Formalziel abgeleitete Präferenzstruktur *Z* hinsichtlich möglicher Endzustände, die mit *H* herbeigeführt werden können.[171] In *Abbildung 2-4* ist das Entscheidungsmodell nach FRESE dargestellt.[172]

Liegt dem Entscheider unvollständige Information über die Feldkomponente vor, so kann entweder die Ressourcensituation, die interne Umwelt oder die externe Umwelt (oder mehrere dieser Elemente) informatorisch nicht vollständig erfasst werden. Unvollständige Information bezüglich der Handlungskomponente liegt vor, wenn nicht alle gültigen Handlungsalternativen bekannt sind oder diesen Handlungsalternativen keine eindeutigen Endzustände zugeordnet werden können.[173]

Aus dem Entscheidungsmodell vom FRESE lässt sich folgern, dass Koordinationsbedarfe insbesondere bei komplexen Entscheidungsproblemen in arbeitsteiligen Systemen vorliegen. Während sich komplexe Entscheidungsprobleme individueller Entscheidungseinheiten durch eine Vereinfachung des Entscheidungsproblems handhabbar machen lassen,[174] ist bei komplexen Entscheidungsproblemen in arbeitsteiligen Systemen zu berücksichtigen, dass sich Entscheidung aus Teilentscheidungen zusammensetzen, die von unterschiedlichen Entscheidungsträgern selbstständig und bis zu einem gewissen Grad autonom getroffen werden.[175] Dabei treten *Entscheidungsinterdependenzen* auf, wenn Einwirkungen auf das Ent-

[170] Bei der Zielkomponenten ist nach Frese das *Sachziel* der Entscheidung in den Vordergrund zu stellen. Es beschreibt die Menge aller angestrebten Endzustände des Entscheiders. Das Formalziel hingegen bildet die Grundlage für die Formulierung von Auswahlregeln, in der die Präferenz der Entscheidungseinheit für alternative Endzustände ausgedrückt wird. Siehe FRESE (2005), S. 116.

[171] Sachziele resultieren aus einer hierarchischen Aufgabengliederung. Aus den Entscheidungen einer übergeordneten Entscheidungsebene ergibt sich auf der nächsttieferen Entscheidungsebene ein Sachziel. Formalziele hingegen sind auf jeder Entscheidungsebene gültig. Siehe LAAGER (1974), S. 16.

[172] Die insbesondere in der Neuen Institutionenökonomik behandelte *Entscheidungsproblematik unter Unsicherheit* lässt sich in dem beschriebenen Entscheidungsmodell systematisieren. Unsicherheit kann bezogen auf eine zu treffende Entscheidung vorliegen, wenn Informationen hinsichtlich der Feldkomponente und der Handlungskomponente nicht oder nicht vollständig verfügbar sind.

[173] Mangelnde Informationen der Zielkomponente werden jedoch i. d. R. nicht zur Problemstellung der Entscheidung unter Unsicherheit gezählt, da hier nicht durch Maßnahmen der empirischen Informationsbeschaffung eine Unsicherheitsreduktion erreicht werden kann, sondern eine Klärung der Präferenzstruktur und des angestrebten Sachziels der entscheidenden Wirtschaftseinheit erforderlich ist. Die Formen der Ungewissheit hinsichtlich der Handlungs- und Feldkomponente lassen sich nach der *Abbildung*sgenauigkeit der Informationen differenzieren in Situationen, in welchen alle Elemente der Ergebnismenge bekannt sind, und Situationen, in welchen nicht alle Elemente der Ergebnismenge bekannt sind. In beiden Situationen kann eine Wahrscheinlichkeitsverteilung über den Eintritt der Ergebnisse (Handlungskonsequenzen) vorhanden sein oder nicht. Siehe FRESE (2005), S. 122 - 123.

[174] Vgl. FRESE (2005), S. 124 - 125. In der Literatur werden dazu drei Reduzierungsregeln vorgeschlagen, durch die eine Vereinfachung von Entscheidungsproblemen erreicht werden kann: Die Einschränkung der Handlungsmenge, die Veränderung des Formalziels und die Veränderung der Informationsstruktur. Vgl. FRESE (2005), S. 125.

[175] KAHLE spricht in diesem Zusammenhang von *multipersonalen* oder *kollektiven* Entscheidungen. Er fasst unter diesen Begriff alle Entscheidungen, bei denen die Konsequenzen, die einer von einem Entscheidungsträger gewählten Alternative zugeordnet werden können, von der Entscheidung anderer Entscheidungsträger ab-

scheidungsfeld eines Akteurs *A* durch Entscheidungen eines anderen Akteurs *B* bewirkt werden. Dabei kann die Einwirkung der Entscheidung von *A* auf die Ressourcensituation oder die externe Umwelt von *B* erfolgen.[176]

Ursache von Interdependenzen sind *sequenzielle Verknüpfungen der von den betrachteten Akteuren festzulegenden Realisationsprozesse* oder *Überschneidungen von Entscheidungsfeldern.*[177] *Sequenzielle Verknüpfungen* von Realisationsprozessen liegen bei innerbetrieblichen Leistungsverflechtungen vor. Die resultierenden Interdependenzen werden auch als *Prozessinterdependenzen* bezeichnet. Dabei wird durch eine Entscheidung von *A* die interne Umwelt von *B* entscheidungsrelevant beeinflusst.[178] *Überschneidungen von Entscheidungsfeldern* liegen vor, wenn Bestandteile des Entscheidungsfeldes eines Akteurs *A* zugleich Bestandteile des Entscheidungsfeldes eines anderen Akteurs *B* sind. Überschneidungen können dabei hinsichtlich der Feldbereiche *Ressourcen, externe Umwelt* und *interne Umwelt* auftreten.[179] *Ressourceninterdependenzen* liegen vor, wenn knappe Ressourcen von mehreren Akteuren genutzt werden. *Marktinterdependenzen* liegen vor, wenn die Aktivitäten der Akteure *A* und *B* auf die gleichen Marktsegmente ausgerichtet sind.[180] *Interne Interdependenzen* stellen eine dritte Form der Überschneidung des Entscheidungsfeldes dar. Hierbei liegen Überschneidungen der internen Nachfragesituation oder der internen Angebotssituation vor.[181]

Kooperationsinduzierte Bedarfe für die Entscheidungskoordination in Clustern

Zur Konkretisierung der Entscheidungsinterdependenzen im Rahmen von Kooperationen in Clustern ist das Entscheidungsmodell von FRESE auf Entscheidungen im Rahmen überbetrieblicher und zwischenbetrieblicher Kooperationen in Clustern zu übertragen. In beiden Kooperationsformen arbeiten rechtlich und (zumindest bedingt) wirtschaftlich unabhängige Akteure miteinander. Eine Beeinflussung der internen Umwelt kann daher vernachlässigt werden.[182] Anders verhält es sich mit den bei der Anbahnung und Durchführung von zwischenbetrieblichen und überbetrieblichen Kooperationen vorliegenden *Überschneidungen der Entscheidungsfelder* der Cluster-Akteure. So kann es bei Kooperationen in Clustern zu

---

hängig sind. Siehe KAHLE (1990), S. 156. Für eine vertiefende Auseinandersetzung mit Entscheidungsprozessen in Gruppen wird verwiesen an LAUX (1998), S. 401 - 434.

176 Vgl. FRESE (2005), S. 133. Frese bezeichnet die Akteure *A* und *B* selbst als interdependent, wenn von ihnen interdependente Entscheidungen zu treffen sind. Siehe FRESE (2005), S. 133.

177 Vgl. FRESE (2005), S. 133.

178 Vgl. FRESE (2005), S. 134.

179 Vgl. FRESE (2005), S. 137. Zur Entscheidungsinterdependenz aufgrund von Ressourcenmehrfachunterstellungen siehe auch CARSBERG (1975), S. 65 - 70.

180 Dies gilt nicht nur für Absatzmärkte, sondern auch für Beschaffungsmärkte, so dass der gemeinsame Einkauf bei einem Lieferanten zur Nutzung von Poolungseffekten ebenso als Interdependenz zu sehen ist wie der Absatz in gleichen Marktsegmenten zweier Akteure. Siehe FRESE (2005), S. 138.

181 Vgl. FRESE (2005), S. 138.

182 Koordinationsprobleme durch sequenzielle Verknüpfungen von Realisationsprozessen werden nicht weiter berücksichtigt.

Auswirkungen der Entscheidungen eines Kooperationspartners auf die Ressourcensituation oder die Umwelt anderer Kooperationspartner kommen.

Durchläuft ein Cluster-Akteur das Entscheidungsmodell von FRESE im Fall einer *autonom zu treffenden Entscheidung*, so beginnt der Entscheidungsprozess mit der Bestimmung aller theoretisch möglichen Handlungsoptionen. Im zweiten Schritt wird diese Menge durch Berücksichtigung der Zulässigkeitskriterien (Ressourcensituation *R* und der Sachzielvorgabe *Sa*) zur Handlungsmenge *H* reduziert. In einem dritten Schritt werden Informationen über die Umweltbedingungen *X* eingeholt, um anhand dieser ergänzenden Informationen jedem Element aus *H* einen erwarteten Endzustand *E* (Realisationsergebnis) zuzuordnen. Im Ergebnis wird jene Handlung ausgewählt, die das geforderte Sachziel bestmöglich trifft und damit zur Erreichung des Formalziels beiträgt.

Durchläuft ein Cluster-Akteur das Entscheidungsmodell im Fall einer *interdependenten Entscheidung*, sind *zusätzliche Prozesse der Informationsbeschaffung und -analyse sowie der Entscheidungsabstimmung* zu berücksichtigen. Auch hier beginnt der Entscheidungsprozess mit der Bestimmung aller theoretisch möglichen Handlungsoptionen. Im zweiten Schritt wird diese Menge durch Berücksichtigung der Zulässigkeitskriterien (Ressourcensituation *R* und der Sachzielvorgabe *Sa*) zur Handlungsmenge *H* reduziert. Dabei sind zusätzliche Informationen einzuholen, inwiefern die Entscheidung anderer Akteure die eigene Ressourcensituation *R* beeinflussen kann und damit die Menge der zulässigen Handlungen *H* verändert wird.[183] In einem dritten Schritt werden Informationen über die Umweltbedingungen *X* eingeholt, um anhand dieser ergänzenden Informationen jedem Element aus *H* einen erwarteten Endzustand *E* (Realisationsergebnis) zuzuordnen. Auch hierbei ist im Fall interdependenter Entscheidungen zu berücksichtigen, inwiefern sich die Umwelt der Entscheidung durch die Entscheidung anderer Akteure verändern kann. Im Ergebnis wird schließlich jene Handlung ausgewählt, die das angestrebte Sachziel unter Berücksichtigung der erwarteten Einwirkung der Entscheidungen Dritter auf die Feldkomponente bestmöglich erfüllen kann.

Zur ***Überschneidungen der Entscheidungsfelder*** der Cluster-Unternehmen kann es bei Kooperationen in Clustern immer dann kommen, wenn Kooperationsziele nur unter Einbringung der Ressourcen oder der Kompetenzen mehrerer Cluster-Akteure erreicht werden können. Eine Konkretisierung der Interdependenzen ist selbstverständlich nur im jeweiligen Anwendungsfall möglich. Allerdings kann unter Bezugnahme auf die von SYDOW beschriebenen

[183] Bezogen auf die von MAG systematisierten Informationsstände von Entscheidern wird dabei davon ausgegangen, dass interdependente Entscheidungen immer Entscheidungen unter unvollkommener Information darstellen. Der Informationsstand der Entscheider wird darüber hinaus als *variabel* betrachtet, er kann während des Entscheidungsprozesses verändert werden. Dabei ist nicht nur das technische Problem der Informationsbeschaffung zu lösen, sondern auch das ökonomische Problem der Kosten der Informationsbeschaffung zu berücksichtigen. Vgl. MAG (1977), S. 125.

Aufgaben des *Management interorganisationaler Beziehungen* eine Kategorisierung der kooperationsinduzierten Koordinationsbedarfe vorgenommen werden.

Das ***Management interorganisationaler Beziehungen*** ist ausgerichtet auf die *absichtsvolle Gestaltung der Beziehungen zwischen Akteuren in interorganisationalen Kooperationen.*[184] Es umfasst, wie auch das Management von Unternehmen, die *klassischen Managementfunktionen* Organisation, Führung, Planung, Kontrolle und Personalmanagement.[185] Neben diesen gemeinsamen Aufgaben erfordert das Management interorganisationaler Beziehungen zusätzliche spezifische Managementleistungen: Neben der Festlegung des Kooperationsgegenstandes, der Regelung der interorganisationalen Zusammenarbeit und der Ziehung und Erhaltung der Grenzen organisationaler und interorganisationaler Systeme zählen dazu die Bewältigung polyzentrischer Entscheidungsstrukturen und die gezielte Auswahl von Koordinationsmechanismen zur Abstimmung der Entscheidungen der Akteure auf das Netzwerkziel.[186]

RITTER und GEMÜNDEN sehen aufgrund der besonderen Herausforderungen des Netzwerkmanagements die Notwendigkeit einer Ergänzung der klassischen intraorganisationalen Managementfunktionen um beziehungsspezifische Aspekte: Sie erweitern das Aufgabenspektrum um die Funktionen *Anbahnung*, *Austausch* und *Koordination.*[187] SYDOW und WINDELER hingegen stellen vier basale Funktionen des Managements interorganisationaler Beziehungen vor, die insbesondere für das Management von Netzwerken relevant sind.[188] ELBERT und MÜLLER übertragen diese Funktionen auf das Cluster-Management und beschreiben die *Selektionsfunktion*, die *Allokationsfunktion*, die *Regulationsfunktion* und die *Evaluationsfunktion* als Funktionen des Managements von Kooperationen in Clustern.[189]

Die ***Selektion*** umfasst als Funktion des Clustermanagements[190] die Auswahl der Organisationen,[191] die sich als Akteure an den Aktivitäten der Kooperationen im Cluster beteiligen, so-

[184] Vgl. SYDOW/WINDELER (1997a), S. 3.

[185] Vgl. SYDOW/WINDELER (1997a), S. 4.

[186] Vgl. SYDOW/WINDELER (1997a), S. 6.

[187] Vgl. RITTER/GEMÜNDEN (1998), S. 385 - 409. Die *Anbahnung* dient ihrer Argumentation folgend der Suche, Information und Gewinnung zukünftiger Kooperationspartner. Der *Austausch* dient dem personenbezogenen, unternehmensbezogenen oder technologiebezogenen Wissen und dem Austausch anderer Leistungen und Gegenleistungen. Die Aufgabe *Koordination* dient der Ausgestaltung der einzelnen Interessensbeziehungen mit dem Ziel der Harmonisierung und Synchronisierung der Interessen und der entsprechenden Handhabung von Konflikten.

[188] Vgl. allg. SYDOW/WINDELER (1997a), S. 5 - 8 sowie insbesondere die Zusammenfassung der Management-Funktionen auf S. 7. Unter dem Begriff *Interorganisationsbeziehung* fassen SYDOW/WINDELER alle Beziehungen, die zwei oder mehr Organisationen (neben Unternehmen auch Behörden und private oder öffentliche Forschungseinrichtungen) miteinander unterhalten. Ursprünglich stammt der Begriff *Interorganisationsbeziehung* aus der Untersuchung von Arbeitsteilung und Koordination bei Non-Profit-Organisationen. Siehe ausführlicher SYDOW/WINDELER (1997a), S. 2.

[189] Vgl. ELBERT/MÜLLER (2008), S. 161 - 176. ELBERT/MÜLLER arbeiten dabei einen kompetenzorientierten Ansatz der Analyse von Innovationsprozessen in Clustern aus. Die dort vorgestellten Cluster-Management-Funktionen werden jedoch als allgemeine Cluster-Management-Funktionen beschrieben.

[190] Durch die Subsumtion aller Beziehungen, die zwei oder mehr Organisationen miteinander unterhalten, fasst der Begriff *Interorganisationsbeziehung* sowohl primär marktliche, primär hierarchische als auch netzwerkförmige Beziehungen, vgl. SYDOW/WINDELER (1997a), S. 2 und SYDOW (2006a), S. 413. Da Netzwerke in diesem

wie die Auswahl der Kooperationsinhalte.[192] Es handelt sich dabei i. d. R. um eine zweiseitige Entscheidung, da zeitgleich eine Entscheidung des Netzwerks für einen Partner und eine Entscheidung des Netzwerkpartners für das Netzwerk fallen.[193] Bei der Auswahl von Netzwerkpartnern ist nach SYDOW die zentrale Fragestellung zu beachten, welche *Kompetenzen* und *Intentionen* die potenziellen Partner aufweisen und wie sich diese auf die Erfüllung der Netzwerkziele auswirken.[194] In diesem Zusammenhang werden von SYDOW und WINDELER als Bewertungskriterien die Ressourcenverfügbarkeit und die Ressourcenverwendung der Organisationen, ihre Regeln der Sinnkonstitution und Legitimation sowie die in den Organisationen existierenden Formen der Regulation, Allokation und Evaluation vorgesehen.[195] Sehr häufig werden Kooperationspartner unter bereits bekannten Unternehmen gesucht und ausgewählt.[196] Dabei ist nicht unumstritten, ob diese regional eingeschränkte Suche auf der Grundlage von Vorkenntnissen über Unternehmen, Erfahrungen mit Unternehmen oder mit der Absicht einer Einsparung von Transaktionskosten erfolgt oder eine Pfadabhängigkeit bei der Partnerwahl zu einem begrenzten Suchraum führt.[197]

Gegenstand der Selektion ist neben der positiven und negativen Auswahl der Netzwerkpartner die Festlegung des Kooperationsgegenstandes (auch „Scope of Alliance“[198] oder „Netzwerkdomaine“[199]). Die Selektion ist als dauerhafte Management-Funktion zu betrachten, durch welche eine permanente Re-Konfiguration des Clusters durch De-Selektion (Ausschluss nicht positiv evaluierter Kooperationspartner bzw. nicht erfolgreich bearbeiteter Themen) und Re-Selektion (Bindung bewährter Kooperationspartner bzw. Fortführung erfolgreicher Themen) ermöglicht wird.[200] In Clustern erfolgt die Selektion auf mehreren Ebenen. Auf der Ebene der Wertschöpfungskooperationen in Clustern erfolgt die Selektion von Partnern und Themen für vertikale und horizontale zwischenbetriebliche Kooperationen in ver-

---

Sinne eine Ausprägung interorganisationaler Beziehungen darstellen, lassen sich die vier Managementfunktionen in dieser Arbeit als *Netzwerkmanagementfunktionen* nutzen. Siehe SYDOW (2006a), S. 408. ELBERT/MÜLLER übertragen daher diese Funktionen auf die Kooperationen in Clustern. Sie gehen dabei davon aus, dass auch in Clustern i. d. R. mehr als zwei Akteure an den Kooperationen beteiligt sind. Dies ist bei Cluster-Initiativen grundsätzlich eine per Definition gegebene Eigenschaft.

191 Im Rahmen der Selektion findet eine Auswahl der *Netzwerkpartner* nicht nur auf der Ebene der Organisationen, sondern auch auf der Ebene der Personen statt. Diese personenbezogene Ebene wird in dieser Arbeit nicht weiter berücksichtigt. Für eine Beschreibung des Rollenprofils des *boundary spanner* siehe SYDOW (2006a), S. 410 sowie WILLIAMS (2002), S. 103 - 124.

192 Dabei steht die Auswahl der Organisationen, nicht die Rekrutierung von natürlichen Personen im Mittelpunkt der Selektion.

193 Vgl. SYDOW/WINDELER (1997a), S. 5.

194 Vgl. SYDOW (2006a), S. 409.

195 Unterschiede und Gemeinsamkeiten können sich sowohl vorteilhaft als auch nachteilig auswirken in einer Kooperation der Organisationen in einem Netzwerk. Während Unterschiede im Rahmen der Ressourcenverfügbarkeit und Ressourcenverwendung ein Potenzial für eine Befruchtung der Organisationen bieten können, können zu große Unterschiede eine Zusammenarbeit auch erschweren.

196 Vgl. SYDOW (2006a), S. 409.

197 LI/ROWLEY (2002), S. 1104. Sydow begründet diese Pfadabhängigkeit mit einem strukturellen Beharrungsvermögen der Akteure eines Netzwerks, vgl. SYDOW (2006a), S. 409.

198 KHANNA (1998), S. 342.

199 Vgl. SYDOW (2006a), S. 409.

200 Vgl. MÖLLER (2006), S. 113.

schiedenen Funktionsbereichen. Auf der Ebene der Cluster-Initiativen erfolgt eine Selektion von Partnern und Themen für überbetriebliche Kooperationen mit dem Ziel, die Wettbewerbsfähigkeit eines Clusters insgesamt zu steigern. Diese beiden Ebenen sind jedoch in der Praxis vielfach miteinander verknüpft: So erfolgt die Selektion von Partnern für Wertschöpfungskooperationen vielfach gezielt im Rahmen der überbetrieblichen Kooperation der Cluster-Initiative. Umgekehrt lassen sich auch aus dem Kreis der Kooperationspartner von Wertschöpfungskooperationen einzelner Unternehmen neue Mitglieder für die Cluster-Initiative gewinnen.[201]

Die ***Allokation*** umfasst als Clustermanagementfunktion alle Entscheidungen über den Ressourceneinsatz der Akteure im Rahmen der Kooperationen.[202] Dies umfasst die Zuweisung von *Aufgaben*, von *Ressourcen* und *Zuständigkeiten* zwischen den Netzwerkakteuren.[203] Je nach Ausprägung der Beziehungen und Machtstrukturen in den Kooperationen eines Clusters kann die Aufgabenverteilung ähnlich wie in einer klassischen Hierarchie durch Anweisung eines mächtigen Akteurs erfolgen oder aber relational zwischen den Akteuren *auf Augenhöhe* vereinbart werden. So können bei der Allokation auf der Ebene der Cluster-Initiative andere Aufgaben und Verantwortlichkeiten verteilt werden und dabei andere Koordinationsmechanismen zum Einsatz kommen, als bei der Allokation von Aufgaben und Verantwortlichkeiten auf der Ebene einzelner Wertschöpfungskooperationen.[204]

Die ***Regulation*** umfasst als Clustermanagementfunktion die Entscheidung für und Durchsetzung von Regeln der interorganisationalen Zusammenarbeit.[205] Dazu zählen u. a. die Erarbeitung von *Regeln zur Konfliktlösung* und die *Konzeption und Implementierung eines interorganisationalen Informationssystems.*[206] Nach SYDOW sollen sie über markttypische Anreize und Sanktionen hinausgehen und durch ein Austarieren von Kooperation und Wettbewerb, Autonomie und Abhängigkeit sowie Vertrauen und Kontrolle im Netzwerk den langfristigen Erfolg eines Netzwerks ermöglichen.[207] Wechselseitiges *Vertrauen*, die *Selbstverpflichtung* der Akteure sowie die *Verlässlichkeit* ihres Handelns sind nach SYDOW *Strukturmerkmale*

---

[201] Zur Selektionsfunktion in Dienstleistungsnetzwerken siehe auch GEBAUER et al. (2003), S. 188 - 192. Er zieht die Vertrauenswürdigkeit der Kooperationspartner und die erwarteten Koordinationskosten als Entscheidungskriterien in Betracht. Zur Rolle der Selektionsfunktionen in dynamischen Dienstleistungsindustrien siehe auch LUTZ (2004), S. 163 - 278.

[202] Vgl. ELBERT/MÜLLER (2008), S. 167 sowie SYDOW/WINDELER (1997a), S. 5.

[203] Vgl. SYDOW (2006a), S. 411.

[204] WHITTAM und DANSON untersuchen Machtstrukturen in Clustern am Beispiel der Scotch Whisky Industrie. Siehe WHITTAM/DANSON (2001), S. 949 - 963.

[205] Vgl. ELBERT/MÜLLER (2008), S. 167. Dazu zählen u. a. die Erarbeitung von Regeln zur Konfliktlösung und die Konzeption und Implementierung eines interorganisationales Informationssystems. Vgl. SYDOW (2006a), S. 411.

[206] Vgl. SYDOW (2006a), S. 412. Störungen zwischenbetrieblicher Kooperationen werden von ENDRES und WEHNER vertiefend behandelt, siehe ENDRES/WEHNER (2006), S. 342 - 350. Die Autoren untersuchen in einer empirischen Forschung, inwiefern Kooperationsstörungen – ein geeignetes Netzwerkmanagement vorausgesetzt – als Chance der Netzwerkentwicklung verstanden und genutzt werden können. Zur Regulationsfunktion siehe auch SYDOW/WINDELER (1997a), S. 7.

[207] Vgl. SYDOW (2006a), S. 412. Eine besondere Bedeutung kommt der Entwicklung eines *Anreizsystems* für die Zusammenarbeit im Rahmen der Kooperationen im Cluster zu.

von Netzwerken.[208] Diese Strukturmerkmale führen zur Herausbildung informeller Regeln für die Koordination der Kooperation. Nach BACHMANN und LANE scheinen vertrauensbasierte Beziehungen zwischen Akteuren eines Netzwerks in vielen Bereichen aus der Kooperationspartnerperspektive attraktiv und aus der Beobachterperspektive effizient zu sein. Sie haben jedoch den Nachteil einer höheren Fragilität.[209] Daher sind auch *Verhandlungen* sowie *neoklassische und relationale Verträge* als Strukturmerkmale von Netzwerken zu berücksichtigen.[210] Sie führen zu formellen Vereinbarungen und damit zu einer Netzwerk-Koordination auf Basis formaler Regeln. Liegen formal-vertragliche Beziehungen zwischen den Akteuren vor, so tritt *Macht* als Koordinationsmechanismus neben das Vertrauen und die Selbstverpflichtung der Akteure.[211] Im Ergebnis werden in Clustern informelle Regularien durch formale Regeln ergänzt durch das Zeichnen entsprechender vertraglicher Vereinbarungen.[212] Informelle Regeln entwickeln sich vielfach durch emergente Entwicklungsmuster, die aus einer Verhaltensanpassung im Zeitverlauf resultieren und somit einen inkrementellen Wandel von Kooperationsregeln hervorrufen.[213]

Die ***Evaluation*** umfasst als Clustermanagementfunktion die *Bewertung der Interaktionsbeziehungen* im Netzwerk und die Bewertung der *Managementleistung* selbst, bezogen auf die Wahrnehmung der Allokationsfunktion, der Regulationsfunktion und der Selektionsfunktion.[214] Der *erstgenannte Aufgabenbereich* führt zu der Herausforderung, nicht nur den Erfolg der Kooperation als Ganzes zu bestimmen, sondern auch die Erfolgswirkung der einzelnen Leistungsbeiträge, um auf dieser Basis eine faire Beteiligung der Organisationen an den Kooperationsgewinnen zu gewährleisten. Im *zweitgenannten Aufgabenbereich* (Bewertung der Managementleistung) ist es der wesentliche Zweck der Evaluation, die Gestaltung der Prozesse der Selektion, Regulation und Allokation rückwirkend hinsichtlich ihrer Erfolgswirkung zu bewerten und im Sinne einer Steuerung erforderliche Anpassungen bei der Wahrnehmung der Managementfunktionen zu veranlassen.[215] Dadurch trägt die Evaluation zur Reproduktion der im Rahmen der Regulation entwickelten Organisationsstrukturen des Clusters bei.[216] Auch bei der Evaluation in Clustern ist zu differenzieren, auf welcher Ebene die

---

208 Vgl. SYDOW/WINDELER (2000), S. 11 - 14.

209 Vgl. BACHMANN und LANE (2006), S. 85. BACHMANN und LANE argumentieren, dass Vertrauen enttäuscht werden kann, was zum plötzlichen Zusammenbrechen langfristig angelegter Beziehungen führen kann. Dabei besteht keine Möglichkeit, die vormals langfristig angelegte Beziehung durch einen kurzfristigen Vertrauensaufbau wieder herzustellen.

210 Vgl. SYDOW/WINDELER (2000), S. 14 - 15.

211 Für eine vertiefende Auseinandersetzung mit dem komplexen Verhältnis von Macht und Vertrauen bei der Koordination von Handlungen in interorganisationalen Netzwerken sei verwiesen an BACHMANN (2000), S. 107 - 125.

212 Vgl. SYDOW (2006a), S. 412.

213 Vgl. WILKENS (2003), S. 45. WILKENS und BRUSSIG verweisen dabei insbesondere auf der lerntheoretische Perspektive der Strategieforschung.

214 Vgl. ELBERT/MÜLLER (2008), S. 166.

215 Vgl. SYDOW (2006a), S. 413 und SYDOW/WINDELER (1997a), S. 6 - 7.

216 Vgl. SYDOW/WINDELER (1997a), S. 6.

Evaluationsaufgabe angesiedelt wird und welche Koordinationsmechanismen dabei zum Einsatz kommen.

Die beschriebenen Funktionen des Clustermanagements sind sowohl auf der Ebene der Cluster-Initiative als auch auf der Ebene einzelner Wertschöpfungskooperationen relevant. Der Selektion kommt dabei ein erhebliches *Vorsteuerungspotenzial* für die erfolgreiche Erfüllung der weiteren relationalen Managementfunktionen zu. Sie ist jedoch keine einmalige, sondern eine wiederkehrende Aufgabe.[217]

Die Re-Selektion führt zur Bestätigung der Netzwerkpartner und damit zu deren Verbleib im Netzwerk, die De-Selektion (auch *negative Selektion*)[218] zu einem Ausschluss bzw. einem selbstmotivierten Austritt eines Partners aus dem Netzwerk. De-Selektion führt im Umkehrschluss zu einer Bestätigung (*positive Selektion* oder *Re-Selektion*) der verbliebenen Netzwerkpartner.[219] Gleiches gilt für die Funktionen Allokation, Regulation und Evaluation. Die Allokation bietet nach SYDOW die Möglichkeit der *Re-Allokation* (i. S. einer Neuverteilung) von Aufgaben und Ressourcen im Netzwerk und ist damit eine wesentliche Basis der Flexibilität von Netzwerken.[220] Die Weiterentwicklung formaler und informeller *Regulationspraktiken* ist insbesondere vor dem Hintergrund der genannten Grundprobleme des Managements interorganisationaler Beziehungen wichtig.

Die Notwendigkeit einer kontinuierlichen Wahrnehmung der *Evaluationsfunktion* folgt unmittelbar aus der Tatsache, dass das Management selbst Gegenstand der Evaluation ist. Eine zielgerichtete kontinuierliche Wahrnehmung der Managementaufgaben macht dabei eine kontinuierliche Evaluation erforderlich, da die Wahrnehmung der vier Managementfunktionen rekursiv bestimmt ist. Die Rekursivität der Verbindung der Managementfunktionen äußert sich dadurch, dass die Ausübung einer Managementfunktion spezielle Bedingungen für die Ausübung der verbliebenen drei Funktionen produziert.[221]

Wendet man die beschriebenen Managementaufgaben auf das Entscheidungsmodell von FRESE an, so sind Entscheidungsinterdependenzen immer dann zu erwarten, wenn Selektions-, Allokations-, Regulations- und Evaluationsentscheidungen zu treffen sind. Dabei können sich Entscheidungsinterdependenzen innerhalb der Managementfunktionen (*direkte Entscheidungsinterdependenzen*) ergeben oder als Entscheidungsinterdependenzen zwischen den Managementfunktionen (*indirekte Entscheidungsinterdependenzen*).

---

[217] Vgl. SYDOW (2006a), S. 410.
[218] Vgl. SYDOW/MÖLLERING (2004), S. 211. SYDOW spricht der Selektion ein großes Vorsteuerpotenzial für die Aktivitäten des Netzwerks zu, betont aber gleichermaßen, dass die Selektion eine wiederkehrende Aufgabe ist. In diesem Zusammenhang spricht er von Re-Selektion.
[219] Vgl. SYDOW (2006a), S. 409.
[220] Vgl. SYDOW (2006a), S. 411.
[221] Vgl. SYDOW/WINDELER (1997a), S. 4 - 5.

	Selektion Akteur A	Allokation Akteur A	Regulation Akteur A	Evaluation Akteur A
Selektion B	• **S-S:** Akteur *A* beteiligt sich nur an einer Kooperation, wenn Akteur *B* (nicht) beteiligt ist. • **S-S:** Akteur *A* unterstützt ein Kooperationsthema nur dann, wenn *B* das Thema (nicht) unterstützt.	• **A-S:** Akteur *A* übernimmt Aufgaben im Rahmen einer Kooperation nur dann, wenn *B* sich an der Kooperation (nicht) beteiligt. • **A-S:** Akteur *A* übernimmt Aufgaben im Rahmen einer Kooperation nur dann, wenn *B* das Thema (nicht) unterstützt.	• **R-S:** Akteur *A* akzeptiert Kooperationsregeln nur dann, wenn *A* an der Kooperation (nicht) beteiligt ist. • **R-S:** Akteur *A* akzeptiert Kooperationsregeln nur dann, wenn *A* das Thema der Kooperation (nicht) unterstützt.	• **E-S:** Akteur *A* evaluiert ein Kooperationsergebnis in Abhängigkeit davon, ob sich ein Akteur *B* an einer anderen Kooperation beteiligt. • **E-S:** Akteur *A* evaluiert ein Kooperationsergebnis in Abhängigkeit davon, ob sich Akteur *B* für die Bearbeitung von Nachfolgethemen einsetzt.
Allokation B	• **S-A:** Akteur *A* beteiligt sich nur an einer Kooperation, wenn Akteur *B* bestimmte Aufgaben (nicht) übernimmt. • **S-A:**Akteur *A* unterstützt ein Kooperationsthema nur dann, wenn Akteur *B* bestimmte Aufgaben (nicht) übernimmt.	• **A-A:** Akteur *A* übernimmt Aufgaben im Rahmen einer Kooperation nur dann, wenn Akteur *B* bestimmte Aufgaben (nicht) übernimmt.	• **R-A:** Akteur *A* akzeptiert Kooperationsregeln nur dann, wenn *A* im Rahmen der Kooperation bestimmte Aufgaben (nicht) übernimmt.	• **E-A:** Akteur *A* evaluiert ein Kooperationsergebnis in Abhängigkeit davon, ob sich ein Akteur *B* an einer anderen Kooperation bestimmte Aufgaben (nicht) übernimmt.
Regulation B	• **S-R:** Akteur *A* beteiligt sich nur an einer Kooperation, wenn Akteur *B* bestimmte Regeln (nicht) akzeptiert. • **S-R:** Akteur *A* unterstützt ein Kooperationsthema nur dann, wenn Akteur *B* bestimmte Regeln (nicht) akzeptiert.	• **A-R:** Akteur *A* übernimmt Aufgaben im Rahmen einer Kooperation nur dann, wenn Akteur *B* bestimmte Regeln (nicht) akzeptiert.	• **R-R:** Akteur *A* akzeptiert Kooperationsregeln nur dann, wenn Akteur *B* bestimmte Regeln (nicht) akzeptiert.	• **E-R:** Akteur *A* evaluiert ein Kooperationsergebnis in Abhängigkeit davon, ob Akteur *B* bestimmte Regeln in einer anderen Kooperation (nicht) akzeptiert.
Evaluation B	• **S-E:** Akteur *A* beteiligt sich nur an einer Kooperation, wenn Akteur *B* eine bestimmte Evaluationsentscheidung (nicht) trifft. • **S-E:** Akteur *A* unterstützt ein Kooperationsthema nur dann, wenn Akteur *B* eine bestimmte Evaluationsentscheidung (nicht) trifft.	• **A-E:** Akteur *A* übernimmt Aufgaben im Rahmen einer Kooperation nur dann, wenn Akteur *B* eine bestimmte Evaluationsentscheidung (nicht) trifft.	• **R-E:** Akteur *A* akzeptiert Kooperationsregeln nur dann, wenn Akteur *B* eine bestimmte Evaluationsentscheidung (nicht) trifft.	• **E-E:** Akteur *A* evaluiert ein Kooperationsergebnis in Abhängigkeit davon, wie Akteur *B* eine bestimmte Evaluationsentscheidung (nicht) trifft.

Tabelle 2-6: Direkte und indirekte Entscheidungsinterdependenzen in Clustern.

In *Tabelle 2-6* sind Beispiele für direkte und indirekte Entscheidungsinterdependenzen in Clustern dargestellt. Indirekte Entscheidungsinterdependenzen sind grau schraffiert hervorgehoben.

Schnittstellenmanagement als Ansatz zur Bewältigung von Entscheidungsinterdependenzen in Clustern

Nachdem die Koordinationsbedarfe in Clustern herausgearbeitet wurden, sind nun die Koordinationsmechanismen zur Bewältigung der Koordinationsprobleme zu diskutieren.

WEBER sieht in der Koordination von Netzwerken wegen der *Autonomieeigenschaft* der Akteure im Vergleich zur Koordination in Einzelorganisationen eine erhebliche Herausforderung, da im Vergleich zu Einzelorganisationen in Netzwerken keine Hierarchien im Sinne von der Unternehmensleitung gestalteter Stellengefüge vorliegen.[222] Dies hat bedeutsame Konsequenzen für die Entscheidungskoordination: Während Hierarchien genutzt werden, um komplexe Entscheidungen in Einzelentscheidungen zu zerlegen und diese im Rahmen der Entscheidungsstrukturierung und Entscheidungssegmentierung auf mehrere Hierarchieebenen und horizontal zu verteilen, liegen in Netzwerken bereits exogen gegebene Strukturierungs- und Segmentierungsergebnisse vor: Die Zuordnung der Entscheidungsgewalt auf die autonom handelnden Kooperationspartner bezüglich ihrer eigenen Ressourcen. Somit ist die Herausforderung bei der Koordination interdependenter Entscheidungen in Clustern darin zu sehen, wie auch außerhalb einer Hierarchie bei einer vorgegebenen Entscheidungssegmentierung und -strukturierung eine effiziente Koordination realisiert werden kann.

Bei der Diskussion der Möglichkeiten zur Bewältigung stellenübergreifender Entscheidungsinterdependenzen wird in der Literatur i. d. R. unterschieden, ob die betroffenen Stellen miteinander kommunizieren, oder ob keine Entscheidungsabstimmung durch direkte Kommunikation möglich ist.[223] Im Folgenden wird davon ausgegangen, dass im Rahmen von Kooperationen in Clustern grundsätzlich ein Weg zur Koordination von Entscheidungen mit Kommunikation zwischen den Akteuren angestrebt wird und gefunden werden kann. Dabei kommt in Kooperationen aufgrund der Autonomie der Akteure jedoch – im Gegensatz zu Einzelorganisationen – nicht die Hierarchie als Koordinationsinstrument in Betracht. Stattdessen gelten in Netzwerken Selbstabstimmungen basierend auf wechselseitigem *Vertrauen* und *sozialen Normen* als zentrale Koordinationsinstrumente.[224] Allerdings wird in der aktuellen Literatur zur Cluster-Organisation darauf verwiesen, dass die relationale Koordination mit demokratischem Charakter keineswegs die einzige Koordinationsform von Clustern darstellt: Vielmehr kann anhand von Fallstudien aufgezeigt werden, dass quasi-hierarchische Koordinationsmuster mit zentral koordinierenden Akteuren in der Praxis in Clustern als Alternative zur Verfügung stehen.[225] So betonen GUPTA und SUBRAMANIAN, dass kleinere Unternehmen bei Verhandlungen mit größeren Leitunternehmen in Clustern eine schlechtere Verhandlungspo-

[222] Vgl. WEBER (1997), S. 277 - 278.

[223] So wird beispielsweise bei der spieltheoretischen Modellierung von Kollektiventscheidungen unterschieden zwischen kooperativen und nicht-kooperativen Spielen. Siehe PFOHL/BRAUN (1981), S. 297 - 319.

[224] Zur Rolle von Vertrauen in kooperativen Interorganisationsbeziehungen siehe WURCHE (1997), S. 145 - 157 und LOOSE/SYDOW (1997), S. 178 - 190.

[225] Vgl. BELL et al. (2009), S. 623.

sition besitzen. Diese Machtdifferenzen können durch die Einsetzung von zentral koordinierenden *Meta*-Managern reduziert werden: Institutionen in einem Cluster, die gemeinsame Aktivitäten zentral koordinieren und bei Verhandlungen zwischen kleineren und größeren Akteuren in einem Cluster eine intermediäre Rolle einnehmen.[226]

Da in Clustern von einer vorgegebenen Entscheidungsstrukturierung und -segmentierung auszugehen ist, können die in Clustern vorliegenden Koordinationsprobleme aus entscheidungsorientierter Sicht als Probleme des Schnittstellenmanagements beschrieben werden. Unter ***Schnittstellen*** versteht man in der betriebswirtschaftlichen Organisationslehre die durch Aufgabenzerlegung und Aufgabenzusammenführung von Teilaufgaben zu verschiedenen Stellen hervorgerufenen Transferpunkte zwischen den Trägern der Teilaufgaben.[227] Eine Schnittstelle liegt dann vor, wenn zwischen organisatorischen Teileinheiten Interdependenzen aufgrund der zielorientierten und arbeitsteiligen Aufgabenerfüllung auftreten, und die betrachteten Einheiten nicht in einem Unter- oder Überordnungsverhältnis zueinander stehen.[228] Aus dem Blickwinkel der Koordination sind es die Schnittstellen, an denen Entscheidungsinterdependenzen und damit Koordinationsbedarfe auftreten.[229] Das ***Schnittstellenmanagement*** umfasst dabei alle Maßnahmen, die zu einer *Verringerung der dysfunktionalen Wirkung von Interdependenzen, Potenzialtrennungen und hierarchischen Aufspaltungen* beitragen können.[230]

Die in Clustern praktizierten überbetrieblichen und zwischenbetrieblichen Kooperationen führen zu Problemen für das Schnittstellenmanagement, da dabei die Entscheidungen rechtlich und wirtschaftlich unabhängiger Unternehmen in Clustern zur Hebung von Synergieeffekten aufeinander abgestimmt werden müssen.[231] Während bei der Koordination von Entscheidungen in Einzelorganisationen die *Entscheidungssegmentierung* und die *Entscheidungsstrukturierung* zur Neuverteilung der Entscheidungskompetenzen genutzt werden können, um auf diesem Weg Potenzialtrennungen aufzulösen, ist bei der Auswahl geeigneter Maßnahmen für das Schnittstellenmanagement in Clustern zu berücksichtigen, dass von einer gegebenen Kompetenzstruktur – der Entscheidungsgewalt rechtlich und wirtschaftlich selbständiger Cluster-Unternehmen – ausgegangen werden muss. Daher zählen nicht die

226 Die Rolle des Meta-Managers wird insbesondere in der Perspektive der regionalen Innovationssysteme diskutiert. Dabei können nach GUPTA/SUBRAMANIAN sowohl Forschungseinrichtungen, Trainingseinrichtungen, Unternehmenskonsortien oder Verbände die Rolle des zentralen Koordinators und Mediators wahrnehmen. Vgl. GUPTA/SUBRAMANIAN (2008), S. 375.

227 Vgl. HERBST (2002), S. 88 - 90.

228 Vgl. MECKL (1994), S. 2. Zum Schnittstellenmanagement in virtuellen Dienstleistungsunternehmen siehe CASPAR (2003).

229 *Horizontale Schnittstellen* treten auf, wenn zwischen zwei Aufgabenträgern Interdependenzen oder koordinationsrelevante Potenzialtrennungen vorliegen. *Vertikale Schnittstellen* hingegen existieren, wenn die Aufspaltung einer Entscheidung durch hierarchisch über- und untergeordnete Einheiten erfolgt.

230 Vgl. FRESE (2005), S. 264.

231 Vgl. FRESE (2005), S. 264. Im zwischenbetrieblichen Bereich wird das Schnittstellenmanagement erstmals von MECKL vorgestellt, siehe MECKL (1994), S. 2.

Segmentierungskonzepte für die Veränderung von Entscheidungsinhalten zum Gegenstand des Schnittstellenmanagements in Clustern, sondern die Entwicklung und Umsetzung von *Strukturierungs-*, *Kommunikations-* und *Segmentierungskonzepten*, die sich auf die *Entscheidungsvorbereitung* beziehen:[232]

- ***Kommunikationskonzepte*** fokussieren den Austausch entscheidungsabhängiger Informationen zwischen den Akteuren, um auf diesem Weg den Entscheidungsprozess der Akteure zu unterstützen. Dies entspricht einer *informationsorientierten Abstimmungswirkung.*
- ***Segmentierungskonzepte*** fokussieren die Bildung von Einheiten (Gremien, Beratungsausschüsse, Integrationseinheiten), die der systematischen Entscheidungsvorbereitung dienen und auf diesem Weg eine *beratungsorientierte Abstimmungswirkung* herbeiführen.
- ***Strukturierungskonzepte*** fokussieren die Herbeiführung bereichsübergreifender Entscheidungen, um auf diesem Weg die Interdependenz der Einzelentscheidungen aufzulösen. Diese Konzepte haben eine *entscheidungsorientierte Abstimmungswirkung.*

Zur weiteren Systematisierung der Konzepte des Schnittstellenmanagements sind die Mechanismen und Instrumente der Koordination zu präzisieren, die bei der Entscheidungskoordination zur Verfügung stehen. Dazu werden die in der Organisationsforschung diskutierten *Koordinationsmechanismen* und *Koordinationsinstrumente* auf das Schnittstellenmanagement in Clustern übertragen. Als Koordinationsformen lassen sich *Selbst- versus Fremdkoordination*, *zentrale versus dezentrale Koordination* und *vertikale versus horizontale Koordination* unterscheiden.[233] BEA und GÖBEL sprechen von *Selbstkoordination*, wenn eine Abstimmung von Aktivitäten von den in einer Organisation betroffenen Stellen selbst vorgenommen wird, ohne dass eine übergeordnete Entscheidungsebene eingebunden werden muss.[234] Im Gegensatz dazu liegt die Abstimmung bei der *Fremdkoordination* nicht in der Hand der Betroffenen selbst, sondern wird von außen vorgegeben.[235] Zur Konkretisierung der Selbst- und Fremdkoordination in Clustern sind die Mechanismen und Instrumente der Koordination auf den Anwendungsfall Cluster zu übertragen.

Mechanismen der ***Fremdkoordination*** sind nach BEA und GÖBEL Hierarchien, Arbeitsprozessregelungen, Autorisierungsrechte und Ergebnisvorgaben. Als *Instrumente der Fremdko-*

[232] Vgl. FRESE (2005), S. 266.
[233] Vgl. ELBERT (2005), S. 177.
[234] Vgl. BEA/GÖBEL (2006), S. 308.
[235] Vgl. BEA/GÖBEL (2006), S. 308.

ordination nennen BEA und GÖBEL, verweisend auf KIESER und WALGENBACH, die persönliche Weisung, Programme und Pläne.[236]

Als *Mechanismen der* ***Selbstkoordination*** von Akteuren in Organisationen werden die wechselseitige Abstimmung, der Preismechanismus, die Standardisierung von Denk- und Verhaltensweisen und die Standardisierung von Qualifikationen berücksichtigt. Die zugehörigen *Instrumente der Selbstkoordination* sind die horizontale Selbstabstimmung von Akteuren, Märkte, die Unternehmenskultur und die Professionalisierung. Bei der *Selbstabstimmung* werden Gruppen als Organisationseinheiten gebildet, bei denen eine Koordination durch eine wechselseitige *Abstimmung* aller betroffenen Stellen erfolgt.[237] Die Koordination liegt dabei nicht im freien Ermessen der Organisationsmitglieder, vielmehr können für die Selbstabstimmung in der formalen Aufbauorganisation *Komitees, Ausschüsse, Arbeitskreise* und *Arbeitsgruppen* eingerichtet werden, innerhalb derer die Selbstabstimmung erfolgt.[238] Bei der *Marktkoordination* wird der Preismechanismus genutzt. Obwohl Märkte als gegensätzliche Koordinationsform zu Unternehmen gelten, werden auch innerhalb von Unternehmen Preismechanismen zur Koordination eingesetzt: So werden Verrechnungspreise für innerbetriebliche Leistungen festgelegt, die als Lenkinstrumente zur Mengenanpassung und damit zur Koordination von Angebot und Nachfrage innerhalb des Unternehmens genutzt werden.[239]

Die Koordination durch die *Unternehmenskultur* stellt nach BEA und GÖBEL eine Koordinationsform dar, die auf einem hohen Zusammengehörigkeitsgefühl der Akteure basiert und ein Verfolgen gemeinsamer Ziele bewirken kann, ohne dass Kontrollen und Anweisungen erforderlich sind. BEA und GÖBEL verweisen auf den *Clanmechanismus* japanischer Unternehmen, der zu einem selbstgesteuerten innerbetrieblichen Austausch beiträgt.[240] Die *Professionalisierung* stellt das letzte Instrument der Selbstkoordination dar. Es bewirkt eine Standardisierung von Verhaltenserwartungen der Organisationsmitglieder durch eine Standardi-

[236] Die Koordination durch *Weisungen* erfolgt durch Über-/Unterordnungsbeziehungen in einem Leitungssystem. Vgl. BEA/GÖBEL (2006), S. 313. Weisungen sind ein persönliches Koordinationsinstrument, während Programme und Pläne zu den technokratischen Instrumenten zählen. Siehe BEA/GÖBEL (2006), S. 313. *Programme* stellen *allgemeine* Verhaltensrichtlinien dar, die durch eine Verhaltensstandardisierung eine Verhaltensfremdsteuerung bewirken, ohne dass eine übergeordnete Stelle eine konkrete Weisung erteilt. Vgl. BEA/GÖBEL (2006), S. 309. Durch eine schriftliche Fixierung von Verhaltenserwartungen in Programmen gelingt es vornehmlich, wiederkehrende Koordinationsprobleme in bürokratischen, stabilen Systemen durch eine Vereinheitlichung von Verhaltensweisen zu lösen. Vgl. BEA/GÖBEL (2006), S. 313. *Pläne* sind Zielvorgaben, die bei Erfüllung dazu führen, dass die Teilziele der Systemelemente zur Erreichung des Gesamtziels führen. Im Unterschied zu Programmen legen sie das Verhalten der Organisationsmitglieder nicht im Detail fest. Sie sind nur für eine bestimmte, definierte Periode gültig. Vgl. BEA/GÖBEL (2006), S. 314.

[237] Vgl. BEA/GÖBEL (2006), S. 316.

[238] Darüber hinaus findet die gegenseitige Selbstabstimmung auch außerhalb der dafür vorgesehenen formalen Strukturen statt. Als „kleiner Dienstweg" wird die Selbstabstimmung von Stellen bezeichnet, die in der formalen Prozess- und Aufbauorganisation nicht vorgesehen ist. Siehe BEA/GÖBEL (2006), S. 316.

[239] Dazu werden in Unternehmen *Profit Center* geschaffen, die als Organisationseinheiten mit Gewinnverantwortung Liefer- und Leistungsverpflichtungen innerhalb eines Unternehmens eingehen und dabei durch die innerbetriebliche Leistungsverrechnung durch den Preismechanismus koordiniert werden. Siehe BEA/GÖBEL (2006), S. 317.

[240] Vgl. BEA/GÖBEL (2006), S. 319.

sierung von Qualifikationen und Kenntnissen. Die im Rahmen durchlaufener Berufsausbildungen vermittelten Kenntnisse wirken somit stabilisierend auf die Zusammenarbeit von Organisationsmitgliedern.[241]

ELBERT setzt die beschriebenen Koordinationsmechanismen und Koordinationsinstrumente der Selbst- und Fremdkoordination in Beziehung zu den Mechanismen der zentralen und dezentralen Koordination sowie der vertikalen und horizontalen Koordination.[242] Er arbeitet außerdem den Zusammenhang zwischen verschiedenen Formen der Integration als Voraussetzung für den Einsatz der Koordinationsmechanismen heraus: Während die strukturorientierte Integration eine Nutzung zentraler Koordinationsmechanismen ermöglicht, ist eine dezentrale Koordination nur in einem handlungsorientiert integrierten System möglich.[243]

Aus den erarbeiteten Grundlagen geht hervor, dass das Schnittstellenmanagement in Clustern sowohl durch eine Selbstkoordination von Entscheidungen als auch durch eine Fremdkoordination von Entscheidungen erfolgen kann. Da der strukturierte Entscheidungsprozess von FRESE Grundlage des Koordinationsbegriffs ist, werden fortan Weisungen, Programme und Pläne als Instrumente der Fremdkoordination und Selbstabstimmungen als Instrumente der Selbstkoordination berücksichtigt. Die Unternehmenskultur, die Professionalisierung und Märkte werden im vorliegenden Anwendungsfall nicht näher betrachtet. Ausgehend von einer Wertschöpfungskooperation als Subsystem des Clusters wird fortan von *Selbstkoordination* gesprochen, wenn die Akteure die erforderlichen Koordinationsleistungen im Rahmen von *Selbstabstimmungen* erbringen. Umgekehrt wird von Fremdkoordination gesprochen, wenn die Koordinationsleistung durch autorisierte Akteure der Wertschöpfungskooperation oder der Cluster-Initiative durch Weisungen, Programme oder Pläne erbracht wird. Ausgehend von der Cluster-Initiative als Subsystem des Clusters kann analog argumentiert werden. Ordnet man den Koordinationsinstrumenten die erforderlichen Integrationsformen zu und berücksichtigt man die verschiedenen Konzepte des Schnittstellenmanagements, lassen sich die in *Abbildung 2-5* dargestellten sechs Mustern der Entscheidungskoordination in Clustern ableiten.

Koordinationsmuster 1 (Moderator) entspricht der Realisierung eines Kommunikationskonzepts durch den Einsatz von Instrumenten der Fremdkoordination. Voraussetzung ist die Vergabe von Autorisierungsrechten an eine Integrationseinheit, welche die Definition und Beschaffung entscheidungsrelevanter Informationen über das Handlungsfeld der Kooperationspartner verantwortet.

---

241 Von Professionalisierung ist nach MINTZBERG zu sprechen, wenn eine komplexe Qualifikation über einen längeren Zeitraum aufgebaut wird. Vgl. MINTZBERG (1983), S. 64.

242 Vgl. ELBERT (2005), S. 177.

243 Vgl. ELBERT (2005), S. 174.

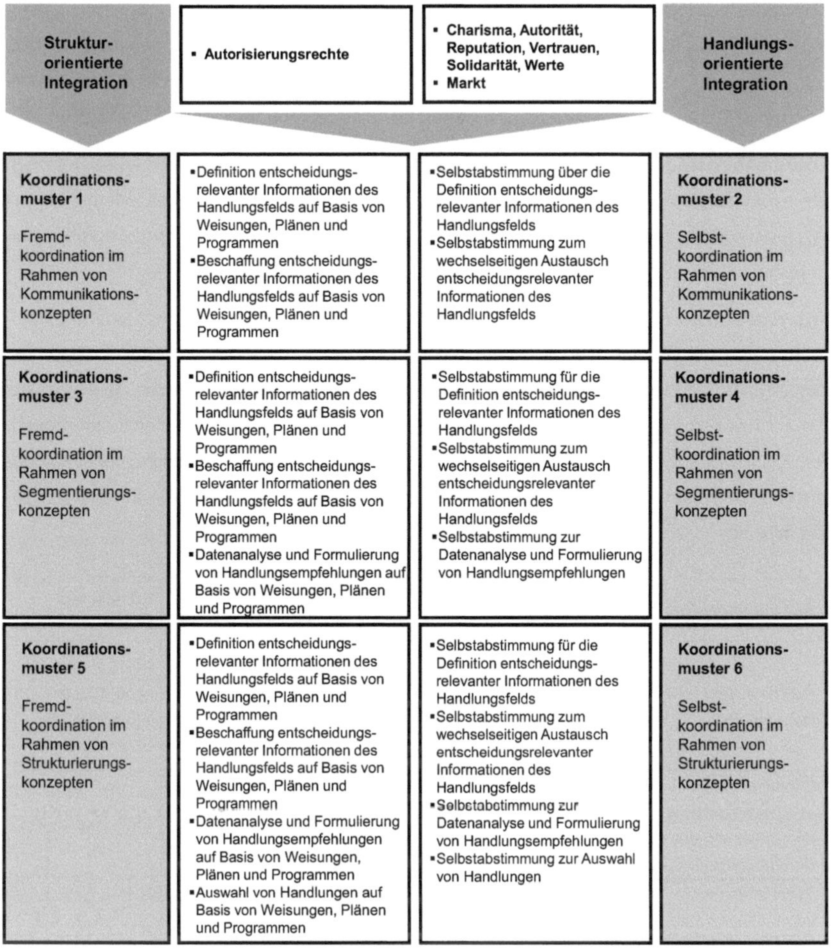

Abbildung 2-5: Koordinationsmuster für das Cluster-Schnittstellenmanagement (I)
Quelle: In Anlehnung an Elbert (2005), S. 177 und Bea (2006) S. 268.

Koordinationsmuster 2 (Informationsausschuss) entspricht der Realisierung eines Kommunikationskonzepts durch den Einsatz von Instrumenten der Selbstkoordination. Voraussetzung ist eine handlungsorientierte Integration der Akteure des Clusters. Durch Selbstabstimmungen im Rahmen unmittelbarer Kommunikation oder durch Bildung eines Informationsausschusses werden den Akteuren Informationen über das Handlungsfeld ihrer Kooperationspartner zur Verfügung gestellt.[244]

[244] Vgl. FRESE (2005), S. S. 263 - 268.

Koordinationsmuster 3 (Berater) entspricht der Realisierung eines Segmentierungskonzepts durch den Einsatz von Instrumenten der Fremdkoordination. Im Gegensatz zu Koordinationsmuster 1 werden die Instrumente der Fremdkoordination hierbei auch genutzt, um die erhobenen Daten zu analysieren und konkrete Handlungsempfehlungen auszusprechen.

Koordinationsmuster 4 *(Beratungsausschuss)* entspricht der Realisierung eines Segmentierungskonzepts durch den Einsatz von Instrumenten der Selbstkoordination. Hierbei kommt es zu einer Beratung von Handlungsoptionen und zur Bildung von Handlungsempfehlungen im Rahmen einer Selbstabstimmung der Akteure in einem Beratungsausschuss.

Koordinationsmuster 5 (Manager) entspricht der Realisierung eines Strukturierungskonzepts durch den Einsatz von Instrumenten der Fremdkoordination. Dieses Koordinationsmuster kann als Erweiterung des Koordinationsmusters 3 verstanden werden, da es zusätzlich zur Erarbeitung von Handlungsempfehlungen auch die Auswahl von Handlungen durch den Koordinator vorsieht. Hierbei kommt eine Integrationseinheit mit Entscheidungskompetenzen zum Einsatz oder ein Entscheidungsausschuss, in welchem auch die Integrationseinheit mitwirkt.

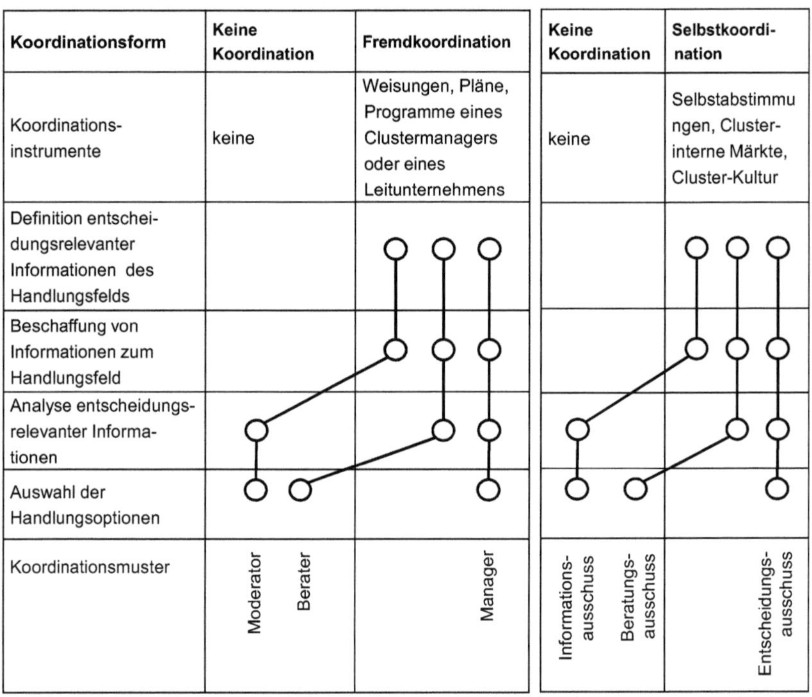

Abbildung 2-6: Koordinationsmuster für das Cluster-Schnittstellenmanagement (II).

Koordinationsmuster 6 (Entscheidungsausschuss) entspricht der Realisierung eines Strukturierungskonzepts durch den Einsatz von Instrumenten der Selbstkoordination. Voraussetzung ist eine handlungsorientierte Integration des Clusters.

Die ***6 Koordinationsmuster*** lassen sich graphisch darstellen, indem die Phasen des Entscheidungsprozesses den eingesetzten Koordinationsinstrumenten gegenübergestellt werden. Dies ist in der nachfolgenden *Abbildung 2-6* (vorige Seite) illustriert. Lässt man bei der Gestaltung eines Entscheidungsprozesses darüber hinaus zu, dass in unterschiedlichen Phasen der Entscheidung unterschiedliche Kombinationen von Koordinationsmustern eingesetzt werden, so sind weitere Koordinationsmuster definierbar.

Leitunternehmen und Cluster-Manager als Koordinatoren in Clustern

Nachdem die Koordinationsprobleme und die Koordinationsmuster ausgearbeitet wurden, sind zur Charakterisierung der Cluster Governance als drittes Element die Akteure zu bestimmen, die mit der Wahrnehmung der Koordinationsaufgaben betraut werden.

In der betriebswirtschaftlichen Netzwerkforschung wird einer Vielzahl von Akteure eine Koordinatorenrolle zugesprochen. Die Bandbreite reicht von Leitunternehmen, Generalunternehmern, Systemanbietern, neutralen Drittparteien (Treuhänder, Schlichter, Gerichte und Wirtschaftsprüfer) bis hin zu Intermediären (Händler und Auktionatoren).[245] In Clustern sind insbesondere *Leitunternehmen* und *Cluster-Manager* als Koordinatoren zu berücksichtigen.

Leitunternehmen sind Cluster-Unternehmen, die aufgrund ihrer Größe oder ihrer Position in der Wertschöpfungsstruktur eines Clusters eine besondere Rolle einnehmen. Ihre Rolle als Leitunternehmen kann aber auch dadurch begründet sein, dass sie in größerem Ausmaß als andere Unternehmens an der Koordination kooperativer Aktivitäten beteiligt sind. Sie sind daher als potenzielle zentral koordinierende Akteure überbetrieblicher Kooperation der Cluster-Initiative und als Koordinatoren von Wertschöpfungskooperationen in einem Cluster zu berücksichtigen. Diese Koordinatoren-Rolle kann ihnen entweder informell oder auf Basis eines formellen Koordinationsauftrags zufallen.[246]

Cluster-Manager sind Akteure, die einen Auftrag für die Koordination kooperativer Aktivitäten von Cluster-Initiativen erhalten haben.[247] Empirische Untersuchungen zeigen, dass na-

[245] Vgl. REIß (2000), S. 223. Auch Logistikdienstleister wurden von REIß als mögliche Koordinatoren berücksichtigt. Er betont, dass einige Ansätze des Netzwerkmanagements mit mehreren Koordinatoren operieren. Als Beispiele werden die Koordination von *Bauprojekten*, *Franchising-Netzwerke*, komplexe *unternehmensübergreifende Systemprojekte* und das Netzwerk-Konzept *virtuelle Fabrik* genannt. Bei Bauprojekten kommen als Koordinatoren u. a. Bauherren, Generalunternehmer, Architekten und Facility-Management Anbieter zum Einsatz. Siehe REIß (2000), S. 223. Auch die in Clustern vorliegenden komplexen Mehrfachverflechtungen von überbetrieblichen und zwischenbetrieblichen Kooperationen können Mehrkoordinatoren-Konstellationen erforderlich machen. Dabei sind grundsätzlich alle bei REIß genannten Koordinatorentypen zu berücksichtigen.

[246] Siehe stellvertretend BLÖCKER et al. (2009), S. 49.

[247] Hierbei wird in der Literatur der Standpunkt vertreten, dass es bei der Wahrnehmung der Aufgaben des Cluster-Managements eines Managers bedarf, der die Koordination des Clusters als Vollzeitaufgabe wahrnimmt. Siehe ASTOR/BROICH (2007), S. 102.

hezu alle Cluster-Initiativen über einen Cluster-Manager verfügen.[248] Es kann sich dabei um bereits bestehende öffentliche oder private Akteure handeln, welchen die Koordinationsaufgabe zugesprochen wird. Hierbei kommen politische Institutionen, Einrichtungen der Wirtschaftsförderung, Verbände oder Hochschulen in Betracht. Ebenso kann eine speziell für die Aufgabe des Cluster-Managements eingerichtete Organisation oder Geschäftsstelle die Koordinationsaufgaben übernehmen.[249] Sowohl *Leitunternehmen* als auch *Cluster-Manager* sind als Akteure zu berücksichtigen, sofern eine Fremdkoordination in einem Cluster erreichen können. Dabei kommt es auf das gewählte Koordinationsmuster und damit auf den Umfang der Autorisierungsrechte an, ob sie in der Rolle eines *Moderators*, eines *Beraters* oder eines *Managers* agieren.[250]

Cluster Governance als Regelgesamtheit für die Koordination von Wertschöpfungskooperationen in Clustern

In Anlehnung an DE LANGEN wurde der Begriff *Cluster Governance* in der vorliegenden Arbeit definiert als *die charakteristischen Merkmale der in einem Cluster zum Einsatz kommenden Mechanismen für die Koordination interdependenter Entscheidungen im Rahmen über- und zwischenbetrieblicher Kooperationen*. Zur Bestimmung der charakteristischen Merkmale wurden die Art der *Koordinationsmechanismen*, ihr *Anwendungskontext* (die Koordinationsprobleme) und die an der Koordination beteiligten *Akteure* herausgearbeitet. Auf dieser Basis lässt sich nun die Cluster Governance eines realen Clusters ausfüllen. Dabei ist nach BELL, TRACEY und HEIDE zu berücksichtigen, dass die in einem Cluster gewählten Koordinationsinstrumente von der Art des zu lösenden Koordinationsproblems abhängig sind.[251]

		Koordinationsmuster als Menge der Koordinationsinstrumente
Cluster Governance	Kooperationsprobleme der Cluster-Initiative	▪ *Selektion*: $KIS_{CI}^{p} = \{KIS_{CI}^{1}; \ldots; KIS_{CI}^{n}\}$ ▪ *Allokation*: $KIA_{CI}^{p} = \{KIA_{CI}^{1}; \ldots; KIA_{CI}^{n}\}$ ▪ *Regulation*: $KIR_{CI}^{p} = \{KIR_{CI}^{1}; \ldots; KIR_{CI}^{n}\}$ ▪ *Evaluation*: $KIE_{CI}^{p} = \{KIE_{CI}^{1}; \ldots; KIE_{CI}^{n}\}$
	Koordinationsprobleme in Wertschöpfungskooperationen	▪ *Selektion*: $KIS_{WK}^{p} = \{KIS_{WK}^{1}; \ldots; KIS_{WK}^{n}\}$ ▪ *Allokation*: $KIA_{WK}^{p} = \{KIA_{WK}^{1}; \ldots; KIA_{WK}^{n}\}$ ▪ *Regulation*: $KIR_{WK}^{p} = \{KIR_{WK}^{1}; \ldots; KIR_{WK}^{n}\}$ ▪ *Evaluation*: $KIE_{WK}^{p} = \{KIE_{WK}^{1}; \ldots; KIE_{WK}^{n}\}$

Tabelle 2-7: Cluster Governance: Koordinationsmuster in einem Cluster.

248 Vgl. FLOETING und ZWICKER-SCHWARM (2008), S. 31.

249 Zur Rolle von Cluster-Managern im Rahmen der Leitung von Cluster-Initiativen siehe auch SÖLVELL et al. (2003), S. 11.

250 Siehe S. 67.

251 Vgl. BELL et al. (2009).

Sie argumentieren transaktionskostenorientiert, dass die Wahl zwischen vorwiegend hierarchischer und vorwiegend relationaler Koordination von transaktionsspezifischen Merkmalen, der Makrokultur des Clusters sowie den bereits durchgeführten Transaktionen in der Historie des Clusters abhängig ist.[252] Diese Argumentation führt zur Annahme einer Pfadabhängigkeit, bei der Cluster-Unternehmen jene Koordinationsinstrumente präferieren, die sich in vergleichbaren Entscheidungssituationen im Cluster historisch *bewährt* haben.[253] Als Koordinatoren werden dabei jene Akteure eingesetzt, die sich durch ihre Beteiligung an vorangegangenen Koordinationsaufgaben oder aus anderen Gründen für diese Aufgabe legitimiert haben.

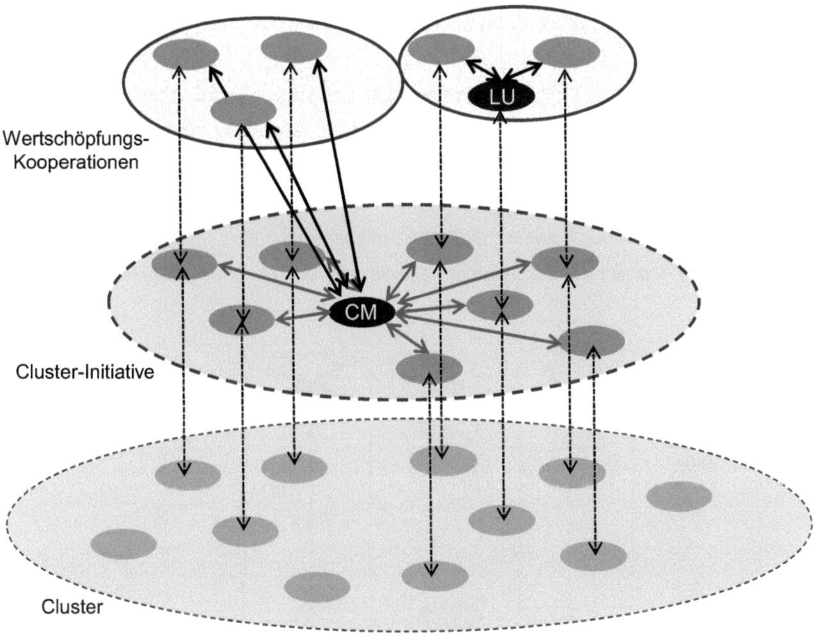

Abbildung 2-7: Cluster Governance (Beispiel 1).

Die Erkenntnisse von BELL, TRACEY und HEIDE lassen sich auf das Cluster Governance-Verständnis dieser Arbeit übertragen, indem die erarbeiteten Koordinationsbedarfe als eigenständige Aufgabenbereiche erfasst werden, deren Bewältigung durch unterschiedliche Koordinationsmuster erfolgen kann. Werden in diesem Sinne die Koordination von Selektionsentscheidungen, die Koordination von Regulationsentscheidungen, die Koordination von Allokationsentscheidungen und die Koordination von Evaluationsentscheidungen in Clustern

252 Vgl. BELL et al. (2009), S. 626.

253 BELL, TRACEY und HEIDE betonen daher, dass sich die Kooperationsebenen in einem Cluster bei der Wahl von Koordinationsmechanismen nicht isoliert voneinander betrachten lassen. Vgl. BELL et al. (2009), S. 623-624.

als prinzipiell unterschiedliche Koordinationsprobleme interpretiert, dann kann fortan nicht nur zwischen 6 Koordinationsmustern differenziert werden, sondern es gelingt zusätzlich eine Differenzierung nach den Inhalten der zu treffenden Entscheidungen.

Die Koordination von Entscheidungen hinsichtlich der Partner- und Themenwahl (Selektionsentscheidungen) kann somit aufgrund der in einem Cluster bewährte Koordinationsinstrumente anders erfolgen, als die Koordination von Allokations- oder Evaluationsentscheidungen. Die Cluster Governance ergibt sich als Gesamtheit der Koordinationsmuster, die in Clustern von bestimmten Akteuren bei der Bewältigung bestimmter Koordinationsprobleme praktiziert werden. Sie ist in der nachfolgenden Tabelle dargestellt. Zur graphischen Verdeutlichung der Cluster Governance ist die Zuordnung der Koordinationsmuster zu den Kooperationsebenen in den nachfolgenden Abbildungen beispielhaft an einem Cluster dargestellt. In *Abbildung 2-7* (vorige Seite) ist ein Cluster skizziert, das bei der Koordination einer Entscheidungsart (z.B. Selektionsentscheidungen) auf der CI-Ebene durch einen *Cluster-Manager* besitzt ist, der *Koordinationsmuster 5* zur Anwendung bringt. Auf der Ebene der Wertschöpfungskooperationen hingegen erfolgt die zentrale Koordination in einem Fall durch den *Cluster-Manager in beratender Funktion (links: Koordinationsmuster 3)*, in einem anderen Fall durch ein *zentral koordinierendes Leitunternehmen (rechts: Koordinationsmuster 5)*.

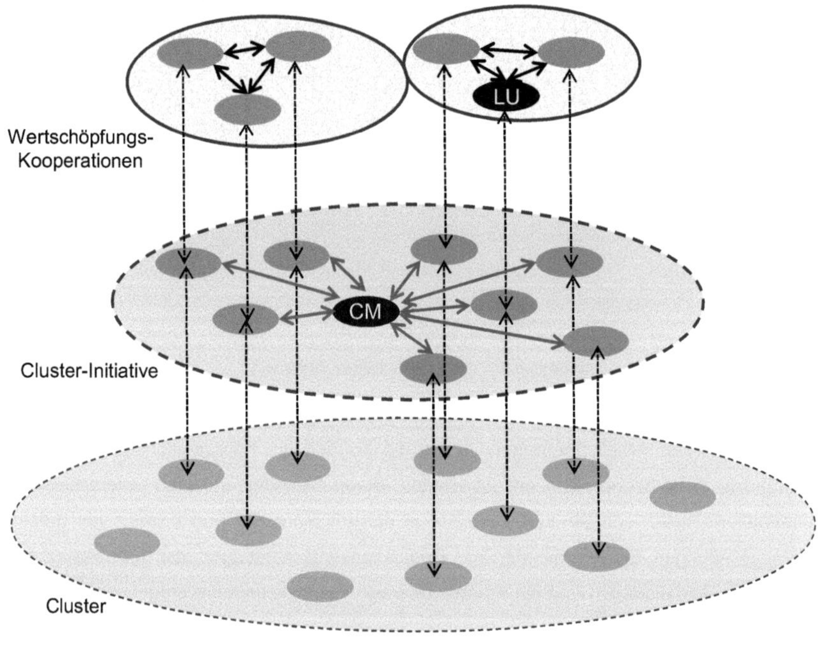

Abbildung 2-8: Cluster Governance (Beispiel 2).

In *Abbildung 2-8* (vorige Seite) ist dasselbe Cluster dargestellt, das jedoch bezüglich einer anderen Entscheidungsart (z. B. Allokationsentscheidung) andere Koordinationsmuster aufweist. Auf der Ebene der Cluster-Initiative findet erneut eine zentrale Koordination durch den Cluster-Manager statt *(Koordinationsmuster 5)*, jedoch kommen bei der Koordination der Entscheidungen auf der Ebene der beiden Wertschöpfungskooperationen ein Entscheidungsausschuss (links: Koordinationsmuster 6) und das Leitunternehmen als Berater (rechts: Koordinationsmuster 4) zum Einsatz.

Einordnung der bisherigen Erkenntnisse in den Forschungsprozess: Zwischenfazit zu Kapitel 2.1

In *Kapitel 2.1* wurden die begrifflichen und konzeptionellen Grundlagen der Clusterforschung erarbeitet. Im Rahmen einer Einführung in die begrifflichen und konzeptionellen Grundlagen der Clusterforschung wurde in *Kapitel 2.1.1* aufgezeigt, dass die Clusterforschung der verschiedenen Denkschulen und -perspektiven die Meso- und Makroebenen als Analyseebenen fokussieren. Da für ein systematisches Cluster Service Engineering sowohl die Wertschöpfungsbeziehungen der Akteure im Cluster als auch vertikale und horizontale Kooperationsbeziehungen und überbetriebliche Kooperationen zu berücksichtigen sind, wurde die Cluster-Black-Box in *Kapitel 2.1.2* aufgebrochen. Es wurde ein Cluster-Modell erarbeitet, das die benannten Aspekte berücksichtigt. Es basiert auf einer systemischen Modellierung regionaler Wertschöpfungsnetzwerke, ergänzt um horizontale und laterale Kooperationsbeziehungen. In *Kapitel 2.1.3* wurde die Koordination von Kooperationen in Clustern fokussiert. Nach einer entscheidungsorientierten Definition des Koordinationsbegriffs wurde ausgeführt, wie Entscheidungsinterdependenzen zwischen den Akteuren durch eine wechselseitige Beeinflussung nicht-gestaltbarer Elemente der Feldkomponente von Entscheidungen entstehen können. Mit der Ausführung der Aufgaben des Clustermanagements wurden die Koordinationsprobleme konkretisiert. Anschließend wurden dem Schnittstellenmanagement Konzepte entliehen, die zur Bewältigung der Entscheidungskoordination in Clustern eingesetzt werden können. Dabei wurden Kommunikationskonzepte, Segmentierungskonzepte und Strukturierungskonzepte ausgeführt, die sowohl im Rahmen einer Selbstkoordination als auch einer Fremdkoordination im Cluster zum Einsatz kommen können.

Die resultierenden Koordinationsmuster wurden in ihrer Gesamtheit als Cluster Governance charakterisiert. Sie ordnet die erarbeiteten Koordinationsmuster den Koordinationsproblemen im Cluster sowie den koordinierenden Akteuren zu, und kann daher auch als Koordinationsprofil eines Clusters verstanden werden. Im Ergebnis bereitet *Kapitel 2.1* Cluster als Handlungsfeld für laterale Logistikkooperationen vor und bietet für die spätere Auseinandersetzung mit der Problematik der Koordination von Entscheidungsinterdependenzen im CSE relevante Anknüpfungspunkte.

2.2 Service Engineering: Herausforderungen an die Kundenintegration bei der Gestaltung von Dienstleistungen

Mit den begrifflichen und konzeptionellen Grundlagen des Dienstleistungsmanagements wird der zweite Teil der theoretischen Grundlagen der Arbeit gelegt. Ziel ist es, das *Service Engineering* als *Prozess der systematischen Dienstleistungsgestaltung und -entwicklung* darzulegen, und die dabei besonders bedeutsame *Rolle der Kundenintegration* herauszuarbeiten.

2.2.1 Begriffliche und konzeptionelle Grundlagen des Service Engineering

Der Dienstleistungs- und Dienstleisterbegriff

Dienstleistungen spielen heute eine hervorgehobene Rolle in der deutschen Wirtschaftsstruktur.[254] Daher ist es nicht verwunderlich, dass sich in der Betriebswirtschaftslehre als praxisorientierte Wissenschaft mit der Dienstleistungsforschung eine eigene Teildisziplin herausgebildet hat. Umgangssprachlich werden Dienstleistungen gemeinhin durch eine Abgrenzung von Sachgütern charakterisiert.[255] Auch in der Betriebswirtschaftslehre werden *Dienstleistungen* als Unterkategorie des allgemeinen Leistungsbegriffs bestimmt.[256] Die Herangehensweisen an die Begriffsbildung unterscheiden sich jedoch.[257] So haben sich zahlreiche und vielfältige Definitionen zu Lasten eines universalen Dienstleistungsbegriffs herausgebildet, der sich in der Dienstleistungsforschung nicht hat durchsetzen können.[258] Die Definitionsansätze lassen sich in *negative, enumerative, institutionelle* und *explizite* (auch *konstitutive*) Ansätze differenzieren.[259] Dabei setzt sich die *pragmatische Sichtweise* immer stärker durch, dass eine klare Abgrenzung zwischen Dienst- und Sachleistungen nicht

---

[254] Zur aktuellen Bedeutung der Dienstleistungswirtschaft für die gesamtdeutsche Wirtschaftsentwicklung siehe FLIEß (2009), S. 4 - 7. Zur Bedeutung des Dienstleistungssektors in der US-amerikanischen Wirtschaft siehe DASKIN (2010), S. 6 - 10. Zur Entwicklung der Bedeutung der Dienstleistungswirtschaft in Deutschland seit den 1960er Jahren siehe KOHL (1998), S. 38 - 44, WOLFF (1998), S. 47 - 66 und MALERI (1994), S. IV - V und S. VII.

[255] Vgl. MALERI (1994), S. 5.

[256] Vgl. SCHEER et al. (2003), S. 23.

[257] Siehe stellvertretend die Zusammenstellung verschiedener Definitionen bei RAMME (2003), S. 4 - 5.

[258] Vgl. SCHEER et al. (2003), S. 23 - 26. ROSADA kritisiert in diesem Zusammenhang, dass eine trennscharfe Abgrenzung von Dienstleistungen zu Sachleistungen nicht möglich ist. Er schlägt eine Negativabgrenzung von Sachleistungen als Definitionsansatz vor sowie eine Definition mit Hilfe von Dienstleistungscharakteristika. Siehe ROSADA (1990), S. 10 - 11.

[259] Vgl. LANGENHAN (2004), S. 136 - 137. Zur weiteren Erläuterung siehe auch SCHEER et al. (2003), S. 21 - 23 und MEYER (1998), S. 5 - 6. Die Möglichkeit der Negativdefinition wird im Zuge einer kontroversen Diskussion über die generelle Abgrenzbarkeit der Dienstleistung von Sachleistungen zunehmend in Frage gestellt. Bei der Definition der Dienstleistung durch *enumerative* Auszählungen wird versucht, ein möglichst konkretes Bild von Dienstleistungen durch Beispiele zu erarbeiten, siehe BULLINGER/SCHREINER (2003), S. 53. Auch LANGEARD grenzt Dienstleistungen durch das Nennen von Beispiele von Sachleistungen ab, vgl. LANGEARD (1981), S. 233. Dieser Ansatz kann zwar für die Praxis einen Beitrag leisten, allerdings gelingt eine präzise Definition des Dienstleistungsbegriffs durch eine enumerative Aufzählung nicht. Vgl. SCHEER et al. (2003), S. 24 sowie die dort zitierte Literatur. Daher stimmen viele Autoren darin überein, dass diese Form der Dienstleistungsdefinition zur Analyse von Dienstleistungseigenschaften und deren Implikationen nur bedingt geeignet ist. Siehe stellvertretend ZIRPINS (2007), S. 12.

vorgenommen werden kann.[260] Die Frage, *wie* die Aufhebung der Dichotomie von Sach- und Dienstleistungen erreicht werden kann, wurde jedoch kontrovers diskutiert. Zwar stellen sowohl die *Leistungslehre* als auch die von VARGO und LUSCH maßgeblich entwickelte *Service Dominant Logic* eine Rekonzeptionalisierung dessen dar, was unter einer Dienstleistung zu verstehen ist, jedoch unterscheiden sich diese beiden Ansätze in der Art, *wie* sie die Abgrenzung von Sach- und Dienstleistungen überwinden.[261] Der von VARGO und LUSCH postulierte Paradigmenwechsel von einer güterzentrierten (goods-centered dominant logic) zu einer servicezentrierten Sichtweise (service-centered dominant logic) legt eine Überwindung der Dichotomie von Sach- und Dienstleistungen durch die Behandlung von *Diensten* als einzige Form des ökonomischen Austauschs nahe. *Dienste* werden definiert als die *Anwendung spezieller Kompetenzen* (Wissen oder Fähigkeiten) durch *Taten*, *Prozesse* und *Arbeitsleistungen* zum Vorteil eines Kunden sowie des Dienstanbieters.[262] Zwischen Akteuren werden ausschließlich Dienste ausgetauscht. Güter stellen dabei lediglich Werkzeuge in Form von Distributionsmechanismen dar, deren Zweck die Bereitstellung von Diensten ist. Wertschöpfung ergibt sich damit nicht mehr durch die Produktion und den Austausch von Gütern, sondern durch den Service als gemeinsamen Prozess von Anbieter und Kunde. Die Unterscheidung der Akteure in Produzenten und Konsumenten wird aufgehoben, da nicht mehr *ein* Akteur Wert schafft und ein *anderer* Akteur Wert konsumiert, sondern beide Seiten wechselseitig Dienste anbieten.[263]

In der *Leistungslehre* hingegen wird eine Aufhebung der Dichotomie zw. Sach- und Dienstleistungen dadurch erreicht, dass Leistungen zunehmend als *Leistungsbündel* behandelt werden, welche sowohl aus Dienstleistungs- als auch Sachleistungsteilen bestehen.[264] Dienstleistungen werden daher in der Leistungslehre nicht durch Abgrenzung von Sachleistungen, sondern auf Basis ihrer Dimensionen nach *konstitutiven Merkmalen* definiert. Diesem Ansatz wird im Rahmen der vorliegenden Arbeit gefolgt. Die Definition von Dienstleis-

[260] Die konstituierenden Merkmale der Dienstleistung werden in dieser Position nicht mehr als trennscharfe Abgrenzungskriterien, sondern als betriebswirtschaftlich bedeutende Faktoren der Dienstleistung interpretiert, vgl. RECKENFELDERBÄUMER (2006), S. 34. Siehe auch WORATSCHEK (2001), S. 265.

[261] Vgl. KLEINALTENKAMP et al. (2009), S. 49.

[262] Vgl. VARGO/LUSCH (2004b), S. 6. Der Begriff *Service* ist nicht mit dem Begriff Dienstleistung gleichzusetzen. Er stellt vielmehr eine übergeordnete Kategorie dar; sowohl Sachgüter als auch Dienstleistungen sind lediglich Instrumente zur Erbringung von Diensten. Der Begriff *Service* wird bei VARGO stets im Singular verwendet, um eine Angrenzung von *Services* im herkömmlichen Begriffsverständnis zu ermöglichen. In dieser Arbeit wird der Begriff Service mit *Dienst* übersetzt, um eine Abgrenzung von dem Begriff der *Dienstleistung* zu ermöglichen.

[263] VARGO/LUSCH definieren diese für die Integrationsleistung notwendigen Ressourcen als operante Ressourcen „operant resources“, die zur Erzielung von Wirkungen an statischen, zumeist tangiblen Ressourcen („operand resources“) eingesetzt werden können. Während operande Ressourcen als Produktionsfaktoren des Kunden für den Leistungserstellungsprozess zur Verfügung gestellt werden können, sind es die operanten Ressourcen, welche die Nutzung der operanden Ressourcen ermöglichen und damit die Integrationsleistung repräsentieren. Im Sinne der SDL gilt es daher, den Kunden als operante Ressource dauerhaft in die Prozesse der Lösungsentwicklung und Leistungserbringung einzubeziehen, um seine Kompetenzen dauerhaft nutzbar zu machen. Vgl. VARGO/AKAKA (2009), S. 33 - 35. Für eine weiterführende Auseinandersetzung mit der Service Dominant Logic sei verwiesen an LUSCH/VARGO (2006c).

[264] Zwar kann der Anteil der materiellen und immateriellen Leistungen variieren, jedoch wird jedem Leistungsbündel ein Sach- und Dienstleistungsanteil zugesprochen. Vgl. KLEINALTENKAMP et al. (2009), S. 49.

tungen aus Basis ***konstitutiver Merkmale*** soll daher weiter ausgeführt werden. Es werden drei Dimensionen einer Dienstleistung berücksichtigt,[265] die Ziele repräsentieren, die mit der Inanspruchnahme von Dienstleistungen verbunden sind. Dies sind das *Dienstleistungspotenzial,* der *Dienstleistungsprozess* und das *Dienstleistungsergebnis.*[266]

Die ***potenzialorientierte Dimension der Dienstleistung*** fokussiert die Existenz eines Leistungspotenzials des Dienstleisters, welches durch dessen Fähigkeit und Bereitschaft zur Erbringung einer Leistung charakterisiert wird.[267] Die Leistungsfähigkeit wird durch die Bereithaltung für die Dienstleistungserbringung notwendiger interner Produktionsfaktoren geschaffen. Aus sachgüterproduktionswirtschaftlicher Sicht wird das Leistungspotenzial auch als *Bereitstellungsleistung* bezeichnet.[268] Im Gegensatz zur Sachgüterproduktionen können bei Dienstleistungen jedoch keine Güter oder Halbfabrikate für einen Markt vorproduziert werden, da der Kunde am Leistungserstellungsprozess beteiligt werden muss. Der Aufbau des Leistungspotenzials stellt daher eine der eigentlichen Leistungserstellung zeitlich und sachlich vorgelagerte Vorkombination der internen Produktionsfaktoren dar.[269] Da Dienstleistungen im Gegensatz zu Sachleistungen *nicht lagerbar* sind, ist zudem eine permanente Aufrechterhaltung der Leistungsfähigkeit notwendig.[270] Aus der potenzialorientierten Dimension der Dienstleistung wird daher das konstitutive Merkmal der *Intangibilität der Dienstleistung als Absatzobjekt* abgeleitet.[271]

Die ***prozessorientierte Dimension der Dienstleistung*** fokussiert die Art der Leistungserbringung: Dienstleistungen werden als *Prozesse zur Bedarfsdeckung der Nachfrager* aufgefasst.[272] Für Dienstleistungen charakteristisch ist dabei, dass sie in einem Prozess erbracht werden, in dem der Dienstleistungskunde nicht erst beim Leistungstransfer, der Übergabe des Prozessergebnisses, eingebunden wird, sondern bereits bei der Kombination der Produktionsfaktoren. Der Kunde bringt dabei selbst Produktionsfaktoren ein, die in der Dienst-

---

[265] *Ergänzende Merkmale* von Dienstleistungen, die jedoch nicht zu den konstituierenden Merkmalen gezählt werden, aber dennoch die Charakteristik *typischer* Dienstleistungen konkretisieren, lassen sich je nach Ausprägung der Dienstleistung hinzuziehen: Dies sind ihre *Individualität* sowie die *anbieter- und nachfragerseitige Verhaltensunsicherheit.* Vgl. RECKENFELDERBÄUMER (2006), S. 34. Auch bei der Definition durch konstitutive Merkmale ist zu beachten, dass eine trennscharfe Linie zwischen Dienst- und Sachleistungen in vielen Fällen nicht möglich ist, sondern Raum für Interpretationen verbleibt. KIßLING (1999), S. 13 spricht in diesem Zusammenhang von einem *Diskriminierungsdilemma.*

[266] Vgl. Hilke (1989b), S. 10 - 15 und ROSADA (1990), S. 20 - 21. ROSADA spricht nicht vom Leistungspotenzial, sondern von der Bereitstellungsleistung als Prozess zur Herstellung der Leistungsbereitschaft, S. 20 ebenda. CORSTEN hingegen entscheidet sich für eine Definition anhand konstitutiver Merkmale, da ihm dies als präzisester Abgrenzungsansatz erscheint, siehe CORSTEN (1990), S. 17.

[267] Vgl. HILKE (1989b), S. 11; CORSTEN (1990), S. 18 und FORSCHNER (1989), S. 39.

[268] Vgl. ENGELHARDT et al. 1993, S. 398 und SCHEUCH 1982, S. 116.

[269] Vgl. CORSTEN (1990), S. 18.

[270] Hieraus ergeben sich für das Dienstleistungscontrolling Probleme hinsichtlich der Kostenzurechnung: Durch die notwendige dauerhafte Aufrechterhaltung des Leistungspotenzials werden im Vergleich zu Sachgüter produzierenden Unternehmen hohe Fixkostenanteile generiert, die den einzelnen Dienstleistungsprozessen teilweise nicht direkt zugeordnet werden können. Dies führt zudem insbesondere bei schwankender Nachfrage zu Schwierigkeiten der Ressourcenauslastung, vgl. BRUHN und STAUSS (2006), S. 5.

[271] Dies schließt nicht automatisch die Intangibilität des Leistungsergebnisses mit ein.

[272] Vgl. ZIRPINS (2007), S. 12.

leistungsforschung als *externe Faktor* bezeichnet werden.[273] Der externe Faktor kann Objekte, Informationen, Rechte oder die personelle Mitwirkung des Dienstleistungskunden auf operativer und auch administrativer Ebene umfassen.[274]

Aus der prozessorientierten Dimension der Dienstleistung lässt sich die *Synchronität von Leistungserstellung und -inanspruchnahme* als weiteres konstitutives Merkmal der Dienstleistung ableiten.[275]

Die ***ergebnisorientierte Dimension der Dienstleistung*** fokussiert die *Immaterialität* als charakteristisches Merkmal des Dienstleistungsergebnisses. Die Festlegung der Immaterialität der Leistungsergebnisse als ein konstitutives Merkmal wird damit begründet, dass Dienstleistungen immer an einem Objekt erbracht werden, so dass lediglich eine Veränderung des Objekts möglich ist, nicht aber eine Neuschaffung.[276] Allerdings ist diese Position in der Dienstleistungsforschung umstritten, da im Zuge der Faktorkombination auch materielle Veränderungen an Produktionsfaktoren geschehen. Sofern dies bei internen Faktoren der Fall ist, wird die Immaterialität nicht angegriffen. Eine materielle Veränderung des externen Faktors kann jedoch bereits als materielles Ergebnis der Dienstleistung interpretiert werden. Durch eine begriffliche Schärfung des Dienstleistungsergebnisses als *prozessuale Endergebnisse* der Dienstleistung und ihre Abgrenzung von den *mit der Dienstleistungsproduktion verbundenen Wirkungen* lässt sich die Immaterialität als konstituierendes Merkmal jedoch aufrechterhalten. Während das prozessuale Ergebnis sowohl materielle als auch immaterielle Elemente umfassen kann, ist die an den Zielen der Dienstleistung gemessene Wirkungen *immer* immateriell. Die *Immaterialität des Leistungsergebnisses* kann, dieser Position folgend, als drittes konstitutives Merkmal einer Dienstleistung abgeleitet werden.[277]

Darauf ausbauend können nun *Logistikdienstleistungen* auf Basis der herausgearbeiteten konstitutiven Merkmale definiert werden.[278] Dabei werden die drei Dimensionen und die aus ihnen abgeleiteten konstitutiven Merkmale nicht singulär, sondern in ihrer Kombination ge-

[273] Vgl. MEFFERT/BRUHN (2009), S. 34.

[274] Nach MEFFERT und BRUHN reichen die Erscheinungsformen des externen Faktors von menschlicher Arbeitsleistung über Objekte bis zu Nominalgütern, Rechten und Informationen. Siehe MEFFERT/BRUHN (2009), S. 34.

[275] Vgl. CORSTEN (1990), S. 19; HILKE (1989b), S. 13; PARASURAMAN et al. (1985), S. 6; HILKE (1989a), S. 12 und ZEITHAML/BITNER (2000), S. 13.

[276] Vgl. HOMBURG/KROHMER (2006), S. 975 - 980 und KOTLER/BLIEMEL (1992), S. 711 - 715. Aus der Intangibilität folgt die Problematik, dass Dienstleistungskunden die Qualität von Dienstleistungen nur schwer beurteilen können. Siehe das *Gap-Modell der Dienstleistungsqualität* bei HOMBURG/LÜERS (2007), S. 251.

[277] Vgl. HILKE (1989b), S. 16 - 26 und MEYER (1991), S. 197 sowie MEFFERT/BRUHN (2009), S. 43. Abweichend davon wird von anderen Autoren die Position vertreten, dass Immaterialität auch bei einer Differenzierung des prozessualen Endergebnisses von den mit der Dienstleistung verbundenen Wirkungen *keine* geeignete Größe für die Ableitung konstitutiver Merkmale der Dienstleistung darstellt. Argumentiert wird hier, dass auch bei der Erbringung von Sachleistungen der Leistungsnutzen aus Kundensicht immer in einer übergeordneten Problemlösung liegt, die sich als immaterielles Ergebnis interpretieren lässt. Vgl. KIßLING (1999), S. 11.

[278] Durch eine Abkehr von enumerativen Definitionsversuchen durch Abgrenzung der Dienst-leistung von Sachleistungen zugunsten einer Definition durch Herausarbeitung konstitutiver Merkmale zeichnet sich inzwischen eine gewisse Konvergenz des Dienstleistungsbegriffs ab. Vgl. KIßLING (1999), S. 8.

nutzt:[279] *Dienstleistungen sind intangible Absatzobjeke in Form angebotener Leistungsversprechen, die zu ihrer Konkretisierung und Realisierung der zeitlich begrenzten, synchronen Integration der externen Faktoren des Kunden bedürfen.*

Konzeptionelle Grundlagen des Service Engineering als Disziplin der Gestaltung und Entwicklung von Dienstleistungen

Anders als Sachgüter, die vielfach für einen anonymen Markt (vor)produziert werden können und dabei ein hohes Maß an Standardisierung erlauben, sind Dienstleistungen immer individuell für einen konkreten Kunden und nach dessen Wünschen zu erbringen. Aus den konstituierenden Merkmalen der Dienstleistung folgt unmittelbar, dass jede Dienstleistung – in geringerem oder größerem Maßstab – eine Dienstleistungsgestaltung oder Dienstleistungsentwicklung erforderlich macht.

Die zentrale Forderung des ***Service Engineering*** lautet, dass Dienstleistungen systematisch zu gestalten sind.[280] BULLINGER und SCHEER verstehen unter *Service Engineering* die *systematische Entwicklung neuer Dienstleistungen.*[281] FÄHNRICH und OPITZ detaillieren: *„Service Engineering beschäftigt sich mit der systematischen Entwicklung von Dienstleistungen unter Verwendung geeigneter Vorgehensmodelle, Methoden und Werkzeuge sowie mit dem Management von Dienstleistungsentwicklungs-Prozessen.“*[282] Das Service Engineering kann daher als anwendungsorientierte, interdisziplinäre Forschungsdisziplin verstanden werden, die sich mit der Gestaltung und Entwicklung von Dienstleistungen befasst. Es findet nicht nur Anwendung bei der Neuentwicklung von Dienstleistungen im Sinne einer Dienstleistungsinnovation, sondern auch bei der Gestaltung hybrider Produkte, beim Reverse Engineering und beim Service Bundling:[283] Dort werden bereits existierende Teilleistungskonzepte zu einem Dienstleistungsbündel kombiniert. So kann dem Kunden eine individuelle Leistung erbracht werden kann, ohne dass eine vollständige Neuentwicklung erforderlich wird.[284]

In der vorliegenden Arbeit soll ZAHN und STANIK folgend eine den verschiedenen Anwendungsfeldern des Service Engineering gerecht werdende Differenzierung der Begriffe *Dienstleistungsentwicklung* und *Dienstleistungsgestaltung* erfolgen. Der Begriff *Entwicklung* wird

[279] Vgl. ZIRPINS (2007), S. 13.

[280] Service Engineering ist dabei nicht als Aufgabe der wissenschaftlichen Grundlagenforschung zu sehen, sondern als Konzept zur Unterstützung von Dienstleistungsunternehmen, die ihre Leistungen effizient und in der gewünschten Qualität entwickeln und vermarkten müssen. Siehe BULLINGER/SCHEER (2003), S. 4.

[281] Vgl. BULLINGER/SCHEER (2003), S. 16.

[282] FÄHNRICH/OPITZ (2003), S. 99.

[283] Vgl. ZAHN/STANIK (2003b), S. 318. *Hybride Produkte* sind Kombinationen aus Sach- und Dienstleistungen. Dienstleistungen werden hier oft als Begleitleistungen angeboten. Als *Reverse Engineering* bezeichnet man die Neuspezifikation bereits existierender Leistungen. Siehe ZAHN/STANIK (2003b), S. 318. Zum Begriff und Management der Dienstleistungsinnovation sei an dieser Stelle verwiesen auf TIDD/HULL (2003a). Siehe insbesondere die folgenden konzeptionellen Beiträge zum Management von Dienstleistungsinnovationen: TIDD/HULL (2003b), S. 3 - 34; VERMEULEN/VAN DER AA (2003), S. 35 - 54; VANDERMERWE (2003), S. 55 - 80; MILES (2003), S. 81 - 112 und CLAYTON (2003), S. 113 - 136.

[284] Vgl. ZAHN und STANIK (2003b), S. 318.

verwendet zur Bezeichnung einer *Neu*entwicklung im Sinne einer *Dienstleistungsinnovation*.[285] Gemeint ist die Entwicklung und Vermarktung einer *aus der Sicht des Marktes* neuen Leistung. Kundenindividuelle Dienstleistungen, wie die Erbringung einer Kontraktlogistikleistung, sind ebenso wie neue (innovative) Dienstleistungen systematisch zu gestalten und damit Gegenstand des Service Engineering.[286] Allerdings sind sie nicht zwangsläufig aus der Sicht des Marktes neu und stellen daher *nicht zwingend* Innovationen dar.[287] Die unterschiedlichen Positionierungen bei der Verwendung der Begriffe *Gestaltung* und *Entwicklung* können im Kontext der Dienstleistungsforschung daher mit der Betrachtung unterschiedlicher Dienstleistungsarten erklärt werden. Während bei stark *standardisierten Dienstleistungen* eine Gestaltung vornehmlich im Rahmen der (Neu)Entwicklung von Dienstleistungen erforderlich wird, ist eine Gestaltung bei *kundenindividuellen Dienstleistungen* bei jedem einzelnen Leistungserstellungsprozess erforderlich.

In der Praxis sind viele Dienstleistungsprozesse gekennzeichnet durch standardisierte und individuelle Komponenten, so dass von einer *Teilentwicklung* bzw. *Teilgestaltung* der Dienstleistung gesprochen werden kann.[288] Daher ist auch für Unternehmen, die keine Dienstleistungsunternehmen i. e. S. sind, das Service Engineering relevant, sofern Dienstleistungen als ergänzende oder begleitende Leistungen vermarktet werden.[289]

Die systematisch durchgeführte Dienstleistungsentwicklung ist sowohl in der Forschung als auch in der Praxis eine Querschnittsaufgabe, die ein interdisziplinäres Vorgehen erforderlich macht.[290] Die *Gestaltungsräume* der Dienstleistungsentwicklung können aus den Dimensionen der Dienstleistung abgeleitet werden. Dabei sind nach BULLINGER und SCHREINER die *Potenzialdimension*, die *Prozessdimension*, die *Ergebnisdimension* und die *Marktdimension* als Gestaltungsräume relevant.[291]

Die Anforderungen an die ***Gestaltung der Potenzialdimension*** ergeben sich aus der beschränkten Speicher- und Lagerfähigkeit von Dienstleistungen sowie aus der zeitlichen Variabilität der Dienstleistungsnachfrage. Darüber hinaus wird nach BULLINGER und SCHREINER das Dienstleistungsergebnis von der Potenzialqualität beeinflusst. Daher ist eine auf den

---

[285] Zu diesem Begriffsverständnis siehe stellvertretend BRUSCH (2004), S. 87.

[286] Zum Management von Innovationsprozessen bei Dienstleistern siehe SCHALLER et al. (2004), S. 47 - 72; LUCZAK/HOECK (2004), S. 73 - 96; SCHEER et al. (2004), S. 97 - 126 und CORSTEN/GÖSSINGER (2004), S. 127 - 150.

[287] BENKENSTEIN und STEINER differenzieren Dienstleistungsinnovationen nach der Subjektdimension der Innovation in Dienstleistungen, die für den Markt neu sind (Marktneuheiten) und Dienstleistungen, die für das anbietende Unternehmen neu sind (Unternehmensneuheiten). Siehe BENKENSTEIN/STEINER (2004), S. 31.

[288] Dabei werden auch im Dienstleistungsbereich Modularisierungsstrategien eingesetzt. Hier wird verwiesen an HERRMANN et al. (2005).

[289] Vgl. BULLINGER/SCHEER (2003), S. 4. SCHEER, GRIEBLE und KLEIN verweisen in diesem Zusammenhang auf *hybride Produkte*, die sowohl Sach- als auch Dienstleistungsanteile besitzen. Siehe SCHEER et al. (2003), S. 26 - 27.

[290] Das *Service Engineering* hat sich erst Mitte der 1990er Jahre zu einer wissenschaftlichen Disziplin entwickelt. Wichtige Meilensteine ausgehend von der 1. BMBF-Tagung „Dienstleistungen der Zukunft" am 28./29. Juni 1995 in Berlin sind dargestellt bei FÄHNRICH/OPITZ (2003), S. 108 - 109.

[291] Vgl. BULLINGER/SCHREINER (2003), S. 55 - 61.

Leistungserstellungsprozess vorbereitende Gestaltung des Leistungspotenzials notwendig.[292]

Die Anforderungen an die ***Gestaltung der Prozessdimension*** der Dienstleistung ergeben sich aus der besonderen Bedeutung der Interaktion von Dienstleistungsanbieter und -nachfrager auf der Prozessebene. Effizienzsteigerungseffekte lassen sich dabei aus der Sicht des Dienstleistungsanbieters durch eine Verlagerung von Prozessschritten auf die Seite des Dienstleistungsnachfragers realisieren, dabei wird der Dienstleistungsnachfrager zum *unbezahlten Mitarbeiter*. Nach BULLINGER und SCHREINER führt dies dazu, dass der Dienstleistungsanbieter die Ausbringungsmenge steigern oder das Preisniveau reduzieren kann.[293] Darüber hinaus kann die Kundenzufriedenheit durch die Kundenbeteiligung gesteigert werden.[294]

Die ***Gestaltung der Ergebnisdimension*** bezieht sich auf die Hinwirkung auf ein bestimmtes Dienstleistungsergebnis. Dabei stellt nicht der Dienstleistungsprozess selbst das Ergebnis dar, sondern die Zustandsänderung, die beim Dienstleistungsnachfrager selbst oder an einem seiner Verfügungsobjekte vollzogen wird.[295] Dabei kann differenziert werden zwischen dem *prozessualen Endergebnis*, das direkt nach Anschluss des Dienstleistungsprozesses erreicht wird, und dem *Impact* der Dienstleistung, der als Folge- oder Dauerqualität verstanden werden kann und die nachhaltig verbleibende Wirkung der Dienstleistung misst.[296] Nach BRUHN und SCHREINER ist als vierte Dimension die *Marktdimension als Gestaltungsdimension* zu sehen. Die Marktorientierung zielt darauf ab, bereits bei der Entwicklung und Gestaltung von Dienstleistungen darauf zu achten, dass Marktchancen erkannt werden und nicht „am Markt vorbei“ entwickelt wird. Als Gestaltungswerkzeuge können hier jene Instrumente zum Einsatz kommen, die auch bei der Entwicklung von Sachgütern den Marktbezug sicherstellen, wie detaillierte Pflichtenhefte, Simulationen und das Prototyping.[297]

Neben den Dienstleistungsdimensionen unterscheiden BULLINGER und SCHEER ***Service Engineering Dimensionen***, die den *Methodenkasten* des Service Engineering beschreiben, der zur Gestaltung der Dienstleistungen in den vorgestellten Dienstleistungsdimensionen

---

[292] BULLINGER/SCHREINER weisen darauf hin, dass nur das Leistungspotenzial der anbietenden Wirtschafteinheit gezielt gestaltet werden kann. Hier liegt eine Informationsasymmetrie zwischen Anbieter und Nachfrager vor: Während der Nachfrager das Leistungspotenzial des Anbieters bereits kennt oder in Erfahrung bringen kann, ist dem Anbieter das Leistungspotenzial des Nachfragers unbekannt. BULLINGER/SCHREINER sprechen daher von einer *Qualitätsunsicherheit* seitens des Anbieters. Vgl. BULLINGER/Schreiner (2003), S. 56 - 57.

[293] Vgl. BULLINGER/SCHREINER (2003), S. 57 - 58, verweisend auf LEHMANN (1998) und BODE/ZELEWSKI (1992).

[294] Dabei kann nicht jede Auslagerung von Aktivitäten an den Kunden dessen Zufriedenheit steigern. Vielmehr ist lt. Bullinger/Schreiner das Instrument der Prozessanalyse einzusetzen, um geeignete Prozesse für eine Auslagerung zu identifizieren. Siehe BULLINGER/SCHREINER (2003), S. 57 - 58, verweisend auf BÜTTGEN (2001), GAITANIDES (1983) und HERTEL/SCHREINER (2001). Zur Durchführung von Prozessanalysen in Dienstleistungsunternehmen siehe auch SPIEGEL (2003).

[295] Vgl. BULLINGER/SCHREINER (2003), S. 58.

[296] Vgl. BULLINGER/SCHREINER (2003), S. 58 - 59, verweisend auf HILL (1977); DONABEDIAN (1980) und MEYER/MATTMÜLLER (1987).

[297] Vgl. BULLINGER/SCHREINER (2003), S. 60 - 61, verweisend u. a. auf EDVARDSSON (1996) und GRÖNER (1993).

eingesetzt werden kann. Dieser umfasst Vorgehensmodelle, Methoden und Werkzeuge, die bei der Dienstleistungsentwicklung zur Anwendung kommen.[298] Durch eine Gesamtbetrachtung der *Dienstleistungs-Dimensionen* mit den *Service Engineering Dimensionen* ergibt sich das *Service Engineering Rahmenkonzept* nach BULLINGER und SCHREINER, das zur Strukturierung des Arbeitsfeldes des Service Engineering geeignet ist.[299] Das Service Engineering Rahmenkonzept ist in *Abbildung 2-9* dargestellt. Da in dieser Arbeit der die Koordination des Service Engineering als Entscheidungsprozess analysiert werden soll, wird der *Prozessdimension* der Dienstleistungsentwicklung besondere Beachtung geschenkt.

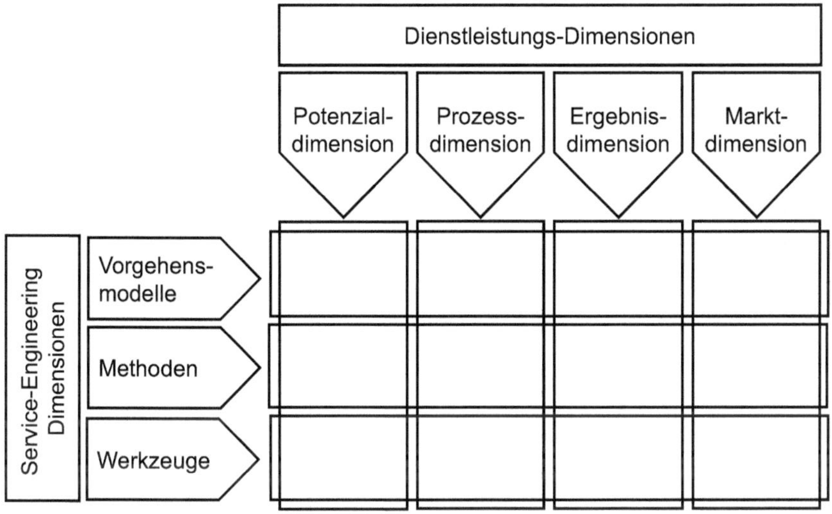

Abbildung 2-9: Das Service Engineering-Rahmenkonzept
Quelle: Leicht verändert übernommen von: Bullinger/Schreiner (2003), S. 73.

Die Gestaltung der Prozessdimension von Dienstleistungen: Vorgehensmodelle als Werkzeuge der Prozessgestaltung im Service Engineering

Zur *Abbildung* des Gestaltungsraumes der Prozessdimension werden in der Literatur *Vorgehensmodelle* vorgeschlagen. Sie werden im Service Engineering als Modelle verstanden, die eine *zeitlich-logische Abfolge von Aktivitäten zum Zweck einer Leistungserstellung* beschrei-

[298] BULLINGER/SCHREINER verweisen auf das Service Design Konzept von RAMASWAMY, den Design Ansatz nach ISO 9004, Teil 2, und das Service Development-Konzept von EDVARDSSON und OLSSON. Siehe RAMASWAMY (1996), S. 27 sowie die Erläuterungen zum Modell auf S. 26 - 39, Deutsches Institut für Normung (DIN) (1992), S. 12 und EDVARDSSON/OLSSON (1996), S. 163. Als Methoden des Service Engineering sind bspw. *Service-FMEA*, *Service-QFD*, das *Target Costing* und das *Service-Blueprinting* zu nennen. Für eine ausführliche Auflistung und Analyse entliehener und speziell für das Service Engineering konzipierter Methoden siehe FÄHNRICH/OPITZ (2003), S. 99 - 100.

[299] Vgl. BULLINGER/SCHREINER (2003), S. 73.

ben.[300] Eine Übersicht über verschiedene Vorgehensmodelle des Service Engineering geben SCHNEIDER, WAGNER und BEHRENS.[301]

Ein einfaches Phasenmodell, das den gesamten Dienstleistungsprozess abbildet und als Ausgangspunkt für die prozessuale Gestaltung des Service Engineering geeignet ist, wurde im *DIN Fachbericht 75* vorgestellt.[302] Es sieht sechs Phasen des Dienstleistungsprozesses vor, die von der *Ideenfindung und -bewertung* ausgehend über die *Definition der Anforderungen*, das *Design*, die *Einführung der Dienstleistung am Markt* und die *Dienstleistungserbringung* schließlich zur Auflösung der Leistungsbeziehung zwischen Dienstleistungsanbieter und Dienstleistungskunde führen, siehe *Abbildung 2-10*.

Das Modell entstand mit der Motivation, Standardisierungsmaßnahmen im Umfeld des Service Engineering vorzunehmen, um durch eine Normung des Vorgehens Leitplanken für die effiziente gemeinsame Dienstleistungsgestaltung von Anbietern und Nachfragern zu schaffen.[303] Das Vorgehensmodell des DIN Fachberichts 75 bleibt jedoch undetailliert, zur konkreten Ausgestaltung wird an die Standards der Reihe DIN EN ISO 9000 sowie an branchenspezifische Standards verwiesen.[304]

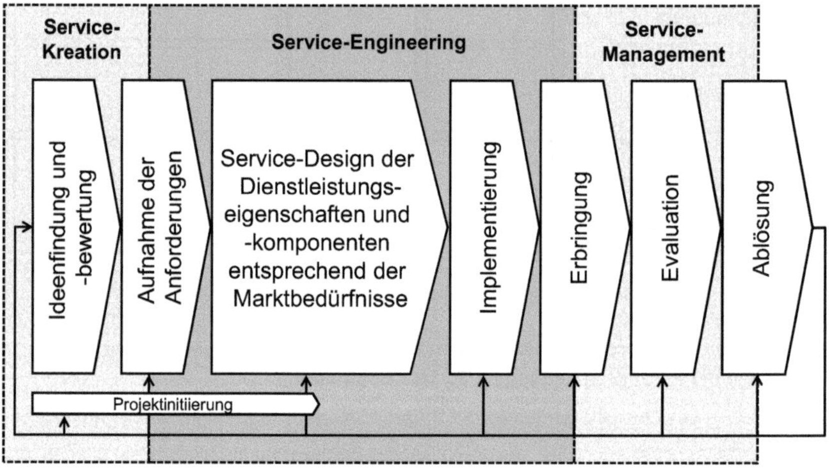

Abbildung 2-10: DIN Phasenmodell des Service Engineering
Quelle: Schneider et al. (2003), S. 138.

300 Vgl. SCHEER et al. (2003), S. 35.

301 Vgl. SCHNEIDER et al. (2003).

302 Vgl. DIN (1998), S. 64. Zur Bedeutung der DIN-Normung des Service Engineering siehe auch SCHNEIDER et al. (2003), S. 137 - 138.

303 Dienstleistungsinformationen werden bei SCHNEIDER, WAGNER und BEHRENS definiert als die *Summe aller Maßnahmen und Medien, die den Käufer von Dienstleistungen vor der Kaufentscheidung über wesentliche Leistungsbestandteile, deren Qualität und auch über langfristige Risiken und Konsequenzen informieren*. Vgl. SCHNEIDER et al. (2003), S. 138.

304 Vgl. SCHNEIDER et al. (2003), S. 138.

Alternative Phasenmodelle zum DIN-Prozess werden vorgestellt von EDVARDSSON und OLSSON, SCHEUNING und JOHNSON sowie von RAMASWAMY.[305] Das Modell von EDVARDSSON und OLSSON beschreibt Service Engineering als Prozess mit den drei Phasen *Service Concept Development*, *Service System Development* und *Service Process Development*.[306] Nach der gemeinsamen Entwicklung eines Dienstleistungskonzepts durch den Dienstleistungsanbieter und den Dienstleistungsnachfrager erfolgt eine Konzeptevaluation hinsichtlich der Eignung des Konzepts zur Befriedigung der artikulierten Kundenwünsche, eine Konkurrenzanalyse des Dienstleistungsanbieters sowie eine interne Stärken- und Schwächenanalyse des Dienstleistungsanbieters. In der Phase des Service System Development werden die Ressourcen für den Leistungserstellungsprozess festgelegt. In der Phase des *Service Process Development* schließlich werden die Prozesse der Leistungserbringung auf einer operativen Ebene definiert und es erfolgt die Preiskalkulation der Dienstleistung.[307] Das Vorgehensmodell von RAMASWAMY gliedert den Prozess der Dienstleistungsentwicklung in zwei Phasen, die aus jeweils vier Prozessschritten bestehen. In der Phase des *Service Design* wird die zu erbringende Leistung konzipiert, in der Phase des *Service Management* erfolgt die Umsetzung der Dienstleistung sowie die Messung der Leistungsqualität und ggf. Formulierung von Verbesserungsmöglichkeiten für das Service Design. Das Modell ist in *Abbildung 2-11* dargestellt.[308]

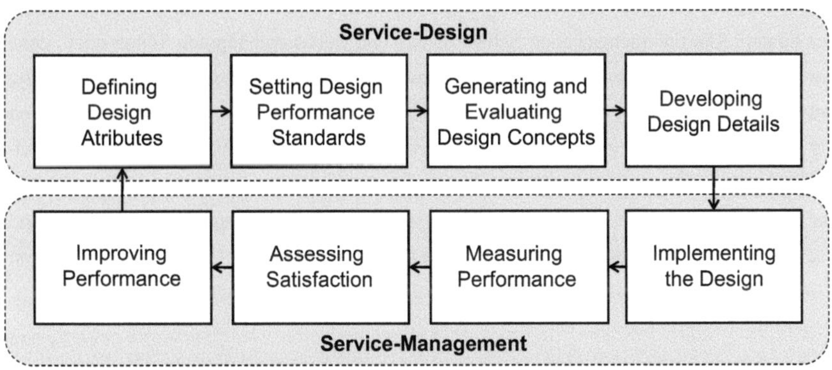

Abbildung 2-11: Vorgehensmodell des Service Engineering nach Ramaswamy
Quelle: Schneider et al. (2003), S. 127.

Im ersten Schritt des Modells wird von RAMASWAMY eine Eingrenzung der Zielgruppe und der Erwartungen der Zielgruppe an die neu zu entwickelnde Dienstleistung vorgenommen. Es

305 Vgl. EDVARDSSON/OLSSON (1996), S. 163, SCHEUING/JOHNSON (1989) und RAMASWAMY (1996), S. 27.

306 EDVARDSSON/OLSSON (1996), S. 163.

307 Die Kundenbeteiligung spielt dabei eine wichtige Rolle: „*The roles and responsibility of customers and partners must be clarified, the control of customers' expectations specified and the procedures for teaching the customer to correctly perform his 'tasks' in the service process decided on*“, siehe EDVARDSSON/OLSSON (1996), S. 161. Siehe auch SCHNEIDER et al. (2003), S. 123 - 124.

308 Vgl. SCHNEIDER et al. (2003), S. 127. Siehe auch HALLER (2001), S. 86.

werden qualitativ messbare Attribute der Dienstleistung formuliert, die in Relation zu den Kundenbedürfnissen gebracht werden können. Aus der Gegenüberstellung von Kundenbedürfnissen und Attributen lassen sich dann die wichtigsten Designmerkmale ableiten.[309] Im zweiten Schritt erfolgt die Spezifikation der Leistungsstandards, die jedem Attribut ein Leistungslevel des Kunden zuweist.[310] Neben den sequenziellen Phasenmodellen werden von JASCHINSKI und SHOSTACK iterative Vorgehensmodelle für das Service Engineering vorgeschlagen. Sie fordern keine sequenzielle Abfolge einzelner Prozessschritte und machen damit ein sequenzielles und mehrfaches Durchlaufen der Elemente des Vorgehensmodels möglich.[311] Das von JASCHINSKI vorgestellte Phasenmodell umfasst die drei Phasen *Definition, Konzeption* und *Umsetzung*. Dieses Modell unterscheidet sich von den zuvor vorgestellten Modellen vor allem dadurch, dass nicht eine einmalige Anforderungsanalyse und Lösungsdefinition erfolgt, sondern ein mehrstufiges Vorgehen. Das Modell detailliert die Prozesse der Anforderungsanalyse und der Konzeptentwicklung zudem deutlich im Vergleich zu den zuvor vorgestellten Modellen. Auch SHOSTACK präsentiert ein iteratives Modell. Es sieht in der Designphase ein mehrfaches Durchlaufen der Prozessschritte *Definition, Analyse* und *Synthese* vor. In der zweiten Phase des Vorgehensmodells wird die konzipierte Dienstleistung implementiert. Anhand der aufgezeigten Prozessbeispiele wird deutlich, dass die Autoren unterschiedliche Schwerpunkte bei der Dienstleistungsgestaltung setzen, dabei jedoch eine prinzipielle Einigkeit über die grundlegenden Inhalte eines Service Engineering Prozesses besteht. Die unterschiedlichen Schwerpunkte und Detaillierungsgrade führen dazu, dass die Modelle sich bezogen auf konkrete Anwendungen als mehr oder weniger zweckmäßig erweisen. Damit werden die vorgestellten Modelle dem Anspruch des Service Engineering als praxisorientierte Disziplin gerecht, für konkrete praktische Herausforderungen der Dienstleistungsgestaltung einsetzbare Methoden und Instrumente in einem Methodenbaukasten zur Verfügung zu stellen. Die Beurteilung der jeweiligen Zweckmäßigkeit der Methoden und Instrumente und die Entscheidung für oder gegen ihren Einsatz zur Lösung eines konkreten Gestaltungsproblems kann dem Praktiker dabei nicht abgenommen werden.[312]

[309] Vgl. SCHNEIDER et al. (2003), S. 127.

[310] Vgl. RAMASWAMY (1996), S. 153 - 200.

[311] Vgl. SHOSTACK (1991), S. 247 - 249 und JASCHINSKI (1998), S. 5. Auch das FRAUNHOFER IAO stellt ein iteratives Vorgehensmodell vor, das jedoch keine konzeptionelle Fortentwicklung darstellt, sondern als Modulbaukasten erarbeitet wurde. Es wird bei der Aufarbeitung der konzeptionellen Grundlagen der vorliegenden Arbeit in Kapitel 2 daher nicht weiter berücksichtigt.

[312] So ist auch der Autor der vorliegenden Arbeit als Forscher gezwungen, ein zweckmäßiges Vorgehensmodell für die Gestaltung des Cluster Service Engineering aufzugreifen. Dies kann jedoch erst erfolgen, wenn der Forschungsgegenstand im weiteren Verlauf der konzeptionellen Grundlagen weiter konkretisiert worden ist.

2.2.2 Gestaltung der Kundenintegration als Aufgabe des Service Engineering

Die Rolle der Kundenintegration im Dienstleistungsmanagement

Aus systemtheoretischer Sicht wurde *Integration* in *Kapitel 2.1* definiert als *die spezifische Verknüpfung (Inbeziehungsetzung) von Elementen (Teilen) zu einer Ganzheit (Gesamtheit).* Der Begriff *Integrationsgrad* wurde eingeführt, um die Beziehungen zwischen den Elementen und Subsystemen eines Systems zu charakterisieren. Es wurde bereits ausgeführt, dass der Einsatz zentraler und dezentraler Koordinationsinstrumente von der Art und der Intensität der Integration von Wertschöpfungssystemen abhängig ist. In der Dienstleistungsforschung wird dabei über die unterschiedlichen Denkschulen hinweg der *Kundenintegration* (auch *„Integrativität"* oder *„Kundenbeteiligung"*) eine besondere Rolle zugesprochen.[313]

Kundenintegration wird in einem *engeren Verständnis* definiert als *die aktive Beteiligung eines Nachfragers an einer vertraglich vereinbarten Leistungserstellung durch Einbringung externer Faktoren bzw. Übernahme von Teilleistungen.*[314] Mit der Einbringung des externen Faktors beteiligt sich der Kunde durch die Bereitstellung leistungsrelevanter Informationen, der Bereitstellung von Objekten bis zur zum Beteiligung von Mitarbeitern an der Leistungserstellung.[315] Kundenintegration im *weiteren Verständnis* bezeichnet die systematisch geplante Beteiligung des Kunden an unternehmerischen Prozessen des Dienstleisters. Dies führt zu einem kundenorientierten Managementansatz, der die systematische Analyse, Planung, Durchführung und Kontrolle der aktiven Teilnahme von Kunden an unternehmerischen Prozessen beinhaltet. Mit der gezielten Einbindung wird der Kunde nicht nur als *Produktivressource* im Leistungserstellungsprozess betrachtet, er wird vielmehr zum Co-Designer bei der Entwicklung neuer Leistungen und Leistungspotenziale des Dienstleisters.[316] Wie bereits beim Dienstleistungsbegriff ist auch bei der Kundenintegration die Position der Dienstleistungsforschung im deutschen Sprachraum von den jüngeren angloamerikanischen Ansätzen zu unterscheiden. Die bereits andiskutierte *Service-Dominant Logic* (SDL) von VARGO und LUSCH legt durch die Behandlung von Sachleistungen und Dienstleistungen als Dienste auch eine alternative theoretische Grundlage für die Kundenintegration. Operante Ressourcen

---

313 Eine frühe Auseinandersetzung mit den besonderen Anforderung an das Dienstleistungsmanagement hat im Dienstleistungsmarketing stattgefunden und die Disziplin *Service Marketing* oder auch *Dienstleistungsmarketing* hervorgebracht. Es stellt keine vollständige Neuorientierung des Marketing dar, sondern eine Erweiterung des Marketing-Baukastens um dienstleistungsrelevante Elemente, welche im traditionellen Marketingverständnis unzureichend berücksichtigt waren. Vgl. HOMBURG/LÜERS (2007), S. 247.

314 Die Notwendigkeit des Einbezugs externer Faktoren in die Produktion von Dienstleistungen wurde erstmals 1973 von MALERI herausgearbeitet. Siehe MALERI (1994), S. 37 - 38.

315 Vgl. BITNER et al. (1997), S. 193 - 199.

316 BRUHN und STAUSS unterscheiden unterschiedliche Niveaus der Kundenintegration und sprechen in ihrem englischsprachigen Beitrag von *customer participation*. Vgl. BITNER et al. (1997), S. 193 - 199. Für eine umfassende Darstellung verschiedener Kundenrollen wird verwiesen an BÜTTGEN (2007), S. 19 - 25. BÜTTGEN grenzt zudem die *Kundenintegration* von der *Kundeninteraktion* ab, der sie eine sprachliche und *inhaltliche* Verwandtschaft zuspricht. Dabei ordnet sie die Kundeninteraktion als einzelne Handlungssequenz der Kundenintegration unter. Siehe BÜTTGEN (2007), S. 15 - 16.

werden hier als *kondensierte Informationen* in Form von Wissen bzw. angewendetes Wissen in Form von Fähigkeiten und Kompetenzen verstanden.[317] Die Kundenintegrationsperspektiven der Leistungslehre und der Service-Dominant Logic unterscheiden sich daher hinsichtlich ihres *Bezugs zu den Dimensionen der Dienstleistung*. Dies drückt sich in unterschiedlichen Auffassungen über die *Zweckausrichtung* der Kundenintegration sowie über das *Verständnis* der Kundenintegration bzgl. ihrer Ausweitung auf den Aufbau der Leistungspotenziale aus.[318]

Im Rahmen der vorliegenden Arbeit wird die im deutschen Sprachraum etablierte Leistungslehre und die dort ausgearbeitete ***Konzeption der integrativen Leistungserstellung*** herangezogen.[319] Dort werden durch den Aufbau des *Leistungspotenzials* die Voraussetzungen für den *Leistungserstellungsprozess* geschaffen. Der Leistungserstellungsprozess führt zu einem *Leistungsergebnis*, das in der Leistungslehre als nutzenstiftendes *Leistungsbündel* charakterisiert wird. Bei einer reinen Dienstleistungserbringung besteht das Leistungsbündel aus einer oder mehreren Dienstleistungen. Sowohl zum Aufbau des Leistungspotenzials als auch im eigentlichen Leistungserstellungsprozess werden Produktionsfaktoren eingebracht.[320] Zum Aufbau des Leistungspotenzials werden *Potenzialfaktoren* und *Verbrauchsfaktoren* in einer *Vorkombination* zusammengeführt.[321] Beide Faktorarten können als *interne Faktoren* bezeichnet werden, da sie vom Anbieter der Dienstleistung alleine eingebracht und *autonom disponiert* werden. Interne Faktoren können Potenzialfaktoren, Verbrauchsfaktoren, Halbfabrikate und Fertigfabrikate umfassen.[322] Der Begriff der *autonomen Disposition* drückt aus, dass die Beschaffung der Faktoren, ihre Zuordnung zu einem Leistungserstellungsprozess und die Planung sowie operative Durchführung des Ressourceneinsatzes mit allen technischen und organisationalen Bedingungen und Restriktionen unabhängig von den Dienstleistungskunden erfolgen kann.

Im Gegensatz zu den internen Faktoren werden die vom Nachfrager eingebrachten Faktoren als ***externe Faktoren*** bezeichnet. *Externe Faktoren werden dem Anbieter einer Dienstleis-*

---

[317] KLEINALTENKAMP et al. (2009), S. 51. Zur vertiefenden Auseinandersetzug mit der SDL wird verwiesen an: VARGO et al. (2008); VARGO/MORGAN (2004); VARGO/LUSCH (2008b); Vargo/LUSCH (2007); VARGO/LUSCH (2008a); VARGO/LUSCH (2004a); VARGO und AKAKA (2009); VARGO (2009); VARGO (2008); VARGO (2007a); VARGO (2007b); LUSCH (2006); LUSCH (2007); MICHEL et al. (2008); MERZ et al. (2009); LUSCH/VARGO (2006a); LUSCH et al. (2007); LUSCH et al. (2008); LUSCH et al. (2010); LUSCH et al. (2006); VARGO/LUSCH (2004b); DAY (2004); VARGO et al. (2006); LUSCH/VARGO (2006b); VARGO/LUSCH (2006); SHUGAN (2004); BALLANTYNE/VAREY (2006); BRODIE et al. (2006) und SCHEMBRI (2006). Zur Diskussion der SDL in der Logistikforschung siehe YAZDANPARAST et al. (2010).

[318] Vgl. KLEINALTENKAMP et al. (2009), S. 45.

[319] Siehe das Modell der integrativen Leistungserstellung bei KLEINALTENKAMP (1997b), S. 351.

[320] Das Produktionsfaktorsystem nach GUTENBERG sieht als Produktionsfaktoren die *menschliche Arbeitsleistung, Arbeits- und Betriebsmittel* und *Werkstoffe* vor, vgl. GUTENBERG (1983), S. 15.

[321] Durch *Potenzialfaktoren* wird die Leistungserstellung i. e. S. erst ermöglicht, allerdings gehen diese Faktoren nicht in die Leistungserstellung i. e. S. mit ein. Im Unterschied dazu gehen *Verbrauchsfaktoren* in das Produktionsgeschehen mit ein. Vgl. VON BUSSE/COLKE/LAßMANN (1975), S. 66 – 67 und FLIEß (2001), S. 13 - 14.

[322] FLIEß betont, dass der Leistungserstellungsprozess erst beginnt, wenn externe Faktoren des Kunden eingebracht werden. Somit wird der Leistungserstellungsprozess immer durch die Einbringung des externen Faktors angestoßen. Siehe FLIEß (2001), S. 31.

tung vom Nachfrager zur Verwendung in einem Leistungserstellungsprozess zur Verfügung gestellt. Sie unterliegen dabei nicht der autonomen Disposition des Anbieters und sie werden mit internen Faktoren kombiniert.[323] Der Leistungserstellungsprozess umfasst nicht nur die Prozesse der Fertigung bzw. der Leistungserstellung i. e. S., sondern darüber hinaus auch andere Unternehmensfunktionen, wie Forschung und Entwicklung, Beschaffung oder Absatz.[324] Daher ist auch die Einbringung externer Faktoren im Rahmen dieser Aktivitäten und Tätigkeiten erforderlich.[325]

Unter Bezugnahme auf das ***Produktionsfaktorensystem*** nach GUTENBERG lassen sich Produktionsfaktoren als Elementarfaktoren in menschliche Arbeitsleistung, Arbeits- und Betriebsmittel und Werkstoffe untergliedern.[326] Nach MALERI kommen alle Produktionsfaktoren als externe Faktoren im Rahmen der integrativen Leistungserstellung in Betracht, wenn sie *„causa efficiens für ein neues Gut"* sind, *Gutseigenschaft* besitzen und wenn das eingesetzte Gut *verbraucht* oder *verzehrt* wird.[327] Nach FLIEß sind alle diese Kriterien bei der Einbringung von Produktionsfaktoren erfüllt. Neben den Elementarfaktoren GUTENBERGS sind somit auch Rechte, Nominalgütern und Informationen als externe Faktoren zu berücksichtigen.[328]

Bei der Berücksichtigung von *Informationen* als externen Faktoren ist es notwendig, zwischen *Potenzialinformationen* und *Prozessinformationen* zu differenzieren. Potenzialinformationen gehen als Produktionsfaktoren in die Vorkombination, Prozessinformationen hingegen in den Leistungserstellungsprozess ein. Daher sind nur Prozessinformationen als externe Faktoren anzusehen. Sie können weiter untergegliedert werden nach der Art ihrer Verarbeitung. Sie können wie auch andere externe Faktoren zur Kombination mit anderen Faktoren in den Leistungserstellungsprozess eingehen (hier genannt: *Primäre Prozessinformationen*).[329] Außerdem können sie im Rahmen der Steuerung des Leistungserstellungsprozesses genutzt werden, ohne dass sie direkt in eine Faktorkombination eingehen (steuernde oder dispositive Prozessinformationen).[330] Im zweiten Fall gehen die Informationen nicht in das eigentliche Leistungsergebnis mit ein, sie werden jedoch für die Disposition der Elemen-

---

[323] Vgl. FLIEß (2001), S. 7 und S. 19. Aus Anbietersicht wird Kundenbeteiligung daher auch als „Eingriffe des Nachfragers in die Dispositionssphäre des Anbieters" verstanden. Als weiterführende Literatur siehe SCHNÄBELE (1997); ENGELHARDT (1996); ENGELHARDT/FREILING (1995) und ENGELHARDT et al. (1993). Aus der Annahme, dass externe Faktoren Produktionsfaktoren darstellen, folgt, dass die Integrativität als produktionswirtschaftliches Konzept zu sehen ist. Siehe dazu FLIEß (2001), S. 7.

[324] Nach FLIEß werden diese Aktivitäten zum Leistungserstellungsprozess gerechnet, wenn eine Leistung erst entwickelt werden muss bzw. Kunden an der Beschaffungsentscheidung z. B. durch Setzlieferanten beteiligt sind. Vgl. FLIEß (2001), S. 14 und S. 35.

[325] Vgl. KLEINALTENKAMP et al. (2009), S. 41.

[326] Siehe die ausführliche Darstellung der unterschiedlichen Produktionsfaktoren nach GUTENBERG und ihr Einsatz als externe Faktoren im integrativen Leistungserstellungsprozess bei FLIEß (2001), S. 17 - 18.

[327] Vgl. MALERI (1994), S. 159.

[328] Vgl. FLIEß (2001), S. 22 und die dort zitierte Literatur.

[329] Vgl. ebenda (2001), S. 28.

[330] Vgl. ebenda. Siehe auch KLEINALTENKAMP/MARRA (1997), S. 64 und KLEINALTENKAMP/Haase (1999), S. 174. Ein Beispiel ist die Übermittlung von Spezifikationsanforderungen für den kundenindividuellen Bau einer Sondermaschine. Vgl. MENGEN (1933), S. 28, zitiert nach FLIEß (2001), S. 28.

tarfaktoren im Leistungserstellungsprozess benötigt. Damit wird auch der dispositive Faktor, die Planung und Koordination von Wertschöpfungsprozessen, ein möglicher Gegenstand der Kundenintegration.

Zur Verdeutlichung der verschiedenen Ausprägungsformen der Kundenintegration unterscheidet KLEINALTENKAMP die Sphäre der Faktorkombination (i. e. S.), die Sphäre der Verfügungsrechte und die Sphäre der Information. Die *Sphäre der Faktorkombination* steht aus produktionswirtschaftlicher Sicht im Mittelpunkt der Kundenintegrationsprozesse. Hier werden die internen und externen Faktoren des Anbieters und des Nachfragers miteinander kombiniert, um ein Leistungsergebnis zu generieren.[331] Die *Sphäre der Verfügungsrechte* umfasst die rechtliche Perspektive des Kundenintegrationsprozesses und fokussiert die Fragestellung, in welchem Umfang der Anbieter einer Dienstleistung Änderungen an den externen Faktoren des Kunden vornehmen darf. Die Verfügungsrechte über externe Güter verbleiben dabei grundsätzlich beim Nachfrager, der sich lediglich mit einer Einschränkung seiner Verfügungsrechte einverstanden erklärt.[332] Die *Sphäre der Information* schließlich stellt die informatorische Ebene der Kundenbeteiligung dar. In ihr werden der Austausch von Verfügungsrechten und die Durchführung der Faktorkombination koordiniert. Die vom Kunden eingebrachten Prozessinformationen beinhalten die Vorgaben und Erwartungen des Kunden hinsichtlich der konkreten Ausgestaltung des Leistungsergebnisses, hinsichtlich des Verlaufs des Kundenintegrationsprozesses sowie hinsichtlich der im Verlauf des weiteren Leistungserstellungsprozesses einzusetzenden externen Faktoren.[333]

Die Planung der Kundenintegration im Dienstleistungsmanagement

FLIEß betrachtet aus funktionaler Perspektive zwei Managementaufgaben, die in den drei Sphären in integrativen Prozessen zu erbringen sind: Die *Planung* und die *Organisation* der integrativen Leistungserstellung.[334] Die *Planung* des Kundenintegrationsprozesses umfasst die Festlegung der innerhalb des Kundenintegrationsprozesses zu vollziehenden Schritte und die Festlegung der Reihenfolge dieser Schritte. Sie befasst sich damit mit der Frage, *was* getan werden muss.[335] Sie liefert zudem Antworten auf die Fragen, *welche* externen und internen Faktoren *wann* in welcher *Qualität* bereitgestellt und kombiniert werden müssen, *welche Verfügungsrechte* dafür erforderlich sind und *welche Prozessinformationen* zur Koordination der Faktorkombination benötigt werden. Aus der institutionellen Sicht ist jedoch auch zu beachten, dass der Nachfrager bei der integrativen Disposition Einfluss auf die Endkom-

[331] Vgl. KLEINALTENKAMP et al. (2009), S. 41.
[332] Vgl. ebenda.
[333] Vgl. KLEINALTENKAMP et al. (2009), S. 42.
[334] Vgl. FLIEß (2001), S. 36 und S. 82.
[335] Vgl. ebenda, S. 57.

bination der eigenen und der fremden Elementarfaktoren gewinnt.[336] Dies bedeutet, dass die Integration externer Elementarfaktoren des Kunden auch eine Beteiligung des Kunden an der Disposition der Faktoren erforderlich macht. Eine gemeinsame bzw. aufeinander abgestimmte Disposition kann aber nicht allein durch eine Festlegung der Prozessschritte in der Leistungserstellung erreicht werden. Dazu sind nach FLIEß auch die *organisationalen Voraussetzungen* zu schaffen, damit sich die Kundenintegrationsprozesse plangemäß vollziehen lassen. Aufgabe der Planung von Kundenintegrationsprozessen ist es demzufolge auch, Anpassungen und Veränderungen an organisationalen Strukturen im Anbieterunternehmen und auch im Nachfragerunternehmen zu bewirken, die eine plangemäße Kundenintegration ermöglichen.[337]

Aus der Planung und Organisation der Kundenintegration leitet FLIEß zwei ***Ansatzpunkte für die Planung und Steuerung von Kundenintegrationsprozessen*** ab: Die *Gestaltung des Integrationsgrades* und die Positionierung der *Line-of-order-penetration (LOP).*[338] *Die Gestaltung des Integrationsgrades* bestimmt das Ausmaß, in dem der Nachfrager im Rahmen der gemeinsamen Leistungserstellung beteiligt wird. Dadurch wird das Ausmaß der Nutzung von GUTTENBERGS Primärfaktoren, von primären Prozessinformationen und von steuernden Prozessinformationen des Nachfragers während der Leistungserstellung festgelegt.[339] Operationalisieren lässt sich der Integrationsgrad durch die *Eingriffstiefe*, die *Eingriffsintensität*, die *Eingriffsdauer,* die *Eingriffshäufigkeit* und die *Eingriffsdauer* der Faktoren.[340] Die *Eingriffstiefe* beschreibt die Wertschöpfungsstufe auf der der externe Faktor in den Prozess der Leistungserstellung eingreift. Eine hohe Eingriffstiefe wird der Kundenintegration zugesprochen, wenn die Wertschöpfungsstufe weit von den Wertschöpfungsprozessen des Kunden entfernt ist. Die *Eingriffsintensität* wird bestimmt durch die Art und den *Umfang* der Einflussnahme des externen Faktors. Die *Art* wird konkretisiert durch die Art der Faktoren, die vom Kunden eingebracht werden. Die Intensität der Integration steigt dabei bei der Beteiligung von Personen im Vergleich zur Einbringung von Objekten. Der Umfang der Einflussnahme kennzeichnet, ob der Kunde aktiv oder eher passiv an der Leistungserstellung mitwirkt. Die *Eingriffsdauer* bezeichnet den Zeitraum, in welchem der Nachfrager durch die Einbringung seiner externen Faktoren an der Leistungserstellung mitwirkt. Die *Eingriffshäufigkeit* ergibt sich aus

[336] Vgl. ebenda, S. 31.
[337] Vgl. ebenda, S. 38.
[338] Die Gesamtheit der Prozesse umfasst sowohl autonom als auch integrativ disponierte Prozesse, vgl. FLIEß (2001), S. 57 - 58.
[339] FLIEß stellt fest, dass die Steuerung des Kundenintegrationsprozesses bei einem zunehmenden Integrationsgrad verstärkt beim Nachfrager liegt. Dies sei insbesondere dann der Fall, wenn der Nachfrager über erforderliche steuernde Prozessinformationen verfügt. Vgl. FLIEß (2001), S. 62 - 63.
[340] Vgl. FLIEß (2001), S. 78. Alternative (einfachere) Ansätze zur Operationalisierung der Integrationsintensität finden sich bei LANGEARD (1981); FUCHS (1968); MEYER (2001b); BITNER et al. (1997) und MEYER (2001). LANGEARD unterscheidet zwischen aktiver und passiver Beteiligung des Kunden sowie zwischen dominanten und dominierten Kunden. Er spannt mit diesen Kriterien eine Matrix auf, in die sich verschiedene Dienstleistungen einordnen lassen. LANGEARD (1981), S. 236. BITNER unterscheidet zwischen geringer, moderater und hoher Kundenbeteiligung. Siehe BITNER et al. (1997), S. 194.

der Häufigkeit der Eingriffe des externen Faktors in den Leistungserstellungsprozess. Die *Eingriffszeitpunkte* beschreiben die Verteilung der Eingriffe des externen Faktors über den Zeitraum des Leistungserstellungsprozesses.[341]

Die LOP beschreibt den Übergang von Potenzialaktivitäten des Dienstleistungsanbieters zum integrativen Leistungserstellungsprozess. Abgesehen von der Intensität der Integration kann mit der Platzierung der LOP somit festgelegt werden, in welchen Prozessen eine Mitwirkung des Kunden gewollt ist.[342] Mit der Gestaltung des *Integrationsgrades* und der LOP werden somit der Umfang und das Ausmaß der Kundenbeteiligung definiert.[343]

Der Kundenintegrationsprozess im Service Engineering

In der Dienstleistungsforschung wird betont, dass die Beteiligung des Kunden an der Leistungserstellung nicht nur dessen Beteiligung an der Faktor-Endkombination umfassen sollte, sondern auch die Vorbereitung und Planung von Dienstleistungsprozessen.[344] Eine Fokussierung auf die Prozessdimension der Dienstleistung führt zu der Fragestellung, wie Dienstleistungsanbieter und -nachfrager bei der Gestaltung einer neuen Dienstleistung zusammenwirken sollten. Diese Fragestellung wird vorwiegend in der innovationsorientierten Dienstleistungsforschung untersucht. So betonen EDVARDSSON und OLSSON die Bedeutung der Beteiligung des Kunden an der Dienstleistungsgestaltung.[345] Nach BULLINGER und SCHREINER stehen Dienstleistungsanbieter und -nachfrager bei der Dienstleistungsentwicklung in einer Interaktionsbeziehung, in der die Entwicklungsleistungen des Anbieters und auch die Partizipation des Nachfragers sowohl als Aktionen wie auch als Reaktionen zueinander stehen.[346]

HÜNERBERG und MANN vertreten die Auffassung, dass in der Dienstleistungsentwicklungs- und Gestaltungsphase zwischen Dienstleistungsanbieter und -nachfrager in der Praxis eine zu geringe Kommunikationsintensität realisiert wird, und Kunden als Co-Produzenten von innovativen Dienstleistungen oftmals nicht im gewünschten Maße beteiligt werden.[347] Sie vergleichen Formen, Ansatzpunkte und Wirkungen der dialogorientierten Kommunikation mit Kunden im Rahmen des Innovationsprozesses und bewerten verschiedene Dialoginstrumente und -medien für die markt- und kundenorientierte Gestaltung von Dienstleistungen.[348]

---

[341] Vgl. FLIEß (2001), S. 78.

[342] Die Steuerung von Wertschöpfungsprozessen durch den Order-Penetration-Point ist ein aus der Logistik stammendes Konzept, es handelt sich um den Übergang von anonymer zur kundenbezogenen Wertschöpfung. Vgl. ebenda, S. 65.

[343] Vgl. ebenda (2001), S. 58.

[344] Vgl. ebenda (2009), S. 11.

[345] Vgl. EDVARDSSON/OLSSON (1996), S. 140. Sie greifen die verschiedenen Dimensionen der Dienstleistung auf und sprechen von Dienstleistungen als Kundenprozess („Service – a customer process"), siehe S. 145 ebenda.

[346] Vgl. BULLINGER/SCHREINER (2003), S. 58.

[347] Vgl. HÜNERBERG/MANN (2004), S. 254.

[348] Vgl. ebenda, S. 254 - 255 und S. 274.

Auch MÖLLER betont, dass die Innovationspotenziale, die sich im Rahmen der interaktiven Dienstleistungserstellung in Kooperation mit dem Kunden ergeben, nur dann ausgeschöpft werden können, wenn der Informationsaustausch zwischen Dienstleistungsanbieter und Nachfrager systematisch durchgeführt wird.[349] RECKENFELDERBÄUMER und BUSSE wiederum diskutieren die Rolle der Kundenmitwirkung mit besonderer Berücksichtigung industrieller Dienstleistungen und fordern eine systematische Kundenbeteiligung bereits vor der eigentlichen Leistungserstellung.[350]

Zur konzeptionellen Abgrenzung der Kundenintegration im Service Engineering von der Kundenintegration bei der Dienstleistungserbringung ist es zweckmäßig, im Modell der integrativen Leistungserstellung die Phasen Service Engineering und Dienstleistungserbringung zu unterscheiden.[351] Das Modell ist in *Abbildung 2-12* dargestellt.

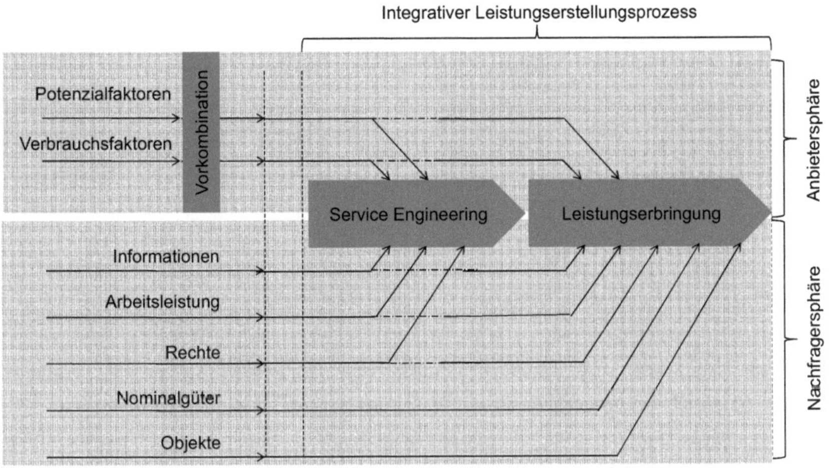

Abbildung 2-12: Konzept der integrativen Leistungserstellung im Service Engineering
Quelle: In Anlehnung an Kleinaltenkamp (1997a), S. 351.

Während in der *Phase der Leistungserbringung* die *Sphäre der Faktorkombination* im Mittelpunkt steht, stehen in den *Phasen der Leistungsdefinition und Leistungsvereinbarung* die Sphären der Verfügungsrechte und der Information im Vordergrund. Hierbei wird, ausgehend von einem bestehenden Leistungspotenzial des Dienstleisters, durch eine Integration von

[349] Vgl. MÖLLER (2004), S. 283 - 284. Dabei darf nach MÖLLER keine ausschließliche Fokussierung von Produktinnovationen erfolgen. Sie berücksichtigt insbesondere im Bereich der Prozess- und Sozialinnovationen bislang unausgeschöpfte Innovationspotenziale der Dienstleistungserstellung. Siehe dazu MÖLLER (2004), S. 287.

[350] Siehe RECKENFELDERBÄUMER/BUSSE (2003). Für eine ausführlichere Auseinandersetzung mit der Rolle der Kundenbeteiligung beim Service Engineering siehe auch LUZCAK et al. (2003); ZAHN/STANIK (2003a); STAUSS (2003); KERSTEN et al. (2003) und SCHWENGELS (2003).

[351] FLIEß spricht bei der Unterscheidung dieser Phasen von der Spezifizierungssphase und der Realisierungsphase. An diese Phasen schließt sich die Nutzungsphase an, in der der Kunde die Ergebnisse der Dienstleistung nutzt, siehe FLIEß (2009), S. 12.

Prozessinformationen, Rechten und die Person des Kunden die nachgelagerte Leistungserstellung vorbereitet.[352]

Prozessevidenz als Herausforderung für die Planung der Kundenintegration im Service Engineering

Bei der Planung von Kundenintegrationsprozessen spielt nach FLIEß insbesondere die Berücksichtigung von ***Unsicherheiten*** eine zentrale Rolle.[353] Zu unterscheiden sind aus der Perspektive des Dienstleistungsanbieters zwei wesentliche Quellen von Unsicherheiten in Kundenintegrationsprozessen: *Interne* und *externe Unsicherheiten. Interne Anbieter-Unsicherheiten* sind Unsicherheiten des Anbieters, die von der Sphäre des Anbieters selbst ausgehen. Sie entstehen im autonom disponierten Leistungspotenzial des Dienstleistungsanbieters und werden durch Produktions- oder Beschaffungsengpässe interner Faktoren verursacht.[354] Die Beteiligung des Kunden am Service Engineering hat keine Konsequenzen für diese Form von Unsicherheiten. *Externe Anbieter-Unsicherheiten* sind Unsicherheiten des Anbieters, die von der Sphäre des Nachfragers ausgehen. Sie entstehen dadurch, dass die Anbieter-Aktivitäten im Leistungsprozess nicht autonom durch den Dienstleister gesteuert werden können. Die in der Kundensphäre generierten Unsicherheiten wirken so über die externen Faktoren in den Leistungserstellungsprozess des Anbieters hinein.[355] Eine Beteiligung des Kunden am Service Engineering führt somit dazu, dass bereits bei der Dienstleistungsgestaltung externe Anbieter-Unsicherheiten entstehen können.

Eine Konkretisierung der nachfragerseitigen Unsicherheiten kann durch das Konstrukt der *Prozessevidenz* erfolgen.[356] Die ***Prozessevidenz*** beschreibt die Fähigkeiten und die Bereitschaft des Nachfragers, sich an den integrativen Leistungserstellungsprozessen zu beteiligen. Sie setzt sich aus den drei Teilaspekten *Problemevidenz, Integrationsevidenz* und *Faktorevidenz* zusammen und berücksichtigt sowohl Fähigkeits- als auch Willensaspekte.[357] Da sich die Faktorevidenz als Sonderausprägung der Integrationsevidenz auffassen lässt, wird dieser Aspekt in der vorliegenden Arbeit nicht differenziert.[358] In *Abbildung 2-13* (nachfolgende Seite) ist das Konzept der Prozessevidenz dargestellt.

---

[352] Diese Form der Kundenintegration entspricht der von BÜTTGEN beschriebenen *intellektuellen Beteiligung* in Abgrenzung zur *physischen Beteiligung*. Letztere umfasst die körperliche Mitarbeit des Kunden an der Leistungserstellung. Siehe BÜTTGEN, S. (2007), S. 26.

[353] Vgl. FLIEß (2001), S. 66 - 68.

[354] Vgl. FLIEß (2001), S. 66. Als Beispiel nennt FLIEß die Unsicherheit des Anbieters über die Auslastung seiner Kapazitäten aufgrund hoher Fluktuationen sowie Unsicherheiten im rechtlichen und technologischen Umfeld des Anbieters. Siehe FLIEß (2001), S. 66.

[355] Vgl. FLIEß (2001), S. 66. Als Beispiel nennt FLIEß die Unsicherheit des Anbieters über die Auslastung seiner Kapazitäten, die vom Abruf von Leistungen durch den Kunden abhängen. Siehe FLIEß (2001), S. 66.

[356] Vgl. ebenda, S. 68 - 73.

[357] Vgl. POZNANSKI (2007), S. 40 und FLIEß (2001), S. 69. Abweichend dazu betrachtet SALMAN die Problemevidenz als eigenständiges Konstrukt, vgl. SALMAN (2004), S. 47 - 48.

[358] Die *Faktorevidenz* setzt sich zusammen aus dem Faktorbewusstsein und der Faktortransparenz. Vgl. POZNANSKI (2007), S. 41. Sie wird im Rahmen dieser Arbeit als Spezialausprägung der Integrationsevidenz begrif-

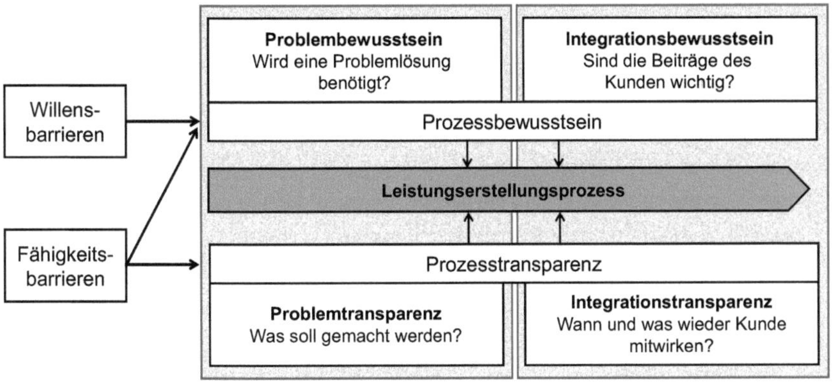

Abbildung 2-13: Prozessevidenz im Leistungserstellungsprozess
Quelle: Leicht verändert übernommen von Poznanski (2007), S. 40.

Die ***Problemevidenz*** beinhaltet die Aspekte Problembewusstsein und Problemtransparenz. Das *Problembewusstsein* beschreibt das Wissen des Kunden, dass durch die Dienstleistungen des Anbieters die kundenseitig vorhandenen Probleme gelöst werden können.[359] Mangelnde Problemevidenz drückt sich dadurch aus, dass der Kunde gar nicht weiß, dass er die Leistungen des Dienstleisters benötigt.[360] Die ***Problemtransparenz*** baut auf der Problemevidenz auf und bezeichnet die Fähigkeit des Nachfragers, das erkannte Problem gegenüber dem Anbieter präzise anzuzeigen und darüber hinaus bereits Leistungsspezifikationen zu formulieren, die für die Problemlösung maßgeblich sind. Eine mangelnde Problemtransparenz hingegen drückt sich daher dadurch aus, dass der Nachfrager zwar den bestehenden Leistungsbedarf erkannt hat, er jedoch nicht in der Lage ist, das bestehende Problem an den Dienstleister zu kommunizieren. Oder aber, es werden Leistungsspezifikationen formuliert, die hinsichtlich der Problemlösung ungeeignet sind.[361]

Die ***Integrationsevidenz*** setzt sich analog zusammen aus dem Integrationsbewusstsein und der Integrationstransparenz. Das *Integrationsbewusstsein* beschreibt das Wissen des Nachfragers um die Bedeutung seiner Mitwirkung an der Leistungserstellung. Dabei stehen die richtige Qualität, die richtige Menge und der richtige Zeitpunkt der Mitwirkung im Mittelpunkt.[362] Die ***Integrationstransparenz*** baut analog zur Prozessevidenz auf dem Integrationsbewusstsein auf und beschreibt die Bereitschaft des Nachfragers, die erforderlichen Leis-

fen und daher nicht weiterd gesondert berücksichtigt. Für eine ausführliche Auseinandersetzung mit der Faktorevidenz wird verwiesen an Fließ (2001), S. 69; Gössinger (2005), S. 99 - 104 und Lasshof (2006), S. 91.

359 Vgl. Poznanski (2007), S. 41.

360 Vgl. Malicha (2004), S. 68 - 70.

361 Vgl. Fließ (2001), S. 68 - 69 und Poznanski (2007), S. 41.

362 Vgl. Fließ (2001), S. 72. Ein fehlendes oder nicht ausreichend ausgeprägtes Integrationsbewusstsein ist daran zu erkennen, dass der Kunde seine Beteiligung an der Leistungserstellung verweigert oder bei der Planung der Kundenbeteiligung abweichende Vorstellungen seiner Leistungsbeiträge besitzt als der Dienstleister. Vielfach lässt sich mangelndes Integrationsbewusstsein daran erkennen, dass der Nachfrager den Zeit- und Kostenumfang bei der Bereitstellung von externen Faktoren im Leistungserstellungsprozess unterschätzt.

tungsbeiträge zu leisten. BÜTTGEN sieht in der Beteiligungsbereitschaft des Kunden die Hauptherausforderung von Dienstleistungsanbietern im Rahmen der Abgabe von Leistungen an den Kunden.[363] Mangelnde Integrationstransparenz kann durch ein mangelndes Integrationsbewusstsein begründet werden. Dies lässt sich daran erkennen, dass der Kunde die Disposition interner Produktionsfaktoren zur Erstellung externer Produktionsfaktoren zu spät oder nicht umfänglich genug trifft.[364] Ein anderer Grund für eine eingeschränkte Integrationsbereitschaft ist eine nicht ausreichend ausgeprägte Problemtransparenz: Gelingt es dem Kunden nicht, in erforderlicher Weise die Leistungsspezifika an den Dienstleister zu kommunizieren, können unerwartet hohe Eigenbeteiligungen im Leistungserstellungsprozess seitens des Dienstleisters gefordert werden.[365]

2.2.3 Kundenintegration als Herausforderung für das Service Engineering von Logistikdienstleistern

Nach der Ausarbeitung der Grundlagen des Service Engineering und der Herausforderung der Kundenintegration im Rahmen des Service Engineering soll nun eine Konkretisierung des Untersuchungsgegenstandes vorgenommen werden: Fokussiert werden fortan Logistikunternehmen als Ausprägungsform von industriellen Dienstleistern. In *Abschnitt 2.2.3* wird die Gestaltung der Kundenintegration beim Service Engineering von Logistikdienstleistern (LDL) im Rahmen klassischer Leistungsanbahnungsprozesse behandelt. In einem ersten Schritt werden LDL charakterisiert und Typisierungsmöglichkeiten für LDL vorgestellt. Anschließend wird der Prozess der Leistungsanbahnung im Rahmen klassischer Projektausschreibungen mit besonderer Würdigung der Kundenintegration dargestellt. Damit werden die Voraussetzungen geschaffen für einen Vergleich der klassischen Leistungsausschreibung mit dem Service Engineering Prozess für laterale Logistikkooperationen in *Kapitel 2.3.*

Charakterisierung von Logistikleistungen als Dienstleistung

Logistikleistungen haben, PFOHL folgend, grundsätzlich *Dienstleistungscharakter*, ungeachtet ihrer Ausgestaltung als intern erbrachte Leistung oder als von einem LDL zugekaufte Leistung.[366] Aufbauend auf dem in *Kapitel 2.2.1* erarbeiteten Dienstleistungsbegriff können ***Logistikdienstleistungen*** definiert werden als *intangible Absatzobjeke in Form angebotener Logistikleistungsversprechen, die zu ihrer Konkretisierung und Realisierung der zeitlich begrenzten, synchronen Integration der externen Faktoren des Kunden bedürfen.* Das *Logistik-*

[363] Vgl. BÜTTGEN, S. (2007), S. 68 - 70.
[364] Vgl. FLIEß (2001), S. 71 und POZNANSKI (2007), S. 41.
[365] Vgl. POZNANSKI (2007), S. 41.
[366] Vgl. PFOHL (2004), S. 24.

leistungsversprechen entspricht dabei dem zugesicherten Gebrauchswert der Logistikleistung.[367]

Eine ***Differenzierung von Logistikdienstleistungen*** kann durch eine Beschreibung der Art, des Umfangs und der Individualität des Logistikleistungsversprechens erreicht werden. Nach der *Art der Logistikleistungsversprechen* lassen sich u. a. Transportdienstleistungen, Lagerdienstleistungen und logistische Mehrwertdienste (Value Added Services (*VAS*)) unterscheiden.[368] Weiter spezifizieren lassen sich diese Dienstleistungen unter Bezugnahme auf die zu handhabenden Güter (Wertgüter, Gefahrgüter, Möbel, Schwerlasten) sowie auf die Ladeeinheiten und Frachtarten (Stückgut, Massengut, Briefe, Pakete, Palletten, Container und Personen).[369] Nach dem *Umfang der Logistikleistungsversprechen* lassen sich Einzeldienstleistungen, Verbunddienstleistungen und Systemdienstleistungen differenzieren.[370] *Einzelleistungen* umfassen operative und administrative Basisleistungen.[371] Diese Gruppe umfasst neben den klassischen Transport-, Umschlag- und Lagerleistungen auch VAS.[372] *Verbundleistungen* stellen eine Verknüpfung von Einzelleistungen dar. Durch eine Zusammenfassung von Einzelleistungen, Zusatzleistungen und administrativen Leistungen entstehen verkettete Leistungsumfänge, die gegenüber dem Kunden das Leistungsversprechen ermöglichen, prozessorientierte Problemlösungen zu schaffen.[373] *Systemleistungen* wiederum sind Verknüpfung mehrerer Verbundleistungen, sie umfassen ein Leistungsversprechen mit einer Vielzahl von Leistungsumfängen.[374] Beispiele für Systemleistungen sind der Betrieb eines Frachtsystems, das aus einem Netzwerk gleicher oder unterschiedlicher Transportsysteme besteht, die durch flächenverteilte Umschlagpunkte miteinander verknüpft sind.[375]

---

367 Vgl. PFOHL (2004), S. 22. Die Verfügbarkeit unterscheidet den *Eignungswert* vom *Gebrauchswert*. Den Wert im System der Güterverwendung erlangt ein Gut durch dessen Eignung zur Bedürfnisbefriedigung (Problemlösung) beim Kunden und dessen Verfügbarkeit beim Kunden. Siehe ebenda.

368 Zum Begriff und zur aktuellen Bedeutung von Mehrwertleistungen in der Logistik siehe STRAUBE/FROHN (2007), S. 181 - 196. Siehe ergänzend auch ARNOLD et al. (2008), S. 582 und GUDEHUS (2010), S. 990.

369 Vgl. SCHOLZ-REITER (2005), S. 585.

370 GUDEHUS ordnet diesen Leistungsversprechen zugehörige Dienstleistertypen zu. Vgl. GUDEHUS (2010), S. 993 - 998. Einen alternativen Gliederungsansatz schlagen BAUMGARTEN und BUSCHER für Industrieunternehmen vor. Durch eine Orientierung an den verschiedenen Unternehmensfunktionen werden Beschaffungs-, Produktions-, Lager-, Distributions- und Entsorgungslogistikleistungen differenziert. Dieser Ansatz hat jedoch den Nachteil, dass sich die Basisleistungen in den genannten Funktionsbereichen wiederholen. Zudem ist eine Übertragung auf Handelsunternehmen nicht ohne Anpassungen möglich, vgl. SCHOLZ-REITER (2005), S. 582.

371 Vgl. SCHOLZ-REITER (2005), S. 584.

372 Vgl. ebenda, S. 583.

373 Vgl. ebenda, S. 583. Dabei werden zusätzliche *Prozessleistungen* notwendig, d. h. zusätzlich hinzugekommene Leistungen zur Organisation der Verknüpfung von Einzelleistungen zu Prozessketten. Vgl. GUDEHUS (2005), S. 1010. Beispiele für Verbundleistungen sind das Erzeugen auftragsspezifischer Sendungen, die Erbringung von Fracht-, Speditions- und Beförderungsleistungen das Bereitstellen von Teilen und Modulen am Verbauort.

374 Vgl. SCHOLZ-REITER (2005), S. 586 und GUDEHUS (2010), S. 997.

375 Auch der Betrieb eines Logistikzentrums, in dem unterschiedliche LAGER-, Kommissionier- und Umschlagleistungen erbracht werden, stellt eine Systemleistung dar. Vgl. GUDEHUS (2005), S. 1010.

Charakterisierung von Logistikunternehmen als Dienstleistungsanbieter

Logistikunternehmen sind Unternehmen, deren Primäraktivitäten logistische Dienstleistungen umfassen.[376] Ihre *Wertkette* unterscheidet sich von Industrieunternehmen durch diese *Primäraktivitäten*: Während im für Industrieunternehmen entwickelten Wertkettenmodell PORTERS die Aktivitäten *Eingangslogistik, Operationen, Marketing & Vertrieb, Ausgangslogistik* und *Kundendienst* als Primäraktivitäten berücksichtigt sind, umfassen die Primäraktivitäten eines Logistikdienstleisters die *Akquisition von Aufträgen*, den *Aufbau der Leistungsbereitschaft*, den *Kontakt* mit den Kunden (inkl. der Leistungserbringung) und den *Nachkontakt*.[377] Die aufzubauende Leistungsbereitschaft und die Leistungserbringung können sich auf die *Einzelleistungsfelder* Transport, Umschlag und Lagerhaltung erstrecken. Diesen ordnet PFOHL in einer institutionellen Betrachtung verschiedene Typen von Logistikunternehmen zu. Er unterscheidet *Transportunternehmen, Lager-, Umschlag- und Verpackungsunternehmen* sowie *Speditionen* und *Vermittler*.[378] Neben den Leistungen, die bei der eigentlichen Transportdurchführung, Lagerung und Kommissionierung anfallen, erbringen Logistikdienstleister administrative Begleitleistungen sowie Mehrwertleistungen (*VAS*).[379]

Eine Abgrenzung verschiedener Logistikdienstleitertypen erfolgt in der Literatur anhand der Art ihrer Leistungsversprechen und anhand der von ihnen bei der Leistungserbringung eingesetzten Ressourcen. Erstreckt sich das Leistungsversprechen eines LDL auf die Erbringung einer logistischen Einzelleistung, so ist das Unternehmen der Kategorie *Einzeldienstleister* zuzuordnen.[380] Einzeldienstleister bieten vorwiegend standardisierte Transport-, Umschlag- und Lagerleistungen an, die in ihren Leistungsmerkmalen den der klassischen Speditionen entsprechen und mit Hilfe eigener Transportmittel häufig unter starker Spezialisierung auf Regionen, feste Relationen, einzelne Branchen, Güter- oder Frachtarten durchgeführt werden.[381] Diese Leistungen werden einem größeren und zumeist anonymen Markt angeboten, was zu einer Vielzahl von Geschäftsbeziehungen unterschiedlicher Dauer führt.[382] Ebenso lassen sich anhand der Leistungsversprechen *Verbunddienstleister* und *Systemdienstleister* charakterisieren. *Verbunddienstleister* verknüpfen die von Einzeldienstleistern erbrachten Teilleistungen zu einem größeren Leistungsangebot. Dazu betreiben sie sowohl mit eigenen als auch mit fremden Ressourcen Umschlagzentren sowie Transportnetzwer-

---

[376] Vgl. PFOHL (2010), S. 256. Ergänzend beschreibt PFOHL verschiedene Ausprägungen von Logistikzentren als logistische Wirtschaftszentren. In Logistikzentren (dies sind bspw. Frachtzentren, Transportgewerbegebiete, Güterverteilzentren, Logistikparks oder Güterverkehrszentren) wird von einem oder mehreren Unternehmen ein weites Spektrum logistischer Leistungen angeboten. Vgl. ebenda S. 273 - 275.

[377] Vgl. ALTOBELLI und BOUNCKEN (1998), S. 289. Wie im klassischen Wertkettenmodell PORTERS wird auch bei der Wertkette von Dienstleistungsunternehmen zwischen primären Aktivitäten und unterstützenden Aktivitäten unterschieden.

[378] Vgl. PFOHL (2010), S. 266 - 273.

[379] Vgl. STRAUBE/FROHN (2007), S. 181 - 196.

[380] Vgl. KRÜGER (2003), S. 127.

[381] Vgl. GUDEHUS (2005), S. 1013.

[382] Vgl. HOFFMANN/NOTHARDT (2009), S. 53.

ke.[383] Diese Leistungen werden meist einem wechselnden, anonymen Kundenkreis angeboten.[384] Kontaktlogistikdienstleister – eine Ausprägungsform von *Systemdienstleistern* – sind räumlich oft flexibel und treffen Standortentscheidungen nach Absprache mit der Standortplanung ihrer Kunden weltweit. Ihre Geschäftsbeziehungen konzentrieren sich auf eine kleinere Anzahl wichtiger Kunden.

Im Bereich der Transportlogistik haben sich bei der *Unterscheidung von Logistikdienstleistern nach ihrem Ressourceneinsatz* die Begriffe des *2PL-Provider* (Second Party Logistics Service *Provider*) und des *3PL-Provider* (Third Party Logistics Service *Provider*) etabliert.[385]

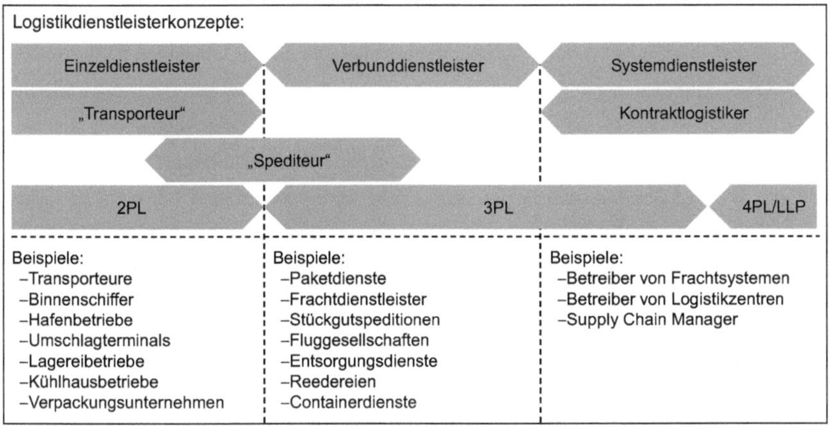

Abbildung 2-14: Typen von Logistikdienstleistern
Quelle: Scholz-Reiter et al. (2005), S. 585.

Während ein *2PL-Provider* alle am Markt angebotenen Leistungen mit eigenen Ressourcen im Selbsteintritt erbringt, bezieht ein *3PL-Provider* einen Teil der eingesetzten Ressourcen von Subunternehmern.[386] Als Steigerung des *3PL-Provider* Konzepts ist der *Logistikorchestrator* (oder schlicht: Orchestrator) zu sehen. Orchestratoren leisten die Koordination verschiedener an der Wertschöpfung beteiligter Unternehmen.[387] Setzen sie in der Leistungserbringung i. e. S. keine eigenen Ressourcen ein, werden sie in der Logistik als *4PL-Provider*

---

383 Vgl. Scholz-Reiter (2005), S. 585.

384 Vgl. ebenda, S. 585.

385 *3rd Party Logistics Provider (3-PL)* bieten über die reine Transport- bzw. Speditionstätigkeit hinausgehende integrierte Logistikdienstleistungen. Vgl. hierzu Hoffmann/Nothardt (2009), S. 55.

386 Pfohl beschreibt 3PL-Dienstleister als Logistikunternehmen, deren Leistungsspektrum komplette logistische Dienstleistungspakete umfasst. Dabei sieht er Speditionen als Keimzelle dieser Dienstleister. Siehe Pfohl (2010), S. 272.

387 Contractor/Lorange (2008) verweisen an dieser Stelle auf das verwandte Konzept der virtuellen Unternehmung, vgl. Sp. 587.

bezeichnet.[388] Als *Market-Maker* werden Orchestratoren bezeichnet, wenn sie in eine bestehende logistische Wertkette eine zusätzliche Wertschöpfungsstufe als Intermediationsstufe einfügen. In *Abbildung 2-14* (vorige Seite) werden die verschiedenen Dienstleistertypen gegenübergestellt. Es wird deutlich, dass sich die Typen nicht überschneidungsfrei sind.[389]

Vergabe von Logistikdienstleistungen im Rahmen klassischer Leistungsanfragen und Leistungsausschreibungen

Die Gestaltung von Logistikdienstleistungen erfolgt in der Praxis i. d. R. im Rahmen von Leistungsanfragen und Leistungsausschreibungen.[390] Bei Bestandskunden erfolgt neben diesen Formen der formellen Leistungsvergabe teilweise auch eine *interne Dienstleistungsgestaltung* in Form einer gemeinsamen (Weiter-)Entwicklung von Logistikkonzepten.[391] Sowohl die Leistungsvergabe als auch die Leistungsausschreibungen zielen auf die *Auswahl eines Dienstleisters* und der *Gestaltung der Dienstleistung*. Somit ist Service Engineering ein integraler Bestandteil der Leistungsausschreibung und der Leistungsanfrage. Dabei unterscheiden sich die Vergabeprozesse in der Schwerpunktsetzung: Während bei einfachen Leistungsumfängen die Auswahl des Dienstleisters im Vordergrund steht, liegt bei komplexen logistischen Problemstellungen der Schwerpunkt auf der Dienstleistungskonzeption und damit beim Service Engineering.[392]

In der Praxis werden standardisierte Transport- und Logistikleistungen an spezifische Kundenwünsche angepasst: Es erfolgt eine *Individualisierung* standardisierter Dienstleistungen. REPPAN spricht in diesem Kontext von einer *Parametrisierung* vormals standardisierter Logistikbausteine entsprechend von Kundenanforderungen.[393] Das Spannungsverhältnis, am Markt einerseits standardisierte Lösungen mit geringen Stückkosten zu platzieren und andererseits individuelle Kundenwünsche zu befriedigen, führt dazu, dass Modulstrategien verfolgt werden. Diese verfolgen das Ziel, in Abstimmung mit den Logistikkunden (teil)individuelle Lösungen basierend auf Produktplattformen zu konfigurieren, um auf diesem Weg den Anforderungen der Standardisierung und der Individualisierung zu entsprechen.[394]

---

[388] Nach PFOHL sind 4PL-Dienstleister Speditionen, die sich auf die Planung, Organisation und Steuerung der Güter- und Informationsflüsse beschränken und andere Unternehmen mit der Erbringung der Transport-, Umschlag-, Lager- oder Verpackungsleistungen beauftragen. Vgl. PFOHL (2010), S. 272.

[389] So setzen Einzeldienstleister vorwiegend eigene Ressourcen ein, was zu einer Vergleichbarkeit mit dem *2PL-Provider* führt. Verbunddienstleister sind bei der Verkettung von Einzelleistungen vielfach auf fremde Ressourcen angewiesen und lassen sich daher mit dem *3PL-Provider* vergleichen. Auch Systemdienstleister setzen in der Praxis sowohl fremde als auch eigene Ressourcen ein. *4PL-Provider* werden in der Darstellung von GUDEHUS dem Feld der Systemdienstleister zugeordnet.

[390] GUDEHUS (2010), S. 1004.

[391] Vgl. KAHNERT (2009), S. 167.

[392] Siehe REPPAHN (2003), 764 - 767.

[393] Vgl. REPPAHN (2003), S. 764. REPPAHN argumentiert daher weiter, dass die Bezeichnung *Verlader* bzw. *verladende Wirtschaft* für die Kunden von Logistikdienstleistern überholt sei, da Logistikkunden heute mehr leisten als Versandware auf die Transportgefäße der Spediteure zu stellen. Sie übernehmen darüber hinaus weite Teile der Verantwortung über den Güterfluss im Logistik(dienstleistungs)system. Vgl. REPPAHN (2003), S. 762.

[394] Vgl. REPPAHN (2003), S. 766 - 767.

Vorbild für diese Modulstrategien sind die Modul- und Plattformstrategien, wie sie auch in industriellen Branchen erfolgreich umgesetzt werden.[395]

Leistungsanfragen werden i. d. R. bei Logistikdienstleistungen gestellt, die seitens der Anbieter keine besonderen kundenspezifischen Investitionen erfordern; sie werden daher an einen ausgewählten Bieterkreis versendet.[396] ***Leistungsausschreibungen*** werden bei der Vergabe komplexerer und/oder großvolumiger Logistikdienstleistungen durchgeführt.[397] Die Gestaltung von Ausschreibungsprozessen ist dabei nach *PRECHT* vorwiegend von der Art der Leistung abhängig.[398] Darüber hinaus ist zwischen *erstmaligen Ausschreibungen* und *erneuten Ausschreibungen* zu unterscheiden.[399] Während erstmalige Ausschreibungen einen Outsourcing-Prozess darstellen, wird bei erneuten Ausschreibungen lediglich der LDL von bereits ausgelagerten Logistikprozessen ausgetauscht.[400]

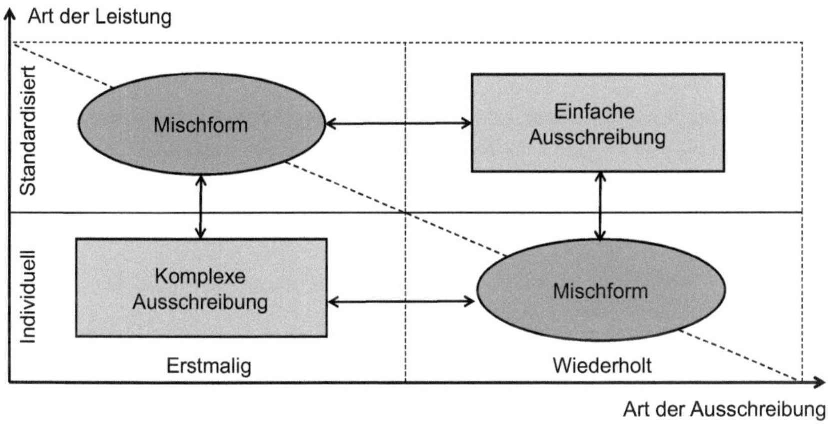

Abbildung 2-15: Ausschreibungsformen für Logistikdienstleistungen
Quelle: In Anlehnung an Precht (2007), S. 261.

Auf Basis der Leistungsmerkmale und der Auslagerungsmerkmale lassen sich verschiedene Typen von Ausschreibungen ableiten, die neben der einfachen und der komplexen Aus-

[395] Zur Übertragbarkeit der Modul- und Plattformstrategien von Sachgüter- auf Dienstleistungsbrachen siehe STAUSS (2003), S. 332 - 350 und BÖHMANN/KRCMAR (2003), S. 396 - 413.

[396] GUDEHUS (2010), S. 1004. Leistungsanfragen enthalten in der Regel eine Kurzbeschreibung des Leistungsbedarfs, Anlagen mit Informationen über die benötigten Leistungsmengen, vom Anbieter auszufüllende Preisblanketten sowie die allgemeinen Einkaufsbedingungen für Logistikdienstleistungen.

[397] Die Ausschreibung von Logistikdienstleistungen wird wissenschaftlich zumeist aus der Kundenperspektive betrachtet, siehe stellvertretend GLEIßNER/FEMERLING (2008), S. 192 - 194.

[398] Vgl. PRECHT (2007), S. 261.

[399] Als *erstmalige Ausschreibung* wird die Ausschreibung von Leistungen bezeichnet, welche bislang nicht oder intern erbracht werden. *Erneute Ausschreibungen* umfassen Leistungen, die bereits an einen Dienstleister ausgelagert worden sind.

[400] Vgl. PRECHT (2007), S. 261.

schreibung auch Mischformen umfassen. Diese sind *Abbildung 2-15* (vorige Seite) dargestellt.[401]

Komplexe Ausschreibungen sind dadurch gekennzeichnet, dass *komplexe und individuelle* Leistungsumfänge *erstmals* ausgeschrieben werden.[402] Dieser Ausschreibungsprozess ist typisch für die Kontraktlogistikausschreibungen.[403] *Einfache Ausschreibungen* werden praktiziert, wenn standardisierte Leistungen fremdvergeben werden, die bereits fremdvergeben sind und erneut ausgeschrieben werden.[404] Sie entspricht einer Ausschreibung, die im Vergleich zur komplexen Ausschreibung teilweise deutlich vereinfacht wird. Eine Vereinfachung der Dienstleistungsgestaltung kann erreicht werden, wenn bereits aus Leistungsvorperioden konkrete Prozessbeschreibungen vorliegen.[405] Eine Vereinfachung der Dienstleisterauswahl kann dadurch erreicht werden, dass der Bieterkreis vorzeitig auf eine Gruppe ausgewählter LDL beschränkt wird.[406] In der Praxis liegen vielfach Mischformen vor. Sie bieten sich insbesondere dann an, wenn standardisierte Leistungsumfänge erstmalig vergeben werden oder eine wiederholte Ausschreibung individueller Leistungsumfänge vorgenommen wird.[407]

Da vereinfachte Ausschreibungen und Mischformen als abgekürzte komplexe Ausschreibungen zu verstehen sind, werden nachfolgend ***komplexe Ausschreibungen*** skizziert. Aus ***Kundenperspektive***[408] lässt sich der Prozess der komplexen Ausschreibung in eine *Diagnosephase*, eine *Konzeptionsphase* und in eine *Ausschreibungsphase* gliedern, siehe *Abbildung 2-16.*[409]

---

[401] Vgl. Bei PRECHT werden *einfache Ausschreibungen* als *verkürzte Ausschreibungen* bezeichnet. PRECHT (2007), S. 261. Da jedoch bei einfachen Ausschreibungen nicht nur einzelne Phasen ausgelassen oder übersprungen werden können, sondern auch eine qualitative Vereinfachung der Ausschreibungen möglich ist (Ersetzen intensiver und instrumentengestützter Arbeitsschritte in den Phasen zugunsten einer zügigeren oder schnelleren Bearbeitung), wird in dieser Arbeit von *einfacher Ausschreibung* gesprochen.

[402] Vgl. PRECHT (2007), S. 262.

[403] Der Geschäftsanbahnungsprozess von Kontraktlogistikleistungen unterscheidet sich vom Geschäftsanbahnungsprozess im traditionellen Speditions- und Lagergeschäft deutlich. Vgl. OTTO/KOTZAB (2007), S. 281. Die Gewinnung von Neukunden stellt LDL im Bereich der Kontraktlogistik vor besondere Herausforderungen, da Kontraktlogistikleistungen spezifische, komplexe und für den Kunden kritische Leistungen darstellen. Vgl. OTTO/KOTZAB (2007), S. 282.

[404] Vgl. PRECHT (2007), S. 262.

[405] Der Beschaffungsprozess kann in der Kontraktlogistik mehrere Monate, in einzelnen Fällen sogar bis zu zwei Jahren andauern. Vgl. ANDERSSON/NORRMAN (2002). Als Leitgrößen gibt FRINGS (2007) Zeiträume für die Beschaffung von Kontraktlogistikleistungen an, dabei werden für die Diagnosephase 1 - 2 Monate angesetzt, für die Konzeptionsphase 1 - 2 Monate, für die Ausschreibungsphase inklusive Dienstleisterauswahl 2 - 3 Monate und für die Implementierungsphase weitere 2 - 5 Monate. Vgl. FRINGS (2007), S. 156.

[406] Dabei entfällt der Versand eines *RFI* an die Unternehmen oder es wird statt einer Nutzwertanalyse lediglich eine Beurteilung der Dienstleister mit Hilfe eines Kriterienkatalogs durchgeführt. Siehe PRECHT (2009), S. 95.

[407] Im letzteren Fall liegen bereits Lösungskonzepte und Prozesspläne vor, so dass mit einem deutlich geringeren Ausschreibungsaufwand zu rechnen ist. PRECHT (2009), S. 262.

[408] Da der klassische Outsourcing-Prozess vom Kunden angestoßen und der Ablauf der Leistungsdefinition und -vereinbarung maßgeblich von der Kundenseite geprägt wird, ist es zweckmäßig, an dieser Stelle zunächst die kundenseitigen Elemente des Ausschreibungsprozesses zu beschreiben.

[409] Vgl. FRINGS (2007), S. 154 - 156. Der dort beschriebene Ablauf der Ausschreibung von Kontraktlogistikleistungen lässt sich konzeptionell auf alle Ausschreibungsprozesse komplexer Logistikdienstleistungen übertragen. Die bei PRECHT vorgestellten 13 Phasen der *komplexen Leistungsausschreibung* lassen sich in die bei FRINGS dargestellten Phasenmodelle einordnen.

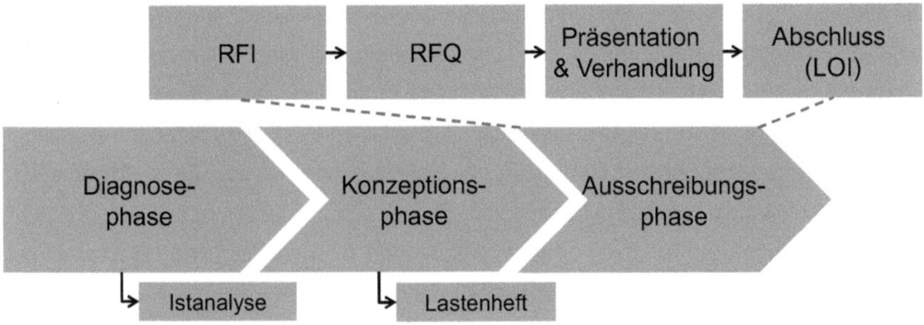

Abbildung 2-16: Der Ausschreibungsprozess aus Sicht ausschreibender Unternehmen.

Die *Diagnosephase* umfasst dabei eine Ist-Analyse der bestehenden Strukturen und der Kennzahlen für die Auslangerung relevanter Unternehmensbereiche. Ziel ist es, Verbesserungspotenziale zu identifizieren, die durch eine Auslagerung von Logistikleistungen gehoben werden können.[410] Nach MÜLLER-DAUPPERT ist dabei eine Analyse der Kernkompetenzen des ausschreibenden Unternehmens durchzuführen, da andernfalls das Risiko besteht, Kernkompetenzen bei einer Auslagerung zu verlieren.[411] Die *Konzeptionsphase* zielt auf die Erarbeitung eines konkreten Anforderungsprofils und von Lastenheften ab, die auf Basis des in der Diagnosephase erarbeiteten „Idealbildes" abgeleitete werden. Hierbei wird der Umfang der Leistungsausschreibung definiert.[412]

In der *Ausschreibungsphase* (i. e. S.) erfolgt sowohl die Auswahl des Dienstleisters als auch die *Festlegung des Konzeptdesigns* und des *Prozessdesigns*.[413] Liegt das Konzeptdesign bereits nach der Konzeptionsphase vor, wird die Identifikation konzeptioneller Ideen und Verbesserungspotenziale im externen Dienstleistungsmarkt als Nebenziel verfolgt, um so die eigene Konzeption zu verbessern.[414] Die Ausschreibungsphase selbst lässt sich in Teilprozesse gliedern. In einem ersten Teilprozess führen die ausschreibenden Unternehmen eine generelle Marktrecherche durch mit dem Ziel, potenziell geeignete Logistikunternehmen zu

---

[410] Vgl. FRINGS (2007), S. 154.

[411] Siehe MÜLLER-DAUPPERT (2009a), S. 14. Die Festlegung des Ausschreibungsumfangs erfolgt bei MÜLLER-DAUPPERT anschließend unter Berücksichtigung der unternehmensbezogenen Logistikkompetenz, der strategischen Bedeutung der Logistik und der Eignung von Logistikaufgaben für eine Auslagerung. Siehe ebenda, S. 15. Zur Vorgehensweise bei der Potenzialanalyse und den dabei einsetzbaren Methoden und Instrumenten siehe ebenda, S. 26 - 31.

[412] Vgl. ebenda, S. 154. Bei vereinfachten Ausschreibungen kann in der Konzeptionsphase bereits das Dienstleistungsdesign vom Kunden festgelegt werden. Dann erfolgt im Rahmen der Ausschreibungsphase durch den LDL lediglich das Prozessdesign. Bei komplexen Ausschreibungen wird teilweise nur das logistische Problem beschrieben, so dass sowohl das Konzeptdesign als auch das Prozessdesign im Rahmen der Ausschreibungsphase erfolgen.

[413] Die Phasen 1 - 4 des Prozesses nach PRECHT lassen sich hier einordnen: Ausgehend von einer Outsourcing-Entscheidung eines Industrieunternehmens findet eine Grobauswahl potenziell geeigneter Logistikdienstleister statt. Anschließend erfolgt die Formulierung eines RFI und eines Lastenheftes durch das ausschreibende Unternehmen. Vgl. PRECHT (2007), S. 263.

[414] Vgl. FRINGS (2007), S. 155 - 156.

identifizieren.[415] Durch allgemeine Informationsanfragen (*Request for Information, RFI)* wird den LDL die Möglichkeit eingeräumt, ihre Leistungsbereitschaft glaubhaft darzustellen.[416] Der Kunde erarbeitet sich nach der Rücksendung der *RFI* und ihrer Auswertung eine Liste mit grundsätzlich geeigneten Logistikdienstleistern („long list").[417] Er hat zudem die Möglichkeit, das Gesamtkonzept auf Basis der vom LDL neu gewonnenen Informationen zu überarbeiten. Anschließend folgt die eigentliche Leistungsanfrage mit dem *Request for Quotation* (*RFQ*).[418] Diese zweite Informationsabfrage umfasst detailliertere Informationen wie die Zielsetzung des Projekts, ein konkretes Anforderungsprofil an den LDL, aktuelle Kennzahlen für den Umfang des Outsourcing, Informationen zur Unternehmensstrategie, Informationen zur einzuhaltenden Preismatrix, Kontraktdetails inklusive der geplanten Verrechnungssystematik, Laufzeit, Haftungs- und Versicherungsbedingungen.[419] Ergebnis ist die „short list", welche zwei bis drei geeignete LDL umfasst, die bei der Analyse der RFQ am besten bewertet wurden. In einem dritten Schritt folgen die Verhandlungen mit den LDL auf der short list, bis ein Favorit identifiziert wurde und die Vertragsbedingungen verhandelt sind.[420] Diese umfassen die Bewertung der Ist-Situation beim Dienstleister, eine offene Fragerunde zum RFQ und die Angebotserstellung i. e. S. durch den Dienstleister.[421] Die Verhandlungsgespräche, die Bewertung der Lösung des LDL und die Erstellung des verbindlichen Angebots sind in der Praxis i. d. R. ein iterativer Prozess, der mehrere Verhandlungsrunden zur Anpassung der Leistungsdetails und der finanziellen Konditionen umfasst. Gegenstand der Verhandlungen ist dabei u. a. die Abrechnung der Leistungen.[422]

Aus ***Dienstleisterperspektive*** stehen die Entscheidung über die Ausschreibungsbeteiligung sowie die Gestaltung der Dienstleistung im Mittelpunkt des Prozesses. Dabei sind Prozessschritte zu betrachten, die ISKAN in vier Phasen gliedert: Die *RFI-Bearbeitung*, die *RFQ-Bearbeitung*, die *Konzeptentwicklung und Kalkulation* sowie die *Verhandlung und Angebots-*

---

415 Mit dem Erstellen einer Bieterliste verfolgen die ausschreibenden Unternehmen das Ziel, einerseits möglichst alle qualifizierten Dienstleister einzubeziehen, gleichzeitig aber nicht zu viele Unternehmen anzusprechen. Siehe MÜLLER-DAUPPERT (2009b), S. 36. Zur Erstellung einer Bieterliste siehe auch MÜLLER-DAUPPERT (2006), S. 9 - 13.

416 Vgl. ebenda (2007), S. 155 - 156.

417 Vgl. ebenda.

418 Hier lassen sich Schritte 8 - 10 des Prozessmodells nach PRECHT einordnen: Es folgen die Bewertung des RFI, die Vorauswahl von LDL auf Basis der im RFI dargestellten Informationen und der Erfahrungen des ausschreibenden Unternehmens und anschließend die Formulierung des Lastenheftes und die Darstellung der Mengengerüste im RFQ. Vgl. PRECHT (2007), S. 263.

419 Die Ausschreibungsunterlagen sollten folgende Punkte umfassen: (1) Ziel und Gegenstand der Ausschreibung, (2) Materialflussplan und Mengengerüst, (3) Leistungsbeschreibung und Beschreibung der Sollprozesse, (4) DV- und Steuerungskonzept, (5) vertragliche Rahmenbedingungen, (6) Kalkulationsschema/Preisblätter und (7) Informationen zur Organisation der Ausschreibung. Vgl. MÜLLER-DAUPPERT (2009b), S. 38.

420 Vgl. FRINGS (2007), S. 154 - 156. Hier lassen sich die Schritte 11 - 13 des Modells nach PRECHT einordnen.

421 Vgl. PRECHT (2007), S. 262. Während der RFQ kein Angebot i. e. S., sondern lediglich eine unverbindliche Beschreibung der möglichen Lösung darstellt, wird an dieser Stelle im Prozess der Leistungsvereinbarung ein rechtskräftiges Angebot erstellt.

422 Vgl. KAHNERT (2009), S. 168. Dabei wird vermehrt das *Open-Book Verfahren* vorgeschrieben. Siehe ebenda.

abgabe.[423] KAHNERT weist ergänzend darauf hin, dass bereits vor der Bearbeitung des RFI der Vertrieb des LDL die Aufgabe hat, durch die Kommunikation der Leistungsbereitschaft des LDL und eine permanente Kontaktpflege mit bestehenden und potenziellen Kunden darauf hinzuwirken, dass das Unternehmen bei Ausschreibungen berücksichtigt wird.[424] Auch OTTO und KOTZAB vertreten diese Position.[425] Das von ISKAN vorgestellte Phasenmodell wird daher um die Phase der *Kundenpositionierung* erweitert:[426]

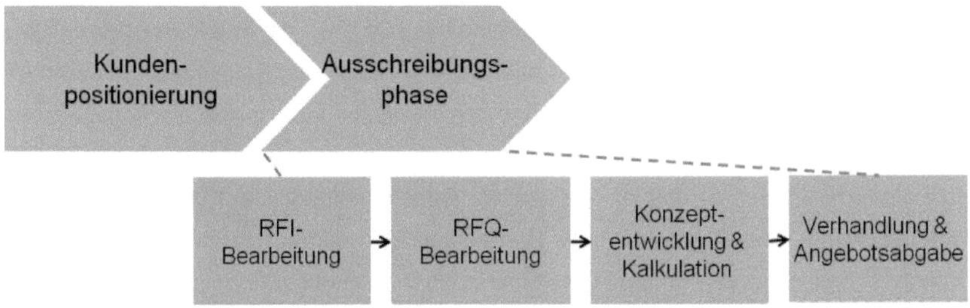

Abbildung 2-17: Der Ausschreibungsprozess aus Dienstleistersicht
Quelle: In Anlehnung an Iskan (2009), S. 67.

Ziel der Phase *RFI-Bearbeitung* ist es, eine Vorentscheidung über eine Ausschreibungsbeteiligung zu treffen und bei einer positiven Ausschreibungsbeurteilung die vom Kunden angeforderten Informationen zur Verfügung zu stellen. Auch wenn die Gewinnung von Marktanteilen sowohl im Verdrängungswettbewerb als auch bei der Partizipation am Wachstum der Logistikbranche wichtige Wettbewerbsmerkmale darstellt, ist eine Ausschreibungsbeteiligung durch LDL zu prüfen, da die Beteiligung an einer Ausschreibung erhebliche Kosten verursachen kann.[427]

[423] Vgl. ISKAN (2009), S. 67.

[424] Vgl. KAHNERT (2009), S. 162.

[425] OTTO und KOTZAB differenzieren im Geschäftsanbahnungsprozess der Kontraktlogistik das *Logistikbedürfnis* vom *Logistikbedarf*, da sich nicht jedes Logistikbedürfnis durch eine Auslagerung besser befriedigen lässt als durch eine interne Bearbeitung. Der Logistikbedarf stellt nur diejenigen Logistikumfänge dar, die von einem LDL extern eingekauft werden. Die Verifikation des Logistikbedürfnisses kann dabei nach OTTO und KOTZAB ggf. mit Unterstützung eines LDL durchgeführt werden, vgl. OTTO/KOTZAB (2007), S. 283 - 284.

[426] ISKAN entwickelt dieses Phasenmodell auf Basis eines Expertengesprächs mit einem Referenzunternehmen aus der Automobilindustrie. Ein Vergleich mit Prozessmodellen und Prozessbeschreibungen von ISKAN (2009); KAHNERT (2009); OTTO/KOTZAB (2007); PRECHT (2007) und MÜLLER/ERMEL (2007) zeigt, dass eine branchenübergreifende Verallgemeinerung des Vorgehens auf dieser Detailierungsebene zulässig ist, da sich die unterschiedlichen Prozessbeschreibungen lediglich in der Bezeichnung einzelner Prozessphasen und der Zuordnung einzelner operativer Aufgaben zu den jeweiligen Prozessphasen und damit nur geringfügig unterscheiden.

[427] Insbesondere die Erarbeitung eines individuellen, durchdachten Angebots verursacht oftmals erhebliche Kosten. LDL sollten sich daher bewusst auch gegen eine Beteiligung entscheiden, wenn das erforderliche Wissen oder die erforderlichen physischen Ressourcen nicht vorhanden sind und ihr Aufbau mit hohen Kosten verbunden ist. Ebenso kann eine Ausschreibungsbeteiligung unvorteilhaft erscheinen, wenn ein ausschreibendes Unternehmen in einem Marktsegment tätig ist, das ein Angebot qualitativ hochwertiger Logistikdienstleistungen auf einem für den LDL interessanten Preisniveau unwahrscheinlich erscheinen lässt. Vgl. KAHNERT (2009), S. 166.

Im Rahmen der *RFQ-Bearbeitung* wird eine Entscheidung über die Ausschreibungsbeteiligung getroffen.[428] Dazu findet eine Sichtung der eigentlichen Ausschreibungsunterlagen statt.[429] Auf Basis dieser und zusätzlich erhobenen Informationen findet die abschließende Beteiligungsentscheidung statt. Im Fall einer positiven Beurteilung wird die Planung der Tenderbearbeitung vorgenommen.[430] Bei komplexen und großvolumigen Ausschreibungen werden dazu zumeist Projektteams gebildet.[431] Im Ergebnis liegt nach der *RFQ*-Phase eine Beteiligungsentscheidung vor und eine Koordination der Ausschreibungsbearbeitung und Verteilung von Aufgabenpaketen in der Organisation des LDL.[432] In der Phase *Konzeptentwicklung und Kalkulation* wird auf Basis einer Analyse der Ausschreibungsunterlagen (Lastenheft und Mengengerüst) über die Machbarkeit und damit in letzter Instanz über die Abgabe eines Angebots entschieden. Die Phase umfasst die Erarbeitung eines Konzepts (physische und informatorische Prozesse) und die Kalkulation. Gegebenenfalls vom Kunden vorbereitete Vertragsentwürfe oder Rahmenverträge durchlaufen eine vertragliche und kaufmännische Prüfung.[433] Typischerweise endet diese Phase in der Transportlogistik mit dem Ausfüllen der vom Kunden vorgegebenen Preisblätter und dem Betriebsabrechnungsbogen (BAB) zur Verteilung der Gesamtkosten eines Betriebes auf Kostenstellen nach dem Stufenleiterverfahren.[434] Im Ergebnis liegt ein bearbeiteter RFQ vor, der ein i. d. R. ein unverbindliches Angebot darstellt.[435] In der Phase *Angebotsabgabe und Verhandlung* werden nach einer internen Abschlussvereinbarung beim LDL die fertig bearbeiteten Projektdokumente einschließlich eines verbindlichen Angebots verabschiedet und anschließend mit dem Kunden zumeist in mehreren Runden verhandelt.[436] Da im Rahmen der Verhandlung der persönliche Kontakt

[428] Bei ISKAN wird angenommen, dass die Beurteilung der Beteiligung an der Ausschreibung in der ersten (hier zweiten) Phase auf Grundlage der RFI-Anfrage und in der dritten (hier vierten) Phase entschieden wird. Abweichend dazu wird in dieser Arbeit auch eine Beteiligungsentscheidung im Rahmen der RFQ-Bearbeitung vorgesehen, da eine detailliertere Informationsbasis geschaffen wird, die eine Beurteilung einer Ausschreibung erst ermöglichen kann. Zudem ist darauf zu verweisen, dass in verkürzten Ausschreibungen i. d. R. keine RFI zugesendet wird, sondern direkt eine RFQ-Anfrage an die jeweiligen Dienstleister adressiert wird. Hier ist eine Beteiligungsentscheidung erst in der RFQ-Phase möglich. Dem wird in dem hier angepassten Phasenmodell Rechnung getragen.

[429] Vgl. ISKAN (2009), S. 68.

[430] Gemäß KAHNERT sollen die Personen, die dem Kunden als Ansprechpartner genannt werden, gemäß dem Grundsatz „One-Face-To-The-Customer" während der ganzen Dauer der Projektbearbeitung zur Verfügung stehen, damit ein persönliches Vertrauensverhältnis aufgebaut werden kann. Vgl. KAHNERT (2009), S. 166. Zu vertiefenden Auseinandersetzung mit Vertrauen zwischen Akteuren in Unternehmensnetzwerken sei verwiesen an BACHMANN/LANE (2006), S. 80 - 90.

[431] An dieser Stelle wird auch vom Aufbau einer *Tender-Organisation* gesprochen. Dabei gilt es, Projektleiter, Projektteam, Projektplanung und Vorgehensweise festzulegen. Bei großen LDL findet darüber hinaus eine Involvierung der operativ betroffenen Geschäftsstellen und IT-Experten statt. Vgl. ISKAN (2009), S. 68.

[432] Vgl. ISKAN (2009), S. 68.

[433] Vgl. ebenda.

[434] Vgl. ISKAN (2009), S. 68 sowie die dort zitierte Literatur. Bei der Erstellung eines unverbindlichen Angebots haben sich Präsentationen mit kurzen Skizzen und Vorhabensbeschreibungen in Stichworten zur Darstellung eigener Konzepte und Ideen durchgesetzt, da diese bei der Präsentation des eigentlichen Angebots wieder eingesetzt werden können, vgl. KAHNERT (2009), S. 166.

[435] Bei ISKAN wird die Übersendung des bearbeiteten RFQ nicht explizit als Abschluss der Phase *Konzeptentwicklung Kalkulation* genannt. Da jedoch bei der *Angebotsabgabe und Verhandlung* bereits ein rechtsverbindliches Angebot erarbeitet und präsentiert wird, ist die Abgabe eines unverbindlichen Angebots im Rahmen des bearbeiteten RFQ in der Phase Konzeptentwicklung Kalkulation zu verorten.

[436] Vgl. ISKAN (2009), S. 69 - 69 und KAHNERT (2009), S. 168.

zwischen LDL und ausschreibenden Unternehmen im Vergleich zu den vorherigen Phasen gesteigert ist, spielt der menschliche Faktor hier eine besondere Rolle: Kunden achten bei vergleichbaren Angeboten darauf, in welchem Umfang sie den LDL vertrauen können und beziehen bei der Beurteilung der Vertrauenswürdigkeit alle hierarchischen Ebenen mit ein.[437]

Kundenintegration beim Service Engineering von Logistikdienstleistungen: Vergleich von Leistungsanfragen, einfachen und komplexen Leistungsausschreibungen

Nachdem der Prozess einer komplexen Ausschreibung dargelegt wurde, stellt sich die Frage, wie die Kundenintegration in diesem Prozess ausgeprägt ist. Dazu sind in *Abbildung 2-18* die Prozesse der Leistungsausschreibung von LDL und ausschreibenden Unternehmen zusammenfassend dargestellt.

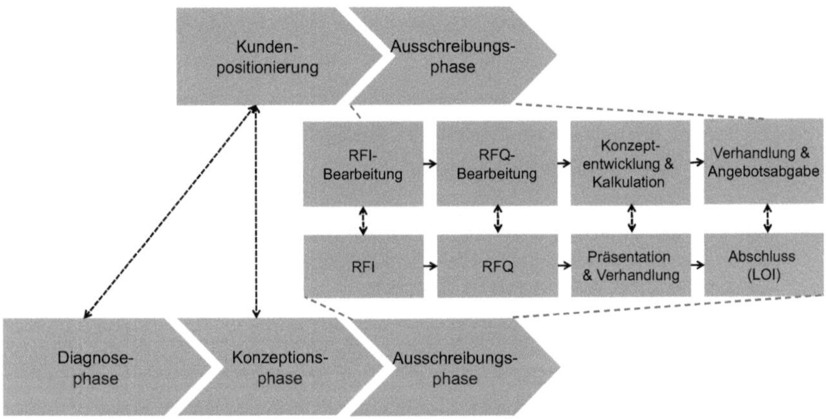

Abbildung 2-18: Ausschreibungsprozess aus Dienstleister- und Nachfragersicht.

In der Phase der Ausschreibung ist eine Kundenbeteiligung an den Prozessen des LDL grundsätzlich gegeben. Der Versand des RFI stellt bereits eine Bereitstellung steuernder Prozessinformationen dar, ebenso der Versand des RFQ. Die Beteiligung des Kunden an Gesprächen, Workshops und Verhandlungen im Rahmen der Konzept- und Prozessgestaltung sowie seine Beteiligung an den Vertragsverhandlungen stellen eine Einbringung externer Faktoren dar. Dabei wird die Intensität der Kundenintegration maßgeblich vom Kunden bestimmt, der das Ausmaß der bereitgestellten Informationen und das Ausmaß der Mitwirkung und Unterstützung des Service Engineering mit eigenen Mitarbeitern letztlich entscheiden kann.[438] Während die Phase der Ausschreibung i. e. S. ein integrativer Prozess ist, be-

[437] So werden nach KAHNERT u. a. die Unternehmensführung, die Projektmanager, die Vertriebsmitarbeiter, die IT-Manager und die Niederlassungsleiter bei der Vertrauensbildung berücksichtigt. Vgl. KAHNERT (2009), S. 168.

[438] Als Beispiel sind Lieferantentage zu nennen, die von ausschreibenden Kunden zur Information der an der Ausschreibung beteiligten LDL veranstaltet werden. Dabei entscheidet das ausschreibende Unternehmen,

inhalten die Diagnose- und Konzeptionsphase autonome Prozesse des Kunden. Die Identifikation von Auslagerungspotenzialen und die autonome Entwicklung eines Dienstleistungskonzepts finden dabei unabhängig von einer konkreten Geschäftsbeziehung mit einem LDL statt und sind daher den Potenzialaktivitäten zuzurechnen. Erst mit der Einbindung von LDL als potenzielle Vertragspartner ist der Übergang vom autonomen zum integrativen Prozess gegeben. Das Bestreben der LDL, in den Phasen der Diagnose und der Konzeption bereits mit dem ausschreibenden Unternehmen zusammenzuarbeiten, kann daher als Versuch interpretiert werden, die Line-of-order Penetration in Richtung des Leistungspotenzials des Kunden zu verschieben. Auf diesem Weg streben LDL eine Steigerung der Kundeintegration in Ausschreibungen an. Zusammenfassend kann festgehalten werden, dass die *Gestaltung der Kundenintegration* in der Leistungsdefinition und Vereinbarung von Logistikdienstleistungen vorwiegend dem ausschreibenden Unternehmen zufällt. Es entscheidet, wie stark es sich im Rahmen der Ausschreibungsphase in die Dienstleistungskonzeption einbringen möchte. Es entscheidet zudem, ob eine Interaktion mit LDL in der Diagnosephase und der Konzeptionsphase zugelassen werden soll. Die Festlegung der Kundenbeteiligung erfolgt bereits bei der Auswahl einer Anbahnungsform.

2.3 Cluster Service Engineering: Koordination von Entscheidungsinterdependenzen in einem Referenzprozess für die Gestaltung von Logistikdienstleistungen in Clustern

In *Kapitel 2.3* wird das Service Engineering für laterale Logistikkooperationen in Clustern als *Erkenntnisobjekt* der Arbeit herausgearbeitet und dargelegt, weshalb dabei der Kundenintegration in diesem Kontext eine besondere Bedeutung zukommt. Dabei werden die in *Kapitel 2.1* und *Kapitel 2.2* gelegten Grundlagen der Entscheidungskoordination in Clustern und der Kundenintegration beim Service Engineering von LDL miteinander verknüpft und für den betrachteten Anwendungsfall weiter konkretisiert.

2.3.1 Konzeptionelle Grundlagen zu horizontalen und lateralen Logistikkooperationen aus der Perspektive von Industrieunternehmen und von Logistikdienstleistern

Stand der Forschung zu horizontalen Logistikkooperationen

In der Logistikforschung nehmen ***vertikale Logistikkooperationen*** eine hervorgehobene Stellung ein.[439] Spätestens mit der Etablierung des Supply Chain Managements haben sich vertikale, unternehmensübergreifende Kooperationen etabliert.[440] Eine Übersicht über die in

welche Informationen im Rahmen eines Lieferantentages an die eingeladenen LDL gegeben werden. Siehe dazu ISKAN (2009), S. 65.

439 Siehe MASON (2007), S. 188 - 192.

440 Siehe stellvertretend JAYARAMAN et al. (2008), S. 416 - 418.

der Literatur vorgeschlagenen vertikalen Kooperationsmöglichkeiten im Bereich der Logistik stellt SPECKMANN vor.[441] Ausgehend von rein marktbasierten Formen der vertikalen Zusammenarbeit (*open market negotiations*) werden bereits durch eine Etablierung dauerhafter Lieferantenbeziehungen Kooperationen praktiziert, wenn nicht mehr ausschließlich Preise die Zusammenarbeit von Akteuren koordinieren. Die Kooperation kann durch zunehmende vertikale Informationsflüsse (WIP Linkages, EDI Exchanges) bis zu einer gemeinsamen Logistikplanung weiter intensiviert werden. In diesem Kontext hat sich der Begriff *Supply Chain Integration* etabliert.[442]

Horizontale Logistikkooperationen werden im Rahmen der Supply Chain Management-Forschung neben vertikalen Kooperationen ebenfalls als Mittel zur Verbesserung der Leistung von Logistiksystemen diskutiert.[443] *Horizontale Kooperationen von* LDL werden als Anbietergemeinschaften zur Leistungserweiterung bzw. Leistungsdifferenzierung sowie als Strategie zur Kostensenkung behandelt.[444] Beispiele für horizontale LDL-Kooperationen sind Sammelladegemeinschaften, Korrespondenzbeziehungen im Sammelgutverkehr (Versand- und Empfangsspedition), Abfertigungsgemeinschaften, Begegnungsverkehre, die Zusammenarbeit bei der Logistikberatung oder eine gemeinsame, abwechselnde Disposition und Tourenplanung im Rahmen von Citylogistik-Projekten.[445] Konzeptionell lassen sich verschiedene Formen von horizontalen LDL-Kooperation unterscheiden.[446] Dies sind u. a. die *Lobbying Group*, die *Maintenance Group*, das *Chartering, das Co-Branding*, die *Tender Group* und die *Intermodal Group*. Gegenstand der *Lobbying Group* ist die gemeinsame Vertretung der Interessen von Logistikunternehmen eines Logistiksektors gegenüber einer Anspruchsgruppe.[447] Gegenstand der *Maintenance Group* hingegen ist der gemeinsame Aufbau von Ressourcen für die Instandhaltung und Wartung von Fahrzeugen.[448] Unter *Chartering* versteht CRUIJSSEN das systematische Outsourcen von Logistikaufgaben eines LDL an einen

---

[441] Vgl. SPECKMANN et al. (1998), S. 57.
[442] Vgl. Mason (2007), S. 192.
[443] Siehe FRIEDL (2006), S. 1 - 7.
[444] Siehe WALLENBURG/RAUE (2011), S. 385 - 400; RAUE et al. (2010); WALLENBURG et al. (2010c), S. 94 - 104; WALLENBURG et al. (2010b), S. 1193 - 1215; WALLENBURG et al. (2010a), S. 110 - 114 und RAUE (2010), S. 4. Siehe auch die im Bereich der Dienstleistungsforschung publizierten Beiträge zum Management von Dienstleisterkooperationen und Dienstleistungsnetzwerken: U. a. MICHALSKI (2003); REIß/BERNECKER (2003) und HESS/WITTENBERG (2003).
[445] Vgl. PFOHL (2010), S. 288 und EßIG (2008), S. 993.
[446] Vgl. CRUIJSSEN (2006), S. 41 - 42.
[447] Ein Beispiel für eine *lobbying group* ist die Initiative *Road Spirit* in Belgien, in der zehn unabhängige Transportunternehmen durch gemeinsame Ausstellungen, Kampagnen und Konferenzen das Ziel verfolgen, das öffentliche Image des Logistiksektors zu verbessern. Vgl. CRUIJSSEN (2006), S. 41 – 42. Zur Systematisierung horizontaler Speditionskooperationen siehe auch ERDMANN (1999), S. 30 - 32.
[448] Vgl. CRUIJSSEN (2006), S. 42 - 43. Diese Form der horizontalen Kooperation kann jedoch auch zwischen verladenden Unternehmen und anderen Logistik-Kunden praktiziert werden. CRUIJSSEN nennt als Beispiel für eine *maintenance group* das *Fleet Forum:* Eine Kooperation von 40 internationalen Hilfsorganisationen, die durch eine horizontale Kooperation im Bereich der Maintenance-Aktivitäten in Malawi Synergien im Bereich der Humanitären Logistik anstreben. Siehe auch ERDMANN (1999), S. 30.

Wettbewerber.[449] Ziel der *Tendergroup* ist die LDL-seitige gemeinsame Bearbeitung von Tendern. Auf diesem Weg wird das Ziel verfolgt, Aufträge zu gewinnen, welche die beteiligten LDL aufgrund ihrer Ressourcenbeschränkung alleine nicht gewinnen könnten.[450] Die Kooperationsform *Intermodal Group* wiederum ist eine horizontale Kooperation von LDL, die auf verschiedene Transportmodi spezialisiert sind und nur durch die Kooperation eine kombinierte Transportkette realisieren können.[451]

Horizontale Logistik-Kooperationen von Industrie- und Handelsunternehmen sind in der Praxis zunehmend anzutreffen, insbesondere im Bereich der Distributionslogistik finden sich zahlreiche Beispiele für erfolgreiche horizontale Logistik-Kooperationen verladender Unternehmen.[452] In der Beschaffungslogistik sind horizontale Logistik-Kooperationen auch heute ein von Industrieunternehmen wenig genutztes Instrument.[453] Auch in der Literatur ist nur eine geringe Anzahl von Veröffentlichungen vorhanden, die sich gezielt mit Beschaffungskooperationen von Logistikdienstleistungen befassen.[454]

Durch die gemeinsame Beschaffung von Logistikdienstleistungen versuchen die verladenden Unternehmen, ihre Logistikkosten zu senken. Durch die Fremdvergabe von Logistikaufgaben an einen gemeinsamen Dienstleister können Größenvorteile im Produktionssystem des LDL generiert werden, die im Ergebnis zu Preisnachlässen und damit zu Logistikkostensenkungen bei den Verladern führen.[455] In der Logistikforschung wurden vorwiegend konzeptionelle Beiträge vorgelegt, dabei werden horizontale Logistikkooperationen zumeist aus der Sicht der verladenden Unternehmen behandelt.[456] MASON argumentiert, dass verladende Unternehmen durch horizontale Logistikkooperationen in Ergänzung zu vertikalen Kooperationen

---

[449] Vgl. CRUIJSSEN (2006), S. 43. Es kann ebenfalls als Form der horizontalen Kooperation betrachtet werden, sofern die Differenzierung der Leistungserbringung innerhalb des Logistikdienstleistungssystems nicht zur Ausdifferenzierung weiterer Wertschöpfungsstufen führt.

[450] Vgl. CRUIJSSEN (2006), S. 46 und ERDMANN (1999), S. 31.

[451] CRUIJSSEN nennt als Beispiel die *Dutch Distrivaart* Initiative in den Niederlanden. Ziel der Initiative ist es, ein landesweites Netzwerk für den Transport nicht-kurzlebiger Konsumgütern durch Binnenseeverkehre zu realisieren. Ziel der Initiative ist es, bis zu 40 Binnenschiffe einzusetzen, um 17 Distributionszentren in den Niederlanden zu bedienen. Vgl. CRUIJSSEN (2006), S. 47.

[452] Das Unternehmen H.J. HEINZ GMBH praktiziert seit 2009 eine horizontale Transportkooperation mit einem weiteren Lebensmittelhersteller im Bereich der Distributionslogistik. Dabei betreiben die Unternehmen eigene Distributionsläger. Die Transporte werden konsolidiert, um den CO_2-Ausstoß zu reduzieren und Transportkosten zu senken, vgl. HEINZ GmbH (2010), S. 9. Das Unternehmen HENKEL konsolidiert seit 2009 in Frankreich im Bereich der Distribution von Kosmetikartikeln Sendungen mit den Unternehmen COLGATE-PALMOLIVE, GLAXOSMITHKLINE und SARALEE in einem Distributionszentrum. Die Unternehmen haben eigene Stellflächen im gemeinsamen Distributionszentrum in Château-Theierry bei Paris. Durch die Kooperation konnte die Anzahl der eingesetzten LKW um 50% reduziert werden. Pro Jahr werden so ca. 300.000 km weniger zurückgelegt, was einer Treibstoffeinsparung von 97.000 Litern und einer CO_2-Reduzierung von 241 Tonnen entspricht. Vgl. EYERS (2010), S. 11 - 15. Siehe auch das bei PFOHL (2010), S. 289 genannte Beispiel der GS1 GERMANY GMBH sowie weitere Beispiele von BRIDGESTONE, vgl. GODIN/SHAW (2010), S. 11 - 26; P&G, vgl. MORRIS (2010), S. 7 - 17 und COLGATE-PALMOLIVE, vgl. BIANCHI (2010), S. 2 - 13.

[453] Vgl. EßIG (2008), S. 993.

[454] Vgl. EßIG (2008), S. 993. Er verweist auf ARNOLD (1998d); ARNOLD/EßIG (1997); BDI/RKW (1969); EßIG (1999) und VOEGELE/SCHINDELE (1998).

[455] Zum Konzept des Consortium Logistics Purchasing siehe ausführlich: EßIG 2008, S. 993 - 994.

[456] Siehe ELLERKMANN (2003); BAHRAMI (2003); CRUIJSSEN (2006); FRIEDL (2006); MASON (2007); VOß (2008) sowie CRUIJSSEN (2006).

neue Effizienzsteigerungspotenziale erschließen können:[457] *„[...] the concept of collaboration [...] has evolved both as an important building block in integrating the supply chain through vertical collaboration to reduce costs and to improve service levels as well as horizontally with industry partners to better utilize assets and hence to further reduce costs."*[458]

Neben den konzeptionellen Beiträgen wurde im Rahmen einer aktuellen Studie von *Eye-for-Transport (EFT)* eine empirische Untersuchung zu horizontalen Logistikkooperationen von verladenden Unternehmen durchgeführt.[459] Im Rahmen einer Befragung von verladenden Unternehmen, von Transporteuren und 3PL-Dienstleistern konnte aufgezeigt werden, dass bereits in 2009 ein erheblicher Anteil von Industrie- und Handelsunternehmen in Europa horizontale Logistikkooperationen praktizierte: Über 25% der befragten Unternehmen geben an, bei der Auftragsvergabe an Transporteure im Rahmen gemeinsamer Ausschreibungen horizontal zu kooperieren. 15% der befragten Unternehmen kooperieren im Bereich der Lagerhaltung im Rahmen von Multi-User Warehouses, die von 3PL-Dienstleistern betrieben werden. Weitere 11% der befragten Unternehmen kooperieren auf horizontaler Ebene mit anderen verladenden Unternehmen im Bereich der Marktprognosen und durch den Austausch logistikrelevanter Marktinformationen. 10% der Unternehmen kooperieren mit eigenen kooperativ genutzten Lagerhäusern und 7% der befragten Unternehmen geben an, eine Fahrzeugflotte mit anderen Unternehmen zu teilen.[460]

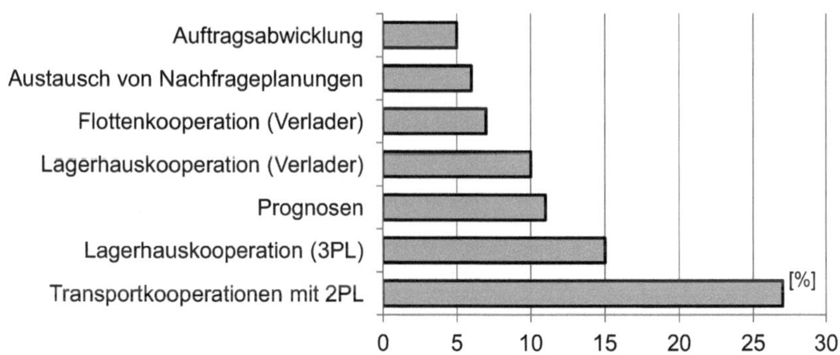

Abbildung 2-19: Status quo zu horizontalen Logistikkooperationen
Quelle: Mit leichten Veränderungen übernommen von Zils/Wallmann (2010), S. 5.

Die EFT-Studie zeigt darüber hinaus, dass sowohl aus Sicht der verladenden Unternehmen als auch aus der Sicht der Transporteure und 3PL-Dienstleister die Bedeutung horizontaler Logistikkooperationen zwischen verladenden Unternehmen im Zeitraum 2009 bis 2014 zu-

457 Siehe MASON (2007), S. 188.
458 MASON (2007), S. 188. Diese Form der kooperativen Zusammenarbeit mehrerer Verlader und LDL in einem Supply-Chain Network untersucht er im Rahmen von drei explikativen Fallstudien.
459 Vgl. EYEFORTRANSPORT (2009).
460 Vgl. ZILS/WALLMANN (2010), S. 4.

nimmt. So gehen 85% der verladenden Unternehmen, 86% der Transporteure und 88% der 3PL-Dienstleister in 2009 davon aus, dass sich horizontale Logistikkooperationen bis 2014 in der Breite fest etablieren werden.[461]

Systematisierung horizontaler Transport- und Logistikkooperationen

Nach einer einführenden Einordnung horizontaler Logistikkooperationen und der Nennung erster Beispiele sollen eine begriffliche Schärfung und eine Systematisierung horizontaler Logistikkooperationen folgen.

Der Begriff *horizontale Logistikkooperation* bezeichnet die Kooperation von Unternehme auf der gleichen Wertschöpfungsebene.[462] Horizontale Kooperationen unterscheiden sich damit von vertikalen Kooperationen durch die Abwesenheit von primären Leistungsbeziehungen. Weiter differenzieren lassen sich horizontale Logistikkooperationen damit in Kooperationen zwischen Wettbewerbern, Kooperationen zwischen unabhängigen Unternehmen (ohne Leistungs- und Wettbewerbsbeziehungen) und Logistikkooperationen zwischen unabhängig agierenden Geschäftsbereichen eines Unternehmens.[463] Eine *inhaltliche Systematisierung* horizontaler Logistikkooperationen kann durch die Betrachtung der logistischen Subsysteme erfolgen, auf die sich die Kooperation erstreckt. Basierend auf dem logistischen Systemdenken nach PFOHL lassen sich dabei in einer aufgabenorientierten Betrachtung u. a. Transportkooperationen und Lagerhauskooperationen unterscheiden. In einer phasenbezogenen Differenzierung ergeben sich horizontale Kooperationen in der Beschaffungs-, Produktions- oder Distributionslogistik.

Aufgabenbezogene Differenzierung horizontaler Logistikkooperationen		
Horizontale Kooperation im Transport	*Horizontale Kooperation in der Lagerhausführung*	*Horizontale Kooperation im Bestandsmanagement*
Phasenbezogene Differenzierung horizontaler Logistikkooperationen		
Horizontale Kooperation in der Beschaffungslogistik	*Horizontale Kooperation in der Produktionslogistik*	*Horizontale Kooperation in der Distributionslogistik*

Tabelle 2-8: Differenzierung horizontaler Logistikkooperationen.

Eine alternative Differenzierung horizontaler Logistikkooperationen ergibt sich, wenn die Systematisierung von Kooperationen nach dem Integrationsgrad der Akteure wie bei LAMBERT, EMMELHAINZ und GARDNER vorgenommen wird. Sie unterscheiden Partnerschaften vom Typ I, Typ II und Typ III. Partnerschaften vom *Typ I* sind dadurch gekennzeichnet, dass die betei-

---

461 Vgl. ebenda (2010), S. 4.

462 Vgl. WRONA/SCHELL (2005), S. 333; MORSCHETT (2005), S. 392 und BENKENSTEIN/BEYER (2005), S. 801 - 802.

463 Zur Differenzierung vertikaler und horizontaler Kooperationen in Supply Chains siehe BARATT (2004), S. 32 - 33.

ligten Akteure sich wechselseitig als Partner begreifen und in einem begrenzten Ausmaß kooperieren. Die Partnerschaft hat dabei typischerweise einen kurzfristigen zeitlichen Horizont und wird auf der funktionalen Ebene der beteiligten Akteure ohne Einbindung der Unternehmensleitung praktiziert.[464] Partnerschaften vom *Typ II* unterscheiden sich durch eine höhere Intensität der Zusammenarbeit. LAMBERT spricht von einer *Integration* der Unternehmen. Diese Integration erstreckt sich auf verschiedene Abteilungen und Funktionen der Unternehmen.[465] Obwohl *Typ II-Partnerschaften* nicht auf Dauer ausgelegt sind, haben sie einen Langzeitcharakter.[466] Eine weitere Intensitätssteigerung der Partnerschaft kennzeichnet Partnerschaften vom *Typ III*. Die Akteure weisen in dieser Form der Partnerschaft ein signifikantes Niveau der Integration auf, bei der die Akteure die Organisationen ihrer Partner als Erweiterung ihrer eigenen Organisation sehen.[467] Als Beispiele nennt LAMBERT Joint Ventures und die vertikale Integration als Kooperationsformen auf hohem Integrationsgrad.[468] ZINN und PARASURAMAN verbinden die dargestellten Systematisierungsansätze nach PFOHL sowie LAMBERT, EMMELHAINZ und GARDNER in einer zweidimensionalen Betrachtung.[469] In ihrem Portfolio lassen sich die in der Praxis beobachteten Ausprägungen horizontaler Logistikkooperationen einordnen.[470] ZILS und WALDMANN greifen diese Darstellungsform auf. Sie systematisieren horizontale Logistikkooperationen von verladenden Unternehmen in *gemeinsame Logistikausschreibungen, gemeinsames Logistikmanagement, Joint Ventures* und *Joint Distribution*, siehe *Abbildung 2-20*.

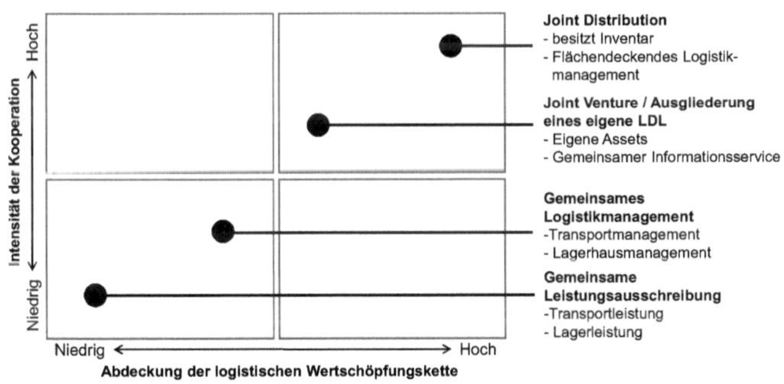

Abbildung 2-20: Ausprägungen horizontaler Logistikkooperationen
Quelle: In Anlehnung an Zils/Wallmann (2010), S. 19.

464 Vgl. LAMBERT (1999), S. 169 und LAMBERT et al. (1996), S. 29.
465 Vgl. ebenda (1999), S. 169.
466 Vgl. LAMBERT et al. (1996), S. 29.
467 Bei dieser Form der Partnerschaft wird in der Regel keine Laufzeit vereinbart, die Partnerschaften sind auf Dauer angelegt, vgl. LAMBERT (1999), S. 170.
468 Dort wird an Stelle des Begriffs der Kooperation der Begriff *Partnerschaft* verwendet.
469 Vgl. ZINN/PARASURAMAN (1997), S. 142. Auch CRUIJSSEN verwendet dieses Portfolio zur Differenzierung horizontaler Transport- und Logistikkooperationen. Siehe CRUIJSSEN (2006), S. 26.
470 Hier werden nur Kooperationsformen berücksichtigt, die bei Verladerkooperationen in Frage kommen.

Gemeinsame Leistungsausschreibung: Gemeinsame Leistungsausschreibungen zielen darauf, durch eine Bündelung von Logistikbedarfen Kosten- oder Qualitätsvorteile für die kooperierend ausschreibenden Unternehmen zu erzielen.[471] Diese Form der Kooperation ist mit einer Einkaufsgemeinschaft vergleichbar.[472] In der deutschsprachigen Forschung sind Einkaufsgemeinschaften als besondere Ausprägung der *Genossenschaft* aufgearbeitet worden.[473] In der anglo-amerikanischen Kooperationsforschung werden die Begriffe *Consortium Purchasing und Group Purchasing* differenziert.[474] Während das *Group Purchasing* Beschaffungskooperationen von Industrieunternehmen mit geringem/mittlerem Unabhängigkeitsgrad in formalen oder informellen Kooperationsvereinbarungen beinhaltet, sind Unternehmen beim *Consortium Purchasing* in höherem Maße unabhängig voneinander.[475] Diese beiden Kooperationsformen setzen sich durch den Fokus auf industrielle Beschaffungskooperationen von *Buying Offices* und *Cooperative Purchasing* ab, wo Kooperationen im öffentlichen Sektor und im Handel praktiziert werden.[476] So spricht Eßig von *Cooperative Logistics Purchasing*, wenn horizontale Beschaffungskooperationen im öffentlichen Sektor zu bezeichnen sind.[477] Das *Consortium Logistics Purchasing* bezeichnet hingegen horizontale Logistikkooperationen von Industrieunternehmen, die in loser Zusammenarbeit oder mit einer eigens dafür gegründeten Personen- oder Kapitalgesellschaft eine kooperative Beschaffung von Logistikleistungen betreiben.[478] Als *group Logistics Purchasing* bezeichnet Eßig Logistikbe-

---

471 Für eine Auseinandersetzung mit Ansätzen zur Steuerung von Dienstleistungsqualität sei verwiesen an Benkenstein (1998), S. 444 - 454.

472 Beschaffungskooperationen sind nicht zwangsläufig auf der horizontalen Ebene angesiedelt. Auch Kooperationen mit unternehmensinternen Kooperationspartnern und Kooperationen mit Lieferanten können im Bereich der Beschaffung praktiziert werden. Siehe dazu die *Strategic Partnering Matrix* bei Bouteiller und Ziegler, in der als Ausprägung von Beschaffungskooperationen in Abhängigkeit der Kooperationsebene (horizontale und vertikale Kooperationen) und der Kooperationspartner (externe oder interne Partner) die Kooperationsformen *Commodity Councils, Sourcing Teams, Consortium Purchasing* und *Supplier Partnering* unterschieden werden. Siehe Boutellier/Zagler (2000), S. 101 - 102.

473 Vgl. Bouteiller/Zagler (2000), S. 107. Zur vertiefenden Auseinandersetzung mit Einkaufsgemeinschaften wird verwiesen an Arnold und Eßig und die dort zitierte Literatur. Siehe Arnold/Eßig (2005); Arnold (1998c); Arnold (1998a) und Arnold (1998b).

474 Zum Begriff des *Consortium Purchasing* siehe auch Boutellier und Zagler (2000), S. 107 - 109. Das *group purchasing* wurde insbesondere in den USA im Gesundheitssektor bei Einkaufsgemeinschaften von Krankenhäusern und Pflegeeinrichtungen untersucht. Siehe hierzu stellvertretend Bundorf (2010); Weinstein (2006); Becker (2005); Long (2005) und Birk (2009). *Group purchasing organizations* (GPOs) bieten die Bedarfsbündelung bei der Beschaffung als kommerzielle Leistung an, siehe hierzu Hrehocik (2010). Die IT-Systeme, die zur Unterstützung des *group purchasing* eingesetzt werden, wurden bei Matsuo (2009) untersucht. Zur weiteren Vertiefung mit *purchasing consortia* siehe stellvertretend He (2008).

475 Ein hoher Formalisierungsgrad wird erreicht, wenn für die Beschaffungskooperation eine eigene formale Organisationsform eingerichtet wird. Eine hohe Unabhängigkeit ist gegeben, wenn weder durch eine Konzernzugehörigkeit (positive Korrelation) oder Wettbewerbsbeziehungen (negative Korrelation) eine Bindung zwischen den Akteuren vorhanden ist.

476 Zur vertiefenden Lektüre der Prozesse der Dienstleistungsbeschaffung sowie der Herausforderungen bei der Dienstleistungsbeschaffung siehe Scheuing (1998), S. 1275 - 1287.

477 Vgl. Eßig (2008), S. 994. Es handelt sich dabei i. d. R. um Genossenschaften, die nicht primär gewinnorientiert sind. Die Genossen sind oftmals Mitglieder einer Branche, z. B. Krankenhäuser oder Schulen, und damit nicht vollständig unabhängig voneinander. Die Genossenschaft beliefert ihre Mitglieder i. d. R. frei Haus mit den bestellten Gütern. Siehe Eßig (2008), S. 994.

478 Vgl. Eßig (2008), S. 994. Er verweist auf eine Studie, die aufzeigt, dass in den USA 46% aller Kooperationen gemeinsam Dienstleistungen beschaffen. Siehe Hendrick (1996).

schaffungskooperationen wirtschaftlich unabhängiger Konzerntöchter als *Logistics Bying Offices* Beschaffungskooperationen logistischer Dienst-leistungen im Handel.[479]

Gemeinsames Logistikmanagement: Das *gemeinsame Logistikmanagement* stellt eine Erweiterung der Beschaffungskooperation dar.[480] Bei dieser Kooperationsform beschränkt sich die Kooperation nicht auf den Ausschreibungsprozess. Auch im Prozess der Leistungserbringung (Kooperationsbetrieb) kooperieren die Akteure auf operativer und dispositiver Ebene. Dadurch kommt es zu einer *Co-Produktion* von Logistikdienstleistungen, da durch die Managementleistungen der Unternehmen die Realisierung kooperationsinduzierter Bündelungseffekte durch aufeinander abgestimmte Lager- und/oder Logistikprozesse ermöglicht werden soll.

Joint Ventures und Joint Distribution: Eine weitere Steigerung der Abdeckung der logistischen Wertschöpfungskette und der Kooperationsintensität kann durch den gemeinsamen Aufbau von Logistikressourcen erreicht werden.[481] *Joint Ventures* mit einem LDL oder die *Ausgliederung* einer gemeinsamen LDL-Organisationseinheit sind mögliche Ausprägungsformen. Schließlich ist der Aufbau eines gemeinsamen physischen Distributionsnetzes mit eigenem Inventar und einem flächendeckenden gemeinsamen Logistikmanagement die intensivste und gleichzeitig in der Abdeckung der logistischen Wertschöpfungskette weitreichendste Kooperationsform.[482]

Joint Ventures und Joint Distribution werden fortan nicht weiter berücksichtigt. Statt dessen stehen Beschaffungskooperationen und das gemeinsame Logistikmanagement im Fokus der Arbeit, da bei Joint Ventures und dem Konzept der Joint Distribution eigene Ressourcen der Verlader aufgebaut werden und daher eine Beteiligung des LDL nicht erforderlich ist. Die Beschaffungskooperation kann dabei sowohl als *Frachtraumkooperation* (*transport group purchasing)* ausgestaltet werden als auch als *Lagerhauskooperation* (*warehouse group purchasing).* Ebenso kann sich das gemeinsame Logistikmanagement auf die Bereiche Transport und Lagerhausmanagement konzentrieren.[483]

Horizontale Kooperationen im Transportsystem

Beschaffungskooperationen: Horizontale Kooperationen im Transportsystem können sowohl im Rahmen einer Beschaffungskooperation (Group Purchasing) als auch im Rahmen eines gemeinsamen Logistikmanagements ausgestaltet werden. Während in der deutschen

[479] Vgl. EẞIG (2008), S. 995. EẞIG verweist darauf, dass der Begriff *office* bei der Kooperationsform logistics buying office wörtlich zu nehmen sei. Es handle sich dabei i. d. R. um Organisationen mit eigener Rechtspersönlichkeit, die logistische Beschaffungsaktivitäten für ihre Mitglieder tätigen.

[480] Hierbei wird davon ausgegangen, dass die operativen Leistungen ebenfalls von einem LDL erbracht werden.

[481] Vgl. MÜLLER-DAUPPERT (2009c), S. 105 - 109.

[482] Vgl. ZILS/WALLMANN (2010), S. 19.

[483] Kooperationen durch ein gemeinsames Bestandsmanagement werden in der Arbeit nicht betrachtet, da dieses in der Literatur über horizontale Logistikkooperationen bis auf wenige Ausnahmen nicht behandelt worden ist.

Literatur der Begriff *Laderaumkooperation* gebräuchlich ist, wird in der anglo-amerikanischen Logistikforschung von *freight sharing* gesprochen.[484] Im Rahmen einer reinen Beschaffungskooperation findet dabei eine konsolidierte Ausschreibung von Transportaufträgen statt mit dem Ziel, Mengendegressionsvorteile zu erzielen. Eine physische Sendungskonsolidierung *durch die Verlader* findet dabei nicht zwingend statt. Bündelungspotenziale, die in den konsolidierten Ausschreibungsvolumina enthalten sind, können auch dem LDL zu Hebung überlassen werden.

Die erzielten Preisnachlässe werden von LDL eigeräumt, wenn durch die Konsolidierung der Ausschreibungsvolumina hohe Umsatzzuwächse beim LDL generiert werden oder Kostenvorteile durch verbesserte Bündelungsmöglichkeiten im Produktionssystem des LDL entstehen. *Bündelungseffekte im Transportmanagement* werden dabei durch eine größtmögliche Auslastung von Transportkapazitäten erreicht.[485] Dies kann sowohl durch eine *zeitliche Bündelung* als auch eine *räumliche Bündelung* erreicht werden. Die *zeitliche Bündelung* geschieht durch das Hinauszögern von Lieferungen, die *räumliche Bündelung* durch ein Zusammenfassen von Sendungen auf einem Ladehilfsmittel bzw. einem Transportmittel.[486] Die *Sendungsverdichtung* zielt auf die Maximierung der Auslastung eingesetzter Transportmittel, sie ist damit *fixkostenorientiert*. Eine gesteigerte Sendungsverdichtung kann somit für LDL die Möglichkeit eröffnen, bei der Bewerbung auf große Ausschreibungsvolumina von kooperierenden Verladern entsprechende Preisnachlässe zu gewähren.

Während im Schienengüterverkehr, im maritimen Verkehr und im Luftverkehr ausschließlich die Sendungsverdichtung als Bündelungsform praktiziert werden kann, erfolgt im Straßengüterverkehr zusätzlich zur Bündelung der Sendungen eine Verdichtung von Touren (*Tourenverdichtung).*[487] Diese ist bei Verteilungsfahrten und Sammelfahrten relevant. Unter der *Tourenverdichtung* versteht man das Zusammenführen vorgegebener Sendungen auf einem Transportmittel mit dem Ziel, die Sendungen auf einer Tour möglichst effektiv zu verteilen. Dazu werden die Entfernungen zwischen zwei aufeinanderfolgenden Haltepunkten minimiert.[488] Ziel der Tourenverdichtung ist dabei die Verringerung der Gesamtkilometerleistung und damit die Minimierung der von der Kilometerleistung abhängigen *variablen Transport-*

---

[484] Zum Begriff *freigth sharing* siehe ausführlich CRUIJSSEN (2006), S. 44.

[485] Zudem führt die Bündelung auf der Netzwerkebene zu *Economies-of-Density.* Siehe PFOHL (2010), S. 67.

[486] Vgl. PFOHL (2004), S. 127.

[487] Zur Tourenverdichtung siehe BAHRAMI (2003), S. 74 - 75; SUCKY (2008), S. 938 und BRETZKE (2010), S. 247. Auch bei Verteilungs- und Sammelfahrten kann die fixkostenorientierte Auslastungsbetrachtung erfolgen, allerdings weist SUCKY darauf hin, dass bei der Beurteilung der Auslastungsgrade zwischen Warenladungs-Streckentransporten und Verteilerverkehren unterschieden werden muss. Während bei Warenladungs-Streckentransporten Sendungen von einem Versender zu einem Empfänger transportiert werden, dienen Verteilerverkehre der Auslieferung von Sendungen an verschiedene Empfänger. Letztere weisen leistungsbedingt eine geringere gewichts- und entfernungsbezogene bzw. volumen- und entfernungsbezogene Auslastung auf, da das Fahrzeug i. d. R. zum Ausgangspunkt der Verteilfahrt zurückkehrt und dabei nur gelegentlich durch Retouren und die Mitnahme anderer Sendungen der Auslastungsgrad gesteigert werden kann.

[488] Vgl. BAHRAMI (2003), S. 75.

kosten.[489] Somit können Preisnachlässe gegenüber kooperierenden Verladern auch dadurch ermöglicht werden, dass sich durch die Konsolidierung der Ausschreibungsvolumina verbesserte Möglichkeiten für eine Tourenverdichtung ergeben.[490] Eine Co-Produktion im Sinne der in der Dienstleistungsforschung beschriebenen Kundenintegration findet – über das marktübliche Niveau hinaus – bei Beschaffungskooperationen in der Phase der Leistungserbringung nicht statt. In der Phase der Ausschreibung findet eine Co-Produktion statt, sofern eine aktive Konsolidierung der Volumina im Rahmen von Arbeitsgemeinschaften bzw. nach dem Genossenschaftsmodell erfolgt und nicht durch die Nutzung anonymer Frachtraumbörsen.

Gemeinsames Transportmanagement: Geht die aktive Beteiligung der Kunden an der Generierung der kooperationsinduzierten Bündelungseffekte über den abgestimmten Beschaffungsvorgang hinaus, wird *kooperatives Transportmanagement* praktiziert. Die Kooperationsmöglichkeiten reichen hier vom gelegentlichen „Beistellen" von Sendungen zum Laderaum eines Kooperationspartners über die fallweise abgestimmte Disposition der Ressourcen eines gemeinsamen Transporteurs bis hin zur systematischen und formal geplanten kollektiven Transportplanung. Dabei ist zu unterscheiden, ob eine *Konsolidierung von Lieferungen* oder eine *Konsolidierung von Touren* angestrebt wird. Das Ziel der Sendungskonsolidierung besteht darin, Sendungen aus unterschiedlichen Quellen für einen Empfänger zusammenzuziehen und gemeinsam auszuliefern.[491] Findet diese Sendungsverdichtung vor der Bereitstellung der Sendungen durch die Verlader statt, liegt ein gemeinsames Transportmanagement vor. Findet die Sendungsverdichtung der unabgestimmt bereitgestellten Sendungen durch einen gemeinsamen LDL statt, liegt lediglich eine Beschaffungskooperation der Unternehmen vor. Ebenso verhält es sich bei der Tourenverdichtung. Ein kooperatives Transportmanagement liegt nur dann vor, wenn die Verlader bereits vor der Vergabe der Transportaufträge eine Abstimmung ihrer Routen vornehmen, und nicht erst im Produktionssystem des LDL eine Tourenverdichtung durchgeführt wird.[492] Der kooperativen Transportplanung wird in der Literatur Beachtung geschenkt.[493] Eine Co-Produktion der Logistikleistung durch die verladenden Unternehmen findet dabei statt, wenn Bündelungseffekte durch eine kooperationsinduzierte Sendungs- oder Tourenverdichtung der Verlader erzielt werden.

ERDMANN beschreibt den *Begegnungsverkehr*, die *Betriebsmittelgemeinschaft*, die *Ladungsaustauschgemeinschaft*, die *Umschlagsgemeinschaft* und den *Spediteur-Sammelgutverkehr* als Ausprägungen des gemeinsamen Transportmanagements.[494] Hier werden Bündelungseffekte durch eine systematische Steigerung der Transportmittelauslastung des LDL herbeige-

---

[489] Vgl. ebenda, S. 74.
[490] Vgl. ABERLE (2003), S. 26.
[491] Vgl. KAUPP (1997), S. 25 - 27. Siehe auch BUXMANN et al. (2003), S. 92 - 93.
[492] Zur Tourenplanung siehe stellvertretend KAUPP (1997), S. 25 - 27 und BAHRAMI (2003).
[493] Vgl. CRUIJSSEN et al. (2007a); CRUIJSSEN et al. (2007b); EYEFORTRANSPORT (2009); BAHRAMI (2003); ELLERKMANN (2003); CRUIJSSEN (2006) und FRIEDL (2006).
[494] Vgl. ERDMANN (1999), S. 30 - 31 sowie die dort zitierte Literatur.

führt. Dabei können bei der gemeinsamen Transportplanung sowohl die zeitliche Verdichung als auch die Sendungs- und Tourenverdichtung als Gestaltungsansätze zur Effizienzsteigerung gegenüber der autonomen Netzwerkgestaltung genutzt werden. Voraussetzung ist dabei, dass die Designs der Transportnetzwerke der Verlader diese Verbundeffekte bei einer zentralen Transportplanung zulassen. Nach BAHRAMI sind dabei die Bedingungen der Kostensubadditivität und der Kostenkomplementarität zu erfüllen.[495]

Die ***Kostensubadditivität*** bezeichnet den Effekt, dass bei einer Steigerung der Ausbringungsmenge einer Leistungseinheit x eines Unternehmens i die Grenzkosten sinken, so dass die Stückkosten reduziert werden können.[496] Bezogen auf horizontale Kooperationen in der Transportlogistik bedeutet dies, dass die absoluten Transportkosten K einer konsolidierten Ausbringungsmenge mehrerer Versender $[\sum_{i=1}^{n} x_i]$ geringer sind, als die Summe der Transportkosten der einzelnen Ausbringungsmengen x_i.[497] Hinter dieser Bedingung steht das Ziel, den Gesamtressourceneinsatz im Rahmen der Kooperation zu verbessern: Die *Kostensubadditivität* ergibt sich zu:

$$\sum_{i=1}^{n} K(x_i) > K\left[\sum_{i=1}^{n} x_i\right].$$

Unter der ***Kostenkomplementarität*** wird der Effekt verstanden, dass die Grenzkosten der Ausbringung einer Produktart mit der zunehmenden Ausbringungsmenge einer anderen Produktart sinken. Die Kostenkomplementarität erweitert die Kostensubadditivität damit auf eine Konsolidierung unterschiedlicher Güter auf einem Transportmittel.[498] Die *Kostenkomplementarität* lässt sich wie folgt darstellen:[499]

$$K[x_1, 0] + K[x_2, 0] > K[x_1, x_2]$$

Übertragen auf die Konsolidierung von Transporten können mit den Bedingungen der Kostensubadditivität und der Kostenkomplementarität die Rahmenbedingungen herausgearbeitet werden, die eine Kostensenkung durch ein aktives Transportmanagement und eine Co-Produktion von Logistikleistungen durch die Verlader zulassen.

Sowohl die Sendungsverdichtung als auch die Tourenverdichtung erfordern, dass *Versende-* und *Anlieferungspunkte* in regionaler Nähe vorliegen. Ist diese Grundbedingung nicht gegeben, führt eine Konsolidierung von Sendungen nicht zu einer Kostenersparnis. Die Bedingungen der Kostensubadditivität und der Kostenkomplementarität werden zudem nur erfüllt, wenn eine Einigung der Kooperationspartner auf gemeinsame *Verkehrsträger* und gemeinsame *Transportmittel* erreicht wird. Auch die *Lademittel* sind bei der Konzeptplanung zu berücksichtigen: Die Bedingungen der Kostensubadditivität und der Kostenkomplementarität

[495] Vgl. BAHRAMI (2003), S. 78.
[496] Vgl. ebenda, S. 78.
[497] Vgl. ebenda, S. 79.
[498] Vgl. BAHRAMI (2003), S. 81 - 82.
[499] Vgl. BAHRAMI (2003), S. 82.

werden nur erfüllt, wenn die Ladehilfsmittel der zu konsolidierenden Sendungen kombinierbar sind. Die Auswirkungen der *Transportmoduswahl* auf die Kostenersparnis der Kooperationspartner kann mit Hilfe der Preistabellen der Logistikdienstleistungswirtschaft dargestellt werden. Zwar wurden mit dem Tarifaufhebungsgesetz zum 01.01.1994 die Tarife im Transport abgeschafft, dennoch spielen heute auch nach der Tariffreigabe die Tarife eine wichtige Rolle: Sie dienen als Referenz für Preissysteme von Logistikdienstleistern und als Richtwert bei Preisverhandlungen:[500] Die Preisverläufe im Straßengüterverkehr nach GFT zeigen, dass eine Reduzierung des Transportpreises pro Tonne insbesondere beim Übergang vom *Stückgutbereich* zum *Teilladungsverkehr* und im Teilladungssegment bei hohen Auslastungsgraden der Transportmittel möglich ist.[501]

Diese Kostenstruktur kann mit dem Design der Landtransportsysteme erklärt werden. *Komplettladungen* (*full truck load*, kurz: *FTL*) können direkt vom Versender zum Empfänger transportiert werden. Dazu werden Ressourcen (LKW, Kraftstoff, Lademittel, Fahrer) individuell für den Kunden bereitgestellt.[502] Bezogen auf die Sendungsbündel des Kunden stellt die Direktbelieferung die bestmögliche Sendungsverdichtung dar, da die Sendungen eines Kunden soweit auf einem Transportmittel verdichtet werden können, dass keine Beistellung von Sendungen anderer Kunden erforderlich wird. Bei *Teilladungsverkehren* erfolgen die Einsammlung verschiedener Sendungen und die anschließende Verteilungsfahrt i. d. R. ohne Umschlag.[503] Zunächst wird eine Sendungsbündelung der einzelnen Verlader angestrengt, da diese jedoch nicht für einen FTL-Transport ausreicht, wird mit einer Routenverdichtung das Ziel verfolgt, eine möglichst effiziente (kurze) Verteilungsfahrt zu realisieren.

Stückgut und *Pakete* müssen im Gegensatz zu FTL- und LTL-Transporten in einem Landverkehrsnetz gebündelt werden, welches eine größere Anzahl potenzieller Versand- und Empfangsorte miteinander verbindet, um Bündelungseffekte zu ermöglichen.[504] In gebietsweise zugeordneten Depots werden Sendungen zur Auslieferung in Flächenfahrten oder zur Zustellung an ein Hub gesammelt.[505] Ziel dabei ist die bestmögliche Tourenverdichtung. Der Ferntransport für die Auslieferung am nächstgelegenen Depot erfolgt i.d.R. über Nacht. Ziel

---

[500] Bis 1990 wurden Landtransportleistungen im Lastkraftwagenverkehr nach dem Reichskraftwagentarif (RKT) abgerechnet. Anschließend war der Güterfernverkehrstarif (GFT) bis (1992) die gesetzlich verbindliche Berechnungsgrundlage für Transportleistungen von Speditionen im *LKW*-Verkehr. Nach der Abschaffung des GFT hat sich das *EWS Entfernungswerk Straße* zu einem Quasi-Standard der deutschen Transportbranche etabliert. Siehe BAHRAMI (2003), S. 45.

[501] BAHRAMI (2003), S. 47.

[502] Daher können FTL-Transporte auch von LDL geleistet werden, die nicht über ein flächendeckendes Landverkehrsnetz verfügen. Vgl. FLEISCHMANN (2008), S. 16.

[503] Vgl. FLEISCHMANN (2008), S. 16. Von Teilladungen spricht man bei einem Sendungsgewicht von ca. 1 - 3 Tonnen.

[504] In der Praxis können verschiedene Netzstrukturen unterschieden werden: Das *Hub-and-Spoke-Netz*, das *Multi-Hub Netz*, das *Netz mit Feederhubs* und *Netze mit Mischstruktur*. Diese typischen Strukturen von Netzen mit 24-Stunden-Service für Stückgut oder Pakete sind bei FLEISCHMANN dargestellt. Vgl. FLEISCHMANN (2008), S. 16.

[505] Die Einsammlung von Sendungen für das Depot und die Verteilung vom Depot aus erfolgt i. d. R. mit denselben Fahrzeugen. Vgl. FLEISCHMANN (2008), S. 16.

des Ferntransportes ist die Sendungsverdichtung. Dies gelingt trotz der unterschiedlichen Empfänger dadurch, dass ein Depot (Landterminal oder Speditionslager) als Umschlagpunkt angefahren wird. Sendungen, die nicht in der Region verbleiben, durchlaufen damit eine dreigliedrige Transportkette.[506]

Eine stärkere Bündelung wird in Netzwerkstrukturen erreicht. Bei *Hub-and-Spoke-Netzen* werden Hubs eingesetzt, mit denen jedes Depot verbunden ist. Hubs werden dabei als zentrale Umschlagpunkte genutzt, in welchen Sendungen nach Zielregionen sortiert und umgeladen werden. Dies hat den Vorteil, dass die Fahrzeuge zu ihren ursprünglichen Depots zurückkehren können. Eine noch weitere Verdichtung der Sendungen lässt sich durch den Einsatz von *Feederhubs* oder *Hub-Hub-Relationen* ergänzen. Auch Mischstrukturen können bei gegebenen Transportprofilen vorteilhaft sein.[507]

Analog lässt sich der Kostenverlauf im Schienengüterverkehr, im maritimen Verkehr und in der Luftfracht darstellen. Die kritischen Sendungsgrößen ergeben sich hier beim Erreichen der charakteristischen Großbehälter-Laderäume.[508]

Es wird deutlich, dass die systembedingte unterschiedliche operative Abwicklung von Stückgut-, Teilladungs- und Vollladungsverkehren zu unterschiedlichen Transportkostensätzen führt. Bündelungseffekte der verladenden Unternehmen sind daher besonders im Übergangsbereich vom Stückgut zum Teilladungssegment zu erwarten. Dass aber außerhalb der technisch bedingten Preisdifferenzen auch die Marktmacht der Kunden eine Rolle spielt, zeigt sich darin, dass auch oberhalb der 20-Tonnen-Grenze Preisnachlässe im Verhältnis zum Gesamtvolumen eines Kunden in der Praxis üblich sind.

Horizontale Kooperationen im Lagerhaussystem

Beschaffungskooperationen: Beschaffungskooperationen können ebenso wie bei Transportkooperationen als *Group Purchasing* oder ein gemeinsames Logistikmanagement ausgestaltet werden. CRUIJSSEN beschreibt in diesem Zusamenhang das Kooperationskonzept *Warehouse Sharing.*[509] Es lässt sich durch gemeinsame Ausschreibungen von Lagerkapazitäten realisieren. Bei einer reinen Beschaffungskooperation werden Lagerleistungen konsoli-

---

[506] Vgl. ebenda, S. 16.

[507] Vgl. ebenda, S. 16. Um einen 24-Stunden-Service anbieten zu können, müssen Hauptläufe in einem Stückgut- oder Paketnetz als Linienverkehre und nach einem festen Fahrplan ausgeführt werden, der die Synchronisation der Fahrten an den Hubs und den Depots sicherstellt. Da die Zeitfenster in einem solchen Netzwerk kurz sind, ist i.d.R. nur ein Umschlag pro Hauptlauf möglich. Vgl. FLEISCHMANN (2008), S. 17.

[508] So ist im Schienengüterverkehr der Transportpreis pro Ladeeinheit höher im *Einzelwagenverkehr* als im *Ganzzugverkehr.* Im maritimen Verkehr und in der Luftfracht werden die kritischen Sendungsgrößen durch das Ladevolumen von Seefrachtcontainern (1 oder 2 TEU ISO-Container für den internationalen Verkehr, Binnencontainer für den europaweiten Transport) bzw. Luftfrachtcontainern (Unit Load Device, kurz: ULD) determiniert. Darüber hinaus kann eine Preisdegression wie im Landtransport lediglich durch individuell auszuhandelnde Volumenrabatte vereinbart werden. Zur detaillierten Ausführung der Behälterspezifikationen wird verwiesen auf PFOHL (2010), S. 145 - 146.

[509] Vgl. CRUIJSSEN (2006), S. 43 - 44.

diert ausgeschrieben, mit dem Ziel, durch eine Volumendegression Preisvorteile zu erzielen.[510] Die Bündelungseffekte werden dabei im Lagersystem des LDL in *offenen Multi-User Warehouses* realisiert.[511] Dies sind zumeist größere Läger, die ein LDL zur Nutzung von Skaleneffekten für mehrere Kunden betreibt.[512] Die *Bündelungseffekte werden* durch Fixkostendegressionen realisiert. *Verbundeffekte bei Lagerhauskooperationen* liegen vor, wenn durch eine kooperationsinduzierte Bündelung eine Auslastungsverbesserung und damit eine Senkung der Stückkosten in der Lagerhaltung erreicht werden. Darüber hinaus lassen sich durch die gemeinsame Nutzung von Lagerhauskapazitäten zusätzliche Bündelungseffekte im Rahmen von Transportkooperationen erzielen, da mit dem gemeinsamen Lagerhaus eine geographische Konzentration im Transportsystem hergestellt werden kann.[513]

Gemeinsames Logistikmanagement: Geht die aktive Beteiligung der Kunden an der Generierung der kooperationsinduzierten Bündelungseffekte über den abgestimmten Beschaffungsvorgang hinaus, wird die Lagerhauskooperation nicht mehr als reine Beschaffungskooperation, sondern in Form eines *kooperativen Lagerhausmanagement* realisiert. Charakteristisch für diese Form der Kooperation ist, dass eine individuelle Lagerhauslösung von mehreren Kunden gemeinsam mit oder ohne Beteiligung eines LDL konzipiert und umgesetzt wird. Eine Co-Produktion der Lagerleistung durch die Verlader findet in dem Sinne statt, dass Bündelungseffekte durch eine kooperative Lagerhausplanung und ein kooperatives Lagerhausmanagement vorliegen. Ist ein LDL involviert, so beschränkt sich die Beteiligung der Kunden auf die Gestaltung der Lagerhauslösung. Das Lagerhausmanagement wird von einem LDL in einem für die Kunden bereitgestellten *geschlossenen Multi-User Warehouse* erbracht.[514]

Die Bedingungen der Kostensubadditivität und der Kostenkomplementarität sind auch im Bereich der Lagerhausführung relevant: Die *Kostensubadditivität* bezeichnet hier den Effekt, dass bei einer größeren Einlagerungsmenge eines Gutes x eines Unternehmens i die Grenzlagerkosten sinken, so dass die Stückkosten der Lagerhaltung reduziert werden können. Bezogen auf horizontale Kooperationen in der Lagerlogistik bedeutet dies, dass die absoluten Logistikkosten K einer konsolidierten Ausbringungsmenge mehrerer Versender $[\sum_{i=1}^{n} x_i]$ geringer ist, als die Summe der Logistikkosten der einzelnen Ausbringungsmengen x_i. Die Kostensubadditivität der Lagerhaltung ergibt sich zu: $\sum_{i=1}^{n} K(x_i) > K\,[\sum_{i=1}^{n} x_i]$. Die *Kosten-*

[510] Nach FROSCHMANN und GÖPFERT lassen sich durch Logistik-Kooperationen verladender Unternehmen Bündelungseffekte und damit Kosteneinsparungen erzielen, wenn es gelingt, logistische Assests wie Multi User Warehouses oder Transportkapazitäten gemeinsam zu nutzen. Siehe FROSCHMANN/GÖPFERT (2010), S. 51.

[511] Vgl. WERNER (2010), S. 127.

[512] Vgl. GUDEHUS (2000), S. 101.

[513] Vgl. CRUIJSSEN (2006), S. 43 - 44. Siehe hierzu auch das eingangs bereits genannte Beispiel der Transport- und Lagerhauskooperation des Unternehmens HENKEL, das sich mit anderen verladenden Unternehmen ein Distributionszentrum in Frankreich teilt.

[514] Zum Begriff und Konzept des Multi User Warehouse siehe GUDEHUS (2007), S. 26 und GÖBL/FROSCHMAYER (2011), S. 123 und GÖPFERT (2006), S. 54.

komplementarität lässt analog zur Kostenkomplementarität in der Transportlogistik eine Übertragung auf den Anwendungsfall der Konsolidierung unterschiedlicher Güter in einem Lagerhaus zu.

Gesamtkostenbetrachtung kooperationsinduzierter Bündelung in Transport und Logistik aus der Kundenperspektive

Horizontale Logistikkooperationen werden in der Praxis vorwiegend angestrebt, um durch eine kooperationsinduzierte Bündelung Synergieeffekte zu erzielen.[515] Kundenspezifische Lagerhauslösungen (dedicated warehouses) sind dabei nur dann zweckmäßig, wenn charakteristische Mindestvolumina erreicht werden. Insbesondere für kleine und mittlere Unternehmen stellen Lagerhauskooperationen daher eine attraktive Kooperationsform dar. Aber auch Großunternehmen können von Lagerhauskooperationen profitieren.[516] Auch Transportkooperationen lassen sich aus dieser Perspektive betrachten. Bei der Ausgestaltung horizontaler Logistikkooperationen ist jedoch, dem ***Gesamtkostendenken*** *der Logistik* folgend, eine Berücksichtigung aller logistischer Kostenbestandteile erforderlich. Nach PFOHL sind neben den bereits diskutierten *Transportkosten* und *Lagerhauskosten* auch die *Loskosten*, die *Verpackungskosten*, die *Kosten der Auftragsabwicklung*, die *Lagerbestandskosten* und die *Serviceniveaukosten* zu berücksichtigen.[517] Dabei ist darauf zu achten, dass bei einer kooperationsinduzierten Konsolidierung von Sendungen eine Steigerung anderer Kostenarten nicht übersehen wird.

Bei der Gesamtkostenbetrachtung der kooperationsinduzierten Bündelung ist insbesondere der Zusammenhang zw. Transportkosten, Lagerhauskosten, Bestandskosten und Serviceniveaukosten relevant.[518] Ausgehend vom primären Ziel der Kooperation, das in der Konsolidierung von Prozessen im Transport oder der Lagerhaltung bestehen kann, sind die Konsequenzen der Kooperation für die anderen Kostenarten zu prüfen, siehe *Abbildung 2-21* (nachfolgende Seite). Ist die Konsolidierung von Transporten das primäre Kooperationsziel, müssen neben den kooperationsinduzierten Transportkostensenkungen die kooperationsinduzierten Lagerhauskosten, Bestandskosten und Serviceniveaukosten analysiert werden. Lagerhauskosten und Bestandskosten steigen dann an, wenn eine zeitliche Bündelung von Sendungen als Voraussetzung für den konsolidierten Transport zusätzliche Lagerprozesse erforderlich macht. Umgekehrt können sowohl Lagerhaus- als auch Bestandskosten reduziert werden, wenn durch eine Transportkooperation die für den Transport erforderlichen

---

515 Vgl. BAHRAMI (2003), S. 72 - 73.

516 Zu den Vorteilen von Lagerhauskooperationen für die erfolgreiche Umsetzung von Transportkooperationen siehe CRUIJSSEN (2006), S. 43 - 44.

517 Vgl. PFOHL (2010), S. 31.

518 Auch die Loskosten, die Auftragsabwicklungskosten und die Verpackungskosten können durch horizontale Logistikkooperationen beeinflusst werden, wenn der Kooperationsgegenstand die Produktionslogistik mit einschließt. In dieser Arbeit wird jedoch davon ausgegangen, dass die Kooperation der verladenden Unternehmen nur im Rahmen der Beschaffungs- und/oder Distributionslogistik erfolgt.

Ladevolumina schneller erreicht werden und damit weniger Lagerprozesse erforderlich sind. Ebenso verhält es sich mit den Serviceniveaukosten, die in Abhängigkeit der Transportzyklen steigen oder fallen können. Die kooperationsinduzierte zeitliche Bündelung vor der Sendungs- und Tourenverdichtung kann je nach Situation zu einer Beschleunigung oder Verzögerung der Gesamtlieferzeit führen. In *Abbildung 2-21* ist der Zusammenhang der einzelnen Kostenarten graphisch dargestellt.

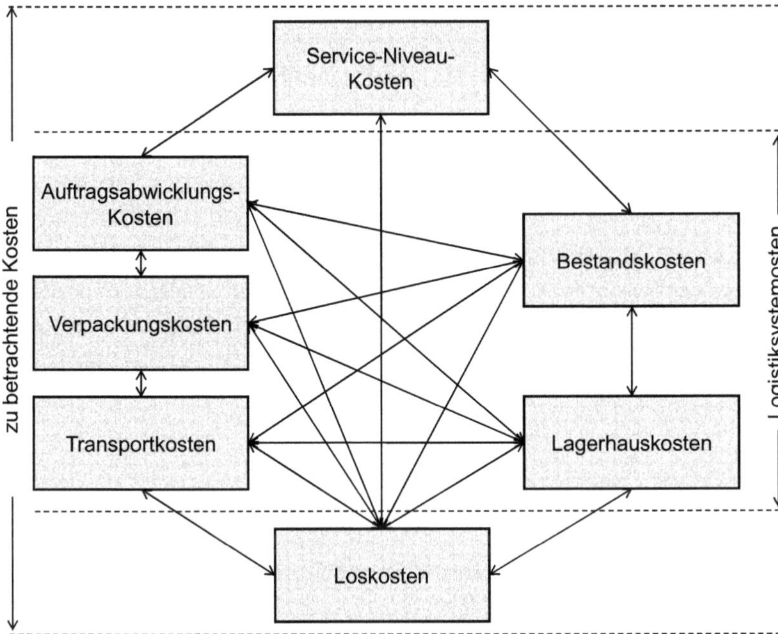

Abbildung 2-21: Die Zusammensetzung der Gesamtkosten im Logistikprozess
Quelle: Pfohl (2010), S. 31.

Laterale Logistikkooperationen – Chancen und Herausforderungen für LDL

In der vorliegenden Arbeit wird die Zusammenarbeit eines LDL mit mehreren horizontal kooperierenden verladenden Unternehmen in einem Cluster untersucht. Diese Form der Kooperation wird als ***laterale Logistikkooperation*** bezeichnet, da die horizontale Kooperation verladender Unternehmen um eine vertikale Kooperationsbeziehung zu einem LDL erweitert wird.[519] Die laterale Logistikkooperation stellt eine spezielle Ausprägung eines Dienstleistungsnetzwerks dar. Nach AHLERT, BLAICH und EVANSCHITZKY beschreibt der Begriff *Dienst-*

[519] Berücksichtigt man LDL als eigenständige Wertschöpfungsstufe, was in dieser Arbeit auf Grund der eingenommenen Dienstleisterperspektive zweckmäßig ist, so ist die horizontale Kooperation um eine *vertikale Kooperation* zwischen den beteiligten verladenden Unternehmen und dem LDL zu erweitern. Im Ergebnis liegt eine *laterale Logistikkooperation* vor.

leistungsnetzwerk eine auf die Erbringung einer Dienstleistung ausgerichtete Zusammenarbeit von mehr als zwei rechtlich selbständigen Partnern, die jedoch zumindest in Bezug auf den Kooperationsbereich wirtschaftlich nicht unabhängig voneinander sind.[520] Im Regelfall sind an der Kooperation in einem Dienstleistungsnetzwerk mehrere Dienstleistungsunternehmen beteiligt. Da im vorliegenden Fall nur ein Dienstleistungsunternehmen an der Kooperation beteiligt ist, wird fortan nicht der allgemeine Begriff *Dienstleistungsnetzwerk* aufgegriffen, sondern von einer *lateralen Logistikkooperation* gesprochen.[521]

Die Intensität der vertikalen Kooperationsbeziehung hängt davon ab, welche Aufgaben der LDL und die beteiligten Kunden im Kooperationsgeflecht übernehmen. Beschränkt sich die Zusammenarbeit der verladenden Unternehmen auf eine abgestimmte Ausschreibung, so erfolgt die Kooperationsbeziehung zwischen LDL und verladenden Unternehmen nur im Rahmen marktüblicher LDL-Kunden-Beziehung. Agieren die verladenden Unternehmen jedoch als Co-Produzent im Rahmen der Leistungserstellung (i.e.S.), oder wird die Kooperation von einem LDL initiiert, so steigt das Intensitätsniveau der Zusammenarbeit zwischen LDL und deren Kunden. In *Abbildung 2-22* wird der Begriff der lateralen Logistikkooperation graphisch verdeutlicht.

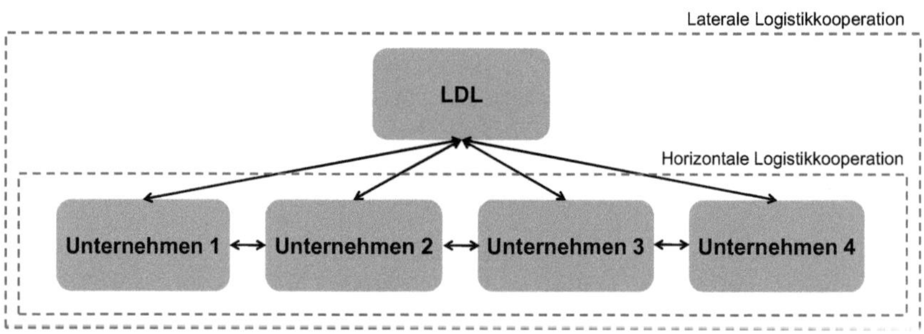

Abbildung 2-22: Begriff der lateralen Logistikkooperation.

Die ***Chancen für LDL***, die sich durch eine Zusammenarbeit mit verladenden Unternehmen im Rahmen lateraler Kooperationen ergeben, sind aus Dienstleistersicht bislang erst ansatzweise untersucht worden.[522] Aus der Sicht von LDL werden zwar Effizienzsteigerungen im eigenen Produktionssystem erzielt, wenn kooperationsinduzierte Bündelungseffekte realisiert werden können. Jedoch hängt von der Verhandlungsmacht der Kunden im Rahmen der Kooperation ab, zu welchem Anteil diese erzielten Effizienzgewinne in Form von Preisnachlässen an Kunden weitergereicht werden müssen. Aus der Perspektive eines LDL stellt sich

[520] Vgl. AHLERT et al. (2003), S. 52 - 53, verweisend auf AHLERT et al. (2002), S. 13.

[521] Zur weiteren Auseinandersetzung mit dem Stand der Forschung zu Dienstleistungsnetzwerken sei an dieser Stelle verwiesen an BRUHN/STAUSS (2003).

[522] Hier sind in erster Linie die Beiträge von HANS CRUIJSSEN sowie dessen Partnern zu nennen, der dieses Gebiet erstmals systematisch aufarbeitete: CRUIJSSEN (2006); CRUIJSSEN et al. (2010); CRUIJSSEN et al. (2005); CRUIJSSEN et al. (2007a); CRUIJSSEN et al. (2007b) zu nennen.

daher die Frage, ob durch die Kooperation der verladenden Unternehmen eine Leistungsverbesserung erreicht werden kann, die sich in Effizienzsteigerungen ausdrückt und *anteilig* an die verladenden Unternehmen weitergegeben werden kann, oder ob die Co-Produktion der verladenden Unternehmen eine Verschlechterung der Effizienz von LDL-Produktionssystemen darstellt die ggf. mit sinkenden Margen bezahlt werden muss. Nachfolgend werden die *Chancen* und *Risiken* der Zusammenarbeit von LDL mit horizontal kooperierenden verladenden Unternehmen aus der Perspektive von LDL dargestellt.

CRUIJSSEN sieht in der ***Produktionskostensenkung*** durch kooperationsinduzierte Bündelungseffekte für LDL den Hauptvorteil der Zusammenarbeit mit horizontal kooperierenden Kunden.[523] BAHRAMI betont, dass insbesondere die Sendungsverdichtung durch die Co-Produktion der Kunden verbessert werden kann, während die Tourenverdichtung auch ohne Beteiligung der Kunden durch LDL zufriedenstellen erreicht wird. Beide Autoren berücksichtigen nicht, dass *Substitutionseffekte* zwischen kundenindividuell zugewiesenen Ressourcen (FTL-Transporte, FCL-Transporte, geschlossene Multi-User Warehouses) und offenen Logistiksystemen (LTL-Systeme, Stückgutnetze und öffentliche Läger) durch eine kooperationsinduzierte Sendungskonsolidierung auch Effizienzverluste bewirken können. Berücksichtigt man diesen Substitutionseffekt, so ist im Einzelfall zu prüfen, ob durch die Zusammenarbeit mit horizontal kooperierenden Unternehmen ein Vorteil oder ein Nachteil für LDL entsteht. Als Instrument zur Prüfung der Effizienzwirkung einer kundenseitigen Vorkonsolidierung kann das Instrument der Deckungsbeitragsrechnung herangezogen werden:[524] Durch einen Vergleich der Deckungsbeiträge einzelner Sendungen bei der Abwicklung in öffentlichen Netzen bzw. mit öffentlichen Lagerressourcen zu Deckungsbeiträgen in horizontalen Kooperationen kann geprüft werden, ob die Zusammenarbeit im Rahmen der lateralen Kooperation im Gesamtsystem zu Effizienzgewinnen oder -verlusten führt.

Neben der Produktionskostensenkung können LDL nach CRUIJSSEN im Rahmen lateraler Kooperationen auch ***Umsatzsteigerungen*** erzielen. Dabei sind insbesondere die Möglichkeiten zur Abwerbung von Kunden bei Wettbewerbern und Möglichkeiten zur Gewinnung kooperationsbedingter Neuausschreibungen in einem hart umkämpften Transportmarkt als

---

[523] Dabei fokussiert er die Transportlogistik im Bereich der Distribution als Anwendungsfeld. Siehe: CRUIJSSEN (2006), S. 146 und CRUIJSSEN et al. (2010), S. 764.

[524] Die Deckungsbeitragsrechnung ist insbesondere im Landtransport ein wichtiges Analyseinstrument, da die Kostenstruktur im Lastkraftwagen-Transport gekennzeichnet ist durch hohe Fixkostenanteile (ca. 70% der Gesamtkosten) und geringere variable Kostenanteile (ca. 30% der Gesamtkosten). Positive Deckungsbeiträge (Erlöse – variable Kosten > 0) führen zu einer anteiligen Deckung der Fixkosten. Durch jeden zusätzlichen Transportauftrag, der zur Steigerung der Kapazitätsauslastung führt und bei einem positiven Deckungsbeitrag erbracht werden kann, sinken die pro Sendung zurechenbaren Fixkostenabteile. Eine Minimierung der zurechenbaren variablen Kosten pro Sendung wird erreicht durch eine Reduzierung der Transportwege. Eine Minimierung der zurechenbaren Fixkosten pro Sendung wird erreicht durch eine Maximierung der Auslastung der Fahrzeuge. Auch eine Reduzierung der Transportwege kann zu einer Senkung der anrechenbaren Fixkosten führen, wenn die Nutzungsdauerreduktionen für die Erbringung zusätzlicher Transportleistungen genutzt werden können und auf diesem Weg die Fahrzeugauslastung gesteigert werden kann. Siehe BAHRAMI (2003), S. 50.

Chance zu sehen. Dabei ist insbesondere die Marktdurchdringung im Mittelstand eine Marktchance für LDL, die sich bei der Bearbeitung von Ausschreibungen bislang weitgehend auf Großkunden konzentrieren. Hier können die beteiligten Kooperationspartner nicht nur durch eine Beteiligung an Kosteneinsparungen profitieren, sondern auch durch Qualitätsverbesserungen, die bei der Inanspruchnahme der Dienstleistungen von LDL generiert werden können.

Neben Effizienzvorteilen und Umsatzsteigerungen können auch die ***Glättung von Auslastungsschwankungen*** und die ***Steigerung der Kundenbindung*** als mögliche Vorteile für LDL bei der Zusammenarbeit mit horizontal kooperierenden Verladern genannt werden.[525] Zum einen könnte die Kundenbindung durch die im Rahmen der Kooperation engere Zusammenarbeit der verladenden Unternehmen mit einem gemeinsamen LDL gesteigert werden. Zum anderen kann angenommen werden, dass Auslastungsschwankungen einzelner verladender Unternehmen weniger Auslastungsprobleme generieren, wenn deren Transporte in einem Pool mit mehreren Unternehmen aufgehen.

Neben den Chancen sind auch ***Herausforderungen für LDL*** bei der Zusammenarbeit mit horizontal kooperierenden Kunden zu nennen. Zunächst sind die ***Generierung und Verteilung von Effizienzgewinnen*** als Herausforderung zu sehen. Wie bereits andiskutiert, ist im Rahmen einer Deckungsbeitragsrechnung zu prüfen, ob die Akquisition von Aufträgen kooperierender Verlader im Einzelfall zu den erwarteten Effizienzgewinnen führt. Dies hängt neben der Auftragslage und der Ressourcenausstattung von LDL insbesondere davon ab, ob ein flächendeckendes Landverkehrsnetz betrieben wird, das Substitutionseffekte durch die kundenseitige Sendungskonsolidierung generieren kann. Drüber hinaus ist kritisch zu hinterfragen, ob realisierte Effizienzgewinne des LDL anteilig einbehalten werden können, oder ob die transparente Abrechnung von Logistikleistungen (insbesondere im Cost-Plus-Verfahren) zur vollständigen Weiterreichung der Kostenvorteile führt. Dabei ist auch die steigende Verhandlungsmacht der Kunden in Preisverhandlungen zu berücksichtigen.[526]

In der Literatur wird die ***Anbahnung von Geschäftsbeziehungen*** mit horizontal kooperierenden Unternehmen als zentrale Herausforderung beschrieben. Eine Analyse von McKINSEY & COMPANY auf Basis einer großzahligen Untersuchung von EYEFORTRANSPORT bestätigt, dass sich die Herausforderungen lateraler Logistikkooperationen vorwiegend der Anbahnungsphase zuordnen lassen. Auf die Frage nach den bedeutendsten Herausforderun-

---

525 Zur marketingpolitischen Bedeutung des Kundenbindungsmanagements bei Dienstleistungsunternehmen siehe DILLER/MÜLLNER (1998), S. 1120 - 1221.

526 Wie bereits ausgeführt wurde, werden Transportpreise zumeist zwischen den Akteuren verhandelt. Dieses Argument kann zwar mit den Effizienzgewinnen entkräftet werden, die auch für LDL durch die Konsolidierung von Sendungen entstehen. Jedoch verbleibt das Restrisiko, dass die verhandelten Preisnachlässe gegenüber den Kunden die Effizienzgewinne übersteigen, die durch die Konsolidierung der Sendungen erreicht werden können

gen bei der Umsetzung lateraler Kooperationen[527] sagen 44% der Vertreter der befragten verladenden Unternehmen, dass die Informationspreisgabe im Rahmen der Kooperationsanbahnung an potenzielle Wettbewerber eine Gefahr darstellt.[528] Weitere 40% der Befragten benennen den Mangel an einer allgemeinen Akzeptanz horizontaler Kooperationen und den Aufbau vertrauensvoller Beziehungen als Herausforderungen.[529] Schwierigkeiten bei der Partnerwahl und beim Aufbau der für die Kooperation erforderlichen IT-Infrastruktur werden als weitere Herausforderungen benannt.

Die befragten 3PL- und 2PL-Dienstleister benennen ebenfalls Herausforderungen, die sich der Anbahnung der Geschäftsbeziehung zuordnen lassen. Sie sehen in der Wahl der richtigen Kooperationspartner (44%), im Aufbau vertrauensvoller Beziehungen (41%), im Mangel an allgemeiner Akzeptanz horizontaler Kooperationen und in der Geheimhaltung vertraulicher Informationen eine Herausforderung.[530]

2.3.2 Erarbeitung eines entscheidungsorientierten Referenzprozesses für das Service Engineering lateraler Logistikkooperationen in Clustern

Besonderheiten der pro-aktiven Projektanbahnung im Rahmen lateraler Logistikkooperationen

In *Kapitel 2.2* wurde die Projektanbahnung im Rahmen kundeseitig initiierter Ausschreibungen und Leistungsanfragen ausgeführt. Dabei hat der Logistikkunde die Wahl zwischen der *Leistungsanfrage*, der *verkürzten Leistungsausschreibung* und der *komplexen Leistungsausschreibung*.[531] Abweichend von diesen Formen der Leistungsvergabe schlägt CRUIJSSEN eine Form der Leistungsvergabe vor, die einen Perspektivwechsel von der Verladersicht zu der LDL-Sicht impliziert. In seinem Beitrag *„Supplier initiated outsourcing: A methodology to exploit synergy in transportation"* entwickelt er einen pro-aktiven Ansatz der Projektakquisition, der bei der Marktbearbeitung in Clustern in der vorliegenden Arbeit aufgegriffen wird.[532] In seinem Beitrag untersucht CRUIJSSEN die Möglichkeiten einer gleichzeitigen Akquisition von Logistikaufträgen mehrerer verladender Unternehmen, bei einer gleichzeitigen, LDL-seitigen Initiierung von Logistikkooperationen zwischen den beteiligten Unternehmen:

"This paper proposes a new procedure that puts the initiative with the service provider instead: supplier-initiated outsourcing. [...]. To stress the contrast between the traditional push

[527] Bei MCKINSEY & COMPANY und bei EYEFORTRANSPORT wird von horizontalen Logistikkooperationen gesprochen. Da dabei davon ausgegangen wird, dass die operative Umsetzung der Logistikaufgaben von 3PL-Dienstleistern oder Transporteuren erbracht wird, entspricht diese Form der Kooperation dem in dieser Arbeit als laterale Logistikkooperation definierten Konzept.

[528] Vgl. ZILS/WALLMANN (2010), S. 7.

[529] Vgl. ebenda, S. 7.

[530] Vgl. ZILS/WALLMANN (2010), S. 7.

[531] Die Form der *internen* ***Leistungsgestaltung*** wird i.d.R. nur im Rahmen laufender Geschäftsbeziehungen mit einem LDL praktiziert, wenn kein Dienstleisteraustausch angestrebt wird, siehe KAHNERT (2009), S. 163.

[532] Siehe CRUIJSSEN et al. (2010).

approach of outsourcing, and the here proposed pull approach where the service provider is the initiator of the shift of logistics activities from the shipper to the logistics service provider, we will refer to this phenomenon as insinking. Insinking has the advantage that the logistics service provider can proactively select a group of shippers with a strong synergy potential."[533]

Nachfolgend werden vier prinzipielle Unterschiede zwischen der klassischen Geschäftsanbahnung von Logistikprojekten und der Leistungsanbahnung durch LDL im Rahmen lateraler Logistikkooperationen dargestellt:

- *Pro-aktives Agieren statt reaktives Agieren des LDL*
- *Service Engineering-Fokus statt Dienstleisterauswahl-Fokus*
- *Gesteigerter Koordinationsaufwand durch Entscheidungsinterdependenzen*
- *Gestaltung der Kundenintegration als Aufgabe des LDL*

Durch ein Herausarbeiten dieser Unterschiede lässt sich begründen, weshalb die klassischen Leistungsanbahnungsprozesse als Referenzprozesse für die Leistungsanbahnung im Rahmen pro-aktiv initiierter lateraler Logistikkooperationen nicht ausreichend sind.

Pro-aktives Agieren statt reaktives Agieren des LDL: Die Leistungsausschreibung und der nachfolgende Tenderprozess bringen den LDL bei der klassischen Marktbearbeitung in eine reaktive Rolle: Erst nach der Initiierung der Ausschreibung durch die Kunden werden LDL aktiv, und entscheiden über die Annahme oder Ablehnung eines RFI bzw. eines RFQ. *Prozessschrittmacher* sind die ausschreibenden verladenden Unternehmen. Bei der Leistungsanbahnung im Rahmen lateraler Kooperationen kommt dem LDL jedoch eine pro-aktive Rolle zu. Statt auf die Zusendung von RFI und RFQ zu warten, ist eine aktive Rolle im Rahmen der Problemidentifikation und der Konzeptionsphase der Kunden erforderlich. Der klassische Tenderprozess erscheint als Ausgangspunkt für die Entwicklung eines Referenzprozesses daher zu unspezifisch zu sein. Insbesondere die Phase der Kundenpositionierung erfordert im Rahmen des Insinking eine Konkretisierung.[534]

Service-Engineering Fokus statt Dienstleisterauswahl-Fokus: Durch die Rolle des LDL als Prozessschrittmacher bei der Leistungsanbahnung wird der Schwerpunkt der *Dienstleisterauswahl* bei der Leistungsanbahnung verschoben zugunsten der *Leistungsgestaltung*. Denn während der pro-aktiv anbietende Dienstleister seine Beteiligung an der Logistikkooperation voraussetzt, muss die im Rahmen der Kooperation zu erbringende Leistung kollektiv spezifiziert werden. Da die Leistungskonzeption im Mittelpunkt der Geschäftsanbahnung steht, sind die klassischen Ausschreibungsprozesse als Referenzprozesse ungeeignet; sie fokussieren die Auswahl eines LDL. Da im vorliegenden Fall die Dienstleistungsgestaltung

533 CRUIJSSEN et al. (2010), S. 763.
534 Zum Prozessschritt der Kundenpositionierung siehe S. 105.

im Vordergrund steht, sind bei der Formulierung eines Referenzprozesses die Konzepte des Service Engineering aufzugreifen.

Gestaltung der Kundenintegration als Aufgabe des LDL: Bereits bei der Leistungsanbahnung in 1:1-Geschäftsbeziehungen kann das Service Engineering zu einem hohen Abstimmungsaufwand zwischen LDL und Dienstleistungskunden führen. Dabei sind frühzeitige und umfangreiche Gespräche auf allen Ebenen (ausführende Ebene, Projektebene, Steuerungsgremien und Geschäftsführungsebene) und über alle beteiligten Bereiche zu führen.[535] Während jedoch bei Einzelausschreibungen verladender Unternehmen lediglich *ein* Dienstleistungskonzept für *ein* Unternehmen erarbeitet werden muss, ist bei lateralen Logistikkooperationen eine Synergie-schaffende Dienstleistungsentwicklung für mehrere Kunden erforderlich. Dies erfordert eine Koordination von Wertschöpfungsprozessen aller beteiligten verladenden Unternehmen. Sofern keine aktive Kooperation bei der Leistungserstellung angestrebt wird, beschränkt sich dieser zusätzliche Koordinationsaufwand auf das Service Engineering. Sofern auch nach Vertragsschluss, im Rahmen der Leistungserstellung eine aktive Kooperation durch ein *gemeinsames Logistikmanagement* angestrebt wird, liegt der gesteigerte Koordinationsbedarf auch bei der Leistungserstellung vor. Die erforderliche Beteiligung des Kunden an der Koordination steigt dabei mit der Individualität der Lösungskonzeption, da steuernde Prozessinformationen bezüglich der individuellen Nutzungskonzeption bereitgestellt werden oder die Nutzungskonzeptionen mit dem Nachfrager gemeinsam erarbeiten werden müssen.[536]

In der Dienstleistungsliteratur wird argumentiert, dass die *Gestaltung der Kundenintegration* in der Regel von jenem Akteur ausgeübt wird, der die höchste Prozessevidenz besitzt. Während bei klassischen Leistungsausschreibungen der Kunde die Anbieterbeteiligung im Rahmen der Leistungsanbahnung aktiv steuert, ist der LDL im vorliegenden Fall durch seine proaktive Herangehensweise in der Verantwortung, den Kundenintegrationsprozess aktiv zu steuern. Während im klassischen Ausschreibungsprozess eine aktive Gestaltung und Steuerung der Kundenintegration durch LDL nur eingeschränkt möglich ist, da der Kunde im Rahmen der selbst initiierten Ausschreibung institutionalisierte Formen der Leistungsbeteiligung wählt (Versenden des *RFI*, Versenden und Bewerten des *RFQ*, Führen der Verhandlungen etc.) ist im Rahmen des Insinking die Kundenbeteiligung vom LDL aktiv gestaltbar. Die dabei entstehenden Gestaltungsfelder des LDL führen zu der Herausforderung, Kundenbeteiligung bewusst nach Effizienzgesichtspunkten zu planen.[537]

---

[535] Vgl. REPPAHN (2003), S. 764.

[536] Vgl. FLIEß (2001), S. 4 und die dort zitierte Literatur. FLIEß betont, dass Kundenintegrationsprozesse bei rein kundenindividueller Leistungserstellung dem Prinzip der Einzelfertigung gehorchen.

[537] Die Gestaltung der Kundenintegration nach Effizienzgesichtspunkten ist Gegenstand der theoriegeleiteten Analyse, die nach der Erarbeitung des Referenzmodells für das Service Engineering für laterale Logistikkooperationen in Clustern in Kapitel 3 durchgeführt wird.

Formulierung eines entscheidungsorientierten Referenzmodells für das Collaborative Service Engineering im Rahmen lateraler Logistikkooperationen in Clustern

Auf Grund der vorgestellten Unterschiede der Projektanbahnung im Rahmen lateraler Logistikkooperationen ist der klassische Ausschreibungsprozess von Logistikaufgaben aus der Sicht des Verfassers als Referenzprozess ungeeignet. Jedoch bietet die Literatur über Logistikkooperationen derzeit keine spezifisch ausgearbeitete Alternative an. Der von CRUIJSSEN beschriebene Prozess des Insinking sieht lediglich drei Phasen vor: (1) *Die Auswahl der Kundenzielgruppe*, (2) *die Berechnung der Kostensenkungspotenziale* der ausgewählten Kundenzielgruppe und (3) *die Verhandlung der Kooperationslösung*.[538] Diese Prozessbeschreibung stellt keine zufriedenstellende Basis für die Gestaltung lateraler Logistikkooperationen in der Praxis dar, da die vorliegenden Entscheidungsinterdependenzen zwischen den beteiligten Verladern und die Gestaltung der Kundenbeteiligung als Aspekte der Leistungsanbahnung vernachlässigt werden. Auch die Literatur über Einkaufsgemeinschaften bietet keinen ausgearbeiteten Referenzprozess an: Zwar wird die kundenseitige Bedarfskonsolidierung behandelt – wie sie auch bei lateralen Logistikkooperationen erforderlich wird – allerdings bleiben dabei logistikspezifische Aspekte unberücksichtigt.

In Ermangelung eines ausgearbeiteten Vorgehensmodells für die Leistungsanbahnung lateraler Logistikkooperationen wird im nachfolgenden Abschnitt auf Grundlagen des Modells der integrativen Leistungserstellung nach KLEINALTENKAMP und den Vorgehensmodellen des Service Engineering ein Referenzprozess für die Leistungsanbahnung in lateralen Logistikkooperationen erarbeitet.

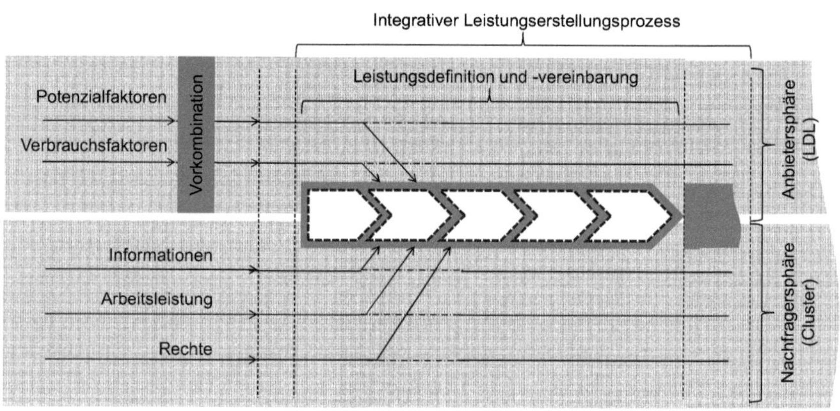

Abbildung 2-23: Prozess der integrativen Leistungsanbahnung in lateralen Logistikkooperationen
Quelle: Leicht verändert übernommen von Elbert/Müller (2010), S. 9.

538 Vgl. CRUIJSSEN et al. (2010), S. 765 - 767.

ELBERT und MÜLLER übertragen das Konzept der Integrativität auf laterale Logistikkooperationen.[539] Sie argumentieren, dass in der Phase der Leistungsdefinition und -vereinbarung lateraler Logistikkooperationen insbesondere steuernde Prozessinformationen des Kunden für die Gestaltung der Dienstleistung von Bedeutung sind. Die Konkretisierung der einzelnen Prozessschritte lassen sie jedoch offen.[540] In *Abbildung 2-23* (vorige Seite) ist der integrative Prozess der Leistungsdefinition und -vereinbarung dargestellt.

Für die Konkretisierung der einzelnen Prozessschritte werden nachfolgend die Vorgehensmodelle des Service Engineering aufgegriffen.[541] Dabei wird berücksichtigt, dass bei lateralen Kooperationen mehrere verladende Unternehmen an der Leistungsdefinition zu beteiligen sind. Die klassischen Vorgehensmodelle des Service Engineering berücksichtigen diesen Aspekt nicht.[542] Die kollektive Entwicklung und Gestaltung von Sachleistungen ist in der Literatur jedoch behandelt worden. Das sogenannte *Collaborative Engineering* (c-Engineering) hat Konzepte und Methoden hervorgebracht, die sich mit dem Management kollektiver Entwicklungsprozesse befassen. Die Übertragbarkeit dieser Konzepte auf die Dienstleistungsentwicklung wurde bereits diskutiert und hat zur Begriffsbildung des ***Collaborative Service Engineering*** geführt. Erste konzeptionelle Beiträge zum *Collaborative Service Engineering* leisten BULLINGER, KLOSTERMANN, KERSTEN, KERN und ZINK.[543]BULLINGER und KLOSTERMANN definierten Collaborative Service Engineering als *„[...] Ansatz für die kooperative Entwicklung von Dienstleistungsprodukten und die kooperative Gestaltung von Dienstleistungsentwicklungsprozessen unter Einbeziehung aller am Prozess beteiligten Ressourcen auf der Basis kooperationsunterstützender Organisationsformen und Technologien zur zielgerichteten unternehmensübergreifenden Zusammenarbeit“*[544]. Das Collaborative Service Engineering umfasst dabei nach BULLINGER und KLOSTERMANN sowohl die strategische Planung der Dienstleistungsentwicklung von der Idee bis zum Entwicklungsauftrag als auch die kooperative Gestaltung der Dienstleistung vom Entwicklungsauftrag bis zur Realisierung.[545] Dabei wird im Collaborative Service Engineering wie im c-Engineering primär die Kooperation mehrerer (Dienst)Leistungsanbieter betrachtet.[546]

---

[539] Siehe ELBERT/MÜLLER (2010), S. 9.

[540] Sie greifen ein Phasenmodell auf und passen es an den Anwendungsfall der lateralen Logistikkooperation an. Es umfasst die Phasen (1) *Entwicklung und Verifikation des Auslagerungsbedarfs*, (2) *Formulierung der Leistungsanforderungen*, (3) *Einbeziehung weiterer Anbieter*, (4) *Beurteilung und Mitgestaltung der Leistungskonzeption* sowie (5) *Beteiligung an den Vertragsverhandlungen bis zum Vertragsschluss*.

[541] Grundlegende Modelle des Service Engineering wurden in Kapitel 2.2.1 bereits vorgestellt.

[542] Die Vorgehensmodelle von EDVARDSSON und OLSSON, SCHEUNING und JOHNSON sowie von RAMASWAMY können daher nicht unverändert zur Anwendung gebracht werden. Siehe Abschnitt 2.2.1 in der vorliegenden Arbeit.

[543] Vgl. BULLINGER/KLOSTERMANN (2002), KERSTEN et al. (2006) und ZAHN/STANIK (2003b).

[544] BULLINGER/KLOSTERMANN (2002), S. 196. BULLINGER und KLOSTERMANN entwickeln in ihrem Beitrag ein Referenzmodell für das CSE von produktnahen Dienstleistungen in Produktionsnetzwerken, vgl. BULLINGER/KLOSTERMANN (2002), S. 197 - 202.

[545] Vgl. BULLINGER/KLOSTERMANN (2002), S. 198.

[546] ZAHN und STANIK fokussieren die Dienstleisterkooperation in Netzwerken und diskutieren die simultane Gestaltung von Dienstleistungen und Dienstleistungsnetzwerken im Rahmen eines CSE-Vorgehensmodells, siehe

Die Vorgehensmodelle des Service Engineering lassen sich auf das Collaborative Service Engineering übertragen, jedoch sind im Collaborative Service Engineering zusätzliche Aufgaben und Problemstellungen der interorganisationalen Zusammenarbeit zu berücksichtigen. Neben der Partnerwahl und der Bestimmung der Aufgaben und Verantwortlichkeiten der einzelnen Kooperationspartner ist auch eine organisationale Struktur zu schaffen, mit der die gemeinsame Dienstleistungsgestaltung koordiniert werden kann. BULLINGER und KLOSTERMANN arbeiten in ihrem Referenzmodell die verschiedenen Aufgabenfelder und Aufgabenbereiche des Collaborative Service Engineering ein. Sie strukturieren das Modell in die Phasen (1) *Planung*, (2) *Durchführung* der Dienstleistungsentwicklung und (3) *Bereitstellung* der Dienstleistung.[547] Die *Planung* der Dienstleistungsentwicklung ist dabei dem eigentlichen Prozess der Dienstleistungsentwicklung zeitlich vorangestellt.[548]

KERSTEN, KERN und ZINK stellen ein alternatives Vorgehensmodell für das Collaborative Service Engineering vor, welches statt der kollektiven Entwicklung von sachproduktbegleitenden Dienstleistungen individuelle und komplexe Dienstleistungen fokussiert. *Logistikdienstleistungen* werden als Beispiel komplexer Dienstleistungen in diesem Modell explizit berücksichtigt.[549] Das Modell bezieht zudem Kunden als Entwicklungspartner im Service Engineering mit ein und bietet damit Anknüpfungspunkte für die Analyse der Kundenintegration an.[550] KERSTEN, KERN und ZINK argumentieren, dass die Intensität der Kundenbeteiligung während des Collaborative Service Engineering unterschiedliche Intensitätsstufen annehmen kann. Sie differenzieren die Intensitätsstufen *Kommunikation*, *Interaktion* und *Integration*.[551] Unter dem Begriff *Kommunikation* verstehen sie den gezielten Austausch von Informationen zum Austausch aller für das Collaborative Service Engineering relevanten Fakten. Während die Kommunikation lediglich den gezielten Informationsaustausch erforderlich macht, wird unter *Interaktion* die abgestimmte Zusammenarbeit der Partner nach dem Aktions-Reaktions-Prinzip verstanden, wobei interte Prozesse der kooperierenden Unternehmen punktuell zusammengeführt werden.[552] *Integration* wird von KERSTEN, KERN und ZINK als Steigerung der

---

ZAHN und STANIK (2003b). BULLINGER und KLOSTERMANN stellen ein Referenzmodell vor, dass eine Kundenbeteiligung am CSE zwar nicht explizit ausschließt, sie gehen auf diesen Aspekt jedoch nicht weiter ein. KERSTEN, KERN und ZINK hingegen beziehen die Kunden als Akteure im CSE explizit mit ein. Vgl. BULLINGER/KLOSTERMANN (2002) und KERSTEN et al. (2006).

[547] Vgl. BULLINGER/KLOSTERMANN (2002), S. 198. BULLINGER und KLOSTERMANN sprechen nicht von Phasen sondern von Ebenen des Referenzmodells. Da jedoch die Ebenen *Planung, Durchführung* und *Bereitstellung* in der Modelldiskussion sequentiell durchlaufen werden, kann auch dieses Modell als *Vorgehensmodell* interpretiert werden.

[548] Vgl. BULLINGER/KLOSTERMANN (2002), S. 197 - 198, verweisend auf BURGHARDT (1993).

[549] Logistikdienstleistungen werden der Gruppe der komplexen Dienstleistung zugeordnet, da Einzelleistungen kombiniert, aufeinander abgestimmt und als Leistungsbündel angeboten werden, siehe KERSTEN et al. (2006), S. 356. Leistungsbündel werden in der Logistik *Verbundleistungen* oder *Systemleistungen* bezeichnet, siehe *Kapitel 2.2.3.*

[550] Vgl. KERSTEN et al. (2006), S. 352 - 354 und S. 256. Neben Kunden werden dort Dienstleister, Beratungsunternehmen und Produktlieferanten als Gestaltungs- und Entwicklungspartner berücksichtigt.

[551] Vgl. KERSTEN et al. (2006), S. 346 - 348.

[552] Als Beispiel werden gemeinsame Workshops zur punktuellen Zusammenführung unternehmensspezifischer Prozesse vorgeschlagen. Siehe KERSTEN et al. (2006), S. 358 - 359.

Interaktion verstanden.[553] Hier werden unternehmensspezifische Prozesse der Partner nicht nur punktuell zusammengeführt, vielmehr findet eine gemeinsame Entscheidungsfindung bei der Gestaltung von Prozessen statt.[554]

Das von KERSTEN, KERN und ZINK vorgeschlagene Vorgehensmodell für das Collaborative Service Engineering eignet sich als Ausgangspunkt für die Formulierung eines Referenzmodells für die Geschäftsanbahnung in lateralen Logistikkooperationen, da es die Beteiligung von Kunden am Collaborative Service Engineering und die Dimension der Kooperationsintensität explizit berücksichtigt. Berücksichtig man dabei ergänzend die von BULLINGER und KLOSTERMANN konkretisierten Phasen der Produkt- und Prozessentwicklung, so entsteht eine zweckmäßige Grundlage für einen Referenzprozess des Collaborative Service Engineering in lateralen Logistikkooperationen.[555]

Der ***Referenzprozess des Collaborative Service Engineering für laterale Logistikkooperationen*** *(Cluster-Service Engineering, kurz: CSE)* ist BULLINGER und KLOSTERMANN folgend in vier Phasen zu gliedern. Dies sind die (1) *organisatorische und inhaltliche Ausrichtung der Kooperation*, die (2) Erarbeitung der *Leistungsanforderungen und der Potenzialanalyse*, die (3) *Designphase* und die Phase der (4) *Verhandlung und Vereinbarung.*

Phase 1 - Planung des Entwicklungsprozesses lateraler Logistik-Kooperationen: In der ersten Phase werden die *inhaltliche Ausrichtung* und die *organisationale Struktur* der Kooperation unter Beteiligung aller Akteure geplant.[556] Die *Planung der organisationalen Struktur* erfordert eine Planung der Beteiligung der Akteure in den verschiedenen Phasen des Kooperationsprozesses.[557] Aus der Sicht des LDL umfasst diese Planung auch die Planung der Kundenintegration in den einzelnen Phasen des CSE.

Die *inhaltliche Ausrichtung der Kooperation* umfasst die Planung des Kooperationsfeldes und damit führt zu einer Festlegung aller betroffenen funktionalen Logistiksysteme der Unternehmen (Transport, Umschlag, Lager, etc.) sowie der von der Kooperation betroffenen Phasensysteme der Logistik (Beschaffungslogistik, Produktionslogistik, Distributionslogistik). Dazu sind Analysen zur Identifikation potenzieller Synergieeffekte durchzuführen und Entscheidungen über die Kooperationsfelder zu treffen. Hierbei sind Interdependenzen zwi-

---

553 Es wird deutlich, dass dieses Model Gemeinsamkeiten mit dem Referenzmodel von BULLINGER und KLOSTERMANN aufweist, jedoch darüber hinausgehend die Ideenfindung, die Anforderungsformulierung und die Partnerwahl als eigenständige Prozessschritte berücksichtigt.

554 Dabei wird davon ausgegangen, dass die Intensität der Zusammenarbeit der Akteure im CSE mit dem Fortschreiten der Leistungsgestaltung zunimmt. Siehe KERSTEN et al. (2006), S. 359.

555 Während in der Prozessphase *Ideenfindung* eine Kommunikation der Akteure ausreicht, wird in der Phase der *Anforderungsbestimmung* eine direkte Interaktion der Akteure erforderlich. Ab der Phase des *Design-Konzepts* wird eine kontinuierliche Zusammenarbeit der Akteure, und damit im Begriffsverständis von KERSTEN, KERN und ZINK eine *Integration* erforderlich.

556 Vgl. BULLINGER/KLOSTERMANN (2002), S. 197 - 198.

557 Vgl. BULLINGER/KLOSTERMANN (2002), S. 198, verweisend auf BURGHARDT (1993). Sie verweisen auf das Ziel, die Kooperation durch die Planung einer Kooperationsorganisation auf eine gemeinsame abgestimmte organisationale Basis zu stellen.

schen den Akteuren zu erwarten, da die Synergieeffekte nur bei einer Entscheidung mehrerer Akteure für ein Kooperationsfeld entstehen können. Die Auswahl der Kooperationsfelder stellt zudem ein mit der *Vorauswahl der Partner* interdependentes Entscheidungsproblem dar, da die Festlegung der Kooperationsfelder Art und Umfang der Beteiligungsmöglichkeiten einzelner Akteure beeinflussen kann.

Phase 2 – Definition der Leistungsanforderungen: Der bei BULLINGER und KLOSTERMANN als *Produktentwicklung* beschriebene Prozessschritt lässt sich nach KERSTEN, KERN und ZINK aufgliedern in die *Ermittlung der Leistungsanforderungen* und die *Erarbeitung des Dienstleistungskonzepts*. Daher muss die *Definition der Leistungsanforderungen* als zweiter Prozessschritt im CSE berücksichtigt werden. Auch die Definition der Leistungsanforderungen kann zu Entscheidungsinterdependenzen führen, wenn die Leistungsanforderungen einzelner Akteure das relevante Handlungsfeld der Kooperationspartner beeinflussen. Außerdem können Entscheidungsinterdependenzen durch eine De- und Re-Selektion von Kooperationspartnern in der zweiten Prozessphase herbeigeführt werden. KERSTEN, KERN und ZINK schlagen zur Lösung der Interdependenzen vor, dass zunächst jeder einzelne Kooperationspartner die aus seiner Sicht relevanten Leistungsmerkmale definiert, und anschließend nach einer Konsolidierung der Anforderungen eine erneute Analyse der Synergiepotenziale durchgeführt wird.[558]

Phase 3 – Entwicklung des Lösungsdesigns: Die Design-Phase wird bei KERSTEN, KERN und ZINK in die Teilschritte Konzept-Design und Prozess-Design untergliedert.[559] Im Rahmen des *Konzept-Designs* wird das Dienstleistungskonzept entwickelt, das als *Produktmodell* der Logistikdienstleistung begriffen werden kann. Dabei sind gemäß den Logistikleistungsanforderungen die zum Einsatz kommenden Verkehrsträger, Verkehrsmittel und Transportmodi sowie die Lagerhaus-, Lagerhaltungs- Umschlags- und VAS-Konzepte und Technologien auszuwählen. Neben der Art der zu erfüllenden Aufgaben sind im Rahmen der Konzeptentwicklung auch Art und Intensität der Kommunikation der Akteure im Rahmen der Leistungserstellung zum Dienstleister und zu Unterlieferanten festzulegen. In Rahmen des *Prozess-Designs* wird ein Prozessmodell der Dienstleistung erarbeitetet. Dabei werden die Prozesse der Service-Erstellung entworfen und Schritt für Schritt verfeinert.[560] Hierbei sind die Prozesse aller Partner bei der Erbringung ihrer Teilleistungen herauszuarbeiten und die Verknüpfung der Prozesse zu planen.[561] Auch eine potenzielle Beteiligung von Kunden als Co-Produzenten der Logistikdienstleistung *nach* Vertragsabschluss ist bei der Prozessplanung

---

[558] Vgl. KERSTEN et al. (2006), S. 351.

[559] Vgl. ebenda.

[560] Vgl. ebenda.

[561] KERSTEN, KERN und ZINK berücksichtigen mehrere an der Leistungserstellung beteiligte Dienstleistungsanbieter und schließen auch die Abstimmung der Schnittstellen zwischen diesen Akteuren in die Prozessplanung ein. Siehe KERSTEN et al. (2006), S. 351. Abgrenzend dazu stehen im vorliegenden Anwendungsfall die Schnittstellen mehrerer beteiligter Verlader und eines LDL im Fokus der Betrachtung.

in Erwägung zu ziehen. Die Planung der Dienstleistungskonzepte und der -prozesse stellen interdependente Entscheidungsprozesse dar, wenn die Handlungsfelder der Logistikkonzepte und -prozesse der Akteure sich wechselseitig beeinflussen.

Phase 4 – Verhandlung und Vereinbarung: Der abschließende Prozessschritt des Referenzmodells unterscheidet sich von den Prozessmodellen des Collaborative Service Engineering. Während dort die Implementierung der Lösung im Vordergrund steht, muss beim CSE für laterale Logistikkooperationen zusätzlich die Verhandlung der Vertragsbedingungen und der Vertragsschluss modelliert werden.[562]

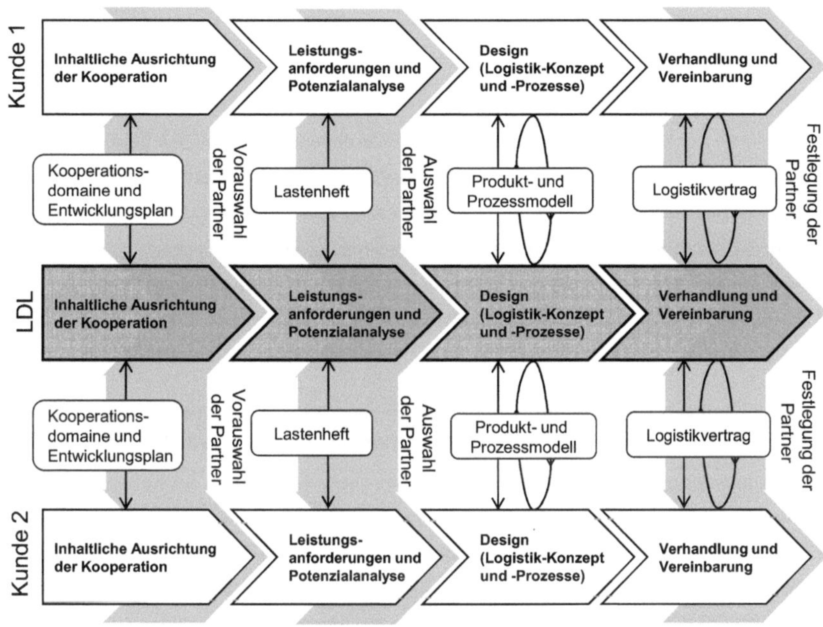

Abbildung 2-24: Referenzprozess des CSE
Quelle: In Anlehnung an Kersten et al. (2006), S. 360.

Dabei werden die Kooperationsregeln abschließend festgelegt und der Logistikdienstleistungsvertrag der Akteure ausgearbeitet und gezeichnet. Sowohl Regelungen der Zusammenarbeit im Innenverhältnis (zwischen den verladenden Unternehmen) als im Außenverhältnis (zwischen LDL und verladenden Unternehmen) sind hierbei zu treffen. Im Rahmen der internen und externen Leistungs-vereinbarungen werden die abschließenden Festlegun-

[562] Zur Gestaltung und Verhandlung von Logistikverträgen siehe GAMM (2009), S. 65 - 70 und BECKER/ZWISSLER (2009), S. 71 - 84.

gen der Kooperationspartner getroffen. Auch dies kann zu Entscheidungsinterdependenzen führen. Das erarbeitete Referenzmodell ist in *Abbildung 2-24* (vorige Seite) dargestellt.[563]

Abbildung 2-24 stellt den Prozess des Cluster Service Engineering von zwei verladenden Unternehmen mit einem LDL dar. In vier Phasen wird die Projektanbahnung durchlaufen. Die aus den Entscheidungsinterdependenzen resultierenden Koordinationsbedarfe der Kooperationspartner werden mit den Pfeilen zwischen den Prozesselementen visualisiert.

Bei einer ***kritischen Reflektion des Referenzmodels*** für das CSE wird deutlich, dass die Bewältigung von Entscheidungsinterdependenzen der Kooperationspartner eine zusätzliche Herausforderung darstellt. Da in allen vier Phasen des Modells Entscheidungsinterdependenzen auftreten, ist das Service Engineering bei einer Beteiligung mehrerer Akteure als besonders anspruchsvoll zu bewerten.

Zur weiteren Konkretisierung der Entscheidungsinterdependenzen soll das bereits in *Kapitel 2.1* vorgestellte Entscheidungsmodell von FRESE aufgegriffen werden. Es dient dazu, die phasenspezifischen Aspekte des Referenzprozesses detaillierter herauszuarbeiten. Wie in *Kapitel 2.1.3* dargestellt wurde, ist es dabei zweckmäßig, direkte Entscheidungsinterdependenzen (Interdependenzen bei der Beteiligung mehrerer Akteure an *einem* Entscheidungsproblem) und indirekte Entscheidungsinderdependenzen (Interdependenzen zwischen Entscheidungen bei *unterschiedlichen* Entscheidungsproblemen), zu unterscheiden.[564]

Phasenspezifische Aspekte des Referenzprozesses: Entscheidungsinterdependenzen bei der inhaltlichen Ausrichtung der Kooperation und der Vorauswahl der Partner

Gegenstand der ersten Phase des CSE ist die inhaltliche Ausrichtung der Kooperation durch die *Auslagerungsentscheidung* der Cluster-Unternehmen, die *Festlegung der Kooperationsfelder* und die *Vorauswahl der Kooperationspartner.* Alle drei Entscheidungen rufen direkte Entscheidungsinterdependenzen hervor, da sie von keinem der Kooperationspartner alleine getroffen werden können. Die Festlegung der Kooperationsfelder führt ebenso zu einem Abstimmungsbedarf, wie die Festlegung der Partner, die sich an der Kooperation beteiligen werden bzw. beteiligen dürfen. Auch die Auslagerungsentscheidung (die Definition der Aufgabenumfänge der beteiligten Unternehmen, die in die Kooperation eingebracht werden können) kann direkte Entscheidungsinterdependenzen hervorrufen, wenn einzelne Cluster-Unternehmen eine Auslagerung oder Neuvergabe von Logistikaufgaben nur dann erwägen,

[563] Die Modelle bauen auf den Beiträge zum c-Engineering auf und beziehen sich auf die Grundlagen der *Telekooperation*, die als eine durch moderne Informations- und Kommunikationstechnologien unterstützte Kooperation zwischen räumlich verteilten Organisationen verstanden wird. Vgl. BULLINGER/KLOSTERMANN (2002), S. 196, verweisend auf LUCZAK/EVERSHEIM (1999). Im Unterschied zu dem in dieser Arbeit untersuchten Anwendungsfall des Cluster Service Engineering wird in den CSE-Modellen von BULLINGER und KLOSTERMANN sowie KERSTEN, KERN und ZINK die kooperative Gestaltung und Entwicklung von Dienstleistungen von räumlich entfernten Akteuren unter Zuhilfenahme von IuK-Technologien untersucht.

[564] Siehe S. 59.

wenn andere Cluster-Unternehmen ebenfalls eine Auslagerung oder einen Neuvergabe bestimmter Logistikaufgaben durchführen.[565] Neben diesen direkten Entscheidungsinterdependenzen treten indirekte Entscheidungsinterdependenzen auf, wenn die Beurteilung an Kooperationsfeldern oder die Beurteilung von Auslagerungsszenarios von der Beteiligungsentscheidung anderer Kooperationspartner abhängen, oder – analog zu diesem Beispiel – eine Beteiligungsentscheidung einzelner Unternehmen von den Kooperationsfeldern abhängig ist.

Die Koordinationsprobleme in der ersten Prozessphase des CSE lassen sich mit Hilfe des in *Kapitel 2.1* vorgestellten Entscheidungsmodells von FRESE konkretisieren. Dazu werden die Feldkomponente, die Handlungskomponente und die Zielkomponente der zu treffenden Entscheidungen näher bestimmt, um die Art der Entscheidungsinterdependenzen herauszuarbeiten. Die Elemente der Entscheidungsprozesse der ersten Prozessphase sind in *Tabelle 2-9* zusammenfassend dargestellt.[566]

	Feldkomponente in Prozessphase 1	***Handlungskomponente in Prozessphase 1***	***Zielkomponente in Prozessphase 1***
(1) Auslagerungsentscheidung	• *Gestaltbare Ausgangssituation der Auslagerungsentscheidung (U1)* • *Umweltzustände der Auslagerungsentscheidung (X1)*	• *Handlungskonsequenzen der Auslagerungsentscheidung (E1)* • *Menge möglicher Auslagerungsumfänge (H1)*	• *Sachziel der Auslagerungsentscheidung (Sa1)* • *Präferenzstruktur der Auslagerungsentscheidung (Z1)*
(2) Vorauswahl der Kooperationspartner	• *Gestaltbare Ausgangssituation der Kooperationspartnervorauswahl (U2)* • *Umweltzustände der Kooperationspartnervorauswahl (X2)*	• *Handlungskonsequenzen der Kooperationspartnervorauswahl (E2)* • *Menge möglicher Kooperationspartner-konstellationen (H2)*	• *Sachziel der Kooperationspartnervorauswahl (Sa2)* • *Präferenzstruktur der Kooperationspartnervorauswahl (Z2)*
(3) Wahl des Kooperationsfeldes	• *Gestaltbare Ausgangssituation der Kooperationsfeldwahl (U3)* • *Umweltzustände der Kooperationsfeldwahl (X3)*	• *Handlungskonsequenzen der Kooperationsfeldwahl (E3)* • *Menge möglicher Kooperationsfelder (H3)*	• *Sachziel der Kooperationsfeldwahl (Sa3)* • *Präferenzstruktur der Kooperationsfeldwahl (Z3)*

Tabelle 2-9: Feld-, Handlungs- und Zielkomponente der Entscheidungen in Prozessphase 1 des CSE.

Das Koordinationsproblem der ***Auslagerungsentscheidung*** lässt sich beschreiben mit Hilfe der Ausgangssituation (*U1*) und den Umweltzuständen (*X1*) der Entscheidung, der Menge möglicher Auslagerungsumfänge (*H1*), der Entscheidungskonsequenzen einer Auslage-

[565] Bspw. könnte die Entscheidung für oder gegen eine Auslagerung von Verpackungsaufgaben eines Cluster-Unternehmen *i* davon abhängig sein, ob weitere Cluster-Unternehmen *j* bereits sind, ihre Verpackungsaufgaben ebenfalls an einen gemeinsamen LDL auszulagern. Liegt diese Bereitschaft anderer Cluster-Unternehmen *j* nicht vor, führt eine Auslagerung von *i* nicht zu den gewünschten Kostenvorteilen.

[566] Siehe S. 48.

rungsentscheidung (*E1*), dem Sachziel der Auslagerungsentscheidung (*Sa1*) sowie der Präferenzstruktur der Auslagerungsentscheidung (*Z1*). Direkte Entscheidungsinterdependenzen werden dadurch verursacht, dass die realisierten oder erwarteten Entscheidungskonsequenzen eines Cluster-Unternehmens *j* den Entscheidungsprozess anderer Cluster-Unternehmen *i* beeinflussen. Es kommt zu einer Überschneidung der Entscheidungsfelder der Unternehmen: Einer Einwirkung der Entscheidung von *j* auf die Ressourcensituation oder die externe Umwelt von *i*.[567] Formal lassen sich diese Interdependenzen als Ressourceninterdependenzen charakterisieren, da die Bearbeitung eines Kooperationsfeldes oder die Vergabe einer Logistikaufgabe von den Entscheidungen anderer Unternehmen hinsichtlich ihrer Ressourcen abhängig sind.[568] Da die Ressourcen anderer Cluster-Unternehmen *j* von *i* nicht gestaltbar sind, liegt eine Einwirkung der (erwarteten) Handlungskonsequenzen einer Entscheidung von *j* auf die nicht-gestaltbare Entscheidungsumwelt *X1* von *i* vor. Ebenso lassen sich die indirekten Entscheidungskonsequenzen in der ersten Prozessphase begründen.

Entscheidungsrelevante Informationen für das Unternehmen *i* sind in der ersten Prozessphase damit Informationen über die Menge der möglichen Auslagerungsumfänge *H1* anderer Akteure, Informationen über die Handlungskonsequenzen für andere Akteure bei der Auswahl von Auslagerungsumfängen *E1* sowie Informationen über die Präferenzstruktur *Z1* und das verfolgte Sachziel *Sa1* anderer Akteure. Mit diesen Informationen lässt sich aus der Sicht von *i* dessen nichtgestaltbare Entscheidungsumwelt X1 antizipieren. Beispiele für mögliche, entscheidungsrelevante Informationen sind in *Tabelle 2-10* dargestellt.

Verrichtungsspezifische Perspektive	Lagern die Kooperationspartner Transport-, Umschlag-, und/oder Lagerleistungen aus?
Phasenorientierte Perspektive	Lagern die Kooperationspartner Aufgaben der Beschaffungs-, Produktions-, und/oder Distributionslogistik aus?
Räumliche Perspektive	Welche Werke der Kooperationspartner sind betroffen, welche Versende- und Empfangsstellen?
Perspektive des Auslagerungsumfangs	Soll bei den Kooperationspartnern eine vollumfängliche Auslagerung oder Teilauslagerung erfolgen?
Perspektive der Prozesstiefe	Soll bei den Kooperationspartnern eine Auslagerung von operativen Leistungen und/oder administrativen Leistungen erfolgen?
Perspektive der Auslagerungsform	Findet bei den Kooperationspartnern eine Erstauslagerung oder eine erneute Ausschreibung (Dienstleisterwechsel) statt?

Tabelle 2-10: Perspektiven der Auslagerungsentscheidung der Kooperationspartner.

Die beschriebenen direkten und indirekten Entscheidungsinterdependenzen bzgl. der Auslagerungsentscheidung eines Unternehmens *i* sind in *Abbildung 2-25* dargestellt.

567 Vgl. FRESE (2005), S. 137. Zur Entscheidungsinterdependenz auf Grund von Ressourcenmehrfachunterstellungen siehe auch CARSBERG (1975), S. 65 - 70.

568 Vgl. FRESE (2005), S. 138.

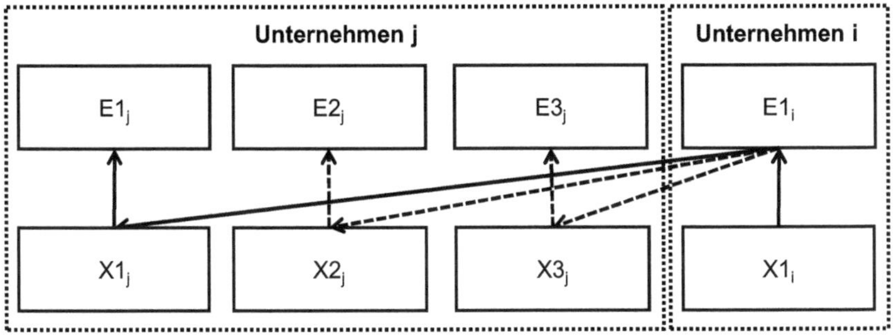

Abbildung 2-25: Interdependenzen im Rahmen der Auslagerungsentscheidung im CSE.

Durchbrochene Linien stellen indirekte Entscheidungsinterdependenzen dar, durchgezogene Linien repräsentieren direkte Entscheidungsinterdependenzen in der ersten Prozessphase des CSE, ausgehend von der Auslagerungsentscheidung eines Akteurs *i*.[569]

Die ***Kooperationspartnervorauswahl*** stellt das zweite Entscheidungsproblem in Phase 1 des Referenzprozesses dar. Auch hier liegen direkte und indirekte Entscheidungsinterdependenzen zwischen den Cluster-Unternehmen vor, wenn die realisierten oder erwarteten Entscheidungskonsequenzen für die Ressourcensituation oder die nichtgestaltbare Entscheidungsumwelt anderer Cluster-Unternehmen relevant werden. In der Literatur werden verschiedene Kriterien der Partnerwahl genannt, die zugleich die relevanten Informationen für den Entscheidungsprozess beschreiben.[570] EßIG beschreibt vier Dimensionen für die Partnerwahl im Rahmen horizontaler Logistikooperationen. Er unterscheidet den *fundamentalen Fit*, den *strategischen Fit*, den *kulturellen Fit* und den *logistischen Fit* der Unternehmen, siehe *Abbildung 2-11*.[571]

Formal lässt sich das Entscheidungsproblem beschreiben mit Hilfe der Ausgangssituation (*U2*), den Umweltzuständen (*X2*), der Menge mögliche Kooperationspartnerkonstellationen (*H2*), der Entscheidungskonsequenzen einer Kooperationspartnerwahl (*E2*) sowie mit dem Sachziel der Kooperationspartnerwahl (*Sa2*) und der Präferenzstruktur der Akteure (*Z2*). Die Wirkungen direkter und indirekter Handlungskonsequenzen sind der Entscheidung eines

---

569 *Interne Entscheidungsinterdependenzen* der Unternehmen zwischen der Kooperationsfeldwahl, der Kooperationspartnerwahl und der Auslagerungsentscheidung werden an dieser Stelle nicht berücksichtigt, da diese nicht als Gegenstand eines unternehmensübergreifenden Koordinationsproblems zu sehen sind. Eine entsprechende unternehmensinterne Entscheidungskoordination wird vom Autor der Arbeit vorausgesetzt.

570 GEBAUER, SCHIERMEIER und WALL formulieren Kriterien speziell für die Partnerwahl in horizontalen Logistikkooperationen. Vgl. GEBAUER et al. (2003), S. 187 - 192. Als Kriterien der Partnerwahl berücksichtigen sie die *Vertrauenswürdigkeit* potenzieller Partner, die *Verfügbarkeit von Humanressourcen* potenzieller Partner sowie die zu *erwartenden Koordinationskosten* bei der Zusammenarbeit mit einem potenziellen Partner. Basierend auf diesen Kriterien entwickeln sie ein investitionsrechnerisches Bewertungsinstrumentarium für die Partnerwahl. Als Instrument zur Berücksichtigung der Koordinationskosten schlagen sie eine *Kooperationsaktivitätskostenrechnung* vor. Vgl. ebenda, S. 192 - 211.

571 Vgl. EßIG (2008), S. 996.

Cluster-Unternehmens *i* für die Entscheidungen eines Cluster-Unternehmens *j* bzgl. der Partnerwahl sind in *Abbildung 2-26* dargestellt.[572]

Fundamentaler Fit[573]	Sind Basisvoraussetzungen für eine Kooperation erfüllt?
Strategischer Fit[574]	Sind die Strategien der Partner miteinander vereinbar?
Kultureller Fit	Ist eine Zusammenarbeit der Partner bezogen auf die unterschiedlichen Unternehmenskulturen vorstellbar?
Logistischer Fit[575]	Sind die Logistiksysteme der Partner kompatibel im Sinne der Kostenkomplementarität und der Kostensubadditivität?

Tabelle 2-11: Dimensionen der Vorauswahl von Kooperationspartnern.

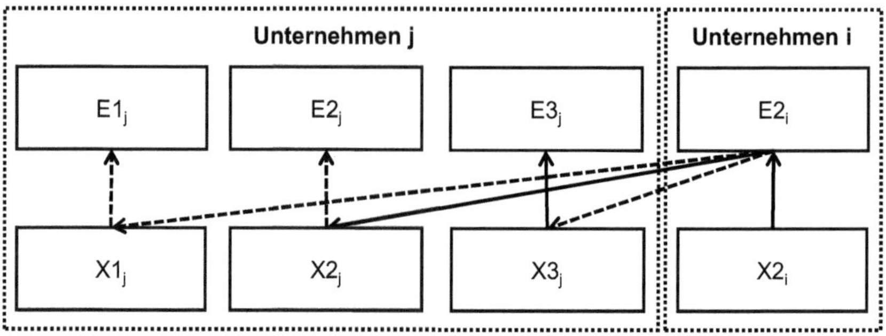

Abbildung 2-26: Interdependenzen im Rahmen der Partnervorauswahl im CSE.

Die ***Wahl des Kooperationsfeldes*** stellt das dritte Entscheidungsproblem der ersten Prozessphase dar. Es lässt sich formal beschreiben wie die ersten Entscheidungsprobleme (Prozessphase 1). Auch hier können direkte und indirekte Entscheidungsinterdependenzen der Cluster-Unternehmen unterschieden werden, siehe *Abbildung 2-27* (nachfolgende Seite).

Bei der Wahl des Kooperationsfeldes werden die Handlungsfelder der Kooperation festgelegt. Auch wenn der Kooperationsgegenstand in dieser Phase noch nicht präzise abgegrenzt werden kann, können bereits grundlegende Entscheidungen über die betroffenen phasenspezifischen logistischen Teilsysteme (Beschaffungslogistik, Produktionslogistik, Distributi-

[572] Interne Entscheidungsinterdependenzen der Unternehmen bei der Kooperationsfeldwahl, der Kooperationspartnerwahl und der Auslagerungsentscheidung werden an dieser Stelle nicht berücksichtigt, da diese nicht als Gegenstand eines unternehmensübergreifenden Koordinationsproblems zu sehen sind. Eine entsprechende unternehmensinterne Entscheidungskoordination wird vom Autor der Arbeit vorausgesetzt.

[573] Der *fundamentale Fit* liegt vor, wenn ein gemeinsamer Wille der Unternehmen für eine Logistikkooperation vorhanden ist, wenn konvergierende Visionen, balancierte Machtpositionen, beidseitige Vorteile, überschaubare Risiken und überdurchschnittliche Wertsteigerungspotenziale gesichert sind. Vgl. Eßig (2008), S. 996.

[574] Der *strategische Fit* erfordert eine Übereinstimmung der strategischen Zielsetzungen der Unternehmen, eine Harmonie der Businesspläne, die gemeinsame Festlegung einer geeigneten Kooperationskonfiguration und einen vergleichbaren Planungshorizont der Kooperationspartner. Vgl. Eßig (2008), S. 996.

[575] Der *logistische Fit* erfordert eine Kompatibilität der Transportobjekte, eine Kompatibilität der Transportmittel und eine Kompatibilität der Informationsflüsse. Eßig (2008), S. 996.

onslogistik) sowie die betroffenen funktionalen Logistiksysteme der Unternehmen (Transport, Umschlag, Lager, VAS, etc.) getroffen werden. Dabei sind jene Kooperationsfelder zu identifizieren und zu selektieren, die größtmögliche kooperationsinduzierte Kostensenkungen erlauben.[576] Dabei bilden die Unternehmen *i* in Phase 1 Erwartungswerte $E(\Delta K)_{i1}^{KF}$ über die erzielbaren Kostensenkungen ΔK bei der Kooperation in verschiedenen Kooperationsfeldern *KF*.

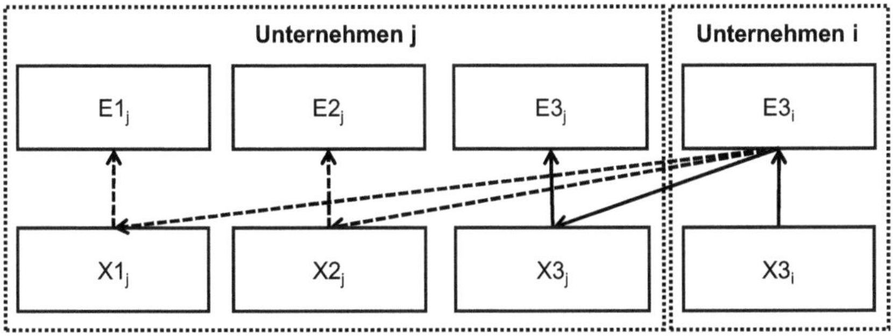

Abbildung 2-27: Interdependenzen im Rahmen der Kooperationsfeldwahl im CSE.

Zusammenfassend besteht das Koordinationsproblem in der ersten Prozessphase des CSE im Vergleich zu klassischen Auslagerungsprozessen darin, dass Entscheidungsinterdependenzen auftreten, die in autonomen Leistungsanbahnungsprozessen nicht vorliegen.

Phasenspezifische Aspekte des Referenzprozesses: Entscheidungsinterdependenzen bei der Definition der Leistungsanforderungen und der Partnerwahl

Gegenstand der zweiten Prozessphase des CSE sind zwei interdependente Entscheidungen: Die ***Definition der (logistischen) Leistungsanforderungen*** und die ***Kooperationspartnerwahl*** der Akteure. Auch die dafür entscheidungsrelevanten Informationen lassen sich mit Hilfe des Entscheidungsmodells von FRESE herleiten.

Ziel der ***Spezifikation der Leistungsanforderungen*** ist die Konkretisierung der in Phase 1 gebildeten Erwartungswerte $E(\Delta K)_{i1}^{KF}$ über die erzielbaren Kostensenkungen ΔK in den Kooperationsfeldern KF. Der Prozessschritt umfasst die *Ermittlung der Leistungsanforderungen*, die *Analyse der Kostensenkungspotenziale* und die abschließende *Evaluation der gebildeten Erwartungswerte*. Dazu sind die geforderten Service Level und die Materialflüsse und Mengengerüste der beteiligten Unternehmen zu ermitteln und zu analysieren. Nach der Evaluation der aggregierten Informationen können neue Erwartungswerte $E(\Delta K)_{i2}^{KF}$ gebildet werden.

[576] Hierbei können ein oder mehrere Kooperationsfelder *KF* berücksichtigt werden, die aus der Sicht der beteiligten Unternehmen Kostensenkungspotenzale besitzen.

	Feldkomponente in Prozessphase 2	**Handlungskomponente in Prozessphase 2**	**Zielkomponente in Prozessphase 2**
(4) Definition der Leistungsanforderungen	• *Gestaltbare Ausgangssituation der Kooperationsfeldwahl (U4)* • *Umweltzustände der Kooperationsfeldwahl (X4)*	• *Handlungskonsequenzen der Kooperationsfeldwahl (E4)* • *Menge möglicher Kooperationsfelder (H4)*	• *Sachziel der Kooperationsfeldwahl (Sa4)* • *Präferenzstruktur der Kooperationsfeldwahl (Z4)*
(5) Auswahl der Kooperationspartner	• *Gestaltbare Ausgangssituation der Kooperationspartnerwahl (U5)* • *Umweltzustände der Kooperationspartnerwahl (X5)*	• *Handlungskonsequenzen der Auswahl der Kooperationspartner (E5)* • *Menge möglicher Kooperationspartnerkonstellationen (H5)*	• *Sachziel der Auswahl der Kooperationspartner (Sa5)* • *Präferenzstruktur der Auswahl der Kooperationspartner (Z5)*

Tabelle 2-12: Feld-, Handlungs- und Zielkomponente der Entscheidungen in Phase 2 des CSE.

Die *Feldkomponente* der Leistungsspezifikation umfasst die *gestaltbaren Elemente* (*U4*) und die *nicht gestaltbaren Elemente* (X4). *U4* umfasst alle Aspekte, die auch bei einer autonomen Leistungsspezifikation berücksichtig werden. *X4* umfasst alle Auswirkungen, die von der Leistungsspezifikation *anderer Akteure* ausgehen. Unter Annahme der simultanen Entscheidungsfindung erfolgt die Bewertung von *X4* auch hier auf Basis der verfügbaren Informationen über die Feldkomponente, die Handlungskomponente und die Zielkomponente der Entscheidung der Kooperationspartner. Entscheidungsrelevante Informationen eines fokalen Akteurs sind damit Informationen über die Menge der möglichen Leistungsspezifikationen *H4* anderer Akteure, Informationen über die Handlungskonsequenzen gewählter Leistungsspezifikationen für andere Akteure sowie Informationen über die Präferenzstruktur *Z4* und das verfolgte Sachziel *Sa4* anderer Akteure *j*. Insbesondere die Mengengerüste und die Materialflüsse potenzieller Kooperationspartner entscheiden darüber, ob durch eine Konsolidierung von Sendungen oder durch ein gemeinsames Lagerhauses Synergieeffekte erzielt werden können. Daher sind in dieser Phase des CSE insb. *Informationen über den Lagerbedarf* der Unternehmen einzuholen (Anzahl zu lagernder Artikel, Lagerplatzbedarf, Ladehilfsmittel, ABC-Struktur, Positionen oder Picks der Bestände) sowie *Informationen bzgl. der Auftragsstruktur* der Unternehmen (Anzahl Positionen pro Auftrag, Anzahl Picks pro Position, Anzahl der Aufträge pro Sendung, Anteil eiliger Aufträge, Anteil Pakete, Mischpaletten, artikelreine Paletten).[577] Darüber hinaus sind ggf. zusätzliche Informationen bzgl. der *Wareneingangsstruktur* zu erheben sowie Informationen, die für die Transportplanung relevant sind (Anzahl der Retouren, Anteil von Gut- und Schlechtware, durchschnittliche Sendungsanzahl, Tagesspitzen, Wochenspitzen, Saisonalitäten etc.).[578]

---

[577] Vgl. MÜLLER-DAUPPERT (2009b), S. 40.

[578] Vgl. ebenda. Zur Erstellung einer Leistungsbeschreibung (inkl. Festlegung der Sollprozesse) und zur Planung des DV- und Steuerungskonzepts wird verwiesen an MÜLLER-DAUPPERT (2009b), S. 41 - 46.

Die *Handlungskonsequenz* der Leistungsspezifikation eines Akteurs *i* ist die Formulierung der Leistungsspezifikation, die im Rahmen der lateralen Logistikkooperation vom LDL gefordert wird. Daraus resultieren direkte und indirekte *Handlungskonsequenzen* für alle anderen Akteure der Kooperation. *Direkte Handlungskonsequenzen* entstehen, wenn direkte Entscheidungsinterdependenzen dazu führen, dass die Leistungsspezifikation anderer Akteure *j* unter Beeinflussung des Handlungsfeldes $X4_j$ erfolgt.

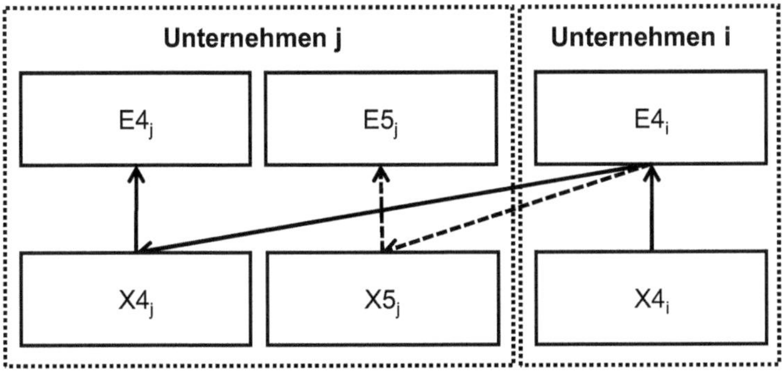

Abbildung 2-28: Interdependenzen im Rahmen der Leistungsspezifikation im CSE.

Indirekte Entscheidungskonsequenzen liegen vor, wenn durch die Handlungsfelder $X5_j$ (Auswahl der Kooperationspartner) Entscheidungen über die Partnerwahl beeinflusst werden.[579] Die ***Auswahl der Kooperationspartner*** stellt die zweite Aufgabe in der Phase 2 des CSE dar. Auf Grundlage einzelner Erwartungswerte $E(\Delta K)_{i2}^{KF}$ kann das Ergebnis der in Phase 1 vorgenommenen Partnervorauswahl evaluiert werden.

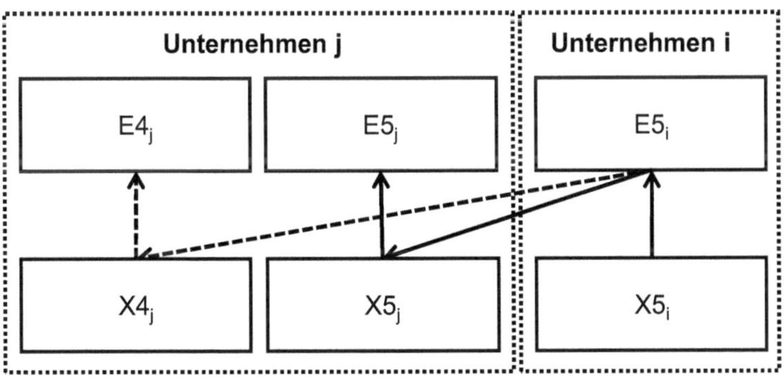

Abbildung 2-29: Interdependenzen im Rahmen der Partnerwahl im CSE.

579 Interne Entscheidungsinterdependenzen der Unternehmen zwischen der Kooperationsfeldwahl, der Kooperationspartnerwahl und der Auslagerungsentscheidung werden an dieser Stelle nicht berücksichtigt, da diese nicht als Gegenstand eines unternehmensübergreifenden Koordinationsproblems zu sehen sind. Eine entsprechende unternehmensinterne Entscheidungskoordination wird vom Autor der Arbeit vorausgesetzt.

Die aktive oder passive negative Auslese einzelner Partner kann zu einem Ausscheiden von Kooperationspartnern führen. Ebenso können neue Partner aktiviert werden, wenn deren Logistikaufgaben und Leistungsspezifikationen die erarbeiteten Kooperationsfelder sinnvoll ergänzen.[580] Die direkten und indirekten Handlungskonsequenzen sind in *Abbildung 2-29* skizziert.

Phasenspezifische Aspekte des Referenzprozesses: Entscheidungsinterdependenzen beim Lösungsdesign

Gegenstand der dritten Prozessphase des CSE ist die Entwicklung des Lösungsdesigns zur Erfüllung der Logistikaufgaben. Dazu sind Entscheidungen zu treffen im Rahmen *der Planung der Logistikkonzepte* und der *Logistikprozesse*. Ziel der ***Planung des Logistikkonzepts*** ist die Erarbeitung eines Problemlösungskonzepts für die konsolidierten Leistungsanforderungen der Akteure.

Transportsystem	
Transportmittelwahl[581]	*Welche Transportmittel sollen bei konsolidierten Transporten zum Einsatz kommen?*
Beteiligte Operateure[582]	*Welche Transporteure sollen mit der Durchführung der Transporte beauftragt werden?*
Transportmodi[583]	*Welche Transportmodi sollen bei konsolidierten Transporten gewählt werden?*
Co-Produktion[584]	*Welche Aufgaben erbringen die Verlader in der Betriebsphase der Kooperation*

Tabelle 2-13: Entscheidungsrelevante Aspekte des Handlungsfelds bei der Konzeptplanung des Transportsystems.

Hierbei sind verschiedene Entscheidungen zu treffen, die eine Abstimmung der Kooperationspartner erforderlich machen. Im Transportsystem betrifft dies u.a. die Transportmittelwahl, die Vergabe von Teilleistungen an Operateure, die Entscheidungen für einen Transportmodus und für oder gegen einen Selbsteintritt der Cluster-Unternehmen, *siehe Tabelle 2-*

[580] KERSTEN, KERN und ZINK berücksichtigen in dieser Phase insbesondere die Auswahl *zusätzlicher* Kooperationspartner. Siehe KERSTEN et al. (2006), S. 350.

[581] Die *Transportmittelwahl* führt zu einer Festlegung der Kooperationspartner auf den Straßengüterverkehr, den Schienengüterverkehr, den Pipelineverkehr (Rohölpipelines, Produktenpipelines), die Luftfracht, die Binnenschifffahrt (Motorschifffahrt, Schleppschifffahrt oder Schubschifffahrt) oder die Seeschifffahrt (Linienverkehr, Trampfahrt, Tankfahrt oder Küstenschifffahrt). Siehe ausführlich: PFOHL (2010), S. 154 - 159.

[582] Die Planung der *beteiligten Operateure* führt zu der Festlegung der Kooperationspartner, zur Festlegung der Logistikleistungen, die im Selbsteintritt der verladenden Unternehmen erbracht werden, und der Logistikleistungen, die an (andere) Logistikunternehmen fremdvergeben werden. Siehe ENGELBRECHT (2004).

[583] Als *Komplettladungsverkehre* werden Transporte bezeichnet, wenn eine einzige Komplettladung auf einem Transportfahrzeug befördert wird. Bei LKW-Verkehr spricht man von FTL („Full Truck Load", abgrenzend von LTL („Less than Truck Load")), vgl. OHRT (2007), S. 27. Bei Container-Verkehren wird von FCL („Full Container Load", abgrenzend von LCL („Less than Container Load")) gesprochen, vgl. ABERLE (2003), S. 31 und S. 265.

[584] Die Planung der *Co-Produktion* erfordert eine Abstimmung der Kooperationspartner über die Eigenleistungen. Dabei werden Leistungen des Selbsteintritts abgestimmt (Sendungsverdichtung, Tourenverdichtung/Tourenplanung, Routenplanung) und Prozessabstimmungen (Zeitfensterplanung, Transportmittelplanung, etc.) herbeigeführt.

13.[585] Im Lagerhaussystem handelt es sich u.a. um die Entscheidung für einen Lagerhausstandort, die Entscheidung bzgl. der einzusetzenden Lagerhaustechnik und Entscheidungen bzgl. des Ressourceneinsatzes der Cluster-Unternehmen.[586] Die formale Beschreibung der Kooperationsprobleme im Rahmen der Konzeptplanung kann, wie in Phase 1 des CSE, mit Hilfe des Entscheidungsmodels von FRESE erfolgen. Die *Feldkomponente* der Konzeptplanung umfasst *gestaltbare Elemente* (*U6*) und *nicht gestaltbaren Elemente* (X6). *U6* umfasst alle Aspekte, die auch bei einer autonomen Konzeptplanung berücksichtig werden. *X6* umfasst alle Auswirkungen, die von der Konzeptplanung *anderer Akteure* ausgehen. Unter Annahme der simultanen Entscheidungsfindung erfolgt die Bewertung von *X6* auch hier auf Basis der verfügbaren Informationen über die Feldkomponente, die Handlungskomponente und die Zielkomponente der Kooperationspartner.

Lagerhaussystem	
Standortplanung[587]	*Welche Lagerstandorte werden bei der Nutzung gemeinsamer Lagerhäuser gewählt?*
Lagerhaustechnik[588]	*Welche Lagertechnik soll zum Einsatz kommen?*
Ressourceneinsatz[589]	*Offener oder kundenspezifischer Ressourceneinsatz?*
Co-Produktion[590]	*Welche Aufgaben erbringen die Verlader während der Betriebsphase der Kooperation?*

Tabelle 2-14: Entscheidungsrelevante Aspekte des Handlungsfelds bei der Konzeptplanung des Lagerhaussystems.

585 So beschränkt bspw. die Transportmoduswahl eines Akteurs *i* „Schiene statt Straße" die Bündelungsmöglichkeiten eines Akteurs *j* bei dessen Konsolidierungsmöglichkeiten im Landtransport der Distributionslogistik. Andererseits ergeben sich durch eine Umstellung der Incoterms bei *i* von Frei-Haus auf EXW („ab Werk") neue Konsolidierungspotenziale bei *j* in der Beschaffungslogistik.

586 BULLINGER und KLOSTERMANN schlagen als Lösung vor, die Produktmodelle zunächst für jedes Unternehmen spezifisch zu entwickeln und anschließend eine Abstimmung über diese Produktmodelle herbei zu führen. Siehe BULLINGER/KLOSTERMANN (2002), S. 199 - 200.

587 Die *Standortplanung* befasst sich mit der Planung u.a. der Standorte für Beschaffungslager, Distributionslager und Outles. Dabei werden als Kriterien u.a. berücksichtigt: Die Verfügbarkeit von Grundtücken und Gebäuden, die Verkehrsinfrastruktur, Nutzeneffekte durch Branchencluster sowie die Größe des zu bedienenden Marktes und die Möglichkeiten der Erschließung eines Marktzugangs. Siehe ausführlich: VAHRENKAMP (2005), S. 469 - 483 und BANKHOFER (2001).

588 Die *Planung der Lagerhaustechnik* schließt die *Planung der Lagergebäude* (Freilager, Flachlager, Etagenlager, Hochregallager u. Traglufthallenlager), die *Planung der Lagerstellen* (Fachbodenregale, Palettenregale, Einfahrregale, Durchlaufregale, Kompaktregale und Hochregale), die *Planung der Transportmittel* (Stetigförderer, Unstetigförderer und Regalbediengeräte) und die *Planung der Kommissioniergeräte* (bei „Mann zur Ware"-Komissionierung: Horizontal- und Vertikalkommissionierfahrzeuge, Kommissionierdreiseitenstapler, -regalfahrzeuge und -hängebahnen; bei „Ware zum Mann"-Kommission-ierung: Vollautomatisch gesteuerte Paletten- oder Behälterregalbediengeräte) ein. Siehe ausführlich: PFOHL (2010), S. 124 - 130.

589 Bei der *Planung des Ressourceneinsatzes* ist zu unterscheiden zw. der Einrichtung eines kundenspezifischen Lagerhauses (geschlossenes Multi User Warehouse) und der Einrichtung eines offenen Lagerhauses, wo freie Lagerkapazitäten vom LDL frei verkauft werden dürfen. Geschlossene Multi User Warehouse Lösungen sind in der Praxis i.d.R. mit Volumengarantien der Kunden verbunden.

590 Die Planung der *Co-Produktion* umfasst die Festlegung des Kooperationsgrades der Unternehmen in der Betriebsphase der Kooperation. Wie bereits in Kapitel 2 erläutert wurde, können laterale Logistikkooperationen sowohl als reine Beschaffungskooperationen ausgestaltet werden, oder als gemeinsames Logistikmanagement.

Entscheidungsrelevante Informationen eines fokalen Akteurs sind damit Informationen über die Menge der zulässigen Lösungskonzepte *H6* anderer Akteure, Informationen über die realisierten oder erwarteten Handlungskonsequenzen der gewählten Lösungskonzepte für andere Akteure sowie Informationen über die Präferenzstruktur *Z6* und das verfolgte Sachziel *Sa6* anderer Akteure *j*. In *Tabelle 2-15* sind die Elemente des Entscheidungsmodells entsprechend der vorangegangenen Prozessphasen dargestellt. Es wird deutlich, dass das Entscheidungsproblem formal beschrieben werden kann wie die Entscheidungsmodelle in der ersten Prozessphase des CSE.

	Feldkomponente in Prozessphase 3	***Handlungskomponente in Prozessphase 3***	***Zielkomponente in Prozessphase 3***
(6) Logistikkonzept	• *Gestaltbare Ausgangssituation der Logistikkonzeptwahl (U6)* • *Umweltzustände der Logistikkonzeptwahl (X6)*	• *Handlungskonsequenzen der Logistikkonzeptwahl (E6)* • *Menge der möglichen Konzepte (H6)*	• *Sachziel der Logistikkonzeptwahl (Sa6)* • *Präferenzstruktur der Logistikkonzeptwahl (Z6)*
(7) Logistikprozesse	• *Gestaltbare Ausgangssituation der Logistikprozesswahl (U7)* • *Umweltzustände der Logistikprozesswahl (X7)*	• *Handlungskonsequenzen der Logistikprozesswahl (E7)* • *Menge der möglichen Logistikprozesse (H7)*	• *Sachziel der Logistikprozesswahl (Sa7)* • *Präferenzstruktur der Logistikprozesswahl (Z7)*

Tabelle 2-15: Feld-, Handlungs- und Zielkomponente der Entscheidungen in Phase 3 des CSE.

Die direkten Entscheidungsinterdependenzen der Konzeptplanung und indirekte Entscheidungsinterdependenzen mit der Prozessplanung sind in *Abbildung 2-30* skizziert.

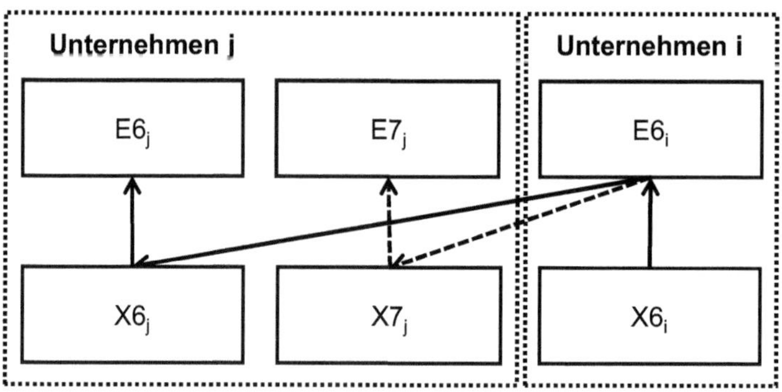

Abbildung 2-30: Interdependenzen im Rahmen der Logistikkonzeptplanung im CSE.

Die ***Prozessentwicklung*** stellt die zweite Aufgabe der Phase 3 des CSE-Prozesses dar. Ziel der Prozessplanung ist es, die Prozessabläufe bei der Leistungserbringung im Rahmen der Kooperation im Detail zu definieren. Die Prozessplanung kann als Feinplanung der Konzeptplanung aufgefasst werden. Im Rahmen lateraler Logistikkooperationen sind insbesondere Prozessinterdependenzen an der Schnittstelle der Logistiksysteme der Akteure bei der Leistungserstellung im Transport, beim Umschlag und bei der Erbringung von Lagerleistungen zu erwarten.[591] Die aus der Prozessplanung resultierenden Entscheidungsinterdependenzen der Cluster-Unternehmen können wie die Konzeptplanung formal beschrieben werden.

Die *Handlungskomponente H7* umfasst alle unter Berücksichtigung des Sachzielbezugs und der Ressourcenrestriktionen möglichen Logistikprozesse, die zur Umsetzung des Logistikkonzepts implementiert werden können. Die *Feldkomponente* berücksichtigt *gestaltbare Elemente* (*U7*) und *nicht gestaltbare Elemente* (*X7*). *U7* umfasst alle Planungsaspekte, die auch bei einer autonomen Prozessgestaltung zu berücksichtigen sind.

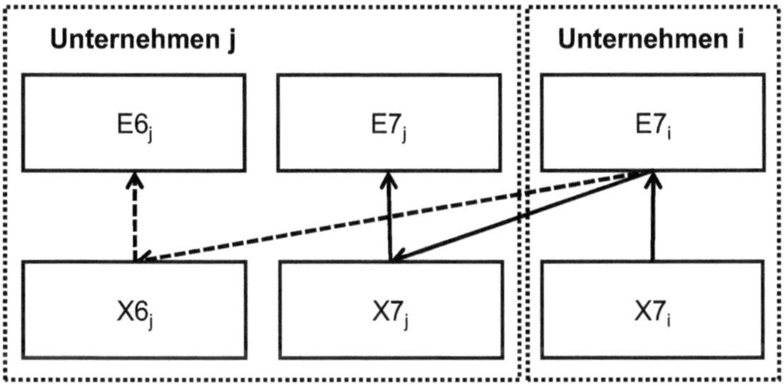

Abbildung 2-31: Interdependenzen im Rahmen der Logistikprozessplanung im CSE.

Die Planung der Transportprozesse schließt die Disposition der Fahrzeuge, Sendungsplanung, Tourenplanung, Routenplanung sowie administrative Prozesse ein. Die Planung der Lager- und Lagerhausprozesse umfasst u.a. die operativen und administrativen Prozesse im Rahmen der Ein- und Auslagerung sowie die Prozesse der Bewirtschaftung des Lagerhauses. *X1* umfasst alle Aspekte des Handlungsfelds, die von der Prozessplanung anderer Akteure bestimmt werden. Liegen entsprechende Entscheidungen der Kooperationspartner noch nicht vor (Annahme der simultanen Entscheidungsfindung), erfolgt die Bewertung von *X7* auf Basis der verfügbaren Informationen über die Feldkomponente, die Handlungskomponente und die Zielkomponente der Kooperationspartner. Entscheidungsrelevante Informationen eines fokalen Akteurs sind damit Informationen über die Menge der möglichen Prozesspläne *H7* anderer Akteure, Informationen über die Handlungskonsequenzen für andere

[591] Auch bei der Entwicklung des Prozessmodells wird zur Lösung des Koordinationsproblems bei BULLINGER vorgeschlagen, dass das Prozessmodell zunächst von jedem Akteur individuell entwickelt und anschließend abgestimmt wird um so ein Gesamtprozessmodell zu erarbeiten. Vgl. BULLINGER/KLOSTERMANN (2002), S. 197-202

Akteure bei der Auswahl von Dienstleistungsprozessen *E7* sowie Informationen über die Präferenzstruktur *Z7* und das verfolgte Sachziel *Sa7* anderer Akteure. Die Wirkung direkter und indirekter Handlungskonsequenzen der Prozessplanung ist in *Abbildung 2-31* dargestellt.[592] Im Ergebnis ist mit der Konzept- und Prozessentwicklung in Phase 3 eine erneute Konkretisierung und Validierung des Erwartungswertes der kooperationsinduzierten Kostensenkungen möglich. Dabei werden auf Grundlage des Konzept- und Prozessdesigns der Logistiklösung die Erwartungswerte $E(\Delta K)_{i3}^{KF}$ gebildet.

Phasenspezifische Aspekte des Referenzprozesses: Entscheidungsinterdependenzen bei der Vereinbarung externer und interner Leistungsbeziehungen

Abschließend sind die Koordinationsprobleme herauszuarbeiten, die in der vierten Prozessphase des CSE entstehen. Gegenstand der vierten Prozessphase sind die Leistungsvereinbarungen zwischen den an der Kooperation beteiligten Akteuren. Dies umfasst sowohl die *Vereinbarung der Leistungsbeziehungen im Innenverhältnis* zwischen den kooperierenden verladenden Unternehmen als auch die *Vereinbarung der Leistungsbeziehungen im Außenverhältnis* zwischen den verladenden Unternehmen und dem LDL. Dabei sind hier nicht die Verhandlungen zwischen dem LDL und den Cluster-Unternehmen Gegenstand des CSE.[593] Vielmehr geht es in der vierten Prozessphase um die Entscheidungsinterdependenzen, die sich aus der Vertragsgestaltung der einzelnen Cluster-Unternehmen mit dem LDL ergeben.

Eine Vereinbarung ***externer Leistungsbeziehungen*** wird erforderlich, wenn die Erfüllung der Kostenkomplementarität und der Kostensubadditivität eine Abstimmung der Cluster-Unternehmen hinsichtlich der Inhalte ihrer Logistikverträge notwendig ist. Dabei ist insbesondere zu prüfen, ob die einzelnen Verträge der Cluster-Unternehmen so ausgestaltet sind, dass die anvisierten Synergieeffekte gehoben werden können. Diese Abstimmung kann so weit gehen, dass *ein* Rahmenvertrag der Unternehmen mit dem LDL abgeschlossen wird. Wird ein solcher Rahmenvertrag nicht geschlossen, so sind zumindest die Bestandteile der Einzelverträge hinsichtlich ihrer Kompatibilität zu prüfen. Darüber hinaus sind im Rahmen der externen Leistungsvereinbarung die Kooperationsregeln festzulegen, welche nicht nur die Clustern-Unternehmen, sondern auch den LDL betreffen. Dies betrifft die *interne Verteilung von Kooperationsgewinnen*, die *Regelung von Ein- und Austrittsoptionen* aus der Kooperation sowie alle Kooperationsregelungen, die zur Sicherstellung einer erfolgreichen Zusammenarbeit getroffen werden müssen. Der letztgenannte Punkt kann u.a. Regelungen zum Umgang mit Konflikten in der Kooperation, Kommunikationsstandards, Entscheidungs- und Kontrollgremien und die Einführung einer gemeinsamen IT-Infrastruktur beinhalten. Alle die-

[592] Interne Entscheidungsinterdependenzen der Unternehmen zwischen der Kooperationsfeldwahl, der Kooperationspartnerwahl und der Auslagerungsentscheidung werden an dieser Stelle nicht berücksichtigt, da diese nicht als Gegenstand eines unternehmensübergreifenden Koordinationsproblems zu sehen sind. Eine entsprechende unternehmensinterne Entscheidungskoordination wird vom Autor der Arbeit vorausgesetzt.

[593] Diese Verhandlungen wären auch in einem autonomen Projektanbahnungsprozess zu erbringen.

se Regelungen sind als das Ergebnis einer Verhandlung zwischen den Kooperationspartnern zu sehen und machen daher eine Abstimmung erforderlich.

Bei der *Regelung der internen Gewinnverteilung* kommen nach CRUIJSSEN sowohl eindimensionale Verteilungsverfahren als auch multidimensionale Verfahren zum Einsatz.[594] Zwar haben eindimensionale Verfahren den Vorteil der einfachen und intuitiven Anwendbarkeit, jedoch geben sie den tatsächlichen Beitrag der einzelnen Kooperationspartner zu den Kooperationsgewinnen nicht exakt wieder. Eine gerechte Verteilung der kooperationsinduzierten Kosteneinsparungen setzt jedoch voraus, dass der marginale Beitrag jedes Kooperationspartners an den Kostensenkungen exakt ermittelt wird.[595]

Kennzahlen zur Verteilung von Kooperationsgewinnen in lateralen Logistikkooperationen	
Eindimensionale Gewinnverteilungsverfahren (Auswahl)	• Anteil der Unternehmen am gesamten Transportvolumen • Höhe der Transportkosten vor der Kooperation • Länge der Distanz, die für jede der Sendungen zurückgelegt werden muss (direkte Entfernung der Kunden von der Versendestelle, Entfernungen zwischen den Entladestellen nach Berechnung der gemeinsamen Route), • Anzahl der Sendungen • Fläche der beanspruchten Lagerstellplätze • Fläche der zur Verfügung stehenden Lagerstellplätze • Anzahl der Ein- und Auslagerungsprozesse • Anzahl der Umschlagprozesse
Mehrdimensionale Gewinnverteilungsverfahren (Auswahl)	• Gewichtete Kombination der eindimensionalen Gewinnverteilungsverfahren • Lösungsansätze der kooperativen Spieltheorie (Shapley-Wert, Nucleolus, Tau-Wert)

Abbildung 2-32: Kennzahlen zur Ermittlung des Erfolges lateraler Logistikkooperationen.

Lösungsvorschläge für eine gerechte Verteilung kooperationsinduzierter Kosteneinsparungen stellen der *Shapley-Wert*, der *Nucleolus* und der *Tau-Wert* dar, siehe obige Abbildung. Der *Shapley-Wert* wurde 1952 von LLOYD SHAPLEY als Lösungs-Konzept der Spieltheorie vorgeschlagen. Es beschreibt die Auszahlungen der Spieler eines kooperativen Spiels in Abhängigkeit einer Koalitionsfunktion. Der Shapley-Wert stellt die einzige Auszahlungsfunktion dar, welche zu einem Pareto-effizienten Ergebnis[596] führt und gleichzeitig das Symmet-

[594] Vgl. CRUIJSSEN et al. (2005), S. 5.

[595] Ebenda.

[596] Eine *Pareto-effiziente Lösung* spieltheoretischer Probleme liegt vor, wenn sich keiner der beteiligten Spieler besser stellen kann, ohne dass sich ein anderer Spieler verschlechtert. Dieses Kriterium stellt eine zwingende, jedoch keine hinreichende Bedingung für die Gewinnverteilung in Kooperationen dar. Denn Pareto-Effizienz führt nicht zwingend zu einer gerechten Lösung. Sie ist lediglich effizient im dem Sinne, dass die Gesamthöhe der Auszahlung (kumulierte Auszahlung) nicht gesteigert werden kann. Zum Begriff *Pareto-Effizienz* siehe JOST (2000), S. 72.

rie-Axiom,[597] das Null-Spieler-Axiom[598] und das Additivitäts-Axiom erfüllt.[599] Auch der *Nucleolus* und der *Tau-Wert* sind Lösungskonzepte der kooperativen Spieltheorie.[600]

	Feldkomponente in Prozessphase 4	***Handlungskomponente in Prozessphase 4***	***Zielkomponente in Prozessphase 4***
(8) Vereinbarung der externen Leistungsvereinbarung	• *Gestaltbare Ausgangssituation der externen Leistungsvereinbarung (U8)* • *Umweltzustände der internen Leistungsbeziehung (X8)*	• *Handlungskonsequenzen der externen Leistungs-vereinbarung (E8)* • *Menge möglicher externer Leistungsvereinbarungen (H8)*	• *Sachziel der externen Leistungsvereinbarung (Sa8)* • *Präferenzstruktur der externen Leistungsvereinbarung (Z8)*
(9) Vereinbarung der internen Leistungsvereinbarung	• *Gestaltbare Ausgangssituation der internen Leistungsvereinbarung (U9)* • *Umweltzustände der externen Leistungsbeziehung (X9)*	• *Handlungskonsequenzen der internen Leistungsbeziehungen (E9)* • *Menge möglicher interner Leistungsvereinbarungen (H9)*	• *Sachziel der internen Leistungsvereinbarung (Sa9)* • *Präferenzstruktur der internen Leistungsvereinbarung (Z9)*
(10) Festlegung der Partnerwahl	• *Gestaltbare Ausgangssituation der Partnerwahl (U10)* • *Umweltzustände der Partnerwahl (X10)*	• *Handlungskonsequenzen der Kooperationspartnerwahl (E10)* • *Menge möglicher Kooperationspartnerkonstellationen (H10)*	• *Sachziel der Kooperationspartnerwahl (Sa10)* • *Präferenzstruktur der Festlegung Kooperations-partnerwahl (Z10)*

Tabelle 2-16: Feld-, Handlungs- und Zielkomponente der Entscheidungen in Phase 4 des CSE.

In *Abbildung 2-32* (vorige Seite) ist eine Auswahl möglicher Ansätze zur Verteilung von Kooperationsgewinnen in lateralen Logistikkooperationen dargestellt. In der Praxis stellt das Ergebnis der Gewinnverteilung jedoch, wie eingangs bereits allgemein festgestellt wurde, in jedem Fall eine Verhandlungslösung dar. Unbedingt der Frage, ob ein mathematisches Entscheidungsmodell zur Anwendung kommt oder nicht, sind die Kooperationsgewinne im Rahmen von Verhandlungen zu verteilen.[601] In *Tabelle 2-16* wird das Entscheidungsproblem der Vereinbarung der externen Leistungsvereinbarungen dargestellt. Die direkten und indi-

[597] Das *Symmetrie-Axiom* fordert, dass alle Spieler mit den gleichen marginalen Beiträgen zur Realisierung kooperationsinduzierter Kostensenkungen den gleichen Gewinnbeitrag erhalten. Aus dem Symmetrie-Axiom folgt eine gerechte Gewinnverteilung. Vgl. WIESE (2005), S. 23.

[598] Das *Null-Spieler-Axiom* fordert, dass Spieler nur dann an den Kooperationsgewinnen beteiligt werden, wen sie einen Beitrag zur Realisierung kooperationsinduzierter Kostensenkungen leisten. Spieler, die nicht an der Kooperation beteiligt sind, oder in einer Vertragsperiode keine Logistikaufgaben in die Kooperation geben, können an den Kooperationsgewinnen nicht berücksichtigt werden. Vgl. WIESE (2005), S. 24.

[599] Das *Additivitäts-Axiom* fordert, dass es keinen Unterschied machen soll, ob man zunächst mehrere Koalitionsfunktionen addiert und dann ein Lösungskonzept anwendet, oder ob man das Lösungskonzept auf die betrachteten Koalitionsfunktionen zuerst anwendet und anschließend die Auszahlungen addiert. Vgl. WIESE (2005), S. 25.

[600] Für eine vertiefende Auseinandersetzung mit den Lösungsangeboten der kooperativen Spieltheorie wird verwiesen an WIESE (2005) und BERNINGHAUS et al. (2010).

[601] Dabei stellt bereits die Auswahl eines mathematischen Entscheidungsmodells als unterstützendes Instrument für die Verhandlungen einen Verhandlungsgegenstand dar.

rekten Entscheidungsinterdependenzen, die sich aus der Vereinbarung der externen Leistungsbeziehungen ergeben, sind in *Abbildung 2-33* dargestellt.[602]

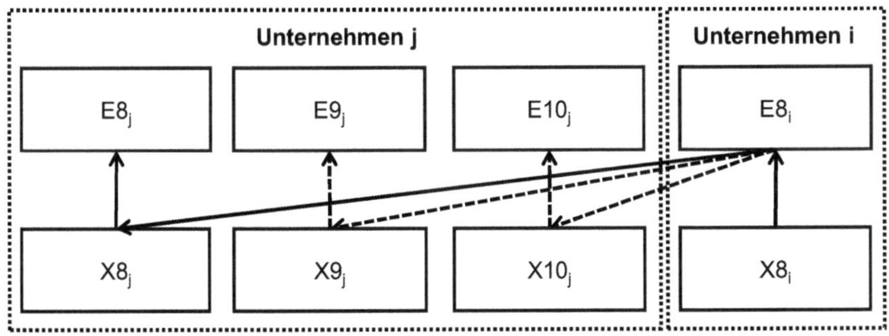

Abbildung 2-33: Interdependenzen im Rahmen der externen Leistungsvereinbarung im CSE.

Ziel der ***Vereinbarung der internen Leistungsbeziehungen*** ist die Regelung aller leistungsbezogenen Aspekte, die zwischen den einzelnen verladenden Unternehmen zu regeln sind. Dies ist insbesondere dann erforderlich, wenn es zu einem (selektiven) Selbsteintritt der Verlader durch ein gemeinsames Logistikmanagement kommt. Dann sind neben den externen Leistungsvereinbarungen der Cluster-Unternehmen mit dem LDL zusätzlich interne Leistungsvereinbarungen zu treffen, um auf diesem Weg die vereinbarungsgemäße Zusammenarbeit der Unternehmen zu gewährleisten.[603] Diese Festlegung umfasst alle operativen und administrativen Leistungen, welche die Verlader im Selbsteintritt erbringen.

Dies sind u.a. die Bereitstellung von Sendungen, die Konsolidierung von Sendungen, die Anpassung von Service-Levels oder die Umstellung von Frei-Haus Lieferbedingungen auf EXW-Lieferkonditionen. In diesem Fall hängt der Kooperationserfolg nicht nur von den Leistungsbeiträgen des LDL an, sondern auch von den Leistungsbeiträgen der Kooperationspartner aus dem Kreis der Cluster-Unternehmen. Auch die Abstimmung dieser Vereinbarungen führt zu einem Koordinationsproblem. Die direkten und indirekten Handlungskonsequenzen der internen Leistungsvereinbarung sind in *Abbildung 2-34* (nachfolgende Seite) dargestellt.

[602] Interne Entscheidungsinterdependenzen der Unternehmen zwischen der Kooperationsfeldwahl, der Kooperationspartnerwahl und der Auslagerungsentscheidung werden an dieser Stelle nicht berücksichtigt, da diese nicht als Gegenstand eines unternehmensübergreifenden Koordinationsproblems zu sehen sind. Eine entsprechende unternehmensinterne Entscheidungskoordination wird vom Autor der Arbeit vorausgesetzt.

[603] Beschränkt sich die Kooperation auf eine gemeinsame Beschaffung von Logistikdienstleistungen, ohne aktive Co-Produktion der Verlader im Rahmen eines gemeinsamen Logistikmanagements, so sind keine besonderen Regelungen zur Festlegung interner Leistungsbeziehungen erforderlich. In diesem Fall beschränkt sich die interne Vereinbarung der Akteure auf die *allgemeinen Kooperationsregeln*.

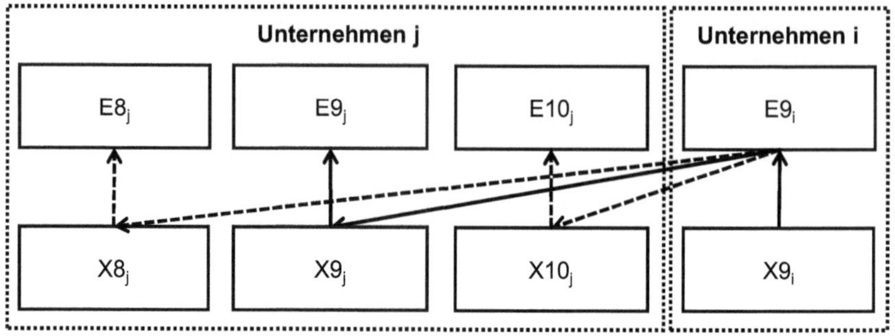

Abbildung 2-34: Interdependenzen im Rahmen der internen Leistungsvereinbarung im CSE.

Die ***Auswahl der Kooperationspartner*** stelt das abschließende Entscheidungsproblem dar: Es umfasst die internen und externen Leistungsvereinbarungen. Sie erfolgt automatisch durch die Zeichnung der Verträge, ist jedoch analytisch als eigener Prozessschritt zu berücksichtigen, da auch hier spezielle Entscheidungsinterdependenzen auftreten.

Auf Basis der Erwartungswerte $E(\Delta K)_{i4}^{KF}$ über die erzielbaren Kooperationsgewinne der Unternehmen entscheiden sich die Akteure abschließend für oder gegen eine Kooperation. Die *Handlungskomponente H10* entspricht *H5,* allerdings liegen als Informationsbasis nun nicht nur mögliche Kooperationsfelder KF vor, sondern detailliert ausgearbeitete Kooperationsbedingungen. Direkte Handlungskonsequenz der Festlegung der Kooperationspartner ist ihre abschließende Bestätigung der Beteiligung der Akteure an der Kooperation. Indirekte Konsequenzen ergeben sich für die interne und externe Leistungsvereinbarung. Insbesondere der Erwartungswert Erwartungswerte $E(\Delta K)_{i4}^{KF}$ hängt von der Beteiligung der Akteure *j* an der Kooperation ab. Somit liegen indirekte Handlungskonsequenzen sowohl für die interne als auch für die externe Leistungsvereinbarung vor, die in *Abbildung 2-35* dargestellt sind.

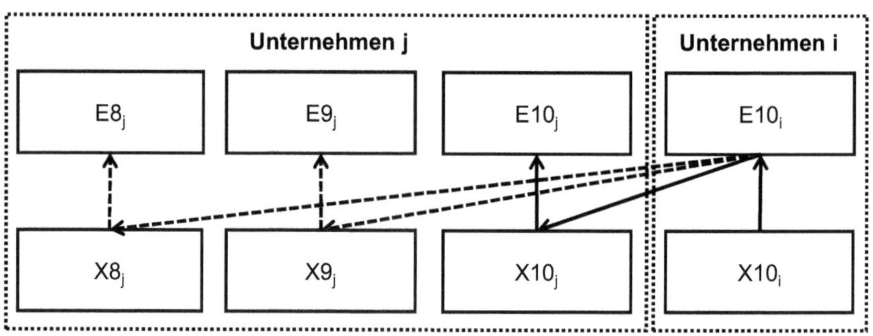

Abbildung 2-35: Interdependenzen im Rahmen der Partnerwahl im CSE.

2.3.3 Effizienzorientierte Koordination von Entscheidungsinterdependenzen im Referenzprozess für das Cluster Service Engineering

Kosteneffizienz als Gestaltungskriterium der Kundenintegration bei der Entscheidungskoordination im Rahmen des Cluster Service Engineering

Aus dem in *Kapitel 2.3.2* erarbeiteten Referenzmodell für das CSE folgt, dass die erfolgreiche Gestaltung lateraler Logistikkooperationen eine Koordination von Entscheidungs-Interdependenzen erforderlich macht. Ein für die Anwendung des Referenzmodells notwendiger, bislang jedoch unberücksichtigter Aspekt, ist die Ausgestaltung dieser Koordination. Hierbei sind die Fragen zu beantworten, *wer* die Koordinationsleistung erbringen soll und *wie* die Koordinationsleistung erbracht wird. Aus der Sicht des LDL ist eine Beteiligung der verladenden Unternehmen an der Koordinationsleistung als *Kundenintegration auf dispositiver Ebene* zu sehen, da der LDL bei einer ausbleibenden Beteiligung des Kunden die Koordinationsaufgabe alleine erbringen müsste. Somit ist die Frage der Aufteilung der Koordinationstätigkeiten zwischen dem LDL und den Akteuren des Clusters als Gestaltung des Kundenintegrationsgrades bei der Entscheidungskoordination im Rahmen des Cluster Service Engineering zu sehen. Bevor ein Erklärungsbeitrag zur erfolgreichen Kundenbeteiligung an der Koordinationsleistung im Cluster Service Engineering diskutiert werden kann, ist die grundlegende Frage zu klären, welche Merkmale eine *erfolgreichen Entscheidungskoordination* auszeichnet.

Da die Erzielung kostenseitiger Effizienzsteigerungen als das Hauptziel von horizontalen Logistikkooperationen herausgearbeitet wurde, ist es zweckmäßig, auch bei der Koordination des *Cluster Service Engineering* das *Effizienzkriterium* als Maßstab anzusetzen. Eine Logistikkooperation führt nur dann zu einer positiven Kooperationsevaluation durch die beteiligten Akteure, wenn die Kostenvorteile der Kooperationsphase nicht durch die Kostensteigerungen im Rahmen des Cluster Service Engineering aufgezehrt werden. Die *Kostenwirkung der Kundenintegration* stellt damit ein zweckmäßiges Kriterium für die Gestaltung der Koordinationslösung im Cluster Service Engineering dar.

In der Literatur ist die Kostenwirkung der Kundenintegration kontrovers diskutiert worden. CHASE vertritt die Position, dass eine hohe Kundenintegration zu anbieterseitigen Kostensteigerungen führt.[604] Eine hohe Kundenbeteiligung kann jedoch auch zu einer Kostensenkung des Anbieters führen, wenn eine Substitutionsbeziehung zwischen den Produktionsfaktoren des Kunden und den Produktionsfaktoren des Dienstleisters besteht. Dann kann als Folge der Kundenintegration der Einsatz von Produktionsfaktoren beim Dienstleister reduziert und die Dienstleisterproduktivität gesteigert werden.[605] Auch BÜTTGEN vertritt die Positi-

[604] Vgl. CHASE (1978) und CHASE et al. (1984), zitiert nach BÜTTGEN (2006), S. 376.
[605] Vgl. FITZSIMMONS (1985), S. 45; SHARMS (2002), S. 24 sowie BOWEN (1986), S. 377 - 381.

on, dass die Kundenintegration sowohl zu einer Steigerung als auch zu einer Reduzierung der anbieterseitigen und der nachfragerseitigen Kosten führen kann.[606] Die *anbieterseitige Kostenwirkung* der Kundenbeteiligung hängt BÜTTGEN folgend *sowohl* vom *Ausmaß* als auch von der *Qualität* der Kundenbeteiligung ab. Beide Faktoren werden bestimmt durch die *leistungsbezogene Kundenkompetenz*, welche durch das leistungsbezogenem Wissen, die Fähigkeiten und die Motivation des Kunden für eine Leistungsbeteiligung beeinflusst werden. Während die Qualität der Kundenbeteiligung ausschließlich von dieser leistungsbezogenen Kundenkompetenz beeinflusst wird, kann das Ausmaß der Kundenbeteiligung anbieterseitig durch eine Vorgabe des Möglichkeitsraums für die Kundenbeteiligung bestimmt werden.[607]

Die Analyse der *nachfragerseitigen Kostenwirkung* der Kundenbeteiligung wird im konsumtiven Bereich weitgehend vernachlässigt, da die Leistungsbeiträge der Kunden zumeist als selbstverständlich und frei verfügbar betrachtet werden.[608] In der Literatur der industrienahen und industriellen Dienstleistungen hingegen wird die kundenseitige Kostenwirkung der Kundenbeteiligung berücksichtigt. BÜTTGEN differenziert dabei den monetären Beteiligungsaufwand, die ökonomischen aber nicht unmittelbar monetären Beteiligungskosten und die nichtökonomischen Beteiligungskosten.[609] Der *monetäre Beteiligungsaufwand* umfasst alle *Aufwände*, die abgesehen von dem Kaufpreis für den Kunden durch seine Beteiligung an der Dienstleistungserstellung entstehen.[610] Die *ökonomischen, aber nicht unmittelbar monetären Beteiligungskosten* sind Opportunitätskosten der investierten Zeit, die nicht für andere sachzielbezogene Aktivitäten des Kunden eingesetzt werden kann. *Nichtökonomische Beteiligungskosten* entstehen durch den physischen oder psychischen Aufwand des Kunden im Rahmen der Leistungserstellung, der vom Kunden als belastend oder nutzenreduzierend empfunden wird.[611]

Der Position folgend, dass sowohl eine anbieter- als auch eine nachfragerseitige Kostenwirkung der Kundenintegration vorliegen kann, stellt die kosteneffiziente Gestaltung der Kundenintegration beim Cluster Service Engineering *kein* triviales Problem dar. Die Abgabe von Koordinationsaufgaben an die beteiligten Cluster-Unternehmen kann zwar zu einer Senkung der Koordinationskosten des LDL führen, gleichzeitig können die Koordinationskostensteige-

606 Vgl. BÜTTGEN (2006), S. 376. Sie diskutiert die Kostenwirkung der Kundenintegration bei beteiligungsintensiven Dienstleistungen.

607 Vgl. BÜTTGEN (2006), S. 376. Der Begriff der *Kundenkompetenz* als die Fähigkeit des Kunden, sich an der Erbringung der Dienstleistung zu beteiligen, wird in der Dienstleistungsforschung bereits bei CANZIANI (1997), S. 17 eingeführt.

608 Vgl. BÜTTGEN (2006), S. 377 und auf die an dieser Stelle verwiesene Literatur zur Analyse der Kostenwirkung in Business-to-Business Dienstleistungsmärkten.

609 Vgl. BÜTTGEN (2006), S. 378.

610 Dies sind z.B. Kosten für Reisen zum Dienstleister, Kosten der Informationsbeschaffung, Kosten für spezielle Utensilien und Wirtschaftsgüter, die speziell für Beteiligung an der Dienstleistungserstellung beschafft werden müssen.

611 Vgl. BÜTTGEN (2006), S. 378 - 379. Als Beispiele für den nichtökonomischen Beteiligungsaufwand werden der Kraftaufwand beim Transport von Gepäckstücken auf Reisen oder die emotionale Belastung durch die als unangenehm empfundene Interaktion mit Mitarbeitern des Anbieters genannt.

rungen auf der Seite der Cluster-Unternehmen ihre Kooperationsbereitschaft schwächen und damit die Konsolidierungspotenziale der lateralen Logistikkooperation auch bei den verbliebenen Cluster-Unternehmen reduzieren. Aus der Sicht des LDL stellt sich daher die Frage, *in welchem Ausmaß und in welcher Form* die Unternehmen des Clusters *an den Koordinationsaufgaben* zu beteiligen sind.

Diese Problemstellung lässt sich mit der Argumentation von CORSTEN konkretisieren, der davon ausgeht, dass Leistungsaktivitäten von Anbietern und Nachfragern *partiell substituierbar* sind: Die Aufteilung der Kosten zwischen Anbietern und Nachfragern wird dabei nicht vollständig durch die Gestaltung der Dienstleistung determiniert, sondern kann zugunsten der einen oder der anderen Seite verschoben werden.[612] Diesen Gedanken greift BÜTTGEN auf und differenziert *obligatorische Anbieter- bzw. Kundenaktivitäten, optionale Aktivitäten* und *Integrative/interaktive Aktivitäten.*[613] Letztere sind jene Aktivitäten, die gemeinsam von Kunden und Dienstleister ausgeführt werden und daher sowohl kunden- als auch dienstleisterseitig Kosteneinfluss haben. *Optionale Anbieter-/Kundenaktivitäten* können sowohl vom Anbieter als auch vom Nachfrager erbracht werden können. Je nach Beteiligungsgrad der beiden Parteien an den optionalen und integrativen Aktivitäten ergeben sich unterschiedliche Kostenwirkungen für den Anbieter und die Nachfrager einer Dienstleistung.[614]

Beim Cluster Service Engineering können die Koordinationsleistungen sowohl von den Kunden (den Cluster-Unternehmen), vom LDL, oder von den Akteuren gemeinsam erbracht werden.[615] Werden die Koordinationsaufgaben vollständig vom LDL oder von Akteuren des Clusters erbracht, liegt eine optionale Kundenbeteiligung vor. Wird die Koordinationsleistung vom LDL und den Cluster-Akteuren gemeinsam erbracht, liegt eine integrative Aktivität vor. Die Entscheidung für oder gegen eine stärkere Kundenbeteiligung bei der Erbringung der Koordinationsleistung hat Konsequenzen für die im Rahmen der Koordination entstehenden Koordinationskosten auf der Anbieter- und Nachfragerseite.[616] Ein Erklärungsbeitrag für das optimale Ausmaß und die optimale Form der Kundenbeteiligung bei der Koordination des CSE konnte jedoch bislang nicht bereitgestellt werden. Konzeptionell wird dies durch eine *Grenzkostenbetrachtung* ermöglicht: Unter der Annahme, dass sowohl die Cluster-Unternehmen als auch der LDL in der Lage sind, die Koordinationsleistungen im Rahmen des Cluster Service Engineering in *qualitativ gleichwertiger Form* zu erbringen, und dass die Koordinationskosten der Akteure im Rahmen der Verteilung der Kooperationsgewinne be-

---

[612] Vgl. CORSTEN (2001), S. 53.

[613] Der Kostenvorteil kann somit entweder vom Anbieter oder vom Nachfrager mehr oder weniger stark ausgeschöpft werden. Siehe BÜTTGEN (2006), S. 380 - 381.

[614] Vgl. BÜTTGEN (2006), S. 380 - 381.

[615] Werden Koordinationsleistungen alleinständig (wahlweise) vom Kunden oder vom LDL erbracht, handelt es sich um optionale Koordinationsleistungen. Soll eine gemeinschaftliche Koordinationsleistung erbracht werden, handelt es sich um integrative Koordinationsleistungen.

[616] Vgl. BÜTTGEN (2006), S. 382.

rücksichtigt werden, kann eine Grenzkostenbetrachtung einen Erklärungsbeitrag für die Kostenreduzierung und die Bestimmung eines kosteneffizienten Kundeintegrationsgrades leisten. Das Kostenoptimum wird dem Grenzkostenansatz folgend dann erreicht, wenn die Grenzkosten der Koordination der Cluster-Unternehmen und die Grenzkosten der Koordination des LDL den gleichen Betrag annehmen.[617] Liegen sowohl auf der LDL- als auch auf der Kundenseite Grenzkosten der Koordination $\frac{\partial KK}{\partial KA}$ in gleicher Höhe vor, würde eine Senkung der Koordinationskosten *KK* des LDL durch Abgabe einer weiteren Koordinationsaufgabe *KA* an das Cluster zu einer Koordinationskostensteigerung auf der Seite des Clusters in gleicher Höhe führen.[618]

Cluster-Governance als Einflussfaktor für die kosteneffiziente Gestaltung der Kundenintegration bei der Entscheidungskoordination im Rahmen des Cluster Service Engineering

Zwar liefert die Grenzkostenargumentation keine *Gestaltungsansätze* für den Cluster Service Engineering Prozess, sie leistet jedoch einen wichtigen *Erklärungsbeitrag* für die das CSE: Sie lässt die Schlussfolgerung zu, dass die Gesamtkosten der Koordination im CSE mit der Variation der Kundenbeteiligung an der Koordination beeinflusst werden können. Damit ist die Gestaltung der Kundenintegration ein relevanter Ansatz für die Realisierung einer kosteneffizienten Koordination des Cluster Service Engineering. Darüber hinaus kann aus der Grenzkostenargumentation heraus gefolgert werden, dass eine Beteiligung der Cluster-Unternehmen an der Koordination des Cluster Service Engineering nur dann möglich ist, wenn die Cluster-Akteure ihrerseits auf Koordinationsmechanismen und -instrumente zurückgreifen können, die eine effiziente Koordinationsleistung erlauben. Lassen die Koordinationsmechanismen und -instrumente des LDL eine effizientere Koordination zu, ist die Koordinationsleistung durch ihn zu erbringen.

Als Koordinationsinstrumente werden im klassischen c-Engineering die Methoden und Instrumenten der Telekooperation herangezogen, um durch die Nutzung moderner Informations- und Kommunikationstechnologien eine Koordination von Entscheidungen zwischen räumlich weit entfernten Organisationen zu ermöglichen.[619] Unter Bezugnahme auf den in dieser Arbeit gewählten entscheidungsorientierten Ansatz lassen sich diese Instrumente den

---

617 Vgl. CEZANNE (2005), S. 131.

618 Die Grenzkosten der Koordination $\frac{\partial KK}{\partial KA}$ ergeben sich als Steigerung der Koordinationskosten *KK* eines Akteurs bei der Erfüllung einer einzelnen zusätzlichen Koordinationsaufgabe *KA*. Unter der Annahme, dass Koordinationsaufgaben *KA* in marginal kleinen Größeneinheiten vergeben werden können ergeben sich die Grenzkosten der Koordination zu $\frac{\partial KK}{\partial KA}$. Liegen im Cluster höhere Grenzkosten der Koordination $\frac{\partial KK}{\partial KA}$ vor, führt eine zusätzliche Abgabe von Koordinationsleistungen an das Cluster zu einer überproportionalen Steigerung der Koordinationskosten im Cluster und somit zu steigenden Koordinationskosten im CSE.

619 Vgl. BULLINGER/KLOSTERMANN (2002), S. 196, verweisend auf LUCZAK/EVERSHEIM (1999). KERSTEN, KERN und ZINK folgend sind die Instrumente der Telekooperation im Zuge einer zielgerichteten *Kommunikation*, *Interaktion* und *Integration* der Akteure im Collaborative Service Engineering nutzbar. Siehe KERSTEN et al. (2006), S. 351.

in *Kapitel 2.1* ausgeführten Koordinationsstrategien für das Schnittstellenmanagement nach FRESE zuordnen, der *Kommunikationsstrategien* (Austausch entscheidungsrelevanter Informationen), *Segmentierungsstrategien* (Moderation von Entscheidungsprozessen in Beratungsgremien oder Nutzung von Moderatoren und Beratern) und *Strukturierungsstrategien* (Entscheidungsdelegation an Entscheidungsgremien oder Manager) zur Koordination interdependenter Entscheidungsprozesse autonomer Akteure vorschlägt.

Betrachtet man Cluster als Handlungsfeld für laterale Logistikkooperationen, so muss jedoch hinterfragt werden, ob auch hier die Methoden und Instrumente der Telearbeit die geeignetsten Werkzeuge für die Koordination der Entscheidungsinterdependenzen darstellen. Denn im Unterschied zum allgemeinen CSE findet das Cluster Service Engineering in einem *regionalen Kontext* statt. Der Entfernungsüberbrückung durch Instrumente der Telearbeit kommt eine untergeordnete Rolle zu. Darüber hinaus haben Cluster – wie in *Kapitel 2.1.3* dargelegt wurde – eine *Koordinationshistorie*: Im Rahmen der Bewältigung historischer Koordinationsprobleme haben sich Koordinationsmechanismen und -Instrumente herausgebildet, die in ihrer Gesamtheit die Cluster-Governance darstellen. Diese Koordinationsmechanismen und -instrumente wurden innerhalb von Cluster-Initiativen entwickelt und werden bei der Koordination von Selektionsentscheidungen, Allokationsentscheidungen, Regulationsentscheidungen und Evaluationsentscheidungen zum Einsatz gebracht. *Ob* und *wie* diese Koordinationsmechanismen und -instrumente für die Koordination der Entscheidungsinterdependenzen des *Cluster Service Engineering* genutzt werden können, entscheidet über das Ausmaß der erreichbaren und erstrebenswerten Kundenintegration im Rahmen des Cluster Service Engineering aus der Sicht des LDL.

Gelingt eine Anwendung der Koordinationsmechanismen und -instrumente, so können sowohl Cluster-Unternehmen, Leitunternehmen als auch Cluster-Manager an der Koordination des CSE beteiligt werden. Wie bei der Koordination von Entscheidungsinterdependenzen der Cluster-Initiative, kann dann eine Verringerung der dysfunktionalen Wirkung von Entscheidungsinterdependenzen durch die von FRESE beschriebenen *Strukturierungs-*, *Kommunikations-* und *Segmentierungskonzepte* erreicht werden. Als Koordinationsmuster kommen dann auch im CSE die im Rahmen der Cluster-Governance (*Kapitel 2.2*) ausgearbeiteten Koordinationsmuster zur Anwendung. Entscheidungsinterdependenzen lassen sich dabei durch CSE-*Moderatoren,* einen CSE-*Informationsausschuss,* durch CSE-*Berater,* durch einen CSE-*Beratungsausschuss,* durch CSE-*Manager* oder durch einen CSE-*Entscheidungsausschuss* bewältigen. Können die beschriebenen Koordinationsmuster jedoch nicht auf das CSE übertragen werden, hat der LDL die Koordinationsleistung als *externer* CSE-*Moderator*, *externer* CSE-*Berater* oder *externer* CSE-*Manager* im Rahmen einer Fremdkoordination zu erbringen. Ob auch in diesem Fall eine pro-aktive Projektakquisition angestrebt werden soll, ist im jeweiligen Praxisfall durch den LDL zu prüfen und zu entscheiden.

2.3.4 Das Cluster Service Engineering als konzeptioneller Bezugsrahmen

Der konzeptionelle Bezugsrahmen des *Cluster Service Engineering* soll die Lösungsidee der Arbeit und die erarbeiteten Grundlagen im Hinblick auf die formulierten Forschungsfragen strukturiert verbinden.

In *Kapitel 1* wurde die Lösungsidee formuliert, die in Cluster vorhandenen logistischen Effizienzsteigerungspotenziale durch eine pro-aktive Initiierung von Logistikkooperationen durch LDL zu heben. Dabei wird der in der aktuellen Literatur als *Insinking* bezeichnete Ansatz der pro-aktiven Akquisition von Logistikaufträgen bei mehreren Unternehmen, der Lösungsidee folgend, auf Cluster übertragen. Durch eine gezielte Auswahl und Akquisition potenzieller Kunden wird dabei das Ziel verfolgt, Bündelungseffekte zu generieren, die zu Effizienzgewinnen bei den beteiligten LDL und Kosteneinsparungen bei den verladenden Unternehmen führen.[620] Im Rahmen der Leistungsanbahnung steht dabei nicht länger die Auswahl eines LDL im Fokus des Vorgehens, sondern die Identifikation von Synergiepotenzialen zwischen den Kunden und die gemeinsame Entwicklung von Lösungskonzepten für ein kooperatives Logistiksystem. Gefordert wird ein kollektives Service Engineering für laterale Logistikkooperationen in Clustern – ein *Cluster Service Engineering*.

Eine erste Verknüpfung der Ergebnisse der gelegten Grundlagen wurde bereits in *Kapitel 2.3.3* hergestellt. Teile der konzeptionellen Grundlagen stehen jedoch noch unverbunden neben *Kapitel 2.3.3*. Daher sind die Erkenntnisse aus *Kapitel 2.3.3* mit den noch unverbundenen Grundlagen zu verknüpfen. Dazu werden nachfolgend die Ergebnisse der *Kapitel 2.1 bis 2.3* kurz zusammengefasst.

In *Kapitel 2.1* wurden die Grundlagen der Clusterforschung vorgestellt. Im Rahmen der Einführung in die begrifflichen und konzeptionellen Grundlagen der Clusterforschung in *Kapitel 2.1.1* wurde aufgezeigt, dass die Clusterforschung der verschiedenen Denkschulen und -perspektiven die Meso- und Makroebenen als Analyseebenen fokussieren und dabei den Kooperationsbeziehungen im Cluster sowie den Wertschöpfungsbeziehungen der Unternehmen wenig Beachtung schenken. Da bei der Betrachtung des Cluster Service Engineering sowohl Wertschöpfungsbeziehungen der Akteure im Cluster als auch vertikale und horizontale Kooperationsbeziehungen sowie Kooperationen auf überbetrieblicher Ebene berücksichtigt werden sollen, wurde die Cluster-Black-Box in *Kapitel 2.1.2* aufgebrochen. Es wurde ein Cluster-Modell erarbeitet, das die benannten Aspekte berücksichtigt. In *Kapitel 2.1.3* wird die Koordination von Kooperationen in Clustern fokussiert. Nach einer entscheidungsorien-

[620] Vgl. Kapitel 1.

tierten Definition des Koordinationsbegriffs wurde ausgeführt, wie Entscheidungsinterdependenzen zwischen den Akteuren eines Clusters entstehen können. Mit der Ausführung der Aufgaben des Clustermanagements wurden die Koordinationsprobleme konkretisiert. Es handelt sich um die Wahrnehmung der Aufgaben der Selektion, der Allokation, der Regulation und der Evaluation im Rahmen der überbetrieblichen Kooperation einer Cluster-Initiative. Anschließend wurden dem Schnittstellenmanagement Konzepte entliehen, die zur Bewältigung der Entscheidungskoordination in Clustern eingesetzt werden können. Daher wurden Kommunikationskonzepte, Segmentierungskonzepte und Strukturierungskonzepte ausgeführt, die sowohl im Rahmen einer Selbstkoordination als auch im Rahmen einer Fremdkoordination im Cluster zum Einsatz kommen können. Die resultierenden Koordinationsmuster wurden in ihrer Gesamtheit als Cluster Governance charakterisiert. Sie ordnet die erarbeiteten Koordinationsmuster den Koordinationsproblemen eines Clusters und den koordinierenden Akteuren zu. Im Ergebnis bereitet *Kapitel 2.1* Cluster als Handlungsfeld für laterale Logistikkooperationen vor und bietet für die spätere Auseinandersetzung mit der Problematik der Koordination von Entscheidungsinterdependenzen im CSE potenzielle Anknüpfungspunkte.

In *Kapitel 2.2* beginnt die Legung der Grundlagen für die Beschreibung des Erkenntnisobjekts der Arbeit. Dabei wurden nach einer Einführung in die begrifflichen und konzeptionellen Grundlagen des Dienstleistungsmanagements in *Kapitel 2.2.1* die Grundlagen des Service Engineering als Disziplin der systematischen Gestaltung von Dienstleistungen erarbeitet. Dabei wurde insbesondere die Prozessdimension der Dienstleistungsgestaltung fokussiert, um mit Hilfe der im Service Engineering angebotenen Vorgehensmodelle eine Grundlage für die Erarbeitung eines Referenzprozesses der proaktiven Leistungsanbahnung im Rahmen lateraler Logistikkooperationen in Clustern zu finden. In *Kapitel 2.2.2* wurde die Kundenintegration als Gestaltungsproblem des Service Engineering problematisiert. Es wurde aufgezeigt, dass die Integration externer Faktoren des Kunden nicht nur im Rahmen der Leistungserstellung im engeren Sinne erfolgt, sondern bereits bei der Dienstleistungsgestaltung die Kundenintegration eine bedeutsame Rolle spielt. Zur Konkretisierung der Rolle der Kundenintegration im Service Engineering wurde das Konstrukt der Prozessevidenz herausgearbeitet, das mit der Problemtransparenz, dem Problembewusstsein, der Integrationstransparenz und dem Inte-grationsbewusstsein sowohl Nebenbedingungen als auch Restriktionen einer erfolgreichen Kundenintegration darstellen. Abschließend wurde in *Kapitel 2.2.3* eine deutliche Fokussierung und Konkretisierung der Grundlagen vorgenommen, da hier Logistikdienstleister als Ausprägung von Dienstleistungsunternehmen in den Fokus rücken.

In *Kapitel 2.3* wurde anknüpfend an *Kapitel 2.2.3* die Problemstellung der Arbeit aufgegriffen, um aus der Perspektive eines LDL zu beschreiben, wie ein Service Engineering Prozess mit mehreren beteiligten verladenden Unternehmen in einem Cluster zur Gestaltung lateraler

Logistikkooperationen gestaltet werden kann. Dazu wurde der Stand der Forschung zu horizontalen und lateralen Logistikkooperationen dargestellt und eine Systematisierung horizontaler und lateraler Logistikkooperationen vorgenommen. Mit den Möglichkeiten zur Realisierung von Produktionskostensenkungen, Umsatzsteigerungen, Glättungen von Auslastungsschwankungen und der Steigerung der Kundenbindung wurden potenzielle Vorteile vorgestellt, die sich für LDL aus lateralen Logistikkooperationen ergeben können. Nach einer Aufarbeitung der Herausforderungen lateraler Logistikkooperationen konnte bestätigt werden, dass insbesondere die Interaktion mehrerer Akteure in der Phase der Leistungsanbahnung Herausforderungen an LDL stellt, da hierbei eine Koordination interdependenter Entscheidungen der Akteure erforderlich wird. Basierend auf den bis zu diesem Zeitpunkt erarbeiteten Kenntnissen wurde in *Kapitel 2.3.2* ein entscheidungsorientierter Referenzprozess für das Cluster Service Engineering für laterale Logistikkooperationen ausgearbeitet. Er unterscheidet sich von den klassischen Formen der Leistungsanbahnung in der Logistik dadurch, dass er ein proaktives Vorgehen des LDL vorsieht, die Dienstleistungsgestaltung und nicht die LDL-Selektion fokussiert und die Gestaltung der Kundenintegration als Planungsproblem des LDL explizit berücksichtigt. Die Entscheidungsinterdependenzen in den vier Phasen des Referenzprozesses wurden in *Kapitel 2.3.2* detailliert aufgezeigt.

In *Kapitel 2.3.3* wurden die in den vorangegangenen Kapiteln gelegten Grundlagen bereits in einem ersten Schritt zusammengefasst. Darüber hinaus wurde die Kosteneffizienz als Gestaltungsziel der Kundenintegration im Cluster Service Engineering erklärt. Es konnte begründet werden, dass die Erbringung von Koordinationsleistungen als Kundenintegration auf dispositiver Ebene zu verstehen ist und damit die Beteiligung der Kunden an der Koordination ein Planungsproblem für den LDL darstellt. Dabei führt die Wahrnehmung der Koordinationsaufgaben durch die Kunden zu Kostensteigerungen oder Kostensenkungen im Service Engineering Prozess, je nach der Ausprägung der Koordinationsfähigkeit des LDL und der Akteure des Clusters. Durch eine Grenzkostenbetrachtung konnte argumentiert werden, dass die Minimierung der kumulierten Koordinationskosten durch ein systematisch gewähltes Integrationsniveau erreicht werden kann. Unter der Annahme, dass Koordinationskosten der Akteure im Rahmen einer Kostenverrechnung verteilt werden, wird eine kosteneffiziente Koordination dann erreicht, wenn sich die Grenzkosten der Koordination der Akteure entsprechen. *Wie* dieses kosteneffiziente Kundenintegrationsniveau zu identifizieren ist und welche Koordinationsmechanismen und -instrumente in der theoretisch vorhandenen Lösung zum Einsatz kommen können, konnte in *Kapitel 2.3.3* nicht aufgezeigt werden.

In *Kapitel 1* wurde die Lösungsidee formuliert, die in einem Cluster vorhandenen Koordinationspraktiken und Routinen zu nutzen, um eine effiziente Koordination der Leistungsanbahnung im Cluster zu ermöglichen. In *Kapitel 2.3.3* wurde diese Lösungsidee mit Hilfe der gelegten Grundlagen konkretisiert. Es wurde die Möglichkeit aufgezeigt, statt den Methoden und Instrumenten der Telekooperation die im Cluster verfügbaren Koordinationsmechanismen und -instrumente für die Koordination der Entscheidungsinterdependenzen im Cluster Service Engineering zu nutzen. Dabei wurde insbesondere die Idee aufgegriffen, dass die Koordinationsmechanismen einer Cluster-Initiative für eine effiziente Koordination des CSE angewendet werden können. Die Konzepte des Schnittstellenmanagements wurden daher auf die Koordinationsprobleme in Clustern übertragen und die Lösungsidee formuliert, die in Cluster-Initiativen vorhandenen Beratungs- und Entscheidungsgremien als *CSE-Beratungsgremien* und *CSE-Entscheidungsgremien* zu nutzen. Alternativ wurde die Idee skizziert, die mit der Wahrnehmung von Koordinationsaufgaben in einer Cluster-Initiative betrauten Cluster-Manager und Leitakteure als *CSE-Moderatoren*, *CSE-Berater* oder *CSE-Manager* einzusetzen.

Nach einer kritischen Reflektion der erarbeiteten konzeptionellen Grundlagen kann ein Zwischenresümee gezogen werden, wenn die aus der Lösungsidee resultierenden Problemstellungen und die Forschungsfragen der Arbeit kritisch reflektiert werden. Aus der Lösungsidee wurde die Herausforderung abgeleitet, die autonom entscheidenden, rechtlich und weitgehend wirtschaftlich unabhängigen Cluster-Unternehmen in einem gemeinsamen Service Engineering Prozess zu koordinieren. Dies spiegelt die forschungsleitende Frage der Arbeit – *Wie lässt sich ein integrativer Service Engineering Prozess für laterale Logistikkooperationen in Clustern bei der pro-aktiven Marktbearbeitung durch* LDL *kosteneffizient koordinieren?* – wider. Die forschungsleitende Frage wurde in Forschungsfrage 1 – *Welche Koordinationsprobleme treten in einem integrativen Service Engineering Prozess für laterale Logistikkooperationen in einem Cluster auf?* – und in Forschungsfrage 2 – *Mit welchen Koordinationsinstrumenten lassen sich die Koordinationsprobleme in einem integrativen Service-Engineering Prozess für laterale Logistikkooperationen in einem Cluster bewältigen, und welche Rolle spielt dabei die Cluster Governance?* – operationalisiert.

Mit der Ausarbeitung der Koordinationsprobleme im Rahmen des CSE wurde Forschungsfrage 1 adressiert. Der erarbeitete Referenzprozess des CSE stellt die Entscheidungsinterdependenzen zwischen den Kooperationspartnern des CSE dar und liefert damit einen Erklärungsbeitrag bzgl. Forschungsfrage 1. Forschungsfrage 2 konnte mit der Ausarbeitung der konzeptionellen Grundlagen nicht adressiert werden. Sie führt zur Zielsetzung, effiziente Koordinationsinstrumente für die Bewältigung der beschriebenen Koordinationsprobleme zu beschreiben und zu erklären, welche Wirkung von der Cluster Governance auf die Gestaltung des CSE zu erwarten ist. Durch die Aufarbeitung der konzeptionellen Grundlagen gelingt es jedoch, die Forschungsfrage 2 zu schärfen. Zu untersuchen ist, ob und unter welchen Voraussetzungen sich die Koordinationsmuster einer Cluster-Initiative – der Einsatz von Beratungsgremien oder der Einsatz eines Cluster-Managers – für die Entscheidungskoordination im CSE nutzen lassen, um damit die Gesamtkosten der Koordination im CSE zu senken. Dabei wird nicht angenommen, dass ein Set universal-effizienter Koordinationsmuster in einer Cluster-Initiative verfügbar ist. Stattdessen wird vermutet, dass die Charakteristika der Cluster Governance den Einsatz verschiedener Koordinationsmuster ermöglichen oder beschränken. Es ist daher im weiteren Forschungsprozess zu untersuchen, ob und unter welchen Bedingungen die Koordinationsmuster einer überbetrieblichen Kooperation (Cluster-Initiative) zur effizienten Koordination einer zwischenbetrieblichen Kooperation (CSE) in einem Cluster genutzt werden können. Aus dieser Konkretisierung der Forschungsfrage 2 resultiert eine weiterführende explanatorischen Untersuchung, die im Ergebnis die Frage beantworten soll, *wie* die Organisation eines Clusters für die effiziente Koordination des Cluster Service Engineering genutzt werden kann. Für diese Untersuchung wird eine theoriegeleitete Analyse erforderlich, die nachfolgend in *Kapitel 3* durchgeführt wird. Sie führt zu Thesen über die Nutzbarkeit von Koordinationsmustern von Cluster-Initiativen im CSE. Ziel der theoriegeleiteten Analyse ist dabei, durch die Formulierung der Thesen eine empirische Untersuchung zum Cluster Service Engineering im Rahmen einer explorativen Fallstudie vorzubereiten.

Der konzeptionelle Bezugsrahmen der Arbeit wird in *Abbildung 2-36* (nachfolgende Seite) zusammenfassend dargestellt. Sie stellt den Referenzprozess für das Cluster Service Engineering dar und damit die vier Prozessschritte, die bei ihrer Bearbeitung zu den herausgearbeiteten Entscheidungsinterdependenzen führen. Die Cluster Governance des zu bearbeitenden Clusters wird charakterisiert durch die Koordinationsmuster, die bei Selektions-, Allokations-, Regulations- und Evaliuationsentscheidungen auf der Ebene der Cluster-Initiative zum Einsatz kommen. Ihre Eignung für die Koordination der Entscheidungsinterdependenzen des CSE gilt es im weiteren Forschungsprozess zu untersuchen. Die Übertragbarkeit der Koordinationsmuster einer Cluster-Initiative auf das CSE wird im Ergenis mit darüber entscheiden, ob die Break-Even-Analyse der beteiligten Kooperationspartner zu einer Kostenersparnis durch laterale Logistikkooperationen führt oder ob die erzielbaren Logistikkostensenkungen der Akteure durch die gestiegenen Koordinationsbedarfe in der Phase des Service Engineering aufgezehrt werden.

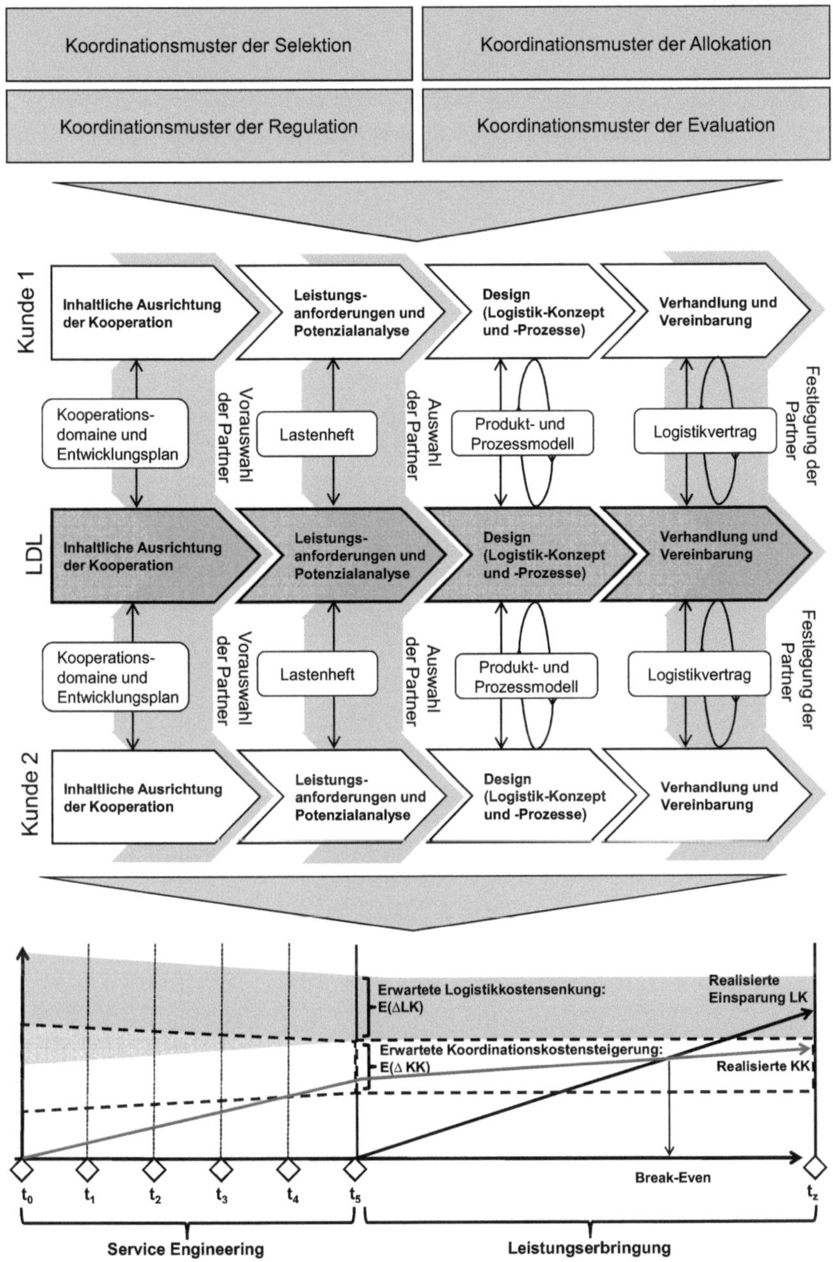

Abbildung 2-36: Konzeptioneller Bezugsrahmen des Cluster Service Engineering.

3 Theoriegeleitete Analyse kosteneffizienter Koordinationsmuster für das Cluster Service Engineering

Die Analyse der kosteneffizienten Koordination des Cluster Service Engineering erfolgt in *Kapitel 3* durch Anwendung der Transaktionskostentheorie.

In *Kapitel 3.1* werden verschiedene Ausprägungen der Transaktionskostentheorie hinsichtlich ihrer Eignung für die Analyse des Cluster Service Engineering diskutiert. Transaktionskostentheorien befassen sich mit der Koordination ökonomischer Aktivitäten und sind daher vordergründig für die Analyse der Koordinationsmuster des Cluster Service Engineering geeignet. Um diese Vermutung zu bestätigen, wird vor der eigentlichen Analyse die Eignung der Transaktionskostentheorien für die theoriegeleitete Analyse diskutiert. Da die Planung der Koordinationsmuster in den konzeptionellen Grundlagen der Arbeit als Kundenintegrationsproblem modelliert wurde, wird diese Perspektive auch in der theoriegeleiteten Analyse gewählt. Es wird aufgezeigt, das die Verbindung statischer und dynamischer Transaktionskostenansätze zu einem für diese Arbeit geeigneten Instrumentarium führt.[1]

In *Kapitel 3.2* wird das transaktionskostentheoretische Analyseinstrumentarium zur Anwendung gebracht. Die theoriegeleitete Analyse führt zur Formulierung von acht Thesen über die Nutzung von Koordinationsmustern einer Cluster-Initiative für die effiziente Koordination der Entscheidungsinterdependenzen des Cluster Service Engineering.

3.1 Instrumentarium: Anwendung eines metatheoretischen Transaktionskostenansatzes für die Analyse der Koordinationsmuster des Cluster Service Engineering

3.1.1 Diskussionsstand zur Eignung statischer Transaktionskostentheorien für die Analyse von Kundenintegrationsprozessen

COASEs Beiträge als Grundlage der Transaktionskostentheorien

Bereits in den 30er Jahren des 19. Jahrhunderts haben Ökonomen das Transaktionskostendenken entwickelt.[2] Darauf aufbauend etablierte sich nach etwas mehr als 30 Jahren ein Theoriestrang, die heute als *(ökonomischer) Neo Institutionalismus* oder *Neue Institutionen-*

---

[1] Hierbei werden gezielt jene Transaktionskostentheorien aufgearbeitet, die in dem von FLIEß entwickelten metatheoretischen Transaktionskostenansatz aufgegriffen werden. Die Struktur von Kapitel 3.1 ist angelehnt an den Argumentationsgang von FLIEß (2001). Dabei werden jedoch abweichend von FLIEß Schwerpunkte entsprechend der Problemstellung der Arbeit bei der Behandlung *unsicherheitsschaffender und -reduzierender Kosteneinflussgrößen* gesetzt.

[2] Vgl. COASE (1937); COMMONS (1934) und von HAYEK (1945). Bereits bei COMMONS ist die Transaktion die Basisgröße wirtschaftlicher Aktivität, vgl. COMMONS (1934), S. 4. Bei COASE sind Transaktionen ebenfalls Kern der Analyse, der Beitrag fokussiert jedoch im Unterschied zu COMMONS vor allem die Kosten der Transaktion durch Nutzung von Preismechanismen oder unternehmerischer Koordination und geht bereits von einer *Verhaltensunsicherheit* der Akteure und damit zumindest indirekt von *beschränkt rationalen Wahlhandlungen* aus.

ökonomik bezeichnet wird.[3] 1937 publizierte COASE den als wegweisend eingestuften Artikel *„The Nature oft the Firm“*[4] und legte darin die konzeptionelle Grundlage für die Entwicklung der heutigen Transaktionskostentheorien. COASE eröffnet seinen Beitrag mit einer grundlegenden Kritik an der neoklassischen Theorie: In einem selbstgängigen Wirtschaftssystem, welches für sein fortlaufendes Arbeiten keiner zentral wirkenden Steuerung bedarf, wird eine Gesellschaft nicht als Organisation, sondern als Organismus betrachtet. Die Koordination ökonomischer Aktivität in Unternehmen kann seiner Ansicht nach auf diese Weise nicht vollständig erfasst werden.[5] COASE führt weiter aus, dass zwar die Existenz von Organisationen in Wirtschaftssystemen von Ökonomen der Neoklassik erkannt wurde, dass aber die Koordination des wirtschaftlichen Handels ungeachtet dieser Tatsache weiterhin nur durch den Preismechanismus erklärt wird. COASE bezieht sich auf ROBERTSON, der das Phänomen *Unternehmen* mit Machtinseln in einem Ozean unbewusster Kooperation vergleicht.[6]

Nach COASE werden innerhalb von Unternehmen Markttransaktionen eliminiert. An ihrer Stelle werden die komplexen Machtstrukturen des koordinierenden Unternehmers genutzt („entrepreneur-co-ordinator“[7]), der die Wertschöpfungsprozesse steuert.[8] Unternehmen zeichnen sich dieser Position folgend insbesondere dadurch aus, dass sie den Preismechanismus (innerhalb ihrer Grenzen) außer Kraft setzen können.[9] Nach COASE stehen damit zwei Alternativen der ökonomischen Koordination zur Disposition: Märkte, die sich des Preismechanismus zur Lenkung von Ressourcen bedienen, und Unternehmen, welche den Preismechanismus durch einen steuernden Unternehmer ersetzen.[10] In beiden Fällen, so argumentiert COASE, ist die Nutzung der Koordinationsmechanismen kostenbehaftet. Während für die Nutzung des Preismechanismus auf Märkten *Marknutzungsgebühren* (*marketing costs*) zu entrichten sind, fallen in Unternehmen Kosten der intraorganisationalen Koordination an, so genannte Organisati-

---

[3] Siehe WILLIAMSON (1975); WILLIAMSON (1973); WILLIAMSON (1971) und auf die bei WILLIAMSON (1975) verwiesenen Beiträge ALCHIAN/DEMSETZ (1973); ALCHIAN/DEMSETZ (1972); ARROW (1969); ARROW (1974); DAVIS/NORTH (1971); DOERINGER/PIORE (1971); KORNAI (1971); NELSON/WINTER (1973) und WARD (1971). Während die Institutionalisten eine Alternative zur klassischen Wirtschaftstheorie suchten, streben die Neo-Institutionalisten eine Verbindung der Transaktionskostenökonomik mit der klassischen Theorie an. Vgl. WILLIAMSON (1975), S. 1.

[4] Vgl. COASE (1937).

[5] Vgl. COASE (1937), S. 387 und von HAYEK (1933), S. 131. In einem in dieser Form beschriebenen Wirtschaftssystem wird dem Individuum nicht die Aufgabe der Planung ökonomischer Aktivitäten abgesprochen, jedoch beschränkt sich die Planung auf die Wahl zwischen Alternativen. Die Alternativen selbst sind nicht individuell planbar, Sie werden durch den Preismechanismus geschaffen. Dieses Verständnis von Wirtschaftssystemen ist nach COASE ungeeignet zur Beschreibung der Art und Weise, wie ökonomische Aktivitäten in Unternehmen koordiniert werden: *„Sir Arthur Salter's description, however, gives a very incomplete picture of our economic system. Within a firm, the description does not fit at all“*, so COASE (1937), S. 387.

[6] Vgl. COASE (1937), S. 388.

[7] Ebenda.

[8] Vgl. ebenda. COASE verwendet im weiteren Verlauf seiner Abhandlung den Begriff *entrepreneur* für jene Autorität, die im Unternehmen die Koordinationsfunktion übernimmt, die außerhalb dem Unternehmen dem Preismechanismus zufällt.

[9] Vgl. ebenda, S. 389, verweisend auf DOBB (1925).

[10] Die Art und Weise der Steuerung durch den Entrepreneur wird bei WILLIAMSON konkretisiert. Statt klassischer oder neoklassischer Vertragsgrundlagen werden die Transaktionen im Unternehmen durch adaptive, sequenzielle Entscheidungsprozesse unter einheitlichem Eigentum u. mit Hilfe hierarchischer Anreiz-, u. Überwachungssysteme koordiniert. Vgl. WILLIAMSON (1990), S. 79.

onskosten. Aus der Annahme, dass die Höhe dieser Kostenarten unter gegebenen Bedingungen variieren kann, folgert Coase die Existenzberechtigung von Unternehmen.[11]

Organisationskosten werden bei Coase als Kosten der unternehmensinternen Koordination verstanden. Sie steigen mit zunehmender Organisationsgröße überproportional an, was die Annahme steigender Grenzkosten der Transaktion rechtfertigt. Coase begründet dies mit der im Vergleich zu kleinen Unternehmen besonderen Herausforderung, Transaktionen in heterogenen und großen Organisationen zu koordinieren.[12] Aus dieser Argumentation folgt die These von Coase, eine optimale Unternehmensgröße basierend auf der Gleichsetzung der Grenzkostenverläufe bestimmen zu können.[13] Sie liegt dort, wo sich die *Grenzorganisationskosten* und die *Grenzmarktnutzungskosten* ihrer Höhe nach entsprechen. *„[...] A firm will tend to expand until the costs of organizing an extra transaction within the firm become equal to the costs of carrying out the same transaction by means of an exchange on the open market or the costs of organizing in another firm"*[14].

Transaktionskostenverständnis und Kosteneinflussgrößen im Governance-Ansatz

Der *Governance-Ansatz* ist der in der betriebswirtschaftlichen Forschung am häufigsten angewandte Vertreter der Transaktionskostentheorien.[15] Dieser von Williamson[16] geprägte Ansatz behandelt das Problem ökonomischer Organisation aus mikroökonomischer Sicht und betrachtet in der Tradition Arrows Transaktionskosten als *„costs of running the economic system"*[17]. Eine *Transaktion* findet statt, *„wenn ein Gut oder eine Leistung über eine technisch trennbare Schnittstelle hinweg übertragen wird. Eine Tätigkeitsphase wird beendet; eine ande-*

---

11 Vgl. Coase (1937), S. 391.

12 *Grenzertrag E'* und *Grenzkosten K'* sind die der ökonomischen Theorie verwendeten Begriffe für die jeweils erste Ableitung des Ertrags *E* und der Kosten *K*, üblicherweise nach der Produktionsmenge X. Vollständig müsste vom *Grenzertrag der Produktion E'(x)* und den *Grenzkosten der Produktion K'(x)* unter gleichbleibendem *Faktoreinsatzverhältnis* gesprochen werden. Vgl. Lorz (2007), S. 71. Im hier dargestellten Anwendungsfall wird von den Grenzerträgen und Grenzkosten der Transaktion E'(T) und K'(T) gesprochen, hier unter der Annahme, dass die Faktoreinsatzmenge und ihr Verhältnis bei marktlicher und untehmensinterer Koordination gleich hoch sind. Es ergeben sich dabei der Grenzertrag $E'(T) = \frac{\partial E}{\partial T}$ und die Grenzkosten $K'(T) = \frac{\partial K}{\partial T}$ der Transaktion T.

13 Die Größe des Unternehmens misst Coase an der Anzahl der Transaktionen, die in ihm koordiniert werden. Vgl. Coase (1937), S. 393.

14 Coase (1937), S. 395.

15 Die Literaturanalyse befördert zahlreiche Anwendungsbeispiele zu Tage. Siehe stellvertretend Picot/Schuller (2001) (Corporate Governance); Neus (2001) (Finanzierung); Windsperger (2001) (Strategie und Organisation); Dietl/van der Velden (2001) (Internationalisierung); Kaas (2001) (Marketing); Sydow (2001) und Neuburger (1997) (Interorganisationale Kooperation); Franck/Jungwirth (2001) (Produktionswirtschaft); Jost (2001b) (Intraorganisationale Koordination); Eigler (2001) (Personalmanagement) und Gassen (2001) (Rechnungslegung).

16 Williamson strebt eine Konkretisierung und Operationalisierung der Transaktionskostenanalyse von Coase an: *„I submit that a more complete theory of firms and markets that Coase was able to forge in this seminal study awaits more self-conscious attention to the ramifications of the elementary attributes of human decision makers – of which opportunitsm is one, and bounded rationality is another"*, Williamson (1975), S. 2. Zur Entwicklung seines konzeptionellen Bezugsrahmens für organisationales Versagen greift er auf die nach dem Zweiten Weltkrieg veröffentlichte Literatur über die Aspekte des Marktversagens zurück. Siehe u.a. Arrow (1971); Akerlof (1970); Davis/Whinston (1962); Cicchetti/Freeman (1971); Samuelson (1954) und Weisbrod 1964.

17 Vgl. Arrow (1969), S. 48. Bei Coase wird der Begriff *Transaktion* nicht explizit definiert. Er verweist jedoch auf verschiedene Vorarbeiten, in welchen der Begriff behandelt wurde. Siehe die bei Coase (1937) zitierte Literatur.

re beginnt"[18]. *Transaktionskosten* sind dabei die Kosten, die für die Einrichtung, Benutzung, Erhaltung und Veränderung des organisationalen Arrangements für den Güter- und Leistungsaustausches anfallen. Es handelt sich um die *Kosten für die Benutzung des Wirtschaftssystems.*[19]

Zur Operationalisierung der Transaktionskosten wird das Problem ökonomischer Organisation als Vertragsproblem modelliert.[20] Nachfolgend dargestellte Kostenarten werden dabei differenziert.[21]

Ex-ante Transaktionskosten sind Kosten, die durch die Suche nach dem richtigen Transaktionspartner, inklusive der dafür notwendigen Informationsbeschaffung, verursacht werden (*Anbahnungskosten*). Berücksichtigt werden zudem Kosten, die durch das Aushandeln und Formulieren von Verträgen generiert werden (*Vereinbarungskosten*).

Ex-post Transaktionskosten sind Kosten, die durch die Kontrolle von Vertragsinhalten (*Kontrollkosten*) sowie durch die Durchsetzung und Korrektur von Vertragsinhalten (*Anpassungskosten*) verursacht werden.

Ausgangspunkt der Betrachtung von Verträgen ist ihre Eignung zur Reduzierung von Unsicherheiten im Wirtschaftshandeln. Die Existenz von Unsicherheit ist dabei der Ausgangspunkt der Argumentation des Governance-Ansatzes. Dies wird bereits bei COASE deutlich, der *Unsicherheit* auf Märkten als Existenzberechtigung („raison d' être" [22]) von Unternehmen interpretiert.[23] Während COASE Unsicherheit primär als Unsicherheit der Individuen über die situativen Bedingungen des Vertrages sieht,[24] betont WILLIAMSON die Bedeutung verhaltensbedingter Unsicherheiten: Er definiert *Verhaltensunsicherheit* als Unsicherheit strategischer Art, die auf Opportunismus zurückzuführen ist.[25] WINDSPERGER greift diesen Standpunt auf und betont, dass andere Formen der Unsicherheit, wie Umwelt- und Transaktionsunsicherheiten, selbst zu

[18] WILLIAMSON (1990), S. 21. WILLIAMSON weist darauf hin, dass Transaktionen auch innerhalb mechanischer Systeme stattfinden, etwa wenn mechanische Teilsysteme an einer technisch trennbaren Schnittstelle ineinandergreifen. Als Gegenstück zur physikalischen Reibung beschreiben sie die Wertverluste, die durch die Organisation ökonomischer Aktivitäten entstehend. WILLIAMSON (1990), S. 1 und S. 21 - 22.

[19] Vgl. SETRNGE (2005), S. 69. Siehe auch WILLIAMSON (1985), S. 18 - 22 und Coase (1937).

[20] Somit können die Transaktionskosten dem Entwurf, der Verhandlung und der Absicherung von Verträgen zugerechnet werden. Siehe WILLIAMSON (1990), S. 22. Verschiedene Kostenarten können differenziert werden. Sie entstehen durch die Suche nach dem richtigen Transaktionspartner inklusive der dafür notwendige Informationsbeschaffung (Anbahnungskosten), das Aushandeln und Formulieren der Transaktionsverträge (Vereinbarungskosten), die Kontrolle von Vertragsinhalten (Kontrollkosten) sowie die Durchsetzung und Korrektur der Vertragsinhalte (Anpassungskosten). Vgl. FISCHER (1993), S. 92. WILLIAMSON unterscheidet zudem nach Kosten vor bzw. nach dem Vertragsabschluss und differenziert *ex-ante-* und *ex-post-Transaktionskosten.* Vgl. WILLIAMSON (1990), S. 22.

[21] Vgl. FISCHER (1993), S. 92.

[22] COASE (1937), S. 392.

[23] Diese Argumentation ergibt sich aus der Unternehmensdefinition von COASE, siehe COASE (1937), S. 392.

[24] Unternehmen haben, so CAOSE, immer dann eine Chance den Preismechanismus durch Anweisungen des Entrepreneurs zu schlagen, wenn sowohl kurz- als auch langfristige Verträge zu unzufrieden-stellenden Ergebnissen führten. Vgl. COASE (1937), S. 392 - 394.

[25] Er berücksichtigt damit, dass *„Parteien gegeneinander strategische Pläne schmieden, die zur Quelle von Unsicherheit ex ante und Überraschungen ex post werden"* WILLIAMSON (1990), S. 66.

steigenden Verhaltensunsicherheiten führen, und somit alle Unsicherheiten im Governance-Ansatz als Verhaltensunsicherheiten erfasst werden können.[26]

Die determinierende Wirkung von Verhaltensunsicherheiten auf die Höhe von Transaktionskosten wird damit begründet, dass die Problematik *beschränkter Rationalität* der Akteure erst in einer ausreichend komplexen und unsicheren Umwelt zum Tragen kommt: Erst wenn die Grenzen der sprachlichen oder physiologischen Informationsverarbeitungskapazität erreicht werden, handelt das Individuum beschränkt rational.[27] So führen Umwelt- und Transaktionsunsicherheiten über die situativen Bedingungen eines Vertrages[28] zu Komplexität und damit zur Erforderlichkeit transaktionskostengenerierender Absicherungsformen.[29] Beschränkte Rationalität und Komplexität wiederum werden als Voraussetzungen für die Möglichkeit opportunistischen Handelns gesehen und lösen somit Verhaltensunsicherheiten aus. In diesem Sinne schaffen Verhaltensunsicherheit und beschränkte Rationalität die Voraussetzungen für die Problematik des opportunistischen Verhaltens.[30]

Nach WILLIAMSON hängt die Höhe der Transaktionskosten neben dem Niveau der Verhaltensunsicherheiten auch von den Determinanten Faktorspezifität und Transaktionshäufigkeit ab.[31] Die *Faktorspezifität* ist im Governance-Ansatz das wichtigste Merkmal der Transaktion und gleichzeitig dasjenige, welches diesen Transaktionskostenansatz am wesentlichsten von anderen Theorien der Organisation unterscheidet.[32] *Die Faktorspezifität einer Transaktion* wird dadurch bestimmt, dass für ihre Durchführung eine spezifische Investition getätigt werden muss. Dabei ist die Spezifität der Investition umso höher, je größer der Wertverlust ist, der mit der Nutzung der eingebrachten Ressourcen in der besten Alternativverwendung einhergeht.[33] WILLIAMSON unterscheidet in diesem Kontext Einzweckinvestitionen von Mehrzweckinvestitionen.[34]

---

26 Siehe die Determinanten der Transaktionskosten bei WINDSPERGER (1996), S. 31.

27 Vgl. WILLIAMSON (1975), S. 22 - 23.

28 Bei COASE wird bereits diskutiert, wie eine Reduzierung der Marktnutzungsgebühren durch die langfristige Vereinbarungen von Kauf-Transaktionen von Waren oder Dienstleistungen im Sinne von Rahmenverträgen erreicht werden kann mit dem Ziel, die Kosten der Einzelverträge zugunsten eines langfristigen Vertrages zu vermeiden. Siehe COASE (1937), S. 391.

29 Vgl. WORATSCHEK/ROTH (2005), S. 157.

30 Zunehmende Verhaltensunsicherheit führt daher zu steigenden Transaktionskosten. Siehe auch EBERS/GOTSCH (1995), S. 213.

31 WORATSCHEK/ROTH (2005), S. 157. Vgl. auch PICOT et al. (2003) S. 51 - 53 sowie WILLIAMSON (1985), S. 52-61. Die Determinanten der Transaktionskosten und ihre Wirkungsbeziehungen zu den transaktionsrelevanten Faktoren werden bei WINDSPERGER schematisch dargestellt. Darin sind sowohl die Ursache-Wirkungs-beziehungen zwischen den Faktoren und den Determinanten, als auch die Wirkungsbeziehungen innerhalb der Determinanten dargestellt. Vgl. WINDSPERGER (1996), S. 31.

32 Vgl. WILLIAMSON (1990), S. 59.

33 Vgl. WORATSCHEK/ROTH (2005), S. 157 und KLEIN/CRAWFORD/ALCHIAN (1978), S. 298. Ist eine Investition als außerhalb der vorgesehenen Transaktion nicht alternativ einsetzbar und somit völlig wertlos, hat die Spezifität ihre maximale Ausprägung erreicht. Vgl. WILLIAMSON (1985), S. 54.

34 Es werden zudem verschiedene Arten der Spezifität unterschieden: *Standortspezifität*, *Spezifität des Sachkapitals*, *Spezifität des Humankapitals* und *zweckgebundene Sachwerte*. Einzweckinvestitionen sind spezifisch für eine bekannte Verwendung ausgerichtet. Bei Vertragserfüllung kann dies Kostenvorteile bewirken, bei Nichter-

Die Wirkung der Spezifität auf die Höhe von Transaktionskosten wird begründet mit der Wirkung, die Spezifität im Zusammenhang mit Opportunismus bzw. begrenzter Rationalität und Unsicherheit entwickelt.[35] Wenn Investitionen einen hohen Spezifitätsgrad aufweisen und die Transaktionspartner davon wissen, setzt sich der handelnde Akteur der Gefahr eines *Hold-up Problems* oder eines *Lock-in Problems* aus. [36] Diese entstehen, wenn die opportunistisch handelnden Transaktionspartner ihre Machtposition nutzen, um im Rahmen von Nachverhandlungen die Konditionen der Transaktion für sich selber zu verbessern, um sich im schlechtesten Fall die Höhe der beziehungsspezifischen Investition als ihren Ertrag anzueignen. Dies muss durch geeignete vertragliche Vereinbarungen vermieden werden, dabei entstehen Kosten der Absicherung.[37]

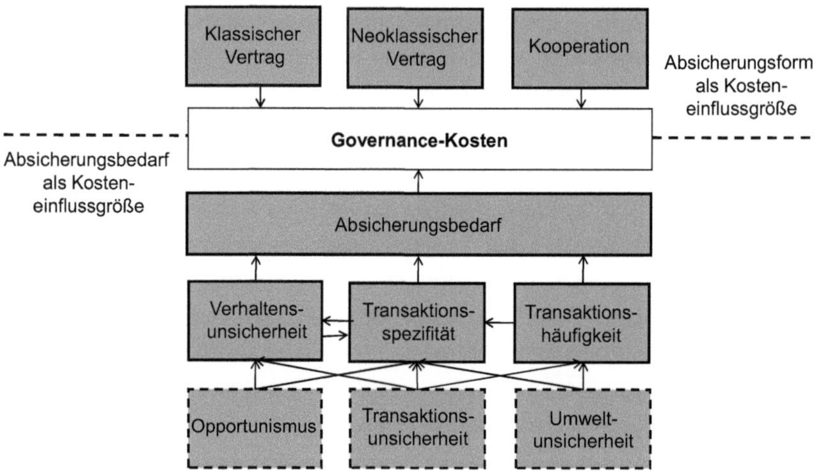

Abbildung 3-1: Determinanten der Governance-Kosten.

Neben der Spezifität wird auch die *Transaktionshäufigkeit* als Einflussgröße der Transaktionskosten betrachtet. WILLIAMSON verweist auf SMITH, der das Theorem aufstellt, dass Arbeitsteilung durch die Größe des Marktes begrenzt wird, weil Investitionen in spezifische Produktionsanlagen nur dann erfolgen, wenn der erwartete Ertrag die Spezifität rechtfertigt. Im eigenen Argumentationsgang folgert WILLIAMSON analog, dass komplexe und spezielle Beherrschungs- und Überwachungssysteme nur dann wirtschaftlich rentabel betrieben werden können, wenn neben der erforderlichen Spezifität der Investitionen eine ausreichende Auslastung der Beherrschungs- und Überwachungssysteme erreicht wird. Diese Auslastung hängt ab vom

füllung kommt es zu einem Verlust an Produktivwert der Investitionen. Vgl. WILLIAMSON (1990), S. 61. Zum Begriff der *Mehrzwecktechnologie* siehe auch ebenda, S. 37.

35 Vgl. ebenda (1990), S. 64.

36 Vgl. WORATSCHEK/ROTH (2005), S. 156 - 157.

37 Vgl. ebenda (2005), S. 156 - 157.

monetären Wert einer Transaktion, und von der Anzahl der Transaktionen, die als Multiplikationsfaktor betrachtet werden kann.[38] In *Abbildung 3-1* (vorige Seite) sind die erläuterten Determinanten der Transaktionskosten und ihre Wechselwirkungen miteinander zusammenfassen dargestellt. Es wird deutlich, dass *Opportunismus*, *Transaktionsunsicherheiten* und *Umweltunsicherheiten* einen Einfluss auf die Kostendeterminanten haben. Die beschriebenen Einflussfaktoren generieren Absicherungsbedarfe und sind somit als ***unsicherheitschaffende Kosteneinflussgrößen*** zu sehen. Eine weitere Möglichkeit der Kostenbeeinflussung besteht darin, eine effiziente Form der Absicherung zu wählen. Dadurch wird nach WILLIAMSON eine höhere Transaktionssicherheit zu einem möglichst geringen Preis, den Transaktionskosten, *erkauft*. Die gewählte vertragliche Absicherungsform kann daher als ***unsicherheitreduzierende Kosteneinflussgröße*** verstanden werden. Eine zu starke Absicherung führt dabei ebenso zu Effizienzverlusten, wie eine zu geringe Absicherung. WILLIAMSON stellt mit dem *klassischen Vertragsrecht*,[39] dem *neoklassischen Vertragsrecht*[40] und dem *kooperativen Vertrag* drei Grundtypen der Vertragsausgestaltung vor.

Bei *kooperativen Vertragsbeziehungen*[41] werden neoklassische Vertragsanpassungsprozesse ersetzt durch eine transaktionsspezifische, fortlaufend-administrative Art der Absicherung. Vertragsbeziehungen nehmen dabei die Eigenschaften einer *„Mini-Gesellschaft mit einer unerhörten Normenvielfalt“*[42] *an*. Bezugspunkt der Vertragsbeziehung ist dabei nicht länger die ursprüngliche Vereinbarung, wie sie zu Vertragsbeginn beschlossen wurde, sondern die gesamte Beziehung zwischen den Vertragspartnern.[43]

Im Ergebnis ist der Governance Ansatz der Transaktionskostentheorie geeignet zur Erklärung unterschiedlicher Organisationsformen wirtschaftlicher Aktivitäten.[44] Je nach Ausprägung der Kosteneinflussgrößen wird zur Reduzierung der Unsicherheiten ein vertretbares Maß der Absicherung mit Hilfe klassischer, neoklassischer oder kooperativer Verträge erforderlich. Als *„Effizienzmaßstab zur Beurteilung und Auswahl unterschiedlicher institutioneller Arrange-*

[38] Einen Zusammenhang zwischen Transaktionshäufigkeit und Transaktionskostenhöhe unabhängig von der Behandlung des Beherrschungs- und Überwachungssystems wird in der Theorie nicht dargestellt, vielmehr wird die Transaktionshäufigkeit als Notwendigkeit für eine Rechtfertigung komplexer Beherrschungssysteme erachtet. Andernfalls würden Mehrzweckanlagen eingesetzt, vgl. WILLIAMSON (1990), S. 69.

[39] Das *klassische Vertragsrecht* führt zur idealen Markttransaktion der Wirtschaftstheorie, in welcher individuelle Entscheider zwischen vorgegebenen Alternativen entscheiden. Dazu strebt es eine vollständige *Isoliertheit* und *Vorwegnahme* an. Vgl. WILLIAMSON (1986), S. 103. Daher misst der klassische Vertrag der Identität der Vertragspartner keine Bedeutung zu und sieht eine sehr präzise und sorgfältige Regelungsweise sowie beschränkte und präzise Definierte Auswirkungen einer Vertragsverletzung vor. Vgl. WILLIAMSON (1990), S. 78.

[40] Das *neoklassische Vertragsrecht* kennt im Gegensatz zum klassischen Vertragsrecht die Möglichkeit einer eingeschränkten Vorwegnahme. Vgl. WILLIAMSON (1986), S. 103. Der neoklassische Vertrag sieht eine Lösung dadurch vor, bei der die Transaktion den Charakter einer marktlichen Tauschbeziehung behält, aber zusätzliche Kontrollmechanismen durch die Beteiligung Dritter eingesetzt werden. Siehe ausführlich: WILLIAMSON (1990).

[41] WILLIAMSON bezeichnet diese Form der Vertragsgestaltung als *relational contracting*, vgl. WILLIAMSON (1986), S. 104.

[42] Vgl. WILLIAMSON (1990), S. 81.

[43] Vgl. ebenda, S. 77.

[44] Vgl. MÖLLER (2002), S. 54.

ments"[45] dienen die Transaktionskosten. Dabei wird unterstellt, dass Produktionskosten ihrer Höhe nach unabhängig von der Vertragsform anfallen.[46] Effiziente Beherrschungs- und Überwachungssysteme stellen im Ergebnis das kosteneffiziente organisationale Arrangement zur Absicherung eines Bündels von Transaktionen dar.[47]

Eignung des Governance-Ansatzes als Instrument für die Analyse von Kundenintegrationsprozessen

Die Wahl von Koordinationsmustern für das CSE wird in der nachfolgenden Analyse als Kundenintegrationsproblem modelliert, da im konzeptionellen Bezugsrahmen die Koordinationsleistung der Cluster-Unternehmen als Kundenbeteiligung auf dispositiver Ebene beschrieben wurde. Daher ist an dieser Stelle zu diskutieren, ob der Governance-Ansatz als Analyseinstrument für Kundenintegrationsprozesse geeignet ist. Als *Gestaltungsansätze* der Kundenintegration berücksichtigt FLIEß die *Positionierung der Line-of-order Penetration* (*LOP)* und die *Gestaltung des Integrationsgrades.*[48] Inwiefern diese Gestaltungsansätze zur Beeinflussung der Kosteneinflussgrößen *Spezifität* und *Verhaltensunsicherheit* im Kundenintegrationsprozess genutzt werden können, soll nachfolgend diskutiert werden, siehe *Abbildung 3-2*.

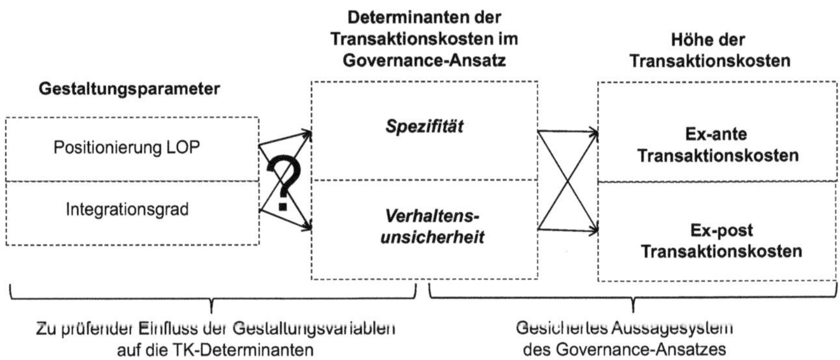

Abbildung 3-2: Gestaltungsparameter als Einflussfaktoren auf die Kostendeterminanten im Governance Ansatz.

Da mit der ***Platzierung der LOP*** jene Prozesse definiert werden, die unter Beteiligung der Kunden durchzuführen sind, ist eine Beeinflussung der Transaktionskosten durch die Positionierung der LOP nach FLIEß möglich. Sie argumentiert, dass – anders als bei autonomen Leistungserstellungsprozessen – eine Differenzierung der Faktoren hinsichtlich der Spezifitätsur-

45 PICOT et al. (2003), S. 41.

46 Vgl. SYDOW (2002), S. 148.

47 SCHELL zufolge führt der Versuch von Unternehmen, die effizienteste Form der Organisation zu wählen, zu vielfältigen Kooperationsformen zwischen Markt und Hierarchie. Siehe SCHELL (2006), S. 167.

48 Mit diesen beiden Gestaltungsvariablen lassen sich der Umfang der integrativen Prozesse und das Ausmaß der Integrativität bei diesen Prozessen steuern.

sachen und der Faktorherkunft zweckmäßig ist.[49] Dabei werden nach FLIEß spätestens im Leistungsprozess alle Faktoren zu spezifischen Faktoren, da der Leistungsprozess selbst spezifisch ist.[50] Bezogen auf die Analyse der *Platzierung der LOP* kann nach dem Governance-Ansatz somit die Schlussfolgerung getroffen werden, dass eine Verschiebung der LOP aus der Sicht des Kunden in Richtung des integrativen Leistungserstellungsprozesses dazu führt, dass unspezifische Faktoren des Kunden länger unspezifisch bleiben.[51] Die Spezifität der Faktoren des Dienstleistungsanbieters hingegen bleibt unberührt, solange die LOP des Dienstleistungsanbieters nicht verändert wird.[52] Somit kann die Determinante Faktorspezifität aus Kundensicht durch die Platzierung der LOP des Kunden beeinflusst werden kann.[53]

Durch die Platzierung der LOP kann nach FLIEß auch die Determinante *Verhaltensunsicherheit* beeinflusst werden kann. Nach WILLIAMSON schafft beschränkte Rationalität und Komplexität die Voraussetzungen für die Möglichkeit opportunistischen Handelns; sie bieten Anlaß für Verhaltensunsicherheiten. Nach SALMAN lässt sich begrenzte Rationalität in Kundenintegrationsprozessen als mangelnde *Prozessevidenz* erfassen.[54] In diesem Sinne schaffen Komplexität und beschränkte Problem- und Integrationsevidenz die Basis für die Problematik des opportunistischen Verhaltens.[55] Die Bewältigung dieser Unsicherheiten führt zu vertraglichen Absicherungsmaßnahmen und damit zu steigenden ex-post Transaktionskosten (Kontroll- und Anpassungskosten).[56]

---

49 Dies sind Faktoren des Leistungspotenzials, die durch die zweckgebundene Beschaffung für einen konkreten späteren Kundenprozess von Anfang an spezifische sind und Faktoren des Leistungspotenzials, die erst durch die kundenspezifische Vorkombination spezifisch werden. Als dritte Gruppe sind Faktoren zu nennen, die unspezifisch in den integrativen Leistungserstellungsprozess eingebracht werden und durch die integrative Disposition spezifiziert werden.

50 Dies wird damit begründen, dass eine an einer Person oder in einem Unternehmen begonnene Dienstleistung nicht oder nur unter Abzug von Kosten an einer anderen Person oder einem anderen Unternehmen zu Ende geführt werden kann. Vgl. FLIEß (2001), S. 224 - 225.

51 Bereits spezifische Faktoren bleiben hiervon unberührt.

52 Umgekehrt führt eine Verschiebung der LOP in Richtung des Leistungspotenzials des Nachfragers zu einer früheren Spezifizierung der externen Faktoren und damit zu einer Steigerung des Spezifitätsgrades der Ressourcen des Nachfragers. Kundenintegrationsprozesse weisen demnach generell eine höhere Spezifität seitens der externen Faktoren auf, je größer der Anteil integrativer Prozesse an der gesamten Leistungserstellung (bezogen auf Potenzial- und Prozessebene) ist. Siehe auch die ausführliche Diskussion der Spezifität von internen und externen Faktoren des Leistungserstellungsprozesses und des Leistungspotenzials bei FLIEß. Siehe dazu FLIEß (2001), S. 232.

53 Gemäß der Transaktionskostenargumentation von WILLIAMSON führt die höhere Spezifität der Faktoren aus Kundensicht zu einem höheren vertraglichen Absicherungsbedarf und somit zu höheren ex-ante Transaktionskosten (Anbahnungs- und Vereinbarungskosten) des Kunden gegenüber dem Dienstleistungsanbieter.

54 Vgl. SALMAN (2004), S. 147.

55 Zunehmende Verhaltensunsicherheit führt daher zu steigenden Transaktionskosten. Siehe dazu auch EBERS/GOTSCH (1995), S. 213.

56 Durch die Verschiebung der LOP eines Unternehmens in Richtung des Leistungsprozesses gewinnt ein Akteur an Einfluss auf die eigenen Leistungsprozesse. Durch diese Internalisierung von Prozessschritten kann ein Unternehmen zwar seine spezifitätsbezogenen ex-ante Transaktionskosten reduzieren, gleichzeitig erhöhen sich für die Gegenseite jedoch Risiken auf Grund von Verhaltensunsicherheiten hinsichtlich der Prozessevidenz des Transaktionspartners: Potenziell vorhandene Defizite in der Problem-, Integrations- oder Faktorevidenz kommen stärker zum Tragen, als bei einer stärker autonomen Leistungserstellung. Zur Absicherung dieser Unsicherheiten sind komplexere und vollständigere Verträge erforderlich welche selbst Transaktionskosten produzieren.

Neben der Platzierung der LOP kann nach FLIEß auch die ***Gestaltung des Integrationsgrades*** eine transaktionskostenrelevante Wirkung entfalten. Problematisch ist zu sehen, dass innerhalb des integrativen Bereichs *alle* Faktoren als spezifische Faktoren zu behandeln sind. Eine Beurteilung von Kundenintegrationsprozessen durch Identifikation der integrativen Prozesse wäre daher nicht zielführend: Wie FLIEß betont, ist *Faktorspezifität* im Rahmen der integrativen Leistungserstellung grundsätzlich gegeben.[57] Es wird deutlich, dass bei der Gestaltung des Integrationsgrades nicht die Faktorspezifität, sondern Verhaltensunsicherheiten (ausgedrückt als Problemevidenz und Integrationsevidenz) die wichtigste kostendeterminierende Rolle spielen.[58] Aus der Unsicherheitsproblematik heraus kann gefolgert werden, dass bei einem gegebenen Unsicherheitsniveau (gegebene Prozessevidenz des Nachfragers) ein höherer Integrationsgrad des Nachfragers – gemessen an Eingriffstiefe, Eingriffsintensität (Art und Umfang der Einflussnahme), Eingriffsdauer und Eingriffshäufigkeit – zu höheren Absicherungskosten (Kontroll- und ggf. Anpassungskosten) des Dienstleistungsanbieters führt als ein geringer Integrationsgrad. Somit wirken sich sowohl die Verschiebung der LOP des Kunden und des als auch der Integrationsgrad auf die Absicherungsbedarfe beider Parteien aus.[59]

Auf Grund der dargelegten Argumentation ist der Governance-Ansatz als ein geeignetes Instrumentarium für die Analyse von Kundenintegrationsprozessen zu sehen. FLIEß und SALMAN führen jedoch auch *Kritikpunkte gegenüber dem Governance-Ansatz* als Instrument zur Planung von Kundenintegrationsprozessen aus. Dies sind die generelle Problematik der eingeschränkten kardinalen Messbarkeit der Determinanten Spezifität und Unsicherheit sowie die Fokussierung des Governance-Ansatzes auf Verträge.[60] Vielfach stehen nicht die Leistungsanbahnung sondern der operative Ablauf der integrativen Leistungserstellung sowie die daraus resultierenden Probleme im Vordergrund.[61] Unvollständige Verträge werden dann nicht der Anforderung gerecht, alle Koordinationskosten zu erfassen.[62] Erschwerend kommt hinzu, dass der Zeitpunkt des Vertragsabschlusses oft nicht präziese definierbar ist, so dass insbesondere bei impliziten (Neben-) Verträgen eine Operationalisierung der Kostenarten erschwert

---

[57] Vgl. FLIEß (2001), S. 224. Behandelt man die Spezifität der Faktoren als exogen gegeben, und betrachtet lediglich die Auswirkungen der Spezifität, so gilt, dass die zweitbeste Verwendung der spezifischen Faktoren von der Unsicherheit des Anbieters über die Prozessevidenz des Transaktionspartners abhängig ist. Umfangreichere und komplexere Absicherungsmaßnahmen sind demnach dann erforderlich, wenn Spezifität von komplexen Prozessen und beschränkter Rationalität (eingeschränkter Prozessevidenz) begleitet wird.

[58] SALMAN und FLIEß vertreten generell die Position, dass der Determinante Verhaltensunsicherheit (modelliert als mangelnde Prozessevidenz des Transaktionspartners) eine wichtigere Rolle bzgl. der Ausprägung der Transaktionskostenhöhe zukommt als der Determinante Faktorspezifität. Sie begründen dies damit, dass Maßnahmen zur Unsicherheitsreduktion die Kostensituation in Kundeninte-grationsprozessen entscheidend prägen. Siehe dazu: SALMAN (2004), S. 147 sowie FLIEß (2001), S. 223.

[59] Auch die Unsicherheitsargumentation weicht von der klassischen Argumentation des Governance-Ansatzes ab, da dort Verhaltensunsicherheiten immer im Bezug zu spezifischen Investitionen diskutiert werden.

[60] Vgl. SALMAN (2004), S. 147 sowie die dort zitierte Literatur.

[61] Bereits FLIEß hat auch diese Problematik bei der Übertragung des Governance-Ansatzes auf Kundenintegrationsprozesse hingewiesen, die sich durch Fokussierung des Governance-Ansatzes auf Verträge sowie die dominante Rolle der Faktorspezifität ergeben. Siehe FLIEß (2001), S. 231 - 232.

[62] Vgl. SALMAN (2004), S. 148 und FLIEß (2001), S. 223.

wird.[63] Auch die grundsätzliche Verhaftung des Governance-Ansatzes am Marktmodell der Neoklassik und die damit verbundene Annahme, dass Märkte und Unternehmen einem Gleichgewicht zustreben, stellt eine Grundlage für Kritikpunkte dar. So wird kritisiert, dass der Governance-Ansatz nur für die Durchführung statisch-komparativer Analysen geeignet ist, und sich dynamische Prozesse und die aus ihnen resultierenden Kosten der Analyse entziehen.[64] Der Governance-Ansatz ist daher nach FLIEß nur eingeschränkt als Analyseinstrument für die Analyse von Kundenintegrationsprozessen geeignet.[65]

Transaktionskostenverständnis und Kosteneinflussgrößen im Messkostenansatz

Als alternativen Transaktionskostenansatz zieht FLIEß bei der Analyse von Kundenintegrationsprozessen den Messkostenansatz in Betracht.[66] Der Messkostenansatz fokussiert stärker als der Governance-Ansatz die Dimension der *kosteneffizienten Absicherung* von Verhaltensunsicherheitsursachen: Die ***unsicherheitreduzierenden Kosteneinflussgrößen*** stehen im Vordergrund. Transaktionskosten werden im Messkostenansatz definiert als Kosten, die durch die *Messung von Faktoreigenschaften* generiert werden.[67] Das zentrale Problem der Aushandlung, Vereinbarung und Durchführung von Austauschbedingungen besteht dem Messkostenansatz folgend darin, dass Leistungen eines Transaktionspartners hinsichtlich relevanter Faktoreigenschaften zu kontrollieren sind: „*People will exchange only if they perceive what they get to be more valuable than what they give. To form such perceptions, the attributes of the traded items have to be measured*“[68], so BARZEL. Gegenstand der Messung können jegliche Merkmale von Faktoren sein.[69] Messungen führen zu einem Ressourcenverbrauch und verursachen Kosten.[70] Transaktionskosten werden daher im Messkostenansatz zu Messkosten modelliert: „*The problems and costs of measurement prevade and significantly affect all economic transactions. Errors of measurement are too costly to eliminate entirely. The value of equally priced items will differ, then, and people will spend resources to acquire the difference*“[71].

FLIEß systematisiert die Messkosten nach BARZEL als Messkosten erster Ordnung und Messkosten zweiter Ordnung. *Messkosten erster Ordnung* stellen einem bewerteten Güterver-

---

63 Vgl. FLIEß (2001), S. 223. Dies macht deutlich, dass bereits die im Rahmen der Leistungsdefinition stattfindende Einbringung externer Faktoren mit impliziten Verträgen verbunden sein können. Insbesondere im Innenverhältnis eines Clusters können Transaktionskosten anfallen, die im Rahmen der Dispositionsaufwendungen entstehen.

64 Vgl. SALMAN (2004), S. 148 - 149 sowie die dort zitierte Literatur.

65 Vgl. FLIEß (2001), S. 181 - 183.

66 Siehe ebenda (2001), S. 173 - 210.

67 Leistungen werden dabei als Bündel verschiedener Eigenschaften interpretiert, an deren Verfügungsrechten der Nachfrager interessiert ist. Siehe FLIEß (2001), S. 173.

68 BARZEL (1982), S. 27.

69 Vgl. KLEIN (1983), S. 368.

70 Vgl. FLIEß (2001), S. 173.

71 BARZEL (1982), S. 48.

brauch dar, der durch die operative Messung von Leistungseigenschaften entsteht.[72] *Messkosten zweiter Ordnung* sind der bewertete Ressourcenverbrauch bei der Durchsetzung und Absicherung der zu tätigenden Messungen.[73] Daraus ergibt sich, dass von den klassischen Managementaufgaben, Planung und Kontrolle, nur die Kosten der Kontrolle als Transaktionskosten interpretiert werden, während die im Governance-Ansatz ebenfalls als Transaktionskosten betrachteten Kosten der Planung und Verhandlung im Messkostenansatz als *Produktionskosten* behandelt werden.[74]

Messkosten erster Ordnung lassen sich weiter differenzieren als *Messkosten*, *Messfehlerkosten* und *Opportunismuskosten.*[75] *Messkosten* 1. Ordnung sind Kosten, die sich aus der eigentlichen Messung ergeben. Das *Messfehler-Problem* entsteht unter der Annahme unvollkommener Märkte dadurch, dass bei einer ungenauen Eigenschaftsmessung für eine Leistung ein zu hoher Preis bezahlt wird: es kommt zu einer Überbewertung von Produktionsfaktoren.[76] Liegen hohe Messfehler vor, so versuchen sowohl Anbieter als auch Nachfrager aus der Fehlmessung Vorteile zu ziehen.[77] Zusätzliche Messungen des Nachfragers sind die Folge. Diese sind ökonomisch betrachtet sinnvoll, sofern die Grenzkosten der Messung *unterhalb* dem erwarteten Grenznutzen einer genaueren Messung liegen.[78] Als Steigerungsform des Messfehlerproblems kann das *Cheating-Problem* verstanden werden.[79] Es entsteht dann, wenn die an einer Transaktion beteiligten Akteure nicht nur versuchen sich die Differenz aus wahrem Wert einer Leistung und deren Preis anzueignen, sondern darüber hinaus danach streben die Differenz zwischen den Preisen zu vergrößern.[80]

---

[72] Hierbei handelt es sich bspw. um Kosten, die durch den Einsatz technischer Prüfmethoden entstehen oder das in Augenscheinnehmen von Leistungen. Siehe FLIEß (2001), S. 181 - 182. Messkosten erster Ordnung können untergliedert werden in *direkte Messkosten* (Kosten der Ermittlung der Leistungseigenschaften), *Messfehlerkosten* (Bewerteter Nutzenentgang durch Messfehler) und *Opportunismuskosten* (Kosten durch die opportunistische Ausnutzung von Messfehlern). Siehe FLIEß (2001), S. 182 und 196. Zwischen diesen Kostenarten besteht ein Trade-off: Bei niedrigeren Messungen (und damit höheren Messfehlern) ist mit höhereh Messfehlerkosten und steigenden Opportunitätskosten zu rechnen. Siehe FLIEß (2001), S. 183.

[73] Messkosten zweiter Ordnung können untergliedert werden in *Vereinbarungskosten* und *Absicherungskosten*. Siehe FLIEß (2001), S. 196.

[74] Produktionskosten sind nach dem Messkostenansatz alle Nicht-Messkosten. Vgl. FLIEß (2001), S. 209.

[75] Vgl. FLIEß (2001).

[76] MCMANUS (1975), S. 338, zitiert nach FLIEß (2001), S. 175. Die Akteure akzeptieren Messfehler und damit ggf. zu hohe Faktorpreise, sofern die zusätzlichen Kosten genauerer Messungen mehr kosten als nutzen. Diese Situation liegt vor, wenn die *Grenzkosten des Messens* den *Grenznutzen der Messung* übersteigen.

[77] Vgl. FLIEß (2001), S. 175.

[78] Nachfrager können durch genauere Messungen eine Preissenkung erzielen, wenn sie nachweisen können, dass der Marktpreis nicht dem wahren Wert einer Leistung entspricht. Allerdings sind dabei zusätzliche Messkosten zu tragen. Anbieter wiederum können ihrerseits durch Messungen einen höheren Preis für ein genauer klassifiziertes Gut zu erhalten, sofern sie den wahren Nutzen eines Gutes dadurch klarer darstellen können und zudem dem Nachfrager seinerseits Messungen und damit Messkosten ersparen. Siehe FLIEß (2001), S. 175. Das Messen wird auch als *Sortieren* (sorting) bezeichnet. Vgl. BARZEL (1982), S. 31.

[79] Vgl. ebenda, S. 41.

[80] Sie erreichen dies durch das Zurückhalten oder Verändern entscheidungsrelevanter Informationen. Diese Form der Opportunismus-Neigung geht über das Eigeninteresse hinaus, sie entspricht der bei WILLIAMSON beschriebenen List und Tücke. Besonders anspruchsvoll ist die Messung von Leistungsbeiträgen im Rahmen von Teamproduktionen. Das Verhalten der Akteure, bewusst geringere Leistungsbeiträge zu leisten als dies andere Partner tun, wird in diesem Zusammenhang auch als *shirking* bezeichnet. In diesem Sinne lassen sich auch Kundenintegrationsprozesse als Teamproduktion verstehen. Siehe FLIEß (2001), S. 180.

Messkosten zweiter Ordnung setzen sich nach FLIEß zusammen aus *Vereinbarungskosten* und *Absicherungskosten. Vereinbarungskosten* entstehen durch die Verhandlung der Messmethode, des Messzeitpunktes, des Messgegenstandes und der Messverantwortlichen. *Absicherungskosten* entstehen durch die Durchsetzung der Messung mit der vereinbarten Messmethode.[81]

So wie im Governance-Ansatz die Formen der Absicherung als Unsicherheit-reduzierende Kosteneinflussgrößen berücksichtigt finden, werden auch im Messkostenansatz ***unsicherheitreduzierende Kosteneinflussgrößen*** berücksichtigt. *Unsicherheitsreduzierende Kosteneinflussgrößen der Messkosten 1. Ordnung* sind dabei alle Einflussfaktoren, durch welche die Kosten der operativen Messung beeinflusst werden können. Dabei geht es um den effizienten Umgang mit Absicherungsbedarfen.[82] *Unsicherheitsreduzierende Kosteneinflussgrößen der Messkosten 2. Ordnung* sind die Art der Verhandlung von Messmethoden und Messakteuren sowie diejenigen Faktoren, die sich auf die Durchsetzung der Messungen auswirken. Die Wechselwirkungen der Kosteneinflussgrößen sind in *Abbildung 3-3* dargestellt.

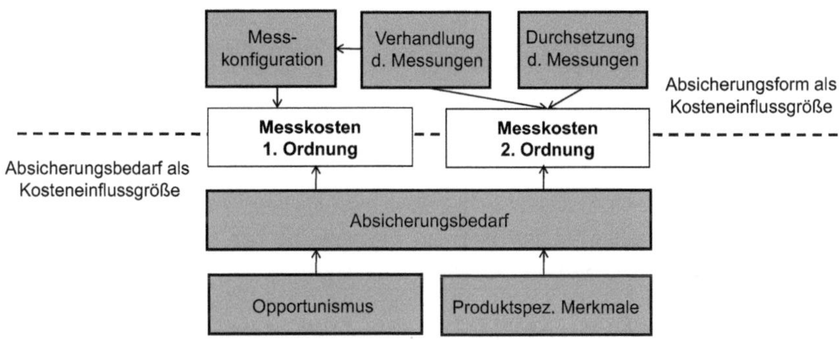

Abbildung 3-3: Interaktion der Messkostendeterminanten.

Eignung des Messkostenansatzes als Instrument für die Analyse von Kundenintegrationsprozessen

Bei der Beurteilung des Messkostenansatzes als Instrument für die Analyse von Kundenintegrationsprozessen werden bei FLIEß und bei SALMAN sowohl unsicherheitgenerierenden Einflussgrößen als auch unsicherheitreduzierende Kosteneinflussgrößen diskutiert. Hinterfragt wird, inwiefern durch die Platzierung der LOP und die Gestaltung des Integrationsgrades die

81 Vgl. FLIEß (2001), S. 190 - 193. BARZEL diskutiert darüber hinaus den Einsatz von Produktgarantien, Anreizverträgen und Markennahmen als Instrumente zur Beherrschung der Messkosten erster Ordnung. Siehe BARZEL (1982), S. 32 - 37.

82 Die *Konfiguration der Messungen* haben als Elemente die gewählte *Messmethode*, der *Zeitpunkt* der Messung und der die Messung durchführende *Akteur*. Der Einfluss des Messakteurs auf die Messkosten 1. Ordnung wird dabei mit dessen potenziell opportunistischem Verhalten begründet, was beispielsweise zu ungenauen Messungen und damit zu hohen Messfehlerkosten führen kann.

Messkonfiguration, die Verhandlung und Durchsetzung von Messungen und opportunistisches Verhalten beeinflusst werden können.

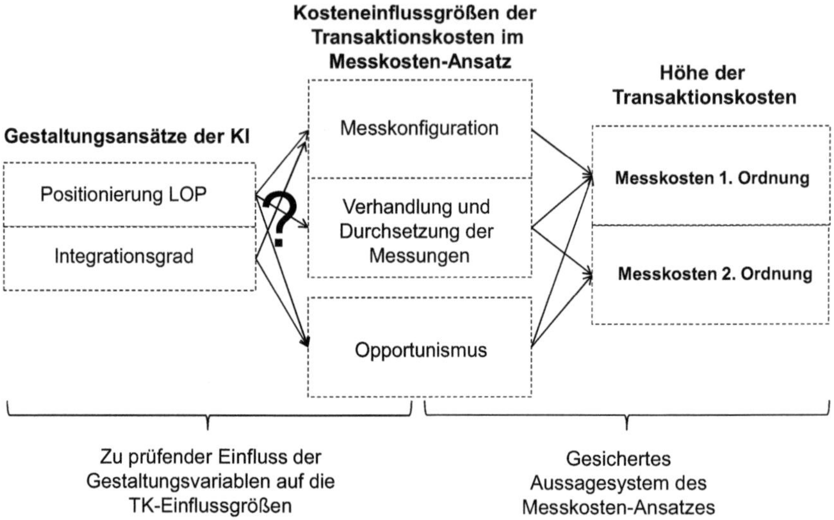

Abbildung 3-4: Gestaltungsparameter als Einflussfaktoren auf Kostendeterminanten im Messkostenansatz.

Dabei stellt Opportunismus eine *unsicherheitgenerierende Einflussgröße* dar, während die Messkonfiguration und die Verhandlung und Durchsetzung der Messungen *unsicherheitreduzierende Kosteneinflussgrößen* darstellen, siehe *Abbildung 3-4*.

Unter der Annahme, dass die Leistungsmessung gegenseitig erfolgt, führt die *Platzierung der LOP* zu einer Festlegung der Messakteure.[83] Sie kann daher Einfluss auf die Wahl der Messmethoden und die gewählten Messzeitpunkte haben.[84] In Abhängigkeit der Verhaltensunsicherheit hinsichtlich des Transaktionspartners und dessen erwarteter Opportunität kommt es bei der Zuweisung der Messaktivitäten zu einem Trade-off innerhalb der Messkosten 1. Ordnung zwischen direkten Messkosten, Messfehlerkosten und Opportunitätskosten.[85] Wenn die Messungen von dem jeweiligen Transaktionspartnern durchgeführt werden, reduzieren sich die Opportunismuskosten, die durch steigende Messkosten und Messfehlerkosten *erkauft*

[83] Während der Anbieter erst bei vorliegender Vorkombination bei der Übertragung der Verfügungsrechte des Nachfragers eine Messung selbst durchführen kann, hat der Nachfrager bereits vor und während des Prozesses der Vorkombination die Möglichkeit Messungen durchzuführen. Siehe FLIEß (2001), S. 204.

[84] Werden die Messungen nicht von dem jeweiligen Transaktionspartner durchgeführt, können Selbstmessungen oder Messungen durch Dritte geplant werden. Hierbei werden neben den Messkosten 1. Ordnung auch Messkosten 2. Ordnung durch die Verhandlung und Durchsetzung der Messungen beeinflusst.

[85] Wenn Selbstmessungen durchgeführt werden, reduzieren sich zwar die Messkosten und die Messfehlerkosten, jedoch ist mit hohen Opportunismuskosten zu rechnen. Zudem sind dann Kosten der Messdurchsetzung (Messkosten 2. Ordnung) zu berücksichtigen.

werden.[86] Dies entspricht der Position von FLIEß: Sie geht davon aus, dass die direkten Messkosten und die Messfehlerkosten geringer ausfallen, wenn derjenige Akteur die Messung durchführt, der einen Großteil der Leistungsbeiträge beisteuert.[87] Somit ist ein Zusammenhang zwischen den Messkosten 1. und 2. Ordnung und der Platzierung der LOP begründbar.

Nachdem die Eignung des Messkostenansatzes für die Positionierung der LOP diskutiert wurde, ist dessen Eignung für die ***Gestaltung des Kundenintegrationsgrades*** zu hinterfragen. Im Rahmen der integrativen Leistungserstellung verbleibt den steuernden Akteuren nicht nur der Gestaltungsspielraum, die Messaktivitäten dem Anbieter oder dem Nachfrager zuzuweisen.[88] Auch die Intensität der Messaktivitäten und der Verhandlungs- und Durchsetzungsaktivitäten können an das erforderliche Niveau der Unsicherheiten angepasst werden. Ein hoher Integrationsgrad des Nachfragers führt dabei zu einem höheren Bedarf an Messungen zur Absicherung der Aktivitäten, als ein geringeres Maß der Kundenbeteiligung.

Im Rahmen der angemessenen Planung der Messaktivitäten in Abhängigkeit des Integrationsgrades sind die Zusammenhänge zwischen den einzelnen Kostengrößen zu berücksichtigen: Messungen im Leistungserstellungsprozess bei der *Verwendung* externer Faktoren ergeben geringe Messkosten als bei Messung an der LOP, da bei der Ver- oder Bearbeitung der Faktoren offengelegt wird, ob die gewünschte Faktoreigenschaften vorliegen.[89] Auch Messfehlerkosten sind hierbei als gering einzustufen.[90] Opportunitätskosten jedoch sind als hoch einzustufen, da die Nichteignung der Faktoren zu hohen Folgekosten führen kann, wenn die Messung erst bei der Leistungsverwendung erfolgt.[91] Die Höhe der Messkosten zweiter Ordnung hängt dabei ab von der Verfügbarkeit effektiver und effizienter Instrumente zur Durchsetzung der Messungen und zu Verhandlung der Messpezifikationen. Insofern lässt sich folgern, dass die Verfügbarkeit geeigneter Methoden und Instrumente zur Durchsetzung der Messungen eine Voraussetzung darstellt, Messaktivitäten an Transaktionspartner abzugeben.

---

86 Eine Durchsetzung dieser Messungen durch den Transaktionspartner ist als kritisch zu sehen, da eine Durchsetzung von Messungen im Leistungspotenzial eines anderen Unternehmens bereits eine integrative Faktordisposition erfordern würde. Dies ist allenfalls mit hohen Messkosten 2. Ordnung durch Absicherungs- und Durchsetzungsmaßnahmen (z.B. Audits, Prozessanalysen, Beratungsprojekte) verbunden.

87 Vgl. FLIEß (2001), S. 207. Die Opportunitätskosten können in diesem Fall allerdings stark ansteigen.

88 Vgl. ebenda, S. 207.

89 Siehe dazu FLIEß (2001), S. 184 - 186.

90 Die absolute Höhe der direkten Messkosten und der Messfehlerkosten wird zudem von der Lage der LOP bestimmt, da sie vorgibt, wo der frühestmögliche Messzeitpunkt liegt und wie sich der Kosten-Trade-off schließlich konkretisieren lässt. Dieser Zusammenhang gilt analog für die LOP des Anbieters: Bei der Messung interner Faktoren gilt analog, dass die Messkosten und die Messfehlerkosten geringer ausfallen, wenn eine Messung zeitlich nahe an der Erstellung interner Faktoren bzw. ihrer Verwendung im Leistungserstellungsprozess ist. Auch hier sind die Opportunitätskosten an diesen Stellen hoch. Siehe FLIEß (2001), S. 189.

91 Bei der Messung des Leistungsergebnisses nahe dem Zeitpunkt der Leistungserstellung ist mit höheren Kosten der Messung und mit höheren Messfehlerkosten zu rechnen, dafür sinken die Opportunitätskosten unter der Annahme, dass opportunistisch geschaffene oder verschwiegene Mängel erkannt und behoben werden. Siehe dazu FLIEß (2001), S. 184 - 187.

Zusammenfassend kann festgestellt werden, dass der Messkostenansatz als Instrument für die Analyse von Kundenintegrationsprozessen gewählt werden kann.[92] Sowohl durch die Planung der LOP als auch durch die Planung des Integrationsgrades wird die Reduzierung von Unsicherheiten durch Messungen und Messdurchsetzungen ermöglicht. Dabei werden die den Absicherungsbedarf determinierenden Einflussgrößen Opportunität und Produktmerkmale zwar nicht gestaltet, jedoch werden die durch diese Einflussgrößen generierten Unsicherheiten beherrschbar. Allerdings sind auch gegenüber dem Messkostenansatz *Kritikpunkte* vorzubringen. So werden nicht alle Aspekte von Kundenintegrationsprozessen erfasst, insb. die Faktorkombination i.e.S. bleibt unberücksichtigt. Mit dem Messkostenansatz lassen sich zudem nur jene Koordinationskosten in Kundenintegrationsprozessen erfassen, die durch Messungen hervorgerufen werden. Koordinationskosten sind jedoch nur insofern Messkosten, als dass sie für die Planung, Durchführung und Absicherung von Messungen entstehen. Andernfalls zählen Koordinationskosten nach dem Messkostenansatz zu den Produktionskosten und entziehen sich der transaktionskostentheoretischen Analyse.[93]

3.1.2 Der metatheoretische Transaktionskostenansatz von Fließ als Instrumentarium für die Gestaltung von Kundenintegrationsprozessen

Transaktionskostenverständnis der dynamischen Transaktionskostentheorie und ihr Erklärungsbeitrag für die Planung von Kundenintegrationsprozessen

Auf Grundlage der bereits vorgestellten statischen Transaktionskostentheorien arbeitet FLIEß ein Analyseinstrumentarium für Kundenintegrationsprozesse heraus, dass in der vorliegenden Arbeit zur Anwendung kommt. FLIEß greift die von LANGLOIS und ROBERTSON entwickelte dynamische Transaktionskostentheorie auf und entwickelt einen metatheoretischen Transaktionskostenansatz.[94] Während bei den statischen Transaktionskostentheorien die Annahme getroffen wird, dass Unternehmen jederzeit über die relevanten Fähigkeiten zur Koordination von Transaktionen verfügen oder diese Fähigkeiten jederzeit kostenfrei erwerben oder in der Organisation aufbauen können, nimmt die dynamische Transaktionskostentheorie an, dass der Wissens- und Fähigkeitserwerb Kosten verursachen kann.[95] Transaktionskosten werden daher auch als Kosten des Aneignens von Fähigkeiten verstanden.[96] Der Begriff der Fähigkeiten wird dabei nicht auf personeller sondern auf *organisationaler Ebene* definiert: Fähigkeiten werden repräsentiert durch *Institutionen* und *Routinen* einer Organisation, die zur Koordination von Leistungsprozessen zur Verfügung stehen. Die Abgrenzung von Produktionskosten und

---

[92] Die Gestaltung des Integrationsniveaus umfasst dabei ausschließlich Messaktivitäten.

[93] Vgl. FLIEß (2001), S. 209 und S. 261.

[94] Vgl. FLIEß (2001), S. 238, verweisend auf LANGLOIS/ROBERTSON (1995), S. 30.

[95] Vgl. Ebenda. Daher werden Unternehmen nicht wie in der Neoklassik als Produktionsfunktion modelliert, sondern als Fähigkeitsmenge (*capabilities*) zur Erbringung von Leistungen im Marktgeschehen.

[96] Dabei besitzen nicht nur Anbieter über Fähigkeiten und nicht nur sie eignen sich neue Fähigkeiten an: Auch Nachfrager besitzen nach LANGLOIS Fähigkeiten, die sie für den Konsum einsetzen. Siehe FLIEß (2001), S. 252.

Transaktionskosten folgt unmittelbar aus dem genannten Transaktionskostenverständnis: Da Transaktionskosten *Kosten des Fähigkeitserwerbs* darstellen, sind alle verbleibenden Kosten – die Kosten die durch den Einsatz vorhandener Fähigkeiten eingesetzt werden – Produktionskosten.[97]

Durch die Berücksichtigung von Lernprozessen können neben *parametrisierbaren Unsicherheiten* auch *nicht-parametrisierbare Unsicherheiten* im Rahmen einer Transaktionskostenanalyse berücksichtigt werden. Die aus ihnen resultierenden Koordinationskosten können auf *nichtplanbare Absicherungsbedarfe* zurückgeführt werden.[98] LANGLOIS und ROBERTSON unterscheiden daher *parametrische Unsicherheiten* von nicht parametrisierbaren, *strukturellen Unsicherheiten*.[99] Strukturelle Unsicherheiten führen zum Eintreten unvorhersehbarer Ereignisse, die Unternehmen in Situationen bringen, die sie mit den ihnen gegebenen Fähigkeiten nicht erfolgreich bewältigen können. Eine Aneignung von Fähigkeiten, verbunden mit Lernkosten, ist die notwendige Folge.[100]

Durch die Berücksichtigung struktureller Unsicherheiten werden jene Koordinationskosten erfassbar, die auch in *Abwesenheit von Opportunität und begrenzter Rationalität* durch den Fähigkeitserwerb entstehen. Die Höhe der dynamischen Transaktionskosten kann zwar nicht auf einzelne Parameter zurückgeführt werden, wie in den statischen Theorien, allerdings hängen die Lernkosten in einer zukünftigen, nicht vorhersehbaren Situation von dem verfügbaren Set an organisationalen Fähigkeiten ab, die zum Analysezeitpunkt bereits vorhanden sind. FLIEß spricht von *Institutionen* und *Routinen*, die zur Bewältigung der neu an eine Organisation gestellten Anforderungen eingesetzt werden können.[101] Je nach der Eignung dieser Institutionen und Routinen sind mehr oder weniger umfangreiche Lernprozesse und somit unterschiedliche hohe Transaktionskosten zu erwarten.[102]

Mit der Berücksichtigung dynamischer Transaktionskosten können kostenrelevante Aspekte im CSE erfasst werden, die sich der Analyse mit Hilfe der statischen Theorien entziehen. Da die dynamische Sichtweise auf Koordinationsprobleme nicht ausschließt, dass weiterhin parametrische Unsicherheiten mit Hilfe der statischen Ansätze der Transaktionskostentheorie

---

97 Vgl. FLIEß (2001), S. 244 - 245. Insofern stellt der Wissens- und Fähigkeitsstand der Akteure die Grundlage für die Abgrenzung der Transaktionskosten und Produktionskosten dar.

98 Während parametrische Unsicherheiten sich auf eine Reihe parametrisierbarer Marktprobleme zurückführen lassen (beschränkte Rationalität, opportunistisches Verhalten, Spezifität, Komplexität etc.) bezieht sich strukturelle Unsicherheit auf nichtvorhersehbare Unsicherheiten. Beispiele sind u.a. unerwartete Technologiesprünge.

99 Vgl. LANGLOIS/ROBERTSON (1995), S. 18.

100 Vgl. LANGLOIS/ROBERTSON (1995), S. 145 und FLIEß (2001), S. 245.

101 Vgl. FLIEß (2001), S. 254 - 255.

102 LANGLOIS hat bei der Argumentation der dynamischen Transaktionskostentheorie die Erklärung der Unternehmensgrenzen vor Augen, wie dies auch bei COASE und bei WILLIAMSON erklärtes Ziel der Transaktionskostenanalyse ist. Unternehmensgrenzen werden dabei verschoben, wenn Fähigkeiten aus der Umwelt eines Unternehmens in das Unternehmen transferiert werden. FLIEß argumentiert daher, dass dynamische Transaktionskosten immer an der Unternehmensgrenze, im Anwendungsfall der KI-Prozesse im Kundenintegrationsprozess und nicht im Leistungspotenzial anfallen. Siehe FLIEß (2001), S. 255. Diese Argumentation kann wie bereits dargestellt um alterative Interpretationen ergänzt werden, wodurch die Abgrenzung von Produktions- und Transaktionskosten an Klarheit verliert.

berücksichtigt werden, sind dynamische Transaktionskosten als Ergänzung zu statischen Transaktionskosten zu sehen.[103]

Der metatheoretische Transaktionskostenansatz von FLIEß

FLIEß gelingt die Verbindung statischer und dynamischer Transaktionskostentheorien in *einem* Transaktionskosteninstrumentarium durch die Entwicklung eines *metatheoretischen Transaktionskostenverständnisses*. Sie verfolgt dazu die Stränge der Transaktionskostentheorien zu einem gemeinsamen Ursprung zurück, analysiert die ihnen zugrunde liegende Akteurs- und Verhaltensannahmen und schafft damit die Voraussetzung die Ableitung eines metatheoretischen Transaktionskostenbegriffs.[104] Sie bewertet Informationsdefizite als Hauptursache der Transaktionskosten in Kundenintegrationsprozessen, da sie die Kosten der Einrichtung und Nutzung einer Governance-Struktur und die Kosten der Durchführung und Durchsetzung von Messungen als Folgekosten einer unzureichenden Information der Akteure sieht. Sie folgert, dass sich alle Arten der Transaktionskosten in Kundenintegrationsprozessen erklären lassen, wenn die Annahme der vollständigen Information aufgegeben wird.[105] Da Transaktionskosten in der Neoklassik keine Beachtung finden, argumentiert FLIEß axiomatisch, dass alle unter den Modellannahmen der Neoklassik in Produktionsfunktionen darstellbaren Faktorverbräuche als Produktionskosten darstellbar sind. Dabei werden auch Kosten der Koordination und der Planung von Geschäftsprozessen als Produktionskosten ausgewiesen, sofern diese auch unter vollkommener Information anfallen.[106] Alle bewerteten Ressourcenverbräuche jedoch, die im Modell der Neoklassik nicht erfasst werden können, sind nach FLIEß als Transaktionskosten zu definieren.[107] Ausgehend von der Annahme, dass Informationsdefizite als gemeinsame Ursache aller Transaktionskostenansätze für die Entstehung von Transaktionskosten ausschlaggebend sind, prüft FLIEß die Vereinbarkeit der Verhaltensannahmen, wie sie in den verschiedenen Transaktionskostentheorien zugrunde liegen. Als Analyserahmen nutzt sie die dargelegten Unsicherheitsquellen und die Verhaltensweisen der Akteure unter Unsicherheit. Als Referenzpunkte werden die jeweiligen Positionen der *neoklassischen Markttheorie*, der *Markt-*

[103] Während Maßnahmen zur Reduzierung und Absicherung von parametrischen Unsicherheiten statische Transaktionskosten verursachen, verursacht der Umgang mit strukturellen Unsicherheiten dynamische Transaktionskosten.

[104] FLIEß (2001) unternimmt eine maßgebliche konzeptionelle Auseinandersetzung mit der Eignung der Transaktionskostentheorie für die Analyse von Kundenintegrationsprozesse. Das von ihr entwickelte, spezifische Instrument zur Steuerung von Kundenintegrationsprozessen wird in dieser Arbeit aufgegriffen und zur Anwendenung gebracht. Die nachfolgenden Abschnitte stellen den Ansatz von Fließ dar, bevor er auf die Koordination des CSE in lateralen Logistikkooperationen angewendet wird.

[105] Vgl. FLIEß (2001), S. 268-269. Informationsmangel ist damit die Ursache für Transaktionskosten, auch wenn die Beschaffung von Informationen und damit die Informationskosten im engeren Sinne nur einen Teil der Transaktionskosten ausmachen.

[106] Produktionskosten sind demnach alle Kosten, die unter den Bedingungen der neoklassischen Wirtschaftstheorie anfallen.

[107] Vgl. FLIEß (2001), S. 264 sowie die dort zitierte Literatur. FLIEß argumentiert, dass unter Annahme der Existenz von nur zwei Kostenarten (Transaktionskosten und Produktionskosten) die unsicherheitsbedingten Kosten als Kostenart zu den in der Neoklassik bekannten Kosten hinzutreten. Siehe FLIEß (2001), S. 263 - 264.

prozesstheorie der Österreichischen Schule und des *Radikalen Subjektivismus der Österreichischen Schule* gewählt.[108]

Hinsichtlich der Annahmen des Rationalverhaltens unterscheiden sich die statischen und dynamischen Theorien. WILLIAMSON kennt drei Arten der *Rationalität*: Die *starke Form der Rationalität*, die *halbstarke* sowie die *schwache, organische Form der Rationalität*.[109] Während die neoklassische Theorie auf die starke Rationalität ausgerichtet ist, bekennt WILLIAMSON sich zur halbstarken, begrenzten Rationalität.[110] Diese Annahme stützt sich u.a. auf sprachliche und intellektuelle Grenzen der Akteure eines Wirtschaftssystems.[111] Nach FLIEß lassen sich Verhaltensunsicherheiten in Kundenintegrationsprozessen auf diese beschränkte Form der Rationalität zurückführen: Die Ausprägungen der Entscheidungsparameter der Transaktionspartner und ihr Umgang mit diesen Parametern (Entscheidungslogik) sind wegen der eingeschränkten Rationalität der Akteure nicht eindeutig prognostizierbar und führen damit zu Verhaltensunsicherheiten.[112] Hinsichtlich des Rationalitätsverständnisses unterscheiden sich die dynamische und die statischen Transaktionskostentheorien. Die dynamische Transaktionskostentheorie stützt sich auf die Marktprozesstheorie der Österreichischen Schule, die davon ausgeht, dass der Entscheidungsraum der Akteure nicht grundsätzlich bestimmbar ist.[113] Die Handlungsmöglichkeiten der Wirtschaftssubjekte werden daher nicht auf die Allokation knapper Mittel auf konkurrierende, aber gegebene Zwecke reduziert, vielmehr können Wirtschaftssubjekte auch neue Mittel, Zwecke und Ziele entdecken.[114] Handeln unter Unsicherheit bedeutet wie in der österreichischen Marktprozesstheorie nicht, auf Basis zu ermittelnder Eintrittswahrscheinlichkeiten und bekannter Wirkungen den Erwartungswert der Resultate des eigenen Handelns zu maximieren, sondern Chancen zu ergreifen und dabei Unsicherheiten unvollkommener Märkte zu nutzen.[115] Diese Form der Rationalität entspricht der bei WILLIAMSON beschriebenen organischen Rationalität in dem Sinne, dass das Handeln zwar ziel- und zweckbezogen vollzogen wird, dabei jedoch nicht grundsätzlich *bewusst* geplant wird.[116] Die Komplexität von Entscheidungsproblemen kann dabei nicht zwingend durch die Beschaffung

---

108 Siehe insbesondere die Gegenüberstellung der Markttheorien bei FLIEß (2001), S. 292.

109 Vgl. WILLIAMSON (1990), S. 50. Zum Wesen der *organischen Rationalität* siehe Porter (2000) und die dort zitierte Literatur.

110 Vgl. WILLIAMSON (1990), S. 51.

111 Vgl. ebenda, S. 52.

112 Vgl. FLIEß (2001), S. 295.

113 Vgl. ebenda, S. 284 - 285. Der Marktprozess wird als Lernprozess modelliert, in dessen Verlauf die Wirtschaftssubjekte Wissen über die Pläne anderer Wirtschaftssubjekte erlangen und so eine ständige Anpassung ihrer eigenen Planung vornehmen.

114 FLIEß (2001), S. 286.

115 Vgl. ebenda, S. 286. Es wird angenommen, dass die Wirtschaftssubjekte nicht den Versuch anstreben, eine möglichst gute Abschätzung der Unsicherheitssituation zur eigenen Absicherung und Minimierung der Risiken zu erreichen, sondern sich statt dessen auf einfache Entscheidungsregeln und -prozesse stützen um zielbezogene Entscheidungen zu treffen: *„Our basic critique of orthodoxy is connected with the bounded rationality problem. We base our modeling on the proposition that in the short and medium run the behavior of firms can be explained in terms of relatively simple rules and procedures"* NELSON/WINTER 1982 S. 36 nach FLIEß (2001), S. 307.

116 Vgl. FLIEß (2001), S. 308.

weiterer Informationen und die Entwicklung neuer alternativer Handlungspläne reduziert werden, statt dessen entwickeln die Wirtschaftssubjekte Routinen und Institutionen, die den Handlungsspielraum durch eine Reduzierung der Alternativen einschränken und so eine schnellere Entscheidungsfindung ermöglichen.[117]

Die dynamische Theorie sieht weniger strenge Verhaltensannahmen hinsichtlich der Rationalität vor als in den statischen Theorien. Denn der Governance-Ansatz und der Messkostenansatz beziehen sich auf die bei WILLIAMSON als halbstarke Rationalität bezeichnete Form. Nach FLIEß lassen sich jedoch beide Ansätze gleichgestellt in einem Modell betrachten, da die unsicherheitsreduzierende Wirkung von Institutionen und Routinen zur Beherrschung struktureller Unsicherheiten, die außerhalb des Entscheidungsmodells angesiedelt sind, eine gleichzeitige geplante Auseinandersetzung mit parametrisierbaren Unsicherheiten nicht ausschließt.[118] Somit lassen sich hinsichtlich der Rationalitätsannahme die statischen und die dynamischen Transaktionskostentheorien in einem Analyseinstrument verbinden.[119]

Opportunismus spielt als Verhaltensannahme sowohl im Governance-Ansatz als auch im Messkostenansatz eine entscheidende Rolle. In der dynamischen Transaktionskostentheorie hingegen ist er weniger relevant. Dies liegt daran, dass strukturelle Unsicherheiten nicht vorhersehbar sind, und damit von den Akteuren nicht opportunistisch ausgenutzt werden können. *Opportunismus* ist nach WILLIAMSON die Verfolgung des Eigeninteresses unter Zuhilfenahme von List.[120] Sie schließt *„krassere Formen ein, wie Lügen, Stehlen und Betrügen, beschränkt sich aber keineswegs auf diese“*[121]. Eine häufige Ausprägung des Opportunismus ist die unvollständige und verzerrte Weitergabe von Informationen insbesondere um vorsätzlich irrezuführen, zu verschleiern, zu verbergen oder zu verwirren und um auf diese Weise eigene Interessen durchsetzen zu können. Dies führt zu echten oder künstlich herbeigeführten Informationsasymmetrien.[122] Statt opportunes Verhalten mit opportunem Verhalten zu beantworten, kann es sich nach WILLIAMSON positiv auf die ex-post durch Opportunismus gefährden Transaktionen auswirken, wenn ex-ante Absicherungsmechanismen vorgesehen werden.[123] Sowohl die im Messkostenansatz als auch im Governance-Ansatz dargestellten Absicherungsformen

[117] Vgl. FLIEß (2001), S. 308.
[118] Vgl. ebenda, S. 357 - 360.
[119] In Situationen parametrischer Unsicherheit stehen den Akteuren zur Unsicherheitsbegrenzung sowohl die vorhandenen Institutionen und Routinen als auch andere Handlungsmöglichkeiten zu Wahl. Institutionen und Routinen können genutzt werden, wenn diese dem Zweck der Reduzierung parametrisierter Unsicherheiten dient. Darüber hinaus können Akteure, die sich der potenziellen aber nicht parametrisierbaren Gefahr struktureller Unsicherheiten bewusst sind (d.h. intendiert rational handeln) Institutionen und Routinen bedienen, um strukturelle Unsicherheiten so gut wie möglich zu begegnen.
[120] Opportunismus wird auch in früheren Theorien als Verhaltensannahme formuliert, sie gewinnt jedoch nach der Ansicht Williamsons im Rahmen der Neuen Institutionenökonomik an Bedeutung. Vgl. WILLIAMSON (1975), S. 7.
[121] WILLIAMSON (1990), S. 54.
[122] Vgl. ebenda, S. 55.
[123] Wirtschaftssubjekte sind daher bestrebt, sich durch Maßnahmen abzusichern, die wiederum wie bei der Auseinandersetzung mit beschränkter Rationalität nur parametrisierte Elemente berücksichtigen können, obschon eigennütziges Verhalten nach FLIEß außerhalb der Modellparameter vorstellbar ist. Vgl. FLIEß (2001), S. 298.

lassen deutlich werden, dass in beiden Ansätzen die Verfolgung des Eigeninteresses unter Zuhilfenahme von List angenommen wird. Es ist daher davon auszugehen dass die Opportunismus-Annahme der statischen Theorien miteinander vereinbar ist.

Eine Verbindung der statischen und dynamischen Transaktionskostentheorien ist nun dahingehend möglich, dass sich die Grundannahmen der Verhaltensunsicherheit und der Opportunität in den statischen und dynamischen Ansätzen und die Absicherungsformen[124] innerhalb der statischen Ansätze nicht widersprechen.[125] Eine Herausforderung bei der Verbindung der Ansätze ergibt sich jedoch bei der Abgrenzung von Produktions- und Transaktionskosten. FLIEß löst dies durch einen erneuten Rückgriff auf die axiomatisch entwickelte Position, dass alle unter vollständiger Information entstehenden Kosten als Produktionskosten aufzufassen sind: *„Produktionskosten sind somit Kosten, die entstehen, wenn wir annehmen, dass sich die Welt nicht ändert. Es handelt sich um Kosten, unter Sicherheit, d.h. um Kosten, die sich auf einen als sicher und unverändert angenommenen Zustand beziehen"*[126]. Da Sicherheit als zeitpunktbezogene Zustandseigenschaft zu sehen ist, lässt sich die nach FLIEß definierte Grenze zwischen Transaktions- und Produktionskosten nur zeitpunktbezogen aufrecht erhalten: *„Zum Zeitpunkt t_0 existieren in der Vorstellung des betreffenden Entscheiders bestimmte Gegebenheiten. Bezogen auf diese Gegebenheiten sind Maßnahmen zu planen, die Kosten nach sich ziehen. Hierbei handelt sich um Produktionskosten. Betrachtet man den Entscheidungszeitpunkt und projiziert die Überlegungen in die Zukunft, so sind Veränderungen endogener und exogener Art zur berücksichtigen. Maßnahmen, die versuchen, die Veränderungen zu prognostizieren, und Maßnahmen, die ergriffen werden, um sich gegen unerwünschte Ausprägungen zu schützen, sind Transaktionskosten"*[127]. Somit können sowohl statische als auch dynamische Transaktionskosten in einem Instrument zur Analyse und Steuerung von Kundenintegrationsprozessen berücksichtigt werden, sofern der Zeitpunkt definiert wird, ab dem eine Abgrenzung der Kostenarten auf Basis des Wissens- und Fähigkeitsstandes der Akteure vorgenommen wird.

Nutzung statischer und dynamischer Transaktionskostentheorien als Grundlage für die kostenorientierte Planung von Kundenintegrationsprozessen im CSE

FLIEß verbindet statische und dynamische Transaktionskostentheorien zur Entwicklung eines Modells für eine kostenorientierte *Steuerung* von Kundenintegrationsprozessen auf Basis von Produktions- und Transaktionskosten. Sie argumentiert dabei mit dem rationalen und dem irrationalen Element des dispositiven Faktors nach GUTENBERG, dessen Aufgaben man ihrer

---

[124] Die Vereinbarung der Messungen verursacht Messkosten zweiter Ordnung, die bei WILLIAMSON als direkte Kosten der Vertragsvereinbarung bzw. als Kosten der Einrichtung der Governance-Struktur berücksichtigt werden.

[125] Vgl. FLIEß (2001), S. 301. FLIEß betont, dass auch WILLIAMSON eine Verbindung der beiden Transaktionskostenansätze als Möglichkeit erkennt. Sie verweist auf WILLIAMSON (1996), S. 65.

[126] FLIEß (2001), S. 305.

[127] Ebenda.

Ansicht nach in den Kontext des neoklassischen Modells stellen kann, das durch unvollkommene Information gekennzeichnet ist. Das rationale Element fasst demnach vorwiegend beherrschbare und damit parametrische Unsicherheiten.[128] In Erweiterung dieses Verständnisses ist nach FLIEß eine Steuerung des Kundenintegrationsprozesses durch einen intendiert rational handelnden Akteur möglich, der im Rahmen der Steuerung die Disposition der internen und externen Faktoren wahrnimmt. Dabei ist es das Ziel der Steuerung, die Kombination der Faktoren so vorzunehmen, dass möglichst wenige Unsicherheiten generiert werden und bestehende Unsicherheiten so weit wie möglich reduziert werden. Zur Erreichung dieses Ziels sind nach FLIEß Maßnahmen zu planen und organisational zu verankern, mit denen eine Reduzierung parametrische Unsicherheiten ermöglicht wird.[129]

Wie die Übertragung des vorgestellten metatheoretischen Transaktionskostenansatzes auf die Analyse des CSE erfolgen soll, wird im nachfolgenden Kapitel erläutert. Dabei wird die Koordination des CSE als Kundenbeteiligung auf dispositiver Ebene aufgefasst. Art und Umfang der Beteiligung der Cluster-Unternehmen an der Koordination des CSE definieren dabei den Integrationsgrad. Eine systematische Differenzierung zwischen Integrationsgrad und Planung der LOP wird dabei nicht erforderlich. Stattdessen werden die vier ausgewählten Koordinationsmuster als alternative Ausprägungen der Kundenintegration einer vergleichenden Analyse unterzogen.

3.2 Deduktion: Durchführung einer theoriegeleiteten Analyse von Koordinationsmustern für ein effizientes Cluster Service Engineering

3.2.1 Anwendung des Transaktionskosteninstrumentariums zur Analyse der Koordinationsmuster des Cluster Service Engineering

Ziel der theoriegeleiteten Analyse ist es, die Übertragbarkeit von Koordinationsmustern einer Cluster-Initiative auf das CSE theoriegeleitet zu untersuchen, um empirisch prüfbare Thesen für die anschließende Fallstudienuntersuchung zu erarbeiten. Da das Cluster Service Engineering einer *Vertragsvorbereitung* entspricht, wird es als *ex-ante Phase einer Transaktion* modelliert. Somit sind die Koordinationstätigkeiten der Akteure des CSE als Absicherungsmaßnahmen zu verstehen, die erforderlich werden, um Verhaltensunsicherheiten der beteiligten Kooperationspartner bzgl. des Entscheidungsverhaltens anderer Kooperationspartner zu reduzieren. Im Rahmen der Analyse wird jedoch deutlich, dass durch die Wahl der Kosteneffizienz als Planungsziel auch die Erbringung der Koordinationsleistung selbst zur Ursache von

[128] Vgl. ebenda, S. 329 - 330.

[129] Die dabei verursachen Kosten stellen statischen Transaktionskosten dar, somit sind statische Transaktionskosten eine geeignete Steuerungsgröße für einen intendiert rational handenden Entscheider in Kundenintegrationsprozessen. Vgl. ebenda, S. 330.

Verhaltensunsicherheiten werden kann: Liegt Unsicherheit darüber vor, ob die mit der Koordination beauftragten Akteure ihre Koordinationsaufgabe effizient und im Sinne aller Kooperationspartner erbringen, so werden zusätzliche Absicherungsmaßnahmen gegenüber den Koordinatoren erforderlich. Dabei kann die Koordinationsleistung selbst als Transaktion verstanden werden, die angemessen abzusichern ist.

Um zu einer vergleichenden Transaktionskostenbeurteilung verschiedener Koordinationsmuster im CSE zu gelangen, werden im Rahmen der theoriegeleiteten Analyse zunächst *Basisannahmen* für die Anwendung des Transaktionskostenansatzes von FLIEß im CSE formuliert. Dabei werden richtungsweisende Entscheidungen für die Durchführung der Analyse getroffen. Anschließend werden die *Zielfunktionen* von Cluster-Unternehmen und LDL im Rahmen des CSE transaktionskostentheoretisch formuliert, um auf diesem Weg die Rolle von Governance-Kosten, Messkosten und dynamischen Transaktionskosten im CSE zu verdeutlichen. Nach der Modellbildung werden vier *Koordinationsmuster begründet ausgewählt*, die im Rahmen einer vergleichenden Analyse berücksichtigt werden. Nach der transaktionskostentheoretischen Modellierung der Entscheidungsprobleme und nach der begründeten Auswahl von Koordinationsmustern werden die Verhaltensunsicherheiten konkretisiert, die durch die Koordinationstätigkeiten generiert werden. Anschließend werden *unsicherheitgenerierende* und *unsicherheitreduzierende Einflussgrößen* diskutiert, deren Ausprägung bei der vergleichenden Analyse herangezogen werden. Als unsicherheit-generierende Kosteneinflussgrößen werden Merkmale der ausgewählten Koordinationsmuster reflektiert, da sich jedes Koordinationsmuster mit einem eigenen Unsicherheitsprofil charakterisieren lässt. Als unsicherheitreduzierende Kosteneinflussgrößen werden Methoden und Instrumente untersucht, die bei der Bewältigung von Unsicherheiten im CSE zur Verfügung stehen.

Im Ergebnis führt die theoriegeleitete Analyse zu einem Transaktionskostenvergleich der ausgewählten Koordinationsmuster. Darüber hinaus wird durch die Betrachtung der unsicherheitreduzierenden Kosteneinflussgrößen die Frage beantwortet, unter welchen Bedingungen aus der Sicht der handelnden Akteure eine Übertragbarkeit von Koordinationsmustern einer Cluster-Initiative auf das CSE möglich ist.

Basisannahmen für die Anwendung des metatheoretischen Transaktionskostenansatzes für die Analyse des Cluster Service Engineering

Zur Anwendung des in *Kapitel 3.1.2* vorgestellten metatheoretischen Transaktionskostenansatzes von FLIEß wird das Cluster Service Engineering in diesem Kapitel modelliert als *ex-ante Phase einer Transaktion.* Dabei werden vier richtungsweisende Basisannahmen getroffen, die nachfolgend erläutert werden.

Basisannahme zum Effizienzprinzip der Planung: Aus den Verhaltensannahmen der Transaktionskostentheorie wird das Effizienzprinzip der Planung abgeleitet, nach welchem die

Akteure in lateralen Logistikkooperationen eine Kundenbeteiligung anstreben, die zu einer Minimierung ihrer Koordinationskosten führt. Somit ist Kosteneffizienz das Ziel der Planung der Kundenintegration, bzw. der Wahl der Koordinationsmuster. Wie im konzeptionellen Bezugsrahmen der Arbeit ausgeführt wurde, wird angenommen, dass die Koordinationsleistungen der Cluster-Unternehmen im CSE bei der internen Verrechnung der Kooperationsgewinne berücksichtigt werden. Dabei lassen sich jedoch nur Aufwendungen für die Koordinationstätigkeiten selbst bei der Verrechnung der Kooperationsgewinne berücksichtigen, Absicherungsmaßnahmen werden von den Akteuren nach eigenem Ermessen selbst erbracht und selbst getragen. Sie führen ebenfalls zu Kosten, die sich jedoch nicht mit Kooperationsgewinnen verrechnen lassen. Somit erreichen die Cluster-Unternehmen das Ziel der kosteneffizienten Koordination des CSE, wenn es gelingt, die Summe der Governance-Kosten und der Messkosten zu minimieren. Auch die Koordinationsleistungen des LDL lassen sich mit den Cluster-Unternehmen im Außenverhältnis verrechnen. Auch hier gilt jedoch, dass sich lediglich die Governance-Kosten, nicht die Messkosten verrechnen lassen, so dass auch der LDL möglichst geringe Messkosten anstreben wird.

Basisannahme zur Modellierung von Transaktionskosten: Der metatheoretische Transaktionskostenansatz erlaubt die ex-ante Berücksichtigung statischer und dynamischer Transaktionskosten. Somit lassen sich sowohl Vereinbarungskosten, Anbahnungskosten, Messkosten als auch Lernkosten in der theoriegeleiteten Analyse betrachten. Dabei ist eine Festlegung erforderlich, welche Kostenarten des Governance-Ansatzes und des Messkostenansatzes zur Modellierung statischer Transaktionskosten so argumentativ verarbeitet werden, dass eine Überschneidungsfreiheit der Kostenarten sichergestellt wird.[130] Da das Cluster Service Engineering als vorvertragliche Phase der Logistiktransaktion verstanden wird, sind gemäß dem Governance-Ansatz alle Aufwendungen für die Verhandlung und Vereinbarung des Vertrages als Governance-Kosten zu berücksichtigen. Da die Koordination der Vertragsvorbereitung zugerechnet werden kann, werden daher die direkten Koordinationskosten als Governance-Kosten behandelt.[131] Da der Governance-Ansatz jedoch keine ex-ante Kontroll- und Durchsetzungskosten kennt, werden zur Beschreibung der Aufwendungen für die Koordinationskostrolle und -durchsetzung (indirekte Koordinationskosten) die Kostenarten des Messkostenansatzes herangezogen. Somit werden in der theoriegeleiteten Analyse als statische Transaktionskosten direkte Koordinationskosten (*Anbahnungskosten und Vereinbarungskosten)* und indirekte Koordinationskosten (*Messkosten)* berücksichtigt. *Dynamische Transaktionskosten* wer-

[130] Beide Theorien beschreiben teilweise die gleichen Transaktionskostenarten, unterscheiden sich dabei lediglich in der Operationalisierung der Kosten. Daher muss bei der Modellierung der statischen Transaktionskosten darauf geachtet werden, dass einzelne Kostenarten nicht mehrfach in der Analyse berücksichtigt werden und dadurch das Ergebnis verzerren.

[131] Da der Messkostenansatz keine Anbahnungs- und Vereinbarungskosten beschreibt, kommt er bei der Beschreibung der direkten Aufwendungen für die Entscheidungskoordination als Alternative nicht in Frage.

den ergänzend dazu als Kosten durch unerwartete Lernprozesse während des *CSE* berücksichtigt.[132]

Basisannahme zur Modellierung der Kosteneinflussgrößen: Als Kosteneinflussgrößen werden die *unsicherheitgenerierenden* und die *unsicherheitreduzierenden Kosteneinflussgrößen* des Governance-Ansatzes und des Messkostenansatzes aufgegriffen. Die Gestaltung der Kundenintegration wird durch ausgewählte Koordinationsmuster konkretisiert, die unterschiedliche Ausmaße der Kundenbeteiligung repräsentieren. Auf dieser Basis lassen sich theoriegeleitete Hypothesen über die Verwendbarkeit der betrachteten Koordinationsmuster im CSE formulieren.

Basisannahme zum Analysezeitpunkt: Die Abgrenzung von Produktions- und Transaktionskosten ist im metatheoretischen Transaktionskostenansatz von FLIEß von dem Wissensstand der Akteure und damit vom Analysezeitpunkt abhängig. FLIEß schlägt vor, den Planungszeitpunkt des Kundenintegrationsprozesses als Analysezeitpunkt zu wählen.[133] Als mögliche Bezugszeitpunkte kommen dabei der Erstkontakt zwischen Anbieter und Nachfrager und der Zeitpunkt in Frage, an dem die Leistungsbeziehung vereinbart wird.[134] Bei der Planung der Kundenintegration im CSE ist die Vertragsvereinbarung kein geeigneter Bezugszeitpunkt, da die Transaktionskosten im Rahmen der Leistungsdefinition und -vereinbarung analysiert werden sollen. Als Bezugspunkt der Analyse wird daher der Beginn der ersten integrativen Prozessphase des CSE gewählt. Der angenommene Wissensstand der Akteure bezieht sich damit auf den Zeitpunkt t_0.

Modellierung des Cluster Service Engineering mit Basis von Produktions- und Transaktionskosten

Aus den dargelegten Basisannahmen folgt, dass sowohl Cluster-Unternehmen als auch LDL intendiert rationales Verhalten aufweisen. Daraus ergeben sich Konsequenzen für die Planung des Kundenintegrationsprozesses, die sich mit Hilfe einer formalsprachlichen Darstellung operationalisieren und präzisieren lassen. Die Transaktionskosten werden dadurch einer theoriegeleiteten Analyse zugänglich gemacht.

Aus der Perspektive der Cluster-Unternehmen fallen während des CSE Produktions-und Transaktionskosten an. Mathematisch können die Gesamtkosten der Koordination der Cluster-Unternehmen *i* in Prozessphase *t* formuliert werden als Summe der Produktionskosten PK^t, der statischen Transaktionskosten TK_s^t und der dynamischen Trans-aktionskosten TK_d^t:

[132] Die Kostenarten werden später an der relevanten Stelle ausführlich erläutert.

[133] Vgl. FLIEß (2001), S. 333.

[134] Die präzise Definition des Analysezeitpunktes ist die Voraussetzung für die Verbindung statischer und dynamischer Transaktionskostentheorien in einem Analyseinstrument. Zur Wahl des Analysezeitpunktes siehe FLIEß (2001), S. 333.

(1) $KK_i^{1-4} = \sum_{t=1}^{4}(PK^t + TK_s^t + TK_d^t).$

Aus Basisannahme 2 folgt, dass von den Cluster-Unternehmen eine Minimierung der Gesamtkosten im Rahmen der Logistikkooperation angestrebt wird. Die Gesamtkosten setzen sich zusammen aus den Koordinationskosten im Rahmen des CSE (KK_i^t mit $t = 1 - 4$), den Koordinationskosten in der Prozessphase der Leistungserbringung i.e.S. (KK_i^t mit $t = 5 - z$) und den Logistikkosten, die im Rahmen der Leistungserbringung realisiert werden (LK_i^t mit $t = 5 - z$). Die Zielfunktion der Cluster-Unternehmen ergibt sich damit zu:

(2) $Min\ GK_i^{1-z} = \sum_{t=1}^{4}(PK_i^t + TK_{i,s}^t + TK_{i,d}^t) + \sum_{t=5}^{z}(PK_i^t + TK_{i,s}^t + TK_{i,d}^t + LK_i^t).$

Erst in t_z stehen alle Aufwendungen und Erträge der Kooperation ihrer Höhe nach fest. Die Cluster-Unternehmen *i* müssen jedoch bereits in t_4 über die Vergabe des Logistikauftrages an den LDL und die Beteiligung an der Kooperation entscheiden. Somit haben alle U_i in t_4 eine Entscheidung unter Unsicherheit zu treffen. Ihnen sind die bis dahin realisierten Koordinationskosten KK_i^{1-4} bekannt, es besteht jedoch Unsicherheit bezüglich der im weiteren Verlauf der Kooperation anfallenden Kosten. Der Erwartungswert der nach t_4 anfallenden Kosten wird in t_4 gebildet, wenn die Anzahl der partizipierenden Cluster-Unternehmen und die Kooperationsbedingungen festgelegt sind. Somit ergibt sich folgender Erwartungswert jedes Unternehmens *i* bezüglich der Gesamtkosten der Kooperation zum Zeitpunkt der Vertragszeichnung:

(3) $E_i(GK_i^{1-z}) = \sum_{t=1}^{4}(PK_i^t + TK_{i,s}^t + TK_{i,d}^t) + \sum_{t=5}^{z}(E_i(PK_i^t) + E_i(TK_{i,s}^t) + E_i(TK_{i,d}^t) + E_i(LK_i^t)).$

Die Höhe der Kostenbestandteile ergibt sich aus der Ausprägung der Kostendeterminanten *(unsicherheitgenerierende Kosteneinflussgrößen)* und aus der Art der zur Anwendung kommenden Absicherungsmechanismen *(unsicherheitreduzierende Kosteneinflussgrößen)*.

Die *Erwartungswerte der Logistikkosten* $E_i(LK_i^t)$ ergeben sich aus dem Aufgabenumfang und dem Preis pro Leistungseinheit, welcher von den in der Kooperation generierten Synergieeffekten abhängt. Unterstellt man den Cluster-Unternehmen, wie in Annahme 2 vorausgesetzt wird, beschränkt rationales Handeln, so ergibt sich aus den dargelegten Kostengleichungen folgende Teilnahmebedingung der Unternehmen U_i bezogen auf die Periode t = 1-z:

(4) $E_i(\Delta GK_i^{1-z}) = \sum_1^4(\Delta PK_i^t + \Delta TK_{i,s}^t + \Delta TK_{i,d}^t) + \sum_5^z(E_i(\Delta PK_i^t) + E_i(\Delta TK_s^t) + E_i(\Delta TK_d^t) +$
$+ E_i(\Delta LK_i^t)) < 0.$

In *Abbildung 3-5* ist diese Teilnahmebedingung graphisch dargestellt. Sie stellt die erwarteten zusätzlichen Koordinationskosten dar, die während des CSE und während der Leistungsphase einer Logistikkooperation anfallen, sowie die erwarteten Logistikkostensenkungen der Akteure in der Betriebsphase der Kooperation. In t_z werden die Logistikkostsenkungen und die Koordinationskostensteigerungen realisiert, dabei hängt es von der Entwicklung der Koordinationskosten und von den erzielbaren Synergieeffekten ab, ab welcher Projektdauer bzw. ab welchem Projektumfang die Gewinnschwelle (Break-Even) der Kooperation erreicht wird.

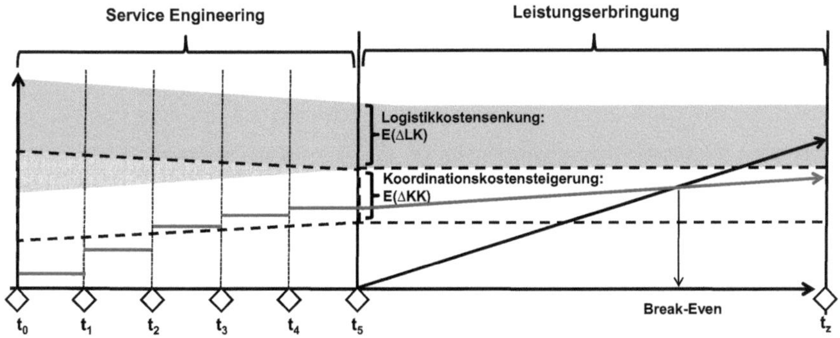

Abbildung 3-5: Modellierung lateraler Logistikkooperationen mit Hilfe von Transaktionskosten.

Wie in den Basisannahmen festgelegt wird angenommen, dass die Planung der Transaktionskosten zum Zeitpunkt t_0 erfolgt. Daher wird bei der Transaktionskostenanalyse dieser Zeitpunkt zur Abgrenzung von Produktionskosten und Transaktionskosten verwendet. Neben den bis t_0 generierten Kosten stellen damit auch alle ab t_0 geplanten Maßnahmen zur Entwicklung und Vereinbarung der Kooperation Produktionskosten dar, sofern sie auch unter Abwesenheit opportunistischen Verhaltens und jeglicher sonstiger unsicherheitsbedingt erforderlichen Absicherungsmaßnahmen bzw. Lernprozesse anfallen. Es handelt sich dabei um alle Prozesse, die auch bei der Bearbeitung von Leistungsausschreibungen außerhalb einer lateralen Logistikkooperation anfallen und somit bereits in t_0 erwartet werden können.

Alle kooperationsinduzierten *Anbahnungskosten*, *Vereinbarungskosten* und *Messkosten 1. und 2. Ordnung*, die bei der Reduzierung parametrischer Unsicherheiten anfallen, und alle *Lernkosten*, die bei der Beherrschung struktureller Unsicherheiten anfallen, stellen *Transaktionskosten* dar. Der Verlauf der Kostenentwicklung innerhalb einer Phase des *CSE* wird vernachlässigt, es wird von einer diskreten Kostengenerierung am Ende der jeweiligen Phase ausgegangen.[135]

Aus der LDL-Perspektive fallen in t_1-t_4 Produktions- und Transaktionskosten an. Wie auch bei den Cluster-Unternehmen sind statische Transaktionskosten und dynamische Transakti-

[135] FLIEß geht davon aus, dass zu jedem Steuerungszeitpunkt Transaktionskosten und Produktionskosten erneut anfallen, und dass alle in einem vorangegangenen Zeitpunkt realisierten Transaktionskosten als Sunk-Costs zu sehen sind. Sie entziehen sich der Analyse und werden im Zeitpunkt ihrer Realisierung zu Produktionskosten gewandelt, da sich mit der Realisierung der Kosten der Informationsstand der Akteure verändert. Diese Annahme wird dort getroffen, weil alle unter Sicherheit anfallenden Kosten als Produktionskosten eingestuft werden. Somit sind angefallene (realisierte) Transaktionskosten rückblickend ebenfalls den Produktionskosten zuzurechnen, siehe FLIEß (2001), S. 306. Da in dieser Arbeit zwar eine Kostenerfassung in allen Prozessphasen erfolgt, aber immer auf den Wissensstand in t_0 bezogen wird, findet diese Wandlung der Kosten nicht statt.

onskosten zu berücksichtigen. Hinzu kommen Produktionskosten, die bereits bis t_0 und nach t_0 anfallen, sofern Koordinationsaufwände unter Sicherheitsbedingungen anfallen. Dabei handelt es sich um alle Koordinationsaufwände, die im Rahmen von Einzelausschreibungen der Unternehmen erwartet werden. Mathematisch können die Gesamtkosten der Koordination lateraler Logistikkooperationen des LDL während des *CSE* formuliert werden als:

(5) $$KK_{LDL}^{0-4} = PK_{LDL}^{0} + \sum_{t=1}^{4}(PK_{LDL}^{t} + TK_{LDL,s}^{t} + TK_{LDL,d}^{t}).$$

Anders als die Cluster-Unternehmen strebt der LDL keine Kostenminimierung sondern eine Gewinnmaximierung an. Der Gewinn π des LDL ergibt sich unter Berücksichtigung seines Umsatzes U_{LDL}, seiner Koordinationskosten in der Leistungsphase i.e.S. KK_{LDL}^{5-z} und seiner Logistikkosten (Produktionskosten) LK_{LDL}^{5-z} zu:

(6) $$\textbf{Max}\,(\pi_{LDL}) = U_{LDL} - PK_{LDL}^{0} - \sum_{t=1}^{5}\left(PK_{LDL}^{t} + TK_{LDL,s}^{t} + TK_{LDL,d}^{t}\right) + \\ + \sum_{t=6}^{z}\left(PK_{LDL}^{t} + TK_{LDL,s}^{t} + TK_{LDL,d}^{t} + LK_{LDL}^{t}\right).$$

Ebenso wie auch den Unternehmen erst zum Zeitpunkt t_z alle Aufwendungen und Erträge der Kooperation der Höhe nach bekannt sind, kann der LDL erst im Zeitpunkt t_z die realisierten Synergien und den realisierten Gewinn ausweisen. Bereits im Zeitpunkt t_4 ist den Unternehmen *i* jedoch ein Angebot für die Erbringung von Logistikleistungen zu unterbreiten. Daher wird auch aus der Sicht des LDL bei der Vertragszeichnung mit den Cluster-Unternehmen eine Entscheidung unter Unsicherheit getroffen. Dabei sind die bis dahin realisierten Koordinationskosten KK_{LDL}^{0-4} bekannt. Die Koordinationskosten KK_{LDL}^{5-z}, der Umsatz U_{LDL}^{5-z} und die Logistikkosten LK_{LDL}^{5-z} werden in Form von Erwartungswerten bei der Entscheidung berücksichtigt. Aus der Sicht des LDL ergibt sich die folgende Angebotsbedingung in lateralen Logistikkooperationen:

(7) $$E_{LDL}(\Delta\eth_{LDL}^{0-z}) = E_{LDL}(\Delta U_{LDL}^{5-z}) - PK_{LDL}^{0} - \sum_{t=1}^{4}\left(PK_{LDL}^{t} + TK_{LDL,s}^{t} + TK_{LDL,d}^{t}\right) - \\ - \sum_{t=5}^{z}\left(E_{LDL}(\Delta PK_{LDL}^{t} + \Delta TK_{LDL,d}^{t} + \Delta TK_{LDL,d}^{t} + \Delta LK_{LDL}^{t})\right) > 0.$$

Diese Bedingung drückt aus, dass eine Marktbearbeitung im Rahmen einer lateralen Logistikkooperation angestrebt und ein entsprechendes Angebot an die verladenden Unternehmen unterbreitet wird, wenn sich der Gewinn durch die Kooperation im Vergleich zu einem Vergleichszeitraum ohne Kooperation *ceteris paribus* steigern lässt.[136]

Bei der ***kritischen Reflektion*** des metatheoretischen Transaktionskostenansatzes für die Analyse des CSE ist anzumerken, dass im CSE nur Produktions- und Transaktionskosten bis

[136] Wichtig ist hierbei zu beachten, dass die erwarteten Produktionskosten ΔPK_{LDL}^{t} Kosten der Koordination und keine operativen Kosten der Leistungserbringung darstellen. Die Kosten der Leistungserbringung werden in dem Term ΔLK_{LDL}^{t} erfasst.

zum Zeitpunkt des Vertragsabschlusses in t_4 erfasst werden können. Die Kosten, die in der Periode t_5-t_z anfallen, werden nur in Form von Erwartungswerten berücksichtigt, welche bereits zum Zeitpunkt t_4 gebildet werden. Somit kann nur ein Teil der Gesamtkosten der lateralen Logistikkooperation analytisch erfasst werden. Diese Einschränkung ergibt sich aus der Annahme des Forschers, dass Verhaltensunsicherheiten und die beschränkten Rationalitäten der Akteure keine Entscheidungen unter Sicherheit bezogen auf den Zeitraum nach t_4 zulassen: Zum Zeitpunkt t_4 liegen den Akteuren keine sicheren Informationen über die Produktionskosten und die Transaktionskosten in der Leistungsphase vor. Da Entscheidungen zum Zeitpunkt t_4 unter Unsicherheit zu treffen sind, werden nur die bis dahin angefallenen Kosten und die Erwartungswerte der Akteure über die in der Leistungsphase anfallenden Produktions- und Koordinationskosten berücksichtigt.[137]

Im Rahmen einer kritischen Reflektion der formulierten Zielfunktionen muss festgestellt werden, dass die ausgeführten Optimierungsprobleme der Cluster-Unternehmen und des LDL im Rahmen einer Transaktionskostenanalyse nicht gelöst werden, da die erzielbaren Kostensenkungen sowie die kooperationsinduzierten Koordinationskosten in der Leistungsphase der Kooperation nicht allgemein bestimmt werden können. Im Rahmen der theoriegeleiteten Analyse sind lediglich diejenigen Kostenbestandteile erfassbar, die bis zum Vertragsabschluss der Cluster-Unternehmen anfallen. Daher wird im Rahmen der Analyse keine Lösung der o.g. Beteiligungsbedingungen angestrebt, sondern nach Koordinationsmuster gesucht, mit welchen sich die Koordinationskosten in der Phase des CSE soweit wie möglich reduzieren lassen.

Koordinationsmuster des Cluster Service Engineering

Aus der Sicht des LDL stehen bei der Gestaltung des Integrationsgrades im Rahmen der Koordination von Entscheidungen im *CSE* eine Vielzahl verschiedene *Koordinationsmuster* zur Wahl, die bereits in *Kapitel 2* im Kontext der Koordination von Entscheidungsinterdependenzen in Clustern ausgearbeitet wurden.[138] Zu prüfen ist, inwiefern die in der nachfolgenden Tabelle dargestellten Koordinationsmuster einer Cluster-Initiative auf das CSE übertragen werden können. Die Rollen des Beraters, des Moderators und des Managers können dabei sowohl von einem Cluster-Manager, einem Leitunternehmen oder dem LDL selbst wahrgenommen werden. Aus der Kombination der 6 Koordinationsmuster mit den drei Schlüsselakteuren ergeben sich damit 12 verschiedene Koordinationsmuster, die im Rahmen der Analyse berücksichtigt werden könnten.[139]

---

[137] Dabei wird die bei Transaktionskostenanalysen übliche Annahme aufgegeben, dass die Koordinationskosten die Höhe der Produktionskosten nicht beeinflussen: Durch die Höhe der erwarteten Koordinationskosten der Akteure wird ihre Beteiligungsbereitschaft an der Kooperation geprägt und damit die Höhe der Synergieeffekte, die im Rahmen der Kooperation erzielbar sind.

[138] Siehe S. 66.

[139] Die 12 Koordinationsmuster ergeben sich aus der Multiplikation der drei Akteure mit den Koordinationsmustern der Fremdkoordination und der anschließenden Addition der 3 Koordinationsmuster der Selbstkoordination.

Nimmt man an, dass Kombinationen der Koordinationsmuster 1 - 6 vorliegen können (z.B. ein Informationsausschuss in Kombination mit einem Cluster-Manager, der die Analyse der Daten und die Handlungsauswahl vornimmt) lassen sich insgesamt über 50 Koordinationsmustervarianten unterscheiden.[140] Um eine vergleichende Analyse von Koordinationsmustern durchführen zu können, ist daher eine *begründete Auswahl* von *relevanten* Koordinationsmustern vorzunehmen. Diese Auswahl wird nachfolgend vorgenommen.

CSE-Moderator	Fremdkoordination zur Unterstützung des Informationsaustauschs
CSE-Informationsausschuss	Selbstkoordination zur Unterstützung des Informationsaustauschs
CSE-Berater	Fremdkoordination zur abgestimmten Erarbeitung von Handlungsempfehlungen
CSE-Beratungsausschuss	Selbstkoordination zur abgestimmten Erarbeitung von Handlungsempfehlungen
CSE-Manager	Fremdkoordination zur abgestimmten Auswahl von Handlungsoptionen
CSE-Entscheidungsausschuss	Selbstkoordination zur abgestimmten Erarbeitung von Handlungsempfehlungen

Tabelle 3-1: Relevante Koordinationsmuster für das CSE.

Auswahlschritt 1 (Ausschluss von Koordinationsmustern): Bei der Auswahl der Koordinationsmuster wird davon ausgegangen, dass in der Praxis die Entscheidungsgewalt bei jeder Entscheidung in letzter Instanz bei den kooperierenden Unternehmen verbleibt. Die Auswahl von Handlungsoptionen wird – so die Annahme – nicht vollständig auf eine Drittpartei übertragen. Es werden daher fortan nur jene Koordinationsmuster weiter berücksichtigt, die eine autonome Auswahl von Handlungsoptionen oder eine Handlungsauswahl im Rahmen von Selbstabstimmungen vorsehen. Daraus folgt, dass Koordinationsmuster 6 (CSE-Entscheidungsausschuss) in der Analyse nicht weiter berücksichtigt wird.

Auswahlschritt 2 (Zusammenfassung von Koordinationsmustern): Die Koordinationsmuster 1 und 3 bzw. die Koordinationsmuster 2 und 4 unterscheiden sich darin, ob eine Beratungsleistung im Rahmen des Schnittstellenmanagements angeboten wird, oder lediglich eine Unterstützung bei der Kommunikation der Akteure. Eine Bewertung der Vorteilhaftigkeit von Koordinationsmuster 2 im Vergleich zu Koordinationsmuster 4 und ein Vergleich von Koordinationsmuster 1 zu 3 ist dabei von den jeweiligen konkreten Entscheidungssituationen abhängig und kann im Rahmen einer Transaktionskostenanalyse nur eingeschränkt erörtert werden. Jedoch lassen sich die prinzipiell zum Einsatz kommenden Koordinationsinstrumente (Selbstabstimmung versus Weisungen, Pläne und Programme) durchaus transaktionskostentheoretisch diskutieren. Daher werden als Repräsentanten der zentralen bzw. der dezentralen Koor-

[140] Beispiele für kombinierte Koordinationsmuster sind in Kapitel 2 der Arbeit dargestellt.

dination die Koordinationsmuster 3 und 4 betrachtet, welche eine Beratungsleistung mit einschließen.[141]

Auswahlschritt 3 (Variation von Koordinationsmustern): Mit dem Ziel der Berücksichtigung verschiedener Akteurstypen (Cluster-Manager, Leitunternehmen und LDL) wird Koordinationsmuster 3 variiert. Dabei werden alle relevanten Akteure in der Rolle des *CSE-Beraters* analysiert. Aus den drei Auswahlschritten ergeben sich für die Analyse die nachfolgend dargestellten vier relevanten Koordinationsmuster ***KM-A***, ***KM-B***, ***KM-C*** und ***KM-D***.[142]

KM-A: Ein Cluster-Manager agiert als *CSE-Berater* und unterstützt auf diese Weise die Entscheidungskoordination im CSE. Die Definition der für eine Entscheidung relevanten Informationsbedarfe, die Beschaffung der Informationen und die Informationsverarbeitung werden vom Cluster-Manager als Vorbereitung für die Auswahl von Handlungsoptionen vorgenommen. Die Auswahl der Handlungsoptionen selbst erfolgt dabei im Rahmen einer Selbstabstimmung der Cluster-Unternehmen (Entscheidungsausschuss) oder autonom durch die Cluster-Unternehmen.

KM-B: Analog zu *KM-A* wird eine zentrale Koordination durch einen CSE-Berater unterstützt. Dabei wird die Rolle des CSE-Beraters nicht vom Cluster-Manager, sondern von einem Leitunternehmen der Cluster-Initiative eingenommen.

KM-C: Die Koordination ist durch eine dezentrale Abstimmung von Entscheidungen im Cluster geprägt. Hierbei erfolgen alle Schritte der Entscheidungsfindung bis zur Formulierung von Handlungsempfehlungen im Rahmen einer dezentralen Abstimmung. Sowohl die Festlegung der Informationsbedarfe, die Beschaffung als auch die Auswertung der entscheidungsrelevanten Informationen werden im Rahmen von Selbstabstimmungen und im Rahmen der Gremienarbeit koordiniert. Die Auswahl von Handlungen kann im Rahmen der Selbstabstimmung (Koordinationsmuster 6) oder autonom durch die Akteure erfolgen.

KM-D: Analog zu *KM-A* und *KM-B* wird eine zentrale Koordination des CSE durch einen Berater realisiert. Dabei wir die Rolle des CSE-Beraters von dem betrachteten LDL eingenommen.

Den dargestellten Koordinationsmustern können unterschiedlich hohen ***Ausprägungen der Kundenintegration*** zugeordnet werden. Während bei der zentralen Koordination durch den Cluster-Manager oder durch ein Leitunternehmen eine vollständige Abgabe der Koordinationsleistung an die Cluster-Unternehmen erfolgen kann, macht eine dezentrale Koordination eine weitere Beteiligung des LDL an der Koordination erforderlich. Gegebenenfalls ist eine langfristige Beteiligung des LDL im Cluster notwendig, damit das erforderliche Vertrauen und damit

[141] Es wird dabei vereinfachend angenommen, dass die für Koordinationsmuster 3 und 4 gewonnenen Erkenntnisse prinzipiell auch auf Koordinationsmuster 1 und 3 übertragen werden können.

[142] Um eine Verwechslung dieser Koordinationsmuster mit den Koordinationsmustern zu vermeiden, die in Kapitel (2) vorgestellt worden sind, wird fortan die Bezeichnung *KM-A*, *KM-B*, *KM-C* und *KM-D* verwendet.

die Integrationsbasis entstehen kann, die für die dezentrale Koordination erforderlich ist. Erfolgt weder eine zentrale noch eine dezentrale Koordination im Cluster, so muss der LDL als zentral koordinierender Akteur die Abstimmung der Entscheidungen selbst herbeiführen. In diesem Fall ist die Beteiligung des Kunden an der Koordination von Entscheidungen im CSE auf dem niedrigsten Niveau angesiedelt. Somit sinkt von *KM-A* zu *KM-B* über *KM-C* zu *KM-D* das Ausmaß der Kundenintegration im Rahmen der Koordination. Die Gesamtausprägung der Kundenintegration ergibt aus der Anwendung der Koordinationsmuster in den einzelnen Phasen des CSE.

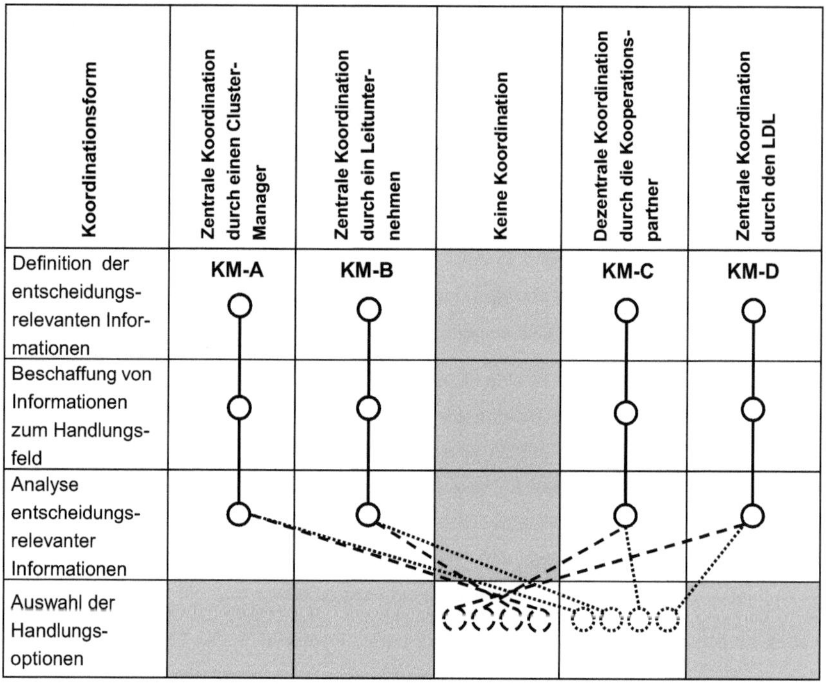

Abbildung 3-6: Koordinationsmuster für das CSE.

Die in der Analyse betrachteten Koordinationsmuster sind in *Abbildung 3-6* dargestellt. Sie stellen eine Vereinfachung der in der Praxis auftretenden Koordinationsmuster dar: Es ist davon auszugehen, dass in der Praxis bei den zu koordinierenden Entscheidungen in Clustern auch eine Kombination zentraler und dezentraler Koordinationsmechanismen sowie eine Kombination von Selbst- und Fremdkoordinationsmechanismen anzutreffen ist. Die hier vorgenommene Koordinationsmusterauswahl dient lediglich der Operationalisierung und Vereinfachung realer Koordinationsmuster, um diese einer theoriegeleiteten Analyse zugänglich zu machen. Gemein ist den vier betrachteten Koordinationsmustern, dass sie alle eine *dezentrale*

Auswahl von Handlungsoptionen vorsehen.[143] Somit können Entscheidungen zwar durch eine gemeinsame Entscheidungsvorbereitung koordiniert werden, die Auswahlentscheidung selbst treffen die Akteure jedoch eigenständig oder im Rahmen einer *Selbstabstimmung*.

Parametrische und strukturelle Verhaltensunsicherheiten des Cluster Service Engineering

Die im vorigen Abschnitt begründet ausgewählten Koordinationsmuster sind zur Beantwortung der Forschungsfragen hinsichtlich ihrer komparativen Transaktionskostenprofile zu analysieren. Im CSE eingesetzt, dienen sie alle der Koordination von Entscheidungen und damit der Reduzierung von Unsicherheiten bei der Projektanbahnung: der Unsicherheit der Akteure über das Entscheidungsverhalten anderer Akteure in den zehn aufgezeigten Entscheidungsfeldern des CSE. Jedoch werden bei der Koordination von Entscheidungen mit den benannten Koordinationsmustern auch Verhaltensunsicherheiten *generiert*, da auch die Entscheidungskoordination selbst als eine Unsicherheitsquelle betrachtet werden muss. Die Eignung der verschiedenen Koordinationsmuster für das CSE kann daher erst dann beurteilt werden, wenn Art und Ausmaß der bei der Koordination generierten Verhaltensunsicherheiten konkretisiert worden sind. Dies erfolgt in diesem Abschnitt. Dabei werden Verhaltensunsicherheiten der Cluster-Unternehmen und Verhaltensunsicherheiten des LDL differenziert betrachtet.

Verhaltensunsicherheiten auf der Seite der Cluster-Unternehmen ergeben sich im Rahmen der Koordination des CSE als Unsicherheiten gegenüber anderen Cluster-Akteuren (*interne Verhaltensunsicherheiten*) sowie als Verhaltensunsicherheiten gegenüber dem LDL (*externe Verhaltensunsicherheiten*).[144]

Interne parametrische Verhaltensunsicherheiten entstehen durch Ungewissheiten hinsichtlich der Höhe der Problemevidenz (US1) und der Integrationsevidenz (US2) der an der Kooperation beteiligten Cluster-Unternehmen.[145] Eine eingeschränkte Problemevidenz (US1) liegt vor, wenn das Problembewusstsein[146] der Cluster-Unternehmen oder ihre Problemtransparenz[147] nicht ausreichend ausgeprägt sind, und die Qualität der von ihnen bereitgestellten Informatio-

[143] Diese Annahme wurde getroffen, da alle Entscheidungen in einem Cluster im Rahmen lateraler Logistikkooperationen von autonom handelnden, wirtschaftlich und rechtlich selbständigen Unternehmen getroffen werden.

[144] Diese Verhaltensunsicherheiten sind als Ausprägung parametrischer Unsicherheiten zu sehen, da sie sich mit den Transaktionskostendeterminanten der statischen Transaktionskostentheorien erfassen lassen.

[145] Diese Unsicherheit richtet sich nicht ausschließlich gegen die koordinierenden Akteure, sondern gegen alle Kooperationspartner, die mit der Bereitstellung entscheidungsrelevanter Informationen an der Entscheidungskoordination indirekt mitwirken müssen.

[146] Ein eingeschränktes Problembewusstsein liegt vor, wenn die koordinierenden Akteure die Vorteile einer lateralen Logistikkooperation nicht absehen können, und diese nicht als geeignetes Instrument zur Lösung ihrer Logistikprobleme erkennen.

[147] Eine eingeschränkte Problemtransparenz liegt vor, wenn die Unternehmen die Notwendigkeit eines koordinierten Entscheidungsprozesses zwar erkennen, jedoch nicht in der Lage sind, die dabei erforderlichen Informationen zu beschaffen oder bereitzustellen.

nen aus diesem Grund anzuzweifeln ist.[148] Diese Problematik ist nicht auf opportunistisches Verhalten zurückzuführen, sondern auf intra-organisationale Probleme der Cluster-Unternehmen bei der Informationsbereitstellung und der Informationsverarbeitung.[149]

Ursache von Unsicherheiten hinsichtlich der *Integrationsevidenz* (US2) kann ein eingeschränktes Integrationsbewusstsein und eine eingeschränkte Integrationstransparenz sein. Beide Ausprägungen der Unsicherheit beziehen sich auf die Erbringung der Koordinationsleistung der Transaktionspartner.[150] Ein *eingeschränktes Integrationsbewusstsein* liegt vor, wenn die koordinierenden Akteure im Cluster nicht in der Lage sind, die Entscheidungskoordination zu erbringen.[151] Das Problem des eingeschränkten Integrationsbewusstseins liegt nicht in opportunistischem Verhalten begründet, sondern darin, dass die koordinierenden Akteure nicht über die erforderlichen Koordinationsinstrumente verfügen oder nicht in der Lage sind, diese zur Anwendung zu bringen. *Opportunismus* ist hingegen das zentrale unsicherheitverursachende Problem der *Integrationstransparenz*. Unsicherheiten beziehen sich hier auf die Gefahr, dass die mit der Koordination beauftragten Akteure ihre Rolle als Koordinator nutzen, um die Partnerwahl, die Kooperationsfeldwahl, die Konzept- und Prozessplanung sowie die Festlegung interner und externer Leistungsvereinbarungen zu ihren eigenen Gunsten zu beeinflussen.

Als *externe parametrische Verhaltensunsicherheiten* sind die beschriebenen Unsicherheiten analog zu betrachten, allerdings beziehen sie sich nun nicht länger auf die Koordinationsleistung der Cluster-Akteure, sondern auf den LDL als Koordinator. Es ergeben sich die Unsicherheit der *mangelnden Problemevidenz des LDL* (US3) und die Unsicherheit der *mangelnden Integrationsevidenz des LDL* (US4). Aus den beschriebenen Unsicherheiten gegenüber den Kooperationspartnern im Cluster und gegenüber dem LDL ergibt sich das in *Tabelle 3-2* (nachfolgende Seite) dargestellte Unsicherheitstableau der Cluster-Unternehmen.

Die Unsicherheiten des LDL ergeben sich analog zu den Unsicherheiten der *Cluster-Unternehmen* als *Unsicherheit bzgl. einer mangelnden Problemevidenz der Cluster-Unternehmen (US5)* und bzgl. ihrer *mangelnden Integrationsevidenz (US6)*.[152] Ursache von Unsicherheiten bzgl. der Problemevidenz (*US5*) ist auch aus dieser Perspektive ein be-

[148] Somit fehlt ihr Verständnis für die Notwendigkeit eines koordinierten Entscheidungsprozesses im Rahmen des Service Engineering. Die im CSE zu lösenden Koordinationsprobleme werden dann nur eingeschränkt erkannt. Daraus folgt eine Unsicherheit der Akteure, inwiefern sich die an der Kooperation beteiligten Partner durch die Bereitstellung von Informationen am CSE beteiligen werden.

[149] Solche Schwierigkeiten können in der Praxis auftreten, wenn beispielsweise für das CSE Informationen in einer anderen Form aufbereitet werden müssen, als diese in den IKT-Systemen der Akteure darstellbar sind.

[150] Daher beziehen sich diese Unsicherheiten ausschließlich auf die Koordinatoren des CSE.

[151] Dabei steht nicht die interne Bereitstellung und Beschaffung der entscheidungsrelevanten Informationen im Fokus, sondern die Definition von Informationsbedarfen, die Abrufung der Informationen bei den Kooperationspartnern, die Analyse der Informationen und die Formulierung von Handlungsempfehlungen.

[152] Auch hierbei bezieht die Unsicherheit bzgl. einer mangelnden Problemevidenz alle Kooperationspartner mit ein, während die Unsicherheit bzgl. einer mangelnden Integrationsevidenz nur gegenüber den Koordinatoren des CSE besteht.

schränktes Verständnis der koordinierenden Cluster-Unternehmen vom Nutzen der Logistikkooperation. Auch hier bezieht sich Unsicherheit hinsichtlich der Problemevidenz auf das *Problembewusstsein* als auch auf die *Problemtransparenz* der Cluster-Unternehmen.

Interne parametrische Unsicherheiten	*US1*	***Problemevidenz: Unsicherheit der U_i hinsichtlich der Problemevidenz der potenziellen Kooperationspartner*** ***US1.1 Problembewusstsein:*** *Welches Problembewusstsein weisen die U_i hinsichtlich der Effizienzsteigerungspotenziale von lateralen Logistikkooperationen auf?* ***US1.2 Problemtransparenz:*** *Können die U_i die für den koordinierten Entscheidungsprozess im CSE erforderlichen Informationen bereitstellen und den beteiligten Kooperationspartnern übermitteln?*
	US2	***Integrationsevidenz: Unsicherheit der U_i hinsichtlich der Integrationsevidenz der Akteure des Clusters im Rahmen der Koordination*** ***US2.1 Integrationsbewusstsein:*** *Sind die im Cluster koordinierenden Akteure in der Lage die geforderte Koordinationsleistung zu erbringen?* ***US2.2 Integrationstransparenz:*** *Sind die im Cluster koordinierenden Akteure willens, die bestmögliche Koordinationsleistung im Sinne aller beteiligter Kooperationspartner zu erbringen?*
Externe parametrische Unsicherheiten	*US3*	***Problemevidenz: Unsicherheit der U_i hinsichtlich der Problemevidenz des LDL*** ***US3.1 Problembewusstsein:*** *Welches Problembewusstsein weist der LDL hinsichtlich der Effizienzsteigerungspotenziale von lateralen Logistikkooperationen auf?* ***US3.2 Problemtransparenz:*** *Kann der LDL die für den koordinierten Entscheidungsprozess im CSE erforderlichen Informationen bereitstellen und den beteiligten Kooperationspartnern übermitteln?*
	US4	***Integrationsevidenz: Unsicherheit der U_i hinsichtlich der Integrationsevidenz des LDL im Rahmen der Koordination*** ***US4.1 Integrationsbewusstsein:*** *Ist der LDL in der Lage die geforderte Koordinationsleistung zu erbringen?* ***US4.2 Integrationstransparenz:*** *Ist der LDL willens, die bestmögliche Koordinationsleistung im Sinne aller beteiligter Kooperationspartner zu erbringen?*

Tabelle 3-2: Parametrische Verhaltensunsicherheiten der Cluster-Unternehmen im CSE.

Unsicherheiten hinsichtlich der Integrationsevidenz *(US6)* der Cluster-Unternehmen können analog *eingeschränktes Integrationsbewusstsein* und eine *eingeschränkte Integrationstransparenz* verursacht werden. Beide Ausprägungen der Unsicherheit beziehen sich auf die Erbringung der Koordinationsleistung durch die Cluster-Unternehmen. Ein eingeschränktes Integrationsbewusstsein liegt vor, wenn die koordinierenden Akteure im Cluster nicht in der Lage sind, die Entscheidungskoordination in der erforderlichen Form zu erbringen. Das Problem der eingeschränkten Integrationsevidenz liegt auch hierbei darin begründet, dass die koordinierenden Akteure nicht über die erforderlichen Methoden und Instrumente für die Entscheidungskoordination verfügen, oder diese nicht zur Anwendung bringen können. Eingeschränkte Integrationstransparenz hingegen bezieht sich auf das potenziell opportunistische Verhalten der koordinierenden Akteure im Cluster, die ihre Rolle als Koordinator ausnutzen könnten um den gemeinsamen Entscheidungsprozess zu Gunsten der eigenen Anforderungen zu beeinflussen. Sie werden damit der Aufgabe nicht gerecht, eine im Sinne aller beteiligten Akteure zielführende Koordinationsleistung zu erbringen. Aus dieser Argumentation folgt das in *Tabelle 3-3* dargestellte Unsicherheitstableau eines LDL.

Externe parametrische Unsicherheiten	*US5*	***Problemevidenz: Unsicherheit des LDL hinsichtlich der Problemevidenz der potenziellen Kooperationspartner*** ***US5.1 Problembewusstsein:*** *Welches Problembewusstsein weisen die U_i hinsichtlich der Effizienzsteigerungspotenziale von lateralen Logistikkooperationen auf?* ***US5.2 Problemtransparenz:*** *Können die U_i die für den koordinierten Entscheidungsprozess im CSE erforderlichen Informationen bereitstellen und den koordinierenden Akteuren übermitteln?*
	US6	***Integrationsevidenz: Unsicherheit des LDL hinsichtlich Integrationsevidenz der Cluster-Unternehmen im Rahmen der Koordination*** ***US6.1 Integrationsbewusstsein:*** *Sind die im Cluster koordinierenden Akteure in der Lage die geforderte Koordinationsleistung zu erbringen?* ***US6.2 Integrationstransparenz:*** *Sind die im Cluster koordinierenden Akteure willens, die bestmögliche Koordinationsleistung im Sinne aller beteiligter Kooperationspartner zu erbringen?*

Tabelle 3-3: Parametrische Verhaltensunsicherheiten eines LDL im CSE.

Institutionen und Routinen der Cluster-Initiative als Instrumente für die Reduzierung parametrischer Unsicherheiten im CSE

Aus der Transaktionskostentheorie folgt, dass Transaktionspartner jene Absicherungsformen wählen sollten, die dem Charakter der Unsicherheiten einer Transaktion bestmöglich entsprechen.[153] Bevor die theoriegeleitete Analyse durchgeführt werden kann, sind nach der Ausarbeitung der kooperationsinduzierten Verhaltensunsicherheiten im Rahmen der Koordination die unsicherheitgenerierenden und -reduzierenden Kosteneinflussgrößen des CSE zu reflektieren.

Als ***Mittel zur Reduktion parametrischer Unsicherheiten*** benennt FLIEß *Institutionen und Routinen* sowie *Instrumente der Informationsbeschaffung.*[154] Übertragen auf das Cluster Service Engineering sind als Institutionen und Routinen jene Praktiken zu reflektieren, die zum Abbau der in den Unsicherheitstableaus beschrieben Unsicherheiten geeignet sind. Bezogen auf die *Governance-Kosten* sind dies alle Praktiken einer Cluster-Initiative, die eine effiziente Entscheidungskoordination gewährleisten[155] und sicherstellen, dass die beteiligten Kooperati-

[153] Dabei führt ein zu hohes Maß an Absicherung ebenso zu Effizienzverlusten, wie ein zu geringes Maß an Absicherung.

[154] FLIEß versteht unter *Routinen* bewährte und Verhaltensformen, die geeignet sind, bestimmte organisationale Aufgaben zu bewältigen und dabei den Handlungsspielraum auf einige wenige Handlungsalternativen eingrenzen. Siehe ebenda, S. 309.

[155] Dabei werden insbesondere die Unsicherheiten (*US2.1, US4.1* und *US6.1*) adressiert, da hier die Koordinationsleistung im Fokus steht.

onspartner die dafür erforderlichen Informationen zur Verfügung stellen.[156] Bezogen auf den *Messkostenansatz* sind dies alle Methoden und Instrumente, die eine effiziente Messung der Koordinationsleistung der Koordinatoren ermöglichen und damit das Risiko opportunistischen Verhaltens reduzieren (*US2.2*, *US4.2* und *US6.2*). Die in einer Cluster-Initiative vorhandenen und bewährten Praktiken zur Koordination von Entscheidungen und zur Messung von Koordinationsleistungen lassen sich, bezugnehmend auf die in *Kapitel 2.3* ausgearbeitete Cluster-Governance, konkretisieren. Dies sind die *bewährten* und *legitimierten Koordinationsmuster,* die bei der Entscheidungskoordination zur Anwendung kommen. Während die Koordinationsmuster für die Allokation, die Regulation und die Selektion für die Bewältigung der direkten Koordinationsprobleme nutzbar sind (Governance-Ansatz), stehen die Koordinationsmuster der Evaluation für die Bewältigung der Koordinationskontrolle (Messkostenansatz) zur Verfügung. Bevor dieser Gedanke weiter ausgeführt und für die Formulierung von Thesen operationalisiert wird, sind die oben genannten Begriff der *Bewährtheit* und der *Legitimation* zu erläutern.

Die ***Bedingungen der Bewährtheit*** kann aus dem in der Dienstleistungsforschung entliehenen Begriff des *Integrationsbewusstseins* abgeleitet werden. Das Integrationsbewusstsein eines Akteurs ist vorhanden, wenn er *befähigt* ist, eine definierte Leistung zu erbringen. Analog können Koordinationsmechanismen als bewährt betrachtet werden, wenn sie bereits vor dem CSE-Prozess für vergleichbare Entscheidungen erfolgreich eingesetzt worden sind. Wenn Entscheidungen im Rahmen der Selektionsfunktion in einer Cluster-Initiative bewährte Koordinationsmuster hervorgebracht hat, ist der Argumentation folgend die Vermutung berechtigt, dass das bewährte Koordinationsmuster auch für Selektionsentscheidungen im CSE eingesetzt werden kann. Der dezentrale Koordinationsmechanismus *Selbstabstimmung auf Arbeitsebene* kann daher als bewährt verstanden werden, wenn Selbstabstimmungen im Cluster auch im Rahmen anderer Selektionsentscheidungen auf der Arbeitsebenen der Cluster-Initiative durchgeführt worden sind. Diese Argumentation findet Unterstützung in dem von BELL, TRACEY und HEIDE entwickelten Modell der Cluster-Governance, das die Wahl von Koordinationsmechanismen für einzelne Transaktionen in Abhängigkeit transaktionsspezifischer Merkmale, in Abhängigkeit von Cluster-Merkmalen und in Abhängigkeit der Ausprägung vergangener Koordinationspraktiken beschreibt.[157] Dabei bestimmen die Transaktionskostendeterminanten Spezifität und Opportunismus, die Makrokultur des Clusters und die bereits durchgeführten Transaktionen über eine Pfadabhängigkeit die Wahl der Koordinationsmechanismen zukünftiger Transaktionen. Daher ist davon auszugehen, dass Cluster-Unternehmen auch in lateralen Logistikkooperationen jene Mechanismen zur Koordination der Leistungsde-

156 Dabei werden insbesondere die Unsicherheiten (*US1.1, US1.2, US3.1, US3.2, US5.1* und *US5.2*) adressiert, da hierbei die Informationsbereitstellung *aller* Kooperationspartner im Fokus steht.

157 Vgl. BELL et al. (2007), S. 626.

finition und -vereinbarung anwenden, die in vergleichbaren Entscheidungssituationen im Cluster bereits erfolgreich angewendet wurden.[158] Somit hängen die Möglichkeiten der Nutzung transaktionskostendeterminierender Gestaltungsansätze davon ab, welche Institutionen und Routinen ein Cluster bereitstellt.

Die ***Bedingung der Legitimation*** kann aus dem in der Dienstleistungsforschung entliehenen Begriff des *Integrationsbewusstseins* abgeleitet werden. Sie geht über die Bewährtheit hinaus und ist erfüllt, wenn die in der Historie des Clusters genutzten und bewährten Koordinationsmechanismen auch von *den Akteuren* eingesetzt worden sind, die in der Vergangenheit an der Koordination beteiligt waren: Sie sind legitimiert, die jeweiligen Koordinationsmuster zur Anwendung zu bringen. Somit ist beispielsweise der Cluster-Manager legitimiert für die Beteiligung an Selbstabstimmungen zur Selektion von Kooperationspartnern auf Arbeitsebene, wenn der Cluster-Manager auch in der Vergangenheit im Cluster an Selbstabstimmungen auf Arbeitsebene zur Auswahl von Kooperationspartnern beteiligt war.

Operationalisierung unsicherheitreduzierender Kosteneinflussgrößen

Bezugnehmend auf die Bestimmung der Begriffe *Bewährtheit* und *Legitimation* lassen sich die relevanten unsicherheitreduzierenden Kosteneinflussgrößen weiter operationalisieren. Zunächst werden die ***internen Verhaltensunsicherheiten*** betrachtet. Es ist davon auszugehen, dass ein ausreichendes *Problembewusstsein* und eine ausreichende *Problemtransparenz* potenzieller Kooperationspartner bei der Anbahnung der Kooperation herstellbar sind, wenn sich die Akteure eines Clusters wechselseitig über die Vorteile einer lateralen Logistikkooperation zielgerichtet austauschen. Dabei fallen geringere Transaktionskosten an, wenn die Akteure im Cluster auf *bewährte Methoden und Instrumente der Informationsbeschaffung und -distribution* zurückgreifen können. Sind diese vorhanden, können sich die Akteure wechselseitig kosteneffizient über die Vorteilhaftigkeit lateraler Logistikkooperationen austauschen und ihr Wissen über Effizienzsteigerungspotenziale kommunizieren.[159] Somit ist davon auszugehen, dass die *Absicherung des Problembewusstseins (US1.1)* und die *Absicherung der Problemtransparenz (US1.2)* durch den *Einsatz bewährter und legitimierter Methoden und Instrumente der Informationsbeschaffung und -distribution der Cluster-Initiative* zwischen den U_i möglich ist. Die Absicherung von Unsicherheiten bezüglich der *Integrationsevidenz* ist nicht allein durch Informationsaustausch möglich. Hierbei muss abgesichert werden, dass die koordinierenden Akteure im Cluster *in der Lage* und auch *willens* sind, die ihnen übertragene Koordinationsleistung im Sinne aller Kooperationspartner zu erbringen.

---

[158] Sie gehen von einer Pfadabhängigkeit beim Einsatz der Koordinationsinstrumente in einem Cluster aus, vgl. BELL et al. (2007), S. 626.

[159] Zwar stellen dies nicht zwingend eine Befähigung für die intra-organisationale Informationsbeschaffung und -analyse dar, jedoch tragen sie zur Absicherung der Vermittelbarkeit von Informationen an die Kooperationspartner bei.

	Unsicherheiten als Kosteneinflussgrößen	*Koordinationsmechanismen als unsicherheit-reduzierende Kosteneinflussgrößen*	*Transaktionskosten*
US1	*US1.1*	**MI-I:** Bewährte und legitimierte Methoden und Instrument der Informationsbeschaffung und -distribution in der Cluster-Initiative.	Governance-Kosten der U_i
	US1.2	**MI-I:** Bewährte und legitimierte Methoden und Instrument der Informationsbeschaffung und -distribution in der Cluster-Initiative.	Governance-Kosten der U_i
US2	*US2.1*	**KM-EK:** Bewährte und legitimierte Koordinationsmuster der Cluster-Initiative für die Entscheidungskoordination.	Governance-Kosten der U_i
	US2.2	**KM-KE:** Bewährte und legitimierte Koordinationsmuster der Cluster-Initiative für die Koordinationsevaluation.	Messkosten der U_i

Tabelle 3-4: Absicherung interner Verhaltensunsicherheiten der Cluster-Unternehmen im CSE.

Ihre Fähigkeit zur Erbringung der Koordinationsleistung zeigt sich in ihrer Fähigkeit zur Definition von Koordinationsbedarfen, zur Beschaffung der relevanten Informationen bei den Kooperationspartnern, zur Auswertung der erhobenen Informationen und der Unterstützung der Partner bei der Entscheidungsfindung. Eine *Absicherung des Integrationsbewusstseins* (*US2.1*) kann FLIEß folgend dadurch erfolgen, dass die Akteure Koordinationsmuster zur Anwendung bringen, die sich im Cluster in vergleichbaren Problemstellungen bewährt haben. In Tabelle 3-4 sind den internen Unsicherheiten der Cluster-Unternehmen die relevanten Kosteneinflussgrößen und die dabei beeinflussten Transaktionskosten gegenübergestellt.

Die *Absicherung der Problemtransparenz* (*U2.2*) geht über eine Absicherung der Koordinationsfähigkeit hinaus. Sie zielt auf die Bewältigung von Opportunitäten im CSE-Prozess. Die Verfügbarkeit geeigneter Koordinationsmuster reicht nun nicht mehr aus um Unsicherheiten abzusichern. Hier werden Messungen der Koordinationsleistung des im Cluster koordinierenden Akteurs erforderlich. Die Höhe der dabei entstehenden Messkosten hängt davon ab, ob den Akteuren im Cluster *bewährte und legitimierte Methoden und Instrumente zur Messung von Leistungsbeiträgen* zur Verfügung stehen, die zur Beurteilung der Koordinationsleistung der koordinierenden Akteure geeignet sind. Hierbei handelt es sich um bewährte und legitimierte Koordinationsmuster der Evaluation, die sich in einer Cluster-Initiative entwickelt haben. Auch diese Kosteneinflussgrößen sind in *Tabelle 3-4* bzgl. der internen Verhaltensunsicherheiten *US1* und *US2* dargestellt.

Analog zu den Maßnahmen zur Reduzierung interner Verhaltensunsicherheiten, lassen sich ***externe Verhaltensunsicherheiten*** *der Cluster-Unternehmen* gegenüber dem LDL absichern. Insbesondere die Absicherung der Integrationsevidenz des LDL stellt eine in der Praxis relevante Anforderung dar.[160] Die *Absicherung des Integrationsbewusstseins des LDL (U4.1)* zielt darauf sicherzustellen, dass der LDL die an ihn übertragenen Koordinationsleistungen erbringen kann. Eine Reduzierung dieser Unsicherheit ist nicht von der Verfügbarkeit organisationaler Institutionen und Routinen der Koordination im Cluster abhängig, sondern von den Koordinationsfähigkeiten des LDL und seinen Möglichkeiten, diese Koordinationsfähigkeiten nachzuweisen.[161] Aus der Sicht des Clusters fallen Transaktionskosten bei der Beurteilung der Referenzen und Koordinationsleistung des LDL an, und bei der Information aller an der Kooperation beteiligten Akteure über die Ergebnisse dieser Evaluation. Somit lassen sich als Kosteneinflussgrößen im Cluster *bewährte und legitimierte Methoden und Instrumente* zur Messung von Leistungsbeiträgen des LDL benennen. Die Kosteneinflussgrößen der externen Unsicherheiten aus der Sicht der *Cluster-Unternehmen* sind in *Tabelle 3-5* dargestellt. Die Absicherung der Integrationstransparenz des LDL (*U4.*2) dient der Reduzierung der Unsicherheit, dass der LDL die ihm übertragene Koordinationsleistung nicht im Sinne aller beteiligten Akteure erfüllt. Dies dient der Absicherung von Opportunitäten im CSE. Die Sicherstellung der Kompetenz des LDL reicht dabei nicht aus, um das Risiko der List und Tücke abzusichern. Erneut sind Messungen der Koordinationsleistung erforderlich. Dabei entstehen Messkosten, deren Höhe abhängt davon ist, ob den Akteuren im Cluster *bewährte und legitimierte Methoden und Instrumente* (Koordinationsmuster der Evaluation) zur Verfügung stehen, die zur Beurteilung der Koordinationsleistung des LDL geeignet sind.

	Unsicherheiten als Kosteneinflussgrößen	***Koordinationsmechanismen als unsicherheitreduzierende Kosteneinflussgrößen***	***Transaktionskosten***
US4	***US4.1***	**KM-KE:** Bewährte Koordinationsmuster zur Kontrolle der Leistungsbeiträgen des LDL. **MI-I:** Bewährte und legitimierte Methoden und Instrument der Informationsbeschaffung und -distribution im Cluster	Governance-Kosten der U_i / Messkosten der U_i
	US4.2	**KM-KE:** Bewährte Koordinationsmuster zur Kontrolle der Leistungsbeiträgen des LDL.	Messkosten der U_i

Tabelle 3-5: Absicherung externer Verhaltensunsicherheiten der Cluster-Unternehmen im CSE.

Auch aus der ***Perspektive des LDL*** sind Maßnahmen zur Reduzierung von Verhaltensunsicherheiten hinsichtlich der Problemevidenz und der Integrationsevidenz der Cluster-Unternehmen vorzusehen. Die Absicherung des Problembewusstseins (*US5.1*) kann dadurch

[160] Eine *Absicherung des Problemverständnisses des* LDL *(U3.1)* ist nur bei von verladenden Unternehmen initiierten Kooperationen erforderlich. Sie kann bei der in dieser Arbeit betrachteten Marktbearbeitung durch LDL vernachlässigt werden. Ebenso ist die Problemtransparenz des LDL (*U3.*2) bei der pro-aktiven Marktbearbeitung als Voraussetzung zu sehen.

[161] Dies kann in der Praxis durch entsprechende Referenzen geschehen, die von den Cluster-Unternehmen U_i beim LDL einzufordern sind.

erfolgen, dass der LDL die Akteure des Clusters aktiv über die Vorteile lateraler Logistikkooperationen informiert. Wie bei der Absicherung der internen Unsicherheit (*US1.1*) ist dabei davon auszugehen, dass das *Problembewusstsein* und auch die *Problemtransparenz* potenzieller Kooperationspartner bei der Anbahnung der Kooperation leichter herstellbar sind, wenn sich die Akteure eines Clusters wechselseitig über die Vorteile einer lateralen Logistikkooperation austauschen. Dabei fallen geringere Transaktionskosten für den LDL an, wenn den Akteuren im Cluster *Methoden und Instrumente der Informationsbeschaffung und -distribution* zur Verfügung stehen.[162] Somit ist davon auszugehen, dass die *Absicherung des Problembewusstseins* (*US5.1*) und die *Absicherung der Problemtransparenz* (*US5.2*) durch die Informationsaustauschprozesse zwischen den U_i möglich sind.[163]

Wie auch bei der Absicherung interner Unsicherheiten ist eine *Absicherung des Integrationsbewusstseins (US6.1)* und der *Integrationstransparenz (US6.2)* mit einer Intensivierung des Informationsaustauschs der Akteure nicht erreichbar. Hierbei muss abgesichert werden, dass die koordinierenden Akteure im Cluster *in der Lage* und auch *willens* sind, die ihnen übertragenen Koordinationsleistungen im Sinne aller Kooperationspartner erfolgreich zu erbringen. Die Problemstellung ergibt sich analog zu den Unsicherheiten (*US2*.1) und (*US2*.2) der U_i. Die Fähigkeit der U_i zur Erbringung der Koordinationsleistung zeigt sich bei der Definition von Koordinationsbedarfen, bei der Beschaffung von Informationen bei den Kooperationspartnern, bei der Auswertung der vorliegenden Informationen und bei der Unterstützung der Entscheidungsfindung. Eine *Absicherung des Integrationsbewusstseins* (*US6.1*) kann dadurch erfolgen, dass die Akteure Methoden und Instrumente zur Erbringung der Koordinationsleistung anwenden, die sich in der Cluster-Initiative bei vergleichbaren Problemstellungen bewährt haben. Unter der Annahme, dass diese Methoden und Instrumente vorhanden sind, kann der LDL davon ausgehen, dass auch die im Rahmen der lateralen Logistikkooperation zu erbringenden Koordinationsleistungen effizient erbracht werden.

Eine *Absicherung der Problemtransparenz* (*US6.2*) zielt auf die Absicherung von Opportunitäten der Akteure im *CSE*-Prozess. Die Fähigkeit des LDL, Koordinationsprozesse von Akteuren im Cluster zu evaluieren entzieht sich dem Aussagesystem der Transaktionskostentheorie. Jedoch kann auch hier die Verfügbarkeit von Methoden und Institutionen zur Durchführung von Messungen im Cluster zu einer Senkung von Messkosten führen, wenn der LDL keine Selbstmessung der Koordination durchführt, sondern die Messungen von anderen Akteuren des Clusters durchführen lässt.

---

[162] Sind diese vorhanden, können die Akteure sich wechselseitig kosteneffizient über die Vorteilhaftigkeit von lateralen Logistikkooperationen austauschen und ihr Wissen über vorhandene Effizienzsteigerungspotenziale an die koordinierenden Akteure vermitteln. Die Anzahl der Beratungsgespräche zwischen potenziellen Kooperationspartnern kann so reduziert werden.

[163] Sind *bewährte und legitimierte Instrumente für die Informationsbeschaffung und -distribution* im Cluster vorhanden, kann der Informationsaustausch zudem intensiver erfolgen.

	Unsicherheiten als Kosteneinfluss-größen	***Koordinationsmechanismen als unsicherheitreduzierende Kosteneinfluss-größen***	***Transaktionskosten***
US5	***US5.1***	**MI-I:** Bewährte und legitimierte Methoden und Instrument der Informationsbeschaffung und -distribution in der Cluster-Initiative.	Governance-Kosten des LDL
	US5.2	**MI-I:** Bewährte und legitimierte Methoden und Instrument der Informationsbeschaffung und -distribution in der Cluster-Initiative.	Governance-Kosten des LDL
US6	***US6.1***	**KM-EK:** Bewährte und legitimierte Koordinationsmuster für die Entscheidungskoordination in der Cluster-Initiative.	Governance-Kosten des LDL
	US6.2	**KM-KE:** Bewährte und legitimierte Koordinationsmuster für die Koordinationsevaluation in einer Cluster-Initiative.	Messkosten des LDL

Tabelle 3-6: Absicherung externer Verhaltensunsicherheiten des LDL im CSE.

In diesem Fall fallen Messkosten 2. Ordnung an, die geringer ausfallen, wenn die Akteure im Cluster über Methoden und Instrumente verfügen, die Messungen selbst durchzuführen. In *Tabelle 3-6* sind die Unsicherheits-reduzierenden Kosteneinflussgrüßen bzgl. der externen Verhaltensunsicherheiten *US5* und *US6* des LDL dargestellt.

Kommunikations- und Koordinationsmuster der Cluster-Initiative als Instrumente zur Reduzierung struktureller Unsicherheiten im CSE

In den vorangehenden Abschnitten wurden die parametrischen Unsicherheiten als Kosteneinflussgrößen behandelt und diskutiert, welche unsicherheitreduzierenden Kosteneinflussgrößen genutzt werden können, um parametrische Unsicherheiten abzubauen. Strukturelle Unsicherheiten wurden bislang nicht betrachtet. Sie treten im CSE dann auf, wenn unvorhersehbare Ereignisse eintreten oder bei vorhersehbaren Unsicherheiten keine Erwartungswerte hinsichtlich der entstehenden Kosten gebildet werden können. Eine Parametrisierung der Unsicherheit ist daher nicht durchführbar. Durch diese Eigenschaft struktureller Unsicherheiten ist es nur bedingt möglich, sie in der theoriegeleiteten Analyse zu berücksichtigen.[164] Eine Berücksichtigung struktureller Unsicherheiten ist jedoch aus der Sicht des LDL erforderlich, wenn man die Möglichkeit in Betracht zieht, dass die in der Cluster-Initiative Cluster bewährten und legitimierten Koordinationsmechanismen aus unbekannten Gründen nicht für die Nutzung im CSE herangezogen werden können. *Unsicherheiten bezüglich der Bewährtheit der Koordinationsmechanismen (US7.1)* und *Unsicherheiten bezüglich der Legitimation der Akteure zur Anwendung der Koordinationsmechanismen (US7.2)* können aus der Sicht des LDL zu zusätzlichen

[164] Für ihre Berücksichtigung ist eine *Vorhersehbarkeit* der Kosten erforderlich.

Absicherungsbedarfen führen. Können die zentralen oder dezentralen Koordinationsmechanismen eines Clusters für die Informationsbeschaffung und -distribution und die Entscheidungskoordination direkt eingesetzt werden, fallen bei den koordinierenden Akteuren und bei den beteiligten Kooperationspartnern keine Lernkosten an. Sind die verfügbaren Koordinationsmechanismen jedoch nur bedingt bewährt, legitimiert oder für die Koordinationsaufgabe geeignet, sind Lernprozesse im Cluster zu erwarten.

	Unsicherheiten als Kosteneinflussgrößen	***Transaktionskosten***
US7	*US7. 1*	Messkosten / Governance-Kosten
	US7.2	Messkosten / Governance-Kosten

Tabelle 3-7: Berücksichtigung struktureller Verhaltensunsicherheiten des LDL im CSE.

Während diese Kosten aus der Sicht der Cluster-Unternehmen auf Grund ihres Informationsvorsprungs parametrisiert werden können, kann ein LDL auf Grund seines Informationsdefizits diese Parametrisierung nicht vornehmen. Historische Ereignisse im Cluster, Erfolge und Misserfolge bei der Koordination von Kooperationen im Cluster und inter-organisationale oder interpersonelle Beziehungen im Cluster bleiben dem LDL zumindest in Teilen verborgen. Somit sind die beschriebenen Unsicherheiten *US7.1* und *US7.2* nur aus der Perspektive des LDL als strukturelle Unsicherheiten zu sehen. Liegen Indizien vor, die den LDL an die Eignung der Koordinationsmechanismen zweifeln lassen, können zur Reduzierung der strukturellen Unsicherheiten zusätzliche Messungen der Koordinationsleistung der Akteure durchgeführt werden. Somit führen Lernprozesse bei den Unternehmen im Cluster zu zusätzlichen Mess- und/oder Governance-Kosten beim LDL. Zwar ist die Höhe der Unsicherheiten im Rahmen dieser strukturellen Unsicherheiten nicht vorhersehbar, jedoch kann die Wirkung zusätzlicher Messkosten oder zusätzlicher Koordinationskosten aus der Sicht des LDL bei der Analyse mit berücksichtigt werden.

3.2.2 Thesen zur kosteneffizienten Gestaltung der Kundenintegration beim CSE mit den Koordinationsmustern der Cluster Governance

Berücksichtigung unsicherheitgenerierender Kosteneinflussgrößen durch den Einsatz verschiedener Koordinationsmuster für die Entscheidungskoordination des CSE

Im vorigen Kapitel wurden die Verhaltensunsicherheiten des CSE beschrieben, und die bewährten und legitimierten Koordinationsmuster einer Cluster-Initiative als potenzielle *unsicherheitreduzierende Einflussgrößen* diskutiert. Bislang unberücksichtigt blieb, dass der

Einsatz der im vorigen Kapitel begründet ausgewählten Koordinationsmuster im CSE mit eigenen, charakteristischen Unsicherheitsprofilen verbunden ist, die als *unsicherheitgenerierende Einflussgrößen* in der Analyse zu berücksichtigen sind. Diese Berücksichtigung erfolgt in diesem Abschnitt. Dazu wird nachfolgend das *Unsicherheitsprofil der einzelnen Koordinationsmuster* erarbeitet, um daraus ihr Transaktionskostenprofil *unabhängig* von der in einem Cluster existierenden Governance-Struktur abzuleiten.[165]

Wird Koordinationsmuster ***KM-A (Cluster-Manager als CSE-Berater)*** bei der Entscheidungskoordination im Rahmen des *CSE* zur Anwendung gebracht, erfolgen die Definition der Informationsbedarfe, die Beschaffung der entscheidungsrelevanten Informationen und die Informationsverarbeitung bei der Entscheidungskoordination durch den *Cluster-Manager*. Er agiert als *CSE-Berater*. Die Koordinationskosten des Cluster-Managers (Governance-Kosten) werden von allen Kooperationspartnern in gleicher Höhe getragen.[166] Der Erfolg der Entscheidungskoordination hängt aus der Sicht der Cluster-Unternehmen U_i davon ab, in welchem Maße die beteiligten Akteure die angeforderten Informationen beschaffen und diese an den *Cluster-Manager* kommunizieren (*US1.1* und *US1.2*) können. Unsicherheiten der U_i hinsichtlich des Integrationsbewusstseins und der Integrationstransparenz des Cluster-Managers (*US2.1* und *US2.2*) liegen zwar vor, allerdings ist kein opportunistisches Verhalten des Cluster-Managers zu erwarten, da er selbst nicht als Akteur an der Kooperation in der Leistungsphase beteiligt ist. Durch die Neutralität des Cluster-Managers entsteht für die U_i lediglich ein geringer Absicherungsbedarf durch Messungen der Koordinationsleistung.[167]

Die Verhaltensunsicherheiten des LDL beziehen sich auf die Problemevidenz aller Cluster-Unternehmen (*US5.1* und *US5.2*) und auf die Integrationsevidenz des Cluster-Managers (*US6.1* und *US6.2*). Auch hierbei wird angenommen, dass dem Cluster-Manager kein opportunistisches Verhalten unterstellt werden kann, da er selbst nicht als Akteur an der Leistungserstellung beteiligt wird.

Wird Koordinationsmuster ***KM-B (Leitunternehmen als CSE-Berater)*** im CSE zur Anwendung gebracht, so erfolgt die Definition der Informationsbedarfe, die Beschaffung der entscheidungsrelevanten Informationen und die Informationsverarbeitung durch ein *Leitunternehmen*, das als *CSE-Berater* agiert. Die Unsicherheiten, die dabei für die Akteure der Kooperation entstehen, entsprechen den Unsicherheiten bei der Kooperation durch den Cluster-Manager. Allerdings tritt das Problem auf, dass bei einem Leitunternehmen grundsätzlich op-

---

[165] Die Rolle der Cluster Governance wird im nachfolgenden Abschnitt analysiert. Bis dahin wird die Annahme getroffen, dass die für die Koordinationsmuster erforderlichen Koordinationsinstrumente im Cluster verfügbar sind.

[166] Daraus folgt, dass die Governance-Kosten sowohl bei LDL als auch bei den Cluster-Unternehmen den gleichen Kurvenverlauf annehmen müssen. Dies gilt für alle Koordinationsmuster *KM-A* bis *KM-D*.

[167] Externe Unsicherheiten entstehen lediglich bzgl. der Beteiligung des LDL an der Koordination (*U3*). Diese soll jedoch wie bereits begründet wurde vernachlässigt werden. Da der LDL nicht an der zentralen Entscheidungskoordination beteiligt wird, ist auch die Integrationsevidenz des LDL (*U4*) vernachlässigbar.

portunistisches Verhalten nicht ausgeschlossen werden kann. Die Unsicherheiten *US2.2* und *US6.2* sind daher höher ausgeprägt als in Koordinationsmuster *KM-A*. Eine Steigerung der Unsicherheit *US2.2* ist zu erwarten, da das Leitunternehmen die Definition der Informationsbedarfe, die Beschaffung der Informationen und ihre Auswertung nicht im Sinne aller Kooperationspartner durchführt könnte, sondern nur jene Handlungsfelder der Kooperation erfolgreich koordiniert werden könnten, an denen das Leitunternehmen auf Grund seiner eigenen Ressourcenkonfiguration und seiner eigenen potenziellen Kooperationsbeteiligung ein hohes ökonomisches Eigeninteresse hat. Ebenso führt die Unsicherheit *US6.2* bei opportunistischem Verhalten des Leitunternehmens aus der Sicht des LDL zu einem gesteigerten Absicherungsbedarf.

Kommt bei der Koordination des *CSE* das Koordinationsmuster ***KM-C (Beratungs- und Entscheidungsgremien)*** zur Anwendung, erfolgt nicht nur die Auswahl von Handlungsoptionen im Rahmen von Gremiensitzungen und bilateralen Abstimmungen der Cluster-Unternehmen, sondern auch die Definition der Informationsbedarfe, die Informationsbeschaffung und die Informationsverarbeitung. Dabei sind prinzipiell die gleichen Unsicherheiten zu erwarten, wie bei Koordinationsmuster *KM-B*, jedoch treten interne Verhaltensunsicherheiten hinsichtlich der Integrationsevidenz des LDL ergänzend hinzu (*US4*). Diese Folgerung basiert auf Basis der Annahme, dass der LDL bei einer dezentralen Koordination durch Selbstabstimmungen im Cluster an der Entscheidungskoordination mit zu beteiligen ist. Er nimmt dabei eine passive Rolle als Cluster-Mitglied oder eine aktive Rolle als Moderator der Selbstabstimmungen ein. Ebenso kann der Cluster-Manager als passiver Akteur oder als Moderator bei der Selbstabstimmung der Unternehmen eingesetzt werden. Opportunistisches Verhalten ist jedoch nicht vom Cluster-Manager, sondern von den an den Selbstabstimmungen beteiligten U_i zu erwarten, da diese potenziell nur an jenen Handlungsoptionen interessiert sind, die zu eigenen Kostensenkungen führen.

Kommt Koordinationsmuster ***KM-D (LDL als CSE-Berater)*** im CSE zum Einsatz, so definiert der LDL die Informationsbedarfe, beschafft die benötigten Informationen, wertet diese aus und legt den Cluster-Unternehmen Entscheidungsvorlagen für die Handlungsauswahl vor. Defizite der internen Integrationsevidenz (*US2*) stellen für die U_i dabei keine Unsicherheit dar. Jedoch treten Unsicherheiten hinsichtlich der externen Problemevidenz (*US3.1*) und (US3.2) und der externen Integrationsevidenz (*US4.1*) und (*US4.2*) auf. Letztere führt bei einem opportunistischen Verhalten des LDL zu einem hohen Absicherungsbedarf, da davon auszugehen ist, dass der LDL nur jene Konsolidierungspotenziale im Rahmen der Vorbereitung von Handlungsoptionen vorsieht, die im Produktionssystem des LDL Kostenersparnisse generieren, ohne die Konsolidierungspotenziale zu berücksichtigen, die durch die Bündelung der Bedarfe der U_i realisiert werden können. Absicherungsbedarfe aus der Sicht des LDL treten in Koordinationsmuster *KM-D* lediglich hinsichtlich der Problemevidenz der beteiligten Kooperationspartner auf (*US5*).

Ableitung komparativer Koordinationskostenprofile der Koordinationsmuster *KM-A* bis *KM-D* auf Grundlage der unsicherheitgenerierenden Kosteneinflussgrößen

Aus den konkretisierten Unsicherheiten der Cluster-Unternehmen und des LDL beim Einsatz verschiedener Koordinationsmuster lassen sich die komparativen Koordinationskostenprofile der vier Koordinationsmuster herleiten.[168]

Komparative Koordinationskostenprofile aus der Perspektive des LDL: Für einen LDL fallen *Produktionskosten der Koordination* PK_{LDL}^{t} bei allen vier Koordinationsmustern in gleicher Höhe an. Hierunter sind alle Kosten zu fassen, die nicht durch kooperationsspezifische Aspekte und die dabei erforderliche Entscheidungskoordination anfallen.[169]

Governance-Kosten $GK_{LDL,s}^{t}$ sind Bestandteil der statischen Transaktionskosten $TK_{LDL,s}^{t}$ und entstehen bei der Koordination der Entscheidungen in den vier Prozessphasen des CSE. Es sind somit Kosten, die bei der Definition der Informationsbedarfe, bei der Informationsbeschaffung, der Informationsverarbeitung und der Entscheidungsvorbereitung anfallen. Wenn der LDL in *KM-D* als externer Akteur diese Aufgaben wahrnimmt, ist davon auszugehen, dass die ex-ante Governance-Kosten ihre höchste Ausprägung annehmen, auch wenn eine Verrechnung der Koordinationskosten mit Cluster-Unternehmen durchgeführt wird. Dafür spricht, dass der LDL nicht auf die im Cluster bewährten Koordinationsmuster zurückgreifen kann, da er als außenstehender Akteur an den Koordinationshandlungen in der Historie des Clusters nicht beteiligt war.[170] Während von den Akteuren im Cluster bewährte und legitimierte Koordinationsinstrumente und bewährte, informelle Kommunikationsformen zur Abstimmung genutzt werden können, muss der LDL im Rahmen seiner Koordination der Leistungsanbahnung auf die Instrumente eines formellen Geschäftsgebarens zurückgreifen. Offizielle Informationsanfragen und formale Kommunikationswege sind die Folge. Informelle Anfragen und Kommunikationswege und der Einsatz bewährter und legitimierter Instrumente (Datenblätter, Analysetools, Präsentationsformen etc.) stehen nicht zur Verfügung.[171] Eine Senkung der Governance-Kosten kann im Vergleich zur *KM-D* erreicht werden, wenn diese im Cluster bewährten und legitimierten Koordinationsinstrumente zur Anwendung kommen können. Somit sind in *KM-C*

---

[168] Hierbei ist erneut auf die Annahme zu verweisen, dass die eingangs beschriebenen relevanten unsicherheitsreduzierenden Koordinationsmechanismen für alle vier Koordinationsmuster in einem Cluster vorhanden sind.

[169] Diese Kosten sind unabhängig von der gewählten Koordinationsform, da sie sich nicht auf die Koordination der Entscheidungen der einzelnen Vertragspartner beziehen. Es handelt sich vielmehr um Koordinationskosten, die auch bei einer autonomen Leistungsauslagerung während des Vergabeprozesses anfallen. Dies sind aus der Sicht des LDL alle Kosten, die bei der Bearbeitung von Leistungsanforderungen, der Konzept- und Prozessplanung und der Verhandlung der Vertragsbedingungen mit den Kunden entstehen.

[170] Dieser Argumentation liegt die Annahme zu Grund, dass der LDL *kein Mitglied* der Cluster-Initiative ist.

[171] Muss der LDL entgegen der getroffenen Annahme damit rechnen, dass eine Verrechnung der Koordinationskosten mit den Cluster-Unternehmen nur bedingt möglich, spricht auch dies für vergleichsweise hohen Ansatz der Governance-Kosten in *KM-D*.

geringere Governance-Kosten zu erwarten als in *KM-D*. Da in diesem Koordinationsmuster jedoch alle Akteure mitbeteiligt sind, kann keine Kostenverrechnung zwischen den Akteuren durchgeführt werden. Daraus folgt, dass im Vergleich zu *KM-C* eine weitere Kostensenkung durch Anwendung der Koordinationsmuster *KM-A* und *KM-B* erzielt werden kann, da dort nur einzelne Akteure an der Koordination beteiligt sind und somit eine Kostenaufteilung zwischen den Akteuren zu einer Kostensenkung führt.[172]

Als dritter Bestandteil der Koordinationskosten sind *Messkosten* $MK_{LDL,s}^{t}$ zu berücksichtigen. Es ergibt sich *Trade-off zwischen Governance-Kosten und Messkosten*: Für den LDL fallen keine Messkosten an, wenn die Koordinationsleistung alleine erbracht wird (*KM-D*). Werden alle Akteure an der dezentralen Entscheidungskoordination beteiligt, so trägt der LDL Messkosten um sich vor dem opportunistischen Verhalten einzelner Kooperationspartner zu schützen. Bei *KM-C* nimmt das Opportunitätsrisiko ebenfalls eine hohe Ausprägung an, da hier ein einzelner Akteur im Cluster die Koordinationsleistung erbringt. Je nach Ausprägung des Opportunitätsproblems kann daher das Messkosten-Maximum sowohl bei *KM-C* oder auch bei *KM-B* erreicht werden. In *KM- A* jedoch liegt keine Opportunismusgefahr vor, sofern man von einem neutral agierenden LDL ausgeht. Somit liegen die Messkosten hier auf einem geringeren Wert als bei *KM-B* und *KM-C*. Der komparative Koordinationskostenvergleich nach der Leistungsverrechnung ist aus der Sicht des LDL in *Abbildung 3-7* (nachfolgende Seite) abgebildet.[173]

[172] Kritisch angemerkt werden kann diesem Argumentationsgang, dass bei einem hohen handlungsorientierten Integrationsgrad der Akteure auf Grund geteilter Werte, hohem wechselseitigen Vertrauen und anderer Integrationsmechanismen auch eine Selbstabstimmung eine effiziente Koordinationsform darstellen kann. Annahme der Argumentation in diesem Abschnitt ist jedoch, dass die für die Koordinationsmuster benötigten Koordinationsinstrumente *alle* eingesetzt werden können. Daraus folgt, dass eine effiziente Selbstabstimmung mit einer effizienten zentralen Koordination durch einen *CSE*-Berater zu vergleichen ist. Hierbei folgt aus der Annahme der Kostenverrechnung im Cluster die Schlussfolgerung, dass Selbstabstimmungen zu höheren Koordinationskosten pro Akteure führen, da hierbei keine Kostenverrechnung durchgeführt werden kann.

[173] Der qualitative Verlauf von Transaktionskosten in Abhängigkeit einer exogenen Variable sowie komparative Transaktionskostenvergleiche verschiedener Szenarien oder organisationaler Arrangements werden in der Literatur häufig vorgeschlagen. Siehe stellvertretend EBERS (1997), S. 39 und S. 41 sowie OSTERLOH/WEIBEL (2000), S. 93. Bzgl. der o.g. Darstellung ist darauf hinzuweisen, dass der dargestellte Kurvenverlauf nur die *relative Lage* der Kostenniveaus darstellt. Die Kurvendarstellung wurde zur einfacheren Visualisierung gewählt, obwohl es sich bei den vier Koordinationsmustern um diskrete Lösungsansätze handelt.

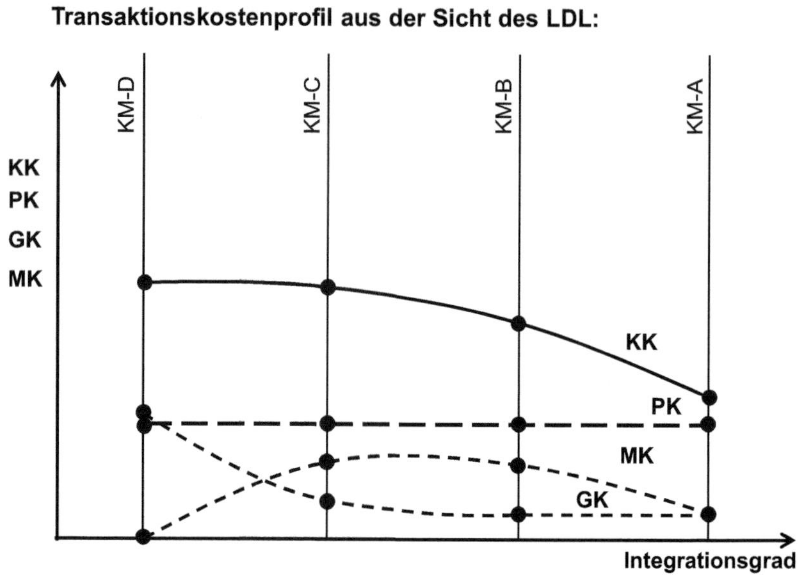

Abbildung 3-7: Koordinationskosten des LDL im CSE unter Berücksichtigung unsicherheitgenerierender Kosteneinflussgrößen.

Komparative Koordinationskostenprofile aus der Perspektive der Cluster-Unternehmen: Auch aus der Sicht der U_i fallen *Produktionskosten der Koordination* PK_i^t bei allen vier Koordinationsmustern in gleicher Höhe an.[174] Die *Governance-Kosten* müssen wegen der Kostenverrechnung auf alle Akteure der GK-Kurve aus der LDL-Perspektive entsprechen.[175] Als Messkosten *MK* sind die Kosten der Koordinationskontrolle zu berücksichtigen. Da die Koordinationsleistung in *KM-A* von einem neutralen Cluster-Manager durchgeführt wird, sind hier nur geringe Kontrollaktivitäten erforderlich. Die Kontrolle des Leitunternehmens (*KM-B*) führt wegen der Opportunismusgefahr zu höheren Kosten. Auch in Koordinationsmuster *KM-C* und in *KM-D* muss opportunistisches Verhalten abgesichert werden. Eine allgemeingültige Differenzierung der Messkosten ist zwischen diesen Koordinationsmustern nicht möglich. Die

174 Hierunter sind alle Kosten zu fassen, die nicht durch kooperationsspezifische Aspekte und die dabei erforderliche Entscheidungskoordination generiert werden, sondern bei einer Leistungsausschreibung durch die interne Beschaffung und Aufbereitung von Informationen, die Formulierung von Leistungsanforderungen und die Verhandlung Leistungsspezifika mit dem LDL entstehen.

175 Die Kostenverläufe stellen Kosten *eines* Kooperationspartners dar. Da der LDL die gleichen Koordinationskosten bzgl. der Governance Kosten zu tragen hat wie die Cluster-Unternehmen, müssen sich diese Kostenkurven entsprechen.

Höhe der Kostenkurve hängt dabei von der Anzahl der zu kontrollierenden Partner und deren Opportunismusneigung ab.[176]

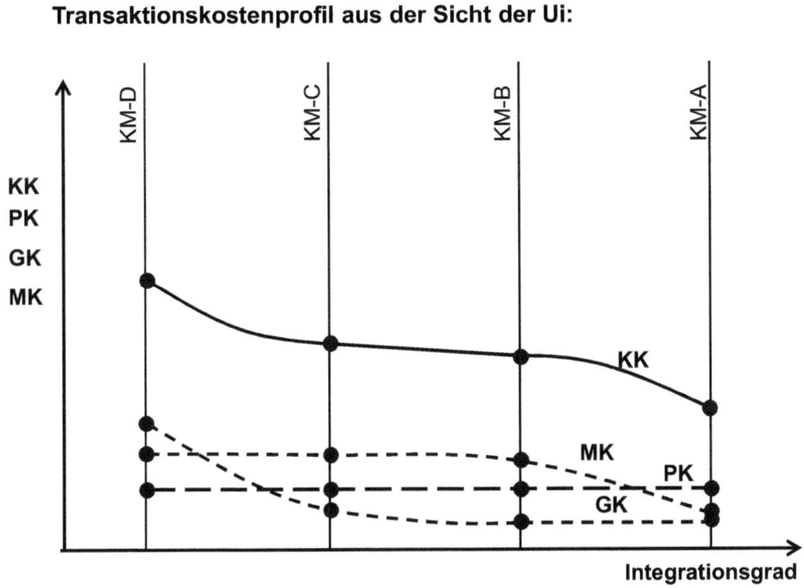

Abbildung 3-8: Koordinationskosten der Cluster-Unternehmen im CSE unter Berücksichtigung unsicherheitgenerierenden Kosteneinflussgrößen.

In *Abbildung 3-8* ist der Koordinationskostenvergleich aus der Sicht der Cluster-Unternehmen dargestellt. Die *Gesamtkosten der Koordination* (Koordinationskosten) ergeben sich als Summe aus Messkosten, Governance-Kosten und Produktionskosten. Aus der Abbildung geht hervor, sich der Koordinationskostenverlauf von Cluster-Unternehmen und LDL unterscheiden.[177] Währen die Governance-Kosten auf Grund der Kostenverrechnung zu gleichen Kostenprofilen bei LDL und U_i führen, weichen die jeweiligen Messkostenprofile voneinander ab.

Vergleich der Koordinationsmuster unter Berücksichtigung unsicherheitgenerierender und unsicherheitreduzierender Einflussgrößen: Die Rolle der Cluster Governance bei der Wahl effizienter Koordinationsmuster im CSE

Vereinfachend wurden bislang die unsicherheitreduzierenden und die unsicherheitgenerierenden Einflussgrößen getrennt behandelt. So sind in den *Abbildungen 3-7* und *3-8*

---

[176] In Abbildung 3-7 wird von gleich hohen Messkosten in *KM-B, KM-C* und *KM-D* ausgegangen. Während *KM-D* und *KM-B* wegen der Einzelwahrnehmung der Koordinationsleistung hohe Opportunismusrisiken birgt, ist in *KM-C* auf Grund der Anzahl der Akteure mit höheren Kontrollkosten zu rechnen.

[177] Die absolute Kostenhöhe kann nicht bestimmt werden, die Abbildung 3-13 beschreibt lediglich die relative Lage der Kostenkurven.

implizit angenommen, dass die für die Erbringung der Koordinationsleistung erforderlichen Koordinationsmechanismen der Cluster-Initiative vorhanden und nutzbar sind. Diese vereinfachende Annahme soll nun aufgegeben werden. Dazu wird der Einfluss der Cluster-Governance auf die in *Abbildungen 3-7* und *3-8* dargestellten Kostenvergleiche untersucht. Das Ergebnis dieser Analyse ist in *Tabelle 3-8* dargestellt.

	KMA		KMB		KMC		KMD	
	U	KM	U	KM	U	KM	U	KM
US1.1	◑	MI-I	◑	MI-I	◑	MI-I	◑	MI-I
US1.2	◑	MI-I	◑	MI-I	◑	MI-I	◑	MI-I
US2.1	◑	KM-EK	◑	KM-EK	◑	KM-EK	○	
US2.2	◑	KM-EK	●	KM-EK	●	KM-EK	○	
US3.1	○		○		○		○	
US3.2	○		○		○		○	
US4.1	○		○		◑	KM-EK MI-I	◑	KM-EK MI-I
US4.2	○		○		●	KM-EK	●	KM-EK
US5.1	◑	MI-I	◑	MI-I	◑	MI-I	◑	MI-I
US5.2	◑	MI-I	◑	MI-I	◑	MI-I	◑	MI-I
US6.1	◑	KM-EK	◑	KM-EK	◑	KM-EK	○	
US6.2	◑	KE-EK	●	KE-EK	●	KM-EK	○	

Tabelle 3-8: Verhaltensunsicherheiten und Maßnahmen zur Unsicherheitsreduzierung im CSE.

Sie stellt dar, welche Unsicherheiten in den vier betrachteten Koordinationsmustern auftreten können, und mit welchen Institutionen und Routinen sich diese bewältigen lassen. *Schraffierte Flächen* zeigen, dass die entsprechenden Unsicherheiten in einem Koordinationsmuster nicht auftreten können. *Nichtausgefüllte Kreise* zeigen an, dass die entsprechenden Unsicherheiten auftreten können, jedoch keine zentrale Rolle spielen. *Halbausgefüllte Kreise* zeigen Unsicherheiten an, die eine wichtige Rolle im CSE einnehmen, jedoch nicht durch opportunistisches Verhalten weiter verstärkt werden können. *Ausgefüllte Kreise* zeigen an, dass die Gefahr des opportunistischen Verhaltens anderer Akteure berücksichtigt werden muss.

Koordinationsmuster A ist vor der Berücksichtigung der unsicherheitsreduzierenden Kosteneinflussgrößen das Koordinationsmuster, das sowohl aus der Sicht des LDL als auch aus der Sicht der Unternehmen die geringsten Koordinationskosten verursacht. Dabei wird implizit angenommen, dass die Cluster-Initiative einen Cluster-Manager bestellt hat, dass er sich als Koordinator *bewährt* hat und *legitimiert* ist, die Koordinationsleistung wie in *KM-A* beschrieben zu erbringen.

Aus der *Perspektive des* LDL hängt die Höhe der Messkosten davon ab, welche *Methoden und Instrumente für die Informationsbeschaffung und -distribution* im Cluster zum Einsatz gebracht werden können (MI-I) und welche *Koordinationsmuster* (KM-EK und KM-KE) durch den Cluster-Manager eingesetzt werden. Wird davon ausgegangen, dass im Status-quo noch keine horizontalen Logistikkooperationen in einem Cluster praktiziert werden, so können diese *MI-I* und *KM-EK* nur im Rahmen anderer Wertschöpfungskooperationen der Cluster-Initiative herausgebildet worden sein. Wird weiter davon ausgegangen, dass ein Cluster-Manager nur auf die in der Cluster-Initiative praktizierten Koordinationsinstrumente zurückgreifen kann und den *Cluster-Unternehmen* nur jene Koordinationsmuster zur Verfügung stehen, die sich in der Cluster-Initiative herausgebildet haben, so folgt: *KM-A* kann im CSE aus der Sicht des LDL nur dann effizient praktiziert werden, wenn in der Historie der Cluster-Initiative *KM-A* bei vergleichbaren Problemstellungen zur Anwendung gekommen ist. Konnte *KM-A* in der Cluster-Initiative jedoch nicht praktiziert werden, oder kann es nicht auf das CSE übertragen werden: Da im CSE andere Entscheidungsprobleme adressiert werden, fehlen dem Cluster-Manager die entsprechende Befähigung und die Legitimation für seinen Einsatz als CSE-Berater.

Aus der ***Perspektive der Cluster-Unternehmen*** U_i kann wie im vorigen Abschnitt argumentiert werden: Sind die Koordinationsmechanismen verfügbar und ist der Cluster-Manager legitimiert die Koordinationsleistung zur erbringen, so können die Messkosten zur Reduktion von Verhaltensunsicherheiten auf einem niedrigen Niveau gehalten werden. Sind die genannten Bedingungen nicht oder nur eingeschränkt erfüllt, sind zusätzliche Messleistungen der U_i zu erbringen und es entstehen höhere Messkosten. Somit ist auch aus der Sicht der U_i die Verfügbarkeit und Legitimität der Nutzung von *KM-A* im CSE davon abhängig, ob *KM-A* auch auf der Ebene der Cluster-Initiative bei entsprechenden Problemstellungen zur Anwendung kam.

In *Abbildung 3-9* (nachfolgende Seite) ist eine Situation dargestellt, in welcher die Bedingungen für eine Anwendung der Koordinationsmuster und der Methoden und Instrumente der Informationsbeschaffung und -distribution erfüllt sind.

Die Bestimmung der Grenzkosten der Koordination ist bei der Anwendung von *KM-A* hinfällig, da sowohl aus der Sicht des LDL als auch aus der Sicht der Cluster-Unternehmen das Koordinationsmuster *KM-A* das dominante Koordinationsmuster darstellt. Die kumulierten Kosten der Koordination nehmen ihre minimale Höhe an, wenn der Cluster-Manager alle Koordinationsaufgaben wahrnimmt, die er mit den ihm zur Verfügung stehenden Koordinationsinstrumenten leisten kann.

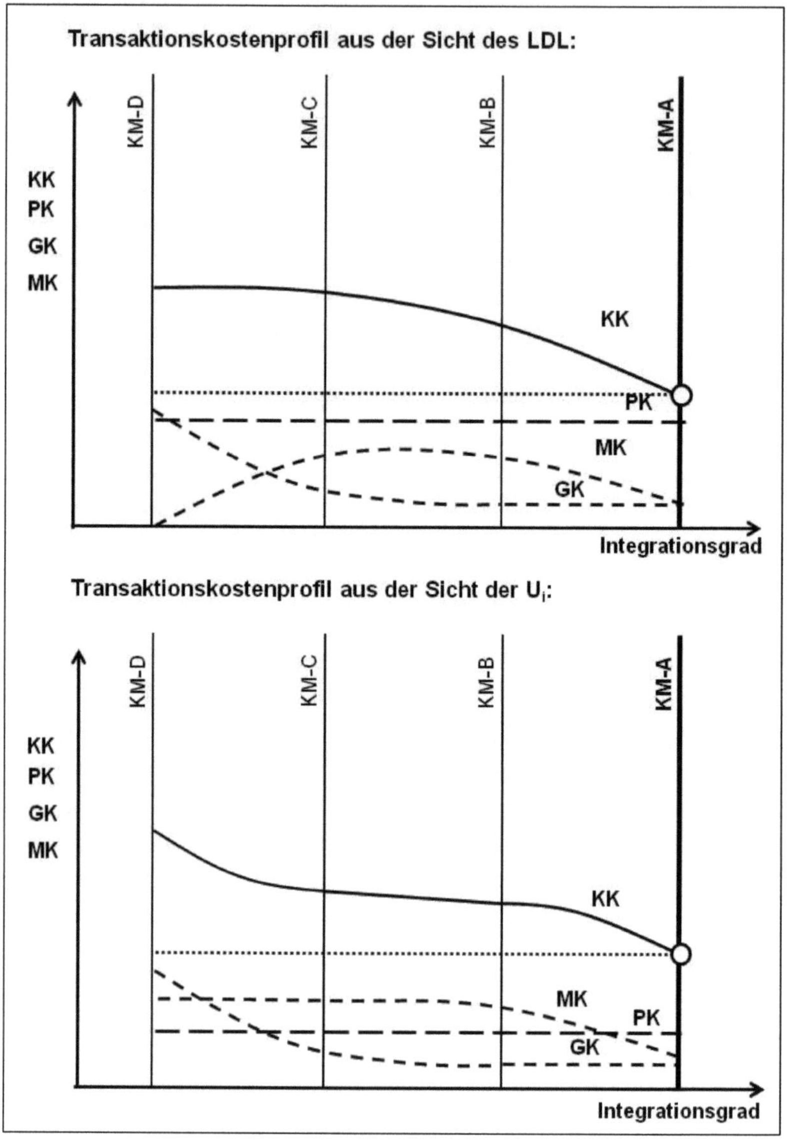

Abbildung 3-9: Transaktionskostenprofile mit KM-A als effizientes Koordinationsmuster.

Auf Basis dieser Argumentation können die ersten zwei theoriegeleitet entwickelten Thesen der Arbeit formuliert werden. Sie beziehen sich auf die Eignung des Koordinationsmusters *KM-A* für die Koordination von Entscheidungen im CSE.

These 1.1: *KM-A stellt aus der Sicht der Cluster-Unternehmen Ui ein effizientes Koordinationsmuster für das CSE dar, wenn der Cluster-Manager das Koordinationsmuster KM-A zuvor bei vergleichbaren Entscheidungsproblemen auf der Ebene der Cluster-Initiative erfolgreich zur Anwendung gebracht hat.*

These 1.2: *KM-A stellt aus der Sicht der Cluster-Unternehmen eines LDL ein effizientes Koordinationsmuster für das CSE dar, wenn der Cluster-Manager das Koordinationsmuster KM-A zuvor bei vergleichbaren Entscheidungsproblemen auf der Ebene der Cluster-Initiative erfolgreich zur Anwendung gebracht hat.*

Koordinationsmuster *B* ist vor Berücksichtigung der unsicherheitsreduzierenden Kosteneinflussgrößen das dominante Koordinationsmuster, sofern kein Cluster-Manager existiert oder *KM-A* in der Cluster-Initiative bislang nicht zur Anwendung kam. Sind diese Bedingungen nicht erfüllt, so steigen die Messkosten und die Governance-Kosten der Akteure an, so dass sich eine Verschiebung der effizienten Lösung zu *KM-B* ergeben kann. In *Abbildung 3-10* (nachfolgende Seite) sind diese Verschiebungen der Kostenkurven dargestellt.

Aus der Sicht des LDL kann sich eine Verschiebung der effizienten Lösung von *KM-A* zu *KM-B* auch durch die Unsicherheit ergeben, inwiefern eine Übertragbarkeit vorhandener Koordinationsinstrumente auf das CSE in der Praxis möglich ist. In diesem Fall liegt eine *strukturelle Unsicherheit* seitens des LDL vor, da die Übertragbarkeit von Koordinationsmustern auf das CSE parametrisch nicht erfasst werden kann. Die zu erwartenden Lernkosten im Cluster sind parametrisch nur schwer erfassbar, da ein außenstehender LDL die komplexe Kooperationshistorie in einem Cluster nur schwer beurteilen kann.[178] Aus diesem Grund können Indizien, die für eine mangelnde Lernfähigkeit oder mangelnde Übertragbarkeit vorhandener Koordinationsmuster sprechen, zusätzliche Messungen hervorrufen und damit zusätzliche Kosten verursachen. Auch dies führt zu einer Verschiebung der Messkostenkurve des LDL und fördert zusätzlich die Verschiebung der dominanten Lösung von *KM-A* zu *KM-B*.

Auch bei der Wahl von *KM-B* sind die Anforderungen zu prüfen, die an die Cluster Governance gestellt werden. Aus der ***Perspektive des LDL*** fallen in *KM-B* höhere Messkosten an als in *Abbildung 3-10* (auf Seite 241) dargestellt, wenn das koordinierende Leitunternehmen nicht über geeignete *Koordinationsinstrumente* verfügt, so dass die Koordinationskosten steigen

[178] Dazu wären nicht nur detaillierte Kenntnis über die Kooperationserfolge im Cluster erforderlich, sondern auch Informationen über die sozialen Beziehungen der Akteure im Cluster und Informationen über die Kompetenzen einzelner handelnder Personen. Da diese Informationen einem außenstehenden LDL nicht zur Verfügung stehen, kann diese Unsicherheit nicht parametrisch bewertet werden.

und die Unsicherheiten bezüglich der Erbringung der Koordinationsleistung durch zusätzliche Messungen abgesichert werden müssen. Auch die Governance-Kosten selbst steigen an, was im Rahmen der Umlage der Governance-Kosten zu einem Koordinationskostenanstieg für alle Akteure führt. Analog zum ersten Fall kann argumentiert werden, dass *KM-B* zu einer kosteneffizienten Lösung führt, wenn im Rahmen der Kooperationen der Cluster-Initiative *KM-B* bei vergleichbaren Entscheidungsproblemen in der Historie des Clusters zur Anwendung kam.

Aus der ***Perspektive der Cluster-Unternehmen*** steigen die Messkosten und Governance-Kosten analog, in Abhängigkeit der vom Leitunternehmen eingesetzten Koordinationsmechanismen, an. Die Produktionskosten der Koordination und die Governance-Kosten des LDL und der U_i bleiben unverändert. Auch hier hängt die Bewertung von *KM-B* davon ab, ob Leitunternehmen auf der Ebene der Cluster-Initiative *KM-B* bei vergleichbaren Problemstellungen zur Anwendung gebracht haben. Sind die benannten Bedingungen an die Cluster Governance erfüllt, so ist eine Grenzkostenbetrachtung wie schon bei *KM-A* auch bei *KM-B* überflüssig, da dann sowohl der LDL als auch die Unternehmen des Clusters das gleiche Koordinationsmuster präferieren. Die Abgabe von Koordinationsleistungen vom LDL an das Leitunternehmen führt dann zu minimalen Koordinationskosten sowohl auf der Seite des Clusters als auch auf der Seite des LDL. Somit führt die Wahl von Koordinationsmuster *KM-B* zur effizienten Koordinationslösung im CSE. Aus dieser Argumentation lassen sich zwei weitere theoriegeleitet entwickelte Thesen der Arbeit ableiten. Sie beziehen sich auf den Einfluss der Cluster-Governance auf die Vorteilhaftigkeit von *KM-B*.

These 2.1: *KM-B stellt aus der Sicht der Cluster-Unternehmen U_i ein effizientes Koordinationsmuster für das CSE dar, wenn KM-A nicht realisiert werden kann, jedoch ein Leitunternehmen der Cluster-Initiative das Koordinationsmuster KM-B bei vergleichbaren Entscheidungsproblemen der Cluster-Initiative erfolgreich zur Anwendung bringen konnte.*

These 2.2: *KM-B stellt aus der Sicht eines LDL ein effizientes Koordinationsmuster für das CSE dar, wenn KM-A nicht realisiert werden kann, jedoch ein Leitunternehmen der Cluster-Initiative das Koordinationsmuster KM-B bei vergleichbaren Entscheidungsproblemen der Cluster-Initiative erfolgreich zur Anwendung bringen konnte.*

Koordinationsmuster KM-C und KM-D kommen den Kostenkurven folgend nur dann in Betracht, wenn die Anforderungen von *KM-A* und *KM-C* an die Cluster Governance nicht erfüllt werden können.[179] Ausgehend von einer Governance-Struktur, in der weder *KM-A* noch *KM-B* genutzt werden können, kann die Koordination des CSE entweder durch dezent-

[179] Aus Abbildung 3-7 geht hervor, dass *KM-C und KM-D* nur dann als Alternativen zu sehen, wenn weder ein Cluster-Manager noch ein Leitunternehmen als zentral koordinierender *CSE-Berater* eingesetzt werden können.

rale Koordinationsmechanismen (*KM-C*) oder zentral durch den LDL als CSE-Berater erfolgen (*KM-D*).

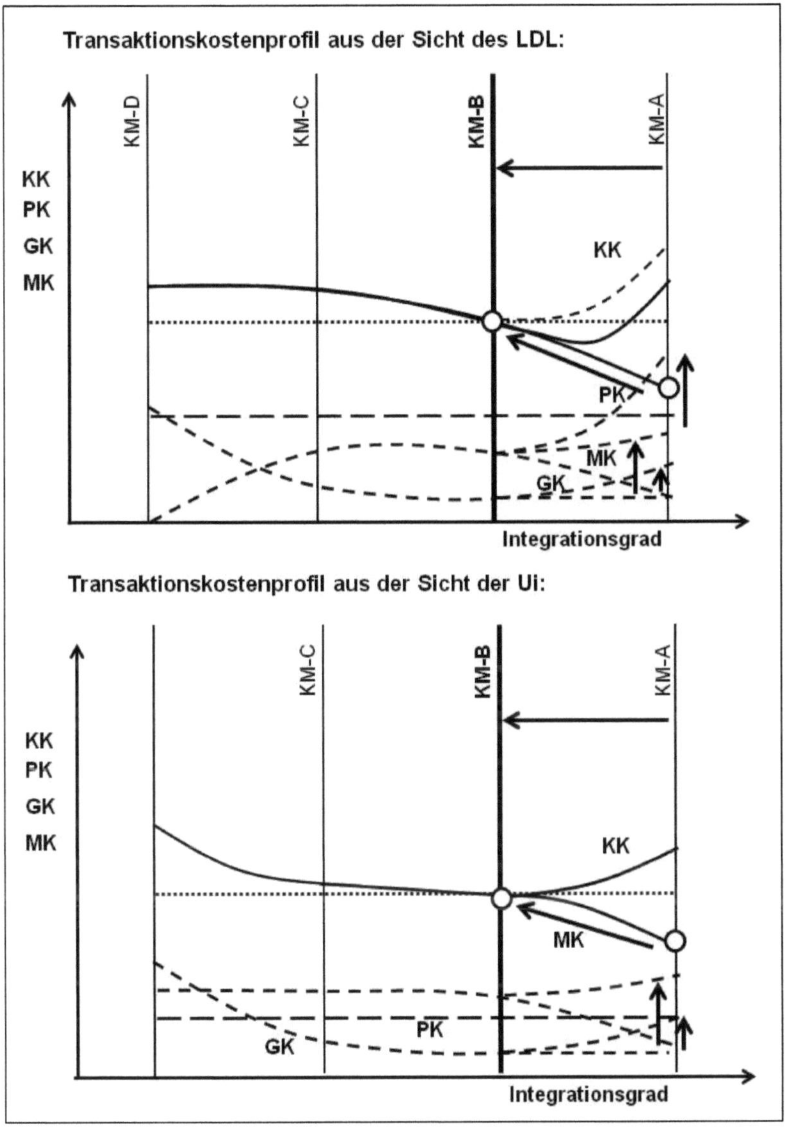

Abbildung 3-10: Transaktionskostenprofile mit KM-B als effizientes Koordinationsmuster.

KM-B kann nicht zum Einsatz kommen, wenn die erforderlichen Koordinationsmuster nicht verfügbar sind, oder wenn strukturelle Unsicherheiten des LDL vorliegen, die zur Verschiebung der Messkostenkurve des LDL führt. Indizien für erforderliche Lernprozesse des Leitunternehmens können zwar vom LDL nicht parametrisch verarbeitet werden, jedoch kann die Absicherung dieser Unsicherheiten zusätzliche Messungen erforderlich machen, die zu einer Verschiebung der Messkostenkurve (siehe *Abbildung 3-11*).

Aus der ***Perspektive des LDL*** stellt die Koordination durch dezentral abgestimmte Entscheidungen im Cluster (*KM-C*) im Rahmen von Beratungs- und Entscheidungsgremien und die eigene zentrale Entscheidungskoordination (*KM-D*) zwei Koordinationsmuster dar, die zu vergleichbaren Transaktionskostenprofilen führen, sofern die benötigten Koordinationsinstrumente verfügbar sind. Dies setzt jedoch voraus, dass *KM-C* bei vergleichbaren Koordinationsproblemen in der Cluster-Initiative bereits zur Anwendung kam. Aus der ***Sicht der Cluster-Unternehmen*** stellt *KM-C* im Vergleich zu *KM-D* die effizientere Alternative dar. Allerdings ist auch hier der erfolgreiche Einsatz des *KM-C* bei vergleichbaren Koordinationsproblemen der Cluster-Initiative Voraussetzung, damit die erforderlichen Koordinationsinstrumente für die Definition der Informationen, die Informationsbeschaffung und deren Analyse zur Verfügung stehen.

Zur Bestimmung der kosteneffizienten Koordinationslösung ist diesem Fall erstmals eine Grenzkostenüberlegung erforderlich: Da eine zusätzliche Koordinationsleistung bei *KM-D* bei dem LDL im Cluster zu stärkeren Kostensteigerungen führt als zu Kostensenkungen, ist *KM-C* auch von einem LDL zu bevorzugen. In *Abbildung 3-11* ist die beschriebene Situation dargestellt. Aus dieser Grenzkostenargumentation lassen sich die fünfte und sechste theoriegeleitet entwickelte Hypothese der Arbeit ableiten.

These 3.1: *KM-C stellt aus der Sicht der Cluster-Unternehmen ein effizientes Koordinationsmuster für das CSE dar, wenn weder KM-A noch KM-B realisiert werden können, jedoch KM-C bei vergleichbaren Entscheidungsproblemen auf der Ebene der Cluster-Initiative erfolgreich zur Anwendung gebracht werden konnte.*

These 3.2: *KM-C stellt aus der Sicht eines LDL ein kosteneffizientes Koordinationsmuster für das CSE dar, wenn weder KM-A noch KM-B realisiert werden können, jedoch KM-C bei vergleichbaren Entscheidungsproblemen auf der Ebene der Cluster-Initiative erfolgreich zur Anwendung gebracht werden konnte.*

Konnte *KM-C* bei den Kooperationen der Cluster-Initiative in der Historie des Clusters nicht zur Anwendung gebracht werden, so konnten die Cluster-Unternehmen nicht auf die erforderlichen, bewährten und legimitierten Koordinationsinstrumente zurückgreifen. Die Folge daraus ist eine Verschiebung der in *Abbildung 3-11* (nachfolgende Seite) dargestellten Koordinationskostenkurven.

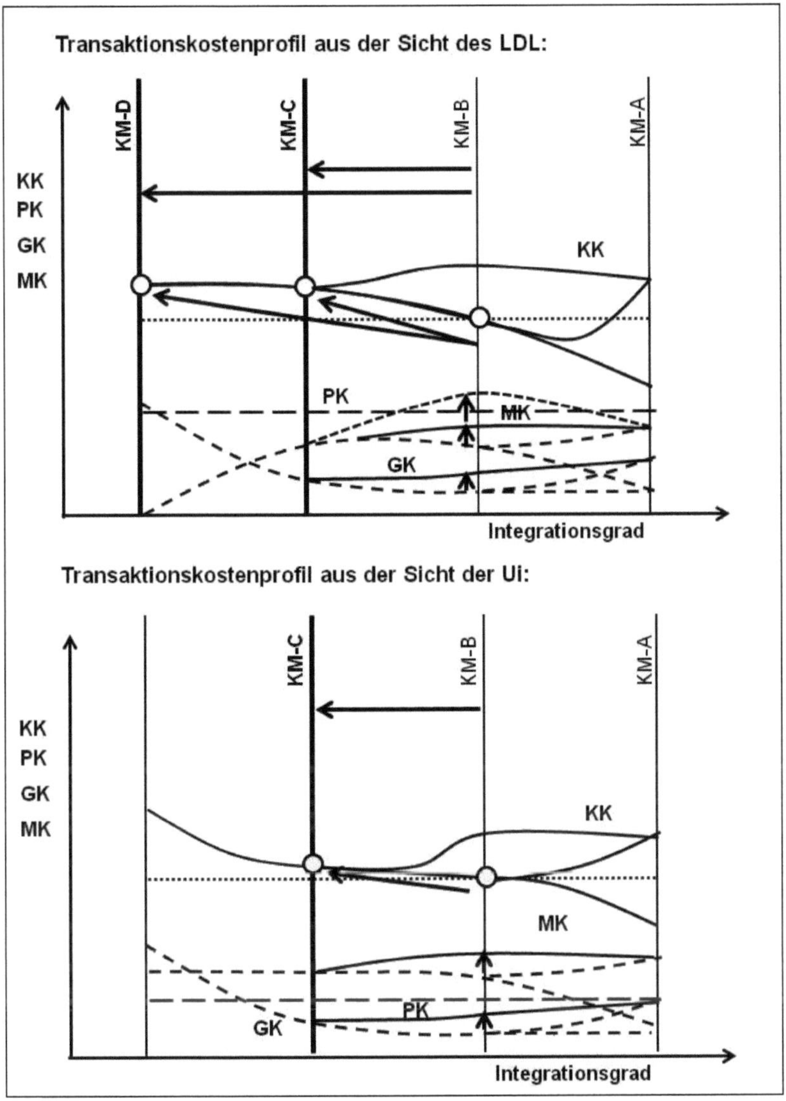

Abbildung 3-11: Transaktionskostenprofile mit KM-C und KM-D als effiziente Koordinationsmuster.

Kommt es nur zu einer leichten Kostenverschiebung, wird erneut eine Grenzkostenbetrachtung erforderlich, da sie dazu führen kann, dass aus der Sicht der Cluster-Unternehmen *KM-C* effizient ist, während für einen LDL *KM-D* kosteneffizient sein kann. Liegt eine deutliche Kostenverschiebung vor, führt dies zur Verschiebung der kosteneffizienten Lösung zu Koordinationsmuster *KM-D*.[180] Daraus folgen die siebte und achte These der Arbeit:

> ***These 4.1:*** *KM-D stellt aus der Sicht der U_i nur dann ein effizientes Koordinationsmuster dar, wenn im Cluster auf der Ebene der Cluster-Initiative bei vergleichbaren Entscheidungen bislang weder KM-A noch KM-B noch KM-C realisiert werden konnten.*
>
> ***These 4.2:*** *KM-D stellt aus der Sicht der U_i nur dann ein effizientes Koordinationsmuster dar, wenn im Cluster auf der Ebene der Cluster-Initiative bei vergleichbaren Entscheidungen bislang weder KM-A noch KM-B noch KM-C realisiert werden konnten.*

Da in den vier Phasen des CSE unterschiedliche Koordinationsprobleme auftreten können, folgt aus den formulierten 8 Thesen unmittelbar, dass in CSE-Prozessen unterschiedliche Koordinationsmuster zur Anwendung kommen können. Sind die für *KM-A* erforderlichen Koordinationsinstrumente bislang nur für Entscheidungen bewährt, die in der ersten Phase des CSE zu treffen sind, können diese den Thesen folgend nicht auf Phase zwei des CSE übertragen werden. Dies soll nachfolgend unter Bezugnahme auf die Entscheidungsprobleme in Clustern ausgeführt werden.

In ***Phase 1 des CSE*** sind die Vorauswahl von Kooperationspartnern und die Vorauswahl von Kooperationsthemen zu koordinieren. Da es sich hierbei um Aufgaben handelt, die in der Cluster Governance als Selektionsfunktion beschrieben wurden, folgt aus den entwickelten Thesen, dass sich die Bewährtheit und die Legitimation der Koordinationsmechanismen primär an ihrer Eignung und Legitimation für *Selektionsentscheidungen* richtet.

In ***Phase 2 des CSE*** werden Entscheidungen bezüglich der *Verifikation des Kooperationsgegenstandes* und der *Auswahl der Kooperationspartner* koordiniert. Auch hierbei handelt es sich um Selektionsentscheidungen. Somit gilt auch in Phase 2 des CSE, dass die Bewährtheit und die Legitimation von Koordinationsmechanismen primär an ihrer Eignung und Legitimation für *Selektionsentscheidungen* auszurichten ist.

In ***Phase 3 des CSE*** werden Entscheidungen bezüglich des *Logistikkonzepts* und der *Logistikprozesse* getroffen. Hierbei stehen nicht Selektionsentscheidungen im Vordergrund, sondern primär *Allokationsentscheidungen*: Aus den Leistungsanforderungen (Lastenheften) werden die Leistungsbeiträge aller Kooperationspartner (LDL und Kunden) in der Leistungsphase bestimmt. Somit sind in dieser Phase des CSE die Bewährtheit und die Legitimation der Koordinationsmechanismen für *Allokationsentscheidungen* zu prüfen.

[180] In diesem Fall sind lediglich Methoden und Instrumente zur Messung der Koordinationsleistung des LDL erforderlich.

In ***Phase 4 des CSE*** erfolgt die *Verhandlung der externen Leistungsvereinbarung* und der *Verhandlung der internen Leistungsvereinbarung*. Hierbei stehen *Regulationsentscheidungen* im Vordergrund, da die „Spielregeln" der Kooperation zu verabschieden sind. Dies betrifft die Preisgestaltung und die Gewinnverteilung zwischen den Cluster-Unternehmen und dem LDL, die Gestaltung von Ein- und Austrittsregelungen sowie die Regelung von Konflikten in der Leistungsphase der Kooperation.[181] Daraus folgt, dass die Bewährtheit und die Legitimation der Koordinationsmechanismen in Phase 4 an der Regulationsfunktion orientiert werden muss.

Kritische Reflektion der theoriegeleiteten Analyse

Die theoriegeleitete Analyse wurde durchgeführt, da in *Kapitel 2* kein Erklärungsansatz für die Lösung der Koordinationsprobleme in dem erarbeiteten Referenzprozess für das Cluster Service Engineering (*CSE*) angeboten werden konnte. Die Lösungsidee, bewährte und legitimierte Koordinationsinstrumente der Cluster-Initiative für da CSE zu nutzen, wurde im Rahmen der theoriegeleiteten Analyse so weit operationalisiert, dass theoriegeleitet Thesen über den Einsatz verschiedener Koordinationsmustern im CSE entwickelt werden konnten.

Im *Kapitel 3.1.1* wurde aufgezeigt, dass sich mit den statischen Transaktionskostentheorien Kundenintegrationsprobleme analysieren lassen. Da der Governance-Ansatz und der Messkostenansatz alleine nicht geeignet sind, Kundenintegrationsprobleme zu erfassen, wurde der metatheoretische Transaktionskostenansatz von FLIEß als Analyseinstrumentarium gewählt. In *Kapitel 3.1.2* wird der ergänzende Erklärungsbeitrag der dynamischen Transaktionskostentheorie für die Steuerung von Kundenintegrationsprozessen vorgestellt und anschließend aufgezeigt, wie FLIEß die verschiedenen Ansätze in einem für die Analyse der vorliegenden Arbeit geeigneten, metatheoretischen Ansatz zusammenführt.

In *Kapitel 3.2.1* wurde das metatheoretische Transaktionskosteninstrumentarium zur Anwendung gebracht. Nach einer geeigneten Modellierung des CSE wurden die parametrischen und strukturellen Unsicherheiten herausgearbeitet, die bei den Cluster-Unternehmen und beim LDL Absicherungsbedarfe hervorrufen. Nach einer begründeten Auswahl relevanter Koordinationsmuster für das CSE wurden die Unsicherheitsstrukturen für jedes dieser Koordinationsmuster konkretisiert. Im Anschluss an die Darstellung der Unsicherheitsstrukturen wurde ein Koordinationskostenvergleich der Koordinationsmuster durchgeführt. Es konnte aufgezeigt werden, dass *KM-A* das dominante Koordinationsmuster darstellt. Von *KM-A* über *KM-B* und *KM-C* bis *KM-D* sind steigende Koordinationskosten zu erwarten. Nach der Ausarbeitung des Koordinationskostenvergleichs wurden theoriegeleitet die Anforderungen an die Cluster Go-

[181] Darüber hinaus ist in Prozessphase 4 die endgültige Partnerwahl zu entscheiden. Allerdings handelt sich dabei mehr um eine Selbstselektion der Akteure und nicht mehr um eine zu koordinierende Selektionsaufgabe durch die Gruppe der Kooperationspartner.

vernance abgeleitet, die für den Einsatz der Koordinationsmuster *KM-A* bis *KM-D* zu erfüllen sind. Im Ergebnis wurden acht Thesen formuliert, die eine Eignung der Koordinationsmuster davon abhängig machen, ob sie bei vergleichbaren Entscheidungsproblemen der Cluster-Initiative in der Historie des Clusters zur Anwendung gekommen sind.

4 Empirische Analyse des Cluster Service Engineering im Rahmen einer explanatorischen Fallstudie in der Automobilzulieferindustrie

Kapitel 4 umfasst die empirische Untersuchung der Arbeit. Als Forschungsmethode wird die Fallstudienmethode gewählt. Mit ihr können vermutete Erklärungszusammenhänge überprüft und unbekannte Erklärungszusammenhänge entdeckt werden.[1] Gemäß der wissenschaftstheoretischen Positionierung der Arbeit wurden in *Kapitel 3* die Thesen deduktiv entwickelt, die in der Fallstudie einem Falsifikationsversuch unterzogen werden. Ergänzend dazu werden explorative Expertengespräche genutzt, um alternative Erklärungsansätze zu entdecken und alternative Lösungsideen und Modellannahmen zu diskutieren.[2] Dieses Vorgehen erlaubt es, richtungsweisende Empfehlungen für nachfolgende Forschungsprozesse sowie erste tendenziell-explikative Gestaltungsempfehlungen für die Praxis zu formulieren.

In *Kapitel 4.1* wird das Forschungsdesign der empirischen Untersuchung dargelegt. Anschließend wird der untersuchte Fall in *Kapitel 4.2* vorgestellt. In *Kapitel 4.3* beginnt die Analyse mit der Deskription der Cluster Governance, die mit einer explanatorischen Analyse und der Diskussion alternativer Erklärungsansätze in *Kapitel 4.4* abgeschlossen wird.

4.1 Forschungsdesign: Methode und Datenkorpus der empirischen Untersuchung

4.1.1 Forschungsdesign einer Fallstudienforschung

Charakterisierung des Forschungsdesigns der Fallstudienforschung mit besonderer Berücksichtigung qualitativer Gütekriterien

Nach YIN umfasst das Forschungsdesign einer Fallstudienforschung mehrere charakteristische *Phasen*, die von TRUMPFHELLER in einem Vorgehensmodell zusammengefasst werden.[3] Dient die Fallstudie der Überprüfung theoriegeleitet entwickelter Thesen, so liegt die *Forschungsfrage* dem Forscher bereits vor der empirischen Analyse vor. Zielt die Fallstudienforschung jedoch auf die induktive Erarbeitung neuer Erkenntnisse über ein Untersuchungsobjekt, so erfolgt die Entwicklung der Forschungsfrage im Rahmen der Gestaltung

[1] Zur Untersuchung der Bedeutung verschiedener Forschungsmethoden in der Supply Chain Management -Forschung siehe HALLDÓRSSON/ARLBJORN (2005), S. 108 - 119. Zur Eignung von Fallstudien für explorative Untersuchungen siehe GIMENEZ (2005), S. 318 - 319.

[2] Unter *Exploration* versteht man die Untersuchung eines fremden Lebensbereiches im Rahmen einer flexiblen und reflexiven Vorgehensweise. Dabei werden Ergebnisse über Einzeldaten und Zusammenhänge während des Forschungsprozesses ständig reflektiert, um die methodischen Schritte gegebenenfalls anpassen zu können. Siehe dazu LAMNEK (2005), S. 38.

[3] Vgl. TRUMPFHELLER (2004), S. 180 in Verbindung mit YIN (2009). Für die Auseinandersetzung mit alternativen Phasen- und Prozessmodellen für die Fallstudienforschung wird verwiesen an SEURING (2005), S. 239; KOULIKOFF-SOUVIRON/HARRISON (2005), S. 269 (beide Autoren verweisen auf STUART et al. 2002, S. 420) und BONOMA (1985), S. 205. EISENHARDT formuliert ausführlich eine Vorgehensweise für die Theorieentwicklung mit Hilfe von Fallstudien, vgl. EISENHARDT (1989), S. 533 und S. 536 - 545.

ides empirischen Forschungsdesigns. Die Entwicklung der Forschungsfrage wird bei TRUMPFHELLER in diesem Fall der Konzeptionsphase zugerechnet, siehe *Abbildung 4-1*.[1]

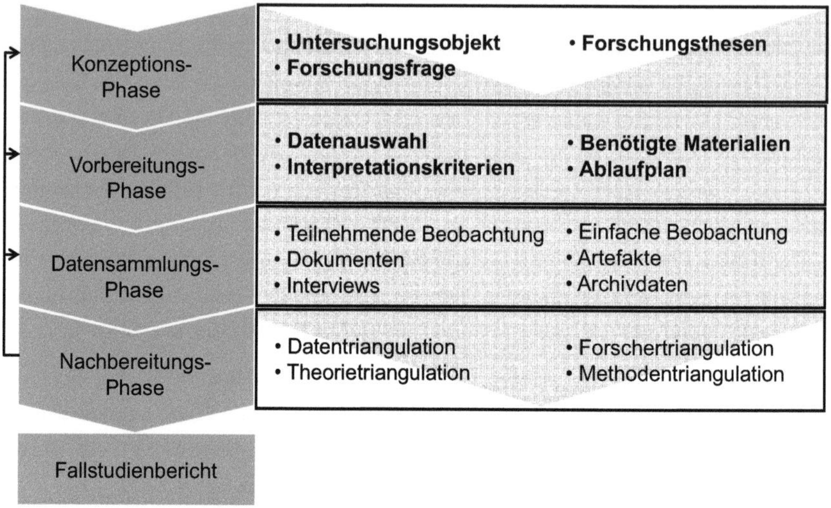

Abbildung 4-1: Die Konzeptionsphase und die Vorbereitungsphase der Fallstudienbearbeitung
Quelle: In Anlehnung an Trumpfheller (2004), S. 180.

Im Rahmen einer ausschließlich explorativen Fallstudie werden in der Konzeptionsphase auch die *Forschungsthesen* formuliert.[2] Dient die Fallstudie der Überprüfung theoriegeleitet entwickelter Thesen in einer explanativen Untersuchung, so sind die Thesen aus der theoretischen Analyse auf die empirische Analyse zu übertragen.[3]

Die *Abgrenzung des Analyseobjekts* wird von TRUMPFHELLER ebenfalls der Konzeptionsphase der Fallstudie zugeordnet. Dabei werden der Untersuchungsgegenstand sowie dessen Umwelt so präzise wie möglich voneinander abgegrenzt. Durch die Abgrenzung des Untersuchungsgegenstandes kann im Rahmen der späteren Datensammlung und der Datenanalyse eine Konzentration auf jene Dokumente erfolgen, die für die Beantwortung der Forschungsthesen relevant sind.[4] Somit hat die Abgrenzung des Untersuchungsgegenstandes direkte Konsequenzen für die zur Anwendung kommenden Methoden der Datenerhebung

1 Vgl. TRUMPFHELLER (2004), S. 179 - 184. Das Vorgehensmodell von TRUMPFHELLER ist nicht als Phasenmodel i.e.S. zu sehen, sondern als Vorgehensmodell, das eine Bearbeitung in iterativen Schritten vorsieht. Siehe TRUMPFHELLER (2004), S. 179.

2 Vgl. KROTZ (1998), S. 14, Abbildung 1. Forschungsfragen sollten substanziell relevant und mit der Fallstudienmethode adressierbar sein. Vgl. YIN (2009), S. 35.

3 Vgl. YIN (2009), S. 35. Dabei kommt der Auswahl einer geeigneten Theorie und der zweckmäßigen Anwendung der Theorie zur Entwicklung von Thesen eine wichtige Rolle zu.

4 Vgl. YIN (2009), S. 30 - 31 sowie KOULIKOFF-SOUVIRON/HARRISON (2005), S. 275.

und die Abgrenzung relevanter Daten von nicht relevanten Daten.[5] Neben der Abgrenzung des Untersuchungsgegenstandes und der Form der Datenauswahl- und erhebung ist die *Form der Datenanalyse* zur Beantwortung der Forschungsfragen Gegenstand des empirischen Forschungsdesigns.[6]

Die eingesetzten ***Gütekriterien*** der Forschung werden ebenfalls in der Vorbereitungsphase der Fallstudienforschung festgelegt.[7] Hierbei haben sich vier Methoden in den Sozialwissenschaften etabliert, die zur Messung der Güte der Ergebnisse einer Fallstudienforschung zum Einsatz gebracht werden können: *Konstruktvalidität, interne Validität, externe Validität* und *Reproduzierbarkeit*.[8]

Die *Konstruktvalidität* fordert, dass bestmöglich messbare Indikatoren zur Bestimmung der betrachteten Konstrukte gewählt werden.[9] Darüber hinaus ist sicherzustellen, dass bei der Messung der Indikatoren Verzerrungen durch Störgrößen ausgeschlossen werden können. Zur Sicherstellung der Konstruktvalidität schlägt YIN vor, eine möglichst transparente Verknüpfung der relevanten Daten mit den Konstrukten der Fallstudie zu schaffen, so dass nachfolgende Forscher die Argumentation jederzeit nachvollziehen können.[10]

Der *internen Validität* kommt besonders in explanatorischen Untersuchungen eine besondere Bedeutung zu.[11] Sie fordert, dass die untersuchten Kausalzusammenhänge zuverlässig nachgewiesen werden können.[12] Dies setzt voraus, dass Veränderungen einer abhängigen Variablen eindeutig auf Veränderungen einer unabhängigen Variablen zurückgeführt werden können.[13] Beim Aufzeigen eines kausalen Zusammenhangs zwischen zwei Konstrukten *A* und *B* muss ausgeschlossen werden können, dass ein unbekanntes drittes Konstrukt *C* statt eine Wirkung in *B* erzeugt, die *A* zugesprochen wird. Kann diese interne Validität nicht gewährleistet werden, lässt sich der Kausalzusammenhang zwischen *A* und *B* nicht zuverlässig festellen.[14] Die *externe Validität* zielt darauf ab, eine Generalisierbarkeit der Forschungsergebnisse sicherzustellen. Dies ist dann der Fall, wenn von Maßen zur Beschreibung der ab-

---

5 Die Auswahl der Erhebungsmethode und der zu erhebenden Daten wird von TRUMPFHELLER chronologisch nachgeordnet der zweiten Phase der Fallstudiendurchführung sowie der *Vorbereitungsphase* zugeordnet.

6 Hierbei kommen verschiedene Methoden und Verfahren zum Einsatz, beispielhaft können Pattern-Matching, Zeitreihenanalysen und Regressionsanalysen genannt werden. Vgl. YIN (2009), S. 34.

7 Vgl. TRUMPFHELLER, S. 180. Durch die Festlegung dieser Elemente werden in der zweiten Phase Entscheidungen getroffen, die wesentlichen Einfluss auf den weiteren Ablauf der Untersuchung haben und nicht ohne Weiteres revidierbar sind. Siehe TRUMPFHELLER, S. 180.

8 Vgl. YIN (2009), S. 40 - 45. Allgemein versteht man unter *Validität* in der qualitativen Sozialforschung den Grad der Genauigkeit, mit dem eine ausgewählte Methode dasjenige Merkmal erfasst, das zu erfassen beansprucht wird. Vgl. LAMNEK (2005), S. 150.

9 Vgl. YIN (2009), S. 42 und SCHNELL et al. (2008), S. 156.

10 YIN spricht hier von der *"chain of evidence"*. Siehe YIN (2009), S. 42.

11 Vgl. YIN (2009), S. 42.

12 Vgl. KOULIKOFF-SOUVIRON/HARRISON (2005) und SCHNELL et al. 2008, S. 154 sowie MCCUTHEON/MEREDITH (1993), MERRIAM (1998), S. 201 und GERRING (2007), S. 151 - 171.

13 Vgl. LAMNEK (2005), S. 150.

14 Vgl. YIN (2009), S. 42 - 43. Die Anforderung der internen Validität stellt sich daher vorwiegend bei explanatorischen Fallstudien

hängigen und der unabhängigen Variablen auf die betrachteten Konstrukte geschlossen werden kann.[15] Kritik an der externen Validität der Ergebnisse einer Fallstudienforschung lässt sich mit der Differenzierung zwischen *statistischer Generalisierbarkeit* und *analytischer Generalisierbarkeit* begegnen.[16] Die in Fallstudien erzielbare analytische Generalisierbarkeit zielt nicht darauf, von einer Stichprobe auf eine Grundgesamtheit zu schließen. Ziel der analytischen Validität ist es vielmehr, die auf Grundlage der in einer Fallstudie aufgezeigten Ursache-Wirkungs-beziehungen theoriebildende Aussagen oder Kausalzusammenhänge für vergleichbare Fallb-edingungen zu formulieren.[17]

Die *Reproduzierbarkeit* wird als viertes und letztes Gütekriterium bei der Fallstudienforschung gefordert. Dieses Kriterium wird erfüllt, wenn ein zweiter Forscher bei der Bearbeitung der Fallstudie nach den von dem ersten Forscher beschriebenen Prozeduren und Vorgehensweisen zum gleichen Forschungsresultat gelangen könnte. Der Forschungsprozess ist damit re-produzierbar.[18] Voraussetzung der Reproduzierbarkeit ist die lückenlose und systematische Dokumentation der Vorgehensweise des Fallstudiendesigns und der Fallbearbeitung, einschließlich der Dokumentation und Analyse der erhobenen Daten. YIN schlägt als Methoden zur Sicherstellung der Reproduzierbarkeit das Führen eines *Fallstudienprotokolls* und die Erstellung einer *Fallstudiendatenbank* vor.[19]

Quellen des Erkenntnisgewinns der Fallstudienforschung

YIN nennt sechs Quellen des Erkenntnisgewinns, die bei der Fallstudienforschung genutzt werden können: *Dokumentenanalysen*, *Interviews*, *Archivdatenanalysen*, *Beobachtung* und *Artefakte*.[20] *Dokumentenanalysen* sind eine bedeutende Quelle des Erkenntnisgewinns der Fallstudienforschung.[21] Dabei liegt es in der Verantwortung des Forschers, dafür zu sorgen, dass keine einseitige Interpretation der Dokumente und keine einseitige Dokumentenauswahl erfolgen. In *Tabelle 4-1* sind die Vor- und Nachteile der Dokumentenanalyse zusammenfassend dargestellt.[22]

---

15 Vgl. LAMNEK (2005), S. 150.

16 Vgl. LAMNEK (2005), S. 183 - 184 und KOULIKOFF-SOUVIRON/HARRISON (2005), S. 275. Daher tritt in der qualitativen Sozialforschung an die Stelle vorab festgelegter Stichproben die fortlaufende Erweiterung des Samples gemäß den für die Theoriebildung wichtigen Aspekten. Siehe LAMNEK (2005), S. 184.

17 Vgl. YIN (2009), S. 44.

18 Vgl. YIN spricht im Englischen von „reliability", siehe YIN (2009), S. 45.

19 Vgl. KOULIKOFF-SOUVIRON/HARRISON (2005), S. 275.

20 YIN (2009), S. 101. YIN betont, dass keine der Erhebungsmethoden den anderen Methoden grundsätzlich überlegen ist. Da alle Erhebungsmethoden mit Stärken und Schwächen ausgestattet sind, ist eine Kombination möglichst vieler Erhebungsmethoden anzustreben. Siehe YIN (2009), S. 101.

21 Vgl. YIN (2009), S. 103.

22 Die *Archivdatenanalyse* kann als Sonderfall der Dokumentenanalyse betrachtet werden, da die zu analysierenden Dokumente bereits analysierte, systematisch abgelegte Dokumente in Datenbanken und Archiven darstellen. Es handelt sich bspw. um statistische Auswertungen, Service-Protokolle, Budget-Pläne, Pläne oder Umfrageergebnisse. Siehe YIN (2009), S. 105.

Dokumentenanalyse		
Kurzbeschreibung	***Vorteile/Chancen***	***Nachteile/Risiken***
• *Schriftverkehr (Briefe, E-Mail)* • *Pers. Dokumente (Notizen)* • *Vortragsdokumente* • *Geschäftsunterlagen* • *Publikationen (Studien, Zeitungs- und Zeitschriftenartikel)*	• *Ständige Verfügbarkeit* • *Daten unabhängig vom Zweck der Fallstudie* • *Hohe Präzision möglich* • *Großer Umfang möglich*	• *Ggf. einseitige Interpretation* • *Ggf. einseitige Auswahl* • *Ggf. begrenzte Zugriffsmöglichkeiten* • *Datenschutzprobleme*

Tabelle 4-1: Kurzbeschreibung, Vorteile und Nachteile der Dokumentenanalyse als Erkenntnisquelle in der Fallstudienforschung
Quelle: In Anlehnung an Yin (2009), S. 102 und Trumpfheller (2004), S. 183.

Neben Dokumentenanalysen sind *Interviews* nach YIN eine der wichtigsten Erkenntnisquellen der Fallstudienforschung.[23] Ein Risiko stellt jedoch die potenzielle Beeinflussung der Interviewpartner durch den Forscher dar. Zur Sicherstellung einer nicht-beinflussenden Befragung der Interviewpartner ist nach YIN eine Unterscheidung zwischen *Level-1 Fragen* und *Level-2 Fragen* erforderlich.[24] Während die direkte Befragung eines Interviewpartners bezüglich der postulierten Ursache-Wirkungsbeziehungen in Form von Level-2 Fragen zur Offenlegung der Thesen und dabei zu einer Verzerrung der Ergebnisse führen könnte, können durch die indirekte Befragung mit Hilfe der Level-1 Fragen die Interviewpartner über die eigentlichen Untersuchungsziele im Ungewissen gelassen werden.[25] In *Tabelle 4-2* (nachfolgende Seite) sind die Vor- und Nachteile von Interviews als Erkenntnisquelle in der Fallstudienforschung dargestellt.

Neben Interviews und Datenanalysen sind *Beobachtungen* eine Erkenntnisquelle der Fallstudienforschung. Sie bieten den Vorteil, dass auch aktuelle Ereignisse erfasst werden können.[26] Bei einer *einfachen Beobachtung* ist der Forscher ein passiver Beobachter.[27] Bei *teilnehmenden Beobachtungen* nimmt der Forscher eine oder mehrere Rollen in der Fallstudie selbst ein: Er ist nicht länger passiver Beobachter, sondern aktiver Gestalter des Falles.[28]

---

23 KOTZAB et al. (2009) sehen auch in der Ergänzung der Fallstudienforschung durch Studien eine Möglichkeit, den verfügbaren Datenkorpus zu erweitern. Siehe auch SEURING et al. (2005), S. 6. Allgemein haben Interviews den Vorteil, dass durch geplante Fragen Kausalbeziehungen direkt erfasst werden können. Es ist es zudem möglich, Bezüge zwischen aktuellen und historischen Ereignissen und Handlungen herzustellen. Vgl. YIN (2009), S. 108.

24 Vgl. YIN (2009), S. 86. Während Level-2 Fragen die eigentlichen Forschungsfragen beantworten und daher im Interviewprotokoll an den Forscher gerichtet sind, dienen *Level-1 Fragen* der ergebnisoffenen und nicht-beeinflussenden Befragung des Interviewpartners; sie werden direkt an den Interviewpartner gerichtet.

25 Vgl. YIN (2009), S. 87 und S. 106.

26 Vgl. YIN (2009), S. 109.

27 Vgl. YIN (2009), S. 109. YIN spricht hier von *direct observations*. Dies sind z. B. Vor-Ort-Begehungen im Rahmen von Interviews oder die passive Beteiligung an Meetings.

28 Vgl. YIN (2009), S. 111. SAUNDERS, LEWIS und THORNHILL unterscheiden verschiedene Rollen, die der Forscher bei teilnehmenden Beobachtungen einnehmen kann. Die Rollendifferenzierung erfolgt in Abhängigkeit der Gewichtung gestaltender und beobachtender Tätigkeiten des Forschers. Siehe SAUNDERS et al. (2003), S. 222.

Interviews		
Kurzbeschreibung	**Vorteile/Chancen**	**Nachteile/Risiken**
• *Detaillierten Interviews (offene oder teilstrukturierte Befragung)* • *Fokussierten Interviews (zeitlich begrenzte Sitzung zur teilstrukturierten Befragung)* • *Erhebungen (strukturierte schriftliche oder mündliche Befragung)*	• *Geplante Fragen* • *Erfassung kausaler Beziehungen möglich* • *Offene und geschlossene Fragen möglich*	• *Geringe Teilnahmequote* • *Falsche Fragenformulierung* • *Unpräzise Beantwortung der Fragen Fehler bei der Protokollierung* • *Beeinflussung des Interviewpartners durch den Forscher*

Tabelle 4-2: Kurzbeschreibung, Vorteile und Nachteile von Interviews als Erkenntnisquelle in der Fallstudienforschung
Quelle: In Anlehnung an Yin (2009), S. 102 und Trumpfheller, S. 183.

Die teilnehmende Beobachtung ermöglicht dem Forscher Daten zu sammeln, die sich normalerweise dem akademischen Zugang verschließen.[29] Darüber hinaus kann der Forscher als *interner Teilnehmer* eine Perspektive einnehmen, die er als Außenstehender nicht einnehmen könnte.[30] Dabei ist auch eine gezielte Beeinflussung des Falls möglich.[31] In *Tabelle 4-3* sind die Vor- und Nachteile von Beobachtungen dargestellt.

Beobachtung		
Kurzbeschreibung	***Vorteile/Chancen***	***Nachteile/Risiken***
• *Einfache (direkte) Beobachtung* (passive Beobachtung durch den Forscher im Feld)	• *Geringe Beeinflussung des Verhaltens* • *Nur geringe Manipulation durch Beobachter*	• *Hoher Zeitaufwand* • *Hohe Kosten* • *Begrenzter Kontextbezug*
• *Teilnehmende Beobachtung* (aktive Beteiligung und Gestaltung des Falles durch den Forscher)	• *Enger Kontextbezug* • *Darstellung von Interaktionen über Personen hinweg*	• *Hoher Zeitaufwand und Kosten* • *Verhaltensbeeinflussung* • *Manipulation durch Beobachter möglich*

Tabelle 4-3: Kurzbeschreibung, Vorteile und Nachteile von Beobachtungen als Erkenntnisquelle in der Fallstudienforschung
Quelle: In Anlehnung an Yin (2009), S. 102 und Trumpfheller, S. 183.

Als Problem der teilnehmenden Beobachtung nennt YIN die Gefahr der ungewollten Beeinflussung der Untersuchungsergebnisse durch den Forscher. Darüber hinaus kann der teilnehmende Beobachter durch seine Doppelaufgabe als Gestalter und Beobachter daran ge-

[29] Somit stellt die teilnehmende Beobachtung für bestimmte Ereignisse oder Handlungen die einzige mögliche Methode der Datenerhebung dar, siehe YIN (2009), S. 112.

[30] Vgl. YIN (2009), S. 112.

[31] Dabei kann der Forscher – ähnlich wie in einem Experiment – eine Beeinflussung der Handlungen und Ereignisse vornehmen, um so bestimmte Entwicklungen im Fall herbeizuführen. Zwar kann dabei nicht die gleiche Präzision der Handlungsbeeinflussung erreicht werden wie in einem Experiment, aber durch die Mitgestaltung des Falles kann erreicht werden, dass vielfältige Entwicklungen und Ereignisse eintreten. Siehe YIN (2009), S. 112.

hindert werden, beobachtete Ereignisse und Handlungen in der erforderlichen Qualität zu dokumentieren.[32]

Zwar kann eine Fallstudie auch auf Basis einer einzelnen Form der Datenerhebung basieren, YIN empfiehlt jedoch zur Steigerung der inneren Validität und der Reliabilität der Fallstudie die Verwendung mehrerer Datenquellen.[33] Dies sieht er als Voraussetzung für die Durchführung einer ***Daten-Triangulation***. Der Begriff und die Idee der Triangulation sind der Trigonometrie entnommen, wo eine unbekannte Größe von mehreren Messpunkten aus betrachtet wird, um ihre Position genauer zu bestimmen.[34] Analog versucht man in der qualitativen Sozialforschung, das zu Messende genauer zu bestimmen, indem durch komplementäre Messverfahren eine Verzerrung der Wahrnehmung des Forschers vermieden wird. Bei der Daten-Triangulation werden Daten zu einem Phänomen kombiniert, die aus unterschiedlichen Quellen stammen.[35] So soll eine ungewollt einseitige Interpretation von Daten in der Fallanalyse verhindert werden. Weitere Formen der Triangulation sind die *Forscher-Triangulation*, die *Theorien-Triangulation* und die *Methoden-Triangulation*.[36]

4.1.2 Empirisches Forschungsdesign des Cluster Service Engineering

Merkmale des empirischen Forschungsdesigns

Die *Forschungsfragen* der Arbeit wurden in *Kapitel 1* dargelegt und begründet. Die *Forschungsthesen* wurden in *Kapitel 3* theoriegeleitet entwickelt. Das Analyseobjekt der Fallstudie ist im Rahmen des Forschungsdesigns in diesem Kapitel zu spezifizieren.

Als *Analyseobjekt* wird ein Cluster aus der Automobilindustrie gewählt. Die *Abgrenzung des Untersuchungsgegenstandes* von dessen Umwelt kann dabei mit Hilfe des *Cluster-Modells* erfolgen, wie es in *Kapitel 2* erarbeitet wurde. Die System/Umwelt-Abgrenzung wird durch die Analyse der Kooperationsbeziehungen zwischen den Akteuren sowie durch die Wertschöpfungsstrukturen des Cluster ermöglicht. Da sich die Thesen auf die Übertragung von Koordinationsmustern von der Cluster-Initiative auf das *Cluster Service Engineering* beziehen, stellt die Cluster-Initiative für die empirische Untersuchung das relevante Subsystem dar. Daher werden alle Akteure der Cluster-Initiative in der Fallstudie berücksichtigt.

---

32 Vgl. YIN (2009), S. 112 - 113. Die Artefakteerfassung stellt die sechste Quelle des Erkenntnisgewinns der Fallstudienforschung dar. Sie wird in der vorliegenden Arbeit nicht genutzt, daher wird an dieser Stelle verwiesen an YIN (2009), S. 102 und TRUMPFHELLER, S. 183.

33 Vgl. YIN (2009), S. 114 und S. 118. Typischerweise werden mehrere Datenquellen in einer Fallstudie kombiniert, siehe EISENHARDT (1989), S. 534 und BONOMA (1985), S. 203.

34 Vgl. LAMNEK (2005), S. 150 und YIN (2009), S. 116 - 117. Zur Datentriangulation in Case Studies siehe auch BONOMA (1985), S. 203. Durch die Anwendung der Triangulation in der qualitativen Sozialforschung *„schält sich ein relativ stabiler, annähernd objektiver bzw. intersubjektiv gültiger Kern an Befunden bezüglich eines bestimmten Phänomens heraus"*, LAMNEK 2005, S. 159, verweisend auf DENZIN (1978).

35 Vgl. LAMNEK (2005), S. 159 und STAKE (2005), S. 452.

36 Vgl. LAMNEK (2005), S. 159. Zur vertiefenden Auseinandersetzung mit der Methodentriangulation wird verwiesen an FLICK (2008), S. 27 - 50.

Bei der *Wahl der Datenquellen* wird das Ziel verfolgt, sowohl bei der Modellierung der Cluster Governance als auch bei der Ermittlung der Präferenzen der Cluster-Akteure bzgl. der Koordinationsmuster für das CSE eine möglichst hohe interne und externe Validität zu erzielen. Daher werden vielfältige Datenquellen berücksichtigt. *Öffentlich verfügbare Datenquellen* werden gezielt durch eine *teilnehmende Beobachtung* des Forschers und durch *Experteninterviews* ergänzt.

Eine teilnehmende Beobachtung wurde durchgeführt, da die öffentlich zugänglichen Informationen keine valide Charakterisierung der Cluster Governance zuglassen würden. Aus diesem Grund wird der Forscher in der Phase der Datenerhebung als Akteur an der Koordination von Entscheidungen in dem betrachteten Cluster aktiv beteiligt. Diese Form der qualitativen Feldforschung ist im vorliegenden Fall eine geeignete Forschungsmethode, da es das Cluster als sozialräumlich überschaubare Einheiten menschlichen Zusammenlebens ganzheitlich zu charakterisieren gilt.[37] Gleichzeitig wird das Ziel erreicht, durch die aktive Beteiligung an den Aktivitäten des Clusters ein Vertrauensverhältnis zu den Akteuren aufzubauen, um so Zugang zu weiteren internen Dokumenten zu erlangen und damit die Validität im Rahmen der Dokumentenanalyse zu steigern.

Die teilnehmende Beobachtung konnte dadurch realisiert werden, dass der Forscher für die Position des Cluster-Managers bestellt wurde und in einem Zeitraum von über zwei Jahren als ein vom Cluster anerkannter Akteur mit den Cluster-Unternehmen interagieren konnte. Ergänzt wird der Datenkorpus zusätzlich zu der *teilnehmenden Beobachtung* und der *Datenanalyse* durch *explorative Interviews*, die mit Akteuren des Clusters und mit Experten eines Logistikdienstleistungsunternehmens geführt wurden.[38]

Die *sachlogische Verknüpfung der erhobenen Daten* zur Beantwortung der Forschungsfragen ist wie bei YIN beschrieben ebenfalls Gegenstand des empirischen Forschungsdesigns.[39] Dies wird in der Analyse durch ein Pattern-Matching erreicht: Im *deskriptiven Teil der Datenanalyse* sind die Koordinationsmuster zu bestimmen, die bei der Koordination von Entscheidungen in der Cluster-Initiative in der Vergangenheit zur Anwendung kamen. Als identifizierbare Indikatoren für die Koordinationsmuster werden die Koordinationsinstrumente herangezogen, die bei der Koordination in den einzelnen Phasen einer Entscheidung zum Einsatz kommen. Dabei sind zwei Dimensionen zu berücksichtigen: (1) Der *Phasenbezug der Koordinationsinstrumente* und (2) der *Problembezug der Koordinationsinstrumente*. Durch diese Zuordnung lassen sich die Koordinationsmuster der verschiedenen Entscheidungen und damit die Cluster Governance abbilden.

---

[37] Vgl. LEGEWIE (1995), S. 193.

[38] Die Interviews werden mit einem zeitlichen Abstand von zwei Jahren zu der teilnehmenden Beobachtung geführt, um sicherzustellen, dass der Forscher bei den Interviews nicht als Cluster-Manager, sondern als Forscher wahrgenommen wird. So kann die Neutralität der Aussagen der Interviewpartner gesteigert werden.

[39] Vgl. YIN (2009), S. 33 - 35.

Im *explanatorischen Teil der Datenanalyse* werden die identifizierten Koordinationsmuster mit den Koordinationsmustern verglichen, die im Rahmen der Interviews ermittelt werden. Durch das Pattern-Matching wird geprüft, ob der in den Thesen formulierte Zusammenhang zwischen den Koordinationsmustern der Cluster-Initiative und den präferierten Koordinationsmustern des CSE abgewiesen werden kann.

Kriterien für die Interpretation der Untersuchungsergebnisse

Wie von YIN und LAMNEK empfohlen, werden im Rahmen der Analyse die Gütekriterien der qualitativen Fallstudienforschung *Konstruktvalidität, interne Validität, externe Validität* und *Reproduzierbarkeit* berücksichtigt.

Nach YIN kann ***Konstruktvalidität*** erreicht werden, wenn operativ messbare Indikatoren zur Bestimmung der betrachteten Konstrukte formuliert werden.[40] Die zu messenden Konstrukte der Arbeit sind die *Koordinationsmuster des Clusters* und die Präferenzen der Akteure für die *Koordinationsmuster des* CSE. Die Messbarkeit beider Konstrukte wird gewährleistet, wenn eine eindeutige Identifikation von Koordinationsinstrumenten und eine eindeutige Zuordnung dieser Koordinationsinstrumente zu den Koordinationsproblemen im Cluster *und* den Entscheidungsphasen erreicht werden kann. Nicht eindeutig identifizierbare Koordinationsinstrumente oder lediglich eindimensional zuordenbare Koordinationsinstrumente (der Phase oder dem Entscheidungsproblem nach) dürfen in der Analyse nicht berücksichtigt werden.

Zur Sicherstellung der Konstruktvalidität werden alle Dokumente einem eindeutigen *Index* und jeder Aussage eine eindeutige *Aussagennummer* zugeordnet. In einer Fallstudiendatenbank werden alle Aussagen dokumentiert und dem jeweiligen Dokumentenindex sowie der Aussagennummer erläuternde Informationen zum Dokumententyp der Aussageninterpretation des Forschers zugeordnet. So kann, wie von YIN gefordert, eine transparente Verknüpfung der ausgewerteten Daten mit den Konstrukten der Fallstudie ermöglicht werden, so dass nachfolgende Forscher die Argumentation jederzeit überprüfen und nachvollziehen können. Die Konstruktvalidität wird zudem dadurch abgesichert, dass bei der Beurteilung der Koordinationsinstrumente in der Matrix eine *Datentriangulation* durchgeführt wird. Dazu wird bei der Charakterisierung der Koordinationsmuster des Clusters darauf geachtet, dass alle Aussagen über die Charakteristika der Cluster Governance mit Daten aus mindestens drei der fünf verschiedenen Datenquellen (Gesprächs- und Sitzungsprotokolle, Gesprächsvorlagen, Arbeitsdokumente, Schriftverkehr und Sonstige Beobachtungen) abgeleitet werden. In *Abbildung 4-2* (nachfolgende Seite) ist die Problematik der Konstruktvalidität schematisch dargestellt.

40 Vgl. YIN (2009), S. 42.

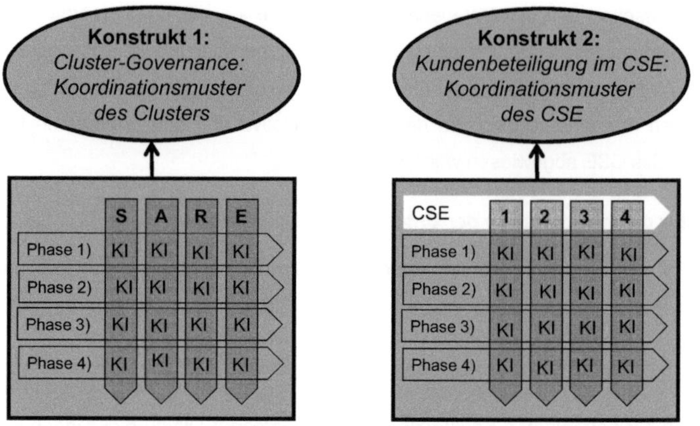

Abbildung 4-2: Konstruktvalidität bei der empirischen Untersuchung des CSE.

Zur Sicherstellung der ***internen Validität*** schlägt Yin als Methode das *Pattern Matching* und die Suche nach *alternativen Erklärungsansätzen* vor.[41] Beide Methoden werden in der vorliegenden Fallstudie zur Anwendung gebracht. Für das *Pattern-Matching* wird die Präferenz der Cluster-Akteure für den Einsatz verschiedener Koordinationsmuster in den verschiedenen Phasen des CSE erfragt. Der Vergleich der präferierten Koordinationsmuster mit den in der Cluster-Initiative bewährten und legitimierten Koordinationsmustern dient der internen Validierung der Ergebnisse. Dieser Vergleich wird ermöglicht durch ein *selektives Kodieren* der Aussagen des Datenkorpus. Dabei werden alle Aussagen über praktizierte Koordinationsmuster in der Fallstudie verarbeitet, die eine eindeutige Subsumption unter die Phasen des Entscheidungsprozesses (Definition entscheidungsrelevanter Informationen, Informationsbeschaffung, Informationsanalyse, Entscheidung) und unter die Koordinationsprobleme (Selektion, Allokation, Regulation und Evaluation) zulassen, welche als Schlüsselkategorien der Subsumtion dienten.[42]

Während Konstrukt 1 aus einer Dokumentenanalyse durch eine Kodierung abgeleitet werden kann, werden für Konstrukt 2 Expertengespräche geführt.[43] Zur Vermeidung einer einseitigen Betrachtung werden in der Fallstudie sechs Expertengespräche mit Vertretern der Cluster-Unternehmen sowie vier Expertengespräche mit Mitarbeitern eines international tätigen Logistikunternehmens geführt. Die Experten beider Seiten erfüllen zwei Anforderungen: Sie

[41] Vgl. Yin (2009), S. 43 und McCarthy/Golicic (2005), S. 262.

[42] Das selektive Kodieren unterscheidet sich vom offenen Kodieren dadurch, dass systematisch und konzentriert nach Schlüsselkategorien kodiert wird, die bereits früh im Forschungsprozess festgelegt werden können. Dabei werden die Kodes auf solche Kategorien begrenzt, die einen ausreichend klaren Zusammenhang zu den Schlüsselcodes aufweisen. Vgl. Strauss (1998), S. 63 - 64.

[43] Unter Kordieren versteht man die Konzeptualisierung von Daten. Dabei werden Kategorien entdeckt und benannt, unter die sich die Aussagen eines Datensatzes subsumieren lassen. Die Güte des Kodierverfahrens hat einen maßgeblichen Einfluss auf die Güte einer qualitativen Forschungsarbeit. Siehe Strauss (1998), S. 48 und S. 56 - 57.

sind aufgrund ihrer aktuellen oder einer zurückliegenden beruflichen Position mit den Prozessen der Anbahnung von Logistikprojekten vertraut. Darüber hinaus haben sie sich bereits vor dem Interview im Rahmen ihrer beruflichen Tätigkeit mit Clustern auseinandergesetzt und bringen daher das erforderliche Kontextwissen über Cluster mit.

Durch die Nutzung von Interviews als Erkenntnisquellen der Fallstudie gelingt es, die Präferenzen der Experten hinsichtlich der verschiedenen Koordinationsmuster direkt zu erfragen. Dabei werden die gleichen Codes verwendet wie in der Datenanalyse (zu Konstrukt 1), indem die einzelnen Phasen des Entscheidungsprozesses und die Phasen des CSE als Kategorien bei der Interpretation der Aussagen genutzt wurden.

Darüber hinaus können alternative und ergänzende Erklärungszusammenhänge diskutiert werden. Ein Risiko stellt jedoch die bereits angesprochene potenzielle Beeinflussung der Interviewpartner dar. Hierbei kann bereits vor der Durchführung der Analyse ein methodisches Problem erkannt werden: Während die Vertreter der Cluster-Unternehmen die Cluster Governance des betrachteten Clusters aus dem selbst Erlebten kennen, müssen die Charakteristika der Cluster Governance den Experten des LDL aktiv vermittelt werden. Im Rahmen der Expertengespräche ist den Experten des LDL das Ergebnis der deskriptiven Analyse vorzustellen, damit ihre Präferenzen hinsichtlich der Koordinationsmuster des CSE einen Beitrag zur Beantwortung der Forschungsfrage der Arbeit leisten können. Daraus folgt, dass nur in den Experteninterviews mit den Vertretern der Cluster-Unternehmen vollständig auf Level-2 Fragen verzichtet werden kann.[44] Hier ist der Forscher in keiner Weise gezwungen, den Interviewpartnern den vermuteten Zusammengang zwischen den beiden Konstrukte aufzuzeigen. Anders verhält es sich bei der Durchführung der Experteninterviews mit Vertretern eines LDL: Durch die notwendige Präsentation der Ergebnisse der deskriptiven Analyse wird die Untersuchungsabsicht des Forschers ungewollt offengelegt.[45]

Zur Sicherstellung der internen Validität der Ergebnisse werden daher zwei Entscheidungen hinsichtlich des Forschungsdesigns getroffen: Zum einen werden die Ergebnisse der Experteninterviews und der LDL getrennt voneinander ausgewertet, um die gegebenenfalls vorliegenden Schwächen der internen Validität bei den LDL-Interviews transparent darzustellen. Zum anderen wird im Rahmen der Expertengespräche aktiv nach alternativen Erklärungsansätzen gefragt, um auf diesem Weg die interne Validität zu steigern. In *Abbildung 4-3* (nachfolgende Seite) ist die Problematik der internen Validität dargestellt.

---

44 Vgl. YIN (2009), S. 86. Während Level-2 Fragen die eigentlichen Forschungsfragen beantworten und daher im Interviewprotokoll an den Forscher gerichtet sind, dienen Level-1-Fragen der ergebnisoffenen und nicht-beeinflussenden Befragung des Interviewpartners; sie werden direkt an den Interviewpartner gerichtet.

45 Eine direkte Befragung des Interviewpartners bezüglich der postulierten Ursache-Wirkungs-beziehungen in Form von direkten Level-1 Fragen wird zwar auch in den LDL-Interviews vermieden, dennoch wird durch die Vorstellung der Ergebnisse des deskriptiven Analyse eine potenzielle Beeinflussung der Ergebnisse möglich. Die Level-2 Fragen werden in den Interviews daher notwendigerweise um Level-1 Fragen ergänzt.

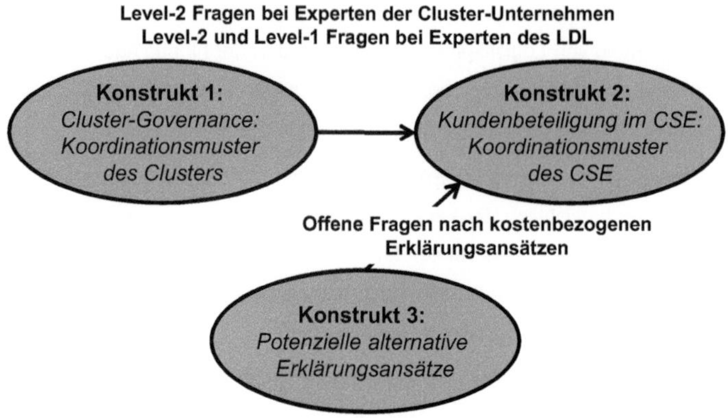

Abbildung 4-3: Interne Validität bei der empirischen Untersuchung des CSE.

Externe Validität wird in der vorliegenden Fallstudie dadurch sichergestellt, dass die Merkmale der Cluster Governance in den Thesen nicht ausgefüllt werden. Die Thesen sind damit auf jedes in der Praxis vorhandene Clusters übertragbar. Zwar führen sie in verschiedenen Clustern durch die Existenz verschiedener Koordinationsmuster bei verschiedenen Entscheidungssituationen zu unterschiedlichen Lösungen der Koordination und damit zu unterschiedlichen Handlungsempfehlungen für die Praxis, jedoch ist die analytische Generalisierbarkeit der Aussagen durch die analytische Übertragbarkeit der Thesen gewährleistet.[46]

Reproduzierbarkeit wird in der Fallstudie dadurch erreicht, dass eine lückenlose und systematische Dokumentation der Vorgehensweise des Fallstudiendesigns und der Fallbearbeitung einschließlich der Dokumentation und Analyse der erhobenen Daten geführt wird. Dazu werden alle Aussagen in der Fallstudiendatenbank abgelegt, durch ein Indexsystem für spätere Auswertungen belegt und alle Aussagen, wie bereits dargelegt, mit einer eindeutigen Identifikationsnummer versehen. Im Rahmen des Fallstudienberichts wird auf die Indexe als Beleg der getroffenen Aussagen verwiesen.

4.1.3 Datenkorpus der Fallstudie

Bildung des relevanten Datenkorpus

Dem Forscher standen für die Durchführung der Fallstudie insgesamt 456 Falldokumente zum Fall zur Verfügung. Zur Bildung des relevanten Datenkorpus der Fallstudie wurden aus diesem gesamten Datenkorpus alle Datenquellen ausgewählt, die einen Erklärungsbeitrag

[46] Zur analytischen Generalisierbarkeit siehe YIN (2009), S. 43.

für die Deskription der Cluster Governance oder die Explanation leisten können. Dabei wurde ein ***systematisches Vorgehen*** bei der Kodierung gewählt.

Schritt 1: In einem *ersten Schritt* wurden alle Dokumente selektiert, deren Inhalt Aufschluss über die zum Einsatz kommenden Koordinationsinstrumente bei der Entscheidungskoordination im Cluster geben.

Schritt 2: In einem *zweiten Schritt* wurden alle selektierten Dokumente dahingehend geprüft, ob die Aussagen über die Koordinationsinstrumente eine Zuordnung zu den Koordinationsproblemen Selektion, Allokation, Regulation und Evaluation erlauben. Es wurden nur diejenigen Dokumente weiter berücksichtigt, welche diese Zuordnung möglich machen.

Schritt 3: In einem *dritten Schritt* wurden aus den verbliebenen Dokumenten alle Dokumente identifiziert, deren Aussagen den Phasen des Entscheidungsprozesses nach FRESE zugeordnet werden können. Nur diese Dokumente wurden in der Analyse berücksichtigt.

Im Ergebnis liegt nach der Selektion der Dokumente ein relevanter Datensatz vor, der 175 Dokumente umfasst. 281 Dokumente beinhalten keine validen Aussagen und werden daher bei der Analyse nicht berücksichtigt.

Relevanter Datenkorpus der Fallstudie

Durch die Etablierung des Forschers als Cluster-Manager im Rahmen der teilnehmenden Beobachtung konnte in der vorliegenden Arbeit eine hohe Dokumentenverfügbarkeit erzielt werden. Viele der Dokumente sind unter Mitwirkung des Forschers entstanden, stellen dabei jedoch keine teilnehmende Beobachtung im eigentlichen Sinne dar, da sie das Geschehene nicht nur beschreiben, sondern selbst Elemente der Entscheidungsprozesse des Clusters sind.[47] Teil I des Datenkorpus umfasst *Gesprächs- und Sitzungsprotokolle, Gesprächsvorlagen, Arbeitsdokumente* und *Schriftverkehre* sowie *sonstige Beobachtungen (Notizen* und *interne Gesprächs- oder Sitzungsprotokolle des Cluster-Managers).* Teil II des Datenkorpus umfasst Protokolle der Experten-Interviews, die im Zeitraum Juni - August 2011 geführt wurden. Als Experten wurden *Mitarbeiter von Cluster-Unternehmen* der Fallstudie sowie *Führungskräfte eines international tätigen Logistikunternehmens* befragt. In *Tabelle 4-4* (nachfolgende Seite) sind die Anzahl der verfügbaren Dokumente sowie die Anzahl der nutzbaren Dokumente dargestellt.

[47] Eine Ausnahme stellt die Rubrik *sonstige Beobachtungen* dar. Hierbei handelt es sich um teilnehmende Beobachtungen des Forschers.

Dokumententyp	***Anzahl relevanter Dokumente***	***Anzahl verfügbarer Dokumente***
Gesprächs- und Sitzungsprotokolle (2006)	12	17
Gesprächsvorlagen (2006)	12	13
Arbeitsdokumente (2006)	14	17
Schriftverkehr (2006)	15	15
Sonstige Beobachtungen (2006)	2	2
Gesprächs- und Sitzungsprotokolle (2007)	25	26
Gesprächsvorlagen (2007)	17	32
Arbeitsdokumente (2007)	24	81
Schriftverkehr (2007)	16	108
Sonstige Beobachtungen (2007)	1	3
Gesprächs- und Sitzungsprotokolle (2008)	7	12
Gesprächsvorlagen (2008)	6	14
Arbeitsdokumente (2008)	4	58
Schriftverkehr (2008)	1	12
Sonstige Beobachtungen (2008)	1	4
Gesprächs- und Sitzungsprotokolle (2009)	3	5
Gesprächsvorlagen (2009)	1	4
Arbeitsdokumente (2009)	0	4
Schriftverkehr (2009)	2	17
Sonstige Beobachtungen (2009)	2	2
Experteninterviews Cluster-Unternehmen	6	6
Experteninterviews LDL	4	4
Summe	***175***	***456***

Tabelle 4-4: Datenkorpus der Fallstudie (verfügbare und verwendbare Erkenntnisquellen).

4.2 Einführung: Ein Cluster der Automobilzulieferindustrie in Hessen als Gegenstand der empirischen Untersuchung

4.2.1 Akteure der Cluster-Initiative und Einführung in den Fall: Das Automotive-Cluster Mittelhessen

Der Fall behandelt ein Cluster der Automobilindustrie in Deutschland: das *Automotive-Cluster Mittelhessen*. Fokussiert wird, wie im empirischen Forschungsdesign begründet wurde, die Cluster-Initiative des Clusters (kurz: *Cluster-Initiative*). Sie wurde im Jahr 2006 von neun Unternehmen der Automobilzulieferindustrie und einem Wirtschaftsverband gegründet.[48]

HESSENMETALL als Initiator und Akteur der Cluster-Initiative ceo hessen

Der beteiligte *Verband* ist der Verband der Metall- und Elektrounternehmen Hessen e.V. (*HESSENMETALL*). Er vertritt als Tarifpartei die gesellschafts- und sozialpolitischen Interessen seiner Mitgliedsunternehmen der Metall- und Elektroindustrien in Hessen gegenüber Politik, Verwaltung, der Öffentlichkeit und den Gewerkschaften.[49] Er versteht sich primär als Tarifvertragspartei und als arbeitsrechtliche Vertretung.[50] Darüber hinaus agiert er als arbeitswissenschaftlicher und personalwirtschaftlicher Dienstleister, als sozialpolitische Lobby sowie als Sprachrohr und Bildungsanbieter, Gründungs- und Trendberater.[51] Mit dem Selbstverständnis des Verbandes lässt sich begründen, dass er bereits im Jahr 2004 die Clusterentwicklung als Chance zur pro-aktiven Gestaltung der hessischen Wirtschaft erkannt hat. So wurde schon im Jahr 2005 eine Studie von HESSENMETALL veröffentlicht, in welcher die Cluster der Metall- und Elektroindustrien in Hessen identifiziert und hinsichtlich ihrer Wirtschafts- und Innovationskraft beurteilt wurden.[52] Im Ergebnis konnte festgestellt werden, dass sich 46 Cluster der Metall- und Elektroindustrien in Hessen entwickelt haben, von welchen 80% als überdurchschnittlich erfolgreich einzustufen sind.[53] Die Studie weist sieben Cluster als besonders erfolgreiche Cluster aus, die im Rahmen der benannten Studie im Rahmen von Fallstudien weiter ausgearbeitet wurden. Es handelt sich um ein Cluster metallverarbeitender Unternehmen in Waldeck-Frankenberg, ein Cluster der Optikindustrie im Lahn-Dill-Kreis, ein *Luft- und Raumfahrt-Cluster* in Frankfurt, ein *Steuerungstechnik-Cluster*

48 Die Fallstudie ist fortan mit Zitaten belegt, die sich nicht auf die im Literaturverzeichnis gelistete Literatur beziehen, sondern auf den Datenkorpus der Fallstudie. Diese Verweise nutzen das in der Fallstudiendatenbank verwendete Indexsystem.
49 Vgl. (D-5.1-2), S. 2.
50 Vgl. (D-5.1-2), S. 3.
51 Vgl. (D-5.1-2), S. 3.
52 Vgl. (D-5.1-1), S. 6.
53 Siehe (D-5.1-1), S. 22 - 23.

bei Darmstadt, ein *Automotive-Cluster* in Mittel- und Südhessen, ein *Elektro-Cluster* im Landkreis Offenbach und ein *Elektronik-Cluster* im Main-Taunuskreis.[54]

Nachdem durch HESSENMETALL ein erstes Cluster-Mapping zur Identifikation Hessischer M+E-Cluster abgeschlossen war, strebte der Verband eine aktive Unterstützung der Clusterentwicklung an, um auf diesem Weg die Mitgliedsunternehmen ergänzend zu den klassischen Leistungsfeldern des Verbandes zu unterstützen. Dazu wurde die Cluster-Offensive *ceo hessen* (Cluster Entrepreneurship Offensive Hessen) gegründet. Es handelte sich dabei um eine Hessen-weite Cluster-Initiative, die das Ziel verfolgte, hessischen Unternehmen der Metall- und Elektroindustrien durch die Initiierung regionaler Cluster-Initiativen Wettbewerbsvorteile zu verschaffen.[55] Dazu wurden im Rahmen der Cluster-Initiative *ceo hessen* die vielfältigen Voraussetzungen der Entstehung von Clustern untersucht und die Möglichkeit einer gezielten kollektiven Gestaltung neuer regionaler Cluster-Initiativen durch Kooperationen zwischen den Akteuren eruiert.[56] Dabei wurden sowohl Unternehmen, Forschungs- und Bildungseinrichtungen als auch die Politik als Akteure eingebunden.[57]

Gemäß der Ziele der Cluster-Initiative sollte nicht die Politik, sondern die Unternehmer in Hessen selbst die Richtung der Cluster-Entwicklung vorgeben. Die Initiative *ceo hessen* wurde als institutioneller Katalysator verstanden, der den Entwicklungsprozess verstärken und vorantreiben sollte.[58] Nach der Gründung der Initiative im Frühjahr 2006 wurden in einem ersten Schritt verbandsinterne Gespräche mit Geschäftsführern der einzelnen Bezirksgruppen geführt, bevor *ceo hessen* den Mitgliedern von HESSENMETALL anlässlich der jährlichen Mitgliederversammlung und dem 17. Hessenforum der Metall- und Elektro-Unternehmen am 18. Mai 2006 im Steigenberger Airport Hotel in Frankfurt am Main vorgestellt wurde.[59]

Die Technische Universität Darmstadt als Akteur der Cluster-Initiative ceo hessen

Die Initiative *ceo hessen* wurde flankiert von einem wissenschaftlichen Engagement des Verbandes, der ab 2006 eine Juniorprofessur für Cluster- und Wertschöpfungsmanagement an der Technischen Universität Darmstadt stiftete. So ist zu erklären, dass Wissenschaftler der Technischen Universität Darmstadt von Beginn an in einer beratendenden und unterstützenden Rolle an der Clusterpolitik von HESSENMETALL beteiligt waren.[60]

---

54 Siehe (D-5.1-1), S. 22 - 23.
55 Vgl. (D-2.1-1), S. 2 und (D-1.4-17), S. 1.
56 Vgl. (D-2.1-1), S. 2.
57 Vgl. (D-2.1-1), S. 2.
58 Vgl. (D-1.4-17), S. 16.
59 Vgl. (D-1.4-17), S. 16.
60 Der Autor der Arbeit war zu diesem Zeitpunkt bereits als teilnehmender Beobachter in das Geschehen involviert, ohne dabei eine gestaltende Funktion auszuüben.

Da die Initiierung regionaler Cluster-Initiativen Ziel von *ceo hessen* war, wurden von HESSENMETALL und der Technischen Universität Darmstadt in den Jahren 2006 und 2007 zahlreiche persönliche Gespräche mit hochrangigen Entscheidungsträgern der hessischen Wirtschaft geführt. Im Ergebnis konnten durch *ceo hessen* mehrere Cluster-Initiativen initiiert werden.[61] So sind bis heute aus *ceo hessen* regionale Cluster-Initiativen in der *Automobilzulieferindustrie*, der *Spritzgusstechnik* (Werkzeug- und Formenbau der Kunststoffverarbeitung), der *Luftfahrtindustrie* (produzierende Zulieferer der Luftfahrtindustrie) und der *Mechatronik* hervorgegangen.[62] Die Verantwortung für das Management der regionalen Cluster-Initiativen lag bei HESSENMETALL. Als Cluster-Manager wurden Mitarbeiter der Technischen Universität Darmstadt eingesetzt, die öffentlich als Cluster-Manager des Verbandes HESSENMETALL bei den Unternehmen positioniert wurden.[63]

Unternehmen der Automobilzulieferindustrie als Akteur der Cluster-Initiative

Auf Grundlage der Erkenntnisse der im Jahr 2005 vom DIW im Auftrag von HESSENMETALL erarbeiteten Studie erschien den beteiligten Akteuren u. a. die Initiierung einer regionalen Cluster-Initiative in der Automobilindustrie Erfolg versprechend. Aus der Studie des DIW geht hervor, dass insbesondere im Landkreis Groß-Gerau eine hohe Konzentration der Wirtschaftssegmente *Herstellung von Kraftwagen und Kraftwagenteile* (WZ 34) und sonstiger *Fahrzeugbau* (WZ 35) vorliegt.[64] Allein im Kraftwagenbau konnten über 21.000 Beschäftigte identifiziert werden.[65] Der Studie zufolge sind im Jahr 2005 im Landkreis Groß-Gerau alle Voraussetzungen für eine erfolgreiche Cluster-Entwicklung erfüllt. Dies sind dem DIW folgend:

- Die Existenz eines Leitunternehmens (Adam Opel AG),
- das Vorliegen einer regionalen Spezialisierung im Fahrzeugbau, in der Automotive-Technologie und in der Headquarter-Funktion,
- das Vorliegen eines Ressourcenpools durch die Technologieregion Südhessen mit engem Bezug zur regionalen Automobilwirtschaft und
- das Vorhandensein der fast vollständigen automobilen Wertschöpfungskette respektive einer hohen Zuliefererdichte in der Region

---

61 Derzeit werden auf der Internetpräsenz der HESSENMETALL Cluster-Initiative vier regionale Cluster-Initiativen präsentiert: Das HESSENMETALL Automotive-Cluster Mittelhessen, das HESSENMETALL Aviation Cluster Rhein-Main, das HESSENMETALL Mechatronik-Cluster Südhessen und das HESSENMETALL Spritzguss-Cluster Nordhessen. Siehe *www.cluster-initiative.de* (letzter Aufruf am 16.08.11).

62 Vgl. (D-5.1-5).

63 Vgl. (D-5.1-5). Durch die Entscheidung, Angestellte der Technischen Universität Darmstadt als Cluster-Manager zu positionieren, wurde das explorative Forschungsdesign und insbesondere die Datensammlung als teilnehmender Beobachter ermöglicht.

64 Vgl. (D-5.2-1), S. 57. Die Branchenschlüssel *WZ-34* und *WZ-35* sind vom Statistischen Bundesamt verwendete Kategorien zur Systematisierung der Wirtschaftsleistung in Deutschland nach Branchen.

65 Vgl. (D-5.2-1), S. 57.

Der Beurteilung des DIW folgend, wurden im Jahr 2006 in Mittel- und Südhessen Gespräche mit der Geschäftsleitung von Automobilunternehmen und Automobilzulieferern geführt. Ziel der Gespräche war es, mit den Unternehmensvertretern die Möglichkeiten für eine gezielte Hebung von Cluster-Potenzialen zu diskutieren und die Bereitschaft der Unternehmen für die Gründung einer regionalen Cluster-Initiative zu besprechen. Aus den Gesprächen ergab sich, dass eine Beteiligung des Leitunternehmens *Adam Opel AG* und der direkt um das Leitunternehmen angesiedelten Systemlieferanten nicht Erfolg versprechend sein würde, da eine Zusammenarbeit der Akteure in einer neu zu gründenden Cluster-Initiative auf Augenhöhe nur erreicht werden kann, wenn ausschließlich Akteure der gleichen Wertschöpfungsstufe an der Cluster-Initiative beteiligt werden.[66] Als Konsequenz dieser Haltung konnte im Rahmen der Initiativgespräche ein höheres Interesse der mittelhessischen Automobilzulieferer verzeichnet werden, als der südhessischen Unternehmen in unmittelbarer Umgebung der *Adam Opel AG*.

Aus den Gründungsgesprächen im Jahr 2006 ist Ende 2006 eine regionale Cluster-Initiative hervorgegangen, die zu Beginn zwölf Unternehmen der Automobilzulieferindustrie umfasste.[67] Die Initiative gab sich im Laufe des Jahres 2007 den Namen *Automotive-Cluster Mittelhessen*. Der geographische Schwerpunkt der Unternehmen lag in einem Radius von 100 Kilometern um die Stadt *Dillenburg*. Die Unternehmen ließen sich den Tier-Stufen 1 - 3 zuordnen, teilweise sind aufgrund des heterogenen Produktportfolios der Unternehmen auch Mehrfachzuordnungen möglich. Das heterogene *Gesamtproduktportfolio* der Unternehmen des Clusters umfasst Systeme und Module (Metallbaugruppen, Messsysteme, Türsysteme, Bremssysteme, Schlauch- und Festleitungssysteme) sowie Komponenten und Teile (Elektronikkomponenten, Bremsscheiben, Sinterteile, Kohlenstoff- und Kunststoffteile sowie Metallteile).

Ziele der Cluster-Initiative Automotive-Cluster Mittelhessen

Das Ziel der Cluster-Initiative war die Schaffung von Wettbewerbsvorteilen für ihre Mitglieder.[68] Dabei wurden insbesondere folgende konkreten Ziele verfolgt (nachfolgende Seite):[69]

---

66 Vgl. (D-1.1-13), S. 3.

67 Da einzelne Unternehmen unter Holdingsstrukturen gegliedert waren, waren neun *rechtlich unabhängige Unternehmen* Akteure der Cluster-Initiative. Weitere drei Unternehmen entsendeten eigene Vertreter zur Mitarbeit in die Cluster-Initiative; diese Unternehmen werden daher in der Analyse als eigene Akteure behandelt. Alle zwölf beteiligten Unternehmen werden im Fallstudienbericht anonymisiert dargestellt. Sie werden der theoriegeleiteten Analyse entsprechenden als U_i mit $i = 1 - 12$ bezeichnet.

68 Vgl. (D-2.1-1), S. 3.

69 Vgl. (D-1.3-11), S. 22.

- Die Entwicklung des Clusters zu einem Systemlieferanten und Innovationsmotor für die Automobilindustrie,
- die Bündelung der Nachfrage von Einsatzgütern und Dienstleistungen,
- der Aufbau einer effizienten Koordinationsplattform auf der Basis persönlicher Beziehungen, Vertrauen und Verlässlichkeit und
- die aktive Gestaltung von Bildungs- und Forschungsschwerpunkten, von industrieller Infrastruktur und politischen Rahmenbedingungen in der Region.

Im Rahmen der Gründung der Cluster-Initiative wurden die verschiedenen Ziele unter eine Vision gestellt, welche die Forschungs- und Entwicklungspartnerschaft des Clusters als anspruchsvollstes Ziel in den Mittelpunkt rückte.[70] Sie lautete, gemeinsam ein *„Forschungs- und Entwicklungszentrum zur Durchführung gemeinsamer Projekte“*[71] aufzubauen.[72] Koopera-tionen außerhalb des Bereiches Forschung und Entwicklung wurden als vertrauensbildende Maßnahmen betrachtet sowie als Chance, auch in anderen Funktionsbereichen der Unternehmen Wettbewerbsvorteile zu generieren.[73] Im Rahmen der Kick-off-Veranstaltung des *Automotive-Clusters Mittelhessen* wurden die nachfolgenden Arbeitsthemen des Clusters festgelegt.[74] Diese sind in *Tabelle 4-5* nachfolgend dargestellt.

Vertrieb	Informationsaustausch über Rahmenverträge
Personal	Zusammenarbeit im Bereich der Ausbildung gewerblicher Mitarbeiter
Internationalisierung	Austausch auf Geschäftsleitungsebene zu aktuellen Themen Austausch zu speziellen Themen (Vertrieb, Beschaffung, Produktion)
Einkauf	Informationsaustausch über Einkaufsplattformen
Forschung & Entwicklung	Entwicklung einer Kompetenzlandkarte als Instrument für die Initiierung von Entwicklungskooperationen

Tabelle 4-5: Kooperationsfelder der Cluster-Initiative Automotive-Cluster Mittelhessen.

4.2.2 Modellierung des Automotive-Clusters Mittelhessen als regionales Wertschöpfungssystem

Wertschöpfungsstruktur des Automotive-Clusters Mittelhessen

Die Wertschöpfungsstruktur des Automotive-Clusters Mittelhessen ergibt sich wie in der nachfolgenden Abbildung dargestellt.[75] Aus *Abbildung 4-4* folgt, dass sieben der zwölf Unternehmen der Tier-2 Ebene zuzuordnen sind. Fünf Unternehmen sind als System- oder Mo-

70 Vgl. (D-1.3-11), S. 22.
71 Vgl. (D-2.1-1), S. 3.
72 Vgl. (D-1.4-2), S. 2.
73 Vgl. (D-2.1-1), S. 3.
74 Vgl. (D-2.1-1), S. 9.
75 Zur Modellierung der Kooperations- und Wertschöpfungsstrukturen des Clusters ist das in Kapitel 2 ausgearbeitete Systemmodell anzuwenden.

dullieferanten auf der Tier-1 Ebene tätig. Die Endkunden der Unternehmen sind alle Automobilunternehmen, die Serienfahrzeuge herstellen. Eine Einschränkung auf einzelne Konzerne oder Marken kann nicht festgestellt werden. Lieferbeziehungen innerhalb der Unternehmen des Clusters liegen nur vereinzelt vor, dabei werden von U_1, U_7 sowie U_8 und U_9 aus dem Kreis der Cluster-Unternehmen keine Güter von hohem Wert (A-Güter) bezogen. Vernachlässigt man diese vereinzelten Lieferbeziehungen, so liegen ausschließlich horizontale Beziehungen zwischen den Unternehmen vor.

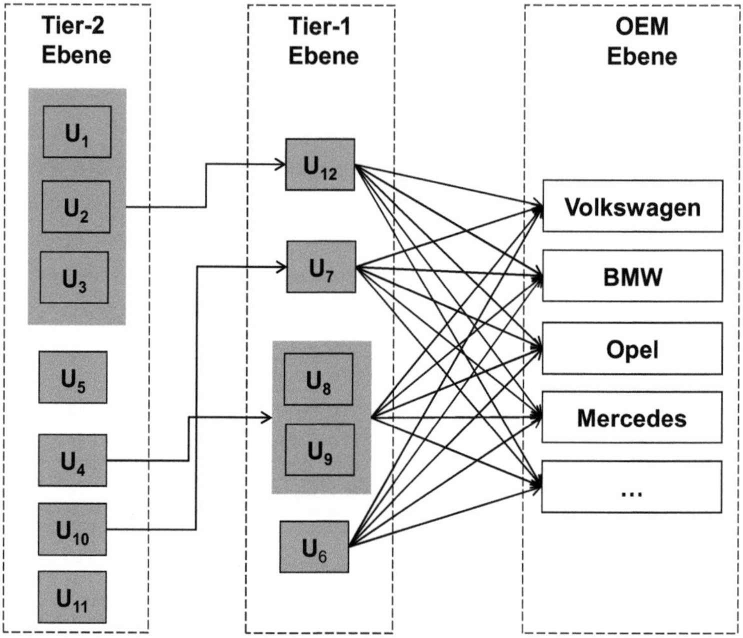

Abbildung 4-4: Wertschöpfungsbeziehungen der Cluster-Unternehmen im Automotive-Cluster Mittelhessen.

Kooperationsstruktur des Automotive-Clusters Mittelhessen

Zur Abbildung der *Kooperationsstruktur* im Cluster sind die überbetrieblichen Kooperationen des Clusters darzustellen.

An den ***überbetrieblichen Kooperationen*** des Clusters waren alle Unternehmen der Cluster-Initiative beteiligt. Diese Kooperationen lassen sich gliedern in Kooperationen auf der Geschäftsleitungsebene und Kooperationen des mittleren Managements. Auf der Geschäftsleitungsebene wurde die *gemeinsame Öffentlichkeitsdarstellung* des Clusters koordiniert. Das Cluster wurde durch Presseartikel in der regionalen und überregionalen Presse als innovativer und leistungsstarker Automobilstandort positioniert.[76] Auch Radiobeiträge mit Interviews einzelner Unternehmen und Beiträge des Cluster-Managements wurden ausgestrahlt. Neben der gemeinsamen Öffentlichkeitsarbeit waren alle Unternehmen des Clusters an einem in unregelmäßigen Abständen stattfindenden *Erfahrungsaustausch der Geschäftsführer* zu aktuellen Themen beteiligt.

Auf der Ebene des mittleren Managements wurde die überbetriebliche Kooperation intensiver praktiziert. Zur Erreichung der Ziele des Clusters wurden ***drei Arbeitsgruppen*** gegründet: (1) *Beschaffung*, (2) *Vertrieb* und (3) *Forschung & Entwicklung*. An den Arbeitsgruppen war ein Großteil der Unternehmen beteiligt. Lediglich drei Unternehmen (*U1*$_2$, *U5* und *U7*) beteiligten sich nur an je zwei der drei Arbeitsgruppen. Die Beteiligung der Unternehmen an den überbetrieblichen Kooperationen ist in *Abbildung 4-5* dargestellt.

Nachfolgend werden die Arbeitsgruppen hinsichtlich ihrer Mitglieder, Ziele und Kooperationsinhalte charakterisiert, um den Umfang und die Intensität der Zusammenarbeit im Rahmen der überbetrieblichen Kooperationen des Clusters nachvollziehbar zu machen.[77]

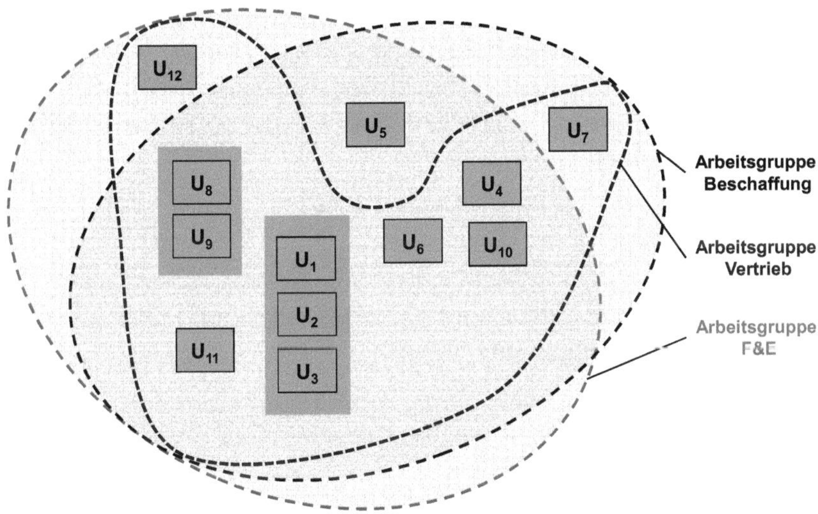

Abbildung 4-5: Beteiligung der Cluster-Unternehmen an den Arbeitsgruppen der Cluster-Initiative.

[76] Siehe stellvertretend die folgenden Zeitungsartikel in der regionalen Tagespresse: *„Durch gemeinsame Aktivitäten eine Vertrauensbasis aufbauen: Automotive-Cluster in Mittelhessen an den Start gegangen – Erste Erfolge sichtbar“* (Gießener Anzeiger vom 28.07.2007), *„Automotive-Cluster ist gestartet: Neun mittelhessische Firmen bündeln Vertrieb, operativen und strategischen Einkauf“* (Gießener Allgemeine vom 27.07.2007) und *„Zulieferer rücken zusammen“* (Wetzlarer Neue Zeitung vom 29.07.2007).

[77] Darüber hinaus wird keine Detaillierung der überbetrieblichen Kooperationen vorgenommen, da dies keinen Erklärungsbeitrag zur Beantwortung der Forschungsfragen leisten würde. Außerdem ist mit Rücksicht auf die anonym behandelten Unternehmen eine detaillierte Darlegung der Kooperationen im Cluster nicht möglich.

Mitglieder der ***Arbeitsgruppe Beschaffung*** waren die Leiter der Einkaufsabteilungen der Cluster-Unternehmen sowie bei Bedarf deren Stellvertreter.[78] Ziel der Arbeitsgruppe war es, durch gezielte Erfahrungsaustausche die Entwicklung gemeinsamer Strategien und Instrumente für die Beschaffung und durch die gezielte Initiierung von zwischenbetrieblichen Wertschöpfungskooperationen Wettbewerbsvorteile für die Unternehmen zu generieren. Als Beispiele für gezielte Erfahrungsaustausche und die Entwicklung von Konzepten und Instrumenten können

- der Austausch über die Lieferantenentwicklung,
- die Entwicklung von C-Teile-Managementsystemen,
- der Austausch über Konzepte des Global Sourcing und
- der Austausch über elektronische Einkaufsplattformen

genannt werden.[79] Mitglieder der ***Arbeitsgruppe Vertrieb*** waren sowohl Key Acount Manager, Vertriebsleiter als auch Vertragsmanagement-Beauftragte der beteiligten Cluster-Unternehmen sowie bei Bedarf deren Stellvertreter.[80] *Ziel der Arbeitsgruppe* war es, durch gezielte Erfahrungsaustausche, die gemeinsame Entwicklung von Strategien und Instrumenten für den Vertrieb und das Vertragsmanagement sowie die Initiierung von zwischenbetrieblichen Wertschöpfungskooperationen im Vertrieb Wettbewerbsvorteile für die Unternehmen zu generieren. Als Beispiele für gezielte Erfahrungsaustausche und die Entwicklung von Konzepten und Instrumenten sind zu nennen:[81]

- der Austausch über Prozesse im Vertragsmanagement,
- die inhaltliche Diskussion von Lieferbedingungen,
- die Entwicklung eines DV-gestützten Instruments für das Vertragsmanagement und
- der Austausch über das deutsche und amerikanische Handelsrecht sowie dessen Anwendung in der Automobilindustrie.

Im Rahmen der Arbeitsgruppe Vertrieb initiierte *Wertschöpfungskooperationen* zielten u. a. auf die gemeinsame Beauftragung von *Rechtsgutachten* und die gemeinsame Organisation von juristischen Schulungen durch Fachanwälte.

Mitglieder der ***Arbeitsgruppe Forschung und Entwicklung*** waren die Leiter der Entwicklungsabteilungen der Unternehmen sowie bei Bedarf deren Stellvertreter.[82] *Ziel der Arbeitsgruppe* war es, die in der Vision des Clusters angestrebte Entwicklungspartnerschaft der

---

[78] Vgl. stellvertretend (D-2.1-8), S. 2 und (D-2.1-9), S. 2.

[79] Vgl. (D-2.2-1), S. 8. Die im Rahmen der Arbeitsgruppe *Beschaffung* initiierten *Wertschöpfungskooperationen* zielten u. a. auf den gemeinsamen *Aufbau eines Beschaffungsbüros in Asien*, die *Bündelung von Materialbeschaffungsprozessen* (Rohstoffe, Komponenten, Services) und die gemeinsame *Absicherung von Preisschwankungsrisiken bei der Rohstoffbeschaffung*.

[80] Vgl. (D-2.1-33), S. 2; (D-2.1-32), S. 2 und (D-2.1-31), S. 2.

[81] Vgl. (D-2.1-33), S. 3 - 4; (D-2.1-32), S. 2 - 3 und (D-2.1-31), S. 2 - 7.

[82] Vgl. (D-3.1-9), S. 2.

Unternehmen zu realisieren. Dabei lag der Schwerpunkt der Zusammenarbeit noch stärker als bei den Arbeitsgruppen Beschaffung und Vertrieb auf der Initiierung zwischenbetrieblicher Wertschöpfungskooperationen. Um das hierfür erforderliche Vertrauensverhältnis der Akteure aufzubauen und die notwendige Wissensbasis für die Kooperationen zu schaffen, wurden begleitend die folgenden überbetrieblichen Kooperationsthemen bearbeitet:[83]

- Austausch über das Produktportfolio der Unternehmen
- Austausch über die Technologiekompetenzen der Unternehmen
- Austausch über gesetzliche Bestimmungen der Produktentwicklung
- Entwicklung einer Kompetenzmatrix zur systematischen Abbildung von Kooperationspotenzialen

Die initiierten *Wertschöpfungskooperationen* zielten u. a. auf die *Entwicklung eines neuartigen Fertigungsprozesses zur Montage von Automobilkarosserien (WK3)*, die *Einrichtung eines Ingenieurpools* zur Unterstützung der Konstruktionsabteilungen der Unternehmen und die gemeinsame Nutzung von Test- und Prüfeinrichtungen im Cluster im Bereich der Werkstofftechnik.

Systemisches Modell des Automobilclusters

Die Wertschöpfungsverflechtung der Cluster-Unternehmen und die Kooperationsbeziehungen lassen sich zusammenfassend in dem in *Kapitel 2* der Arbeit entwickelten Wertschöpfungsmodell darstellen, siehe *Abbildung 4-6* (nachfolgende Seite). Das Systemmodell stellt die Unternehmen als Systemelemente dar. Die Beziehungen zwischen den Systemelementen ergeben sich zu Wertschöpfungsbeziehungen (visualisiert durch Pfeile vom zuliefernden Unternehmen zu dessen Kunden) und zu Kooperationsbeziehungen (visualisiert durch Linien um die kooperierenden Unternehmen). Dabei sind die Cluster-Initiative als überbetriebliche Kooperationsform aller Unternehmen und die Wertschöpfungskooperationen der Unternehmen als vertikale oder horizontale Kooperationen einzelner Unternehmen berücksichtigt.

[83] Vgl. (D-3.1-9), S. 3 - 4; (D-3.1-7), S. 3 - 5; (D-3.1-10), S. 3 - 5 und (D-3.1-2), S. 2 - 3.

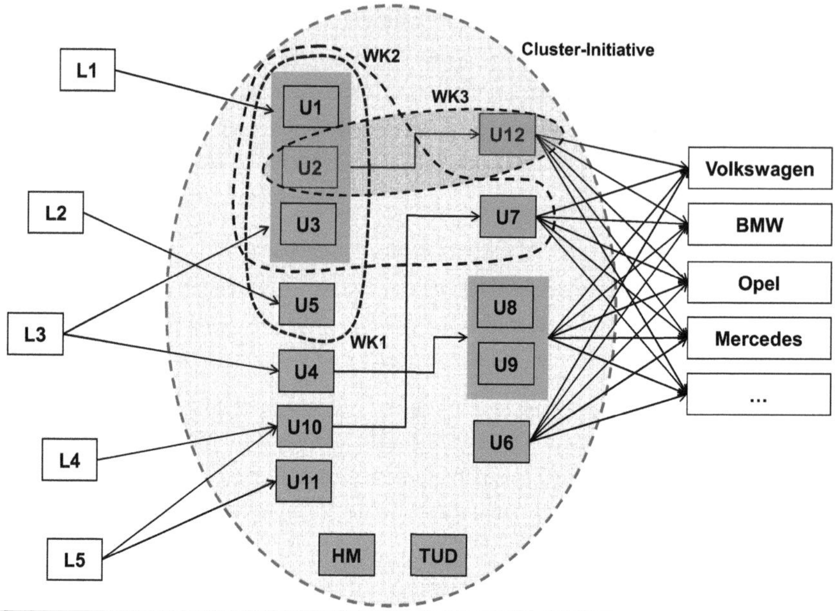

Abbildung 4-6: Das Automotive-Cluster Mittelhessen als regionales Wertschöpfungssystem.

4.2.3 Einführende Skizzierung der Cluster Governance des Automotive-Clusters Mittelhessen

Die Aufgaben des Cluster-Managements wurden von Beginn an von mehreren Akteuren wahrgenommen. Ein *Cluster-Manager*, mehrere *Leitunternehmen* und verschiedene *Gremien* wurden mit Managementaufgaben betraut.

Der Cluster-Manager des Automotive-Clusters Mittelhessen

Ein Großteil der Managementaufgaben des Automotive-Clusters Mittelhessen wurde an einen eigens bestellten *Cluster-Manager* abgegeben.[84] Die Finanzierung des Cluster-Managers erfolgte durch die beteiligten Unternehmen ohne Inanspruchnahme von Fördermitteln.[85] Das Aufgabengebiet des Cluster-Managers wurde in einem Kooperationsprogramm formal festgelegt: Es umfasste die *Koordination*, *Organisation* und *Durchführung von Projekten* der Cluster-Initiative. Die Stelle des Cluster-Managers wurde mit Mitarbeitern der Technischen Universität Darmstadt besetzt.[86] Den Akteuren des Clusters war die Tätigkeit des Cluster-Managers an der Technischen Universität Darmstadt zwar bekannt, jedoch trat er

[84] Vgl. (D-2.1-1), S. 9 - 10.

[85] Vgl. (D-2.1-1), S. 10.

[86] Vgl. (D-2.1-1), S. 9. Von Januar 2007 bis Juli 2009 war der Autor der vorliegenden Arbeit als Cluster-Manager bestellt. So konnte die teilnehmende Beobachtung über einen Zeitraum von über 2 Jahren realisiert werden.

stets als Cluster-Manager des Verbandes HESSENMETALL auf.[87] So wurde der Dienstsitz des Cluster-Managers bewusst nicht an der TU Darmstadt, sondern bei HESSENMETALL eingerichtet. Dienstort des Cluster-Managers war die Geschäftsstelle der Bezirksgruppe des Verbandes in Wetzlar.[88]

Die Leitunternehmen des Automotive-Clusters Mittelhessen

Neben dem Cluster-Manager haben auch *Leitunternehmen* Aufgaben des Cluster-Managements wahrgenommen. Bereits bei der formalen Gründung der Cluster-Initiative wurde festgelegt, dass für jedes Kooperationsprojekt ein *Leitunternehmen* benannt werden soll, das den Cluster-Manager bei der Wahrnehmung der Koordinationsaufgaben unterstützen soll. Als Aufgabe wurde den Leitunternehmen darüber hinaus die Bereitstellung der Kooperationsinfrastruktur (Arbeitsräume, IT, etc.) zugesprochen.[89]

Gremien des Automotive-Clusters Mittelhessen

Neben den Leitunternehmen und dem Cluster-Manager wurden auch der *Gesamtheit der Akteure* der Cluster-Initiative im Rahmen der Gremienarbeit Managementaufgaben zugeordnet. Dabei handelt es sich insbesondere um das Treffen von Entscheidungen hinsichtlich der strategischen Ausrichtung der Cluster-Initiative, der Kooperationspartnerwahl, der Themenwahl und das Treffen sonstiger kooperationsbedingter Entscheidungen. Darüber hinaus wurden die Gremien zur Kontrolle der Leitunternehmen und des Cluster-Managers genutzt. Die gemeinschaftliche Wahrnehmung dieser Aufgaben erfolgte im *Lenkungsausschuss* des Clusters und in den *Sitzungen der Arbeitsgruppen*. Der Lenkungsausschuss wurde als dauerhaftes Gremium für die Wahrnehmung der benannten Aufgaben eingerichtet. Als Mitglieder des Lenkungsausschusses wurden die Vertreter der Geschäftsleitung aller Cluster-Unternehmen sowie Vertreter des Verbandes und der Technischen Universität Darmstadt benannt.[90]

4.3 Deskription: Charakterisierung der Cluster Governance im Rahmen einer Dokumentenanalyse

Die Prüfung der deduktiv formulierten Thesen kann im Rahmen der Fallstudie nur durchgeführt werden, wenn die Cluster Governance des Automotive Clusters Mittelhessen valide abgebildet werden kann. In den *Kapiteln 4.3.1* bis *4.3.4* wird die Analyse der Koordinationsmuster *nach Koordinationsaufgaben strukturiert* vorgestellt.

---

87 Die Verbandsidentität wurde durch die Nutzung des Corporate Design von HESSENMETALL bei Präsentationen und im Schriftverkehr kommuniziert.

88 Die Bezirksgruppen des Verbandes und die Lage der Geschäftsstellen ist in (D-5.1-3) detailliert dargestellt.

89 Im Rahmen der Gründung der Arbeitsgruppen wurde für jede Arbeitsgruppe ein Leitunternehmen definiert. Da jedoch nur 4 überbetriebliche Arbeitsgruppen formiert wurden, kam nicht wie geplant jedes der 9 Unternehmen als Leitunternehmen zum Einsatz. Vgl. (D-2.1-1), S. 8 - 9.

90 Vgl. (D-2.1-1), S. 9.

Dabei wird in einer einheitlichen Struktur gearbeitet:

- *Schritt 1:* In einem *ersten Schritt* erfolgt eine kurze Beschreibung des Koordinationsproblems sowie der Koordinationstätigkeiten im Cluster zur Einführung des Lesers in das jeweilige Koordinationsproblem.
- *Schritt 2:* In einem *zweiten Schritt* werden die Schlussfolgerungen vorgestellt, die sich aus der Analyse der kodierten Aussagen ableiten lassen.
- *Schritt 3:* In einem *dritten Schritt* wird das resultierende Koordinationsmuster in einer Tabelle anschaulich zusammenfassend dargestellt.

Wie im Forschungsdesign in *Kapitel 4.1.2* beschrieben wurde, wurden alle relevanten Aussagen zur Cluster Governance in der Fallstudiendatenbank strukturiert abgelegt. Verwertet werden in der nachfolgenden Analyse nur diejenigen Aussagen, die eine Identifikation von Koordinationsinstrumenten, ihre Zuordnung zu einem Koordinationsproblem und eine Zuordnung zu einer Entscheidungsphase im Entscheidungsmodell von FRESE erlauben. Durch diese Einschränkung lassen sich die in der Historie des Clusters eingesetzten Koordinationsmuster und damit die Cluster Governance abbilden.

Als *Koordinationsinstrumente* werden *Selbstabstimmungen* der Akteure im Rahmen von Beratungs- und Entscheidungsgremien und *Weisungen* eines Cluster-Managers oder eines Leitunternehmens auf Basis von Autorisierungsrechten berücksichtigt. Diese beiden gegensätzlichen Koordinationsinstrumente wurden im konzeptionellen Bezugsrahmen der Arbeit dargestellt.[91]

4.3.1 Deskription der Koordinationsmuster für interdependente Selektionsentscheidungen des Automotive-Clusters Mittelhessen auf der Ebene der Cluster-Initiative

Die Aufgabe der Selektion beinhaltet die *Auswahl der Akteure der Cluster-Initiative* und die *Auswahl der Kooperationsthemen der Cluster-Initiative.* Diese beiden Koordinationsprobleme können als unterschiedliche Problemstellungen ggf. unterschiedliche Koordinationsinstrumente erforderlich machen. Daher werden die Partnerselektion und die Themenselektion in der Analyse separat behandelt.[92]

Selektionsprozesse der Akteure im Automotive-Cluster Mittelhessen

Die Selektion der Akteure der Cluster-Initiative erfolgte im Zeitraum Juni - Dezember 2006. Im Rahmen der für *ceo hessen* geführten Initiativgespräche mit Top-Managern hessischer

[91] Siehe Seite 162.

[92] Dadurch wird die Möglichkeit berücksichtigt, dass die Gestaltung der Koordinationsmuster bei der Partnerwahl und der Themenwahl unterschiedlich erfolgen kann.

Unternehmen wurden bereits erste Partner ausgewählt.[93] Nach zahlreichen bilateralen Initiativgesprächen zwischen dem Verband und den Unternehmensvertretern wurden zwei Strategiesitzungen mit interessierten Unternehmen anberaumt, um über die Gründung der regionalen Cluster-Initiative in der Automobilindustrie zu beraten und zu entscheiden.[94] Nach der zweiten Strategiesitzung im Dezember 2006 wurde die Cluster-Initiative im Dezember 2006 formal gegründet.[95] Damit waren die Selektionsprozesse der Partnerwahl jedoch noch nicht abgeschlossen, denn es folgten De- und Re-Selektionen der Akteure jährlich im Rahmen der Sitzungen des Lenkungsausschusses. Die Akteure des Clusters wurden dabei bei jedem Lenkungsauschus bestätigt, es kam nicht zu einem erzwungenen Austreten.[96] Aufnahmen neuer Mitglieder wurden von den Cluster-Unternehmen abgelehnt.[97]

Analyse der Selektionsprozesse der Partner des Automotive-Clusters Mittelhessen

Relevanter Datenkorpus der Partnerwahl: Die Analyse des Datenkorpus ergab 144 Aussagen zur Partnerselektion. Davon konnten 33 Aussagen aus Gesprächsprotokollen, 73 Aussagen aus Gesprächsvorlagen, 25 Aussagen aus Arbeitsdokumenten und 16 Aussagen aus Beobachtungen und aus Schriftverkehr gewonnen werden. Die Definition entscheidungsrelevanter Informationen über das Handlungsfeld der Akteure lässt sich durch 94 Aussagen belegen. Die Beschaffung der relevanten Informationen kann durch 33 Aussagen belegt werden. Die Analysen der Informationen und die Auswahlentscheidungen lassen sich mit je zehn Aussagen belegen.

Definition von Kriterien zur Auswahl von Kooperationspartnern: Der erste Schritt des an FRESE angelehnten Schnittstellenmanagements erfordert die Definition der Informationen über das Handlungsfeld (Ressourcen und Umwelt), die von den Akteuren als entscheidungsrelevant betrachtet werden.[98] Findet bei der Wahl der Kooperationspartner eine reine Selbst-Selektion statt, entsteht eine Entscheidungsinterdependenz durch die Wirkung der Teilnahmeentscheidung einzelner Unternehmen auf das nicht gestaltbare Handlungsfeld (externe

93 Siehe (D-1.1-1), S. 1 - 3; (D-1.1-4), S. 1 - 3; (D-1.1-5), S. 1 - 3; (D-1.1-6), S. 1 - 3; (D-1.1-8), S. 1 - 3; (D-1.1-9), S. 1 - 2; (D-1.1-10), S. 1 - 3; (D-1.1-11), S. 1 - 5; (D-1.1-12), S. 1 - 3; (D-1.1-13), S. 1 - 3 sowie zusammenfassend und ergänzend (D-1.4-17), S. IV.

94 Siehe (D-1.1-14), S. 1 - 4 sowie (D-1.1-17), S. 1 - 7.

95 Vgl. (D-1.1-17), S. 3 - 4. Zu diesem Zeitpunkt wurde bereits ein Jahresplan mit den Aktivitäten des Clusters für 2007 erarbeitet. Siehe ebenda, S. 5.

96 Jedoch verließ Unternehmen U3 freiwillig das Cluster im Jahr 2007. Grund dieser De-Selektion war, dass die Unternehmensleitung aufgrund des Produktportfolios des Unternehmens nicht genug Anknüpfungspunkte für eine erfolgreiche Mitarbeit im Cluster erkennen konnte. Vgl. (B-3.1-1), S. 1.

97 Im Zeitraum 2007 - 2008 kam es zu zwei Eintrittsversuchen von Unternehmen, die eine Beteiligung an der Cluster-Initiative anstrebten. Vgl. (D-3.1-1), S. 4 und (D-2.1-2), S. 5. Die Eintrittsversuche der Unternehmen waren nicht erfolgreich, da die etablierten Unternehmen den Eintritt der neuen Partner ablehnten. Vgl. (D-3.1-1), S. 4 und (D-2.1-2), S. 5.

98 Siehe S. 67.

Umwelt) eines anderen Akteurs.[99] Ebenso liegt eine Entscheidungsinterdependenz vor, wenn Unternehmen Einfluss auf die Beteiligung anderer Unternehmen am Cluster nehmen können.[100] Im vorliegenden Fall kam es zu einer Einflussnahme der Akteure der Cluster-Initiative auf die Beteiligung anderer Akteure. Die Einflussnahme wurde dadurch bewirkt, dass im Zuge der Initiativgespräche nicht nur Kriterien für die Aufnahme von Unternehmen festgelegt wurden, sondern parallel bereits eine Vorauswahl von Akteuren erfolgte.[101] Es lässt sich mit insgesamt 94 Aussagen belegen, dass seitens HESSENMETALL und der TU Darmstadt eine präzise Beschreibung der Entscheidungskriterien für die Partnerwahl vorgenommen wurde, indem sie die entscheidungsrelevanten Informationen für die Partnerwahl in den Gesprächsvorlagen vordefinierten.[102] Beispielsweise wurde die Branchenzugehörigkeit der Unternehmen eingeschränkt durch die Vorgabe der Branchen *Automobilindustrie, Automobilzulieferindustrie, automobilnahes Gewerbe* sowie die Beteiligung von *Gründer- und Innovationszentren*.[103] Darüber hinaus wurden bereits im ersten geführten Gespräch vom Verband das *Fertigungsspektrum*, die *Produkte*, die *Anzahl der Mitarbeiter* und die *Kundenstruktur* als entscheidungsrelevante Informationen definiert.[104]

Lediglich mit vier Aussagen des Datenkorpus lässt sich belegen, dass die Geschäftsleitung der Cluster-Unternehmen aktiv an der Definition entscheidungsrelevanter Informationen für die Auswahl von Kooperationspartnern durch Formulierung von Anforderungen an potenzielle Mitglieder der Initiative beteiligt war. Diese Anforderungen waren zudem divergent: So wurde zwar von zwei Unternehmen die regionale Nähe der Unternehmensstandorte als entscheidungsrelevante Information definiert, jedoch unterschiedlich interpretiert. So schlägt die Unternehmensleitung von *U10* vor: *„Ziel ist es, einen Partner auszuwählen, der für ein Problem die beste Lösung bietet oder der Beste auf seinem Gebiet ist, und nicht denjenigen, der gerade in der Nähe ist.“*[105] Die Unternehmensleitung von Unternehmen *U6* hingegen befürwortet, dass die Unternehmen in direkter Umgebung angesiedelt sein sollten: *„Alle Teilnehmer eines Automotive-Clusters sollten im Umkreis von 100 km bzw. in einer Stunde erreichbar sein, um eine schnelle Kommunikation und gute Kooperation zu gewährleisten.“*[106] Einigkeit herrschte zwischen den Unternehmen hinsichtlich der Unternehmensgröße potenzieller

99 Eine reine Selbst-Selektion liegt vor, wenn die Beteiligung an einer Cluster-Initiative jedem Unternehmen möglich ist. Die Initiative ist „offen“, die Aufnahme neuer Akteure ist dabei kein Entscheidungsproblem der bereits beteiligten Akteure.

100 Dann hängt die Aufnahme eines neuen Unternehmens von der Position der anderen Partner ab, ob das neue Unternehmen aufzunehmen ist oder nicht. Im zweiten Fall kann eine Koordinationswirkung dadurch erreicht werden, dass sich die Akteure darüber einigen, welche Kriterien sie bei der Entscheidung über die Beteiligung anderer Akteure heranziehen und daraus ableiten, welche Informationen über das Handlungsfeld (die Ausgangssituation der Entscheidung) zu beschaffen sind.

101 Dabei wurden potenzielle neue Gesprächspartner genannt und bereits genannte Gesprächspartner evaluiert.

102 Siehe stellvertretend (D-1.2-1), S. 14; (D-1.2-2), S. 8 und (D-1.2-6), S. 6.

103 Vgl. (D-1.2-1), S. 10; (D-1.2-2), S. 10; (D-1.2-6), S. 10; (D-1.2-11), S. 4 und (D-1.2-13), S. 11.

104 Vgl. (D-1.2-1), S. 11.

105 (D-1.1-10), S. 2 (Hervorhebung im Original).

106 (D-1.1-5), S. 2. Das 100-km-Kriterium wurde lediglich in einem weiteren Gespräch diskutiert, dann verworfen. Siehe (D-1.2-11), S. 14.

Partner. So äußert sich die Unternehmensleitung von *U10*: *„Förderlich ist auch, wenn die Unternehmen im Cluster in etwa "auf Augenhöhe" zueinander stehen."*[107] Ebenso positioniert sich das zweite Unternehmen *U6*: *„Des Weiteren wurde herausgestellt, dass Vertrauen zwischen den Mitgliedern des Clusters erst in konkreten Kooperations-Projekten entsteht und keine Dominanz durch ein Unternehmen innerhalb des Automotive-Clusters gewünscht ist (alle Mitglieder auf gleicher "Augenhöhe")."*[108] Abgesehen von den in vier Aussagen belegbaren Kriterien und den daraus abgeleiteten entscheidungsrelevanten Informationen machten die Unternehmen in den Gesprächen keine Vorgaben für die Informationen, die über potenzielle Mitglieder der Cluster-Initiative einzuholen sind.[109]

Im Ergebnis zeigt sich, dass die Gesprächspartner des Verbandes die für die Partnerwahl entscheidungsrelevanten Informationen bereits vor den Initiativgesprächen definierten. Das von den Unternehmen genannte Entscheidungskriterium *Unternehmensgröße* wurde bei den nachfolgenden Gesprächen berücksichtigt.[110]

Informationsbeschaffung über potenzielle Kooperationspartner: Die Beschaffung der ent-scheidungsrelevanten Informationen über potenzielle Kooperationspartner erfolgte im Rahmen der Initiativgespräche sowie im Rahmen der Vorbereitung der Strategiesitzungen. Die für die Initiativgespräche vorbereiteten Gesprächsvorlagen beinhalteten bereits zahlreiche Rechercheergebnisse bzgl. der entscheidungsrelevanten Informationen (Kriterien der Partnerwahl).[111] Diese Informationen wurden in den Gesprächen korrigiert und ergänzt. Die Ergebnisse der Informationsbeschaffung wurden in ausführlichen Ergebnisprotokollen dokumentiert.[112] Bereits benannte potenzielle Kooperationspartner wurden vom Verband angesprochen. Die zusätzliche Informationsbeschaffung im Rahmen der Strategiesitzungen spielte eine untergeordnete Rolle.[113]

Informationsauswertung über die Kooperationspartner: Die Auswertung der erhobenen Informationen erfolgte maßgeblich durch den Verband. Bereits parallel zur Führung der Initiativgespräche wurden Gemeinsamkeiten und Anknüpfungspunkte der potenziellen Koope-

[107] (D-1.1-5), S. 2.
[108] (D-1.1-5), S. 2.
[109] In keinem der Gesprächsprotokolle konnten ergänzende Auswahlkriterien der Teilnehmer identifiziert werden. Siehe (D-1.1-1), S. 1 - 3; (D-1.1-4), S. 1 - 3; (D-1.1-5), S. 1 - 3; (D-1.1-6), S. 1 - 3; (D-1.1-8), S. 1 - 3; (D-1.1-9), S. 1 - 2; (D-1.1-10), S. 1 - 3; (D-1.1-11), S. 1 - 5; (D-1.1-12), S. 1 - 3; (D-1.1-13), S. 1 - 3.
[110] Als entscheidungsrelevante Information wurden die *Anzahl der Mitarbeiter* und die *Anzahl der Standorte* der Unternehmen erfragt. Vgl. (D-1.1-13), S. 3.
[111] Siehe stellvertretend (D-1.1-1), S. 2 in Verbindung mit (D-1.2-1), S. 10 - 11 und (D-1.1-12), S. 1 in Verbindung mit (D-1.2-12), S. 11 - 12.
[112] Siehe (D-1.1-1); (D-1.1-2); (D-1.1-4); (D-1.1-5); (D-1.1-6); (D-1.1-7); (D-1.1-8); (D-1.1-9); (D-1.1-10); (D-1.1-11); (D-1.1-12) und (D-1.1-13). Die Protokolle wurden den Akteuren vom Verband zur Korrektur und Freigabe zugesendet. Ergänzungen und Korrekturen der Unternehmen wurden vom Verband umgesetzt.
[113] Alle entscheidungsrelevanten Informationen wurden den Unternehmen in einer umfänglichen Tischvorlage zur Vorbereitung der Gesprächsrunden zur Verfügung gestellt. Siehe (D-1.3-11), insbesondere die Partnerprofile auf S. 4 - 15 ebenda.

rationspartner identifiziert.[114] Die Analyseergebnisse wurden den Unternehmen bereits vorab im Rahmen der Initiativgespräche mitgeteilt und mit ihnen diskutiert.[115] Darüber hinaus wurden den Unternehmen die Ergebnisse der Analyse im Rahmen der Beratungs- und Entscheidungsgremien am 24.10.2006 und am 12.12.2006 in Form einer Präsentation zur Vertiefung erneut vorgestellt.[116]

Entscheidungsphasen	***Koordinationsform***	***Koordinationsmechanismen und -instrumente***
Phase 1: *Definition der Informationsbedarfe (Kriterien der Partnerwahl)*	*Selbstkoordination:* Selbstkoordination im Rahmen der Initiativgespräche. Definition entscheidungsrelevanter Informationen wird dabei dominiert durch den Verband (Leitakteur).	• *Autorität des Verbandes, Vertrauen der Unternehmen zum Verband* • *Selbstabstimmung im Rahmen der Interviews*
Phase 2: *Beschaffung der erforderlichen Informationen über potenzielle Partner*	*Selbstkoordination:* Beschaffung entscheidungsrelevanter Informationen durch den Verband (Leitakteur).	• *Autorität des Verbandes, Vertrauen der Unternehmen zum Verband* • *Selbstabstimmung im Rahmen der Interviews*
Phase 3: *Analyse der Informationen (Aggregation, Interpretation)*	*Selbstkoordination:* Analyse entscheidungsrelevanter Informationen durch den Verband (Leitakteur).	• *Autorität des Verbandes, Vertrauen der Unternehmen zum Verband* • *Selbstabstimmung im Rahmen der Interviews*
Phase 4: *Auswahl der Mitglieder der Cluster-Initiative*	*Selbstkoordination:* Auswahl von Akteuren durch die Cluster-Unternehmen.	• *Wechselseitiges Vertrauen* • *Selbstabstimmung im Rahmen der Initiativgespräche und der Gremien (Strategiesitzungen)*

Tabelle 4-6: Koordination der Selektion der Akteure der Cluster-Initiative.

Auswahl von Kooperationspartnern: Durch die simultane Informationsbeschaffung und -analyse wurden bereits im Rahmen der Initiativgespräche Kooperationspartner nominiert.[117] Dadurch kam es bereits vor den Sitzungen der Beratungs- und Entscheidungsgremien zu einer Auswahl von Kooperationspartnern. Die abschließende Auswahl der Kooperationspartner erfolgte im Rahmen einer Selbstabstimmung am 12.12.2006 im Rahmen der anberaumten Strategiesitzung des Clusters. Ebenso erfolgte die De- und Re-Selektion der Partner in den Jahren 2007 und 2008. Beim Ansinnen eines Gießereiunternehmens, in das Cluster einzutreten, wurde im Rahmen einer Selbstabstimmung im Lenkungsausschuss des Clusters beschlossen, keine weiteren Partner aufzunehmen.[118] Ebenso erfolgte im Jahr 2008 beim

[114] Vgl. (D-1.1-16), S. 2; (D-1.1-4), S. 3; (D-1.1-8), S. 3 und (D-1.1-5), S. 3.
[115] Vgl. stellvertretend (D-1.2-1), S. 14 und (D-1.2-2), S. 11. In der Gesprächsvorlage (D-1.2-2) waren am 13.10.2006 bereits 7 der neun Unternehmen der Cluster-Initiative als „beteiligte Unternehmen" benannt. Siehe ebenda, S. 11.
[116] Vgl. (D-1.3-11).
[117] Vgl. stellvertretend (D-1.1-5), S. 3 und (D-1.1-8), S. 8.
[118] Vgl. (D-2.1-2), S. 5.

Eintrittsversuch eines weiteren Automobilzulieferers eine Abstimmung der Akteure im Rahmen des Lenkungsausschusses, die zur Ablehnung des Aufnahmeantrags führte.[119]

Koordinationsmuster der Selektion von Kooperationspartnern: In einer zusammenfassende Betrachtung lässt sich das Koordinationsmuster der Partnerselektion herausarbeiten. Der Verband handelte als zentral koordinierender Akteur in den ersten drei Phasen des Entscheidungsprozesses. Hierbei liegt Selbstkoordination vor, die im Rahmen der Initiativgespräche realisiert wird.[120] In Phase 4 liegt eine klassische Selbstkoordination vor. In *Tabelle 4-6* (vorige Seite) sind die Koordinationsformen sowie die Koordinationsmechanismen und -instrumente dargestellt. In *Abbildung 4-7* ist das resultierende Koordinationsmuster dargestellt.[121] Sie zeigt, dass Koordinationsmuster *KM-A* das dominante Koordinationsmuster bei der Partnerselektion war. Sofern *KM-A* nicht zur Anwendung kam, wurde *KM-C* praktiziert.

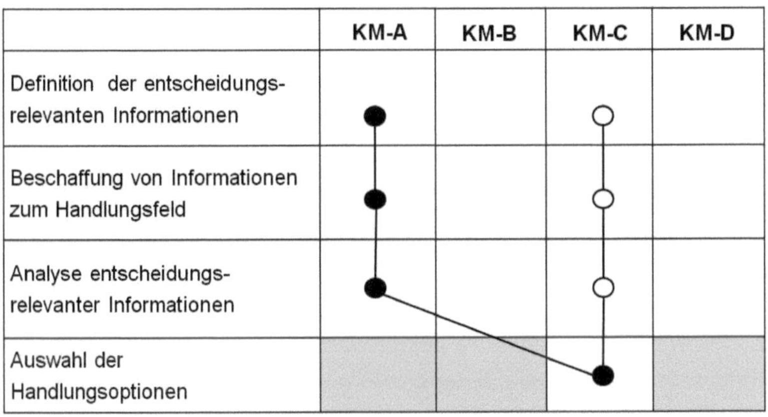

Abbildung 4-7: Koordination der Selektion der Akteure der Cluster-Initiative.

Selektionsprozesse der Kooperationsinhalte im Automotive-Cluster Mittelhessen

Die Selektion der Kooperationsinhalte der Cluster-Initiative erfolgte in einem zweistufigen Prozess. In einem ersten Schritt wurden, parallel zur Partnerwahl, ***Kooperationsfelder*** für die Zusammenarbeit entschieden: Es wurden betriebliche Funktionsbereiche festgelegt, in welchem die Kooperation angesiedelt werden soll, und eine grobe Skizzierung möglicher

[119] Vgl. (D-3.1-1), S. 4.

[120] Der Verband agierte nicht auf Basis ihm verliehener Autorisierungsrechte, sondern auf Basis seiner Autorität als wirtschaftspolitische Kraft. Sein Verhalten wurde legitimiert durch das Vertrauen, das ihm die Unternehmen entgegenbrachten. Somit liegt Selbstkoordination gemäß der Definition in *Kapitel 2* vor.

[121] Betrachtet man die Partnerselektion aus der Perspektive der Unternehmen zum Zeitpunkt der Partnerselektion im Jahr 2006, so ist der Verband als Leitakteur der Cluster-Initiative einzustufen. Es ergibt sich das Koordinationsmuster *KM-B*. Rückblickend kann dieses Koordinationsmuster auch als *KM-A* interpretiert werden, da der Verband ab dem Tag nach der Kick-off-Sitzung am 12.12.2006 das Mandat für das Cluster-Management übernahm. Da zum Zeitpunkt der Partnerselektion dieses Mandat jedoch noch nicht vorgelegen hat, handelte der Verband als *Leitakteur*, nicht als *Cluster-Manager*.

Kooperationsinhalte vorgenommen. In einem zweiten Schritt wurden innerhalb der Kooperationsfelder konkrete ***Kooperationsprojekte*** beschlossen.

Die Kooperationsfeldwahl erfolgte parallel zur Partnerselektion: Bereits bei der ersten gemeinsamen Beratung der Akteure am 24.10.2006 wurde Einigkeit darüber erzielt, dass *„der Bereich Forschung und Entwicklung heute und in der Zukunft einen besonders hohen Einfluss auf die Wettbewerbsfähigkeit der Unternehmender Automobilindustrie hat“*[122]. Basierend auf dieser Position wurde die folgende Vision für das Cluster formuliert: *„Durch gemeinsame Entwicklungsprojekte im Cluster sollen nicht nur Entwicklungsrisiken und Entwicklungskosten reduziert, sondern auch der Beitrag der Cluster-Unternehmen an der automobilen Wertschöpfungskette gesteigert werden.“*[123] Um die erforderliche Vertrauensbasis für die Durchführung gemeinsamer Entwicklungsprojekte aufbauen zu können und auch in anderen betrieblichen Funktionsbereichen Kooperationsgewinne erzielen zu können, wurden am 24.10.2006 die folgenden *Kooperationsfelder* beschlossen:[124]

- ***Einkauf*** (Erfahrungsaustausch, Bündelung von Aktivitäten mit dem Ziel der Kostensenkung durch den gemeinsamen Einkauf von Roh-, Hilfs- und Betriebsstoffen, Energie und Dienstleistungen),
- ***Personal*** (Erfahrungsaustausch, Kooperationen im Bereich Aus- und Weiterbildung),
- ***Vertrieb*** (Erfahrungsaustausch, Kooperation im Vertragsmanagement),
- ***Entwicklung*** (Erfahrungsaustausch, gemeinsame Produktentwicklung zur Erzielung von Zeit- und Kostenvorteilen) und
- ***Auslandserfahrung*** (Erfahrungsaustausch über Internationalisierungsstrategien).

Am 12.12.2006 (Kick-off-Veranstaltung) wurden diese Kooperationsfelder weiter konkretisiert. Zudem wurde entschieden, dass in jedem Kooperationsfeld zunächst ausgewählte Themen bearbeitet werden sollten.[125] Die Kooperationsfeldentscheidungen erfolgten simultan zur Partnerwahl Ende des Jahres 2006. Sie wurden auf Geschäftsleitungsebene im Rahmen der Gremien am 24.10.2006 und am 12.12.2006 getroffen.[126]

An der ***Kooperationsprojektwahl*** war sowohl die Geschäftsleitung der Unternehmen als auch das mittlere Management beteiligt: Im Rahmen des Lenkungsausschusses wurden Kooperationsprojekte innerhalb der definierten Kooperationsfeldern festgelegt.[127] Die Konk-

[122] (D-1.1-14), S. 2 und (D-2.1-1), S. 3.
[123] (D-1.1-14), S. 2.
[124] Vgl. (D-1.1-14), S. 3.
[125] Vgl. (D-1.1-17), S. 3. Dabei wurde es den Unternehmen freigestellt, in welchem Umfang sie sich an den verschiedenen Kooperationsfeldern beteiligen.
[126] Vgl. (D-1.1-14), S. 3.
[127] Vgl. (D-1.1-14), S. 3 in Verbindung mit (D-1.1-17), S. 3.

retisierung und Umsetzung der Kooperationsprojekte wurden von der Geschäftsleitung der Unternehmen an das *mittlere Management der Unternehmen* delegiert.[128]

Die *Arbeitsgruppe Einkauf* wurde am 31.01.2007 gegründet. In der ersten Sitzung wurden im Kreis der Einkaufsleiter der beteiligten Unternehmen 6 konkretere Themenbereiche beschlossen.[129] In dem nachfolgenden (zweiten) Arbeitstreffen wurden die Kooperationsthemen weiter konkretisiert.[130] Ab dem dritten Arbeitstreffen stand die *inhaltliche* Bearbeitung der ausgewählten Themen im Fokus der Zusammenarbeit.[131]

Die *Arbeitsgruppe Vertrieb* wurde im März 2007 gegründet. Die Kick-off-Veranstaltung fand am 12.03.2007 statt.[132] In der ersten Sitzung wurden im Kreis von Vertriebsleitern, Vertriebsmitarbeitern und Vertretern der Geschäftsleitung der beteiligten Unternehmen drei Kooperationsbereiche beschlossen: Die gemeinsame *Optimierung der Prozesse des Vertragsmanagements der Unternehmen*, die *inhaltliche Prüfung und Entwicklung von Vertragsinhalten* und die *gemeinsame Durchführung von Vertriebsschulungen*.[133] Bereits in den ersten Arbeitstreffen stand die *inhaltliche* Zusammenarbeit der Unternehmen im Rahmen der definierten Kooperationsbereiche im Fokus der Zusammenarbeit.[134]

Die *Arbeitsgruppe Forschung und Entwicklung* wurde am 04.12.2007 gegründet.[135] Als Mitglieder dieser Arbeitsgruppe wurden von den Cluster-Unternehmen die Leiter der Produktentwicklungsabteilungen entsendet.[136] Bereits in der Kick-off-Veranstaltung konnten die Themenfelder der Kooperation festgelegt werden. Es wurde beschlossen, *gezielte Erfahrungsaustausche* zu ausgewählten Problemfeldern mit *Fachvorträgen* durchzuführen, um kurzfristige Kooperationsgewinne zu generieren und parallel dazu eine *Kompetenzmatrix zur Visualisierung der Forschungs- und Entwicklungskompetenzen der Unternehmen* zu erarbeiten. Dies war als Vorbereitung auf zwischenbetriebliche Wertschöpfungskooperationen im Bereich der Produktentwicklung gedacht.[137]

---

[128] Da die Vertreter des mittleren Managements themenspezifisch nominiert wurden, kam es zur Gründung von drei eigenständigen Arbeitsgruppen innerhalb der Cluster-Initiative.

[129] Vgl. (D-2.1-4), S. 3.

[130] Dabei wurde von den im Lenkungsausschuss vorgeschlagenen Projekten teilweise deutlich abgewichen, siehe (D-2.1-5), S. 3 - 4. Die interne Entscheidungsstrukturierung und -segmentierung in den Unternehmen soll jedoch in dieser Arbeit nicht behandelt werden, da kein Beitrag zur Beantwortung der Forschungsfrage geleistet werden könnte.

[131] Vgl. (D-2.1-6), S. 1 - 6; (D-2.1-7), S. 1 - 6 sowie (D-2.1-9) und (D-2.1-10).

[132] Vgl. (D-2.1-30), S. 1.

[133] Vgl. (D-2.1-30), S. 3 - 4.

[134] Vgl. (D-2.1-31); (D-2.1-32) und (D-2.1-34).

[135] Vgl. (D-2.1-35), S. 1.

[136] Vgl. (D-2.1-35), S. 2 - 3.

[137] Die Kompetenzmatrix wurde dabei als Instrument verstanden, um auf einer höheren Wissensbasis im Cluster gemeinsame Entwicklungsprojekte initiieren zu können. Vgl. (D-2.1-35), S. 4.

Analyse der Selektionsprozesse der Kooperationsfelder und -projekte im Automotive-Cluster Mittelhessen

Relevanter Datenkorpus der Themenwahl: Die Analyse des Datenkorpus ergab 221 Aussagen zur Selektion von Kooperationsfeldern und -projekten der Cluster-Initiative. Davon konnten 92 Aussagen aus Gesprächsprotokollen, 47 Aussagen aus Gesprächsvorlagen, 44 Aussagen aus Arbeitsdokumenten und 38 Aussagen aus Beobachtungen und Schriftverkehr abgeleitet werden.

Wie bei der Themenwahl werden die Phasen des CSE einzeln betrachtet. Die im Cluster zum Einsatz kommenden Koordinationsinstrumente zur Definition entscheidungsrelevanter Informationen über das Handlungsfeld der Akteure lassen sich bei der Kodierung der Daten durch 27 Aussagen belegen.[138] Die Beschaffung der relevanten Informationen wird durch 121 Aussagen belegt.[139] Die Analyse der Informationen lässt sich mit 22 Aussagen belegen.[140] Die Auswahl von Handlungen ist mit 50 Aussagen belegt.[141]

Definition der entscheidungsrelevanten Informationen für die Themenwahl: Entscheidungsinterdependenzen wurden durch die Abhängigkeit der Kooperationsfelder und Kooperationsprojekte des Clusters von den Themenwünschen der verschiedenen Akteure (direkte Entscheidungsinterdependenz) und durch die Abhängigkeit der Kooperationsfelder und Kooperationsprojekte von der Partnerselektion der Akteure (indirekte Entscheidungsinterdependenz) verursacht. Insgesamt belegen 21 Aussagen, dass die Definition entscheidungsrelevanter Informationen bei der Themenwahl durch Mitarbeiter des Verbandes erfolgte.[142] Diese wurden, wie bei der Partnerwahl, bereits bei der Erarbeitung der Gesprächsvorlagen für die Initiativgespräche vordefiniert. Im Fokus stand dabei das Kriterium, durch die gemeinsame Nutzung vorhandener Ressourcen und den gemeinsamen Ressourcenaufbau Vorteile zu erziehen. Gleichzeitig wurde es als wichtig erachtet, dass sowohl kurzfristig als auch langfristig Kooperationserfolge nachweisbar sein werden. Erfragt wurde bei den Unternehmen daher Kooperationsthemen, die diesen Kriterien entsprechen.[143] Lediglich sechs Aussagen belegen, dass die Festlegung dieser Kriterien in Beratungs- oder Entscheidungsgremien gemeinsam erfolgte oder dass ein Cluster-Unternehmen als Leitunternehmen agierte.[144]

---

[138] Siehe stellvertretend (D-1.2-2), S. 1; (D-1.2-4), S. 14; (D-1.2-6), S. 8; (D-1.2-11), S. 8 und (D-1.2-13), S. 8.

[139] Siehe (D-1.1-11), S. 2; (D-2.1-2), S. 5 und (D-1.1-3), S. 5.

[140] Siehe stellvertretend (D-2.1-20), S. 4 und (D-2.2-41), S. 4.

[141] Siehe (D-2.1-4), S. 4 und (D-2.1-5), S. 3.

[142] Siehe stellvertretend (D-1.1-11), S. 2; (D-1.2-2), S. 1; (D-1.2-4), 8 und (D-1.2-6) S. 8. Auch die im Namen von HESSENMETALL agierenden Mitarbeiter der TU Darmstadt werden hier mit einbezogen.

[143] Es handelt sich dabei um Kooperationen, die eine gemeinsame Nutzung von Ressourcen oder einen gemeinsamen Neuaufbau von Ressourcen zulassen. Das maßgebliche Kriterium war an dieser Stelle die Möglichkeit zur Poolung von Ressourcen.

[144] Siehe stellvertretend (D-1.1-11), S. 2; (D-2.1-2), S. 5 und (D-2.1-3), S. 5. Dabei wurden konkrete Informationsbedarfe von den Akteuren formuliert. Beispielsweise forderte *U1*, vorwiegend Unternehmen als potenzielle Partner zu akquirieren, zu denen bereits *enge Kontakte auf der Unternehmensleitungsebene* der Akteure bestehen. Vgl. dazu (D-1.1-11), S. 3.

Ein differenziertes Bild ergibt sich, wenn eine separate Auswertung der Kooperationsfeldwahl und der Kooperationsprojektwahl vorgenommen wird. Dann belegen 20 Aussagen, dass die Definition der Informationsbedarfe bei der Kooperationsfeldwahl durch Mitarbeiter des Verbandes erfolgte.[145] Lediglich eine Aussage belegt, dass dazu ein Beratungs- oder Entscheidungsgremium genutzt wurde.[146] Ein anderes Ergebnis ergibt sich bei der Kooperationsprojektwahl: Fünf Aussagen belegen, dass die Definition entscheidungsrelevanter Informationen im Rahmen von Beratungs- und Entscheidungsgremien erfolgte.[147] Lediglich eine Aussage belegt, dass der Verband die Definition der entscheidungsrelevanten Informationen vornahm.[148] Dabei ist zu berücksichtigen, dass der Verband einen Rollentausch im Jahr 2007 durchlaufen hat. Während er im Jahr 2006 als Leitakteur agierte, wird er im Jahr 2007 formal mit dem Cluster-Management beauftragt. Die dafür erforderlichen Autorisierungsrechte zur Wahrnehmung der Koordinationsleistungen wurden im Rahmen eines Jahresprogrammes veschriftlicht.[149]

Informationsbeschaffung im Rahmen der Themenwahl: Die Beschaffung der relevanten Informationen wird mit insgesamt 121 Aussagen belegt.[150] Davon belegen lediglich 13 Aussagen, dass die Informationsbeschaffung über die Partner im Rahmen der beiden Gremiensitzungen am 24.20.2006 und am 12.12.2006 stattgefunden hat.[151] Hingegen belegen 108 Aussagen, dass die Beschaffung entscheidungsrelevanter Informationen über die Kooperationsfelder und -projekte durch den Verband in seiner Rolle als Leitunternehmen bzw. als Cluster-Manager erfolgte.

Eine Unterscheidung der Kooperationsfeldwahl von der Kooperationsprojektwahl liefert auch hier ein differenziertes Bild. Aus 48 Aussagen lässt sich ableiten, dass die Informationsbeschaffung bis Ende 2006 zur Vorbereitung der Kooperationsfeldwahl durch den Verband in persönlichen Gesprächen erfolgte und dass dabei umfangreiche auf Wissensvermittlung ausgerichtete Gesprächsvorlagen eingesetzt wurden.[152] 60 Aussagen belegen die zentrale Informationsbeschaffung des Cluster-Managers zur Vorbereitung von Kooperationsprojektentscheidungen ab Januar 2007. Dabei kamen in den Arbeitsgruppen Einkauf, Vertrieb sowie Forschung & Entwicklung zahlreiche Formblätter, Formulare, Excel-Tabellen und sonstige Arbeitsdokumente zum Einsatz, in welche der Cluster-Manager die Informationen durch die Unternehmen eintragen ließ.

---

[145] Siehe stellvertretend (D-1.2-2), S. 1; (D-1.2-2), S. 8; (D-1.2-4), S. 8 und (D-1.2-13), S. 13.
[146] Siehe (D-2.1-2), S. 3.
[147] Siehe (D-2.1-2), S. 5; (D-2.1-3), S. 5; (D-2.2-6), S. 4 und (D-2.1-4), S. 4.
[148] Siehe (D-1.2-14), S. 9.
[149] Siehe (D-2.1-1), S. 9 - 10.
[150] Siehe stellvertretend (D-1.1-11), S. 2; (D-2.1-2), S. 5 und (D-1.1-3), S. 5.
[151] Siehe (B-1.1-1), S. 1 - 2.
[152] Siehe (D-1.2-12); (D-1.2-13) sowie (D-1.2-14).

Informationsanalyse im Rahmen der Themenwahl: Die Auswertung der für die Themenwahl relevanten Informationen wird mit 22 Aussagen belegt.[153] Mit insgesamt 11 Aussagen kann belegt werden, dass der Verband als Analyst bei der *Kooperationsfeldwahl* agierte.[154] So wurden bereits parallel zu den Initiativgesprächen potenzielle Gemeinsamkeiten und Anknüpfungspunkte der Kooperationsthemen identifiziert.[155] Die Analyseergebnisse wurden den Unternehmen bereits im Rahmen nachfolgender Initiativgespräche mitgeteilt und mit ihnen diskutiert.[156] Im Rahmen detaillierter Präsentationen wurden den Unternehmen die Ergebnisse der Kooperationsfeldanalyse im Rahmen der Beratungs- und Entscheidungsgremien am 24.10.2006 und am 12.12.2006 vorgestellt.[157] Lediglich eine Aussage des Datenkorpus deutet darauf hin, dass im Rahmen von Beratungs- und Entscheidungsgremien Analysen von den Unternehmen selbst erstellt und vorgestellt wurden.[158]

Bei der Auswahl der *Kooperationsprojektwahl* zeigt sich ein vergleichbares Bild: Acht von neun zitierbaren Aussagen zeigen, dass der Cluster-Manager die Aufgabe der Informationsanalyse wahrgenommen hat. Lediglich in einem Fall kam es zur Analyse der erhobenen Informationen im Rahmen eines Beratungs- und Entscheidungsgremiums.[159]

Im Ergebnis kann festgehalten werden, dass sowohl bei der Kooperationsfeldwahl als auch bei der Kooperationsprojektwahl die Informationsanalyse maßgeblich durch den Verband (später in seiner Rolle als Cluster-Manager) erfolgte.

Auswahl von Kooperationsinhalten: Die Auswahl der Kooperationsfelder und Kooperationsprojekte lässt sich insgesamt mit 53 Aussagen belegen. Alle 53 Aussagen belegen, dass die Auswahl von Kooperationsthemen im Rahmen von Entscheidungs- und Beratungsgremien erfolgte. Die Auswahl der *Kooperationsfelder* erfolgte ausschließlich auf der Ebene der Geschäftsleitung der Unternehmen im Lenkungsausschuss des Clusters.[160] Auch die Auswahl der *Kooperationsprojekte* wurde in einem ersten Schritt im Rahmen des Lenkungsausschusses getroffen.[161] Eine Re-Selektion der Kooperationsprojekte und ihre Konkretisierung erfolgten anschließend in den Arbeitssitzungen der drei Arbeitsgruppen.

---

153 Siehe stellvertretend (D-1.2-4), S. 14 und (D-1.2-7), S. 6.

154 Siehe stellvertretend (D-1.2-2), S. 6 und (D-1.2-7), S. 13.

155 Vgl. (D-1.1-16), S. 2; (D-1.1-4), S. 3; (D-1.1-8), S. 3 und (D-1.1-5), S. 3.

156 Vgl. stellvertretend (D-1.2-1), S. 14 und (D-1.2-2), S. 11. In der Gesprächsvorlage (D-1.2-2) waren am 13.10.2006 bereits 7 der neun Unternehmen der Cluster-Initiative als „beteiligte Unternehmen“ benannt. Siehe ebenda, S. 11.

157 Vgl. (D-1.3-11).

158 Siehe (D-1.1-13), S. 1. Ein Unternehmensvertreter beurteilt in seinen Ausführungen die Rolle von Forschung und Entwicklung in der automobilen Wertschöpfungskette.

159 Siehe (D-1.1-16), S. 1.

160 Siehe stellvertretend (D-1.1-14), S. 2 und (D-1.1-17), S. 3.

161 Siehe stellvertretend (D-1.1-14), S. 2 und (D-1.1-17), S. 3.

Entscheidungsphasen	***Koordinationsform***		***Koordinationsmechanismen und -instrumente***
Phase 1: *Definition der Informationsbedarfe über das Handlungsfeld*	**Kooperations-felder**	*Selbstkoordination: Selbstkoordination* im Rahmen der Initiativgespräche und Gremien. Definition entscheidungsrelevanter Informationen wird dabei durch den Verband dominiert (Leitakteur).	• *Autorität des Verbandes, Vertrauen der Unternehmen zum Verband* • *Selbstabstimmung* im Rahmen der Initiativgespräche u. der Gremien (Lenkungsausschuss)
	Kooperations-projekte	*Selbstkoordination:* Definition entscheidungsrelevanter Informationen durch die Cluster-Unternehmen.	• *Vertrauen der Cluster-Akteure zueinander* • *Selbstabstimmung* im Rahmen der Gremien (Lenkungsausschuss und Arbeitstreffen)
Phase 2: *Beschaffung der erforderlichen Informationen*	**Kooperations-felder**	*Selbstkoordination: Selbstkoordination* im Rahmen der Initiativgespräche und Gremien. Beschaffung entscheidungsrelevanter Informationen wird dabei durch den Verband dominiert (Leitakteur).	• *Autorität des Verbandes* und *Vertrauen der Unternehmen zum Verband* • *Selbstabstimmung* im Rahmen des Lenkungsausschuss u. der Arbeitstreffen
	Kooperations-projekte	*Fremdkoordination:* Zentrale Informationsbeschaffung durch den Cluster-Manager.	• *Autorisierungsrechte des Cluster-Managers, Vertrauen der Cluster-Akteure zueinander* • *Projektprogramm*
Phase 3: *Analyse der Informationen*	**Kooperations-felder**	*Selbstkoordination: Selbstkoordination* im Rahmen der Initiativgespräche und Gremien. Analyse entscheidungsrelevanter Informationen wird dabei durch den Verband dominiert (Leitakteur).	• *Autorität des Verbandes* u. *Vertrauen der Unternehmen zum Verband* • *Selbstabstimmung* im Rahmen des Lenkungsausschuss u. der Arbeitstreffen
	Kooperations-projekte	*Fremdkoordination:* Zentrale Informationsanalyse durch den Cluster-Manager.	• *Autorisierungsrechte des Cluster-Managers, Vertrauen der Cluster-Akteure zueinander* • *Projektprogramm*
Phase 4: *Auswahl der Handlungsalternativen*	**Kooperations-felder**	*Selbstkoordination:* Auswahl von Kooperationsfeldern durch die Cluster-Unternehmen.	• *Autorität des Verbandes* und *Vertrauen der Unternehmen zum Verband* • *Selbstabstimmung* im Rahmen der Gremien (Lenkungsausschuss und Arbeitstreffen)
	Kooperations-projekte	*Selbstkoordination:* Auswahl von Kooperationsprojekten durch die Cluster-Unternehmen.	• *Autorität des Verbandes* und *Vertrauen der Unternehmen zum Verband* • *Selbstabstimmung* im Rahmen der Gremien (Lenkungsausschuss u. Arbeitstreffen)

Tabelle 4-7: Koordination der Selektion der Kooperationsfelder und -projekte der Cluster-Initiative.

Koordinationsmuster der Selektion von Kooperationsinhalten: In *Tabelle 4-7* (vorige Seite) sind die Koordinationsmechanismen und Koordinationsinstrumente der Kooperationsfeld- und Kooperationsprojektwahl dargestellt. Die *Definition der Informationsbedarfe* erfolgte bei der Kooperationsfeldwahl im Rahmen einer Selbstabstimmung unter maßgeblicher Beteiligung des Verbandes. Er wurde dabei nicht durch Autorisierungsrechte legitimiert, sondern durch seine Autorität und das Vertrauen, das die Unternehmen dem Verband entgegenbrachten (Selbstabstimmung im Rahmen der Gespräche und der Gremien). Die Informationsdefinition der *Kooperationsprojektwahl* hingegen wurde maßgeblich durch die Unternehmen im Rahmen einer Selbstabstimmung vorgenommen.

Die Phasen 2 bis 4 des Entscheidungsprozesses verliefen bei der Wahl der Kooperationsfelder und -projekte analog, die beiden Koordinationsprobleme unterscheiden sich jedoch durch die zum Einsatz kommenden Koordinationsmechanismen in Phase 2 und 3 des Entscheidungsprozesses. Bei der Kooperationsfeldwahl koordiniert der Verband als Leitakteur im Rahmen einer Selbstabstimmung der Akteure, bei der Kooperationsprojektwahl agiert er als Cluster-Manager. In seiner Rolle als Cluster-Manager legitimieren sich die Handlungen nicht mehr nur durch das Vertrauen der Akteure zum Verband, sondern auch durch dessen Autorisierungsrechte, die ihm im Projektprogramm zugesprochen worden sind: *„Die Koordination, Organisation und Durchführung der Cluster-Projekte fällt in den Aufgabenbereich des Cluster-Managers. Diese Aufgaben des Cluster-Managers sind in den Arbeitsplänen des Automotive-Clusters dokumentiert. Es handelt sich dabei um die Informationssammlung im Vorfeld […], die Informationsbündelung und – soweit erforderlich – deren Anonymisierung. […]“*[162]

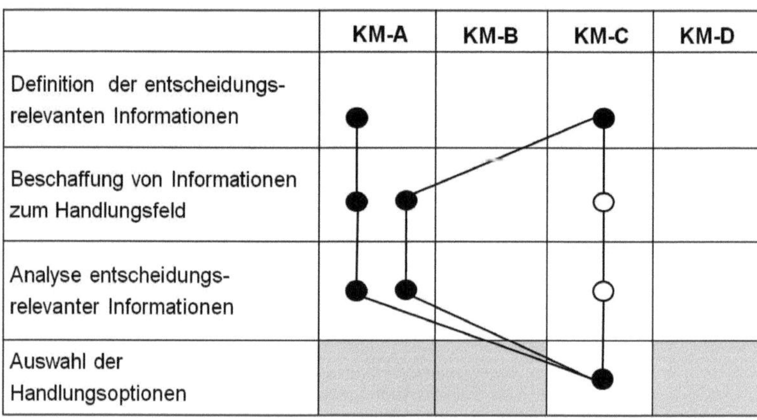

Abbildung 4-8: Koordination der Selektion der Kooperationsfelder und -projekte der Cluster-Initiative.

[162] Vgl. (D-2.1-1), S. 9 - 10.

In *Abbildung 4-8* (vorige Seite) sind die resultierenden Koordinationsmuster dargestellt. Das linke Koordinationsmuster repräsentiert die Selektion der Kooperationsfelder, das mittlere Koordinationsmuster die Selektion der Kooperationsprojekte. Die Koordination durch Arbeitsgruppen wurde praktiziert, wenn kein Leitakteur die Koordinationsleistung erbracht hat.

4.3.2 Deskription der Koordinationsmuster für interdependente Allokationsentscheidungen des Automotive-Clusters Mittelhessen auf der Ebene der Cluster-Initiative

Allokationsprozesse im Automotive-Cluster Mittelhessen

Die Allokation umfasst als Management-Funktion die Entscheidungen über den Ressourceneinsatz der Akteure im Rahmen der Kooperationen und damit die Zuweisung von *Aufgaben* zwischen den Netzwerkakteuren sowie die *Festlegung ihrer Leistungsbeiträge* im Rahmen der Kooperation.[163] Die Analyse der Allokationsprozesse stellt im Rahmen dieser Arbeit im Vergleich zur Analyse der Selektionsprozesse, der Regulationsprozesse und der Evaluationsprozesse einen Sonderfall dar, da sich die Koordinationsmuster der Cluster-Initiative selbst als Allokationslösung interpretieren lassen. Diese Problematik lässt sich jedoch lösen, wenn zwischen dem Ressourceneinsatz *während der Entscheidungsfindung* für oder gegen eine Kooperation (ex-ante Ressourceneinsatz) und dem Ressourceneinsatz bei der *Durchführung einer Kooperation* (ex-post Ressourceneinsatz) unterschieden wird. Das Koordinationsmuster der Allokation beeinflusst ausschließlich den ex-ante Ressourceneinsatz, die Ergebnisse der Allokationsentscheidungen hingegen den ex-post Ressourceneinsatz.[164]

Die in der Cluster-Initiative getroffenen Allokationsentscheidungen bzgl. überbetrieblicher Koo-perationen betreffen die (1) *Bereitstellung von Finanzmitteln für das Cluster,* zur (2) *Zuweisung von Aufgaben an die Cluster-Unternehmen* und die (3) *Zuweisung von Aufgaben an den Cluster-Manager.*

Die *Bereitstellung von Finanzmitteln* erfolgte zur Finanzierung des eigens bestellten Cluster-Managers (Personalkosten, Reise- und Sachkosten) sowie für die Einrichtung und Unterhaltung der IT-Infrastruktur der Cluster-Initiative.[165] Die *Zuweisung von Aufgaben an die Cluster-Unternehmen* umfasste im Rahmen der überbetrieblichen Kooperation u. a. die Durchführung von Fach- und Expertenvorträgen, Impulsvorträgen im Rahmen der Arbeitsgruppen, Schulungen, Best-Practice-Reihen sowie das Angebot von Werksführungen und Experti-

[163] Vgl. SYDOW (2006a), S. 411.

[164] Bei der Analyse der Allokationsprozesse in der vorliegenden Fallstudie ist daher darauf zu achten, dass nicht die Ergebnisse der Allokationsentscheidung relevant sind (z. B. die Festlegung der Aufgaben des Cluster-Managers im Rahmen der Koordination der Selektion oder die finanzielle Beteiligung der Unternehmen im Cluster), sondern lediglich das Schnittstellenmanagement der Unternehmen im Rahmen der Entscheidungsfindung.

[165] Vgl. (D-1.1-17), S. 7 und (D-2.1-1), S. 10. Die Personalkosten der Unternehmen, die durch die Entsendung von Mitarbeitern in das Cluster entstanden sind, wurden von den Unternehmen als Eigenleistung getragen.

sen.[166] Darüber hinaus wurde im Rahmen der Allokationsentscheidungen über die Bereitstellung der Kooperationsinfrastruktur (Arbeitsräume, IT-Infrastruktur, Catering) und über die Zuweisung von Koordinationsaufgaben an die Cluster-Akteure entschieden. Insbesondere die Öffentlichkeitsarbeit des Clusters und die *inhaltliche* Mitgestaltung der Erfahrungsaustausche fielen neben den Koordinationsaufgaben in den Zuständigkeitsbereich des Cluster-Managers.[167]

Analyse der Allokationsprozesse im Automotive-Cluster Mittelhessen

Relevanter Datenkorpus der Allokationsentscheidungen: Die Analyse des Datenkorpus ergab 96 Aussagen zu Allokationsentscheidungen in der Cluster-Initiative. Davon konnten 53 Aussagen aus Gesprächsprotokollen, zwölf Aussagen aus Gesprächsvorlagen und drei Aussagen aus Arbeitsdokumenten gewonnen werden.[168] Die im Cluster praktizierten Koordinationsinstrumente zur Definition entscheidungsrelevanter Informationen über das Handlungsfeld der Akteure lassen sich bei der Kodierung der Daten durch zehn Aussagen belegen. Die Beschaffung der relevanten Informationen kann durch 23 Aussagen belegt werden. Die Analysen der Informationen und die Entscheidungsprozesse lassen sich mit je 13 Aussagen belegen. 50 Aussagen belegen die Auswahl von Allokationsoptionen im Cluster.

Definition entscheidungsrelevanter Informationen für die Allokation: 90% der relevanten Aussagen belegen, dass die Definition entscheidungsrelevanter Informationen für Allokationsentscheidungen von dem Cluster-Manager durchgeführt wurde.[169] Alle diese Aussagen beziehen sich auf Kriterien für die Zuweisung von Aufgaben zwischen den Cluster-Akteuren. Dazu entwickelte der Cluster-Manager selbstständig, ohne Abstimmung mit den Unternehmen des Clusters, entsprechende Datenblätter zur Informationssammlung. Ene Aussage des Datenkorpus delegt, dass ein Unternehmen Kriterien für das Angebot von Vorträgen festlegte: *„Herr […] und Herr […] sehen die Stärke der […] KG für ein Cluster in der hohen Prozessicherheit und dem Prozess-Know-how ihres Unternehmens. Diese Kompetenzen würden sie im Rahmen eines Erfahrungsaustauschs den anderen vorstellen (Themenvorschläge siehe unter Punkt 2).“*[170]

Informationsbeschaffung: Alle 23 Aussagen sagen aus, dass die Beschaffung entscheidungsrelevanter Informationen für die Allokation durch den Cluster-Manager erfolgte.[171] Es lässt sich kein Beleg dafür finden, dass die Cluster-Unternehmen durch eine eigene Beschaf-

---

[166] Vgl. (D-2.2-50), S. 218 und (D-2.2-42), S. 43.
[167] Vgl. (D-2.1-3), S. 4.
[168] Aus Beobachtungen und aus Schriftverkehr liegen keine Aussagen vor.
[169] Vgl. stellvertretend (D-2.3-57), S. 1 und (D-2.3-65), S. 1. Beispielsweise wurden bei der Vergabe von Impulsvorträgen die Fachkompetenz und die Mitarbeiterverfügbarkeit der Unternehmen als Kriterien für die Allokation genutzt. Bei der Allokation der Finanzmittel wurden vom Cluster-Manager die Anzahl der Mitarbeiter und der Umsatz der Unternehmen als relevante Information anvisiert.
[170] (D-2.1-7), S. 3.
[171] Vgl. stellvertretend (D-2.3-78), S. 2 und (D-3.3-10), S. 1.

fung von Informationen eine Abstimmung von Allokationsentscheidungen herbeigeführt haben. Die Allokation von Personalressourcen im Rahmen der Erfahrungsaustausche und der Best-Practice Veranstaltungen wurde in jedem der dokumentierten Fälle dadurch koordiniert, dass der Cluster-Manager bereits im Vorfeld zu jedem Arbeitstreffen aktuelle Themenwünsche und Themenangebote bei den Teilnehmern erfragte und damit die Informationsbasis für eine Allokationsentscheidung erarbeitete.[172]

Informationsauswertung im Rahmen der Allokation: Die Auswertung der Informationen zur Allokation ist mit 17 Aussagen belegt. Acht Aussagen belegen, dass die Analyse entscheidungsrelevanter Informationen im Rahmen von Gremiensitzungen erfolgte.[173] Neun Aussagen belegen, dass die Informationsanalyse durch den Cluster-Manager erfolgte.[174] Alle acht Aus-sagen, die die Informationsauswertung in Gremiensitzungen beschreiben, dienen der Allokation von Finanzmitteln für die Finanzierung des Clusters und der Allokation der Personalressourcen im Cluster in der Phase der Cluster-Gründung.[175] Die Aussagen, die den Cluster-Manager als Informationsanalyst ausweisen, beziehen sich auf die Aufgabenverteilung im Rahmen der Koordination der Kooperationsprojekte während des regulären Cluster-Betriebs.[176]

Auswahl von Allokationslösungen: 50 Aussagen belegen die Auswahl von Allokationsentscheidungen der Cluster-Initiative. Alle Aussagen belegen, dass Allokationsentscheidungen im Rahmen von Entscheidungsgremien getroffen wurden. 30 Aussagen belegen die Entscheidung von Allokationslösungen im Lenkungsausschuss, 20 Aussagen belegen die Entscheidung von Allokationslösungen in Arbeitstreffen des Clusters.[177]

Koordinationsmuster der Allokation von Aufgaben: Das resultierende Koordinationsmuster der Partnerselektion des Clusters ist in *Tabelle 4-8* dargestellt. Der Cluster-Manager handelte als zentraler Akteur in den ersten drei Phasen des Entscheidungsprozesses. Er bereitet mit der Definition der entscheidungsrelevanten Informationen, der Informationsbeschaffung und der Informationsanalyse die Entscheidungen vor, die schließlich im Rahmen des Lenkungsausschusses oder der Arbeitstreffen getroffen werden.

[172] Vgl. (D-2.1-1), S. 9 - 10.
[173] Vgl. (D-2.1-2), S. 4 und (D-1.3-13), S. 2
[174] Vgl. (D-2.2-54), S. 21 und (D-2.2-41), S. 6.
[175] Vgl. (D-2.1-2), S. 4 und (D-1.3-13), S. 2
[176] Vgl. (D-2.2-54), S. 21 und (D-2.2-41), S. 6. Unter der Annahme, dass nicht der Aufbau eines Clusters, sondern die Zusammenarbeit mit einem bestehenden Cluster Gegenstand der explanatorischen Analyse sein wird, ist der Datenbasis bzgl. des Regelbetriebs des Clusters höhere Beachtung zu schenken.
[177] Obwohl die Entscheidungsvorbereitung vorwiegend durch den Cluster-Manager erbracht wurde, findet sich kein Beleg dafür, dass der Cluster-Manager oder ein Leitunternehmen eigenständig Allokationsentscheidungen (Handlungswahl) getroffen hat.

Entscheidungsphasen	***Koordinationsform***	***Koordinationsmechanismen und -instrumente***
Phase 1: *Definition der Informationsbedarfe über das Handlungsfeld*	*Fremdkoordination:* Definition entscheidungsrelevanter Informationen wird dabei durch den Cluster-Manager dominiert.	• *Autorität des Verbandes, Vertrauen der Unternehmen zum Cluster-Manager* • *Autorisierungsrechte* des Cluster-Managers im Rahmen eines Programms
Phase 2: *Beschaffung der erforderlichen Informationen*	*Fremdkoordination:* Zentrale Informationsbeschaffung durch den Cluster-Manager.	• *Autorität des Verbandes, Vertrauen der Unternehmen zum Cluster-Manager* • *Autorisierungsrechte* des Cluster-Managers im Rahmen eines Programms
Phase 3: *Analyse der Informationen*	*Fremdkoordination:* Zentrale Informationsanalyse durch den Cluster-Manager.	• *Autorität des Verbandes, Vertrauen der Unternehmen zum Cluster-Manager* • *Autorisierungsrechte* des Cluster-Managers im Rahmen eines Programms
Phase 4: *Auswahl der Handlungsalternativen*	*Selbstkoordination:* Auswahl von Akteuren durch die Cluster-Unternehmen.	• *Wechselseitiges Vertrauen der Akteure* • *Selbstabstimmung* im Rahmen der Gremien (Lenkungsausschuss, Arbeitstreffen)

Tabelle 4-8: Koordination der Allokationsentscheidungen in der Cluster-Initiative.

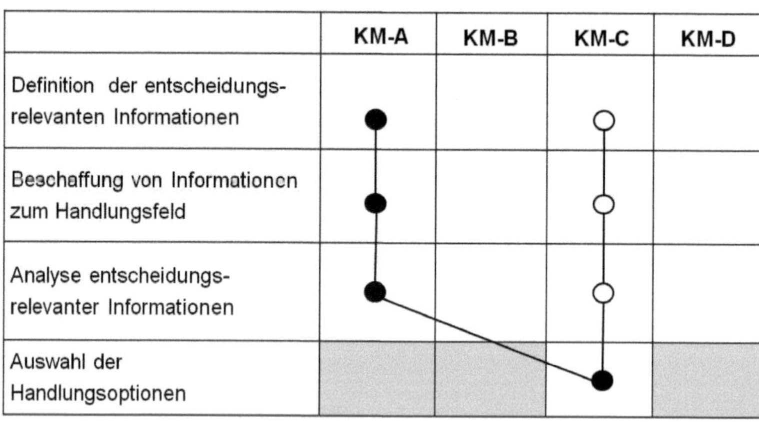

Abbildung 4-9: Koordination der Allokationsentscheidungen in der Cluster-Initiative.

Der Cluster-Manager ist dabei durch die ihm zugewiesenen Autorisierungsrechte legitimiert, die Entscheidungsvorbereitung zu erbringen. Darüber hinaus wird die Koordinationsleistung des Cluster-Managers durch das im Rahmen der Arbeitsbeziehung gewachsene Vertrauen zwischen Cluster-Manager und Cluster-Unternehmen ermöglicht. In *Abbildung 4-9* (vorige Seite) ist das resultierende Koordinationsmuster graphisch dargestellt. Auch hier zeigt sich, dass *KM-C* als Koordinationsmuster zur Anwendung kam, wenn das dominante Koordinationsmuster *KM-A* nicht praktiziert wurde.

4.3.3 Deskription der Koordinationsmuster für interdependente Regulationsentscheidungen des Automotive-Clusters Mittelhessen auf der Ebene der Cluster-Initiative

Die ***Regulation*** umfasst als Clustermanagementfunktion die Entscheidung für und Durchsetzung von Regeln der Zusammenarbeit in der Cluster-Initiative. Zur Beschreibung der Regulationsprozesse in der Fallstudie sind die herausgebildeten *formalen Regeln* und *informellen Regeln* der Zusammenarbeit zu betrachten.*Formelle Regeln* reglementieren das Verhalten der Cluster-Akteure aufgrund bindender, formal niedergeschriebener Regularien. Solche formalen Regeln wurden im betrachteten Cluster vorwiegend in der Initiierungsphase formuliert. Dabei haben sich die Unternehmen u. a. auf die nachfolgend beschriebenen Regeln verständigt.

Gleichheitsprinzip: Alle Unternehmen beteiligen sich in gleichem Ausmaß an der Finanzierung des Clusters und sind als gleichwertige Akteure im Cluster aktiv.[178] Sie hatten damit die gleichen Rechte und Pflichten wie alle anderen Akteure. Die Unternehmensgröße (gemessen an Umsatz, Mitarbeiterzahl, Standorten etc.) wurde dabei nicht berücksichtigt.[179]

Beschluss struktureller Koordinationsmechanismen: Der Cluster-Manager wurde mit Autorisierungsrechten ausgestattet, die ihm die Durchführung seiner Aufgaben erlauben. Diese Autorisierungsrechte wurden formal im Projektprogramm niedergeschrieben.[180] Auch der Lenkungsausschuss und die Leitunternehmen erhielten Autorisierungsrechte zur Kontrolle des Cluster-Managers.[181] Diese Autorisierungsrechte wurden im Projektprogramm und in den Protokollen des Lenkungsauschusses festgelegt. Neben diesen formal niedergeschriebenen Regeln der Zusammenarbeit haben sich auch informelle Regeln entwickelt, die nicht auf formellen Regularien, sondern persönlichem Vertrauen und wechselseitigem Verständnis beruhen.

---

[178] Dies folgt daraus, dass alle beteiligten Unternehmen als Leitunternehmen für bestimmte Kooperationsprojekte agierten, wie es in der Kick-off-Veranstaltung am 12.12.2006 beschlossen wurde. Siehe (D-1.1-17), S. 6 und (D-2.1-1), S. 9. Zudem verfügte jedes Unternehmen über einen Platz im Lenkungsausschuss des Clusters, siehe (D-2.1-1), S. 8.

[179] Die erforderlichen Finanzmittel des Clusters wurden durch eine einheitliche Pauschale pro Cluster-Unternehmen aufgebracht. Siehe (D-1.1-17), S. 7 und (D-2.1-1), S. 10.

[180] Vgl. (D-2.1-1), S. 9 - 10.

[181] Vgl. (D-2.1-1), S. 8.

Gleichheitsprinzip: Auch im Rahmen der Zusammenarbeit der Akteure in den verschiedenen Arbeitsgruppen hatte sich das Gleichheitsprinzip durchgesetzt. Dabei wurde auf operativer Ebene wechselseitig kontrolliert, dass alle Akteure in gleichem Umfang und gleicher Intensität als Geber und Nehmer von Informationen, Wissen und sonstigen Ressourcen im Cluster agieren.

Herausbildung handlungsorientierter Koordinationsmechanismen: Neben den formal zugewiesenen Autorisierungsrechten des Cluster-Managers entwickelte sich mit der Zeit ein Vertrauensverhältnis zwischen den Cluster-Unternehmen selbst und zwischen dem Cluster-Manager und den Cluster-Unternehmen. Auf dieser Grundlage konnten Selbstabstimmungen und informelle Absprachen zwischen den Akteuren auf der operativen Ebene gelingen, ohne Entscheidungen im Lenkungsausschuss herbeiführen zu müssen.[182]

Analyse der Regulationsprozesse in der Cluster-Initiative

Relevanter Datenkorpus der Regulation: Die Analyse des Datenkorpus ergab 50 Aussagen zu Regulationsentscheidungen. Davon konnten 28 Aussagen aus Gesprächsprotokollen, zwei Aussagen aus Gesprächsvorlagen und zwei Aussagen aus Arbeitsdokumenten gewonnen werden. Aus Beobachtungen und aus Schriftverkehr liegen 18 Aussagen vor. Mit keiner Aussage lässt sich belegen, dass eine gezielte Verständigung der Akteure über entscheidungsrelevante Informationen der Regulation im Cluster stattgefunden hat. Die Beschaffung der relevanten Informationen kann durch zwölf Aussagen belegt werden.[183] Die Informationsanalyse lässt sich mit 18 Aussagen belegen, die Auswahl von Handlungsoptionen ist mit 20 Aussagen belegt.[184]

Definition der entscheidungsrelevanten Informationen für die Regulation: Obwohl ein umfangreicher Datenkorpus für die Analyse mit über 450 Dokumenten zur Verfügung stand, konnten keine Aussage zur Abstimmung der Akteure über entscheidungsrelevanten Informationen bei der Regulation gefunden werden. Dies lässt den Schluss zu, dass die Herausbildung von Regulationsmustern von den Akteuren nicht analytisch geplant erfolgte, sondern im Rahmen der Gremiensitzungen situative Entscheidungen getroffen wurden.

Informationsbeschaffung für die Regulation: Mit zwölf Aussagen lässt sich belegen, dass eine gezielte Beschaffung von Informationen über das Handlungsfeld der Regulation stattgefunden hat. Dabei weisen drei Aussagen darauf hin, dass der Cluster-Manager im Rahmen von persönlichen Gesprächen und während der Kooperationen die Cluster-Unternehmen nach präferierten Regulationsformen befragte.[185] Neun Aussagen weisen darauf hin, dass

[182] Siehe (D-2.1-7), S. 5.
[183] Siehe (B-1.1-2), S. 3; (D-1.1-5), S. 2 und (D-1.1-4), S. 2.
[184] Siehe (D-1.1-16), S. 2; (D-1.1-8), S. 2; (D-2.1-6), S. 4 und (D-2.1-35), S. 3.
[185] Siehe stellvertretend (D-1.1-5), S. 2.

entscheidungsrelevante Informationen für die Wahl von Regulationsformen im Rahmen der Gremiensitzungen am 24.10.2006 und am 12.12.2006 oder durch bilaterale Abstimmungen beschafft worden sind.[186]

Entscheidungsphasen	***Koordinationsform***	***Koordinationsmechanismen und -instrumente***
Phase 1: *Definition der Informationsbedarfe über das Handlungsfeld*	./.	./.
Phase 2: *Beschaffung der erforderlichen Informationen*	*Selbstkoordination:* Zentrale Informationsbeschaffung im Rahmen der Gremien	• *Autorität des Verbandes* • *Wechselseitiges Vertrauen der Akteure zueinander*
Phase 3: *Analyse der Informationen*	*Selbstkoordination:* Zentrale Informationsanalyse im Rahmen der Gremien	• *Autorität des Verbandes* • *Wechselseitiges Vertrauen der Akteure zueinander*
Phase 4: *Auswahl der Handlungsalternativen*	*Selbstkoordination:* Zentrale Entscheidung im Rahmen der Gremien	• *Autorität des Verbandes* • *Wechselseitiges Vertrauen der Akteure zueinander*

Tabelle 4-9: Koordination der Regulation der Akteure der Cluster-Initiative.

Informationsauswertung für die Regulation: Die Auswertung der erhobenen Informationen ist mit 20 Aussagen belegt. Davon belegen 18 Aussagen, dass eine Analyse potenzieller Regulationsmuster im Rahmen von Gremiensitzungen erfolgte.[187] Lediglich zwei Aussagen deuten darauf hin, dass im Rahmen der Vorgespräche mit dem Cluster-Manager bereits eine Informationsanalyse stattgefunden hat.[188]

Auswahl von Regulationslösungen: Von 20 referenzierbaren Aussagen belegen 18 Aussagen, dass die Auswahl von Regulationslösungen im Cluster im Rahmen der Gremiensitzungen erfolgte. Lediglich zwei Aussagen belegen, dass die Wahl von Regeln durch den Cluster-Manager in Abstimmung mit einzelnen Unternehmen abseits der Gremiensitzungen herbeigeführt wurde.[189]

Koordinationsmuster der Selektion von Kooperationspartnern: Die nutzbaren Quellen des Datenkorpus belegen, dass eine Koordination der Allokationsentscheidungen erfolgte, ohne dass dabei ein Leitunternehmen oder ein Cluster-Manager eine beachtenswerte Rolle spielten.

[186] Siehe (B-1.1-2), S. 2 und (D-2.3-629, S. 2.
[187] Siehe (D-2.1-2), S. 4 und (D-1.3-13), S. 2.
[188] Siehe stellvertretend (D-1.1-12), S. 4 und (D-1.1-13), S. 2.
[189] Vgl. stellvertretend (D-2.1-1), S. 13 und (D-2.1-35), S. 3.

	KM-A	KM-B	KM-C	KM-D
Definition der entscheidungs-relevanten Informationen			○	
Beschaffung von Informationen zum Handlungsfeld			●	
Analyse entscheidungs-relevanter Informationen			●	
Auswahl der Handlungsoptionen			●	

Abbildung 4-10: Koordination der Regulation der Akteure der Cluster-Initiative.

Vielmehr haben sich formale und informelle Kooperationsregeln im Rahmen gemeinsamer Informations- und Positionsaustausche während den Gremiensitzungen am 12.12.2006 und am 24.10.2006 herausgebildet. Somit ist das Koordinationsmuster charakterisiert durch eine Selbstkoordination der Cluster-Unternehmen. In *Abbildung 4-10* ist das resultierende Koordinationsmuster graphisch dargestellt.

4.3.4 Deskription der Koordinationsmuster für interdependente Evaluationsentscheidungen des Automotive-Clusters Mittelhessen auf der Ebene der Cluster-Initiative

Wie in *Kapitel 2* beschrieben, umfasst die Evaluation als Clustermanagementfunktion die *Bewertung der Kooperationen* (Kooperationserfolg und Leitungsbeiträge der Partner) und die *Bewertung der Koordinationsleistung (*Abstimmungsprozesse im Rahmen der Selektion, Regulation und Allokation).[190]

Die ***Evaluation der Kooperation*** erfolgte im Automotive-Cluster Mittelhessen teilweise im Rahmen des Lenkungsausschusses, teilweise auch auf der Arbeitsebene des mittleren Managements der Unternehmen. Die *Evaluation des Kooperationserfolges* wurde weitgehend im Lenkungsausschuss vorgenommen. Dabei wurden Entscheidungen über die Fortführung der Arbeitsgruppen sowie über die Schwerpunkte der *inhaltliche*n Arbeit getroffen.[191] Die *Evaluation der Leistungsbeiträge* der verschiedenen Akteure wurde in der Regel auf der Ebene des mittleren Managements in den Arbeitsgruppen durchgeführt. Dort wurde auf eine gruppenübergreifend gleichwertige Beteiligung der Unternehmen an den Kooperationen ab-

[190] Siehe Kapitel 2.1.3.
[191] Vgl. (D-2.1-2), S. 3 - 4.

gezielt. Nur wenn die Evaluation der Leistungsbeiträge zu unlösbaren Konflikten führte, wurden diese im Lenkungsausschuss gelöst.[192]

Die ***Evaluation der Koordinationsleistung*** erfolgte zumeist im Lenkungsausschuss. Da vorwiegend der Cluster-Manager Koordinationsleistungen erbrachte, stand die Evaluation des Cluster-Managers im Vordergrund der Koordinationsevaluation.[193] Da das Mandat des Cluster-Managers stets befristet für ein Jahr vergeben wurde, stand bei jeder zweiten Sitzung des Lenkungsausschuss die Entscheidung für oder gegen die weitere Beschäftigung des Cluster-Managers an.[194]

Analyse der Evaluationsprozesse im Automotive-Cluster Mittelhessen

Relevanter Datenkorpus der Evaluation: Die Analyse des Datenkorpus ergab 65 Aussagen zu Evaluationsentscheidungen. Davon können 15 Aussagen aus Gesprächsprotokollen, 20 Aussagen aus Gesprächsvorlagen und 17 Aussagen aus Arbeitsdokumenten gewonnen werden. Aus Beobachtungen und aus Schriftverkehr liegen 13 Aussagen vor. Die im Cluster praktizierten Koordinationsinstrumente zur Definition entscheidungsrelevanter Informationen über das Handlungsfeld der Evaluation lassen sich durch zehn Aussagen belegen. Die Beschaffung der relevanten Informationen kann durch 21 Aussagen belegt werden. Die Analyse der Informationen lässt sich mit 24 Aussagen belegen. Zehn Aussagen belegen die Evaluationsentscheidungen im Cluster.

Definition der entscheidungsrelevanten Informationen: Die *Evaluation der Kooperationserfolge* in den Arbeitsgruppen Einkauf, Vertrieb und Forschung und Entwicklung und die Evaluation der Leistungsbeiträge der Akteure erfolgten durch Berichterstattung des Cluster-Managers gegenüber dem Lenkungsausschuss.[195] Dabei belegen acht der 14 Aussagen, die sich der ersten Phase des Entscheidungsprozesses zuordnen lassen, dass der Cluster-Manager die relevanten Informationen für seinen Bericht an die Geschäftsführer selbst definierte.[196] Es handelte sich dabei um Informationen über die Zielerreichung der Cluster-Projekte, um Informationen über die *inhaltliche* Ausgestaltung der Zusammenarbeit und Informationen über die Beteiligung der einzelnen Unternehmen an Best-Practice Veranstaltungen und Vorträgen.[197] Auch die *Koordinationsleistung des Cluster-Managers* war Gegenstand der Berichte und Präsentationen im Lenkungsausschuss.[198] Jedoch wurde die Evalua-

[192] Vgl. (D-4.1-2), S. 5 - 6.

[193] Dies spiegelt sich bei der Betrachtung der Koordinationsmuster der Selektion, der Allokation und der Regulation in der Cluster-Initiative wider.

[194] Vgl. (D-4.1-2), S. 5. Der Datenkorpus der Fallstudie belegt nicht die Aussage, dass im Rahmen der Sitzungen der Arbeitstreffen auf der mittleren Managementebene keine Evaluation des Cluster-Managers stattgefunden hat, jedoch kann eine solche Evaluation *umgekehrt auch nicht belegt* werden.

[195] Vgl. (D-2.2-4), S. 6 und S. 9.

[196] Vgl. (D-2.3-1), S. 1 und (D-2.3-2), S. 1.

[197] Vgl. (D-2.2-4), S. 6 und S. 9.

[198] Vgl. (B-2.3-4), S. 1.

tion der Koordinationsleistung des Cluster-Managers nicht vom Cluster-Manager selbst koordiniert. Sechs Aussagen belegen, dass dabei eine vom Cluster-Manager unabhängig abgestimmte Evaluation durch bilaterale Abstimmungen der Unternehmen stattgefunden hat. Dabei erfolgte die Definition der entscheidungsrelevanten Informationen im Rahmen telefonischer Abstimmungen der Unternehmen.[199]

Informationsbeschaffung: Zwölf der zitierbaren Aussagen über die Informationsbeschaffung bei der Evaluation sagen aus, dass die für die *Kooperationsevaluation* entscheidungsrelevanten Informationen vom Cluster-Manager beim mittleren Management der Unternehmen erhoben wurden. Dies erfolgte im Rahmen persönlicher Evaluationsgespräche auf Basis teilstrukturierter Leitfäden. Bei diesen Evaluationsgesprächen wurden zwar auch Informationen über die Qualität des Clustermanagements erhoben um eine Bewertung der Koordinationsleistung des Cluster-Managers zu ermöglichen.[200] Jedoch belegen elf Aussagen, dass neben der Selbstevaluation durch den Cluster-Manager eine Evaluation der Koordinationstätigkeit des Cluster-Managers stattgefunden hat. Dabei erfolgte eine Informationsbeschaffung im Rahmen bilateraler Gespräche der Unternehmen.[201]

Informationsauswertung: Die Analyse der Informationen für die Evaluation der Kooperationserfolge ist mit 34 Aussagen belegt. 24 Aussagen belegen, dass die Analyse der erhobenen Informationen der Unternehmen zur *Evaluation der Kooperationserfolge* durch den Cluster-Manager erfolgte.[202] Im Rahmen der Sitzungen des Lenkungsausschusses wurden keine Einzelpositionen der Unternehmen oder Meinungen einzelner Personen im Cluster mitgeteilt, sondern stets eine aggregierte Auswertung der verschiedenen Positionen und Standpunkte durchgeführt und vorgestellt. Im Rahmen einer Selbstevaluation der Arbeitsgruppen wurden die Ergebnisse der verschiedenen Evaluationsgespräche in einem Ampel-Berichtsformat ausgewertet und den Geschäftsführern vorgestellt. Die Evaluation der Koordinationsleistung des Cluster-Managers ist mit zehn Aussagen belegt. Sie zeigen, dass eine vom Cluster-Manager unabhängige Analyse der von Informationen durch die Unternehmen selbst erfolgte. Diese Analyse wurde nicht im Rahmen des Lenkungsausschusses vorgestellt, sondern von den Unternehmen ohne Beteiligung des Cluster-Managers ausgetauscht.[203]

Auswahl von Handlungen: Von den zehn referenzierbaren Aussagen über die Entscheidungsfindung bei der Evaluation belegen alle, dass die Evaluationsentscheidungen im Rahmen der Gremiensitzungen getroffen worden sind. Auch wenn eine vom Cluster-Manager

199 Vgl. (B-2.3-3), S. 1; (B-2.3-4), S. 1 und (B-2.3-5), S. 1.
200 Vgl. (D-3.2-3), S. 5 und S. 13.
201 Vgl. (B-2.3-6), S. 1 - 3; (B-2.3-3), S. 1; (B-2.3-4), S. 1 und (B-2.3-5), S. 1.
202 Vgl. (B-2.1-3), S. 4 und (B-2.4-44), S. 1.
203 Vgl. (B-2.3-6), S. 4 - 6.

unabhängige Evaluation parallel zu dessen Evaluation erfolgte, wurden alle Entscheidungen im letzten Schritt im Lenkungsausschuss getroffen.[204]

Entscheidungsphasen	***Koordinationsform***	***Koordinationsmechanismen und -instrumente***
Phase 1: *Definition der Informationsbedarfe über das Handlungsfeld*	*Fremdkoordination:* Definition entscheidungsrelevanter Informationen wird dabei durch den Cluster-Manager bei der Kooperationsevaluation dominiert.	• *Autorität des Verbandes, Vertrauen der Unternehmen zum Cluster-Manager* • *Autorisierungsrechte* des Cluster-Managers im Rahmen eines Programms
	Selbstkoordination: Definition entscheidungsrelevanter Informationen durch die Cluster-Unternehmen bei der Evaluation des Cluster-Managers.	• *Wechselseitiges Vertrauen der Unternehmen zueinander*
Phase 2: *Beschaffung der erforderlichen Informationen*	*Fremdkoordination:* Zentrale Informationsbeschaffung durch den Cluster- Manager bei der Kooperationsevaluation.	• *Autorität des Verbandes, Vertrauen der Unternehmen zum Cluster-Manager* • *Autorisierungsrechte* des Cluster-Managers im Rahmen eines Programms
	Selbstkoordination: Beschaffung entscheidungsrelevanter Informationen durch die Cluster-Unternehmen bei der Evaluation des Cluster-Managers.	• *Wechselseitiges Vertrauen der Unternehmen zueinander*
Phase 3: *Analyse der Informationen*	*Fremdkoordination:* Zentrale Informationsanalyse durch den Cluster-Manager bei der Kooperationsevaluation.	• *Autorität des Verbandes, Vertrauen der Unternehmen zum Cluster-Manager* • *Autorisierungsrechte* des Cluster-Managers im Rahmen eines Programms
	Selbstkoordination: Analyse entscheidungsrelevanter Informationen durch die Cluster-Unternehmen bei der Evaluation des Cluster-Managers.	• *Wechselseitiges Vertrauen der Unternehmen zueinander*
Phase 4: *Auswahl der Handlungsalternativen*	*Selbstkoordination:* Auswahl von Akteuren durch die Cluster-Unternehmen bei der Kooperationsevaluation und bei der Evaluation des Cluster-Managers.	• *Wechselseitiges Vertrauen der Akteure* • *Selbstabstimmung* im Rahmen der Gremien (Lenkungsausschuss, Arbeitstreffen)

Tabelle 4-10: Koordination der Evaluation der Akteure der Cluster-Initiative.

Koordinationsmuster der Evaluation: Für die Evaluation der Kooperationserfolge und die Evaluation der Koordinationsleistung des Cluster-Manager sind aufgrund der unterschiedlichen Koordinationsinstrumente unterschiedliche Koordinationsmuster zu zeichnen. Im ersten Koordinationsmuster handelt der Cluster-Manager als zentraler Akteur in den ersten drei Phasen des Entscheidungsprozesses. Er bereitet mit der Definition der entscheidungsrelevanten Informationen, der Informationsbeschaffung und der Informationsanalyse die Entscheidungen vor, die schließlich im Rahmen des Lenkungsausschusses getroffen werden.

[204] Vgl. (D-3.1-1), S. 4; (D-3.1-1), S. 5; (D-4.1-1), S. 3 und (D-4.1-2), S. 5.

Darüber hinaus wird die Koordinationsleistung des Cluster-Managers durch das im Rahmen der Arbeitsbeziehung gewachsene Vertrauen zwischen Cluster-Manager und Cluster-Unternehmen ermöglicht. Ein zweites, inoffizielles Koordinationsmuster bildete sich heraus, um eine vom Cluster-Manager unabhängige Evaluation sicherzustellen und den Cluster-Manager selbst zu evaluieren. In diesem zweiten Koordinationsmuster erfolgten alle Schritte des Entscheidungsprozesses in bilateralen Abstimmungen zwischen den Unternehmen. In *Tabelle 4-10* sind die beiden Koordinationsformen und Koordinationsinstrumente dargestellt.

Graphisch sind die beiden resultierenden Koordinationsmuster in *Abbildung 4-11* dargestellt. Das linke Koordinationsmuster repräsentiert die Evaluation der Kooperationserfolge, das rechte Koordinationsmuster repräsentiert die Evaluation des Cluster-Managers.

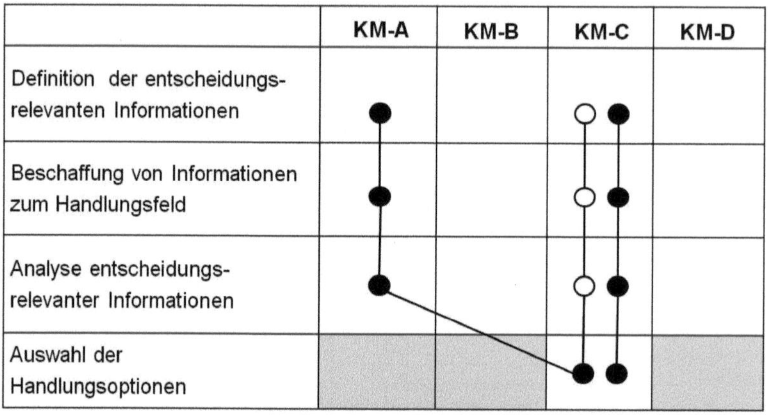

Abbildung 4-11: Koordination der Koordination der Evaluation der Akteure der Cluster-Initiative.

4.3.5 Deskription der Cluster Governance des Automotive-Clusters Mittelhessen auf der Ebene der Cluster-Initiative

Zusammenfassung der deskriptiven Analyse der Cluster Governance

Die Analyse der Koordinationsprozesse des *Automotive-Clusters Mittelhessen* zeigt, dass bei der Koordination interdependenter Entscheidungen in Abhängigkeit des Koordinationsproblems unterschiedliche Koordinationsinstrumente zur Anwendung gekommen sind.[205] In

[205] Dieses Ergebnis belegt die im konzeptionellen Bezugsrahmen aufgegriffene Annahme, dass in Clustern je nach Koordinationsaufgabe wahlweise zentrale oder dezentrale Koordinationsinstrumente zur Anwendung kommen können.

Abbildung 4-12 sind die Koordinationsmuster der Selektion, Allokation, Regulation und Evaluation dargestellt.[206]

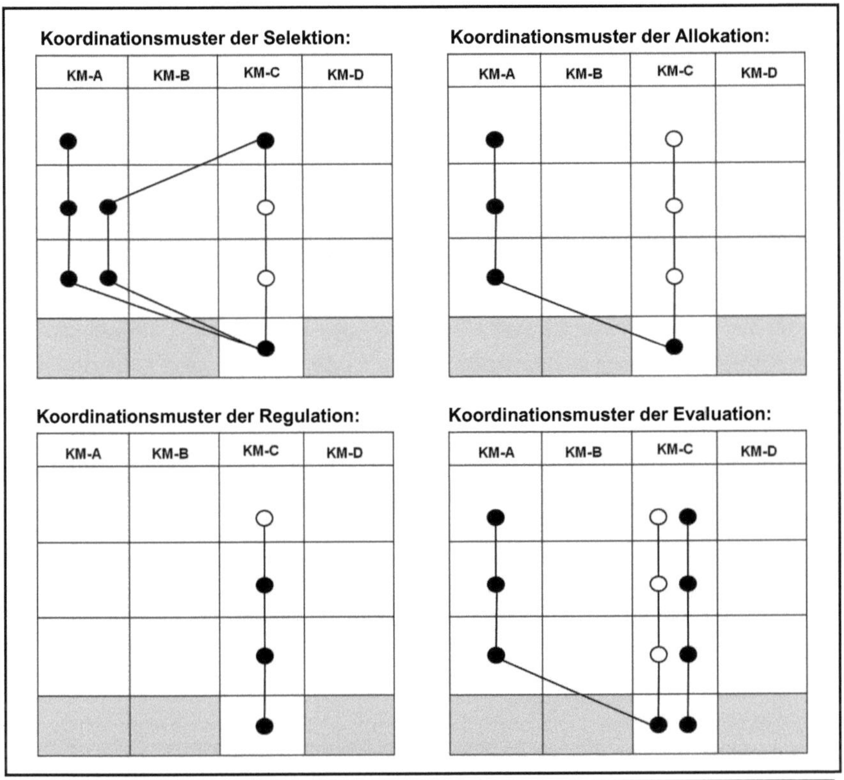

Abbildung 4-12: Cluster Governance im Automobilcluster.

Die Deskription ergibt, dass der Cluster-Manager als zentral koordinierender Akteur bei Selektionsentscheidungen und Allokationsentscheidungen tätig war. Bei Evaluationsentscheidungen koordinierte er Entscheidungsinterdependenzen, wenn der Cluster-Manager nicht selbst Subjekt der Evaluation war. Bei Regulationsentscheidungen wurde der Cluster-Manager nicht als Koordinator tätig. Als alternative Koordinationsmuster wurde bei der Selektion, der Allokation und der Evaluation die Koordination durch Arbeitsgruppen eingesetzt. Eine Koordination durch Leitunternehmen bzw. eine Koordination durch LDL hat es in der Historie des Clusters nicht gegeben.[207]

[206] Bei der Selektion ergeben sich zwei Koordinationsmuster durch die separate Betrachtung der Partner- und Themenselektion. Bei der Evaluation ergeben sich analog mehrere Koordinationsmuster durch die separate Betrachtung der Evaluation der Kooperationserfolge und der Evaluation der Koordinationsleistungen.

[207] Leitunternehmen wurden zwar benannt, sie nahmen jedoch keine Koordinatorenrolle ein.

Ableitung von Aussagen zur Koordination des CSE auf Basis der Cluster Governance

Basierend auf den Ergebnissen der deskriptiven Analyse lassen sich die in *Kapitel 3* entwickelten Thesen für den betrachteten Fall konkretisieren. Dadurch werden die Thesen einer Prüfung im Rahmen der Fallstudie zugänglich gemacht.

Gemäß den ***Thesen 1.1 und 1.2*** stellt das Koordinationsmuster *KM-A* sowohl aus der Sicht der U_i als auch aus der Sicht des LDL das dominante Koordinationsmuster für das CSE dar, wenn Cluster-Manager *KM-A* bei vergleichbaren Koordinationsproblemen in der Cluster-Initiative erfolgreich zur Anwendung gebracht haben. Trifft These 1 zu, so gelten die nachfolgenden Aussagen *(Tabelle 4-11)*, die als Konkretisierungen von These 1 im vorliegenden Fall zu verstehen sind.

Gemäß den ***These 2.1 und 2.2*** stellt *KM-B* sowohl aus der Sicht der U_i als auch aus der Sicht des LDL das dominante Koordinationsmuster für das CSE dar, wenn *KM-A* nicht realisiert werden kann, jedoch ein Leitunternehmen *KM-B* bei vergleichbaren Entscheidungsproblemen auf der Ebene der Cluster-Initiative erfolgreich zur Anwendung bringen konnte.[208]

Aussage 1.1	*Die Cluster-Unternehmen **präferieren** KM-A in der ersten Phase des CSE bei der gegebenen Cluster Governance.*
Aussage 1.2	*Der LDL **präferiert** KM-A in der ersten Phase des CSE bei der gegebenen Cluster Governance.*
Aussage 1.3	*Die Cluster-Unternehmen **präferieren** KM-A in der zweiten Phase des CSE bei der gegebenen Cluster Governance.*
Aussage 1.4	*Der LDL präferiert **präferieren** KM-A in der zweiten Phase des CSE bei der gegebenen Cluster Governance.*
Aussage 1.5	*Die Cluster-Unternehmen **präferieren** KM-A in der dritten Phase des CSE bei der gegebenen Cluster Governance.*
Aussage 1.6	*Der LDL **präferiert** KM-A in der dritten Phase des CSE bei der gegebenen Cluster Governance.*
Aussage 1.7	*Die Cluster-Unternehmen **präferieren** KM-A **nicht** in der vierten Phase des CSE bei der gegebenen Cluster Governance.*
Aussage 1.8	*Der LDL **präferiert** KM-A **nicht** in der vierten Phase des CSE bei der gegebenen Cluster Governance.*

Tabelle 4-11: Aus These 1 deduktiv abgeleitete Aussagen.

Bei der Deskription der Cluster Governance konnte gezeigt werden, dass Leitunternehmen den Cluster-Manager bei der Koordination von Selektionsentscheidungen, Allokationsentscheidungen und Evaluationsentscheidungen der Kooperation unterstützten, jedoch keine eigenständige Koordinationsleistung erbracht haben. In allen Arbeitsgruppen und bei jedem

[208] Siehe Kapitel 3.

Kooperationsthema wurde ein Leitunternehmen benannt, dessen Aufgabenbereiche im Projektprogramm festgelegt wurden.[209]

Zudem ergibt sich aus der Dokumentenanalyse, dass sich die Tätigkeiten der Leitunternehmen auf eine administrative und beratende Rolle beschränkt haben. Daher können die in *Tabelle 4-12* dargestellten Aussagen formuliert werden, die durch Belastung von These 2 im vorliegenden Fall deduktiv hergeleitet werden können.

Aussage 2.1	*Die Cluster-Unternehmen **präferierten** KM-B **nicht** in der ersten Phase des CSE, wenn der Cluster-Manager nicht zur Verfügung stünde.*
Aussage 2.2	*Der LDL **präferierte** KM-B **nicht** in der ersten Phase des CSE, wenn der Cluster-Manager nicht zur Verfügung stünde.*
Aussage 2.3	*Die Cluster-Unternehmen **präferierten** KM-B **nicht** in der zweiten Phase des CSE, wenn der Cluster-Manager nicht zur Verfügung stünde.*
Aussage 2.4	*Der LDL **präferierte** KM-B **nicht** in der zweiten Phase des CSE, wenn der Cluster-Manager nicht zur Verfügung stünde.*
Aussage 2.5	*Die Cluster-Unternehmen **präferierten** KM-B **nicht** in der dritten Phase des CSE, wenn der Cluster-Manager nicht zur Verfügung stünde.*
Aussage 2.6	*Der LDL **präferierte** KM-B **nicht** in der dritten Phase des CSE, wenn der Cluster-Manager nicht zur Verfügung stünde.*
Aussage 2.7	*Die Cluster-Unternehmen **präferieren** KM-B **nicht** in der vierten Phase des CSE, wenn der Cluster-Manager nicht zur Verfügung stünde.*
Aussage 2.8	*Der LDL **präferiert** KM-B **nicht** in der vierten Phase des CSE, wenn der Cluster-Manager nicht zur Verfügung stünde.*

Tabelle 4-12: Aus These 2 deduktiv abgeleitete Aussagen.

Nach ***Thesen 3.1 und 3.2*** stellt *KM-C* sowohl aus der Sicht der U_i als auch aus der Sicht des LDL das dominante Koordinationsmuster für das CSE dar, wenn in einer Cluster-Initiative weder *KM-A* noch *KM-B* realisiert werden können, jedoch dezentrale Abstimmungen in Beratungs- und Entscheidungsgremien (*KM-C*) bei vergleichbaren Entscheidungsproblemen erfolgreich zur Anwendung gebracht werden konnten.

Die Deskription der Cluster Governance ergibt, dass bei der Regulation weder der Cluster-Manager noch ein Leitunternehmen an der Koordination von Entscheidungsinterdependenzen beteiligt war. Stattdessen wurden diese Entscheidungen vollständig im Rahmen von Gremien koordiniert. Ebenso wurde die Evaluation des Cluster-Managers koordiniert. In allen anderen Entscheidungsproblemen wurde *KM-C* zwar vereinzelt zur Anwendung gebracht, der Cluster-Manager hat dort jedoch als zentral koordinierender Akteur die maßgebliche

[209] Es handelt sich dabei vorwiegend um administrative und unterstützende Tätigkeiten sowie um die fachliche Beratung des Cluster-Managers, wenn die Projekte dies erforderlich machen. Vgl. (D-2.1-1), S. 8 - 9.

Koordinationsleistung erbracht. Trifft These 3 zu, so gelten die nachfolgenden Aussagen, die sich durch die Konkretisierung der Cluster Governance im vorliegenden Fall aus These 3 deduktiv herleiten lassen, siehe *Tabelle 4-13*.

Aussage 3.1	*Die Cluster-Unternehmen **präferierten** KM-C in der ersten Phase des CSE, wenn weder Cluster-Manager noch Leitunternehmen zur Verfügung stünden.*
Aussage 3.2	*Der LDL **präferierte** KM-C in der ersten Phase des CSE, wenn weder Cluster-Manager noch Leitunternehmen zur Verfügung stünden.*
Aussage 3.3	*Die Cluster-Unternehmen **präferieren** KM-C in der zweiten Phase des CSE wenn weder Cluster-Manager noch Leitunternehmen zur Verfügung stünden.*
Aussage 3.4	*Der LDL **präferierte** KM-C in der zweiten Phase des CSE, wenn weder Cluster-Manager noch Leitunternehmen zur Verfügung stünden.*
Aussage 3.5	*Die Cluster-Unternehmen **präferieren** KM-C in der dritten Phase des CSE wenn weder Cluster-Manager noch Leitunternehmen zur Verfügung stünden.*
Aussage 3.6	*Der LDL **präferierte** KM-C in der dritten Phase des CSE, wenn weder Cluster-Manager noch Leitunternehmen zur Verfügung stünden.*
Aussage 3.7	*Die Cluster-Unternehmen **präferieren** KM-C in der vierten Phase des CSE bei der gegebenen Cluster Governance.*
Aussage 3.8	*Der LDL **präferiert** KM-C in der vierten Phase des CSE bei der gegebenen Cluster Governance.*

Tabelle 4-13: Aus These 3 deduktiv abgeleitete Aussagen.

Schließlich folgt aus den ***These 4.1 und 4.2***, dass *KM-D* aus der Sicht der Cluster-Unternehmen ein effizientes Koordinationsmuster darstellt, wenn im Cluster auf der Ebene der Cluster-Initiative bei vergleichbaren Entscheidungen bislang weder *KM-A* noch *KM-B* noch *KM-C* realisiert werden konnten. Somit lasen sich aus These 4 die nachfolgenden Aussagen deduktiv ableiten.

Aussage 4.1	*Die Cluster-Unternehmen **akzeptieren** KM-D **nur dann** in der ersten Phase des CSE, wenn weder Cluster-Manager noch Leitunternehmen noch Arbeitsgruppen zur Verfügung stünden.*
Aussage 4.2	*Der LDL **akzeptiert** KM-D **nur dann** in der ersten Phase des CSE, wenn weder Cluster-Manager noch Leitunternehmen noch Arbeitsgruppen zur Verfügung stünden.*
Aussage 4.3	*Die Cluster-Unternehmen **akzeptieren** KM-D **nur dann** in der zweiten Phase des CSE, wenn weder Cluster-Manager noch Leitunternehmen noch Arbeitsgruppen zur Verfügung stünden.*
Aussage 4.4	*Der LDL **akzeptiert** KM-D **nur dann** in der zweiten Phase des CSE, wenn weder Cluster-Manager noch Leitunternehmen noch Arbeitsgruppen zur Verfügung stünden.*
Aussage 4.5	*Die Cluster-Unternehmen **akzeptieren** KM-D **nur dann** in der dritten Phase des CSE, wenn der Cluster-Manager und die Leitunternehmen nicht zur Verfügung stünden.*
Aussage 4.6	*Der LDL **akzeptiert** KM-D **nur dann** in der dritten Phase des CSE, wenn weder Cluster-Manager noch Leitunternehmen noch Arbeitsgruppen zur Verfügung stünden.*
Aussage 4.7	*Die Cluster-Unternehmen **akzeptieren** KM-D **nur dann** in der vierten Phase des CSE, wenn weder Cluster-Manager noch Leitunternehmen noch Arbeitsgruppen zur Verfügung stünden.*
Aussage 4.8	*Der LDL **akzeptiert** KM-D **nur dann** in der vierten Phase des CSE, wenn weder Cluster-Manager noch Leitunternehmen noch Arbeitsgruppen zur Verfügung stünden.*

Tabelle 4-14: Aus These 4 deduktiv abgeleitete Aussagen.

4.4 Explanation und Exploration: Effiziente Koordinationsmuster für das Cluster Service Engineering – Erkenntnisse und Erkenntnistransfer in die Praxis

Nach der deskriptiven Analyse und der Konkretisierung der theoriegeleitet entwickelten Thesen anhand der real existierenden Cluster Governance (18 Aussagen in *Kapitel 4.3*) folgt in *Kapitel 4.4* die explanatorische Analyse. Dabei wird das Ziel verfolgt, den vermuteten Zusammenhang zwischen der Cluster Governance und der Koordination des CSE einer ersten Prüfung zu unterziehen. Darüber hinaus sollen im Rahmen der explorativen Untersuchung alternative Erklärungsansätze und Lösungsideen entwickelt werden.

In *Kapiteln 4.4.1* bis *4.4.4* wird die Effizienz der Koordinationsmuster *KM-A* bis *KM-D* aus der Perspektive von Cluster-Unternehmen und aus der Perspektive eines LDL beleuchtet. Dazu werden zehn explorative Expertengespräche analysiert. Sechs Gespräche wurden mit leitenden Mitarbeitern der Cluster-Unternehmen geführt, vier Gespräche mit Führungskräften eines international tätigen Logistikunternehmens. Im Rahmen der Expertengespräche werden die Experten nach den von ihnen präferierten Koordinationsmustern befragt. Bei den Gesprächen mit beiden Expertengruppen wurden neben den Präferenzen bzgl. der realen

Cluster Governance zwei weitere fiktive Ausprägungen der Cluster Governance abgefragt: Fall 2 entspricht der Cluster Governance des Automotive-Clusters Mittelhessen ohne Cluster-Manager und Fall 3 entspricht der Cluster Governance des Automotive-Clusters Mittelhessen ohne Cluster-Manager und ohne Leitunternehmen.

In *Kapitel 4.4.5* werden die theoriegeleitet entwickelten Thesen einer Prüfung unterzogen. Dazu werden die aus den Thesen abgeleiteten 18 Aussagen über die Präferenzen der Akteure bei der Wahl von Koordinationsmustern einem *Falsifikationsversuch* unterzogen. Anschließend werden zur Steigerung der internen Validität der Ergebnisse mögliche *alternative Erklärungsansätze* zur Erklärung der empirischen Forschungsresultate kritisch diskutiert.

4.4.1 Ergebnisse einer Expertenbefragung zur Entscheidungskoordination im Referenzprozess des Cluster Service Engineering

Phase 1 des Cluster Service Engineering: Partnervorauswahl, Kooperationsfeldwahl und Auslagerungsentscheidung

Die ***Koordination durch einen Cluster-Manager (KM-A)*** steht lediglich in Fall 1 zur Option.[210] Aus den Expertengesprächen mit Cluster-Experten folgt, dass die Entscheidungskoordination durch den Cluster-Manager in der ersten Phase des CSE den größten Zuspruch findet.

KM	EX	Fall 1	Fall 2	Fall 3	Begründung
KM-A, Phase 1, U_I	1	●	./.	./.	– (+) Neutralität des CM.[211] – (+) Positive Erfahrungen mit dem CM bei der Koordination von Selektionsentscheidungen (Partner- und Themenwahl).[212]
	2	●	./.	./.	– (+) Positive Erfahrungen mit dem CM bei der Koordination von Selektionsentscheidungen (Themenwahl).[213]
	3	●	./.	./.	– (+) Neutralität des CM.[214] – (+) Positive Erfahrungen mit dem CM bei der Koordination von Selektionsentscheidungen (Themenwahl).[215]
	4	●	./.	./.	– (+) Neutralität des CM.[216] – (+) Positive Erfahrungen mit dem CM bei der Koordination von Selektionsentscheidungen (Kooperationsthemen- und Partnerwahl).[217]
	5	●	./.	./.	– (+) Neutralität des CM.[218] – (+) Positive Erfahrungen mit dem CM bei der Koordination von Selektionsentscheidungen (Themenwahl).[219]
	6	●	./.	./.	– (+) Weitgehende Neutralität des CM.[220] – (+) Positive Erfahrungen mit dem CM bei der Koordination von Selektionsentscheidungen (Themen- und Partnerwahl).[221]

● : KM wird präferiert   O : KM wird nicht präferiert   ◑ : Administrative/beratende Unterstützung gewünscht

Tabelle 4-15: Beurteilung von KM-A in Phase 1 aus Sicht der Cluster-Experten.

---

[210] In den anderen Szenarien wird angenommen, dass kein Cluster-Mager für die Übernahme von Koordinationsleistungen zur Verfügung steht.

[211] Vgl. (EX-4-1), S. 5. *„[...] wir haben erlebt, dass das Sammeln und die Auswertung von Informationen ein ernsthaftes Problem darstellen kann, wenn man sich noch nicht zu 100% vertraut. In solch einer Situation*

Alle sechs Experten präferieren Koordinationsmusters *KM-A* bei der Koordination der Partnervorauswahl, der Kooperationsfeldwahl und der Auslagerungsentscheidung in Fall 1.[222] Alle sechs Experten erklären ihre Präferenz mit dem Argument, dass sie in der Vergangenheit bei der Koordination von Selektionsentscheidungen im Bereich der Partnerwahl und der Themenwahl mit dem Einsatz des Cluster-Managers positive Erfahrungen gemacht haben.[223] Weitere fünf Experten argumentieren, dass die Neutralität des Cluster-Managers besonders vorteilhaft ist und in der ersten Prozessphase genutzt werden sollte.[224] Sie führt ihrer Ansicht nach dazu, dass geringere Kontrollaufwendungen bei der Koordination anfallen und so durch einen Trade-off zwischen direkten Koordinationskosten und Kontrollkosten zu hohen Koordinationskosten in Summe führen.[225] In *Tabelle 4-15* (vorige Seite) ist die Beurteilung von *KM-A* aus der Sicht der befragten Experten der Cluster-Unternehmen dargestellt.

Aus den *Expertengesprächen mit LDL-Experten* folgt, dass auch aus der Sicht des LDL die Koordination der Entscheidungen in der ersten Prozessphase in Fall 1 durch den Cluster-Manager erbracht werden sollte. Alle vier Experten präferieren *KM-A*. Alle vier Experten berücksichtigen bei ihrer Beurteilung, dass der Cluster-Manager in der Vergangenheit auf der Ebene der Cluster-Initiative Entscheidungen im Rahmen der Partnerwahl und der Themenwahl für Kooperationsprojekte koordiniert hat. Ebenso begründen alle vier Experten, dass die Neutralität des Cluster-Managers *KM-A* vorteilhaft erscheinen lässt. Zwei Experten stellen das fachliche Know-how des Cluster-Managers zur Durchführung der Koordinationsleistung in Frage, kommen jedoch zu dem Ergebnis, dass dieses Problem durch eine fachliche Beratung durch den LDL zu lösen ist. Diese und weitere Argumentationen sind in *Tabelle 4-16* zusammengefasst.

---

muss man einen neutralen Koordinator einsetzen, wenn man ihn im Cluster hat, und entsprechend positive Erfahrungen aus vergleichbaren Problemstellungen vorliegen", so der Experte.

212 Vgl. (EX-4-1), S. 5.

213 Vgl. (EX-4-2), S. 5. Der Experte bezieht sich auch auf gute Erfahrungen bei der Koodination der Partnerwahl in der Cluster-Initiative in der Vergangenheit. Er denkt, dass der Cluster-Manager ebenso bei der Koordination der Partnerwahl einer Logistikkooperation eingesetzt werden könnte. Siehe ebenda, S. 5.

214 Vgl. (EX-4-3), S. 5.

215 Vgl. (EX-4-3), S. 5. *„Wenn wir auch hierbei wie bei anderen Projektanbahungsphasen den Cluster-Manager einsetzen, haben wir eine hohe Prozesssicherheit und damit auch geringere Kosten. Die Koordination der Partnerwahl und die Koordination von Kooperationsfeldern stellen ja nicht wirklich komplett neue Probleme dar. Eigentlich ist so was in den Arbeitsgruppen des Clusters schon alles dagewesen"*, so der Experte.

216 Vgl. (EX-4-4), S. 5.

217 Vgl. (EX-4-4), S. 5 - 6.

218 Vgl. (EX-4-5), S. 6. Nach Ansicht des Experten hat sich der Cluster-Manager insbesondere bei der Partnerwahl bewährt. Siehe ebenda, S. 6.

219 Vgl. (EX-4-5), S. 6.

220 Vgl. (EX-4-6), S. 5.

221 Vgl. (EX-4-6), S. 7.

222 Vgl. (EX-4-1), S. 8.

223 Vgl. (EX-4-1), S. 8 und (EX-4-2), S. 7.

224 Siehe (EX-4-1), S. 5 und (EX-4-6), S. 5.

225 Vgl. (EX-4-1), S. 8; (EX-4-2), S. 7; (EX-4-3), S. 7; (EX-4-4), S. 7; (EX-4-5), S. 7 und (EX-4-6), S. 7.

KM	EX	Fall 1	Fall 2	Fall 3	Begründung
KM-A, Phase 1, LDL	7	●	./.	./.	– (+) Positive Erfahrungen mit dem CM bei der Koordination von Selektionsentscheidungen (Partner- und Themenwahl).[226] – (+) Geringere Koordinationskosten als in KM-C, da Kostenaufteilung zwischen den Akteuren möglich ist.[227] – (-) Kosten der Kontrolle des CM fallen in KM-A an, die in KM-C nicht vorhanden sind.[228]
	8	●	./.	./.	– (+) Neutralität des CM.[229] – (+) Erfahrung des CM bei der Koordination von Entscheidungen bzgl. Kooperationsfeld- und Partnervorauswahl.[230] – (+) Bereits beim CM vorliegende Informationen über die Cluster-Unternehmen aus vorangegangenen Kooperationen.[231] – (-) Fachliches Know-how des Cluster-Managers nicht notwendigerweise ausreichend für die erfolgreiche Koordination der Leistungsanbahnung.[232]
	9	●	./.	./.	– (+) Neutralität des CM.[233] – (+) Erfahrung des Cluster-Managers bei der Koordination von Entscheidungen bzgl. Kooperationsfeld- und Partnervorauswahl.[234]
	10	●	./.	./.	– (+) Neutralität des CM.[235] – (+) Ggf. nicht ausreichende fachliche Qualifikation des CM.[236] – (+) Koordinationskompetenz des CM durch Koordination früherer Entscheidungen im Cluster gegeben.[237]

● : KM wird präferiert   O : KM wird nicht präferiert   ◑ : Administrative/beratende Unterstützung gewünscht

Tabelle 4-16: Beurteilung von KM-A in Phase 1 aus Sicht der LDL-Experten.

Die ***Koordination durch ein Leitunternehmen*** steht in Fall 1 und Fall 2 zur Option. In Fall 1 wird *KM-B* von keinem der Cluster-Unternehmen präferiert. Die Cluster-Experten begründen dies mit der fehlenden Neutralität eines Leitunternehmens und den daraus resultierenden hohen Kontrollkosten für die Kooperationspartner. Der Cluster-Manager stellt daher in der Rolle des Koordinators eine bessere Lösung dar. Ist kein Cluster-Manager vorhanden, wird das Leitunternehmen von vier der sechs Experten als Akteur berücksichtigt, jedoch werden ihm nur administrative Tätigkeiten bei der Organisation von Gremiensitzungen und bei der Ansprache von potenziellen Kooperationspartnern zugesprochen. Eine Koordinationsleistung

[226] Vgl. (EX-4-7), S. 8. Der Experte kommt zu dem Ergebnis, dass das Vertrauensniveau zwischen den Unternehmen im Cluster und zw. den Unternehmen und dem LDL darüber entscheidet, ob *KM-A* oder *KM-C* zu präferieren ist.

[227] Vgl. (EX-4-8), S. 8 und S. 9. *„Wenn man einen Koordinator hernimmt, der nicht neutral ist, hat man gleich in der ersten Phase des Prozesses eine Sichtweise drin, die nicht zielführend ist"*, so der Experte.

[228] Vgl. (EX-4-8), S. 8.

[229] Vgl. (EX-4-8), S. 8. *„Was schon gesammelt und zusammengefasst ist, kann genutzt werden, wenn sich der Cluster-Manager jemanden sucht, der in der Lage ist, das widerzuspiegel"*, so der Experte.

[230] Vgl. (EX-4-8), S. 9.

[231] Vgl. (EX-4-9), S. 6.

[232] Vgl. (EX-4-9), S. 6.

[233] Vgl. (EX-4-10), S. 8. *„Der Cluster-Manager hat die größten Aussichten auf Erfolg, da er als neutraler Partner im Cluster als Insider agieren kann"*, so der Experte.

[234] Vgl. (EX-4-10), S. 8. *„Es kommt daraus an, wo der Cluster-Manager herkommt. Wenn es ein Ingenieur ist, kein Fachmann für logstische Lösungen ist, dann wird der LDL wahrscheinlich mehr Know-how mitbringen, um die Probleme zu erkennen und Lösungen aufzuzeigen"*, so der Experte.

[235] Vgl. (EX-4-10), S. 8.

[236] Siehe (EX-4-7), S. 8, (EX-4-8), S. 8, (EX-4-9), S. 6 und (EX-4-10), S. 8.

[237] Siehe (EX-4-7), S. 8, (EX-4-8), S. 8 und S. 9, (EX-4-9), S. 6 und (EX-4-10), S. 8.

im Sinne des in Form von *KM-B* beschriebenen Koordinationsmusters lehnen die Experten ab, siehe *Tabelle 4-17*.

KM	EX	Fall 1	Fall 2	Fall 3	Begründung
KM-B, Phase 1, U_i	1	○	◑	./.	– (+) Fehlende Neutralität, Gefahr durch Übervorteilung des LU.[238] – (+) Hohe direkte Koordinationskosten wg. formeller Kommunikation.[239] – (+) In Fall 2 könnte administrative Unterstützung durch LU erfolgen.[240]
	2	○	◑	./.	– (-) Fehlende Neutralität des LU führt zu hohen Kontrollkosten.[241] – (+) In Fall 2 geringe direkte Kosten im Vergleich zu KM-C und KM-D.[242]
	3	○	◑	./.	– (-) Hohe Koordinationskosten durch formelle Kommunikation.[243] – (+) In Fall 2 könnte Unterstützung bei der Suche nach geeigneten Kooperationspartnern durch LU effizienzsteigernd wirken.[244]
	4	○	○	./.	– (-) Fehlende Neutralität des LU.[245] – (+) Geringe direkte Kosten in Fall 2.[246] – (-) Zu hohe Controllingkosten in Fall 2.[247]
	5	○	◑	./.	– (-) Gefahr von Informationsverzerrungen.[248] – (+) In Fall 2 Vorteile bei administrativer Unterstützung durch LU in KM-C.[249]
	6	○	○	./.	– (-) Keine Möglichkeit zur Reduzierung direkter Koordinationskosten.[250] – (-) In Fall 2 geringe direkte Koordinationskosten, aber erhebliche Kontrollkosten durch Verhinderung einer Übervorteilung des LU.[251]

● : KM wird präferiert ○ : KM wird nicht präferiert ◑ : Administrative/beratende Unterstützung gewünscht

Tabelle 4-17: Beurteilung von KM-B in Phase 1 aus Sicht der Cluster-Experten.

Aus den *Expertengesprächen mit LDL-Experten* folgt, dass *KM-B* von allen vier Experten abgelehnt wird, wenn der Cluster-Manager zur Verfügung steht (Fall 1).[252] Sie begründen dies mit einer nicht ausreichenden fachlichen Qualifikation der Leitunternehmen und mit ihrer fehlenden Neutralität. Darüber hinaus sind die Experten skeptisch bzgl. der Akzeptanz der

[238] Vgl. (EX-4-1), S. 6.
[239] Siehe (EX-4-10), S. 8
[240] Vgl. (EX-4-1), S. 6 - 7.
[241] Vgl. (EX-4-1), S. 9.
[242] Vgl. (EX-4-2), S. 6 und S. 7.
[243] Vgl. (EX-4-2), S. 7.
[244] Vgl. (EX-4-3), S. 6.
[245] Vgl. (EX-4-3), S. 8.
[246] Vgl. (EX-4-4) , S. 6.
[247] Vgl. (EX-4-4), S. 8.
[248] Vgl. (EX-4-4), S. 8.
[249] Vgl. (EX-4-5), S. 1 - 2.
[250] Vgl. (EX-4-5), S. 7.
[251] Vgl. (EX-4-6), S. 5.
[252] Vgl. (EX-4-6), S. 7.

Leitunternehmen bei den Cluster-Unternehmen, da in der Historie des Clusters eine vergleichbare Leistung von Leitunternehmen nicht erbracht wurde.[253]

KM	EX	Fall 1	Fall 2	Fall 3	Begründung
KM-B, Phase 1, LDL	7	◑	◑	./.	– (-) Es liegen keine positiven Erfahrungen mit LU bei der Koordination von Selektionsentscheidungen (Partner- und Themenwahl) vor.[254] – (+) Unterstützung des LDL bei der Erstansprache der Cluster-Unternehmen durch geliehenes Vertrauen.[255]
	8	◑	●	./.	– (-) Fehlende Neutralität der LU.[256] – (+) In Fall 1 sind Leitunternehmen als Eintrittskarte in das Cluster zu nutzen, da sie den LDL in das Cluster einführen können.[257] – (+) In Fall 2 und Fall 3 administrative Unterstützung durch LU vorteilhaft zur Prozessbeschleunigung.[258]
	9	◑	◑	./.	– (-) Opportunistisches Verhalten des LU führt zu Kontrollproblemen.[259] – (+) LU können genutzt werden, um das anvisierte Projekt in der ersten Phase des CSE im Cluster bekannt zu machen.[260] – (+) In Fall 2 und Fall 3 administrative Unterstützung durch LU vorteilhaft zur Prozessbeschleunigung.[261]
	10	◑	◑	./.	– (+) Motivation des LU hoch, wenn es in besonderem Maße von den Kooperationen profitieren kann.[262] – (-) Fachliche Kompetenz des LU ist nicht sichergestellt.[263] – (+) LU kann als fachlicher Coach der Koordinatoren eingesetzt werden, wenn es die entsprechenden Logistik-Kompetenzen besitzt.[264]

● : KM wird präferiert   O : KM wird nicht präferiert   ◑ : Administrative/beratende Unterstützung gewünscht

Tabelle 4-18: Beurteilung von KM-B in Phase 1 aus Sicht der LDL-Experten.

Allerdings sind alle Experten der Überzeugung, dass Leitunternehmen in der ersten Prozessphase eine unterstützende Rolle durch administrative Unterstützung oder fachliche Beratung erbringen können. In *Tabelle 4-18* wird die Beurteilung des Koordinationsmusters *KM-B* durch die Experten der Unternehmen dargestellt.

---

253 Siehe (EX-4-7), S. 8.

254 Vgl. (EX-4-7), S. 8.

255 Vgl. (EX-4-7), S. 8 und S. 12. Mit der Unterstützung eines Leitunternehmens kann der LDL nach Ansicht des Experten als vertrauenswürdiger Partner in das Cluster eingeführt werden: *„Ich denke, das funktioniert vor allem dann gut, wenn dieses Leitunternehmen bereits über Projekterfahrung mit uns verfügt"*, ebenda S. 12. Da in Fall 3 kein Leitunternehmen zur Verfügung steht, sollte hier einer der Kunden des LDL genutzt werden, um die Einführung in das Cluster zu unterstützen, siehe S. 15.

256 Vgl. (EX-4-8), S. 9.

257 Vgl. (EX-4-8), S. 9.

258 Vgl. (EX-4-8), S. 11. Der Experte geht davon aus, dass die Abstimmungskosten ohne zentral steuernden Akteur *„aus dem Ruder laufen"*, ebenda, S. 11.

259 Vgl. (EX-4-9), S. 6.

260 Vgl. (EX-4-9), S. 7. *„In der ersten Phase könnte man [...] das Leitunternehmen höchstens nutzen, um die Projektidee schnell im Cluster bekannt zu machen. Für die Koordination der Entscheidungen stellen diese Koordinationsformen aber keine Alternative dar"*, so der Experte.

261 Vgl. (EX-4-9), S. 9 und S. 11.

262 Vgl. (EX-4-10), S. 8.

263 *„Auch beim Leitunternehmen gilt aber: Von der Kompetenzseite kann das gut passen, vor allem wenn das Unternehmen selbst schon häufiger Ausschreibungen getätigt hat"*, (EX-4-10), S. 8.

264 *„Eine Aufgabe des Leitunternehmens könnte es auch sein, dass es seine Kollegen ins Boot holt, um die Kooperation zu initiieren und sich mögliche Kooperationsfelder auszudenken"*, (EX-4-10), S. 9.

Die ***Koordination im Rahmen von Gremiensitzungen (KM-C)*** steht in Fall 1, 2 und 3 zur Option. Aus den *Expertengesprächen mit Vertretern der Cluster-Unternehmen* folgt, dass diese Form der Entscheidungskoordination in Fall 1 keinen Zuspruch findet, jedoch in Fall 2 und Fall 3 das dominante Koordinationsmuster darstellt. In *Fall 1* sehen alle sechs befragten Experten höhere Koordinationskosten im *KM-C* im Vergleich zu *KM-A*, da von allen beteiligten Unternehmen Mitarbeiter zur Koordination der Entscheidungen in die Sitzungen entsendet werden müssen. In *Fall 2* und *Fall 3* werden von den Experten die höheren Koordinationskosten akzeptiert, da geringere Absicherungskosten (Kontrollkosten) im Vergleich zu den Koordinationsmustern *KM-B* und *KM-D* erwartet werden.[265] In *Tabelle 4-19* ist die Bewertung von *KM-C* aus der Sicht der befragten Experten der Unternehmen dargestellt.

KM	EX	Fall 1	Fall 2	Fall 3	Begründung
KM-C, Phase 1, U_I	1	○	●	●	– (-) Höhere direkte Koordinationskosten als beim KM-A.[266] – (-) In Fall 2 geringe Kontrollbedarfe.[267] – (+) In Fall 3 können sensible Informationen durch KM-C länger Cluster-intern behandelt werden.[268]
	2	○	●	●	– (-) In Fall 1 und 2 höhere Koordinationskosten als in KM-A und KM-B.[269] – (+) Deutlich geringere Kontrollkosten als in KM-B.[270] – (+) In Fall 3 kann durch KM-C eine Preisgabe sensibler Informationen verhindert werden.[271]
	3	○	●	●	– (-) Hohe direkte Abstimmungskosten im Vergleich zu KM-A.[272] – (+) In Fall 2 und Fall 3 geringe Opportunismusgefahr.[273] – (+) Geringere Koordinationskosten als in KM-D durch informelle und effizientere Kommunikation auf inoffiziellen Dienstwegen.[274]
	4	○	●	●	– (-) Hohe direkte Koordinationskoste der Partner.[275] – (-) In Fall 2 höhere direkte Koordinationskosten als bei KM-B. – (+) In Fall 2 bzw. 3 geringere Kontrollkosten als in KM-B bzw. KM-D.[276]
	5	○	●	●	– (-) Hohe Kosten der relationale Abstimmung.[277] – (+) In Fall 2 und Fall 3 kann auf vertrauensvolle Zusammenarbeit der handelnden Personen in der Arbeitsgruppe in der Vergangenheit aufgebaut werden.[278]
	6	○	●	●	– (-) Hohe direkte Abstimmungskosten der Unternehmen.[279] – (+) In Fall 2 geringere Kontrollkosten als in KM-B.[280] – (+) In Fall 3 geringere direkte Koordinations- und Kontrollkosten als in KM-D wegen effizienterer informeller Kommunikation.[281]

● : KM wird präferiert ○ : KM wird nicht präferiert ◑ : Administrative/beratende Unterstützung gewünscht

Tabelle 4-19: Beurteilung von KM-C in Phase 1 aus Sicht der Cluster-Experten.

[265] Somit bewerten die befragten Experten den Kosten-Trade-off zugunsten der Kontrollkostensenkung und damit zugunsten *KM-C*.
[266] Vgl. (EX-4-1), S. 9.
[267] Vgl. (EX-4-1), S. 9.
[268] Vgl. (EX-4-1), S. 11.
[269] Vgl. (EX-4-2), S. 6 und 7.
[270] Vgl. (EX-4-2), S. 7.
[271] Vgl. (EX-4-2), S. 9.
[272] Vgl. (EX-4-3), S. 6.
[273] Vgl. (EX-4-3), S. 8 und 10.
[274] Vgl. (EX-4-3), S. 8.

Aus den *Expertengesprächen mit Vertretern eines LDL* folgt, dass lediglich ein Experte zwischen *KM-A* und *KM-C* indifferent ist. Er befürwortet zumindest eine Beteiligung der Arbeitsgruppen an der Koordination der Partner- und der Themenauswahl im Fall 1.[282]

KM	EX	Fall 1	Fall 2	Fall 3	Begründung
KM-C, Phase 1, LDL	7	◑	●	●	– (+) KM-C kann eingesetzt werden, da positive Erfahrungen in der Cluster-Initiative vorliegen und die entsprechenden Gremien bereits gebildet wurden.[283] – (+) Frühzeitiger und intensiver Kontakt des LDL mit den Ui.[284] – (+) Geringe Kontrollkosten der Ui.[285] – (-) Höhere Koordinationskosten als bei KM-A.[286]
	8	○	○	○	– (-) Zu hohe Abstimmungskosten im vergleich zu KM-A.[287] – (-) Erfahrung aus vorangegangenen Kooperationen bei Abstimmungen hilft bei der effizienten Entscheidungskoordination nicht weiter.[288] – (-) Gefahr der zu frühzeitigen Koalitionsbildung der Unternehmen.[289]
	9	◑	●	●	– (+) Geringeres Risiko opportunistischen Verhaltens der Akteure.[290] – (-) Höhere Koordinationskosten als bei KM-A.[291] – (+) In Fall 1 kann die Arbeitsgruppe zur Vorstellung der anvisierten Projektidee genutzt werden.[292] – (+) In Fall 2 und Fall 3 stellt KM-C die effizienteste Koordinationsform dar, da kein Opportunitätsproblem zu erwarten ist.[293]
	10	○	●	●	– (-) Bei Arbeitsgruppen entstehen höhere Koordinationskosten als mit KM-A.[294] – (+) In Fall 2 geringere Opportunitätsprobleme als in anderen Koordinationsmustern.[295] – (-) In Fall 3 ist kein CSE vorgesehen.[296]

● : KM wird präferiert ○ : KM wird nicht präferiert ◑ : Administrative/beratende Unterstützung gewünscht

Tabelle 4-20: Beurteilung von KM-C in Phase 1 aus Sicht der LDL-Experten.

[275] Vgl. (EX-4-4) S. 5 - 6.
[276] Vgl. (EX-4-4), S. 6.
[277] Vgl. (EX-4-5), S. 5.
[278] Vgl. (EX-4-5), S. 7 und S. 9
[279] Vgl. (EX-4-6), S. 5.
[280] Vgl. (EX-4-6), S. 7.
[281] Vgl. (EX-4-6), S. 9.
[282] Vgl. (EX-4-7), S. 8.
[283] Vgl. (EX-4-7), S. 8.
[284] Dadurch, dass der LDL mit den Unternehmen des Clusters bereits in der ersten Phase des *CSE* an einem Tisch sitzt, kann frühzeitig das für die Kooperation erforderliche Vertrauen aufgebaut werden, vgl. (EX-4-7), S. 8. Durch das frühe persönliche Kennenlernen der handelnden Personen können nach Ansicht des Experten emotionale Barrieren abgebaut werden. Siehe dazu (EX-4-7), S. 12.
[285] Vgl. (EX-4-7), S. 8.
[286] Vgl. (EX-4-7), S. 8.
[287] Die Koordination durch Beratungs- und Entscheidungsgremien verursacht aus der Sicht des Experten zu hohe direkte Abstimmungskosten, da solche Arbeitstreffen aus seiner Sicht selten effektiv ablaufen Vgl. (EX-4-8), S. 9. *„Ich sage Ihnen ganz ehrlich, ich kann mir nicht vorstellen, dass man da [mit KM-C] zu einem vernünftigen Ergebnis kommt"*, so der Experte, ebenda S. 12.
[288] Vgl. (EX-4-12), S. 12.
[289] *„In dem Moment, wo sich die Unternehmen als Einkaufsplattform organisieren, nutzt einem [...] die ganze Vorarbeit nichts mehr. Dann muss man sich dem Wettbewerb stellen. Ich sage Ihnen ganz ehrlich, aus unserer Sicht investieren wir in derartige Geschichten ganz wenig [...]"*, (EX-4-8), S. 14.
[290] Vgl. (EX-4-9), S. 7.

Ein Experte sieht einen Vorteil darin, Leitunternehmen bei der Kontaktanbahnung im Cluster zu nutzen. Alle Experten lehnen *KM-C* jedoch als alleinständiges Koordinationsmuster ab, da sie höhere Abstimmungskosten erwarten als in *KM-A*. Somit folgt, dass *KM-C* in Phase 1 als Koordinationsmuster abgelehnt wird, siehe *Tabelle 4-20* (vorige Seite). In Fall 2 und Fall 3 liegt aus der Sicht der LDL-Experten eine veränderte Situation vor. In Fall 2 präferieren drei der vier Experten *KM-C*. Sie sehen dann *KM-C* als effiziente Lösung an, da nur geringe Opportunismusprobleme erwartet werden.[297] Auch in Fall 3 liegt diese Einschätzung der Experten vor, siehe *Tabelle 4-20* (vorige Seite).[298]

Die ***Koordination von Entscheidungen durch den LDL*** steht in allen drei Fällen zur Option. Die befragten *Experten der verladenden Unternehmen* lehnen diese Koordinationsform ohne Einschränkung ab, vgl. *Tabelle 4-21*.

KM	EX	Fall 1	Fall 2	Fall 3	Begründung
KM-D, Phase 1, U_i	1	O	O	O	– (-) Erwartung von opportunistischem Verhalten.[299] – (-) In Phase 1 ist noch kein logistisches Expertenwissen erforderlich.[300] – (-) Der LDL kennt die informellen Kommunikationswege nicht und kann keine effiziente Abstimmung herbeiführen.[301]
	2	O	O	O	– (-) Der LDL soll in Fall 3 nicht zu früh involviert werden, um das Abfließen sensibler Informationen über die Projektpartner zu verhindern.[302]
	3	O	O	O	– (-) Gefahr durch opportunistisches Verhalten des LDL.[303] – (-) In Fall 1, 2 und 3 kann der LDL als externer Akteur keine vergleichbar effiziente Abstimmung herbeiführen.[304]
	4	O	O	O	– (-) In Fall 3 soll der LDL nicht einbezogen werden, um eine zu frühe Preisgabe sensibler Informationen zu verhindern.[305]
	5	O	O	O	– (-) In den Fällen 1,2 und 3 werden zu hohe Kontrollkosten erwartet.[306]
	6	O	O	O	– (-) In Fall 3 werden zu hohe Kontrollkosten erwartet.[307]

● : KM wird präferiert O : KM wird nicht präferiert ◑ : Administrative/beratende Unterstützung gewünscht

Tabelle 4-21: Beurteilung von KM-D in Phase 1 aus Sicht der Cluster-Experten.

291 Vgl. (EX-4-9), S. 7. Die Kosten der Abstimmung von Entscheidungen steigen nach Ansicht des Experten, wenn keine zentale Abstimmung der Entscheidungen erfolgt.

292 Vgl. (EX-4-9), S. 7. *„In der ersten Phase könnte man die Arbeitsgruppen [...] höchstens nutzen, um die Projektidee schnell im Cluster bekannt zu machen"*, so der Experte.

293 Vgl. (EX-4-9), S. 9 und S. 11.

294 Vgl. (EX-4-10), S. 8.

295 Vgl. (EX-4-10), S. 12.

296 Vgl. (EX-4-10), S. 13. *„Wir haben gesagt, dass der Vorteil des Clusters sein muss, dass man es wie einen Kunden behandeln kann. Wenn aber lediglich die Arbeitsgruppen als Koordinationsmittel zur Verfügung stehen, dann kann ich mir eine erfolgreiche Zusammenarbeit nur schwer vorstellen"*, so der Experte.

297 Siehe (EX-4-7), S. 8. (EX-4-9), S. 9 und S. 11 und (EX-4-10), S. 12.

298 Experte sieht *KM-C* in Fall 3 als effizientestes Koordinationsmuster an, er erwartet jedoch dennoch so hohe Koordinationskosten, dass eine pro-aktive Projektakquisition aus seiner Sicht nicht Erfolg versprechend sein wird. Siehe (EX-4-10), S. 13.

299 Vgl. (EX-4-1), S. 6.

300 Vgl. (EX-4-1), S. 7.

301 Vgl. (EX-4-1), S. 7.

Sie argumentieren mit der fehlenden Neutralität des LDL sowie mit dessen Unvermögen, eine effiziente Koordinationsleistung zu erbringen, da er die informellen Kommunikationswege des Clusters nicht kennt und diese nicht nutzen kann. Daher werden sowohl hohe direkte Koordinationskosten als auch hohe Kontrollkosten erwartet. Zwei der sechs Experten lehnen den LDL als Koordinator am CSE ab, um eine Verbreitung unternehmensspezifischen Daten außerhalb des Clusters zu verhindern.

KM	EX	Fall 1	Fall 2	Fall 3	Begründung
KM-D, Phase 1, LDL	7	◑	◑	◑	– (-) Geringere Effizienz, da geringeres Wissen über relevante Prozesse und keine pers. Beziehung zu den handelnden Personen.[308] – (+) Fachliche Beratung der koordinierenden Akteure angeraten.[309] – (-) Der LDL wird nicht als neutraler Partner wahrgenommen.[310]
	8	◑	◑	◑	– (+) Fachliches Know-how des LDL wirkt sich im Rahmen einer Beratungsleistung vorteilhaft auf die Entscheidungskoordination der koordinierenden Akteure aus.[311] – (-) Fehlende Neutralität aus der Sicht der Unternehmen.[312] – (+) In Fall 3 ist der LDL der einzige geeignete Akteur, da KM-C zu zu hohen Abstimmungskosten führen würde.[313]
	9	◑	◑	◑	– (-) Cluster-Unternehmen erwarten opportunistisches Verhalten seitens des LDL.[314] – (+) Hohe fachliche Kompetenz des LDL.[315] – (+) In Fall 2 und Fall 3 sollte der LDL die Koordinatoren fachlich unterstützen.[316]
	10	◑	◑	○	– (+) Hohe fachliche Kompetenz des LDL.[317] – (-) Geringes Vertrauen der Unternehmen gegenüber dem LDL.[318] – (+) Fachliche Beratung der Koordinatoren durch den LDL sinnvoll.[319] – (-) In Fall 3 ist kein CSE vorgesehen.[320]

● : KM wird präferiert ○ : KM wird nicht präferiert ◑ : Administrative/beratende Unterstützung gewünscht

Tabelle 4-22: Beurteilung von KM-D in Phase 1 aus Sicht der LDL-Experten.

302 Vgl. (EX-4-2), S. 9. Hier wird keine Aussage zu Fall 1 und Fall 2 getroffen. *KM-D* wird dort nicht in Erwägung gezogen.

303 Vgl. (EX-4-3), S. 6.

304 Vgl. (EX-4-3), S. 6., S. 8 und S. 10. Außerdem wird hier argumentiert, dass in der ersten Phase des *CSE* noch keine fachliche Beratung der Unternehmen erforderlich sei.

305 Vgl. (EX-4-4), S. 10. Eine Einschätzung in Fall 1 und Fall 2 wird nicht abgegeben.

306 Vgl. (EX-4-5), S. 5, 7 und 9.

307 Vgl. (EX-4-6), S. 9. Von dem Experten werden keine Aussagen zu *KM-D* in Phase 1 und 2 getroffen.

308 Vgl. (EX-4-7), S. 8. Die zuständigen Key-Account-Manager oder Business Development Manager sind gefordert, sich in die soziale Struktur des Clusters einzuarbeiten. Diese zusätzliche Informationsbeschaffung verursacht Kosten, die nach der Ansicht des Experten bei einer internen Koordination der Entscheidungen im Cluster vermieden werden können. Siehe (EX-4-7), S. 12.

309 Vgl. (EX-4-7), S. 8. *„Durch unsere Beratung kann verhindert werden, dass die Unternehmen schon am Anfang in die falsche Richtung laufen, wenn es um die Beurteilung möglicher Kooperationsfelder geht"*, so der Experte. Siehe dazu auch (EX-4-7), S. 12.

310 Vgl. (EX-4-7), S. 12. Der LDL wird nicht als neutraler Partner betrachtet, sondern bestenfalls als Kooperationspartner, der selbst in angemessener Weise bei den Kooperationseinsparungen berücksichtigt werden möchte, so der Experte.

311 Vgl. (EX-4-8), S. 8 - 9 und S. 12. *„Man braucht auf der Seite des Cluster-Managers eine Nummer Zwei, die sich um das Thema Logistik kümmert. [...] Man braucht einen Akteur, der aus der Materie kommt"*, so der Experte, S. 9 ebenda.

Aus den *Expertengesprächen mit dem LDL* folgt, dass keiner der Experten eine Koordination durch den LDL präferiert. Die Experten begründen dies mit der fehlenden Neutralität des LDL und der daraus resultierenden Gefahr des opportunistischen Verhaltens. Aus *Tabelle 4-21* folgt jedoch auch, dass von allen Experten eine beratende Leistung befürwortet wird, damit die koordinierenden Akteure insb. bei der Definition der entscheidungsrelevanten Informationen und bei der Datenanalyse auf das erforderliche Logistikwissen zurückgreifen können.[321]

Phase 2 des Cluster Service Engineering: Abstimmung der Leistungsanforderungen und der Partnerwahl

Die ***KM-A*** wird auch in der zweiten Prozessphase von allen *Experten der Cluster-Unternehmen* präferiert,[322] siehe *Tabelle 4-23*.

KM	EX	Fall 1	Fall 2	Fall 3	Begründung
KM-A, Phase 2, U_i	1	●	./.	./.	– (+) Neutralität des CM.[323] – (+) Positive Erfahrungen mit dem CM.[324] – (-) Fehlendes logistisches Expertenwissen des CM.[325]
	2	●	./.	./.	– (+) Positive Erfahrungen mit dem CM bei der Koordination.[326] – (-) Fehlendes logistisches Expertenwissen des CM.
	3	●	./.	./.	– (+) Neutralität des CM.[327] – (+) Erprobte informelle Abstimmungsprozesse. – (-) Fehlendes logistisches Expertenwissen des CM.[328]
	4	●	./.	./.	– (+) Neutralität des CM.[329] – (-) Fehlendes logistisches Expertenwissen des CM.[330]
	5	●	./.	./.	– (+) Neutralität des CM.[331] – (+) Positive Erfahrungen mit dem CM bei der Themenwahl.[332]
	6	●	./.	./.	– (+) Weitgehende Neutralität des CM.[333] – (-) Fehlendes logistisches Expertenwissen des CM.[334]

● : KM wird präferiert   O : KM wird nicht präferiert   ◑ : Administrative/beratende Unterstützung gewünscht

Tabelle 4-23: Beurteilung von KM-A in Phase 2 aus Sicht der Cluster-Experten.

[312] Vgl. (EX-4-8), S. 9. *„Wenn man einen Koordinator einsetzt, der nicht neutral ist, hat man gleich in der ersten Phase des Prozesses eine Sichtweise drin, die nicht zielführend ist"*, so der Experte.

[313] *„Vorinvestition heißt, ich marschiere hier von einer Firma zur anderen und stelle den Kollegen mein Konzept vor"*, so der Experte, (EX-4-8), S. 13 - 14.

[314] Vgl. (EX-4-9), S. 7.

[315] Vgl. (EX-4-9), S. 7.

[316] Vgl. (EX-4-9), S. 9 und S. 11. Eine Unterstützung kann bei der Informationsbeschaffung und der Informationsauswertung erfolgen.

[317] Vgl. (EX-4-10), S. 9.

[318] Vgl. (EX-4-10), S. 9.

[319] Vgl. (EX-4-10), S. 9.

[320] Vgl. (EX-4-10), S. 13. *„Wir haben gesagt, dass der Vorteil des Clusters sein muss, dass man es wie einen Kunden behandeln kann. Wenn aber lediglich die Arbeitsgruppen als Koordinationsmittel zur Verfügung stehen, dann kann ich mir eine erfolgreiche Zusammenarbeit nur schwer vorstellen"*, so der Experte.

[321] Vgl. (EX-4-7), S. 8; (EX-4-8), S. 8 - 9 und S. 12, (EX-4-9), S. 9 und S. 11 sowie (EX-4-10), S. 9.

[322] Vgl. (EX-4-1), S. 8; (EX-4-2), S. 7; (EX-4-3), S. 7; (EX-4-4), S. 7; (EX-4-5), S. 7 und (EX-4-6), S. 7.

[323] Vgl. (EX-4-1), S. 8, (EX-4-2), S. 8.

[324] Vgl. (EX-4-1), S. 5 - 6 in Verbindung mit S. 7.

[325] Vgl. (EX-4-1) S. 5 - 6 in Verbindung mit S. 7.

[326] Vgl. (EX-4-1), S. 6.

[327] Vgl. (EX-4-2), S. 6.

Fünf Cluster-Unternehmen begründen ihre Präferenz mit den Vorteilen einer neutralen Entscheidungskoordination. Vier Experten argumentieren, dass der Einsatz bewährter Koordinationsinstrumente die Effizienz der Abstimmung steigern kann, und verweisen auf die Koordinationstätigkeiten des Cluster-Managers in der Vergangenheit bei der Koordination von Selektionsprozessen. Fünf Experten argumentieren, dass in der zweiten Prozessphase bei der Definition entscheidungsrelevanter Informationen logistisches Expertenwissen erforderlich wird, das ein Cluster-Manager nicht zwingend einbringen kann.

Aus den *Expertengesprächen mit Vertretern des LDL* folgt, dass in Phase 2 das Koordinationsmuster *KM-A* ebenfalls mehrheitlich präferiert wird,[335] siehe *Tabelle 4-24*.

KM	EX	Fall 1	Fall 2	Fall 3	Begründung
KM-A, Phase 2, LDL	7	●	./.	./.	– (+) Positive Erfahrungen mit dem CM bei der Koordination von Koordinationsentscheidungen (Partner- und Themenwahl).[336]
	8	●	./.	./.	– (+) Neutralität des Cluster-Managers.[337] – (+) Erfahrungen des Cluster-Managers bei der Koordination von Entscheidungen bzgl. Kooperationsfeld- oder Partnervorauswahl. – (-) Fachliches Know-how des Cluster-Managers nicht notwendigerweise ausreichend für eine erfolgreiche Koordiantion.[338]
	9	●	./.	./.	– (+) Neutralität des Cluster-Managers.[339] – (+) Erfahrung des Cluster-Managers bei der Koordination von Entscheidungen bzgl. Kooperationsfeld- und Partnervorauswahl.[340]
	10	●	./.	./.	– (+) Neutralität des CM führt zu höherer Akzeptanz als bei anderen Koordinationsmustern.[341] – (-) Eingeschränkte fachliche Kompetenz des CM.[342] – (+) CM soll als Kommunikator und Vertrauensmann im Cluster die Koordinationsleistung mit Unterstützung des LDL erbringen.[343] – (-) In Fall 3 ist kein CSE vorgesehen.[344]

● : KM wird präferiert O : KM wird nicht präferiert ◑ : Administrative/beratende Unterstützung gewünscht

Tabelle 4-24: Beurteilung von KM-A in Phase 2 aus Sicht der LDL-Experten.

[328] Vgl. (EX-4-3), S. 6.
[329] Vgl. (EX-4-3), S. 6.
[330] Vgl. (EX-4-4), S. 6. *„Eine gewisse Neutralität und Objektivität ist in dieser Phase sehr wichtig. Als neutraler Partner hat der Cluster-Manager diese Rolle in der Vergangenheit gut ausgefüllt“*, so der Experte.
[331] Vgl. (EX-4-4), S. 6.
[332] Vgl. (EX-4-5), S. 6.
[333] Vgl. (EX-4-5), S. 6.
[334] Vgl. (EX-4-6), S. 6.
[335] Vgl. (EX-4-6), S. 6.
[336] Vgl. (EX-4-7), S. 9. Der Cluster-Manager kann nach Ansicht des Experten die Koordinationsleistung als neutraler Akteur am effektivsten erbringen.
[337] Vgl. Der Experte argumentiert wie in Phase 1 des CSE, siehe (EX-4-8), S. 9.
[338] Vgl. Der Experte argumentiert wie in Phase 1 des CSE, siehe (EX-4-8), S. 9 und S. 14.
[339] Vgl. (EX-4-9), S. 7.
[340] Vgl. (EX-4-9), S. 7.
[341] Vgl. (EX-4-10, S. 9. *„Dies setzt jedoch voraus, dass die Unternehmen die erforderlichen Faktoren auf den Tisch legen. Da geht es nicht nur darum, die Informationen zu beschaffen. Zuerst muss klar sein, welche Informationen gebracht werden“*, so der Experte.

Drei Experten berücksichtigen bei ihrer Entscheidung, dass der Cluster-Manager in der Historie des Clusters bereits Selektionsentscheidungen koordiniert hat.[345] Drei Experten argumentieren mit der Neutralität des Cluster-Managers, siehe die nachfolgende Tabelle.[346]

Die ***Koordination durch ein Leitunternehmen*** wird weder in Fall 1 noch in Fall 2 präferiert. Fünf von sechs Experten begründen dies mit der fehlenden Neutralität des Leitunternehmens. Jedoch wird eine Unterstützung koordinierender Akteure durch ein Leitunternehmen befürwortet, um fehlendes logistisches Expertenwissen anderer Akteure zu kompensieren. In Fall 1 wird von einem Experten eine administrative Unterstützung im Rahmen von *KM-C* durch ein Leitunternehmen befürwortet.[347]

KM	EX	Fall 1	Fall 2	Fall 3	Begründung
KM-B, Phase 2, U_I	1	◑	◑	./.	– (-) Hohe Kontrollkosten des LU.[348] – (+) In Fall 2 könnte administrative Unterstützung durch LU erbracht werden.[349]
	2	◑	○	./.	– (-) Fehlende Neutralität des LU führt zu hohen Kontrollkosten.[350] – (+) In Fall 1 sollte LU fachliche Beratung bei der Definition entscheidungsrelevanter Informationen leisten.[351]
	3	◑	○	./.	– (-) Fehlende Neutralität der LU. Daher sollte durch LU keine fachliche Beratung des CM erbracht werden.[352]
	4	◑	◑	./.	– (+) In Fall 1 sollte ein LU eine fachliche Beratung bei der Definition entscheidungsrelevanter Informationen leisten.[353] – (+) In Fall 2 sollte ein LU eine administrative Unterstützung bei der Entscheidungskoordination leisten.[354]
	5	○	○	./.	– (-) Eingeschränkte Neutralität des LU.[355] – (+) In Fall 2 wird administrative Unterstützung der Koordination durch das LU in KM-C empfohlen.[356]
	6	◑	◑	./.	– (-) Eingeschränkte Neutralität des LU wird in zweiter Prozessphase besonders kritisch betrachtet.[357]

● : KM wird präferiert ○ : KM wird nicht präferiert ◑ : Administrative/beratende Unterstützung gewünscht

Tabelle 4-25: Beurteilung von KM-B in Phase 2 aus Sicht der Cluster-Experten.

[342] Vgl. (EX-4-10), S. 9.

[343] Vgl. (EX-4-10), S. 9. *„Der Vertreter [Name des LDL] kann sicherlich sehr gut beurteilen, welche Partner in der Kooperation von der logistischen Seite gut passen würden und welche Potenziale in der Kooperation vorhanden sind. [...]Der Cluster-Manager ist dann der Koordinator, der Vertrauensmann und Kommunikator. Der LDL [...] ist der Berater, den man frägt, der das Know-how einbringt und Rede und Antwort steht"*, so der Experte.

[344] Vgl. (EX-4-10), S. 13. *„Wir haben gesagt, dass der Vorteil des Clusters sein muss, dass man es wie einen Kunden behandeln kann. Wenn aber lediglich die Arbeitsgruppen als Koordinationsmittel zur Verfügung stehen, dann kann ich mir eine erfolgreiche Zusammenarbeit schwer vorstellen"*, so der Experte.

[345] Vgl. (EX-4-7), S. 9; (EX-4-8), S. 9 und (EX-4-9), S. 7.

[346] Vgl. (EX-4-8), S. 9; (EX-4-9), S. 7 und (EX-4-10, S. 9.

[347] Vgl. (EX-4-5), S. 8. Dabei stehen die Terminkoordination der Arbeitssitzungen, die Einladung der Teilnehmer und die Bereitstellung der erforderlichen Infrastruktur im Vordergrund.

[348] Vgl. (EX-4-1), S. 7.

[349] Vgl. (EX-4-1), S. 9.

[350] Vgl. (EX-4-2), S. 6.

[351] Vgl. (EX-4-2) S. 6.

[352] Vgl. (EX-4-3), S. 6 und S. 8 - 9.

[353] Vgl. (EX-4-4), S. 6.

[354] Vgl. (EX-4-4), S. 8.

[355] Vgl. (EX-4-5), S. 6.

Ein weiterer Experte befürwortet die fachliche Beratung der koordinierenden Akteure durch ein kompetentes Leitunternehmen.[358] In Fall 2 wird *KM-B* von keinem Experten präferiert, jedoch empfehlen drei Experten eine administrative Unterstützung der koordinierenden Unternehmen bei der Einberufung von Beratungs- und Expertengremien in *KM-C*.

Aus den *Expertengesprächen mit Vertretern des LDL* ergibt sich, dass *KM-B* in Fall 1 von keinem Experten präferiert wird.[359] In Fall 2 sprechen sich jedoch drei der vier Experten für *KM-B* aus. Sie präferieren grundsätzlich eine Koordination durch einen zentralen Koordinator und präferieren ein Leitunternehmen aus Mangel an alternativen Cluster-internen Koordinatoren.[360] Eine eigene zentrale Koordination lehnen die Experten ab, da sie massive Vertrauensprobleme erwarten, wenn der LDL die Koordination in der zweiten Prozessphase übernehmen würde, siehe *Tabelle 4-26*.

KM	EX	Fall 1	Fall 2	Fall 3	Begründung
KM-B, Phase 2, LDL	7	○	○	./.	– (-) Es liegen keine positiven Erfahrungen mit LU bei der Koordination von Selektionsentscheidungen (Partner- und Themenwahl) vor.[361]
	8	○	●	./.	– (-) Fehlende Neutralität.[362] – (-) Logistikkompetenzen der Leitunternehmen nicht sichergestellt.[363] – (+) In Fall 2 sind steht nur das LU als zentral koordinierender Akteur zur Verfügung.[364]
	9	○	●	./.	– (-) Gefahr vor opportunistischem Verhalten aus der Sicht der Cluster-Unternehmen führt zu einem vermeidbaren Kontrollproblem.[365] – (+) In Fall 2 sind steht nur das LU als zentral koordinierender Akteur zur Verfügung.[366]
	10	○	●	./.	– (-) Vertrauensprobleme durch fehlende Neutralität des LU.[367] – (+) In Fall 2 ist das LU der einzige vorhandene zentrale Koordinator im Cluster.[368]

● : KM wird präferiert ○ : KM wird nicht präferiert ◑ : Administrative/beratende Unterstützung gewünscht

Tabelle 4-26: Beurteilung von KM-B in Phase 2 aus Sicht der LDL-Experten.

[356] Vgl. (EX-4-5), S. 8.

[357] Vgl. (EX-4-6), S. 6.

[358] Vgl. (EX-4-4), S. 8.

[359] Sie argumentieren mit fehlender Neutralität des Leitunternehmens, ggf. nicht ausreichender Logistikkompetenz und (unter Bezugnahme auf die Cluster Governance) fehlender Koordinationserfahrung, siehe *Tabelle 4-28*.

[360] Vgl. (EX-4-8), S. 9; (EX-4-9), S. 7 und S. 10 sowie (EX-4-10), S. 9.

[361] Vgl. (EX-4-7), S. 9.

[362] Vgl. (EX-4-8), S. 9.

[363] Vgl. (EX-4-8), S. 9 und S. 14.

[364] Vgl. (EX-4-8), S. 12 und S. 14.

[365] Vgl. (EX-4-9), S. 7 und S. 10.

[366] Vgl. (EX-4-9), S. 7 und S. 10.

[367] Vgl. (EX-4-10), S. 9.

[368] Vgl. (EX-4-10), S. 12. Der Experte vergleicht ein Cluster-Projekt mit einem Global Key Accoutn und zieht Parallelen. Er kann sich eine Koordination der Entscheidungen in Phase 2 ohne zentralen Koordinator nicht vorstellen. Siehe ebenda, S. 12.

Die ***Koordination im Rahmen von Gremiensitzungen (KM-C)*** steht in Fall 1, 2 und 3 zur Option. Aus den Expertengesprächen folgt wie in Phase 1, dass diese Form der Entscheidungskoordination in Fall 1 keinen Zuspruch findet. Die Ablehnung des *KM-C* folgt aus der bereits dargestellten Dominanz des *KM-A* in Phase 2. *KM-C* wird im direkten Vergleich wegen der hohen Abstimmungskosten der Akteure abgelehnt, die in *KM-A* niedriger eingestuft werden.[369] In Fall 2 wird die Koordination im Rahmen von Beratungs- und Entscheidungsgremien jedoch durchweg bevorzugt. Fünf Experten gehen von geringeren Kosten der Kontrolle aus, wenn eine dezentrale Abstimmung der Entscheidungen unter ihrer persönlichen Beteiligung erfolgt.[370] Die Beurteilungen der Experten sind in *Tabelle 4-27* dargestellt.

KM	EX	Fall 1	Fall 2	Fall 3	Begründung
KM-C, Phase 2, U_i	1	○	●	●	– (-) Höhere direkte Abstimmungskosten als beim KM-A.[371] – (-) In Fall 2 geringe Kontrollbedarfe.[372] – (-) In Fall 3 können sensible Informationen durch KM-C länger Cluster-intern behandelt werden.[373]
	2	○	●	●	– (-) In Fall 2 höhere Koordinationskosten als in KM-B.[374] – (+) In Fall 2 und 3 geringere Kontrollkosten als in KM-B.[375]
	3	○	●	●	– (+) In Fall 2 und Fall 3 sprechen gute Erfahrungen bei Abstimmungen für Selektionsentscheidungen in Arbeitssitzungen für KM-C.[376] – (+) In Fall 3 profitiert die Koordination insbesondere durch die aufgebauten persönlichen Beziehungen zw. den handelnden Personen.[377]
	4	○	●	●	– (-) In Fall 2 höhere direkte Koordinationskosten als bei KM-B.[378] – (+) In Fall 2 geringere Kontrollkosten als in KM-B.[379]
	5	○	●	●	– (-) Hohe Kosten der dezentralen Abstimmung.[380] – (+) In Fall 2 geringere Kontrollkosten als in KM-B oder -D.[381] – (+) In Fall 3 profitiert die Koordination insbesondere durch die guten Erfahrungen mit den Abstimmungsprozessen in den Arbeitsgruppen.[382]
	6	○	●	●	– (-) In Fall 2 höhere direkte Abstimmungskosten als in KM-B.[383] – (+) In Fall 2 geringere Kontrollkosten als in KM-B.[384] – (+). In Fall 3 geringere Kosten als in KM-D wg. fehlender Neutralität.[385]

● : KM wird präferiert ○ : KM wird nicht präferiert ◑ : Administrative/beratende Unterstützung gewünscht

Tabelle 4-27: Beurteilung von KM-C in Phase 2 aus Sicht der Cluster-Experten.

[369] Vgl. (EX-4-1), S. 7; (EX-4-2), S. 6; (EX-4-4), S. 8 und (EX-4-5), S. 6.

[370] Vgl. Vgl. (EX-4-1), S. 9 - 10; (EX-4-2), S. 8; (EX-4-4), S. 8; (EX-4-5), S. 6 und (EX-4-6), S. 7. Die gleiche Expertengruppe erwartet höhere direkte Abstimmungskosten (Governance-Kosten) im Vergleich zu *KM-B*. Daraus lässt sich ableiten, dass ein Trade-off zwischen Governance-Kosten und Kontrollkosten (Messkosten) vorliegt, wobei die Kontrollkostenersparnis in *KM-C* den Anstieg der Governance-Kosten in *KM-C* in der Erwartung der Experten übersteigt.

[371] Vgl. (EX-4-1), S. 7.

[372] Vgl. (EX-4-1), S. 9 - 10.

[373] Vgl. (EX-4-1), S. 11.

[374] Vgl. (EX-4-2), S. 8.

[375] Vgl. (EX-4-2), S. 8. *„Das Primus-Inter-Paris Konzept funktioniert nur dann, wenn wirklich alle die gleichen Interessen verfolgen. […] Es reicht ja schon, wenn einer der Partner versucht, die besseren Stellplätze im Laderaum zu bekommen oder die Liefertageanpassung bei der Planung einseitig verläuft“*, so einer der Experten. Siehe Vgl. (EX-4-2), S. 8.

Auch in Fall 3 präferieren die Experten *KM-C*, jedoch argumentieren sie anders als in Fall 2. Sie sehen in Fall 3 den Vorteil in der Geheinhaltung sensibler Daten gegenüber dem LDL, wenn statt der Koordination durch den LDL die Koordination durch die Arbeitsgruppe erfolgt.[386]

Aus den *Expertengesprächen mit den LDL-Experten* folgt, dass kein Experte *KM-C* in Phase 2 Fall 1 bevorzugt. Die Experten assoziieren mit *KM-C* hohe Koordinationskosten im Vergleich zum Koordinationsmuster *KM-A*. Lediglich ein Experte befürwortet eine Einbindung der Arbeitsgruppen, um frühzeitig den Kontakt zwischen den beteiligten Koordinationspartnern zu fördern, siehe *Tabelle 4-28*. In Fall 2 und Fall 3 wird die Koordination durch Beratungs- und Entscheidungsgremien von einem Experten präferiert. Er begründet dies mit den geringeren Kontrollkosten im Vergleich zur Koordination durch den LDL oder durch ein Leitunternehmen (Fall 2).[387] Alle anderen Experten sprechen sich gegen eine Koordination durch Beratungs- und Entscheidungsgremien aus.

KM	EX	Fall 1	Fall 2	Fall 3	Begründung
KM-C, Phase 2, LDL	7	◑	●	●	– (+) Frühzeitiger und intensiver Kontakt des LDL mit den U_i.[388] – (+) Geringe Kontrollkosten der U_i.[389]
	8	○	○	○	– ./.[390]
	9	○	○	○	– (-) Koordinationskosten im Vergleich zum KM-A zu hoch, da kein zentraler Koordinator eingesetzt wird.[365] – (+) Hohe Koordinationskosten im Vergleich zu allen anderen Koordinationsmustern.[366]
	10	○	○	○	– (-) Höhere Koordinationskosten als in KM-A.[392] – (+) In Fall 3 ist kein CSE vorgesehen.[393]

● : KM wird präferiert ○ : KM wird nicht präferiert ◑ : Administrative/beratende Unterstützung gewünscht

Tabelle 4-28: Beurteilung von KM-C in Phase 2 aus Sicht der LDL-Experten.

[376] Vgl. (EX-4-3), S. 9 und S. 10. Der Experte betont, dass *„eingespielte Abstimmungsprozesse und die vorhandenen persönlichen Beziehungen der Teilnehmer der Arbeitsgruppen die Abstimmung in der Gruppe deutlich vereinfachen können"*, siehe (EX-4-3), S. 10.

[377] Vgl. (EX-4-3), S. 10.

[378] Vgl. (EX-4-4), S. 8.

[379] Vgl. (EX-4-4), S. 8. In Phase 3 wird bzgl. der Präferenz keine explizite Begründung abgegeben.

[380] Vgl. (EX-4-5), S. 6.

[381] Vgl. (EX-4-5), S. 6 in Verbindung mit S. 8.

[382] Vgl. (EX-4-5), S. 9.

[383] Vgl. (EX-4-6), S. 7.

[384] Vgl. (EX-4-6), S. 7.

[385] Vgl. (EX-4-6), S. 7.

[386] Vgl. (EX-4-1), S. 11 und (EX-4-2), S. 9. Darüber hinaus begründen die Experten ihre Präferenz mit den guten Erfahrungen, die mit der Koordination im Rahmen von Arbeitsgruppen bislang gemacht wurden. Von vergleichbaren Erfahrungen bezogen auf *KM-B* wurde im Cluster nicht berichtet. Siehe (EX-4-3), S. 10 und (EX-4-5), S. 9.

[387] Vgl. (EX-4-7), S. 10.

[388] Vgl. (EX-4-7), S. 10. Dabei sollte der LDL nach Ansicht des Experten selbst Mitglied der Beratungs- und Entscheidungsgremien im Cluster sein.

Die ***Koordination von Entscheidungen durch den LDL*** wird auch in der zweiten Prozessphase des CSE von den Cluster-Experten geschlossen abgelehnt.[394]

KM	EX	Fall 1	Fall 2	Fall 3	Begründung
KM-D, Phase 3, U_i	1	◑	◑	◑	– (-) Fehlende Neutralität des LDL.[495] – (+) Die Koordinationsleistung des LDL kann durch eine Informationsbeschaffung im Rahmen von Arbeitskreisen gesteigert werden.[496] – (+) In Fall 2 und 3 sollte der LDL die beratende Rolle bei der Definition entscheidungsrelevanter Informationen bzgl. der Entscheidung zum Prozess- und Konzeptdesigns einnehmen.[497]
	2	◑	○	○	– (-) Fehlende Neutralität des LDL.[498] – (-) Der LDL soll in Fall 3 nicht zu früh involviert werden, um das Abfließen sensibler Informationen über die Partner zu verhindern.[499] – (+) Fachliche Unterstützung der Akteure wird in Fall 1 empfohlen.[500]
	3	◑	◑	◑	– (-) Gefahr durch opportunistisches Verhalten des LDL.[501] – (+) In Fall 1, 2 und 3 kann der LDL als beratender Akteur die Effizienz der Entscheidungskoordination unterstützen.[502]
	4	◑	◑	◑	– (-) Fehlende Vertrauensbasis für eine Umsetzung von KM-D.[503] – (+) Höhere Kontrollkosten als in KM-C.[504] – (+) Geringere Koordinationskosten als in KM-C.[505] – (-) Eine fachliche Beratung der koordinierenden Akteure wird insb. bei der Definition entscheidungsrelevanter Informationen befürwortet.[506]
	5	○	○	○	– (-) Fehlende Neutralität des LDL.[507] – (-) LDL soll lediglich als fachlicher Ansprechpartner beteiligt werden, sofern kein Vertrauensverhältnis zu ihm besteht.[508]
	6	◑	◑	◑	– (-) Gefahr opportunistischen Verhaltens seitens des LDL.[509] – (-) Abstimmung über den „offiziellen Dienstweg" ist weniger effizient als wenn die „direkten Wege" im Cluster genutzt werden.[510] – (+) In Fall 1, 2 und 3 kann der LDL den koordinierenden Akteuren als fachlicher Berater zur Seite stehen.[511]

● : KM wird präferiert   ○ : KM wird nicht präferiert   ◑ : Administrative/beratende Unterstützung gewünscht

Tabelle 4-29: Beurteilung von KM-D in Phase 2 aus Sicht der Cluster-Experten.

[389] Vgl. (EX-4-7), S. 10. Wie in Phase 1 des *CSE* ist nach Ansicht des Experten das im Cluster gegebene Vertrauensniveau zwischen *Cluster-Manager CM* und Cluster-Unternehmen U_i und zwischen den U_i das relevante Kriterium, um aus *KM-A* und *KM-C* das effiziente Koordinationsmuster auszuwählen.

[390] Der Experte bgründet seine Beurteilung von *KM-C* in Phase 2 nicht explizit. Siehe auch (EX-4-8), S. 14.

[391] Vgl. (EX-4-9), S. 7.

[392] Vgl. (EX-4-10), S. 9. *„Ich bin da kein Freund von der dezentralen Koordination. Ich habe das Gefühl, dass die Partner hier nicht vorankommen würden"*, so der Experte.

[393] Vgl. (EX-4-10), S. 13. *„Wir haben gesagt, dass der Vorteil des Clusters sein muss, dass man es wie einen Kunden behandeln kann. Wenn aber lediglich die Arbeitsgruppen als Koordinationsmittel zur Verfügung stehen, dann kann ich mir eine erfolgreiche Zusammenarbeit nur schwer vorstellen"*, so der Experte.

[394] Vgl. (EX-4-9), S. 7.

[395] Vgl. (EX-4-1), S. 7.

[396] Vgl. (EX-4-1), S. 9. Diese Beratungsleistung wird aus der Sicht des Experten in der zweiten Prozessphase erforderlich, da eine höhere Prozessspezifität erreicht wird als in Phase 1. Insb. bei der Definition der entscheidungsrelevanten Informationen wird daher eine fachliche Beratung als erforderlich erachtet. Siehe (EX-4-1), S. 9 und S. 10.

[397] Vgl. (EX-4-2), S. 6. *„Für eine Beteiligung des LDL an der Koordination der Partnerwahl und der Projektwahl und die damit verbundene Abstimmung der Leistungsanforderungen sehe ich keine Vertrauensgrundlage. Be-*

Sie argumentieren erneut mit dem fehlenden Vertrauensverhältnis zwischen einem neu in das Cluster eintretenden LDL und den Cluster-Unternehmen und erwarten hohe Kontrollkosten bei einer Koordinationsleistung des LDL.[403] Jedoch wird in der zweiten Prozessphase dem LDL seitens der Experten eine beratende Rolle der koordinierenden Akteure zugesprochen. Insbesondere die Definition von entscheidungsrelevanten Informationen (Schritt 1 des Entscheidungsprozesses) ist demnach durch eine fachliche Beratung des LDL zu unterstützen.[404] Hier wird daher eine Modifikation der zur Disposition stehenden Koordinationsmuster vorgeschlagen.

KM	EX	Fall 1	Fall 2	Fall 3	Begründung
KM-D, Phase 2, LDL	7	◑	◑	◑	– (-) Geringere Effizienz, da geringeres Wissen über relevante Prozesse und keine pers. Beziehung zu den handelnden Personen.[406] – (-) Fehlendes vertrauen der Cluster-Unternehmen gegenüber dem LDL. – (+) Fachliche Beratung der koordinierenden Akteure wird in allen drei Fällen insb. im Rahmen der Potenzialanalyse angeraten.[407]
KM-D, Phase 2, LDL	8	◑	◑	◑	– (+) Fachliches Know-how des LDL wirkt sich im Rahmen einer Beratungsleistung vorteilhaft auf die Entscheidungskoordination der koordinierenden Akteure aus.[408] – (-) Fehlendes Vertrauen der CU gegenüber dem LDL.
KM-D, Phase 2, LDL	9	◑	◑	◑	– (-) Potenziell opportunistisches Verhalten des LDL aus der Sicht der Cluster-Unternehmen.[309] – (+) Hohe fachliche Kompetenz des LDL.[410] – (+) LDL sollte als Prozessberater eingebunden werden.[411] – (-) Fehlendes vertrauen der Cluster-Unternehmen gegenüber dem LDL.
KM-D, Phase 2, LDL	10	◑	◑	○	– (+) Fachliches Know-how des LDL kann in Beraterrolle genutzt werden.[412] – (-) In Fall 3 wird kein CSE praktiziert.[413]

● : KM wird präferiert ○ : KM wird nicht präferiert ◑ : Administrative/beratende Unterstützung gewünscht

Tabelle 4-30: Beurteilung von KM-D in Phase 2 aus Sicht der LDL-Experten.

vor dem Logistiker diese Aufgabe zugesprochen werden sollte, sollte es ein Leitunternehmen machen", so der Experte.

398 Vgl. (EX-4-2), S. 6: *„Hier kommt es nicht nur auf Koordinationserfahrung an, sondern auch auf das Fachwissen des Koordinators. Man kann nicht einfach davon ausgehen, dass der Cluster-Manager die erforderlichen Logistik- und Transportkenntnisse besitzt. Er sollte auf jeden Fall von einem erfahrenen Unternehmen, also einem Leitunternehmen oder vom Logistiker beraten werden"*, so der Experte.

399 Vgl. (EX-4-3), S. 6, S. 8 und S. 10.

400 Vgl. (EX-4-3), S. 4, S. 6. In Phase 2 handelt es sich dabei nach Ansicht des Experten vorwiegend um Informationen bzgl. der Logistikkonzepte der Partner bzgl. der strategischen Bedeutung der Logistik bei den beteiligten Partnern und um die ersten Erfahrungen im Rahmen der Zusammenarbeit.

401 Vgl. (EX-4-5), S. 6, S. 7 und S. 9.

402 Vgl. (EX-4-6), S. 6: *„Wichtig ist zu wissen, dass in der zweiten Phase bereits der point-of-no-return erreicht wird. Bis dahin fallen bereits so hohe Kosten an, dass man nicht mehr aus dem Projekt aussteigen wird"*, so der Experte. Zu Phase 3 siehe S. 9.

403 Vgl. (EX-4-1), S. 7; (EX-4-2), S. 6; (EX-4-3), S. 6, S. 8 und S. 10 sowie (EX-4-5), S. 6, S. 7 und S. 9.

404 Vgl. (EX-4-1), S. 9; (EX-4-2), S. 6; (EX-4-3), S. 6, S. 8 und S. 10 sowie (EX-4-5), S. 6, S. 7 und S. 9 und (EX-4-6), S. 6.

405 Vgl. (EX-4-7), S. 9.

406 Vgl. (EX-4-7), S. 9. Die fachliche Berarung des LDL soll sich bzgl. des Entscheidungsprozesses auf die Definition der entscheidungsrelevanten Informationen beschränken. An der Informationsbeschaffung und der Infor-

Aus den *Expertengesprächen mit LDL-Experten* folgt, dass keiner der Experten eine Entscheidungskoordination im Sinne der untersuchten Koordinationsmuster befürwortet. Die Argumentationen sind vielfältig, siehe Tabelle 4-30.[413]

Phase 3 des Cluster Service Engineering: Abstimmung Konzept- und Prozessdesign

In Phase drei des CSE steht mit dem Konzeptdesign und dem Prozessdesign die eigentliche Dienstleistungsentwicklung und -gestaltung im Fokus des Prozesses. Erneut werden die drei betrachteten Fälle separat untersucht.

KM	EX	Fall 1	Fall 2	Fall 3	Begründung
KM-A, Phase 3, U_i	1	●	./.	./.	– (+) Neutralität des CM.[415] – (+) Positive Erfahrungen mit dem CM bei der Koordination von Entscheidungen bei der Gestaltung von Kooperationskonzepten. – (-) Fehlendes praktisch erprobtes Know-how des CM.[416]
	2	●	./.	./.	– (+) Neutralität des CM.[417] – (+) Positive Erfahrungen mit dem CM bei der Koordination von Entscheidungen bei der Gestaltung von Kooperationskonzepten und der Aufgabenverteilung im Rahmen von Kooperationen der Cluster-Initiative.[418] – (-) Fehlendes logistisches Fachwissen des CM.[419]
	3	○	./.	./.	– (+) Neutralität des CM.[420] – (-) Fehlendes fachliches Know-how des CM.[421] – (-) Vertrauensaufbau wichtiger als operative Effizienz.[422]
	4	●	./.	./.	– (+) Neutralität des CM, die insbesondere bei der Planung der Dienstleistungsprozesse eine wichtige Rolle einnimmt.[423] – (+) Positive Erfahrungen mit dem CM bei der Koordination von Entscheidungsprozessen.[424]
	5	●	./.	./.	– (+) Neutralität des CM.[425]
	6	●	./.	./.	– (+) Weitgehende Neutralität des CM.[426] – (+) Positive Koordinationserfahrungen mit dem CM.[427] – (-) Fehlendes logistisches Expertenwissen des CM.[428]

● : KM wird präferiert   ○ : KM wird nicht präferiert   ◑ : Administrative/beratende Unterstützung gewünscht

Tabelle 4-31: Beurteilung von KM-A in Phase 3 aus Sicht der Cluster-Experten.

mationsanalyse (in dieser Phase sie Analyse der Kooperationspotenziale) sollte sich der LDL nach Ansicht des Experten nicht beteiligen.

407 Vgl. (EX-4-8), S. 9.

408 Vgl. (EX-4-9), S. 7.

409 Vgl. (EX-4-9), S. 7.

410 Vgl. (EX-4-9), S. 7. „*Der Cluster-Manager wird dann zu unserem Sparrings-Partner. Eine Aufgabenteilung, bei der wir dafür sorgen, dass die richtigen Entscheidungen getroffen werden und die relevanten Informationen auf den Tisch kommen. Der Cluster-Manager sorgt für die Bereitschaft der Mitwirkung und konsolidiert die Daten, so dass wir mit einem Cluster wie mit einem OEM sprechen*“, so der Experte.

411 Vgl. (EX-4-10), S. 9. Der LDL soll eine beratende Rolle einnehmen bei der Definition entscheidungsrelevanter Informationen der Partnerwahl und der Potenzialanalyse.

412 Vgl. (EX-4-10), S. 11 - 12.

413 Vgl. (EX-4-7), S. 9.

414 Vgl. (EX-4-1), S. 7.

415 Vgl. (EX-4-1), S. 6 - 7.

Die ***Koordination durch einen Cluster-Manager (KM-A)*** findet in Phase drei erneut von fast allen Experten Zuspruch.[429] Fünf der sechs Experten erklären diese Präferenz mit dem Argument, dass der Cluster-Manager als neutraler Akteur eine Übervorteilung einzelner Kooperationspartner verhindern kann.[430] Lediglich ein Akteur präferiert *KM-C*, da er in der Phase 3 bereits die Erfordernis sieht, durch möglichst zahlreiche persönliche Kontakte der Akteure Vertrauen für die nachfolgende Leistungsphase der Kooperation aufzubauen. Die Effizienz der Kooperation ist seiner Ansicht nach hier ein nachgelagertes Zielkriterium.[431]

KM	EX	Fall 1	Fall 2	Fall 3	Begründung
KM-A, Phase 3, LDL	7	●	./.	./.	– (+) Positive Erfahrungen von Allokationsentscheidungen.[432]
	8	●	./.	./.	– (+) Neutralität der Koordination durch den Cluster-Manager.[433] – (+) Vorhandene Routinen können aufgegriffen werden.[434]
	9	●	./.	./.	– (+) Neutralität des Cluster-Managers.[435] – (-) Fehlendes logistisches Fachwissen des CM.[436]
	10	●	./.	./.	– (+) Neutralität des CM führt zu höherer Akzeptanz als andere Koordinationsmuster.[437] – (-) Eingeschränkte fachliche Kompetenz des CM.[438] – (+) CM soll als Kommunikator und Vertrauensmann im Cluster die Koordinationsleistung mit Unterstützung des LDL erbringen.[439] – (-) In Fall 3 ist kein CSE vorgesehen.[440]

● : KM wird präferiert O : KM wird nicht präferiert ◑ : Administrative/beratende Unterstützung gewünscht

Tabelle 4-32: Beurteilung von KM-A in Phase 3 aus Sicht der LDL-Experten.

416 Vgl. (EX-4-2), S. 7.
417 Vgl. (EX-4-2), S. 6.
418 Vgl. (EX-4-2), S. 6 - 7. Zur Kompensation des Kompetenzdefizits wird eine fachliche Beratung des Cluster-Managers durch ein Leitunternehmen des Clusters vorgeschlagen.
419 Vgl. (EX-4-3), S. 7.
420 Vgl. (EX-4-3), S. 7. Hier wird insb. der LDL in der Rolle des Beraters gesehen.
421 Vgl. (EX-4-3), S. 8.
422 Vgl. (EX-4-4), S. 6. Sowohl ein Leitunternehmen als auch der LDL werden als geeignete fachliche Berater des Cluster-Managers bei der Koordination der Entscheidungen im Rahmen der Konzept- und Prozessgestaltung betrachtet.
423 Vgl. (EX-4-4), S. 6.
424 Vgl. (EX-4-4), S. 6.
425 Vgl. (EX-4-5), S. 6. Weder Leitunternehmen noch die an der Kooperation beteiligten Akteure sind nach Ansicht des Experten als neutrale Akteure zu sehen. Siehe ebenda.
426 Vgl. (EX-4-6), S. 6 in Verbindung mit S. 5 und S. 6 (Phase 2 des *CSE*).
427 Vgl. (EX-4-6), S. 6 in Verbindung mit S. 5 und S. 6 (Phase 2 des *CSE*).
428 Vgl. (EX-4-6), S. 6. Da in der dritten Prozessphase der Schwerpunkt der Entscheidungen stärker auf der Planung konkreter Logistikprozesse liegt, ist eine Unterstützung des *CM* aus der Sicht des Experten sowohl durch den LDL als auch durch die Unternehmen des Clusters vorteilhaft.
429 Vgl. (EX-4-1), S. 8; (EX-4-2), S. 7; (EX-4-3), S. 7; (EX-4-4), S. 7; (EX-4-5), S. 7 und (EX-4-6), S. 7.
430 Vgl. (EX-4-1), S. 7; (EX-4-2), S. 7; (EX-4-4), S. 6; (EX-4-5), S. 6 und Vgl. (EX-4-6), S. 6 in Verbindung mit S. 5 und S. 6 (Phase 2 des *CSE*).
431 Vgl. (EX-4-3), S. 7. *„Hier geht es nicht nur um die Kosten der Abstimmung, auch der Vertrauensaufbau zwischen den Firmen ist eine wichtige Sache. Ich denke, das ist in dieser dritten Prozessphase sogar das Wichtigste"*, so der Experte.
432 Nach Ansicht des Experten ist jenes Koordinationsmuster zu präferieren, das im Cluster in der Vergangenheit im Rahmen der Aufgabenzuordnung zwischen den Akteuren zum Einsatz kam. Vgl. (EX-4-7), S. 11 und S. 13.
433 Vgl. (EX-4-8), S. 10.
434 Vgl. (EX-4-8), S. 10.

Vier der sechs Experten argumentieren, dass der Cluster-Manager in der Historie des Clusters auch bei der Gestaltung von Kooperationskonzepten zum Einsatz kam und daher für die Koordination von Entscheidungen in der dritten Phase des CSE qualifiziert sei.[441] Vier Experten merken jedoch an, dass insb. in der dritten Prozessphase bei der Koordination der Entscheidungen ein Mindestmaß an logistischem Fachwissen vorhanden sein muss, damit eine effiziente Entscheidungskoordination möglich wird. Daher empfehlen sie eine fachliche Beratung des Cluster-Managers.[442]

Aus den *Expertengesprächen mit LDL-Experten* folgt, dass in Phase 3 erneut alle Experten eine Koordination durch den Cluster-Manager vorziehen, siehe *Tabelle 4-32* (vorige Seite).

KM	EX	Fall 1	Fall 2	Fall 3	Begründung
KM-A, Phase 3, U_i	1	○	◑	./.	– (-) Fehlende Neutralität.[443] – (-) Fehlende Erfahrung, keine Präzedenzfälle im Cluster.[444] – (+) In Fall 2 könnte administrative Unterstützung durch LU erfolgen.[445]
	2	◑	○	./.	– (+) Geringere Koordinationskosten als in KM-C. – (-) Hohe Opportunismusgefahr.[446] – (+) In Fall 1 wird fachliche Beratung durch ein LU vorgeschlagen.[447]
	3	○	○	./.	– (-) Bislang haben LU eine vergleichbare Koordinationsleistung nicht erbracht.[448] – (-) Hohe Opportunismusgefahr.[449]
	4	◑	◑	./.	– (-) Fehlende Neutralität des LU.[450] – (+) Geringere direkte Kosten als in KM-C.[451] – (+) Fachliche Beratung koordinierender Akteure durch LU.[452] – (+) Administrative Unterstützung koordinierender Akteure in Fall 2.[453]
	5	○	○	./.	– (-) Fehlende Neutralität des LU.[454] – (+) Fehlende Präzedenzfälle in der Cluster-Initiative.[455]
	6	○	○	./.	– (-) Hohe Opportunismusgefahr, daher keine Beteiligung an der Entscheidungskoordination.[456]

● : KM wird präferiert ○ : KM wird nicht präferiert ◑ : Administrative/beratende Unterstützung gewünscht

Tabelle 4-33: Beurteilung von KM-B in Phase 3 aus Sicht der Cluster-Experten.

435 Vgl. (EX-4-9), S. 7.

436 *„Wenn man die Kooperatiospotenziale bestimmt, dann reicht es nicht aus zu wissen, wie man Daten sammelt und aggregiert. Bei der Analyse ist schon eine Menge fachliches Know-how erforderlich. […]“*, (EX-4-9), S. 8.

437 Vgl. (EX-4-10, S. 9 in Verbindung mit S. 10 (Verweis des Experten auf Phase 2).

438 Vgl. (EX-4-10, S. 9 in Verbindung mit S. 10 (Verweis des Experten auf Phase 2).

439 Vgl. (EX-4-10, S. 9 in Verbindung mit S. 10 (Verweis des Experten auf Phase 2). Nach Ansicht des Experten ist in der dritten Phase des CSE die Arbeitsteilung zwischen dem Cluster-Manager und dem LDL besonders wichtig. Der LDL sollte bei der Defintion der entscheidungsrelevanten Informationen unterstützen, der Cluster-Manager sollte diese Informationen beschaffen und analysieren. Nur auf diesem Weg kann nach Ansicht des Experten eine effiziente Koordintion sichergestellt werden. Siehe ebenda, S. 10.

440 Vgl. (EX-4-10), S. 13.

441 Vgl. (EX-4-1), S. 6 - 7; (EX-4-2), S. 6; (EX-4-4), S. 6 und (EX-4-6), S. 6 in Verb. mit S. 5 und S. 6.

442 Vgl. (EX-4-1), S. 6 - 7; (EX-4-2), S. 6 - 7; (EX-4-3), S. 7 und (EX-4-6), S. 6. Diese fachliche Beratung soll nach Ansicht der Experten entweder durch den LDL oder ein Leitunternehmen geleistet werden.

443 Vgl. (EX-4-1), S. 7 und S. 10. Aus diesem Grund kommt auch *KM-D* nicht in Betracht.

444 Vgl. (EX-4-1), S. 7 - 8.

445 Vgl. (EX-4-1), S. 10.

Die ***Koordination durch ein Leitunternehmen (KM-B)*** steht in *Fall 1* und *Fall 2* zur Option. In *Fall 1* wird *KM-B* von keinem der Akteure präferiert. Alle sechs Experten begründen dies mit der fehlenden Neutralität des Leitunternehmens bzw. mit der daraus resultierenden hohen Opportunismusgefahr, siehe *Tabelle 4-33* (vorige Seite).[457] Drei der sechs Experten nennen explizit das Problem, dass eine vergleichbare Koordinationsleistung von den Akteuren des Clusters nicht erbracht wurde, es liegen keine Präzedenzfälle für eine Entscheidungskoordination von Leitunternehmen bei der Koordination von Dienstleistungskonzepten und Dienstleistungsprozessen vor.[458] Aufgrund der hohen fachlichen Anforderungen an die koordinierenden Akteure empfehlen drei der sechs Experten, Leitunternehmen als beratende Akteure in die Koordination des CSE zu involvieren. Dabei wird in Fall 1 eine fachliche Beratung des Cluster-Managers gewünscht, um dessen fachliche Defizite auszugleichen.

KM	EX	Fall 1	Fall 2	Fall 3	Begründung
KM-B, Phase 3, LDL	7	○	○	./.	– (-) Fehlende Neutralität des LU.[459]
	8	○	●	./.	– (-) Fehlende Neutralität des LU.[460] – (+) Geringere Koordinationskosten als in KM-C.[461] – (+) In Fall 2 steht nur das LU als zentral koordinierender Akteur zur Verfügung.[462]
	9	○	●	./.	– (-) Fehlende Erfahrung der LU bei der Koordination vergleichbarer Problemstellungen.[463] – (-) Akzeptanzproblem koordinierender LU bei den anderen Cluster-Unternehmen.[464] – (-) In Fall 2 wird das LU als einzig verfügbarer zentraler Koordinator eingesetzt.[465]
	10	○	●	./.	– (-) Vertrauensprobleme durch fehlende Neutralität des LU.[466] – (+) In Fall 2 ist das LU der einzige vorhandene zentrale Koordinator im Cluster.[467]

● : KM wird präferiert ○ : KM wird nicht präferiert ◑ : Administrative/beratende Unterstützung gewünscht

Tabelle 4-34: Beurteilung von KM-B in Phase 3 aus Sicht der LDL-Experten.

446 Vgl. (EX-4-2) S. 8
447 Vgl. (EX-4-2) S. 6 - 7.
448 Vgl. (EX-4-3), S. 7.
449 Vgl. (EX-4-3) S. 9.
450 Vgl. (EX-4-4) , S. 6 in Verbindung mit S. 5 - 6 (Phase 1 und 2).
451 Vgl. (EX-4-4), S. 6. Dabei sind Leitunternehmen insbesondere bei der Definition der entscheidungsrelevanten Informationen zu beteiligen.
452 Vgl. (EX-4-4), S. 8
453 Vgl. (EX-4-4), S. 8. Im Gegensatz zu Fall 1 wird in Fall 2 lediglich eine administrative Unterstützung vorgesehen, da die Vertrauensbasis für eine weitergehende Unterstützung aus der Sicht des Experten nicht gegeben ist.
454 Vgl. (EX-4-5), S. 6 und S. 8.
455 Vgl. (EX-4-5), S. 6. Der Experte verweist darauf, dass in der Cluster-Initiative eine vergleichbare Koordinationsleistung bislang nicht von einem Leitunternehmen erbracht wurde.
456 Vgl. (EX-4-6), S. 6 und S. 8.
457 Vgl. (EX-4-1), S. 7 und S. 10; (EX-4-2) S. 8; (EX-4-3) S. 9; (EX-4-4), S. 6 in Verbindung mit S. 5 - 6 (Phase 1 und 2), (EX-4-5), S. 6 und S. 8 sowie (EX-4-6), S. 6 und S. 8.
458 Vgl. (EX-4-1), S. 7 - 8; (EX-4-3), S. 7 und (EX-4-5), S. 6.
459 Vgl. (EX-4-7), S. 11.
460 Vgl. (EX-4-7), S. 11.

KM	EX	Fall 1	Fall 2	Fall 3	Begründung
KM-C, Phase 3, U_i	1	○	●	●	– (-) Höhere direkte Koordinationskosten als beim KM-A. – (-) In Fall 2 geringere Opportunismusgefahr als in KM-B oder -D.[472] – (+) In Fall 2 und 3 ist administrative Unterstützung durch LU bzw. LDL erforderlich.[473]
	2	○	●	●	– (-) Höherer Arbeitseinsatz der handenden Personen bei der Leistungsanbahnung im Cluster als in KM-A.[474] – (-) In Fall 2 höhere Koordinationskosten als in KM-B.[475] – (+) In Fall 3 geringere Kontrollkosten als in KM-D.[476]
	3	○	●	●	– (+) In Fall 2 geringere Opportunismusgefahr als bei KM-B und -D.[477] – (+) In Fall 3 werden mit KM-C die Kontrollkosten minimiert.[478] – (-) In allen Fällen ist in Phase 3 bei KM-C eine fachliche Beratung/Unterstützung der Arbeitsgruppe durch den LDL erforderlich.[479]
	4	○	●	●	– (-) In Fall 2 höhere direkte Koordinationskosten als bei KM-B.[480] – (+) In Fall 2 geringere Kontrollkosten als in KM-B. – (+) In Fall 3 geringere Kontrolle als in KM-D. – (-) In Fall 2 u. 3 ist eine fachliche Beratung der Arbeitsgruppe durch den LDL u. eine administrative Unterstützung durch LU wichtig.[481]
	5	○	●	●	– (-) Hohe Kosten der relationale Abstimmung und Problematik der Motivation der Mitarbeiter zur Teilnahme an den Arbeitssitzungen. – (+) In Fall 2 und Fall 3 wird KM-C wegen der Opportunismus-Problematik in KM-B und KM-D präferiert. – (+) Die Entscheidungskoordination im Rahmen von Arbeitstreffen hat bereits in der Vergangenheit erfolgreich stattgefunden.[482]
	6	◑	●	●	– (+) LDL kann Arbeitsgruppe als Beratungsgremium nutzen.[483] – (+) In Fall 2 geringere Kontrollkosten als in KM-B / KM-D.[484] – (+) In Fall 3 geringere Kontrollkosten als in KM-D wegen effizienterer informeller Kommunikation.[485]

● : KM wird präferiert ○ : KM wird nicht präferiert ◑ : Administrative/beratende Unterstützung gewünscht

Tabelle 4-35: Beurteilung von KM-C in Phase 3 aus Sicht der Cluster-Experten.

[461] Vgl. (EX-4-8), S. 10.

[462] Vgl. (EX-4-8), S. 12. Die hohen Kosten bei der Abstimmung der Unternehmen im Rahmen der Arbeitstreffen resultieren aus dem hohen zeitlichen Aufwand, der für die Unternehmen bei der Wahrnehmung der Termine der Beratungs- und Entscheidungsgremien entstehen würde.

[463] Vgl. (EX-4-8), S. 12.

[464] Vgl. (EX-4-9), S. 8.

[465] Vgl. (EX-4-9), S. 8. *„Das geht, wenn das Leitunternehmen im Vergleich zu den anderen Unternehmen sehr mächtig ist. Zum Beispiel wenn es ein 1st-Tier Systemlieferant ist, und die anderen Unternehmen alles kleine Unternehmen sind. Auf Augenhöhe wird das nicht funktionieren [...]“*, so der Experte.

[466] Vgl. (EX-4-9), S. 10.

[467] Vgl. (EX-4-10), S. 9 in Verbindung mit S. 10.

[468] Vgl. (EX-4-1), S. 10.

[469] Vgl. (EX-4-1), S. 10 und S. 12.

[470] Vgl. (EX-4-2), S. 6 in Verbindung mit S. 5.

[471] Vgl. (EX-4-2), S. 8.

[472] Vgl. (EX-4-2), S. 9.

[473] Vgl. (EX-4-3), S. 9.

[474] Vgl. (EX-4-3), S. 10.

[475] Vgl. (EX-4-3), S. 7, S. 9 und S. 10.

[476] Vgl. (EX-4-4), S. 8.

[477] Vgl. (EX-4-4), S. 8.

In Fall 2 wird eine administrative Unterstützung der Koordination im Rahmen der Arbeitstreffen gewünscht,[482] damit die Terminfindung, die Einladung der Teilnehmer und die infrastrukturelle Organisation der Arbeitstreffen sichergestellt werden können.[483] Eine Koordinationsleistung im Sinne des in Form von *KM-B* beschriebenen Koordinationsmuster lehnen alle Experten ab.[484] Aus den *Expertengesprächen mit Vertretern eines LDL* folgt, dass alle Experten eine Koordi-nation durch ein Leitunternehmen in Phase 3 in Fall 1 ablehnen, siehe *Tabelle 4-34* (Seite 294).[485]

KM	EX	Fall 1	Fall 2	Fall 3	Begründung
KM-C, Phase 3, LDL	7	●	●	●	– (+) KM-C kann eingesetzt werden, da positive Erfahrungen in der Cluster-Initiative vorliegen.[487] – (+) Frühzeitiger und intensiver Kontakt der Ui.[488] – (+) Geringe Kontrollkosten der Ui.[489]
	8	◑	◑	◑	– (-) Höherer Koordinationsaufwand als in KM-A.[490] – (+) Ab Phase 3 ist im CSE ein Beratungs- und Entscheidungsgremium flankierend einzusetzen, dem die Logistikleiter der Unternehmen angehören.[491]
	9	○	○	○	– (-) Höherer Koordinationsaufwand als bei anderen Koordinationsformen.[492]
	10	○	◑	○	– (-) Höhere Koordinationskosten als in KM-A.[493] – (-) In Fall 3 ist kein CSE vorgesehen.[494]

● : KM wird präferiert ○ : KM wird nicht präferiert ◑ : Administrative/beratende Unterstützung gewünscht

Tabelle 4-36: Beurteilung von KM-C in Phase 3 aus der Sicht des LDL.

478 Vgl. (EX-4-5), S. 8.

479 Vgl. (EX-4-6), S. 6. Die Mitglieder der Arbeitsgruppe werden als wertvolle Berater im *CSE* in Phase 3 betrachtet, da neben dem beim LDL allokierten Expertenwissen über logistische Prozesse und Lösungsansätze auch das implizite Wissen der Einkaufsleiter und Logistikleiter genutzt werden sollte.

480 Vgl. (EX-4-6), S. 8.

481 Vgl. (EX-4-6), S. 9.

482 Vgl. (EX-4-10), S. 12. Der Experte kann sich eine Koordination der Entscheidungen in Phase 2 ohne zentralen Koordinator nicht vorstellen.

483 Vgl. (EX-4-2) S. 6 - 7; (EX-4-1), S. 10 und (EX-4-4), S. 8.

484 (EX-4-1), S. 6.

485 Wenn jedoch kein Cluster-Manager zur Verfügung steht, präferieren drei der Experten die Koordination durch ein Leitunternehmen.

486 Vgl. (EX-4-7), S. 10 - 11. *KM-C* ist nach Ansicht des Experten insbesondere dann vorzuziehen, wenn kein ausgeprägtes Vertrauensverhältnis zwischen dem *CM* und den U_i besteht.

487 Vgl. (EX-4-7), S. 10. Dabei sollte der LDL nach Ansicht des Experten selbst Mitglied der Beratungs- und Entscheidungsgremien im Cluster sein.

488 Vgl. (EX-4-7), S. 10. Wie in Phase 1 des *CSE* ist nach Ansicht des Experten das im Cluster gegebene Vertrauensniveau zwischen *CM* und U_i und zwischen den U_i das relevante Kriterium, um aus *KM-A* und *KM-C* das effiziente Koordinationsmuster auszuwählen.

489 Vgl. (EX-4-8), S. 10.

490 Vgl. (EX-4-8), S. 10. Der Experte überträgt seine Erfahrung aus der Projektanbahnung mit OEMs und anderen Großkunden auf den Anwendungsfall Cluster: *„In der dritten Phase sollte man noch eine Zwischenebene einziehen: Man braucht zusätzlich zu der Koordination durch den Cluster-Manager eine Arbeitsrunde mit den entsprechenden Fachleuten aus den Cluster-Unternehmen. Die müssen hier rein, damit sich die Unternehmen vor Ort im Beisein aller auch auf bestimmte Entscheidungen festlegen“*, so der Experte, ebenda, S. 10.

491 Vgl. (EX-4-10), S. 9. Die dezentrale Koordination scheidet nach Ansicht des Experten aus, da die Abstimmungsprozesse in Phase 3 intensiver werden. *„Wo gehobelt wird, da fallen Späne. Die dezentrale Koordination scheidet für mich hier aus. Das wäre keine Alternative“*, so der Experte. Siehe ebenda S. 10.

492 Vgl. (EX-4-8), S. 8 - 9.

493 Vgl. (EX-4-10), S. 9 in Verbindung mit S. 13.

Aus den Expertengesprächen mit Vertretern der Cluster-Unternehmen folgt, dass die ***KM-C*** in Fall 1 mehrheitlich keinen Zuspruch findet, jedoch in Fall 2 und Fall 3 das dominante In Fall 2 und Fall 3 werden von den Experten höhere direkte Koordinationskosten akzeptiert, da in *KM-C* geringere Absicherungskosten (Kontrollkosten) im Vergleich zu den Koordinationsmustern *KM-B* und *KM-D* erwartet werden.[494] Somit bewerten die befragten Experten den Kosten-Trade-off zugunsten der Kontrollkostensenkung und damit erneut zugunsten *KM-C*, siehe *Tabelle 4-35* (Seite 295).

Die Experten des LDL lehnen *KM-C* in der dritten Phase des CSE mehrheitlich ab. Dabei erfolgt die Argumentation unabhängig von der Frage, ob ein Cluster-Manager oder ein Leitunternehmen zur Verfügung stehen. Sie präferieren stattdessen die direkte Entscheidungskoordination durch das Leitunternehmen, siehe Tabelle 4-36 (vorige Seite). Lediglich ein Experte präferiert die Koordination im Rahmen eines Beratungs- und Entscheidungsgremiums und argumentiert mit den Erfahrungen, die in der Vergangenheit im Cluster mit dieser Koordinationsform gemacht wurden, mit den geringeren Kontrollkosten in KM-C im Vergleich zu den anderen Koordinationsmustern.[495]

Die ***Koordination von Entscheidungen durch den LDL*** (*KM-D*) wird von keinem der Experten und in keiner Prozessphase präferiert, siehe *Tabelle 4-37* (nachfolgende Seite). Sie argumentieren mit der fehlenden Neutralität des LDL bzw. dem Risiko opportunistischen Verhaltens, das von einem koordinierenden LDL entfaltet werden kann.

Eine unterstützende Rolle des LDL wird jedoch befürwortet. In Fall 1 und 2 befürworten alle vier Experten eine fachliche Beratung der koordinierenden Akteure durch den LDL.[496] In Fall 3 befürworten drei Experten die Beratungsleistung des LDL, ein Experte lehnt in diesem Fall eine Kooperationsbeteiligung ab, siehe *Tabelle 4-38* (Seite 299).

---

[494] Vgl. (EX-4-1), S. 10; (EX-4-2), S. 9; (EX-4-3), S. 10; (EX-4-4), S. 8 und (EX-4-6), S. 8.

[495] Vgl. (EX-4-7), S. 10. Er begründet seine Position zudem mit dem Argument, dass in der dritten Phase ein intensiver Kontakt der Kooperationspartner zwischen den handenden Personen aufgebaut werden sollte, damit das wechselseitige Commitment der Kooperationspartner glaubwürdig dargestellt werden kann und damit auf diesem Wege Vertrauen zwischen den Kooperationspartnern entwickelt wird.

[496] Vgl. (EX-4-1), S. 10 und S. 12; (EX-4-2), S. 6-7; (EX-4-3), S. 6, S. 9 und S. 10, (EX-4-6), S. 6 und S. 9 sowie (EX-4-4), S. 8 und S. 10.

KM	EX	Fall 1	Fall 2	Fall 3	Begründung
KM-D, Phase 3, U_I	1	◑	◑	◑	– (-) Fehlende Neutralität des LDL.[495] – (+) Die Koordinationsleistung des LDL kann durch eine Informationsbeschaffung im Rahmen von Arbeitskreisen gesteigert werden.[496] – (+) In Fall 2 und 3 sollte der LDL die beratende Rolle bei der Definition entscheidungsrelevanter Informationen bzgl. der Entscheidung zum Prozess- und Konzeptdesigns einnehmen.[497]
	2	◑	○	○	– (-) Fehlende Neutralität des LDL.[498] – (-) Der LDL soll in Fall 3 nicht zu früh involviert werden, um das Abfließen sensibler Informationen über die Partner zu verhindern.[499] – (+) Fachliche Unterstützung der Akteure wird in Fall 1 empfohlen.[500]
	3	◑	◑	◑	– (-) Gefahr durch opportunistisches Verhalten des LDL.[501] – (+) In Fall 1, 2 und 3 kann der LDL als beratender Akteur die Effizienz der Entscheidungskoordination unterstützen.[502]
	4	◑	◑	◑	– (-) Fehlende Vertrauensbasis für eine Umsetzung von KM-D.[503] – (+) Höhere Kontrollkosten als in KM-C.[504] – (+) Geringere Koordinationskosten als in KM-C.[505] – (-) Eine fachliche Beratung der koordinierenden Akteure wird insb. bei der Definition entscheidungsrelevanter Informationen befürwortet.[506]
	5	○	○	○	– (-) Fehlende Neutralität des LDL.[507] – (-) LDL soll lediglich als fachlicher Ansprechpartner beteiligt werden, sofern kein Vertrauensverhältnis zu ihm besteht.[508]
	6	◑	◑	◑	– (-) Gefahr opportunistischen Verhaltens seitens des LDL.[509] – (-) Abstimmung über den „offiziellen Dienstweg" ist weniger effizient als wenn die „direkten Wege" im Cluster genutzt werden.[510] – (+) In Fall 1, 2 und 3 kann der LDL den koordinierenden Akteuren als fachlicher Berater zur Seite stehen.[511]

● : KM wird präferiert ○ : KM wird nicht präferiert ◑ : Administrative/beratende Unterstützung gewünscht

Tabelle 4-37: Beurteilung von KM-D in Phase 3 aus Sicht der Cluster-Experten.

497 Vgl. (EX-4-1), S. 7.
498 Vgl. (EX-4-1), S. 7.
499 Vgl. (EX-4-1), S. 10 und S. 12.
500 Vgl. (EX-4-2), S. 6.
501 Vgl. (EX-4-2), S. 6. Hier wird keine Aussage zu Fall 1 und Fall 2 getroffen. *KM-D* wird dort nicht in Erwägung gezogen.
502 Vgl. (EX-4-2), S. 6 - 7.
503 Vgl. (EX-4-3), S. 9.
504 Vgl. (EX-4-3), S. 6., S. 9 und S. 10.
505 Vgl. (EX-4-4), S. 8 und S. 10. Selbst wenn der LDL die proaktive Projektanbahnung betreibt, der einzelnen Unternehmen des Clusters bekannt ist, würde das Problem aus der Sicht des Experten weiterhin bestehen, dass keine ausreichende Vertrauensbasis für die Realisierung von *KM-D* vorliegen würde.
506 Vgl. (EX-4-4), S. 8.
507 Vgl. (EX-4-4), S. 10. Eine Einschätzung in Fall 1 und Fall 2 wird nicht abgegeben.
508 Vgl. (EX-4-4), S. 8 und S. 10.
509 Vgl. (EX-4-5), S. 5, 7 und 9.
510 Vgl. (EX-4-5), S. 6 und S. 8.
511 Vgl. (EX-4-6), S. 9.
512 Vgl. (EX-4-6), S. 9.
513 Vgl. (EX-4-6), S. 6 und S. 9.

KM	EX	Fall 1	Fall 2	Fall 3	Begründung
KM-D, Phase 3, LDL	7	◑	◑	◑	– (-) Fehlende Neutralität des LDL aus der Sicht der Ui führt zu vermeidbaren Kontrollkosten der Ui.[513] – (+) Beratung der Koordinatoren durch LDL kann den Prozess beschleunigen.[514]
	8	◑	◑	◑	– (-) Fehlende Neutralität des LDL aus der Sicht der Ui führt zu vermeidbaren Kontrollkosten der Ui.[515] – (+) Beratung der Koordinatoren durch LDL kann den Prozess beschleunigen.[516]
	9	◑	◑	◑	– (-) Gefahr der Selbstoptimierung des LDL.[517] – (+) Unterstützung des CM bei der Koordination in allen Fällen erforderlich.[518]
	10	◑	◑	○	– (+) Fachliches Know-how des LDL kann in Beraterrolle genutzt werden.[519] – (-) In Fall 3 ist kein CSE vorgesehen.[520]

● : KM wird präferiert ○ : KM wird nicht präferiert ◑ : Administrative/beratende Unterstützung gewünscht

Tabelle 4-38: Beurteilung von KM-D in Phase 3 aus Sicht der LDL-Experten.

Phase 4 des Cluster Service Engineering: Abstimmung der internen und externen Leistungsvereinbarung

Die ***Koordination durch einen Cluster-Manager (KM-A)*** wird in Phase 4 von keinem Experten präferiert. Lediglich eine beratende Rolle des Cluster-Managers wird argumentiert, da er sich in den ersten drei Phasen des CSE bereits so viel Prozesswissen aneignen konnte, dass er damit auch in der vierten Phase eine effiziente Koordination unterstützen kann.[522] Alle anderen Experten lehnen *KM-A* gänzlich mit der Begründung ab, dass der Cluster-Manager in der Vergangenheit keine vergleichbare Koordinationsleistung erbracht hat. Zwei Experten befürworten eine Unterstützung der koordinierenden Akteure durch den Cluster-Manager, welcher als Moderator agieren oder als Veranstalter die Arbeitstreffen organisieren

[514] Vgl. (EX-4-7), S. 11.

[515] *„Hier* [in Phase 3] *wird die Beratungsleistung* [...] *besonders wichtig, da in der Phase der Lösungsdefinition auch von unserer Seite relevante Informationen definiert und bei den Unternehmen erfragt werden. So können wir den Prozess beschleunigen. Hier ist eine Trennung der Koordination von der Lösungsdefinition nicht vollständig möglich"*, so der Experte. Siehe (EX-4-7), S. 11.

[516] Vgl. (EX-4-7), S. 10.

[517] Vgl. (EX-4-7), S. 10. *„Trotzdem brauchen wir auf der Seite des Clusters einen klaren und befugten Ansprechpartner, der die Cluster-internen Abstimmungen herbeiführt"*, so der Experte.

[518] Vgl. (EX-4-9), S. 8. *„Das [ein opportunistisches Verhalten des LDL] werden die Cluster-Unternehmen merken, wichtig ist ja, dass man eine hohe Transparenz in den Prozessen schafft. Wenn sich dann abzeichnet, dass der LDL selbst versucht, auf Kosten der Kunden Vorteile zu ziehen, dann ist das Vertrauen der Verlader verloren und damit auch die Chance, das Projekt zu gewinnen"*, so der Experte.

[519] Vgl. (EX-4-9), S. 8 und S. 11.

[520] Vgl. (EX-4-10), S. 9 in Verbindung mit S. 10. Der LDL soll eine beratende Rolle einnehmen bei der Definition entscheidungsrelevanter Informationen der Partnerwahl und der Potenzialanalyse. Nach Ansicht des Experten ist in der dritten Phase des CSE die Arbeitsteilung zwischen dem Cluster-Manager und dem LDL besonders wichtig. Der LDL sollte hier bei der Definition der entscheidungsrelevanten Informationen unterstützen, siehe ebenda S. 10.

[521] Vgl. (EX-4-10), S. 12.

[522] Vgl. (EX-4-2), S. 7. Dabei wird vor allem eine Rolle des Cluster-Managers als Streitschlichter im Fall von Konflikten bei externen und internen Vertragsverhandlungen vorgesehen.

soll. In *Tabelle 4-39* ist die Beurteilung von *KM-A* aus der Sicht der befragten Experten verladender Unternehmen des Clusters dargestellt.

KM	EX	Fall 1	Fall 2	Fall 3	Begründung
KM-A, Phase 4, U_i	1	○	./.	./.	– (-) Es liegen keine Erfahrungen mit KM-A in vergleichbaren Entscheidungssituationen vor.[523]
	2	◑	./.	./.	– (+) KM-A wurde bereits in den ersten drei Phasen beteiligt und verfügt über Prozesswissen und Prozesserfahrung.[524]
	3	○	./.	./.	– (-) Höhere direkte Abstimmungskosten bei Einsatz des CM.[525] – (+) Es liegen keine Erfahrungen mit KM-A in vergleichbaren Entscheidungssituationen vor.[526]
	4	◑	./.	./.	– (+) KM-A wurde bereits in den ersten drei Phasen praktiziert. Der CM verfügt daher über Prozesswissen und Prozesserfahrung.[527] – (+) Es liegen keine Erfahrungen mit KM-A vor. – (+) Der Cluster-Manager sollte administrative Unterstützung bei der Koordination durch die Arbeitsgruppen leisten.[528]
	5	○	./.	./.	– (-) Es liegen keine Erfahrungen mit KM-A in vergleichbaren Entscheidungssituationen vor.[529]
	6	◑	./.	./.	– (-) Bei externen Vertragsvereinbarungen liegen keine Erfahrungen mit den vergleichbaren Entscheidungssituationen vor.[530] – (+) Interne Vertragsvereinbarungen können ggf. durch den CM koordiniert werden.[531] – (+) Der CM kann als Moderator der Arbeitstreffen immer eine Unterstützung leisten, da er neutral ist.[532]

● : KM wird präferiert ○ : KM wird nicht präferiert ◑ : Administrative/beratende Unterstützung gewünscht

Tabelle 4-39: Beurteilung von KM-A in Phase 4 aus Sicht der Cluster-Experten.

Aus den *Expertengesprächen mit LDL-Experten* folgt, dass keiner der Experten eine Entscheidungskoordination in Phase 4 durch den Cluster-Manager präferiert. Sie begründen dies mit den fehlenden Erfahrungen bzgl. der Koordination von Regulationsentscheidungen durch den Cluster-Manager sowie mit dem Argument, dass eine persönliche Interaktion der Kooperationspartner in der abschließenden Phase des CSE angestrebt wird, siehe *Tabelle 4-40* (nachfolgende Seite).

[523] Vgl. (EX-4-1), S. 8. Der Experte weist darauf hin, dass die Vereinbarung von Kooperationsregeln bislang bilater-al zwischen den Unternehmen erfolgt ist.

[524] Vgl. (EX-4-2), S. 7. Der Cluster-Manager verfügt daher über die Voraussetzungen, die Koordinationsleistung auch in der vierten Prozessphase zu erbringen, da er über das erforderliche Prozesswissen und die Prozesserfahrung verfügt, so der Experte.

[525] Vgl. (EX-4-3), S. 7.

[526] Vgl. (EX-4-3), S. 7.

[527] Vgl. (EX-4-4), S. 7. Das bei der Koordination in den ersten Phasen des *CSE*-Prozesses gesammelte Wissen kann den Cluster-Manager zur Koordination der vierten Phase befähigen, so der Experte.

[528] Vgl. (EX-4-4), S. 7.

[529] Vgl. (EX-4-5), S. 6.

[530] Vgl. (EX-4-6), S. 6. *„Hier geht es um Vereinbarungen, die wir auch in den Arbeitsgruppen des Clusters immer von Angesicht zu Angesicht vereinbart haben. [...] Wieso sollten wir bei der Vertragsvereinbarung solche Experimente machen"*, so der Experte.

[531] Vgl. (EX-4-1), S. 8; (EX-4-3), S. 7; (EX-4-4), S. 7; (EX-4-5), S. 6. Ein Experte bezieht dieses Argument lediglich auf die Koordination der externen Verhandlungen mit dem *LDL*, vgl. (EX-4-6), S. 6.

[532] Vgl. (EX-4-4), S. 7 und (EX-4-6), S. 6 - 7.

KM	EX	Fall 1	Fall 2	Fall 3	Begründung
KM-A, Phase 4, LDL	7	○	./.	./.	– (-) Fehlende positive Erfahrungen mit dem CM bei der Koordination von Selektionsentscheidungen.[533] – (-) Persönliche Interaktion der Entscheider nicht gegeben/nur eingeschränkt möglich.[534]
	8	◑	./.	./.	– (+) Neutralität des CM ist in Phase 4 bei den externen Leistungsvereinbarungen besonders wichtig.[535] – (+) Bei externer Leistungsvereinbarung kann der LDL als Vermittler und als Schlichter agieren.[536]
	9	○	./.	./.	– (-) Fehlende positive Erfahrungen mit dem CM bei der Koordination von vergleichbaren Entscheidungen.[537]
	10	○	./.	./.	– (-) Fehlende Erfahrung des CM.[538]

● : KM wird präferiert ○ : KM wird nicht präferiert ◑ : Administrative/beratende Unterstützung gewünscht

Tabelle 4-40 Beurteilung von KM-A in Phase 4 aus Sicht der LDL-Experten.

Die ***Koordination durch ein Leitunternehmen*** wird sowohl in Fall 1 als auch in Fall 2 von keinem der Experten präferiert. Drei der sechs Experten argumentieren damit, dass die Koordination durch ein Leitunternehmen bei der Abstimmung von Kooperationsregeln bislang in der Cluster-Initiative nicht vorgekommen sei. Ein Experte erwartet zu hohe Kontrollkosten bei einer Koordination der Entscheidungen durch ein Leitunternehmen. Lediglich zwei Experten befürworten eine administrative Unterstützung der Entscheidungskoordination im Rahmen der Vorbereitung von Arbeitstreffen und der Kommunikation mit dem LDL. In *Tabelle 4-41* (nachfolgende Seite) ist die Beurteilung des Koordinationsmusters *KM-B* dargestellt. Aus den *Expertengesprächen mit LDL-Experten* folgt, dass keiner der Experten die Koordination durch ein Leitunternehmen in Phase 4 des CSE präferiert. Lediglich zwei der vier Experten befürworten Moderationsleistung durch ein Leitunternehmen sowohl in Fall 1 als auch in Fall 2, siehe *Tabelle 4-42* (nachfolgende Seite).

Die ***Koordination im Rahmen von Gremiensitzungen (KM-C)*** steht in Fall 1, 2 und 3 zur Option. In allen drei Fällen wird *KM-C* von allen sechs Experten präferiert. Fünf der sechs Experten begründen diese Beurteilung damit, dass die Abstimmung von Kooperationsregelungen wie der Gewinnverteilung und der Verhaltensregeln in der Kooperation bislang erfolgreich im Rahmen der Arbeitstreffen und im Lenkungsausschuss des Clusters koordiniert wurden.[539]

[533] Vgl. (EX-4-1), S. 8, (EX-4-5), S. 6, (EX-4-6), S. 8.
[534] Vgl. (EX-4-1), S. 8, (EX-4-5), S. 6, (EX-4-6), S. 8.
[535] Vgl. (EX-4-1), S. 8, (EX-4-5), S. 6, (EX-4-6), S. 8.
[536] Vgl. (EX-4-2) S. 8.
[537] Vgl. (EX-4-2), S. 8 und (EX-4-3), S. 9.
[538] Vgl. (EX-4-1), S. 10.
[539] Vgl. (EX-4-1), S. 8 u. S. 10, (EX-4-2), S. 7 und S. 8, (EX-4-3), S. 7 u. S. 9, (EX-4-4), S. 7 und (EX-4-3), S. 6 - 8.

KM	EX	Fall 1	Fall 2	Fall 3	Begründung
KM-B, Phase 4, U_i	1	○	○	./.	– (-) Kein Bedarf für die Einbindung eines LU, da die direkte Abstimmung der CU bislang gut ffunktionierte.[539] – (-) Es liegen keine Erfahrungen mit KM-B in vergleichbaren Entscheidungssituationen vor.[540]
	2	○	◑	./.	– (-) Es fallen zu hohe Kontrollkosten an.[541] – (+) In Fall 2 kann das LU lediglich als Sprachrohr zum LDL genutzt werden.
	3	○	◑	./.	– (+) Eine administrative Unterstützung wird als vorteilhaft erachtet.[542]
	4	○	◑	./.	– ./.
	5	○	○	./.	– (-) Es liegen keine Erfahrungen mit KM-A in vergleichbaren Entscheidungssituationen vor.[543]
	6	○	○	./.	– (-) Es liegen keine Erfahrungen mit KM-B in vergleichbaren Entscheidungssituationen vor.[544]

● : KM wird präferiert ○ : KM wird nicht präferiert ◑ : Administrative/beratende Unterstützung gewünscht

Tabelle 4-41: Beurteilung von KM-B in Phase 4 aus Sicht der Cluster-Experten.

KM	EX	Fall 1	Fall 2	Fall 3	Begründung
KM-B, Phase 4, LDL	7	○	○	./.	– (-) ./.
	8	◑	◑	./.	– (-) Geringere Neutralität des LU im Vergleich zu dem CM in Phase 4.[545] – (+) Bei externer Leistungsvereinbarung wird ein Moderator benötigt. Diese Aufgabe kann von einem CM oder einem LIU angenommen werden.[546]
	9	○	○	./.	– (-) Geringe Neutralität des LU.[547]
	10	◑	◑	./.	– (-) LU hat bislang keine entsprechenden Aufgaben wahrgenommen. – (-) LU ist nicht neutral.[548] – (+) LU können Moderationsleistung erbringen.[549] – (+) LU können nach erfolgter Abstimmung die Rolle des Verhandlungsführers übernehmen.[550]

● : KM wird präferiert ○ : KM wird nicht präferiert ◑ : Administrative/beratende Unterstützung gewünscht

Tabelle 4-42: Beurteilung von KM-B in Phase 4 aus Sicht der LDL-Experten.

540 Vgl. (EX-4-1), S. 8.

541 (EX-4-2) S. 8. *„Auch hier fällt zu viel Kontrollaufwand an. Insbesondere im Bereich der externen Leistungsvereinbarungen“*, so der Experte.

542 Vgl. (EX-4-2), S. 8.

543 Der Experte begründet seine Beurteilung von *KM-B* in Phase 4 im Rahmen des Expertengesprächs nicht.

544 (EX-4-5), S. 6. Der Experte argumentiert ananlog zur Beurteilung von *KM-A*.

545 Vgl. (EX-4-6), S. 8.

546 Der Experte formuliert im Rahmen des Gesprächs keine explizite Begründung für seine Ablehnung von *KM-B*.

547 Vgl. (EX-4-8), S. 10.

548 Vgl. (EX-4-8), S. 10. Der Cluster-Manager wird vom Experten jedoch wegen seiner höher ausgeprägten Neutralität bevorzugt.

549 Vgl. (EX-4-9), S. 8 und S. 10.

550 Vgl. (EX-4-10), S. 11.

551 Vgl. (EX-4-10), S. 12.

Zwei Experten betonen, dass in der vierten Phase des CSE der persönliche Kontakt der beteiligten Kooperationspartner so hoch wie möglich sein sollte, da nur so das für die Kooperation erforderliche Kommittent vermittelt werden und Vertrauen aufgebaut werden kann.[552]

KM	EX	Fall 1	Fall 2	Fall 3	Begründung
KM-C, Phase 4, U_i	1	●	●	●	– (+) Die direkte Abstimmung der Akteure bzgl. Kooperationsregeln hat sich bewährt und führt zu den geringsten Abstimmungskosten.[553]
	2	●	●	●	– (+) Die direkte Abstimmung der Akteure bzgl. Kooperationsregeln hat sich bewährt und führt zu den geringsten Abstimmungskosten.[554]
	3	●	●	●	– (+) Die direkte Abstimmung der Akteure bzgl. Kooperationsregeln hat sich bewährt und führt zu den geringsten Abstimmungskosten.[555] – (+) Die pers. Abstimmung führt zu geringeren Kontrollkosten als jede andere Abstimmungsform.[556] – (-) Eine administrative Unterstützung durch LU oder LDL ggf. erforderlich.[557]
	4	●	●	●	– (+) Die direkte Abstimmung der Akteure bzgl. Kooperationsregeln hat sich bewährt und führt zu den geringsten Abstimmungskosten.[558] – (-) In Fall 1 sollte der CM die Terminkoordination entstehen.[559]
	5	●	●	●	– (+) Persönlicher Kontakt der Entscheider bei der Vertragsverhandlung steigert Glaubwürdigkeit der Entscheider.[560]
	6	●	●	●	– (+) Die direkte Abstimmung der Akteure bzgl. Kooperationsregeln hat sich bewährt und führt zu den geringsten Abstimmungskosten bei der internen und externen Vertragsvereinbarung.[561]

● : KM wird präferiert O : KM wird nicht präferiert ◑ : Administrative/beratende Unterstützung gewünscht

Tabelle 4-43: Beurteilung von KM-C in Phase 4 aus Sicht der Cluster-Experten.

Die Experten des LDL präferieren *KM-C* in Phase 4 ausnahmslos in allen drei Fällen. Lediglich ein Experte lehnt eine Beteiligung am CSE in Fall 3 ab, da er hier zu wenig Koordinationsunterstützung im Cluster sieht. Zwei Experten begründen ihre Präferenz zu *KM-C* mit den Erfahrungen, die im Cluster bei Abstimmungsprozessen im Rahmen von Beratungs- und Entscheidungsgremien bereits vorliegen.[562] Zwei Experten argumentieren mit vergleichsweise geringen Kontrollkosten, wenn alle Unternehmen an der Abstimmung beteiligt sind. Diese und einzelne weitere Argumente sind in *Tabelle 4-44* (nachfolgende Seite) dargestellt.

552 Vgl. (EX-4-5), S. 7 und (EX-4-3), S. 7.
553 Vgl. (EX-4-11), S. 6.
554 Vgl. (EX-4-2), S. 5.
555 Vgl. (EX-4-7), S. 10.
556 Vgl. (EX-4-9), S. 8 und S. 10.
557 Vgl. (EX-4-10), S. 11.
558 Vgl. (EX-4-10), S. 12.
559 Vgl. (EX-4-10), S. 12-13.
560 Vgl. (EX-4-9), S. 8 und S. 10.
561 Vgl. (EX-4-10), S. 11.
562 Vgl. (EX-4-7), S. 11 und (EX-4-8), S. 10.

KM	EX	Fall 1	Fall 2	Fall 3	Begründung
KM-C, Phase 4, LDL	7	●	●	●	– (+) Die direkte Abstimmung der Akteure bzgl. Kooperationsregeln hat sich bewährt und sollte daher fortgeführt werden.[563] – (+) Personalunion von Entscheidungskoordination und Entscheidung.[564]
	8	●	●	●	– (+) Nutzung der vorhandenen Routinen der Koordination bei der Abstimmung der internen Leistungsvereinbarungen.[565] – (-) Bei externer Leistungsvereinbarung ist Abstimmung aus der Sicht des Experten nicht effizient, hier wird ein zentraler Ansprechpartner bevorzugt.
	9	●	●	●	– (+) Geringer KOntrollaufwand.[566] – (-) Hoher Koordinationsaufwand durch hohen Mitarbeitereinsatz aller beteiligten Unternehmen.[567] – (+) Vertrauensbildung zwischen den Kooperationspartnern.[568]
	10	●	●	○	– (+) Die Koordination der Vertragsinhalte muss intern im Cluster erfolgen. KM-D scheidet hier aus.[569] – (-) Es entstehen hohe Abstimmungskosten bei den Verladern.[570] – (+) Die Gefahr vor opportunistischem Verhalten ist in KM-C am geringsten.[571] – (+) In Fall 3 wird kein CSE praktiziert.[572]

● : KM wird präferiert ○ : KM wird nicht präferiert ◑ : Administrative/beratende Unterstützung gewünscht

Tabelle 4-44: Beurteilung von KM-C in Phase 4 aus Sicht der LDL-Experten.

Als letzte Koordinationsform ist in Phase 4 des CSE die ***Koordination von Entscheidungen durch den LDL*** zu untersuchen. Keiner der Experten präferiert die Koordination durch einen LDL in der letzten Phase des CSE. Dabei ist es unerheblich, ob ein Cluster-Manager oder ein Leitunternehmen zur Verfügung steht. Begründet wird dies von vier Experten mit dem Argument, dass der LDL bei der Verhandlung der internen und der externen Kooperations- und Leistungsvereinbarungen ein opportunistisches Verhalten entfalten könnte, welches zu

563 Vgl. (EX-4-7), S. 11. Obwohl in den historischen Kooperationen des Clusters keine Verhandlungen im Rahmen von Logistikkooperationen geführt wurden, geht der Experte davon aus, dass die für die Verhandlung von Kooperationsregelungen bewährten Koordinationsmuster auch im CSE zum Einsatz gebracht werden können. Siehe dazu auch (EX-4-7), S. 14.

564 Vgl. (EX-4-7), S. 11. *„Die Ergebnisse [der Verhandlungen] hängen stark von den beteiligten Personen ab, man kann die Koordination der Entscheidungen nicht von den Entscheidungen selbst trennen. Diejenigen Personen im Cluster, die die inhaltliche Verhandlung führen, haben auch die Koordination zu erbringen. Eine Trennung zwischen Entscheidungskoordination und Verhandlungen – externer und interner Art – ist aus meiner Sicht nicht möglich"*, so der Experte. Siehe (EX-4-7), S. 11.

565 Vgl. (EX-4-8), S. 10. Die internen Leistungsvereinbarungen sind nach Ansicht des Experten so zu koordinieren, wie in der Historie der Cluster-Initiative bislang Spielregeln und Kooperationsregelungen im Rahmen der Ge-spräche zwischen den Unternehmen abgestimmt wurden.

566 Vgl. (EX-4-9), S. 8.

567 *„Hier entsteht zwar ein hoher Aufwand, weil sich die handelnden Personen häufiger treffen und abstimmen werden, aber das ist immer noch besser, als wenn sie sich wechselseitig absichern müssen, nicht über den Tisch gezogen zu werden"*, so der Experte. Siehe (EX-4-9), S. 8.

568 *„Außerdem kann es in der vierten Prozessphase hilfreich sein, wenn ein enger Kontakt zwischen den Verladern vorhanden ist. Durch die direkte Diskussion und Klärung der Abstimmungsbedarfe von Angesicht zu Angesicht kann Vertrauen in der Arbeitsgruppe aufgebaut werden"*, so der Experte. Siehe (EX-4-9), S. 8.

569 Vgl. (EX-4-10), S. 11.

570 Vgl. (EX-4-10), S. 11.

571 Vgl. (EX-4-10), S. 11. *„Die Arbeitstreffen können genutzt werden, um eine Lösung zu finden, von der keine Gefahr durch das opportunistische Verhalten einzelner Akteure ausgeht. Das kann sinnvoll sein, auch wenn die Kosten der Abstimmung durch eine Beteiligung aller Akteure im Cluster steigen werden"*, so der Experte.

572 Vgl. (EX-4-10), S. 12.

Konflikten zwischen den Partnern und damit zu einem möglichen Abbruch des Cluster Service Engineering führen kann.[573] Zwei Experten erwarten höhere Koordinationskosten im Vergleich zu *KM-C*, da der koordinierende LDL von den Akteuren des Clusters kontrolliert werden müsste.[574]

KM	EX	Fall 1	Fall 2	Fall 3	Begründung
KM-D, Phase 4, U_i	1	O	O	O	– (-) Höhere Kontrollkosten als in KM-C.[575] – (-) Opportunimusgefahr geht vom LDL aus.[576]
	2	O	O	O	– ./.[577]
	3	O	O	O	– (-) Höhere direkte Abstimmungskosten bei Einsatz von KM-C.[578] – (-) Gefahr durch opportunistisches Verhalten des LDL.[579]
	4	O	O	O	– (-) Gefahr durch opportunistisches Verhalten des LDL.[580]
	5	O	O	O	– (-) Beteiligung des LDL nicht erforderlich, da KM-C erprobt ist.[581]
	6	O	O	O	– (-) Gefahr durch opportunistisches Verhalten des LDL.[582]

● : KM wird präferiert O : KM wird nicht präferiert ◑ : Administrative/beratende Unterstützung gewünscht

Tabelle 4-45: Beurteilung von KM-D in Phase 4 aus Sicht der Cluster-Experten.

Aus der Perspektive der Experten des LDL wird *KM-D* von keinem Experten präferiert. Sie begründen diese Position damit, dass aufgrund der fehlenden Neutralität eines LDL eine Koordination der internen Abstimmungen der Verlader im Cluster nicht möglich ist. Eine beratende Rolle wird jedoch von zwei der vier Experten unterstützt. Sie argumentieren, dass auch bei der Bestimmung der zu verhandelnden Vertragsinhalte eine fachliche Unterstützung durch einen Akteur mit Ausschreibungserfahrung erforderlich wird, damit die Definition der entscheidungsrelevanten Informationen und ihre Auswertung zielführend erfolgen können. In *Tabelle 4-46* (nachfolgende Seite) ist die Bewertung von *KM-D* aus der Sicht der Experten des LDL dargestellt.

[573] Vgl. (EX-4-1), S. 10; (EX-4-3), S. 7; (EX-4-4), S. 9 und (EX-4-6), S. 7.
[574] Vgl. (EX-4-1), S. 6 und (EX-4-3), S. 7.
[575] Vgl. (EX-4-1), S. 6.
[576] Vgl. (EX-4-1), S. 10.
[577] Der Experte begründet seine Beurteilung von *KM-D* nicht.
[578] Vgl. (EX-4-3), S. 7. Der Einsatz eines Mittelsmannes macht demnach zusätzliche schriftliche Vereinbarung erforderlich, wodurch die Abstimmungskosten insgesamt erhöht werden, so der Experte.
[579] Vgl. (EX-4-3), S. 7. Nach Ansicht des Experten darf der LDL als potenziell opportunistischer Akteur, der seine eigenen Gewinne optimiert, in der letzten Phase der Verhandlungen nicht als Koordinator beteiligt sein. Dies könnte zu Konflikten zwischen den Partnern führen.
[580] Vgl. (EX-4-4), S. 9.
[581] (EX-4-5), S. 7.
[582] Vgl. (EX-4-6), S. 7. Der LDL sollte nach Möglichkeiten keine Koordinationsleisung erbringen, da er wie jedes Unternehmen im Cluster das Ziel verfolgen wird, sich selbst den größten Anteil der Kooperationsgewinne zu sichern. Er wird daher bei der Abstimmung der einzelnen Verträge auf ein in sich konsistentes Vertragswerk versuchen, unvorteilhafte Regelungen für die beteiligten Verlader durchzusetzen.

KM	EX	Fall 1	Fall 2	Fall 3	Begründung
KM-D, Phase 4, LDL	7	◑	◑	◑	– (-) Fehlende Neutralität des LDL.[583] – (+) Beratende Rolle des LDL zur Definition der relevanten Vertragsinhalte in externen und internen Verträgen.[584]
	8	◑	◑	◑	– (-) Fehlende Neutralität des LDL aus der Sicht der Cluster-Unternehmen.[585] – (+) Beratung der Koordinatoren durch LDL erforderlich.[586]
	9	○	○	○	– (-) Fehlende Neutralität des LDL aus der Sicht der Cluster-Unternehmen.[587]
	10	○	○	○	– ./.[588]

● : KM wird präferiert ○ : KM wird nicht präferiert ◑ : Administrative/beratende Unterstützung gewünscht

Tabelle 4-46: Beurteilung von KM-D in Phase 4 aus Sicht der LDL-Experten.

4.4.2 Explanation und Exploration: Thesenprüfung und kritische Diskussion alternativer Erklärungszusammenhänge

Wie in der Zielsetzung der Arbeit und in der wissenschaftstheoretischen Positionierung in *Kapitel 1* dargelegt, wird in der vorliegenden Arbeit eine kombiniert deduktiv-induktive formallogische Vorgehensweise verfolgt. Ziel der empirischen Untersuchung ist es, die in *Kapitel 3* theoriegeleitet entwickelten Thesen einer ersten qualitativen Prüfung zu unterziehen. Darüber hinaus werden im Rahmen der Exploration die erarbeiteten Thesen weiter konkretisiert und alternative Erklärungszusammenhänge diskutiert.

In einem ersten Schritt werden die Thesen einem Falsifikationsversuch unterzogen. Dazu werden die im vorigen Abschnitt ausgearbeiteten und analysierten Expertenaussagen an den deduktiv hergeleiteten Aussagen zur Koordination des CSE unter Berücksichtigung der realen Cluster Governance und zwei generisch entwickelten alternative Cluster Governance Ausprägungen gespiegelt. Dabei werden die Perspektiven der Cluster-Unternehmen und die Perspektive des LDL separat betrachtet, um mögliche Differenzen der Standpunkte herauszuarbeiten. In einem zweiten Schritt werden die in den Expertengesprächen explorativ gewonnenen Erkenntnisse diskutiert, um alternative Lösungsideen zu entwickeln und die formulierten Thesen weiter zu konkretisieren.

583 Vgl. (EX-4-7), S. 11.
584 Es liegt keine explizite Begründung der Präferenz durch den Experten vor.
585 Vgl. (EX-4-9), S. 8.
586 Vgl. (EX-4-8), S. 11.
587 Vgl. (EX-4-8), S. 11.
588 Vgl. (EX-4-7), S. 11.

Falsifikationsversuch der theoriegeleitet entwickelten Forschungsthesen – Perspektive der Cluster-Unternehmen

Zur Thesenfalsifikation werden die in *Kapitel 3* formulierten Aussagen logisch umgekehrt. Es ergeben sich die in den *Tabellen 4-47* dargestellten *Prüfaussagen*. Gelingt die Falsifikation dieser Prüfaussagen, so gelten die in *Kapitel 3* formulierten Thesen als vorläufig bewährt.

Aus der ***Analyse von KM-A*** folgt, dass Prüfaussagen (1.1), (1.3), (1.5) und (1.7) widerlegt werden können.[589] In den Phasen 1 - 3 des Entscheidungsprozesses in Fall 1 wird *KM-A* von allen Experten ohne Ausnahme präferiert. Auch Prüfaussagen (1.7) werden widerlegt, da sich alle sechs Experten in Phase 4 für *KM-C* und damit gegen *KM-A* aussprechen.[590] Daraus folgt, dass These 1.1 nicht widerlegt werden kann. Sie wird fortan als bewährt betrachtet.

Aus der explanatorischen ***Analyse von KM-B*** folgt, dass in Fall 2 kein Experte *KM-B* in einer der vier Prozessphasen des CSE präferiert. Leitunternehmen sind nach Ansicht der Experten in den verschiedenen Phasen des CSE als unterstützende Akteure einzusetzen, allerdings nehmen sie keine Koordinationsaufgaben im Sinne der in *KM-B* beschriebenen Aufgaben wahr. Somit folgt, dass die Prüfaussagen (2.1), (2.3), (2.5) und (2.7) widerlegt sind. Somit kann These 2.1 nicht widerlegt werden und ist fortan als bewährt zu betrachten.

Aus der explanatorischen ***Analyse von KM-C*** folgt, dass zur Prüfung der These 3 der Fall 1 und Fall 3 der Fallstudienanalyse zu untersuchen sind. Fall 3 wird betrachtet zur Analyse der Prüfaussagen (3.1), (3.3) und (3.5). In den ersten drei Phasen des CSE präferieren alle befragten Experte *KM-C* unter der Annahme, dass weder Cluster-Manager noch Leitunternehmen für die Koordination zur Verfügung stehen. Damit sind die Prüfaussagen (3.1), (3.3) und (3.5) falsifiziert. In Phase 4 folgt in Fall 1, dass sich alle Experten für eine Koordination des CSE durch *KM-C* aussprechen. Damit ist auch Prüfaussage (3.7) widerlegt. Daraus resultiert, dass These 3.1 im Rahmen der explanatorischen Fallstudie nicht widerlegt werden kann und fortan als bewährt zu betrachten ist.

Die explanatorische ***Analyse von KM-D*** erfordert die Analyse der Fälle 1 - 3. Aus der Analyse der Fälle 1-3 folgt, dass kein Experte der Cluster-Unternehmen eine Entscheidungskoordination in einer der vier Phasen des CSE präferiert. Somit können die Prüfaussagen (4.1), (4.3), (4.5) und (4.7) widerlegt werden. Damit gilt These 4.1 als bewährt. In *Tabelle 4-47* (nachfolgende Seite) ist das Ergebnis der explanatorischen Analyse dargestellt. Sie zeigt die Zuordnung der Aussagen zu den Thesen sowie das Ergebnis der Falsifikationsversuche.

---

[589] Dies ist in *Tabelle 4-47* (nachfolgende Seite) durch schwarz ausgefüllte Kreise dargestellt.

[590] Der Cluster-Manager wird nicht als Koordinator wie in *KM-A* vorgesehen, sondern lediglich als beratender und administrativ unterstützender Akteur, der in Phase 4 potenzielle Konflikte zwischen den Partnern schlichten soll, siehe (EX-4-2), S. 7.

Aussagen zur Prüfung der Thesen aus der Unternehmensperspektive			Ergebnis
(1.1)	*Die Cluster-Unternehmen **präferieren** KM-A **nicht** in der ersten Phase des CSE bei gegebener Cluster Governance.*	These 1.1	●
(1.3)	*Die Cluster-Unternehmen **präferieren** KM-A **nicht** in der zweiten Phase des CSE bei gegebener Cluster Governance.*		●
(1.5)	*Die Cluster-Unternehmen **präferieren** KM-A **nicht** in der dritten Phase des CSE bei gegebener Cluster Governance.*		●
(1.7)	*Die Cluster-Unternehmen **präferieren** KM-A in der vierten Phase des CSE bei gegebener Cluster Governance.*		●
(2.1)	*Die Cluster-Unternehmen **präferierten** KM-B in der ersten Phase des CSE, wenn der Cluster-Manager nicht zur Verfügung stünde.*	These 2.1	●
(2.3)	*Die Cluster-Unternehmen **präferierten** KM-B in der zweiten Phase des CSE, wenn der Cluster-Manager nicht zur Verfügung stünde.*		●
(2.5)	*Die Cluster-Unternehmen **präferierten** KM-B in der dritten Phase des CSE, wenn der Cluster-Manager nicht zur Verfügung stünde.*		●
(2.7)	*Die Cluster-Unternehmen **präferten** KM-B in der vierten Phase des CSE, wenn der Cluster-Manager nicht zur Verfügung stünde.*		●
(3.1)	*Die Cluster-Unternehmen **präferierten** KM-C **nicht** in der ersten Phase des CSE, wenn weder Cluster-Manager noch Leitunternehmen zur Verfügung stünden.*	These 3.1	●
(3.3)	*Die Cluster-Unternehmen **präferieren** KM-C **nicht** in der zweiten Phase des CSE wenn weder Cluster-Manager noch Leitunternehmen zur Verfügung stünden.*		●
(3.5)	*Die Cluster-Unternehmen **präferieren** KM-C **nicht** in der dritten Phase des CSE wenn weder Cluster-Manager noch Leitunternehmen zur Verfügung stünden.*		●
(3.7)	*Die Cluster-Unternehmen **präferieren** KM-C **nicht** in der vierten Phase des CSE bei der gegebenen Cluster Governance.*		●
(4.1)	*Die Cluster-Unternehmen **präferierten** KM-D **auch dann** in der ersten Phase des CSE, wenn entweder Cluster-Manager, Leitunternehmen oder Arbeitsgruppen zur Verfügung stehen.*	These 4.1	●
(4.3)	*Die Cluster-Unternehmen **präferierten** KM-D **auch dann** in der zweiten Phase des CSE, wenn entweder Cluster-Manager, Leitunternehmen oder Arbeitsgruppen zur Verfügung stehen.*		●
(4.5)	*Die Cluster-Unternehmen **präferierten** KM-D **auch dann** in der dritten Phase des CSE, wenn entweder Cluster-Manager, Leitunternehmen oder Arbeitsgruppen zur Verfügung stehen.*		●
(4.7)	*Die Cluster-Unternehmen **präferierten** KM-D **auch dann** in der vierten Phase des CSE, wenn entweder Cluster-Manager, Leitunternehmen oder Arbeitsgruppen zur Verfügung stehen.*		●

● = Prüfaussage kann abgewiesen werden ○ = Prüfaussage kann nicht abgewiesen werden

Tabelle 4-47: Falsifikation der Prüfaussagen aus der Sicht der Cluster-Experten.

Zusammenfassend kann festgestellt werden, dass sich mit der explanatorischen Fallstudienanalyse die aus den Thesen abgeleiteten Prüfaussagen widerlegen lassen. Die in der theoriegeleiteten Analyse formulierten vier Thesen über die Effizienz verschiedener Koordinationsmuster gelten daher bezogen auf die Präferenzen der Cluster-Unternehmen als bewährt.

Falsifikationsversuch der theoriegeleitet entwickelten Forschungsthesen – Perspektive des LDL

Auch zur Falsifikation der Thesen bezogen auf die LDL-Perspektive werden die in *Kapitel 3* formulierten Prüfaussagen logisch umgekehrt. Es ergeben sich die in Tabelle 4-48 (Seite

336) dargestellten Aussagen. Gelingt die Falsifikation dieser Prüfaussagen, so gelten die in *Kapitel 3* formulierten Thesen als bewährt. Gelingt ihre Falsifikation nicht, so sind die korrespondierenden Thesen in *Kapitel 3* zu verwerfen.

Aus der explanatorischen ***Analyse von KM-A*** folgt, dass Prüfaussagen (1.2), (1.4), (1.6) und (1.8) widerlegt werden können. In den Phasen 1 bis 3 des Entscheidungsprozesses in Fall 1 wird *KM-A* von allen Experten ohne Ausnahme präferiert.[591] Auch Prüfaussage (1.8) wird widerlegt, da sich alle sechs Experten in Phase 4 für *KM-C* und damit gegen *KM-A* aussprechen.[592] Daraus folgt, dass These 1.2 aus der Perspektive des LDL nicht wiederlegt werden kann und fortan als bewährt betrachtet wird.

Aus der explanatorischen ***Analyse von KM-B*** folgt, dass in Fall 2 ein Experte *KM-B* in Prozessphasen 1 des CSE präferiert.[593] In Phase 2 präferieren jedoch drei der vier Experten die Koordination durch ein Leitunternehmen.[594] Ebenso verhält es sich in Phase 3, wo *KM-B* von drei Experten präferiert wird.[595] In Phase 4 lehnen die Experten *KM-B* geschlossen ab.[596] Es folgt, dass die aus These 2 abgeleiteten Aussagen (2.2) und (2.8) falsifiziert werden können. Die Prüfaussagen (2.4) und (2.6) lassen sich jedoch nicht falsifizieren. Aus diesem Grund ist These 2 abzulehnen.

Aus der explanatorischen ***Analyse von KM-C*** folgt, dass zur Prüfung der These 3 die Fälle 1 und Fall 3 zu untersuchen sind. Fall 3 wird betrachtet zur Analyse der Prüfaussagen (3.1), (3.3) und (3.5). In der ersten Phase des CSE präferieren drei von vier Experten *KM-C* unter der Annahme, dass weder Cluster-Manager noch Leitunternehmen für die Koordination zur Verfügung stehen.[597] In den Phasen 2 und 3 jedoch wird *KM-C* mehrheitlich abgelehnt.[598] In Phase 4 des CSE wird *KM-C* von allen vier Experten präferiert.[599] Damit sind die Prüfaussagen (3.2) und (3.8) widerlegt. Jedoch lassen sich die Prüfaussagen (4.5) und (3.6) nicht widerlegen. Daraus resultiert, dass These 3 im Rahmen der explanatorischen Fallstudie aus der Sicht des LDL abzulehnen ist, siehe *Tabelle 4-48* (nachfolgende Seite). Die explanatorische ***Analyse von KM-D*** erfordert die Analyse aller drei Fälle. In den Phasen 1 bis 4 des CSE wird die Koordination der Entscheidungen durch den LDL von allen vier Experten in

591 Siehe S. 300, S. 308 und 316.

592 Der Cluster-Manager wird nicht als Koordinator wie in *KM-A* vorgesehen, jedoch als beratender und administrativ unterstützender Akteur, der in Phase 4 potenzielle Konflikte zwischen den Partnern schlichten soll, siehe (EX-4-2), S. 7.

593 Siehe Tabelle 4-18.

594 Siehe Tabelle 4-26.

595 Siehe Tabelle 4-34.

596 Siehe Tabelle 4-42.

597 Siehe S. 304.

598 Siehe S. 312 und S. 320. Hierbei ist Fall 3 relevant.

599 Siehe S. 327. Hierbei ist Fall 1 relevant.

allen drei Fällen abgelehnt.[600] Damit sind die Prüfaussagen (4.2), (4.4), (4.6) und (4.8) widerlegt.

Aussagen zur Prüfung der Thesen aus der Unternehmensperspektive			Ergebnis
(1.2)	*Der LDL **präferiert** KM-A **nicht** in **der** ersten Phase des CSE bei der gegebener Cluster Governance.*	These 1.2	●
(1.4)	*Der LDL **präferiert** KM-A **nicht** in der zweiten Phase des CSE bei gegebener Cluster Governance.*		●
(1.6)	*Der LDL **präferiert** KM-A **nicht** in der dritten Phase des CSE bei gegebener Cluster Governance.*		●
(1.8)	*Der LDL **präferiert** KM-A in der vierten Phase des CSE bei gegebener Cluster Governance.*		●
(2.2)	*Der LDL **präferierte** KM-B in der ersten Phase des CSE, wenn der Cluster-Manager nicht zur Verfügung stünde.*	These 2.2	●
(2.4)	*Der LDL **präferierte** KM-B in der zweiten Phase des CSE, wenn der Cluster-Manager nicht zur Verfügung stünde.*		○
(2.6)	*Der LDL **präferierte** KM-B in der dritten Phase des CSE, wenn der Cluster-Manager nicht zur Verfügung stünde.*		○
(2.8)	*Der LDL **präferiert** KM-B in der vierten Phase des CSE, wenn der Cluster-Manager nicht zur Verfügung stünde.*		●
(3.2)	*Der LDL **präferierte** KM-C **nicht** in der ersten Phase des CSE, wenn weder Cluster-Manager noch Leitunternehmen zur Verfügung stünden..*	These 3.2	●
(3.4)	*Der LDL **präferierte** KM-C **nicht** in der zweiten Phase des CSE, wenn weder Cluster-Manager noch Leitunternehmen zur Verfügung stünden.*		○
(3.6)	*Der LDL **präferierte** KM-C **nicht** in der dritten Phase des CSE, wenn weder Cluster-Manager noch Leitunternehmen zur Verfügung stünden.*		○
(3.8)	*Der LDL **präferiert** KM-C **nicht** in der vierten Phase des CSE bei gegebener Cluster Governance.*		●
(4.2)	*Der LDL **präferierte** KM-D **auch dann** in der ersten Phase des CSE, wenn entweder Cluster-Manager, Leitunternehmen oder Arbeitsgruppen zur Verfügung stehen.*	These 4.2	●
(4.4)	*Der LDL **präferierte** KM-D **auch dann** in der zweiten Phase des CSE, wenn entweder Cluster-Manager, Leitunternehmen oder Arbeitsgruppen zur Verfügung stehen.*		●
(4.6)	*Der LDL **präferierte** KM-D **auch dann** in der dritten Phase des CSE, wenn entweder Cluster-Manager, Leitunternehmen oder Arbeitsgruppen zur Verfügung stehen.*		●
(4.8)	*Der LDL **präferierte** KM-D **auch dann** in der vierten Phase des CSE, wenn entweder Cluster-Manager, Leitunternehmen oder Arbeitsgruppen zur Verfügung stehen.*		●

● = Prüfaussage kann abgewiesen werden ○ = Prüfaussage kann nicht abgewiesen werden

Tabelle 4-48: Falsifikation der Prüfaussagen aus der Perspektive der LDL-Experten.

Daraus folgt, dass These 4 vorläufig als bewährt gilt. Zusammenfassend kann festgestellt werden, dass sich mit der explanatorischen Fallstudienanalyse die aus den Thesen abgeleiteten Prüfaussagen nicht vollständig widerlegen lassen. Während die Prüfaussagen bezogen

600 Siehe Tabelle 4-22 auf S. 306, Tabelle 4-30 auf S. 314, Tabelle 4-38 auf S. 322 sowie Tabelle 4-46 auf S. 329.

auf die Thesen 1.2 und 4.2 widerlegt werden konnten, können die Prüfaussagen bezogen auf Thesen 2.2 und 3.2 nur hinsichtlich der ersten und letzten Prozessphase widerlegt werden.

Zwischenfazit zur explanatorischen Analyse unter Berücksichtigung der Gütekriterien der Fallstudienforschung

Nachdem die Cluster Governance des Automotive-Clusters Mittelhessen modelliert wurde, konnten die aus den Thesen abgeleiteten Aussagen sowie die Prüfaussagen ausgefüllt werden. Ein Falsifikationsversuch konnte durch die Spiegelung der von den LDL-Experten und den Cluster-Experten präferierten Koordinationsmustern an den Prüfaussagen unternommen werden. Durch die Berücksichtigung von zwei zusätzlichen fiktiven Ausprägungen der Cluster Governance (Fall 2 und Fall 3) wurde die Prüfung aller 18 Prüfaussagen ermöglicht. Zusammenfassend kann nun das Zwischenfazit gezogen werden, dass alle auf die Perspektive der Cluster-Unternehmen bezogenen Thesen als bewährt gelten, da die korrespondierenden Prüfaussagen allesamt abgelehnt werden konnten. Die auf die Präferenzen des LDL bezogenen Prüfaussagen konnten jedoch nur eingeschränkt falsifiziert werden: Im Ergebnis gelten daher die Thesen 1.1, 1.2, 1.3, 1.4 sowie 2.1 und 2.4 vorläufig bewährt. Die Thesen 2.2 und 2.3 hingegen wurden falsifiziert, da die Prüfaussagen nicht abgelehnt werden konnten.

These	***Ergebnis der Analyse bezgl. der Präferenzen der U_i***	***These***	***Ergebnis der Analyse bzgl. der Präferenzen des LDL***
These 1.1	Prüfaussagen (1.1), (1.3), (1.5) und (1.7) falsifiziert. These 1.1 hat sich bewährt.	**These 1.2**	Prüfaussagen (1.2), (1.4), (1.6) und (1.8) falsifiziert. These 1.2 hat sich bewährt.
These 2.1	Prüfaussagen (2.1), (2.3), (2.5) und (2.7) falsifiziert. These 2.1 hat sich bewährt.	**These 2.2**	Prüfaussagen (2.1) und (2.7) sind falsifiziert. Prüfaussagen (2.3) und (2.5) sind nicht falsifiziert. These 2.2 hat sich nicht bewährt.
These 3.1	Prüfaussagen (3.1), (3.3), (3.5) und (3.7) falsifiziert. These 3.1 hat sich bewährt	**These 3.2**	Prüfaussagen (3.1) und (3.7) sind falsifiziert. Prüfaussagen (3.3) und (3.5) sind nicht falsifiziert. These 3.2 hat sich nicht bewährt.
These 4.1	Prüfaussagen (4.1), (4.3), (4.5) und (4.7) falsifiziert. These 4.1 hat sich bewährt.	**These 3.3**	Prüfaussagen (4.1), (4.3), (4.5) und (4.7) falsifiziert. These 4.1 hat sich bewährt.

Tabelle 4-49: Zusammenfassung der Thesenfalsifikation.

Im Ergebnis können aus der Sicht der ***Vertreter der Cluster-Unternehmen*** die im Cluster für die Koordination von Entscheidungen bewährten und legitimierten Koordinationsmechanismen im Rahmen des CSE genutzt werden. Sie gehen davon aus, dass Selektionsentscheidungen, Allokationsentscheidungen und Evaluationsentscheidungen am effizientesten vom Cluster-Manager koordiniert werden (*KM-A*), während Regulationsentscheidungen im Rahmen von Beratungs- und Entscheidungsgremien (*KM-C*) zu koordinieren sind. Der Koordination durch ein Leitunternehmen sprechen sie keine Präferenzen zu. Damit spiegeln die Experten die Cluster Governance wider: Auch in der Historie des Clusters wurden Selektionsentscheidungen, Allokationsentscheidungen und Evaluationsentscheidungen zentral vom Cluster-Manager koordiniert, während Regulationsentscheidungen im Rahmen von Arbeitstreffen des mittleren Managements und im Rahmen von Sitzungen des Lenkungsausschusses koordiniert wurden. In Fall 2 favorisieren die Experten in allen vier Phasen des CSE die Koordination durch Beratungs- und Entscheidungsgremien, was ebenfalls mit der vorliegenden Cluster Governance vereinbar ist, da von den Leitunternehmen des Clusters keine Koordinationsleistung erbracht wurde. *KM-C* hingegen stellte bei Regulationsentscheidungen das dominante Koordinationsmuster im Cluster dar. Bei Selektionsentscheidungen, Allokationsentscheidungen und Evaluationsentscheidungen etablierte sich die Entscheidungskoordination im Rahmen der Arbeitstreffen und des Lenkungsausschusses als alternative Koordinationsform zum Cluster-Manager.[601]

Aus der Sicht der ***Vertreter des LDL*** können die in der Cluster-Initiative entwickelten und bei der Koordination von Entscheidungen bewährten und legitimierten Koordinationsmechanismen nur bedingt auf das CSE übertragen werden. Bezogen auf *These 1.2* sind die Prüfaussagen abzulehnen. Die Experten gehen davon aus, dass der Cluster-Manager als Koordinator in den ersten drei Phasen des CSE einsetzbar ist, sofern er sich als Koordinator für Selektionsentscheidungen, Allokationsentscheidungen und Evaluationsentscheidungen in einer Cluster-Initiative bewährt hat. In der vierten Phase präferieren sie ihn nicht als Koordinator. Damit bestätigen sie die aus *These 1.2* abgeleiteten Aussagen, so dass *These 1.2* nicht abgewiesen werden kann.

Bezogen auf die Rolle des LDL als Koordinator des CSE liegt ebenfalls eine Übereinstimmung der Experten mit den aus der These (Hier These 4.2) abgeleiteten Prüfaussagen vor: Alle Experten des LDL lehnen ihr eigenes Engagement als Koordinator ab und ziehen eine Koordination des CSE durch Akteure des Clusters vor. Diese Beurteilungen stützen die Lösungsidee, dass die in einer Cluster-Initiative herausgebildeten Koordinationsinstrumente bei der proaktiven Leistungsanbahnung im Rahmen lateraler Logistikkooperationen zur Anwendung kommen können.

Bei der Beurteilung der Koordinationsmuster *KM-B* (Koordination durch ein Leitunternehmen) und durch *KM-C* (Beratungs- und Entscheidungsgremium) ist jedoch nur in Fall 1 eine Übereinstimmung der Expertenpositionen mit den Merkmalen der Cluster Governance festzustellen. Sofern ein Cluster-Manager eingesetzt werden kann, sprechen sich die Experten dafür aus und bestätigen damit die Nutzung von Koordinationsinstrumenten, die sich in der Cluster-Initiative entwickelt, bewährt und legitimiert haben. Tritt jedoch der Fall ein, dass der

[601] Fall 3 wurde aus formallogischen Gründen im Rahmen der Expertengespräche untersucht. Er hätte zur Ableitung von Aussagen genutzt werden können, wenn wider Erwarten eine Präferenz der Cluster-Unternehmen zu einer Koordination durch ein Leitunternehmen vorgelegen hätte. Wie das Ergebnis der Analyse bezogen auf die Position der Experten eine Übereinstimmung mit den Thesen 1.1 bis 4.1 zeigt, muss Fall 3 hier nicht weiter behandelt werden.

Cluster-Manager für die Koordinationsaufgabe nicht zur Verfügung steht (Fall 2), so präferieren die Experten die Koordination durch ein Leitunternehmen, obwohl Leitunternehmen in der Vergangenheit im Cluster keine Koordinationsaufgaben wahrgenommen haben. Daher stehen die Aussagen der LDL-Experten zu den Koordinationsmustern *KM-B* und *KM-C* in Fall 2 im Widerspruch zu den *Thesen 2.2* und *2.3* und stellen damit die Lösungsidee der Arbeit in Frage.

Im Rahmen einer kritischen Beurteilung der Ergebnisse der explanatorischen Analyse sollen die eingangs bereits ausgeführten ***Gütekriterien der Fallstudienforschung*** bezogen auf den vorliegenden Fall reflektiert und kritisch diskutiert werden.

Konstruktvalidität: Zur Sicherstellung der *Konstruktvalidität* wurden alle Dokumente einem eindeutigen *Index* und bei der systematischen Kodierung jeder Aussagen einer eindeutigen *Aussagennummer* zugeordnet. In der Fallstudiendatenbank wurden alle Aussagen dokumentiert und dem jeweiligen Dokumentenindex, der Aussagennummer, erläuternden Informationen zum Dokumententyp und der Aussageninterpretation des Forschers zugeordnet. Die Konstruktvalidität wurde zudem durch eine Datentriangulation bei der Beschreibung der Cluster Governance abgesichert.[602] Die Beschreibung der Cluster Governance ist mit über 1.030 verwerteten Aussagen aus über 170 verwendbaren Dokumenten aus einem Datenkorpus von über 540 Dokumenten belastbar.

Externe Validität: Zur Sicherstellung der *externen Validität* wurden die Merkmale der Cluster Governance in den Thesen nicht abschließend ausgefüllt. Stattdessen wurden die Thesen so formuliert, dass sie in jedem real existierenden Cluster konkretisierbar sind. Die Ergebnisse der explanatorischen Analyse sind daher auf jedes in der Praxis existierende Cluster übertragbar. In dem hier vorliegenden Fall nimmt der Cluster-Manager der Cluster-Initiative Automotive-Cluster Mittelhessen eine hervorgehobene Rolle als Koordinator ein. Die Thesen können jedoch auch in eine Cluster-Initiative ohne Cluster-Manager oder in einer Cluster-Initiative mit hervorgehobener Rolle von Leitunternehmen übertragen werden. Die externe Validität ist damit abgesichert.

Reproduzierbarkeit: Zur Sicherstellung der *Reproduzierbarkeit* wurde eine lückenlose und systematische Dokumentation der Vorgehensweise im Fallstudiendesign und in der Dokumentation der Fallbearbeitung geleistet. Darüber hinaus wurden alle Aussagen der deskriptiven Analyse in der Fallstudiendatenbank abgelegt, durch ein Indexsystem für spätere Auswertungen beschlagwortet und durch die eindeutige Identifikationsnummer gekennzeich-

[602] Bei der Charakterisierung der Koordinationsmuster des Clusters wurden alle Aussagen über die Charakteristika der Cluster Governance mit Daten aus mindestens drei der fünf verschiedenen Datenquellen (Gesprächs- und Sitzungsprotokolle, Gesprächsvorlagen, Arbeitsdokumente, Schriftverkehr und sonstige Beobachtungen) belegt.

net.[603] Damit ist der Forschungsprozess grundsätzlich reproduzierbar. Einschränkend muss jedoch festgestellt werden, dass der Forscher durch seine Rolle als teilnehmender Beobachter ein erweitertes Vorverständnis über den vorliegenden Fall entwickeln konnte, das einem zweiten Forscher bei der Reproduktion der Untersuchungsergebnisse unter Umständen nur eingeschränkt gegeben ist. Dies kann sich insbesondere bei der Dokumentenanalyse bemerkbar machen. Da eine Einordnung von Aussagen in den Gesamtkontext des Falles teilweise nur durch das implizite Wissen eines teilnehmenden Beobachters fehlerfrei ermöglicht wird, ist die Reproduzierbarkeit des Forschungsprozesses immer unter dieser Einschränkung zu beurteilen.

Interne Validität: Zur Sicherstellung der *internen Validität* wurde das Ziel verfolgt, den Erklärungszusammenhang zwischen Konstrukt 1 (Cluster Governance) und Konstrukt 2 (präferierte Koordinationsmuster des *CSE*) zweifelsfrei nachzuweisen.[604] Dazu wurde als Methoden das *Pattern Matching* eingesetzt, indem die Präferenz der Cluster-Akteure für den Einsatz verschiedener Koordinationsmuster in den verschiedenen Phasen des CSE erfragt und anschließend mit den Charakteristika der Cluster Governance abgeglichen wurden. Durch eine Ableitung von Prüfaussagen aus den Forschungsthesen konnte ein Falsifikationsversuch zur Belastung der Thesen durchgeführt werden. Durch die Generierung von zwei hypothetischen Ausprägungen der Cluster Governance konnten insgesamt drei alternative Fälle untersucht werden, wodurch das zu prüfende Aussagensystem zusätzlich verdichtet werden konnte. Im Ergebnis können nicht alle Prüfaussagen widerlegt werden, die in der theoriegeleiteten Analyse formulierten Thesen haben sich daher nur teilweise bewährt. Während alle vier Thesen als bewährt gelten, die sich auf die Perspektive der Cluster-Unternehmen beziehen, sind die Thesen zur LDL-Perspektive in Teilen widerlegt (Thesen 2.2 und 3.2).

Bezogen auf die Beurteilung der internen Validität der Ergebnisse muss, wie in *Abbildung 4-3* dargestellt, kritisch reflektiert werden, dass bei der Befragung der Experten der Cluster-Unternehmen und der Experten des LDL unterschiedliche methodische Vorgehensweisen erforderlich wurden. Während bei der Durchführung der Expertengespräche mit Vertretern der Cluster-Unternehmen vollständig auf *Level-1 Fragen*[605] verzichtet werden konnte, wurden bei der Befragung des Experten des LDL explizit auf die Cluster Governance der Cluster-Initiative *Automotive-Cluster Mittelhessen* verwiesen.[606] Diese Level-1 Fragen haben das

[603] Im Rahmen des Fallstudienberichts wird auf die Indexe zum Belegung der getroffenen Aussagen verwiesen.

[604] Vgl. Yɪɴ (2009), S. 42 - 43.

[605] Wie in Kapitel 4.1.1 ausgeführt wurde, stellen Level-1 Fragen direkte Fragen des Forschers zu einem vermuteten Erklärungszusammenhang dar. Der Interviewpartner kann die Absicht der Fragen erkennen, so dass die Möglichkeit einer ungewollten Beeinflussung des Interviewpartners durch den Forscher eröffnet wird.

[606] Im vorliegenden Fall war in den Gesprächen mit Experten des LDL eine explizite Bezugnahme auf die Cluster Governance durch den Forscher erforderlich, da die Experten die Cluster Governance nicht durch ihr Erfahrungswissen kennen. Bei den Expertengesprächen mit Vertretern der Cluster-Unternehmen war dies nicht erforderlich, da diesen Personen die Cluster Governance aus der eigenen Erfahrung bekannt ist: Alle sechs Ex-

Untersuchungsziel den Interviewpartnern zumindest in Teilen offengelegt und stellen damit eine mögliche Fehlerquelle dar. Darüber hinaus konnte im Rahmen der Vorstellung der Cluster Governance bei der Einführung der Gesprächspartner in die Expertengespräche kein vollständiges Bild der Cluster Governance gezeichnet werden, da aus zeitlichen Gründen bei der Gesprächsführung nur eine Einführung in die Cluster Governance realisiert werden konnte.[607] Da die LDL-Experten keine eigenen persönlichen Erfahrungen im untersuchten Cluster sammeln konnten, ist die Erklärungskraft der Interviews mit LDL-Experten bezogen auf die explanatorische Analyse als geringer einzustufen als die Erklärungskraft der Cluster-Experten. Berücksichtig man diese methodische Problematik bei der Befragung der Experten des LDL, so ist die interne Validität der Erkenntnisse bezogen auf die Thesen 1.2, 2.2, 3.2 und 4.2 grundsätzlich in Frage zu stellen.

Die Reflektion der Gütekriterien der Fallstudienforschung zeigt, dass die Konstruktvalidität, die externe Validität und die Reproduzierbarkeit der Ergebnisse durch das gewählte Forschungsdesign sichergestellt werden konnten. Die interne Validität der aus den LDL-Gesprächen resultierenden Erklärungszusammengängen ist jedoch nicht unbeschränkt gewährleistet, da eine potenzielle, ungewollte Beeinflussung der LDL-Experten durch den Forscher nicht vollständig ausgeschlossen werden kann. Aufgrund der divergierenden Beurteilung der Thesen 2.1 zu 2.2 bzw. 3.1 zu 3.2 ist weiter zu prüfen, inwiefern die interne Validität der Erkenntnisse zusätzlich gesteigert werden kann.

Nach Yin lässt sich die interne Validität einer explanatorischen Analyse durch die Diskussion ***alternativer Erklärungsansätze*** steigern.[608] Dies wird nachfolgend praktiziert. Die nachfolgend betrachteten potenziellen alternativen Erklärungsansätze basieren auf Äußerungen der LDL-Experten und der Cluster-Experten im Rahmen der explorativen Interviews. Da mehrere Experten bei der Begründung ihrer Koordinationsmuster-Präferenzen eine kompetenzorientierte Argumentation wählen, wird nachfolgend diese Perspektive gewählt, um alternative Erklärungsansätze kritisch zu reflektieren. Dabei werden *Logistikkompetenzen* und *Koordinationskompetenzen* der Akteure als mögliche alternative Erklärungsansätze diskutiert, um ihren Einfluss auf die Präferenzbildung kritisch zu beleuchten. Damit wird die vorliegende Arbeit dem angestrebten explorativen Charakter gerecht, da neben der Abarbeitung der Prüfaussagen im Rahmen des Pattern Matching auch explorativ gewonnene Erkenntnisse verarbeitet werden, die aus den Diskussionen mit den Experten gewonnen werden konnten.

perten der Cluster-Unternehmen waren im Zeitraum 2006 bis 2009 in die Kooperationen der Cluster-Initiative eingebunden.

607 Siehe dazu den Interviewleitfaden, der in Anhang B abgedruckt ist. Die Koordinationsmuster des Clusters sind dort bezogen auf die vier Entscheidungskomplexe Selektion, Allokation, Regulation und Evaluation graphisch dargestellt. Dabei wurden die Darstellungsformen verwendet, die im konzeptuellen Bezugsrahmen der Arbeit entwickelt wurden.

608 Vgl. Kapitel 4.1.1.

Die Logistikkompetenz der Akteure als alternativer Erklärungsansatz für die Wahl effizienter Koordinationsmuster im CSE

Zitat eines Cluster-Experten: „*Vertrauen kann man im Cluster aufbauen [...]. Logistisches Fachwissen wird in einer Kooperation in einem Cluster nicht zwangsläufig aufgebaut.*“[609]

Aus diesem Zitat eines Experten seitens der Cluster-Unternehmen kann bei einer kritischen Betrachtung der bisherigen Forschungsergebnisse die Vermutung abgeleitet werden, dass die Präferenzen der Experten hinsichtlich der Koordinationsmuster nicht durch die Berücksichtigung vormaliger Koordinationsprobleme der Cluster-Initiative gebildet wurden, sondern weil die Experten mit den ihnen angebotenen Koordinatoren (Cluster-Manager, Leitunternehmen, Cluster-Unternehmen) eine bestimmte Ausprägung von Logistikkompetenzen assoziieren. Trifft diese Vermutung zu, so ist die Übereinstimmung der Cluster Governance mit den Präferenzen der Experten als zufällige Übereinstimmung zu sehen, nicht als Ursache-Wirkungsbeziehung. Dieser potenzielle, alternative Erklärungszusammenhang soll nahfolgend kritisch reflektiert werden.

Im *Datenkorpus der Experteninterviews mit Cluster-Experten* finden sich 27 Aussagen, welche die Logistikkompetenz der an der Koordination beteiligten Akteure ansprechen.[610] So sagen zwei Experten der Cluster-Unternehmen, dass in der ersten Phase des CSE hohe Logistikkompetenzen bzw. ausgeprägte Logistikkenntnisse erforderlich sind.[611] Fünf Experten sehen Logistikkenntnisse in der zweiten Phase des CSE als kritisches Merkmal an.[612] Fünf Experten erwarten im Rahmen der dritten Prozessphase Logistikkenntnisse des Koordinators.[613] Keiner der Experten der Cluster-Unternehmen sieht logistisches Fachwissen in der Phase der Vertragsverhandlungen als erforderlich an.

Im *Datenkorpus der Experteninterviews mit LDL* wird die erforderliche Logistikkompetenz im Rahmen der Entscheidungskoordination noch höher bewertet. 25 Aussagen belegen, dass aus der Sicht der Experten eine hohe fachliche Logistikkompetenz der Koordinatoren des CSE erforderlich ist. Vier Experten sehen in den ersten drei Prozessphasen des CSE Logistikkompetenzen bei der Koordination der Entscheidungsinterdependenzen als erforderlich.[614] In Phase 4 des CSE verweisen zwei Experten auf die Erfordernis von Logistikkompetenzen.[615] Wird die in Kapitel 2 reflektierte Literatur über die Problemevidenz bei der Gestaltung des Kundenintegrationsgrades erneut aufgegriffen, so lässt sich die Relevanz der Logistik-

---

[609] Vgl. (EX-4-3), S. 11.

[610] Zu den Aussagen der Cluster-Unternehmen siehe stellvertretend (EX-4-1), S. 7; (EX-4-2), S. 6; (EX-4-3), S. 6; (EX-4-4), S. 10; (EX-4-5), S. 8 und (EX-4-6), S. 6.

[611] Vgl. (EX-4-3), S. 6; (EX-4-3), S. 8;

[612] Vgl. (EX-4-1), S. 7 u. S. 9; (EX-4-2), S. 6 und S. 9; (EX-4-3), S. 6; (EX-4-4), S. 6 und (EX-4-6), S. 6.

[613] Vgl. (EX-4-1), S. 10; (EX-4-2), S. 7; (EX-4-3), S. 9; (EX-4-4), S. 6; (EX-4-5), S. 8 und (EX-4-6), S. 6.

[614] Zu Phase 1 siehe (EX-4-7), S. 8; (EX-4-8), S. 8 - 9; (EX-4-9), S. 7; (EX-4-10), S. 8. Zu Phase 2 siehe (EX-4-7), S. 9; (EX-4-8), S. 9; (EX-4-9), S. 7 und S. 10; (EX-4-10), S. 9. Zu Phase 3 siehe (EX-4-7), S. 10; (EX-4-8), S. 10 und S. 12; (EX-4-9), S. 10; (EX-4-10), S. 10.

[615] Vgl. (EX-4-8), S. 11 und S. 13; (EX-4-9), S. 8.

kompetenz auch theoretisch mit dem Konstrukt der Prozessevidenz begründen. Denn es kann argumentiert werden, dass die Bereitschaft der Akteure zur Erbringung einer Koordinationsleistung (Integrationsevidenz) nur dann entwickelt wird, wenn die Akteure den Problem-Lösungszusammengang zwischen einer lateralen Logistikkooperation und den Logistikzielen der Unternehmen erkennen und formulieren können (Problemverständnis und Problemevidenz).[616] Folgt man dieser Argumentation, so ist logistisches Fachwissen als Voraussetzung dafür zu sehen, dass die Problematik der Koordination interdependenter Entscheidungen von den Akteuren erkannt wird und dass die Bereitschaft und Fähigkeit zur Beteiligung an der Entscheidungskoordination entwickelt wird.

Bei einer genaueren Betrachtung der Ergebnisse der Experteninterviews fällt jedoch auf, dass keine der 51 identifizierten Expertenaussagen die Logistikkompetenz als primäres Kriterium bei der Wahl der Koordinationsmuster berücksichtigt. Obwohl dem Cluster-Manager sowohl von den Cluster-Unternehmen als auch von den Experten des LDL geringere Logistik-Kompetenzen zugesprochen werden als dem LDL, wird der Cluster-Manager in Fall 1 als Koordinator geschlossen präferiert, während der LDL als Koordinator in allen drei Fällen geschlossen abgelehnt wird.

Um den Mangel an praktisch erprobten Expertenkenntnissen zu kompensieren, schlagen die Experten beider Seiten vor, dass die Koordinatoren (Cluster-Manager in Fall 1 und Arbeitsgruppe in Fall 2 und 3) durch den LDL oder durch (logistisch) kompetente Leitunternehmen fachlich beraten werden:[617] *„Hier kommt es nicht nur auf Koordinationserfahrung an, sondern auch auf das Fachwissen des Koordinators. Man kann nicht einfach davon ausgehen, dass der Cluster-Manager die erforderliche Logistik- und Transportkenntnisse besitzt. Er sollte auf jeden Fall von einem erfahrenen Unternehmen, also einem Leitunternehmen oder vom Logistiker beraten werden“*[618], so ein Experte der Cluster-Unternehmen.

Insgesamt neun der zehn Experten befürworten eine Rollenteilung zwischen den koordinierenden Akteuren und den beratenden Akteuren.[619] Der eingangs zitierte Experte begründet das wie folgt: *„Es ist richtig, dass man hierbei einen Logistikdienstleister als fachlichen Berater nutzen kann. Aber die Koordination sollten die Akteure des Clusters übernehmen, denn das Vertrauen kann man sich nicht einkaufen. Ein neutraler Koordinator und ein logistischer Fachberater, das geht. Ohne Wenn und Aber!“*[620]

---

[616] Siehe 92.

[617] Siehe stellvertretend (EX-4-7), S. 9; (EX-4-8), S. 9; (EX-4-9), S. 7.

[618] Vgl. (EX-4-2), S. 6.

[619] Siehe stellvertretend (EX-4-1), S. 7; (EX-4-2), S. 6; (EX-4-3), S. 6; (EX-4-4), S. 8; (EX-4-6), S. 6; (EX-4-7), S. 9; (EX-4-8), S. 9; (EX-4-9), S. 7; (EX-4-10), S. 9. Ein Experte der Cluster-Unternehmen äußert sich zu der Rollenteilung zwischen Koordinator und fachlichem Berater nicht dezidiert: Vgl. (EX-4-5), S. 8.

[620] Vgl. (EX-4-3), S. 11.

Insbesondere bei der Festlegung der für die Koordination entscheidungsrelevanten Informationsbedarfe und bei der Analyse der Informationen sehen die Experten Beratungsbedarf durch den LDL. *„Ich bin der Auffassung, dass der Cluster-Manager bei der Festlegung der als entscheidungsrelevant eingestuften Informationen fachlichen Rat einholen sollte. Da der LDL als Akteur das größte Fachwissen besitzt, sollte er als Berater bei der Entscheidung über die Informationen dem Cluster-Manager zur Seite stehen“*[621], so ein weiterer Experte der Cluster-Unternehmen. Ebenso positioniert sich ein Experte des LDL: *„In der dritten Phase sollte man noch eine Zwischenebene einziehen: Man braucht zusätzlich zu der Koordination durch den Cluster-Manager eine Arbeitsrunde mit den entsprechenden Fachleuten aus den Cluster-Unternehmen. Die müssen hier rein, damit sich die Unternehmen vor Ort im Beisein aller auch auf bestimmte Entscheidungen festlegen.“*[622]

Im Ergebnis stellt die Auseinandersetzung mit Logistik-Kompetenzen zwar einen wichtigen ergänzenden Aspekt bei der Wahl der Koordinationsmuster im CSE dar, jedoch ist die Wirkung von Logistik-Kompetenzen nicht als konkurrierender Erklärungszusammenhang zu sehen. Die Relevanz der Logistikkompetenz bei der Koordination der Entscheidungen des CSE wird von den Experten nicht abgesprochen, jedoch gehen sie davon aus, dass eine fachliche Beratung durch Akteure mit hoher Logistikkompetenz ausreichend ist, um eine effiziente Koordination durchzuführen. Diese Beraterrolle wird mehrheitlich dem LDL zugesprochen. Damit verbinden die Experten die Vorteile einer hohen fachlichen Logistikkompetenz mit den in der explanatorischen Analyse untersuchten Vorteilen einer bewährten und legitimierten Koordinationsform. Die Betrachtung des logistischen Fachwissens führt somit zu einem ergänzenden Erklärungszusammenhang. Er führt dazu, dass die deduktiv entwickelten Koordinationsmuster *KM-A, KM-B, KM-C* und *KM-D* um beratende und administrativ unterstützende Aktivitäten dritter Akteure zu erweitern sind. Diese erweiterten Koordinationsmuster werden aus der Sicht der Experten den in der Praxis vorliegenden Anforderungen an die Koordination im CSE besser gerecht als die Koordinationsmuster in Reinform, wie sie in der theoriegeleiteten Analyse entwickelt wurden.

Die divergierende Beurteilung der Koordinationsmuster in Fall 2 in den Phasen 2 und 3 des CSE durch Cluster-Unternehmen und Mitarbeiter des LDL lässt sich mit dem ergänzenden Erklärungsansatz der Logistik-Kompetenzen indes nicht erklären.

Die Koordinationskompetenz der Akteure als alternativer Erklärungsansatz für die Wahl effizienter Koordinationsmuster im CSE

Ebenso wie der Einfluss der Logistikkompetenz auf die Präferenzbildung als konkurrierender Erklärungszusammenhang betrachtet werden kann, sollte auch die Wirkung der *Koordinati-*

[621] Vgl. (EX-4-4), S. 6.
[622] Vgl. (EX-4-8), S. 10.

onskompetenz der Cluster-Akteure auf die Präferenzen der Koordinationsmuster als konkurrierender Erklärungszusammenhang reflektiert werden.

Aus den Expertengesprächen mit Vertretern der Cluster-Unternehmen kann die Vermutung abgeleitet werden, dass die Koordinationsmuster im vorliegenden Fall nicht wegen ihrer Bewährtheit bei vormaligen Koordinationsproblemen präferiert wurden, sondern weil den potenziell als Koordinatoren in Frage kommenden Akteuren des Clusters eine hohe bzw. geringe Koordinationskompetenz zugesprochen wird. Erneut kann die in *Kapitel 2* zitierte Literatur über die Problemevidenz bei der Gestaltung des Kundenintegrationsgrades aufgegriffen werden, um diesen Erklärungsansatz auch theoretisch zu begründen. Die Relevanz der Koordinationskompetenz der Akteure kann demnach mit dem Konstrukt Integrationsevidenz begründet werden, die nur dann entwickelt werden kann, wenn die Akteure ausreichend kompetent sind, die geforderte Aufgabe effizienter zu erbringen als der Dienstleistungsanbieter. Folgt man dieser Argumentation, so ist die Koordinationskompetenz der Unternehmen als Voraussetzung für eine Übernahme von Koordinationsleistungen im Rahmen der Koordinationsmuster *KM-A, KM-B* und *KM-C* zu sehen.

Der Datensatz der Experteninterviews weist zahlreiche Aussagen auf, die explizit auf die erfolgreiche Koordinationsleistung des Cluster-Managers und der Arbeitsgruppen des Clusters in der Vergangenheit verweisen.[623] Allerdings erfolgt hierbei kein Verweis auf personenbezogene oder unternehmensspezifische Kompetenzen, sondern stets ein Verweis auf die Koordinationsinstrumente, die sich in bestimmten Situationen bei bestimmten Koordinationsproblemen bewährt haben. Beispielsweise präferiert ein Experte in Phase des 1 des CSE eine zentrale Koordination durch einen Cluster-Manager, *„da dieser sich bei den Aufgaben der Partnerselektion und der Themenselektion in anderen Kooperationen des Clusters bewährt hat“*[624]. Nach Ansicht des Experten sind die Anforderungen der Partner- und Themenselektion auf den Anwendungsfall des CSE durchaus übertragbar. *„Das waren vergleichbare Problemstellungen, zwar ging es nicht um die Logistik, aber auch um die Koordination der Partnerwahl und die Koordination der Inhalte der Kooperation.“*[625] Lediglich ein Experte setzt sich im Gespräch mit dem Forscher explizit mit der Thematik personenbezogener Koordinationskompetenzen auseinander. Der Cluster-Experte bestätigt, dass bei der Wahl der Koordinationsmuster die Frage der persönlichen Kompetenzen der Beteiligten berücksichtigt werden muss: *„Ohne persönliche Fähigkeiten klappt da gar nichts. Man muss sie zu einem gewissen Grad einfach mitbringen.“*[626] Nach Ansicht des Experten bilden sich in einem Cluster auf Basis der persönlichen Kompetenzen der Akteure Rollenprofile, durch welche die Aufga-

---

623 Siehe stellvertretend (EX-4-7), S. 11 und S. 13; (EX-4-6), S. 6; (EX-4-2), S. 6; (EX-4-1), S. 5; (EX-4-2), S. 5; (EX-4-3), S. 5; (EX-4-4), S. 5 - 6 und (EX-4-6), S. 5.

624 Vgl. (EX-4-4), S. 5.

625 Vgl. (EX-4-4), S. 6.

626 Vgl. (EX-4-3), S. 12.

ben mitbestimmt werden, die den einzelnen Akteuren in der Kooperation zugesprochen werden.[627] *„In diesem Rahmen können Sie dann die Klaviatur spielen. Die Koordinationsformen entwickeln sich wie Routinen auf Basis dieser Rollenbilder."*[628]

Im Ergebnis kann nicht ausgeschlossen werden, dass auch persönliche Koordinationskompetenzen der handelnden Personen und Koordinationskompetenzen der beteiligten Unternehmen die Präferenzbildung hinsichtlich der Koordinationsmuster beeinflussen. Vielmehr ist es sogar naheliegend anzunehmen, dass insbesondere personenbezogene Merkmale bei der Präferenzbildung der Experten eine Rolle spielen und daher bei der Gestaltung des CSE zu berücksichtigen sind. Da lediglich die Vertreter der Cluster-Unternehmen die Personen des Clusters aus eigener Erfahrung kennen, könnte die Berücksichtigung personenbezogener Merkmale zudem erklären, weshalb es zu divergierenden Beurteilungen der Koordinationsmuster durch der beiden Expertengruppen kommen konnte. Dennoch wird die Berücksichtigung personenbezogener Merkmale, wie die der Koordinationskompetenzen, nicht als konkurrierender Erklärungszusammenhang bewertet, da die Herausbildung von Koordinationskompetenzen auch im Rahmen der Kooperationen der Cluster-Initiative erfolgen kann. Wie im Gespräch mit dem Experten (vorige Seite) erörtert werden konnte, bilden sich in einem Cluster auf Basis der persönlichen Kompetenzen der handelnden Akteure im Laufe der Zeit Rollenprofile, die als das Resultat der anfangs vorhandenen Koordinationsfähigkeiten und der im Laufe der Zeit im Cluster erworbenen Koordinationskompetenzen zu sehen sind. Daraus folgt, dass die Kompetenzperspektive durchaus mit dem in dieser Arbeit untersuchten Ursache-Wirkungszusammengang vereinbar ist. Dies ist zumindest dann der Fall, wenn Koordinationskompetenzen im Cluster in vorangegangenen Kooperationen aufgebaut wurden. Dann stellt die Betrachtung von Koordinationskompetenzen keinen konkurrierenden Erklärungsansatz dar, sondern eine Betrachtung des in den Thesen postulierten Erklärungszusammengangs aus einer anderen Perspektive. Die Herausbildung von Koordinationskompetenzen in der Historie des Clusters kann erklären, *weshalb* sich die bewährten und legitimierten Koordinationsmuster der Cluster-Initiative auf die korrespondierenden Entscheidungsprobleme des CSE übertragen lassen.

Fazit zur Rolle der Cluster Governance für die Gestaltung effizienter Koordinationsmuster im CSE

Im Ergebnis kann festgestellt werden, dass die Merkmale der Cluster Governance sich im vorliegenden Fall bei den präferierten Koordinationsmustern des CSE wiederfinden lassen. Die Thesen, die sich auf die Perspektive der Cluster-Unternehmen beziehen, konnten im Falsifikationsprozess nicht widerlegt werden. Sie gelten als bewährt. Damit wird fortan davon

[627] Vgl. (EX-4-3), S. 12.
[628] Vgl. (EX-4-3), S. 12.

ausgegangen, dass die Koordinationsmuster einer Cluster-Initiative aus der Sicht der Cluster-Unternehmen auf das CSE übertragbar sind.

Aus der Perspektive der LDL-Unternehmen ist es gelungen, die aufgestellten Thesen 2.2 und 3.2 zu widerlegen. Damit gelten nur Thesen 2.1 und 4.1 als bewährt. Aus der Sicht der Experten des LDL ist der Einsatz von koordinierenden Beratungs- und Entscheidungsgremien nicht vorstellbar. Sie präferieren den Einsatz eines Leitunternehmens als Koordinator, auch wenn entsprechende Erfahrungen in der Cluster-Initiative nicht vorliegen.

Da die interne Validität der Ergebnisse aufgrund methodischer Schwachpunkte bei der Befragung der LDL-Experten nur eingeschränkt gewährleistet werden konnte, wurden alternative Erklärungsansätze diskutiert, die sich aus Zitaten der Experten herleiten ließen. Im Ergebnis können diese Erklärungsansätze nicht als konkurrierende Erklärungsansätze identifiziert werden, sie stellen stattdessen eine Ergänzung bzw. Konkretisierung des betrachteten Erklärungszusammenhangs dar.

Die Thesen 2.2 und 3.2 sind im Ergebnis abzulehnen. Da kein alternativer Erklärungszusammenhang zur Begründung der Abweichung identifiziert werden konnte, wird unter Berücksichtigung der aufgezeigten methodischen Besonderheiten der Expertenbefragung seitens des LDL das Fazit gezogen, dass eine ungewollte Beeinflussung der Gesprächspartner durch den Forscher bei den LDL-Interviews nicht ausgeschlossen werden kann. Im Ergebnis sind daher die Thesen 2.2 und 3.2 nicht abzulehnen, sondern es sind jegliche explanatorischen Erklärungszusammenhänge bezogen auf die LDL-Perspektive in Frage zu stellen.

Anders hingegen ist die Analyse aus der Perspektive der Cluster-Unternehmen zu beurteilen: Es konnte aufgezeigt werden, dass die Erfahrungen der Cluster-Unternehmen mit den im Cluster zur Anwendung gekommenen Koordinationsmustern das CSE beeinflussen. Die interne Validität dieser Erkenntnis wird nicht nur durch die Fallunterscheidung bei der Untersuchung drei alternativer Governance Strukturen gewährleistet, sondern auch durch zahlreiche explizite Verweise der Experten auf den untersuchen Erklärungszusammenhang.[629]

Chancen und Herausforderungen bei der Umsetzung der proaktiven Projektakquisition durch LDL in Clustern

Nach der explanatorischen Analyse und der Diskussion alternativer Erklärungsansätze werden die im Rahmen der explorativen Gespräche gewonnenen Erkenntnisse über die Chancen und Herausforderungen der proaktiven Projektakquisition aus der Sicht von Cluster-Experten und LDL-Experten zusammenfassend dargestellt.

[629] Siehe stellvertretend (EX-4-7), S. 11 und S. 13; (EX-4-6), S. 6; (EX-4-2), S. 6; (EX-4-1), S. 5; (EX-4-2), S. 5; (EX-4-3), S. 5; (EX-4-4), S. 5 - 6 und (EX-4-6), S. 5.

Beide Expertengruppen erkennen ***Chancen*** bei der proaktiven Marktbearbeitung in Clustern. Zunächst ist festzustellen, dass sich keiner der *Cluster-Experten* im Rahmen der Interviews grundsätzlich gegen eine horizontale Logistikkooperation mit dem Ziel der Effizienzsteigerung der Transport- und Lagerlogistik positioniert hat. Den erarbeiteten Referenzprozess für das Cluster Service Engineering bewerten sie positiv, da er aus ihrer Sicht die relevanten Probleme bei der Koordination von Entscheidungen im Rahmen der Projektanbahnung abbildet. Die Experten bewerten den erarbeiteten Referenzprozess für das Cluster Service Engineering als praxisfähig.[630]

Aus der Sicht von vier Cluster-Experten ist eine proaktive Projektanbahnung mit aufgezeigtem Referenzprozess des Cluster Service Engineering grundsätzlich vorstellbar.[631] Zwei Experten konkretisieren im Gespräch die Möglichkeiten, im betrachteten Fall eine entsprechende Kooperation zu realisieren.[632] Ihrer Ansicht nach wäre der Einsatz von Gebietsspediteuren (mit und ohne Milkruns) und der Einsatz von KV-Transportkonzepten auf der Beschaffungsseite des Clusters möglich, wenn durch die Einigung der Cluster-Unternehmen auf einen LDL eine Konsolidierung von Sendungen gelingt. Auch durch die Herstellung paariger Verkehre kann nach Ansicht der Experten im Rahmen der Kooperation ein beachtlicher Vorteil entstehen. Die Experten verweisen darauf, dass die Unternehmen darüber hinaus bei der Einigung auf einen LDL bereits durch die europaweit verteilten Produktions- und Beschaffungsstandorte der Unternehmen des Clusters eine erhebliche Konsolidierungsmöglichkeit hätten. Auch eine oder mehrere Cluster-Gebietsspeditionen sind vor diesem Hintergrund aus der Sicht dieses Experten vorstellbar.[633]

Über den Verzicht auf eine klassische Leistungsausschreibung herrscht hingegen keine Einigkeit. Während ein Experte auf eine klassische Leistungsausschreibung verzichten würde, sofern die Kooperationsgewinne klar ausgewiesen werden können, ist die Durchführung einer Leistungsausschreibung aus der Sicht anderer Experten auch bei einem proaktiven Vorgehen durch einen LDL nicht ersetzbar.[634] Von einer dritten Gruppe wird die Ansicht vertreten, dass der LDL erst so spät wie möglich aktiv in den CSE Referenzprozess eingreifen sollte, damit die Chance für eine unbeeinflusste Leistungsausschreibung so lange wie möglich vorgehalten wird.[635] So soll die Möglichkeit geschaffen werden, über die Durchführung einer

630 Vgl. (EX-4-6), S. 9; (EX-4-5), S. 10; (EX-4-4), S. 11; (EX-4-1), S. 13.

631 Vgl. (EX-4-5), S. 10; (EX-4-6), S. 9; (EX-4-4), S. 11; (EX-4-2), S. 11. Die anderen beiden Cluster-Experten äußern sich hierzu nicht explizit.

632 Vgl. (EX-4-4), S. 12 und (EX-4-1), S. 12 - 13.

633 Siehe stellvertretend (EX-4-4), S. 12.

634 Vgl. (EX-4-6), S. 10; (EX-4-5), S. 10.

635 Vgl. (EX-4-5), S. 10 und (EX-4-1), S. 12.

Parallelausschreibung bzw. einer Kontrollausschreibung nach der zweiten Phase des Referenzprozesses situativ zu entscheiden.[636]

Auch aus der Sicht der *LDL-Experten* ist die proaktive Projektakquisition in einem Cluster vorstellbar. Sie vergleichen die proaktive Projektakquisition mit mehreren Cluster-Unternehmen mit der proaktiven Projektakquisition bei OEMs und anderen Key Account Kunden, wo ein mehrmonatiger Prozess der Kundenpositionierung und Kundenberatung absolviert wird, bevor das Logistikprojekt schließlich in einer öffentlichen Ausschreibung am Markt platziert wird.[637] Aus ihrer Sicht stellt die proaktive Projektakquisition in einem Cluster eine vergleichbare Problemstellung dar, mit dem Unterschied, dass die Unternehmen in einem Cluster nicht einer übergeordneten Konzernmutter angehören.[638]

Auch aus der Sicht der LDL-Experten werden Ausschreibungen im Rahmen der proaktiven Projektakquisition in einem Cluster erforderlich.[639] Auch bei einem überzeugenden Projektangebot durch einen LDL kann diese Hürde aus der Sicht der Experten nicht übersprungen werden, da die internen Unternehmensrichtlinien der Einkäufer Ausschreibungen in der Praxis vorschreiben: *„Es gibt keine Unternehmen auf der 1st-Tier Ebene, die das nicht in den internen Richtlinien vorschreiben. Da kommen Sie nicht drum herum. Auch wenn Sie einen Cluster-Manager haben, der die Unternehmen koordiniert und steuert. Sie kommen immer wieder in die Situation, dass die Unternehmen die intern gegebenen Richtlinien einhalten müssen. Und die Marktprüfung ist immer ein Teil der internen Richtlinien.“*[640] Nach Ansicht der LDL-Experten wird es daher während des CSE zu einer Ausschreibung der einzelnen oder der konsolidierten Mengen kommen, wobei der proaktiv handelnde LDL deutliche Vorteile im Bieterprozess haben wird: *„Durch die Beratung, die wir über einen Zeitraum von mehreren Monaten oder Jahren erbracht haben, haben wir uns meistens schon als potenzieller Partner qualifiziert“*[641], so ein LDL-Experte. *„Natürlich hat man bessere Chancen das Projekt zu gewinnen, wenn man von Anfang an als Berater dabei war. […] Dann ist es das Geschick des LDL zu sagen ok, ich höre von einem Problem beim Kunden, ich gehe im Rahmen der Beratung rein, ich unterstütze bei der Planung, ich gestalte dabei indirekt die Ausschreibung mit und profitiere von dem Wissensvorteil, der dabei entsteht.“*[642]

Obwohl beide Expertengruppen einer proaktiven Projektakquisition durch LDL in Clustern im Rahmen lateraler Logistikkooperationen positiv gegenüberstehen, sehen sie ***Herausforde-***

---

[636] Vgl. (EX-4-5), S. 10.
[637] Vgl. (EX-4-8), S. 16.
[638] Vgl. (EX-4-8), S. 16.
[639] Vgl. (EX-4-8), S. 16; (EX-4-9), S. 13 und (EX-4-7), S. 16.
[640] (EX-4-8), S. 16.
[641] (EX-4-8), S. 17.
[642] (EX-4-8), S. 17.

rungen, die Projekte in der Praxis zum Scheitern bringen können. Diese sind nachfolgend skizziert.

Machtstrukturen: Aus der Sicht der Cluster-Unternehmen sind insbesondere die industriellen Machtstrukturen eines Wertschöpfungsnetzwerks zu berücksichtigen, wenn der Versuch einer proaktiven Projektakquisition durch einen LDL unternommen wird. So sehen sie bspw. in der Automobilzulieferindustrie keine Erfolg versprechenden Chancen in der Distributionslogistik, da hier die OEM-seitig optimierten Logistiksysteme nicht durch ein Bestreben der Zulieferindustrie umgestaltet werden können. Hier ist die Machtposition der OEMs (Automobilhersteller) aus der Sicht der Experten zu stark ausgeprägt.[643] Aus der Sicht der Experten haben die OEMs der Automobilindustrie ihre Beschaffungslogistik zudem bereits so weit optimiert, dass eine Konsolidierung von Lagerhaltungs- und Transportprozessen durch Zulieferer keine Verbesserungen erzielen könnte.[644] In der Beschaffungslogistik hingegen bestehen aus der Sicht der Cluster-Experten Chancen, Effizienzsteigerungen in Logistiksystemen durch horizontale Kooperationen zu erzielen.[645]

Emotionale Hürden: Da die Konsolidierung von Transport- und Lagerleistungen auf einen oder wenige LDL mit Dienstleisterwechseln verbunden ist, sehen die Cluster-Experten eine Herausforderung in der Bewältigung emotionaler Hürden. Diese sind ihrer Ansicht insbesondere im Mittelstand ausgeprägt, wo eine Zusammenarbeit mit einer Hausspedition oder einem Hauslagerist vielfach über viele Jahre aufgebaut wurde. Die Konsolidierung der Logistikaufgaben bei einem gemeinsamen LDL kann hier zu einer Herausforderung werden, die nicht allein mit der Kommunikation von Kosteneinsparungen zu lösen ist: *„Geld zu sparen heißt am Ende nicht, wirklich etwas zu sparen“*[646], so ein Experte.[647]

Organisationsstruktur des Clusters: Aus der Sicht mehrerer Cluster-Experten ist eine proaktive Vorgehensweise durch einen LDL bei der Projektakquisition in einem Cluster nur dann Erfolg versprechend, wenn das Cluster entweder über einen erfahrenen Cluster-Manager verfügt oder eine Arbeitsgruppenkultur entwickelt wurde, die der LDL bei seiner Koordinationsleistung im CSE nutzen kann.[648] Eine alleinige Organisation des CSE durch den LDL ist aus Sicht der Experten nicht darstellbar.[649]

Prozessanpassungen: Prozessanpassungen sind nach Ansicht der Experten eine Herausforderung für das CSE, die sich insbesondere in der Automobilindustrie bemerkbar macht.[650]

643 Vgl. (EX-4-4), S. 11; (EX-4-2), S. 11 und (EX-4-1), S. 12.
644 Vgl. (Ex-4-4), S. 12.
645 Vgl. (EX-4-1), S. 12.
646 Vgl. (EX-4-1), S. 13.
647 Vgl. (EX-4-5), S. 10; (EX-4-1), S. 13.
648 (EX-4-6), S. 9 und (EX-4-1), S. 12.
649 (EX-4-6), S. 9 und (EX-4-1), S. 12.
650 Vgl. (Ex-4-4), S. 12.

Eine erste Herausforderung stellt ihrer Ansicht nach die Umstellung der Lieferbedingungen auf Lieferungen ab Werk dar.[651] Nur wenn die beteiligten Kooperationspartner diese Lieferbedingung praktizieren, lassen sich die Transporte in der Beschaffungslogistik zielgerichtet konsolidieren.[652] Hier ist nach Ansicht der Experten mit Widerständen der einzelnen Unternehmen zu rechnen, insbesondere, wenn einzelne Partner einen sehr hohen DDU/DDP-Anteil im Beschaffungsportfolio haben. Allerdings besitzt die Umstellung neben der Reduzierung der Transportkosten nach Ansicht der Cluster-Experten auch andere Vorteile. Zum einen kann die gewonnene Transparenz über den Anteil der Transportkosten am Einstandspreis genutzt werden, wenn Preisverhandlungen mit den Lieferanten geführt werden. Darüber hinaus kann durch die Umstellung der Incoterms sichergestellt werden, dass die Anzahl der Rampenkontakte reduziert wird und dadurch die Auslastung der Mitarbeiter in der Warenannahme verbessert werden kann. Während bei Frei-Haus-Belieferung in der Vergangenheit bei einzelnen Unternehmen des Clusters über den ganzen Tag verteilt bis spät abends Lieferantenlieferungen eingetroffen sind, können durch die Einigung der Unternehmen auf Lieferzeitfenster und den Einsatz eines gemeinsamen Gebietsspediteurs nach Ansicht der Experten zusätzliche Kosten eingespart werden, da sich auf diesem Weg Überstunden im Wareneingang reduzieren lassen.[653] Eine zweite Herausforderung stellen die häufig anfallenden OEM-seitig geforderten Prozessanpassungen dar, die auch zu Prozessanpassungen in den Logistikprozessen führen. Wenn eine einseitige Prozessanpassung eines Kooperationspartners zu einem Abstimmungsproblem mit den Partnern der horizontalen Logistikkooperation führt, so muss Phase 3 des CSE nach Ansicht der Experten wiederholt durchlaufen werden.[654]

Motivatorische Herausforderungen: Eine Herausforderung wird zudem darin gesehen, dass in den ersten Phasen des CSE Referenzprozesses bereits hohe Anstrengungen erforderlich sind, um potenzielle Kooperationsfelder, Erfolg versprechende Kooperationsprojekte sowie geeignete Kooperationspartner zu identifizieren. Dabei ist in diesen Phasen nach Ansicht der Experten die Abschätzung der erzielbaren Kooperationsgewinne nur ungenau möglich. Hieraus folgen nach Ansicht der Experten Herausforderungen der Koordinatoren und Initiatoren der Kooperation, die Partner so weit zu motivieren, dass sie sich an der Kooperation beteiligen.[655]

[651] Der Experte diskutiert eine Umstellung von (DDU oder DDP) zu Ab-Werk (EXW) oder Free Carrier (FCA), siehe (Ex-4-4), S. 12.
[652] (EX-4-4), S. 11.
[653] Vgl. (EX-4-4), S. 12.
[654] Vgl. (EX-4-1), S. 12 - 13.
[655] Vgl. (EX-4-1), S. 13.

4.4.3 Explikation: Formulierung tendenziell explikative Gestaltungsempfehlungen für die Praxis

Aus den Ergebnissen der empirischen Analyse werden in *Kapitel 4.4.3* erste tendenziell explikative Gestaltungsempfehlungen für die Koordination des CSE in der Praxis abgeleitet. Da die Perspektive des LDL nicht zu Untersuchungsergebnissen mit ausreichender interner Validität führte, werden die Gestaltungsempfehlungen ausschließlich auf den als bewährt betrachteten Thesen 1.1, 2.1, 3.1 und 4.1 sowie den explorativ gewonnenen Erkenntnissen aufgebaut.[656] Als Gestaltungsempfehlungen werden Instrumente vorgeschlagen, die bei der Gestaltung des CSE durch LDL in Clustern zum Einsatz kommen können. Diese Empfehlungen sind nicht als praxisfähige oder erprobte Instrumente zu sehen, sondern – entsprechend dem Forschungsziel – als wegweisende Empfehlungen, die vor einer praktischen Anwendung weiter zu konkretisieren und zu detaillieren sind. Aus der empirischen Analyse sind zwei zentrale Konsequenzen für die Praxis abzuleiten, die nachfolgend beschrieben werden.

Konsequenz 1: Der erarbeitete Referenzprozess des Cluster Service Engineering ist nicht als alternativer Prozess zum klassischen Prozess der Leistungsausschreibung zu sehen, sondern als prozessuale Ergänzung. Die vier Phasen des CSE bilden Entscheidungsprobleme ab, die in Ermangelung der fehlenden Konzernzugehörigkeit der Cluster-Unternehmen in einem dezentralen Entscheidungsprozess zu lösen sind, während diese im Fall einer unternehmensübergreifenden Leistungsausschreibung eines Großunternehmens oder eines Konzerns von einer zentralen (Konzern)Leitungsstelle entschieden werden können. Durch die Ergänzung des klassischen Prozesses der Leistungsausschreibung um die vier Phasen des CSE kann ein Referenzprozess für die proaktive Projektanbahnung formuliert werden, der als grundlegender Gestaltungsansatz in der Praxis genutzt werden kann.

Konsequenz 2: Da die im CSE dargestellten Entscheidungsprobleme nicht von einer zentralen Entscheidungsinstanz im Cluster gelöst werden können, ist die Koordination der Entscheidungsprobleme ein zentrales Element des CSE, das auch im Referenzprozess Berücksichtigung finden muss. Dabei kann die Rollenverteilung der Cluster-Unternehmen und des LDL bei der Zuordnung der Koordinationsaufgaben als Gestaltungsproblem der Kundenintegration verstanden werden. Aus den als bewährt zu betrachtenden Thesen folgt, dass eine effiziente Koordination des CSE aus der Sicht der Cluster-Unternehmen nur erreicht werden kann, wenn die Charakteristika der Cluster Governance bei der Prozessgestaltung Berücksichtigung finden.

Die beiden Konsequenzen für die praktische Ausgestaltung des CSE werden in den nachfolgenden zwei Abschnitten weiter ausgeführt, um tendenziell explikative Gestaltungsempfeh-

[656] Dabei wurden auch die explorativ im Rahmen der Expertengespräche mit Vertretern des LDL gewonnenen Erkenntnisse verarbeitet.

lungen für die Praxis zu formulieren. Dabei wird zunächst der *Referenzprozess für das Cluster Service Engineering* um diejenigen Prozessschritte ergänzt, die in klassischen Prozessen der Leistungsausschreibung zu durchlaufen sind. Anschließend wird dargestellt, wie durch die Formulierung von *Service-Blueprints* die Planung der Kundenbeteiligung im Rahmen der Koordination des CSE in der Praxis in Abstimmung mit den Cluster-Unternehmen erfolgen kann.

Referenzprozess für das Cluster Service Engineering als Instrument für die Planung der proaktiven Projektakquisition

Auf Basis der explorativ gewonnenen Erkenntnisse können die Prozessphasen des CSE aus der Sicht des LDL der Kundenpositionierung zugeordnet werden. Damit wird das CSE als Ergänzungsprozess betrachtet, die Phasen der klassischen Leistungsausschreibung werden auf Basis der explorativ gewonnenen Erkenntnisse zwischen den Prozessphasen 3 und 4 eingeordnet, siehe *Abbildung 4-13* (nachfolgende Seite). Das CSE ist damit aus der Sicht des LDL als Konkretisierung der Kundenpositionierung zu sehen. Der LDL nimmt dabei während der Vorbereitung der Leistungsausschreibung – je nach realisiertem Koordinationsmuster – eine Rolle als Berater oder als Koordinator ein.

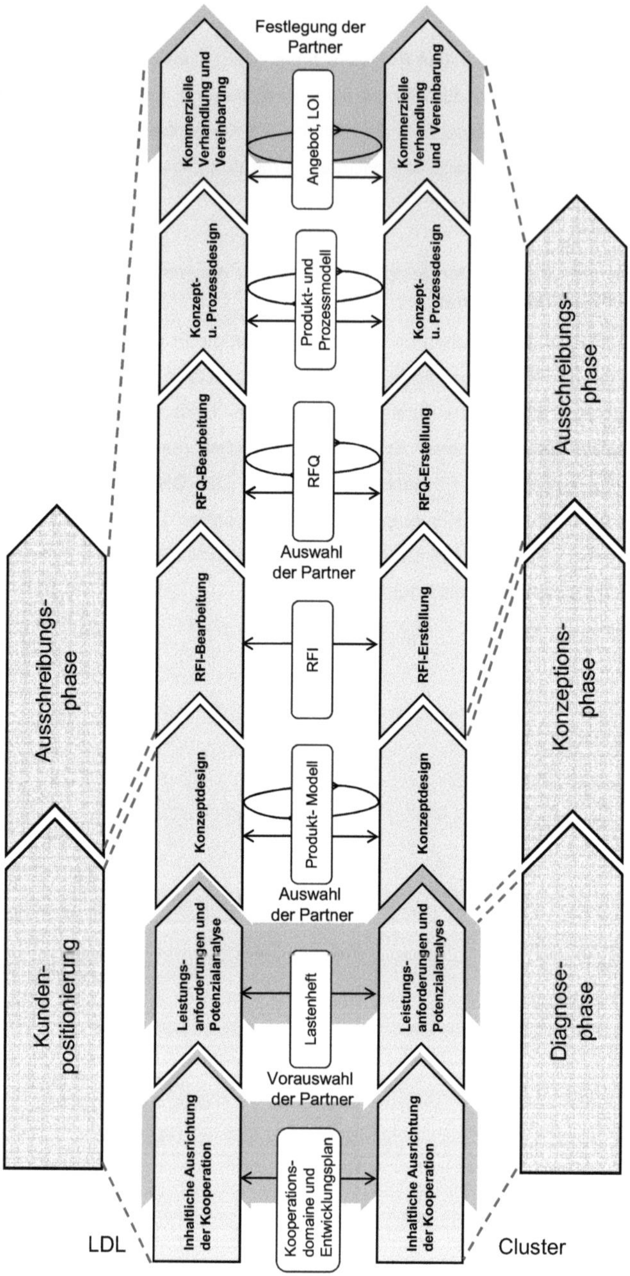

Abbildung 4-13: Erweiterter Referenzprozess für das Cluster Service Engineering

Fragenkatalog als Instrument für die Beschaffung und Systematisierung relevanter Informationen zur Charakterisierung der Cluster Governance

Aus den Ergebnissen der Analyse in *Kapitel 4.4.2* folgt, dass die Charakteristika der Cluster Governance bei der Wahl von Koordinationsmustern im CSE zu berücksichtigen sind, damit aus Sicht der Cluster-Unternehmen eine effiziente Koordination erreicht werden kann. Für einen pro-aktiv agierenden LDL ergibt sich daraus die Herausforderung, die Cluster Governance bei der Prozessgestaltung zu berücksichtigen. Dabei sind zwei Herausforderungen zu meistern: Die Beschaffung von Informationen über die Ausprägung der Cluster Governance für einen konkreten Anwendungsfall sowie die Planung der Beteiligung der Cluster-Unternehmen im Rahmen der Koordination und die Kommunikation des geplanten Vorgehens an die Kooperationspartner.

Bei der Informationsbeschaffung können Sekundärrecherchen über die Aktivitäten und die Organisationsstruktur der Clusters ebenso zielführend sein wie die Erhebung von Primärdaten im Rahmen von Gesprächen mit Akteuren des Clusters. Sekundärrecherchen sind insbesondere bei Clustern möglich, die eine eigene Internetseite betreiben oder in Cluster-Datenbanken gelistet sind.[657] Primärerhebungen können durch Expertengespräche mit Akteuren des Clusters realisiert werden. Potenzielle Ansprechpartner sind Cluster-Manager, dem LDL bekannte Unternehmen oder sonstige an der Cluster-Initiative beteiligte Akteure.

Sowohl bei Primärerhebungen als auch bei Sekundärerhebungen ist das Ziel anzustreben, die real existierende Cluster Governance so präzise und umfänglich wie möglich in Erfahrung zu bringen und abzubilden. Dabei sind die Koordinationspraktiken im Cluster bezogen auf zurückliegende Abstimmungsprozesse zu fokussieren. Auf Grundlage der Erfahrungen bei der Durchführung der LDL-Experteninterviews wird empfohlen, die Charakterisierung der Cluster Governance mit realen Beispielen zu untermauern, um Personen, die bislang nicht an den Kooperationen des Clusters beteilig waren, ein umfassendes Verständnis über die Kooperationspraxis in der Historie des Clusters zu vermitteln.

Im Anhang der Arbeit ist ein Fragenkatalog als Instrument für die Beschaffung relevanter Informationen enthalten, der als Hilfestellung bei der Führung von Expertengesprächen und die systematische Verarbeitung der gewonnenen Informationen genutzt werden kann. Er fokussiert die Koordinationspraxis im Cluster und nutzt die Koordinationsprobleme Selektion, Allokation, Regulation und Evaluation als Strukturierungshilfe. Der Fragenkatalog ist je nach Anwendungsfall zu operationalisieren. Dabei können bereits im Vorfeld recherchierte Informationen über Kooperationsthemen und Organisationsstrukturen des Clusters genutzt werden.

---

[657] Für eine Informationsbeschaffung zu europäischen Clustern wird verwiesen an EUROPE INNOVA: *http://www.clusterobservatory.eu/index.html* (letzter Abruf am 01.08.2011).

Service-Blueprints als Instrument für die Formulierung von Gestaltungsempfehlungen für das Cluster Service Engineering

Liegt den LDL ein ausreichend konkretes Profil der Cluster Governance vor, so ist die Kundenbeteiligung bei der Koordination der Entscheidungsinterdependenzen zu planen. Aus der explorativen Analyse des CSE folgt, dass neben den untersuchten Koordinationsmustern zahlreiche Adaptionen und Ergänzungen durch die Experten vorgeschlagen wurden. Dabei werden der pro-aktiv agierende LDL, Leitunternehmen und Beratungs- und Entscheidungsgremien als fachliche Berater und/oder administrativ unterstützende Akteure vorgesehen. Zur Vereinfachung der Planung und der Kommunikation der vorgesehenen Kundenbeteiligung bei der Koordinationsleistung wird empfohlen, das Instrument des Service Blueprinting im CSE zur Anwendung zu bringen.

Im Dienstleistungsmanagement werden Service Blueprints als Instrument zur Visualisierung, Analyse, Gestaltung, Steuerung und Entwicklung von Dienstleistungsprozessen eingesetzt.[658] Service Blueprints basieren auf einer Ablaufprozessdarstellung und einer Differenzierung verschiedener Ebenen der Kundeninteraktion, siehe *Abbildung 4-14*.[659] Während Prozesse unter der Sichtbarkeitslinie des LDL für die Cluster-Unternehmen sichtbar sind, sind alle Prozesse über dieser Linie für die Cluster-Unternehmen nicht einsehbar. Wenn sich die Interaktionslinie des LDL und die Interaktionslinie der Cluster-Unternehmen überschneiden, liegen interaktive Primäraktivitäten vor, d. h. eine direkte Zusammenarbeit handelnder Personen.[660] Ein schematischer Service Blueprint ist in *Abbildung 4-14* (nachfolgende Seite) dargestellt.

Wendet man dieses Instrument auf die Gestaltung der Koordinationsmuster im CSE an, so lassen sich unter Berücksichtigung der Cluster Governance Pläne erstellen, in welchen der Zeitpunkt und die Art der Beteiligung der Akteure an der Koordination des CSE detailliert festgelegt werden kann. Dabei können auch beratende Tätigkeiten oder administrative Aufgaben der Akteure berücksichtigt werden. Damit die Rolle des neutral koordinierenden Cluster-Managers oder die Rolle eines zentral koordinierenden Leitunternehmens berücksichtigt werden kann, wird der klassische Service Blueprint (*Abbildung 4-14*) um eine Zwischenebene erweitert.

---

[658] Vgl. Fließ (2009), S. 194, verweisend auf Shostack 1984. Das von Shostack entwickelte Grundmodell sieht neben den *integrativen Aktivitäten* eine Trennung von aus Kundenperspektive *sichtbaren (On-Stage) Aktivitäten* und unsichtbaren *Back-Stage Aktivitäten* vor. Zur vertiefenden Auseinandersetzung mit dem Modell sei verweisen an Shostack (1977), S. 73 – 80; Shostack (1984b), S. 93 – 99; Shostack (1984c), S. 133 – 139; Shostack 1987, S. 34 - 43 sowie Shostack (1984a), S. 133 – 139; Shostack 1982, S. 49 - 139.

[659] Insbesondere im Bereich des prozessorientierten Qualitätscontrolling hat sich die Strukturierung von Dienstleistungen aus Kundensicht mit Hilfe von Service Blueprints durchgesetzt. Da eine explizite Berücksichtigung der Kundenintegration Gegenstand des Service Blueprinting ist, findet die Methode nicht nur im Dienstleistungscontrolling, sondern auch im Service-Engineering und im Qualitätsmanagement von Dienstleistungsunternehmen Anwendung. Vgl. Benkenstein/Stenglin (2006), S. 58 - 59.

[660] Die interne Interaktionslinie trennen sekundäre Aktivitäten und Potenzialaktivitäten von leistungsprozessbezogenen Aktivitäten. Diese Prozesse sind im Rahmen der vorliegenden Arbeit nicht zu betrachten.

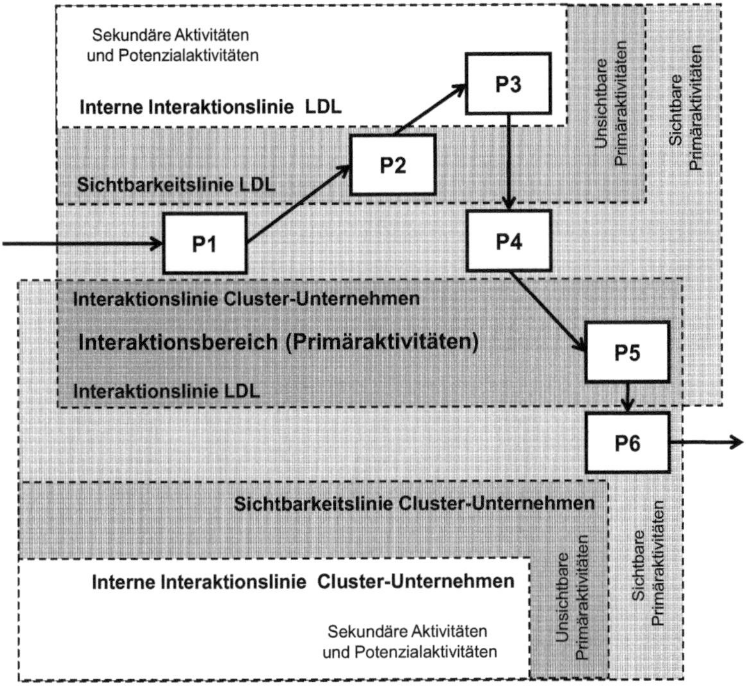

Abbildung 4-14: Service Blueprint als Planungsinstrument für das CSE.

Diese Zwischenebene kennzeichnet integrative Prozesse, bei welchen es nicht zu einer direkten Zusammenarbeit zwischen LDL und Cluster-Unternehmen kommt, sondern zu einer Interaktion zwischen LDL und einem Cluster-Manager, der die Belange der Unternehmen des Clusters vertritt. Auch bei den Prozessebenen des LDL kann, wie bei den Prozessen der Kundensphäre und den Prozessen der LDL-Sphäre, zwischen unsichtbaren, sichtbaren und direkt interaktiven Prozessen unterschieden werden.

5 Schlussbetrachtung: Zusammenfassung und Ausblick auf weiterführenden Forschungsbedarf

Zusammenfassung der Vorgehensweise und der Forschungsergebnisse

In der vorliegenden Arbeit wurde die Problemstellung bearbeitet, wie sich logistische Konsolidierungspotenziale in regionalen Clustern durch eine Zusammenarbeit mehrerer Verlader mit einem LDL in einer lateralen Logistikkooperation heben lassen. Basierend auf den aktuellen Arbeiten zur pro-aktiven Initiierung horizontaler Logistikkooperationen wurde die Lösungsidee entwickelt, dass LDL durch eine pro-aktive Projektanbahnung in Clustern kooperative Logistiksysteme gestalten können, die Synergieeffekte freisetzen und sowohl für LDL als auch für die beteiligten Verladern Effizienzsteigerungen erlauben.

Die forschungsleitende Fragestellung – *Wie lässt sich ein integrativer Service Engineering Prozess für laterale Logistikkooperationen in Clustern bei der pro-aktiven Marktbearbeitung durch LDL kosteneffizient koordinieren?*– fokussiert dabei den Aspekt der effizienten Entscheidungskoordination während der Projektanbahnung. Die Lösungsidee der Arbeit, die in einer Cluster-Initiative entwickelten, bewährten und legitimierten Koordinationsmechanismen aufzugreifen und für einen gemeinsamen Service Engineering Prozess – das Cluster Service Engineering (CSE) – zu nutzen, wurde im Rahmen einer transaktionskostentheoretischen und einer empirischen Analyse untersucht. Im Ergebnis wurden acht Thesen formuliert, die sich auf die Verwendbarkeit von Koordinationsmustern einer Cluster-Initiative für eine kostenorientierte Entscheidungskoordination im CSE beziehen.

Im konzeptionellen Teil der Arbeit, in *Kapitel 2,* wurde mit der Erarbeitung eines Referenzprozesses für das CSE und die Operationalisierung der Cluster Governance die Grundlage für die theoretische und die empirische Analyse gelegt. Die Übertragbarkeit der Koordinationsmuster einer Cluster-Initiative auf die Entscheidungskoordination im CSE konnte jedoch auf Basis der in der Literatur vorhandenen Erkenntnisquellen alleine nicht zufriedenstellend untersucht werden. Als Instrument für eine theoriegeleitete Analyse wurde daher in *Kapitel 3* die Transaktionskostentheorie ausgewählt, da sie den Aspekt der kosteneffizienten Koordination von ökonomischen Prozessen zu erfassen vermag. Um die Koordinationsprozesse des CSE transaktionskostentheoretisch erfassen zu können, wurde ein metatheoretischer Transaktionskostenansatz aufgegriffen, der insbesondere für die kostenorientierte Analyse von Kundenintegrationsprozessen entwickelt wurde. Aus der Perspektive eines pro-aktiv handelnden LDL ist die Koordination der Entscheidungsinterdependenzen der Cluster-Unternehmen eine Aufgabenstellung, die dem Aufgabenbereich des LDL zufällt. Da die Nutzung der Koordinationsinstrumente eines Clusters der Abgabe von Koordinationsleistungen an die Cluster-Unternehmen gleichkommt, konnte die Frage der effizienten Entscheidungskoordination als Frage der effizienten Kundenintegration modelliert werden. Somit war das für die Analyse von Kundenintegrationsprozessen entwickelte transaktionskostentheoretische Instrumentarium in der vorliegenden Arbeit anwendbar.

Diese deduktiv erarbeiteten Thesen postulieren nicht nur die Verwendbarkeit der Koordinationsmuster eines Clusters beim CSE. Sie beinhalten darüber hinaus Aussagen über die wahrgenommene Effizienz verschiedener Koordinationsmuster aus der Sicht von Cluster-Unternehmen und LDL in Abhängigkeit der historisch im Cluster praktizierten Koordinationsmuster. Damit wird eine Pfadabhängigkeit der Koordinationsinstrumente festgestellt, da eine Übertragung von Koordinationsinstrumenten aus den überbetrieblichen Kooperationen auf der Ebene einer Cluster-Initiative zu zwischenbetrieblichen Logistik-Kooperationen in einem Cluster erfolgt.

Als empirische Forschungsmethode wurde die relevatorische Einzelfallstudie gewählt. Im Rahmen der Fallstudienanalyse wurden zwei Ziele verfolgt: Die Falsifikation der Forschungsthesen im Rahmen einer explanatorischen Analyse und die explorative Entwicklung alternativer und ergänzender Erklärungsansätze. Die empirische Analyse basiert im Wesentlichen aus zwei Teilen: Einer deskriptiven und einer explanatorischen Analyse. Die *deskriptive Analyse* dient der Beschreibung der Cluster Governance. Die Deskription basiert auf über 1.030 Aussagen, die aus über 170 Dokumenten und aus einem Datenkorpus von über 540 verfügbaren Dokumenten herausgearbeitet wurden. Sie resultiert in der Beschreibung der Koordinationsmuster, die in der Cluster-Initiative Automotive-Cluster Mittelhessen praktiziert wurden. Mit dieser Deskription wird das erste Konstrukt der explanatorischen Analyse festgelegt: Die charakteristische Ausprägung der realen Cluster Governance des betrachteten Falles. Die *explanatorische Analyse* diente dem Vergleich der Cluster Governance mit den Koordinationsmusterpräferenzen ausgewählter Experten der Cluster-Unternehmen und eines international tätigen Logistikunternehmens. Die Präferenzermittlung erfolgte im Rahmen von zehn persönlichen Expertengesprächen.[1] Die Explanation – die Analyse des Erklärungszusammenhangs zwischen der Cluster Governance und den Koordinationsmusterpräferenzen – wurde mit Hilfe eines Pattern Matching durchgeführt.

Im Ergebnis konnte aufgezeigt werden, dass die in einer Cluster-Initiative herausgebildeten Koordinationsmuster aus der Sicht der Akteure auf das Cluster Service Engineering übertragen werden können. Sowohl die Experten der Cluster-Unternehmen als auch die Experten des LDL sehen es als möglich an, die in Clustern bewährten und legitimierten Koordinationsmuster auf das CSE zu übertragen. Aus der Sicht der Cluster-Unternehmen treffen die theoriegeleitete herausgearbeiteten Zusammenhänge zwischen der Cluster Governance und den Präferenzen einzelner Koordinationsmuster im CSE ausnahmslos zu. Die vier auf die Verladerseite bezogenen Forschungsthesen wurden daher als bewährt eingestuft. Bei der

[1] Persönliche Gespräche wurden in Einzelfällen nach Bedarf durch telefonische Interviews ersetzt.

empirischen Analyse der auf die LDL-Perspektive bezogenen Thesen kann ein vergleichsweise eindeutiges Ergebnis nicht erzielt werden. Hier ist es gelungen, zwei Thesen zu falsifizieren, so dass zwei von vier Thesen abgelehnt wurden und zwei Thesen als vorläufig bewährt eingestuft wurden. Im Rahmen der kritischen Reflektion dieser Ergebnisse wurde festgestellt, dass die abweichenden Positionen der Cluster-Unternehmen und des LDL an dieser Stelle mitunter auf methodische Probleme zurückgeführt werden können, da die interne Validität der Experteninterviews mit Cluster-Unternehmen höher eingestuft werden muss, als die interne Validität der Expertengespräche mit den Vertretern des LDL. Aus diesem Grund wurden die Ergebnisse der Expertengespräche bzgl. der explanatorischen Analyse generell in Frage gestellt. Die Formulierung der tendenziell explikativen Gestaltungsempfehlungen basiert daher ausschließlich auf den als bewährt betrachteten Thesen 1.1 bis 4.1.

Gemäß dem pragmatischen Forschungsziel beschränkt sich die Formulierung von Gestaltungsempfehlungen an die Praxis auf tendenziell-explikative Gestaltungsempfehlungen. So wurden drei Instrumente für die Anwendung des CSE vorgeschlagen: (1) Der *Referenzprozess* des CSE – erweitert um die klassischen Phasen der Leistungsausschreibung, (2) ein *Fragenkatalog* als Instrument für die Beschaffung und Systematisierung relevanter Informationen zur Charakterisierung der Cluster Governance und (3) ein *erweiterter Service Blueprint* zur Planung und Kommunikation der Kundenbeteiligung im Rahmen der Koordination des CSE.

Kritische Reflexion der Ergebnisse und des Forschungsprozesses

Im Zuge einer kritischen Reflektion der Arbeit sind die *Ergebnisse* der Forschung und die gewählte Vorgehensweise des Forschers zu diskutieren. Eingangs wurden aus der forschungsleitenden Fragestellung zwei konkrete Forschungsfragen abgeleitet:

FF 1: Welche Koordinationsprobleme treten in einem integrativen Service Engineering Prozess für laterale Logistikkooperationen in einem Cluster auf?

FF 2: Mit welchen Koordinationsinstrumenten lassen sich die Koordinationsprobleme in einem integrativen Service-Engineering Prozess für laterale Logistikkooperationen in einem Cluster bewältigen und welche Rolle spielt dabei die Cluster Governance?

Spiegelt man die Untersuchungsergebnisse an der eingangs formulierten Forschungsfrage, so kann festgestellt werden, dass mit dem erarbeiteten Referenzprozess für das CSE, den aufgezeigten Erklärungszusammenhängen und den formulierten Handlungsempfehlungen das Forschungsziel erreicht werden konnte. Insbesondere die Handlungsempfehlungen sind vor dem Hintergrund zu bewerten, dass sich die Forschung auf tendenziell explikativen Aussagen zur Gestaltung der Praxis beschränken sollte. Im Rahmen einer sachlichen Beurteilung der Ergebnisse der explanatorischen Analyse können, wie in *Kapitel 4.2.2* ausgeführt wurde, die ***Gütekriterien der Fallstudienforschung*** herangezogen werden. Die *Konstruktvalidität* wurden durch eine systematische Dokumentation und Ablage aller verwerteten Aussagen in der Fallstudiendatenbank sichergestellt. Sie profitiert zudem von der Datentriangulation bei der Deskription der Cluster Governance. Die *externe Validität* konnte durch die Übertragbarkeit der Thesen auf alternative Cluster Governance Ausprägungen gewährleistet werden. Die *Reproduzierbarkeit* der Ergebnisse ist durch die systematische Dokumentation der Vorgehensweise im Fallstudiendesign und in der Doku-mentation der Fallbearbeitung gewährleistet. Damit ist der Forschungsprozess reproduzierbar.

Die *interne Validität* der explanatorischen Analyse muss, das geht aus dem Untersuchungsdesign hervor und wird von den Ergebnissen bestätigt, kritisch hinterfragt werden.[2] Durch eine Ableitung von Prüfaussagen aus den Forschungsthesen konnte ein Falsifikationsversuch zur Belastung der Thesen erfolgen. Dabei wurden durch die Generierung von zwei hypothetischen Ausprägungen der Cluster Governance insgesamt drei alternative Fälle untersucht. Im Ergebnis konnten nicht alle Prüfaussagen widerlegt werden, die in der theoriegeleiteten Analyse formulierten Thesen haben sich daher nur teilweise bewährt. Während alle vier Thesen als bewährt gelten, die sich auf die Perspektive der Cluster-Unternehmen beziehen, sind die Thesen zur LDL-Perspektive in Teilen widerlegt (Thesen 2.2 und 3.2). Wäre die interne Validität der Untersuchungsergebnisse zweifelsfrei sichergestellt, so müssten die Thesen 2.2 und 2.3 und damit der theoriegeleitete Erklärungsansatz bezogen auf die LDL-Perspektive verworfen werden. Da im Rahmen der LDL-Experteninterviews nicht vollständig auf Level-1 Fragen verzichtet werden konnte, könnten jedoch auch Mängel der internen Validität für die abweichenden Positionen der LDL und der Verlader ursächlich sein.[3] Da zudem im Rahmen der Analyse potenziell konkurrierender Erklärungsansätze keine Erklärungsalternative identifiziert werden konnte, ist das Forschungsergebnis bezogen auf die Verlader-Perspektive aus der Sicht des Forsches nicht zufriedenstellend. Dieser Aspekt wird bei der Formulierung des zukünftigen Forschungsbedarfs im nachfolgenden Abschnitt aufgegriffen.

Abschließend sollen die Entscheidungen des Forschers bezüglich des ***methodischen Vorgehens*** noch einmal kritisch reflektiert werden. Wie in *Kapitel 1* ausgeführt, wurde ein *formallogisches Vorgehen* gewählt, das sowohl deduktive Schlüsse als auch induktive Schlüsse zulässt. Im Rahmen des deduktiven Vorgehens wurden die Thesen entwickelt, die im Rahmen der Fallstudienanalyse empirisch überprüft wurden. Gleichzeitig konnten in der empirischen Analyse im Sinne einer explorativen Untersuchung alternative Erklärungsansätze diskutiert werden. Rückblickend kann festgestellt werden, dass sich die kombiniert deduktiv-induktive Forschungsmethode in der vorliegenden Arbeit bewährt hat. Im Zuge der Exper-

---

2 Vgl. S. 234 und Abbildung 4-3.

3 Wie in Kapitel 4.1.1 ausgeführt wurde, stellen Level-1 Fragen direkte Fragen des Forschers zu einem vermuteten Erklärungszusammenhang dar. Der Interviewpartner kann die Absicht der Fragen erkennen, so dass die Möglichkeit einer ungewollten Beeinflussung des Interviewpartners durch den Forscher eröffnet wird.

tengespräche hat der Forschung die Erfahrung machen können, dass die explorative Forschung von theoriegeleitet entwickelten Thesen profitiert hat. So konnten sich die Experten im Rahmen der Expertengespräche mit konkreten, strukturierten Lösungsangeboten auseinandersetzen und diese im Rahmen einer kritischen Reflektion der angebotenen Koordinationsmuster erweitern und ergänzen.

Auch die *Einzelfallstudie* bedarf einer abschließenden Rechtfertigung. Einzelfallstudien haben im Gegensatz zu vergleichenden Fallstudien den Nachteil, dass kein Vergleich zwischen mehreren realen Fällen möglich ist und damit keine Triangulation der Untersuchungsergebnisse vorgenommen werden kann. Im vorliegenden Fall ist die Wahl der Einzelfallstudie als Forschungsmethode mit dem Konzept der relevatorischen Fallstudie zu rechtfertigen: Die Fallstudie, die an einem einzelnen Fall vorgenommen wird, da er einen selten zu findenden Zugang zu häufig vorzufindenden, aber schwer zu beobachtenden sozialen Phänomenen erlaubt. Zwar stellen Cluster keine Seltenheit dar, auch Kooperationsprojekte im Allgemeinen und Logistikkooperationen im Besonderen sind gängige Praxis. Forscher finden jedoch selten Zugang zur Analyse eines Clusters in der hier vorgenommenen Tiefe. Im vorliegenden Fall war die Sammlung der Dokumente des Datenkorpus nur dadurch möglich geworden, dass der Forscher als teilnehmender Beobachter in einem Zeitraum von über zwei Jahren in der Cluster-Initiative mitwirkte. Die Einzelfallstudie ist als Forschungsmethode im vorliegenden Fall daher zweckmäßig, da sie eine tiefgehende Analyse der Koordinationsprozesse erlaubt. Durch die Durchführung einer teilnehmenden Beobachtung, durch die Sammlung von öffentlichen und internen Daten des Clusters und durch die Sammlung von Schriftstücken des Clusters konnte ein Datenkorpus aufgebaut werden, der mehr als 540 Dokumente umfasst. Um der Kritik der Einzelfallstudie entgegenzuwirken, sei auf die analytische Trennung von drei alternativen Cluster Governance Strukturen verwiesen, die in der empirischen Untersuchung vorgenommen wurde.

Weiterführender Forschungsbedarf

Weiterführender Forschungsbedarf resultiert aus den *Ergebnissen der empirischen Untersuchung* sowie aus der kritischen Reflektion des *methodischen Vorgehens* der Arbeit. Auf der *Ergebnisebene* kann festgestellt werden, dass die Thesenentwicklung und die Thesenprüfung den Schwerpunkt der theoretischen und empirischen Untersuchung darstellten. Eine explorative Erarbeitung ergänzender und alternativer Erklärungszusammenhänge wurde ebenfalls durchgeführt und es konnten mit den Diskussion von Koordinationskompetenzen und Logistikkompetenzen zwei Themenfelder identifiziert werden, die bei der Wahl effizienter Koordinationsmechanismen zu berücksichtigen sind. Diese beiden Themenfelder wurden jedoch nur im Zuge der Diskussion konkurrierender Erklärungsansätze diskutiert, sie konnten nicht vertiefend analysiert werden. Hier besteht Forschungsbedarf, um aufzuzeigen, inwiefern durch die Betrachtung von Koordinationskompetenzen und Logistikkompetenzen die aufgezeigten Thesen geschärft und die Erklärungsansätze verfeinert werden können. Dabei ist insbesondere zu untersuchen, wie Koordinationskompetenzen in Cluster-Initiativen entwickelt werden können und inwiefern eine Beratung von Cluster-Managern durch LDL im Cluster Service Engineering in der Praxis ausgestaltet werden kann. Diese beiden Themenfelder können im Rahmen explorativer Forschungsdesigns in Einzelfallstudien oder vergleichenden Fallstudien bearbeitet werden.

Aus der Reflexion der *Forschungsmethode* dieser Arbeit resultieren mehrere Empfehlungen für nachfolgende Forschungsarbeiten. Wie im vorigen Abschnitt begründet, wurde, war die Durchführung einer Einzelfallstudie in der vorliegenden Arbeit eine zweckmäßige und gerechtfertigte methodische Entscheidung, um erste Thesen zur Rolle der Cluster Governance bei der proaktiven Projektanbahnung von LDL in Clustern zu überprüfen sowie gleichzeitig explorativ ergänzende Erklärungszusammenhänge aufzuzeigen und um mögliche konkurrierende Erklärungsansätze zu entdecken. Die Einzelfallstudie konnte zudem durch die Relevanz der verfügbaren Daten begründet werden, die der Forscher in seiner Rolle als teilnehmender Beobachter zusammentragen konnte. Aus der eingeschränkten internen Validität bei der Analyse der Experteninterviews folgt jedoch, dass in nachfolgenden Forschungsprozessen methodische Anpassungen vorzusehen sind. Eine Steigerung der internen Validität der Erklärungszusammenhänge kann bereits dadurch erreicht werden, dass die vorliegende Untersuchung von einem zweiten Forscher an einem anderen Fall wiederholt wird. Daher werden Managementforscher ausdrücklich aufgefordert, eine vergleichbare Untersuchung an einem zweiten Fall durchzuführen und dabei – wie im vorliegenden Fall – eine teilnehmende Beobachtung über einen längeren Zeitraum durchzuführen. Diese Aufforderung richtet sich insbesondere an Managementforscher, die einen leichten Zugang zur Praxis finden oder selbst als Cluster-Manager oder Mitglieder eines Clusters tätig waren.

Neben der Untersuchung von Einzelfällen ist auch eine vergleichende Fallstudienuntersuchung zu empfehlen. Im Rahmen einer vergleichenden Fallstudienforschung könnte das Instrument der Triangulation nicht nur zur Gewährleistung der Konstruktvalidität genutzt werden (Datentriangulation bei der Charakterisierung der Cluster Governance), sondern es könnte darüber hinaus eine Triangulation im Rahmen der Explanation erfolgen, um ggf. neue, bislang unentdeckte Erklärungszusammenhänge transparent zu machen. Dabei können mögliche Einflussfaktoren berücksichtigt werden, die in der vorliegenden Arbeit nicht analysiert werden konnten. Dies sind u. a. die Rolle der Größe des Clusters (gemessen an der Anzahl der Unternehmen), die Rolle der Wertschöpfungsstruktur des Clusters (gemessen an der Dominanz vertikaler und horizontaler Kooperationsbeziehungen und an der Dominanz von Lieferbeziehungen im Cluster), die Rolle personenbezogener Eigenschaften der handelnden Akteure (persönliche Logistikkompetenz, persönliche Koordinationskompetenz, persönliches Engagement und persönliche Vertrauenswürdigkeit). Es wird deutlich, dass insbesondere die explorative Untersuchung potenziell alternativer und vertiefender Erklärungszusammenhänge im Rahmen einer vergleichenden Fallstudie profitieren könnte.

Schließlich kann die interne Validität der Untersuchungsergebnisse in erheblichem Umfang dadurch gesteigert werden, dass eine Cluster-Initiative bei der Untersuchung herangezogen wird, in welcher ein oder mehrere LDL als Mitglieder über einen längeren Zeitraumaktiv mitgewirkt haben. Dann könnte es gelingen, auch mit LDL-Experten Interviews zu führen, die auf Level-1 Fragen vollständig verzichten können. Zudem könnte der Versuch angestrebt werden, einen CSE-Prozess im Rahmen einer Begleitforschung zu untersuchen. Davon könnte nicht nur die Analyse der Koordinationsmuster profitieren, auch die konzeptionell entwickelten Entscheidungsinterdependenzen könnten in einem realen Untersuchungsfall kritisch reflektiert, geschärft und anschließend einer großzahligen empirischen Untersuchung zugeführt werden.

Anhang A: Fragenkatalog zur Charakterisierung der Cluster Governance

Ist ein Cluster-Manager in der Cluster-Initiative vorhanden?

- *Welche Aufgaben hat er im Rahmen der Entscheidungskoordination bei der Partnerwahl übernommen:*
  - Definition entscheidungsrelevanter Informationen?
  - Beschaffung entscheidungsrelevanter Informationen?
  - Analyse entscheidungsrelevanter Informationen?
  - Formulierung von Handlungsempfehlungen?

- *Welche Aufgaben hat er im Rahmen der Entscheidungskoordination bei der Kooperationsfeldwahl übernommen:*
  - Definition entscheidungsrelevanter Informationen?
  - Beschaffung entscheidungsrelevanter Informationen?
  - Analyse entscheidungsrelevanter Informationen?
  - Formulierung von Handlungsempfehlungen?

- *Welche Aufgaben hat er im Rahmen der Entscheidungskoordination bei der Projektwahl übernommen:*
  - Definition entscheidungsrelevanter Informationen?
  - Beschaffung entscheidungsrelevanter Informationen?
  - Analyse entscheidungsrelevanter Informationen?
  - Formulierung von Handlungsempfehlungen?

- *Welche Aufgaben hat er im Rahmen der Entscheidungskoordination bei der Partnerwahl übernommen:*
  - Definition entscheidungsrelevanter Informationen?
  - Beschaffung entscheidungsrelevanter Informationen?
  - Analyse entscheidungsrelevanter Informationen?
  - Formulierung von Handlungsempfehlungen?

- *Welche Aufgaben hat er im Rahmen der Entscheidungskoordination bei der Bestimmung der Kooperationspotenziale übernommen:*
  - Definition entscheidungsrelevanter Informationen?
  - Beschaffung entscheidungsrelevanter Informationen?
  - Analyse entscheidungsrelevanter Informationen?
  - Formulierung von Handlungsempfehlungen?

- *Welche Aufgaben hat er im Rahmen der Entscheidungskoordination bei der Planung Aufgaben- und Verantwortungsbereichen der Partner übernommen:*
  - Definition entscheidungsrelevanter Informationen?
  - Beschaffung entscheidungsrelevanter Informationen?
  - Analyse entscheidungsrelevanter Informationen?
  - Formulierung von Handlungsempfehlungen?

- *Welche Aufgaben hat er im Rahmen der Entscheidungskoordination bei der Festlegung von Kooperations(spiel)regeln übernommen:*
    - Definition entscheidungsrelevanter Informationen?
    - Beschaffung entscheidungsrelevanter Informationen?
    - Analyse entscheidungsrelevanter Informationen?
    - Formulierung von Handlungsempfehlungen?
- *Welche Aufgaben hat er im Rahmen der Entscheidungskoordination bei der Evaluation von Kooperationsergebnissen und Leistungsbeiträgen der Partner übernommen:*
    - Definition entscheidungsrelevanter Informationen?
    - Beschaffung entscheidungsrelevanter Informationen?
    - Analyse entscheidungsrelevanter Informationen?
    - Formulierung von Handlungsempfehlungen?

Ist ein Leitunternehmen in der Cluster-Initiative vorhanden?

- *Welche Aufgaben hat es im Rahmen der Entscheidungskoordination bei der Partnerwahl übernommen:*
    - Definition entscheidungsrelevanter Informationen?
    - Beschaffung entscheidungsrelevanter Informationen?
    - Analyse entscheidungsrelevanter Informationen?
    - Formulierung von Handlungsempfehlungen?
- *Welche Aufgaben hat es im Rahmen der Entscheidungskoordination bei der Kooperationsfeldwahl übernommen:*
    - Definition entscheidungsrelevanter Informationen?
    - Beschaffung entscheidungsrelevanter Informationen?
    - Analyse entscheidungsrelevanter Informationen?
    - Formulierung von Handlungsempfehlungen?
- *Welche Aufgaben hat es im Rahmen der Entscheidungskoordination bei der Projektwahl übernommen:*
    - Definition entscheidungsrelevanter Informationen?
    - Beschaffung entscheidungsrelevanter Informationen?
    - Analyse entscheidungsrelevanter Informationen?
    - Formulierung von Handlungsempfehlungen?
- *Welche Aufgaben hat es im Rahmen der Entscheidungskoordination bei der Partnerwahl übernommen:*
    - Definition entscheidungsrelevanter Informationen?
    - Beschaffung entscheidungsrelevanter Informationen?
    - Analyse entscheidungsrelevanter Informationen?
    - Formulierung von Handlungsempfehlungen?

- *Welche Aufgaben hat es im Rahmen der Entscheidungskoordination bei der Bestimmung der Kooperationspotenziale übernommen:*
  - Definition entscheidungsrelevanter Informationen?
  - Beschaffung entscheidungsrelevanter Informationen?
  - Analyse entscheidungsrelevanter Informationen?
  - Formulierung von Handlungsempfehlungen?

- *Welche Aufgaben hat es im Rahmen der Entscheidungskoordination bei der Planung Aufgaben- und Verantwortungsbereichen der Partner übernommen:*
  - Definition entscheidungsrelevanter Informationen?
  - Beschaffung entscheidungsrelevanter Informationen?
  - Analyse entscheidungsrelevanter Informationen?
  - Formulierung von Handlungsempfehlungen?

- *Welche Aufgaben hat es im Rahmen der Entscheidungskoordination bei der Festlegung von Kooperations(spiel)regeln übernommen:*
  - Definition entscheidungsrelevanter Informationen?
  - Beschaffung entscheidungsrelevanter Informationen?
  - Analyse entscheidungsrelevanter Informationen?
  - Formulierung von Handlungsempfehlungen?

- *Welche Aufgaben hat es im Rahmen der Entscheidungskoordination bei der Evaluation von Kooperationsergebnissen und Leistungsbeiträgen der Partner übernommen:*
  - Definition entscheidungsrelevanter Informationen?
  - Beschaffung entscheidungsrelevanter Informationen?
  - Analyse entscheidungsrelevanter Informationen?
  - Formulierung von Handlungsempfehlungen?

Werden in der Cluster-Initiative Beratungs- und Entscheidungsgremien zur Koordination von Entscheidungen genutzt?

- *Welche Aufgaben haben sie im Rahmen der Entscheidungskoordination bei der Partnerwahl übernommen:*
  - Definition entscheidungsrelevanter Informationen?
  - Beschaffung entscheidungsrelevanter Informationen?
  - Analyse entscheidungsrelevanter Informationen?
  - Formulierung von Handlungsempfehlungen?

- *Welche Aufgaben haben sie im Rahmen der Entscheidungskoordination bei der Kooperationsfeldwahl übernommen:*
  - Definition entscheidungsrelevanter Informationen?
  - Beschaffung entscheidungsrelevanter Informationen?
  - Analyse entscheidungsrelevanter Informationen?
  - Formulierung von Handlungsempfehlungen?

- *Welche Aufgaben haben sie im Rahmen der Entscheidungskoordination bei der Projektwahl übernommen:*
  - Definition entscheidungsrelevanter Informationen?
  - Beschaffung entscheidungsrelevanter Informationen?
  - Analyse entscheidungsrelevanter Informationen?
  - Formulierung von Handlungsempfehlungen?
- *Welche Aufgaben haben sie im Rahmen der Entscheidungskoordination bei der Partnerwahl übernommen:*
  - Definition entscheidungsrelevanter Informationen?
  - Beschaffung entscheidungsrelevanter Informationen?
  - Analyse entscheidungsrelevanter Informationen?
  - Formulierung von Handlungsempfehlungen?
- *Welche Aufgaben haben sie im Rahmen der Entscheidungskoordination bei der Bestimmung der Kooperationspotenziale übernommen:*
  - Definition entscheidungsrelevanter Informationen?
  - Beschaffung entscheidungsrelevanter Informationen?
  - Analyse entscheidungsrelevanter Informationen?
  - Formulierung von Handlungsempfehlungen?
- *Welche Aufgaben haben sie im Rahmen der Entscheidungskoordination bei der Planung Aufgaben- und Verantwortungsbereichen der Partner übernommen:*
  - Definition entscheidungsrelevanter Informationen?
  - Beschaffung entscheidungsrelevanter Informationen?
  - Analyse entscheidungsrelevanter Informationen?
  - Formulierung von Handlungsempfehlungen?
- *Welche Aufgaben haben sie im Rahmen der Entscheidungskoordination bei der Festlegung von Kooperations(spiel)regeln übernommen:*
  - Definition entscheidungsrelevanter Informationen?
  - Beschaffung entscheidungsrelevanter Informationen?
  - Analyse entscheidungsrelevanter Informationen?
  - Formulierung von Handlungsempfehlungen?
- *Welche Aufgaben haben sie im Rahmen der Entscheidungskoordination bei der Evaluation von Kooperationsergebnissen und Leistungsbeiträgen der Partner übernommen:*
  - Definition entscheidungsrelevanter Informationen?
  - Beschaffung entscheidungsrelevanter Informationen?
  - Analyse entscheidungsrelevanter Informationen?
  - Formulierung von Handlungsempfehlungen?

Anhang B: Gesprächsleitfaden für Cluster-Experten / LDL

3] Problem: Effiziente Entscheidungskoordination

Lösungsidee

Durch eine Abstimmung der 10 Entscheidungen in den vier Prozessphasen wird eine erfolgreiche Projektanbahnung ermöglicht. Der Abstimmungsprozess ist nachfolgend dargestellt:

- **Schritt 1:** Bestimmung der Informationen, die von den einzelnen Partnern zur Koordination der ntscheidungen benötigt werden.
- **Schritt 2:** Sammlung der relevanten Informationen bei den Kooperationspartnern.
- **Schritt 3:** Auswertung der Informationen und Formulierung einer Handlungsempfehlung.

Alternative Koordinationsformen

Koordinationsform	*Zentrale Koordination durch einen Cluster-Manager*	*Zentrale Koordination durch ein Leitunternehmen*	*Keine Koordination*	*Dezentrale Koordination durch die Kooperationspartner*	*Zentrale Koordination durch den LDL*
Definition der entscheidungsrelevanten Informationen	KM-A	KM-B		KM-C	KM-D
Beschaffung von Informationen zum Handlungsfeld					
Analyse entscheidungsrelevanter Informationen					
Auswahl der Handlungsoptionen					

Koordinationsmuster in CSE-Prozessen für laterale Logistikkooperationen.

Szenario 1: Welche Koordinationsform (A, B, C oder D) bevorzugen Sie?

	Entscheidungsprobleme	A Koordinator: **Cluster-Manager**	B Koordinator: **Leitunter-nehmen**	C Koordinator: **Arbeitsgruppe**	D Koordinator: **LDL**
1	**Auslagerungsentscheidung Partnervorauswahl Kooperationsfeldwahl**				
2	**Leistungsanforderungen Partnerauswahl**				
3	**Konzept Prozesse**				
4	**Externe Vereinbarung Interne Vereinbarung Finale Partnerwahl**				

Szenario 2: Es stehen Koordinationsmuster B, C und D zu Wahl (kein Cluster-Manager)!

	Entscheidungsprobleme	B Koordinator: **Leitunter-nehmen**	C Koordinator: **Arbeitsgruppe**	D Koordinator: **LDL**
1	**Auslagerungsentscheidung Partnervorauswahl Kooperationsfeldwahl**			
2	**Leistungsanforderungen Partnerauswahl**			
3	**Konzept Prozesse**			
4	**Externe Vereinbarung Interne Vereinbarung Finale Partnerwahl**			

Szenario 3: Es stehen Koordinationsmuster A, B, C und D zu Wahl (kein Leitunternehmen)!

	Entscheidungsprobleme	C Koordinator: **Arbeitsgruppe**	D Koordinator: **LDL**
1	**Auslagerungsentscheidung Partnervorauswahl Kooperationsfeldwahl**		
2	**Leistungsanforderungen Partnerauswahl**		
3	**Konzept Prozesse**		
4	**Externe Vereinbarung Interne Vereinbarung Finale Partnerwahl**		

Literaturverzeichnis

Â DICKEN, P./LLOYD, P. E. (1990): Location in space: theoretical perspectives in economic geography. New York und London 1990.

ABEL, B. (1979): Denken in theoretischen Modellen als Leitidee der Wirtschaftswissenschaften. In: RAFÉE, H./ABEL, B. (Hrsg.): Wissenschaftstheoretische Grundfragen der Wirtschaftswissenschaften. München 1979, S. 138 - 190.

ABERLE, G. (2003): Transportwirtschaft. Einzelwirtschaftliche und gesamtwirtschaftliche Grundlagen. 4., überarb. u. erw. Aufl. München 2003.

AHLERT, D./EVANSCHITZKY, H./HESSE, J. (2002): E-Satisfaction – Replication and Extension. Münster 2002.

AHLERT, D./BLAICH, G./EVANSCHITZKY, H. (2003): Systematisierung von Dienstleistungsnetzwerken. In: BRUHN, M./STAUSS, B. (Hrsg.): Dienstleistungsnetzwerke. Wiesbaden 2003, S. 31 - 59.

AKERLOF, G. A. (1970): The Markets for 'Lemons': Qualitative Uncertainty and the Market Mechanism. In: *Quarterly Journal of Economics* 84, S. 386 - 409.

ALBERT, H. (1993): Dialektische Denkwege. Jürgen Habermas und der kritische Rationalismus. In: ALBERT, H./SALAMUN, K. (Hrsg.): Mensch und Gesellschaft aus der Sicht des Kritischen Rationalismus. Atlanta 1993, S. 11 - 40.

ALBERT, H. (2002): Varianten des kritischen Rationalismus. In: Böhm, J. M./Holweg, H./Hoock, C. (Hrsg.): Karl Poppers kritischer Rationalismus heute. Tübingen 2002, S. 3 - 24.

ALBERT, H./SALAMUN, K. (Hrsg.): Mensch und Gesellschaft aus der Sicht des Kritischen Rationalismus. Atlanta 1993.

ALCHIAN, A. A./DEMSETZ, H. (1973): The Property Rights Paradigm. In: *Journal of Economic History* 33, S. 16 - 27.

ALCHIAN, A. A./DEMSETZ, H. (1972): Production, Information Cost, and Economic Organization. In: *American Economic Review* 62, S. 777 - 795.

ALEWELL, D. (2001): Entlohnung. In: JOST, P.-J./ALEWELL, D. (Hrsg.): Der Transaktionskostenansatz in der Betriebswirtschaftslehre. Stuttgart 2001, S. 361 - 393.

ALTOBELLI, C. F./BOUNCKEN, R. B. (1998): Wertkettenanalyse von Dienstleistungs-Anbietern. In: MEYER, A. (Hrsg.): Handbuch Dienstleistungs-Marketing. Band 1. Stuttgart 1998, S. 282 - 296.

ANDERSON, S./PEARO, L. K./WIDENER, S. K. (2008): Drivers of Service Satisfaction: Linking Customer Satisfaction to the Service Concept and Customer Characteristics. In: *Journal of Service Research* 10, S. 365 - 381.

ANDERSSON, D./NORRMAN, A. (2002): Procurement of Logistics Services - A Minute Work or a Multi-Year Project? In: *European Journal of Purchasing and Supply Management* 8, S. 3 - 14.

ARNOLD, D./FURMANS K./ISERMANN H./KUHN A./TEMPELMEIER H. (2008): Handbuch Logistik. Berlin und Heidelberg 2008.

ARNOLD, U./EßIG, M. (2005): Kooperationen in der industriellen Beschaffung. In: ZENTES, J./SWOBODA, B./MORSCHETT, D. (Hrsg.): Kooperationen, Allianzen und Netzwerke. Grundlagen - Ansätze - Perspektiven. 2., überarb. u. erw. Aufl. Wiesbaden 2005, S. 701 - 724.

Arnold, U. (1998a): Einkaufskooperationen in der Industrie. In: ARNOLD, U. (Hrsg.): Erfolg durch Einkaufskooperationen. Chancen – Risiken – Lösungsmöglichkeiten. Wiesbaden 1998, S. 13 - 56.

ARNOLD, U. (1998b): Grundlagen von Einkaufskooperationen. In: ARNOLD, U. (Hrsg.): Erfolg durch Einkaufskooperationen. Chancen – Risiken – Lösungsmöglichkeiten. Wiesbaden 1998, S. 1 - 12.

ARNOLD, U. (1998c): Internationale Perspektiven von Einkaufskooperationen. In: ARNOLD, U. (Hrsg.): Erfolg durch Einkaufskooperationen. Chancen – Risiken – Lösungsmöglichkeiten. Wiesbaden 1998, S. 119 - 158.

ARNOLD, U./EßIG, M. (1997): Einkaufskooperationen in der Industrie. Stuttgart 1997.

ARROW, K. J. (Hrsg.): The Organization of Economic Activity. The Analysis and Evaluation of Public Expenditure. London 1996.

ARROW, K. J. (1971): Essays in the Theory of Risk Bearing. Chicago 1971.

ARROW, K. J. (1974): Limits of Organization. New York 1974.

ASHBY, W. R. (1970): An introduction to cybernetics. London 1970.

ASHMAN, K. M./ZEPF, S. E. (1998): Globular cluster systems. Cambridge 1998.

ASTOR, M. (2007): Clusterpolitik – Stand der Forschung. In: ASTOR, M./BROICH, B. (Hrsg.): Cluster in der Umsetzung. Lösungen für die regionale Innovationspolitik. Prognos Studien Innovation. Basel und Berlin 2007, S. 8 - 20.

ASTOR, M./BROICH, B. (Hrsg.): Cluster in der Umsetzung. Lösungen für die regionale Innovationspolitik. Prognos Studien Innovation. Basel und Berlin 2007.

AYDALOT, P./KEEBLE, D. (1988): High technology industry and innovative environments: The European experience. London 1988.

BACHMANN, R. (2000): Koordination und Steuerung interorganisationaler Netzwerkbeziehungen über Vertrauen und Macht. In: SYDOW, J./WINDELER, A. (Hrsg.): Steuerung von Netzwerken. Wiesbaden 2000, S. 107 - 125.

BACHMANN, R./LANE, C. (2006): Vertrauen und Macht in zwischenbetrieblichen Kooperationen – zur Rolle von Wirtschaftsrecht und Wirtschaftsverbänden in Deutschland und Großbritannien. In: SYDOW, J. (Hrsg.): Management von Netzwerkorganisationen. Beiträge aus der "Managementforschung". 4., aktual. u. erw. Aufl. Wiesbaden 2006, S. 75 - 106.

BAHLMANN, M. D./HUYSMAN, M. H. (2008): The Emergence of a Knowledge-Based View of Clusters and Its Implications for Cluster Governance. In: *The Information Society* 24, S. 304 - 318.

BACKHAUS, K./HERBST, U./VOETH, M./WILKEN, R. (2010): Allgemeine Betriebswirtschaftslehre – Koordination betrieblicher Entscheidungen. Berlin u. Heidelberg 2010.

BAHRAMI, K. (2003): Horizontale Transportlogistik-Kooperationen. Synergiepotenziale für Hersteller kurzlebiger Konsumgüter. Wiesbaden 2003.

BALLANTYNE, D./VAREY, R. J. (2006): Creating value-in-use through marketing interaction: the exchange logic of relating, communicating and knowing. In: *marketing theory* 6, S. 335 - 348.

BANKHOFER, U. (2001): Industrielles Standortmanagement. Aufgabenbereiche, Entwicklungstendenzen und problemorientierte Lösungsansätze. Wiesbaden 2001.

BARNES, J. A. (1954): Class and Committees in a Norwegian Island Parish. In: *Human Relations* 7 (1), S. 39 - 58.

BARRATT, M. (2004): Understanding the meaning of collaboration in the supply chain. In: *Supply Chain Management: An International Journal* 9 (1), S. 30 - 42.

BDI/RKW (Hrsg.): Leitfaden für die Kooperation in der Beschaffung. Stuttgart 1969.

BEA, F.-X./GÖBEL, E. (2006): Organisation. Theorie und Gestaltung. 3., neu bearb. Aufl. Stuttgart 2006.

BECANTTINI, G. (1990): The Marshallian Industrial District as a Socio-Economic Notion. In: PYKE, F./BECANTTINI, G./W. SENGENBERGER (Hrsg.): Industrial Districts and Inter-Firm Cooperation in Italy. International Institute for Labour Studies. Genf 1990, S. 37 - 51.

BECKER, C. (2005): A shift for VHA; New approach aims to give members more cash back. In: *Modern Healthcare* 35 (19), S. 17.

BECKER, J./ZWISSLER, T. (2009): Vertragsgestaltung und Recht. In: MÜLLER-DAUPPERT, B. (Hrsg.): Logistik-Outsourcing. Ausschreibung, Vergabe, Controlling. 2. Aufl. München 2009, S. 71 - 84.

BECKMANN, C.-C. (2005): Beziehungsorientiertes Standortmanagement und regionale Wirtschaftsförderung. Am Beispiel des Relationship Marketings in Bayern. München 2005.

BEER, C./TERSTRIEP, J. (2010): Clusterinitiativen unter Druck!? Finanzierungsmodelle helfen Nachhaltigkeit sichern. In: *Arbeit und Technik. Forschung Aktuell* (7), S. 10 - 12.

BELL, S./TRACEY, P./HEIDE, J. (2009): The Organization of Regional Clusters. In: *Academy of Management Review* 34 (4), S. 623 - 642.

BENGTSSON, M./ERIKSSON, J./WINCENT, J. (2010): Coopetition: New ideas for a new paradigm. In: YAMI, S./CASTALDO, S./DAGNINO, G. B./F. LE ROY (Hrsg.): Coopetition. Winning strategies for the 21st century. Cheltenham 2010, S. 19 - 39.

BENKENSTEIN, M. (1998): Ansätze zur Steuerung der Dienstleistungsqualität. In: MEYER, A. (Hrsg.): Handbuch Dienstleistungs-Marketing. Band 1. Stuttgart 1998, S. 444 - 454.

BENKENSTEIN, M./STENGLIN, A. (2006): Prozessorientiertes Qualitätscontrolling von Dienstleistungen. In: BRUHN, M. (Hrsg.): Dienstleistungscontrolling. Forum Dienstleistungsmanagement. Wiesbaden 2006, S. 55 - 70.

BENKENSTEIN, M./BEYER, T. (2005): Kooperationen in Marketing. In: ZENTES, J./SWOBODA, B./MORSCHETT, D. (Hrsg.): Kooperationen, Allianzen und Netzwerke. Grundlagen – Ansätze – Perspektiven. 2., überarb. u. erw. Aufl. Wiesbaden 2005, S. 797 - 819.

BENKENSTEIN, M./STEINER, S. (2004): Formen von Dienstleistungsinnovationen. In: Bruhn, M./Stauss, B. (Hrsg.): Dienstleistungsinnovationen. Wiesbaden 2004, S. 27 - 43.

BENZ, A./LÜTZ, S./SCHIMANK, U./SIMONIS, G. (2007a): Einleitung. In: BENZ, A./LÜTZ, S./SCHIMANK, U./SIMONIS, G. (Hrsg.): Handbuch Governance. Theoretische Grundlagen und empirische Anwendungsfelder. Wiesbaden 2007, S. 9 - 25.

BENZ, A./LÜTZ, S./SCHIMANK, U./SIMONIS, G. (Hrsg.): Handbuch Governance. Theoretische Grundlagen und empirische Anwendungsfelder. Wiesbaden 2007.

BERNINGHAUS, S. K./GÜTH, W./EHRHART, K.-M. (2010): Strategische Spiele. Eine Einführung in die Spieltheorie. 3. Aufl. u.a. Heidelberg 2010.

BERTALANFFY, L. V. (1949): Zu einer allgemeinen Systemlehre. In: *Biologia Generalis* 19 (1), S. 114 - 129.

BIANCHI, A. (2010): "Logistics Platforming": Measurement Tools, Major Result & Opportunities. Konferenzbeitrag. Anlass: Horizontal Collaboration in the Supply Chain Summit. Brüssel, den 01. Juni 2010.

BIRK, S. (2009): Millions saved with purchasing coalition. In: *Materials Management in Health Care* 18 (3), o.S.

BITNER, M. J./FARANDA, W. T./HUBBERT, A. R./ZEITHAML, V. A. (1997): Customers Contibutions and Roles in Service Delivery. In: *International Journal of Service Industry Management* 8 (3), S. 193 - 205.

BLÖCKER, A./JÜRGENS, U./MEIßNER, H.-R. (2009): Innovationsnetzwerke und Clusterpolitik in europäischen Automobilregionen. Impulse für Beschäftigung. Berlin 2009.

BODE, J./ZELEWSKI, S. (1992): Die Produktion von Dienstleistungen – Ansätze zu einer Produktionswirtschaftslehre der Dienstleistungsunternehmen? In: *Betriebswirtschaftliche Forschung und Praxis* 44 (6), S. 594 - 607.

BÖHM, J. M./HOLWEG, H./HOOCK, C. (Hrsg.): Karl Poppers kritischer Rationalismus heute. Tübingen 2002.

BÖHMANN, T./KRCMAR, H. (2003): Modulare Servicearchitekturen. In: BULLINGER, H.-J., SCHEER, A.-W./GRIEBLE, O. (Hrsg.): Service Engineering. Entwicklung und Gestaltung innovativer Dienstleistungen. Berlin 2003, S. 391 - 415.

BONOMA, T. V. (1985): Case Research in Marketing: Opportunities, Problems, and Process. In: Journal of Marketing Research XXII, S. 199 - 208.

BOUTELLIER, R./ZAGLER, M. (2000): Kooperative Beschaffung. In: KALUZA, B./BLECKER, T./KALUZA, B. (Hrsg.): Management der Produktion und der Logistik in der Unternehmung ohne Grenzen. Produktions- und Logistikmanagement in virtuellen Unternehmen und Unternehmensnetzwerken. Berlin 2000, S. 89 - 117.

BOWEN, D. E. (1986): Managing Customers as Human Resources in Service Organizations. In: *Human Resource Management* 25 (3), S. 371 - 383.

BOWEN, D. E./JONES, G. R. (1986): Transaction Cost Analysis of Service Organization-Customer Exchange. In: *Academy of Management Review* 11 (2), S. 428 - 441.

BRANDENBURGER, A./NALEBUFF, B. (1996): Coopetition – kooperativ konkurrieren. Mit der Spieltheorie zum Unternehmenserfolg. Frankfurt am Main 1996.

BRANDT, A. (2008): Regionale Clusterprozesse zwischen Effizienzvorteilen und Marktversagen. In: FLOETING, H. (Hrsg.): Cluster in der kommunalen und regionalen Wirtschaftspolitik. Vom Marketingbegriff zum Prozessmanagement. Berlin 2008, S. 131 - 145.

BRENNER, T. (2004): Local industrial clusters: Existence, Emergence & Evolution. London 2004.

BRETZKE, W.-R. (2010): Logistische Netzwerke. 2., wesentl. bearb. u. erw. Aufl. Heidelberg 2010.

BRODIE, R. J./GLYNN, M. S./LITTLE, V. (2006): The service brand and the service-dominant logic: missing fundamental premise or the need for stronger theory? In: *marketing theory* 6 (3), S. 363 - 379.

BROICH, B. (2007): Die Clusterstrategie Berlins in Zusammenarbeit mit dem Land Brandenburg: Der Quadriga-Prozess. In: ASTOR, M./BROICH, B. (Hrsg.): Cluster in der Umsetzung. Lösungen für die regionale Innovationspolitik. Prognos Studien Innovation. Basel und Berlin 2007, S. 41 - 51.

BRUHN, M./MEFFERT, H. (Hrsg.): Handbuch Dienstleistungsmanagement: Von der strategischen Konzeption zur praktischen Umsetzung. Wiesbaden 1998.

BRUHN, M./STAUSS, B. (Hrsg.): Dienstleistungsqualität. Konzepte – Methoden – Erfahrungen. 3. Aufl. Wiesbaden 2000.

BRUHN, M./STAUSS, B. (Hrsg.) Kundenintegration. 6. Auflage, Wiesbaden 2009.

BRUHN, M./STAUSS, B. (2006): Dienstleistungscontrolling – Einführung in die theoretischen und praktischen Problemstellungen. In: BRUHN, M. (Hrsg.): Dienstleistungscontrolling. Forum Dienstleistungsmanagement. Wiesbaden 2006, S. 3 - 30.

BRUHN, M./STAUSS, B. (Hrsg.): Dienstleistungsmanagement Jahrbuch 2001. Interaktion im Dienstleistungsbereich. Wiesbaden 2001.

BRUHN, M./STAUSS, B. (Hrsg.): Dienstleistungsnetzwerke. Wiesbaden 2003.

BRUHN, M. (Hrsg.): Dienstleistungscontrolling. Forum Dienstleistungsmanagement. Wiesbaden 2006.

BRUHN, M./STAUSS, B. (Hrsg.): Dienstleistungsqualität. Konzepte – Methoden – Erfahrungen. 3. Aufl. Wiesbaden 2000.

BRUHN, M./STAUSS, B. (Hrsg.): Dienstleistungsinnovationen. Wiesbaden 2004.

BRUSCH, M. (2004): Präferenzanalyse für Dienstleistungsinnovationen mittels multimedialgestützter Conjointanalyse. Wiesbaden 2004.

BULLINGER, H. -J./KLOSTERMANN, T. (2002): Collaborative Service Engineering – Kooperative Entwicklung produktnaher Dienstleistungen in Produktionsnetzwerken. In: MILBERG, J. (Hrsg.): Erfolg in Netzwerken. Berlin 2002, S. 193 - 205.

BULLINGER, H.-J./SCHEER, A.-W./GRIEBLE, O. (Hrsg.): Service Engineering. Entwicklung und Gestaltung innovativer Dienstleistungen. Berlin 2003.

BULLINGER, H./SCHEER, A.-W. (2003): Service Engineering – Entwicklung und Gestaltung innovativer Dienstleistungen. In: BULLINGER, H.-J./SCHEER, A.-W./GRIEBLE, O. (Hrsg.): Service Engineering. Entwicklung und Gestaltung innovativer Dienstleistungen. Berlin 2003, S. 4 - 17.

BULLINGER, H./SCHREINER, P. (2003): Service-Engineering: Ein Rahmenkonzept für die systematische Entwicklung von Dienstleistungen. In: BULLINGER, H.-J./SCHEER, A.-W./GRIEBLE, O. (Hrsg.): Service Engineering. Entwicklung und Gestaltung innovativer Dienstleistungen. Berlin 2003, S. 51 - 82.

BULLINGER, H./SCHEER, A.-W. (Hrsg.): Service Engineering. Entwicklung und Gestaltung innovativer Dienstleistungen. Berlin u. Heidelberg 2006.

BUNDORF, M. K. (2010): The effects of offering health plan choice within employment-based purchasing groups. In: *The Journal of Risk and Insurance* 77 (1), S. 105 - 127.

BURFITT, A./MACNEILL, S./GIBNEY, J. (2007): The Dilemmas of Operationalizing Cluster Policy: The Medical Technology Cluster in the West Midlands. In: *European Planning Studies* 15 (9), S. 1273 - 1290.

BURGHARDT, M. (1993): Projektmanagement. Leitfaden für die Planung, Überwachung und Steuerung von Entwicklungsprojekten. 2. Aufl. München 1993.

BURT, R. (1980): Models of Network Structure. In: *Annual Review of Sociology* 6 (1), S. 79 - 141.

BUSSE COLKE, W. V./LAßMANN, G. (1975): Betriebswirtschaftstheorie. Band 1: Grundlagen, Produktions- und Kostentheorie. Berlin 1975.

BUXMANN, P./KÖNIG, W./FRICKE, M./HOLLICH, F./DIAZ, L. M./WEBER, S. (2003): Zwischenbetriebliche Kooperation mit mySAP.com: Aufbau und Betrieb von Logistiknetzwerken. Berlin, Heidelberg u. New York 2003.

BÜTTGEN, M. (2001): Kundengerechte Gestaltung von Dienstleistungsprozessen. In: BRUHN, M./STAUSS, B. (Hrsg.): Dienstleistungsmanagement Jahrbuch (2001). Interaktion im Dienstleistungsbereich. Wiesbaden 2001, S. 143 - 166.

BÜTTGEN, M. (2006): Kundenorientiertes Kostenmanagement bei beteiligungsintensiven Dienstleistungen. In: BRUHN, M. (Hrsg.): Dienstleistungscontrolling. Forum Dienstleistungsmanagement. Wiesbaden 2006, S. 369 - 393.

BÜTTGEN, M. (S. (2007): Kundenintegration in den Dienstleistungsprozess. Eine verhaltenswissenschaftliche Untersuchung. Wiesbaden 2007.

BUTTLER, F. A. (1975): Growth pole theory and economic development. Farnborough/Lexington 1975.

CAMAGNI, R. (1991a): Innovative Networks: Spatial Perspectives. London 1991.

CAMAGNI, R. (1991b): Local "Milieu", Uncertainty and Innovation Networks: Towards a New Dynamic Theory of Economic Space. In: CAMAGNI, R. (Hrsg.): Innovative Networks: Spatial Perspectives. London 1991, S. 121 - 144.

CAMAGNI, R. (1991c): Introduction: from the local 'milieu' to innovation through cooperation networks. In: CAMAGNI, R. (Hrsg.): Innovative Networks: Spatial Perspectives. London 1991, S. 1 - 9.

CANZIANI, B. F. (1997): Leveraging Customer Competency in Service Firms. In: *International Journal of Service Industry Management* 8 (1), S. 5 - 25.

CARSBERG, B. (1975): Economics of Business Decisions. Bungay 1975.

CASPAR, P. (2003): Schnittstellenmanagement in virtuellen Dienstleistungsunternehmen. Bamberg 2003.

CEZANNE, W. (2005): Allgemeine Volkswirtschaftslehre. 6. Aufl. München 2005.

CHASE, R. B. (1981): The Customer Contact Approach to Services: Theoretical Bases and Praxctical Extensions. In: *Operations Research* 29 (4), S. 698 - 706.

CHASE, R. B./NORTHCRAFT, G. B./WOLF, G. (1984): Designing High-Contact Service Systems: Application to Branches of a Savings and Loan. In: *Decision Sciences* 15 (4), S. 542 - 556.

CHEN, Z./XU, X. (2010): Study on Construction of Knowledge Management Systems Based on Enhancing Core Competences of Industrial Clusters. In: *International Journal of Business and Management* 5 (3), S. 217 - 222.

CHMIELEWICZ, K. (1994): Forschungskonzeptionen der Wirtschaftswissenschaft. 3. unveränd. Aufl. Stuttgart 1994.

CICCHETTI, C. J./FREEMAN, M. A. (1971): Option Demand and Consumer Surplus: Further Comment. In: *Quarterly Journal of Economics* 85, S. 528 - 539.

CLANCY, P./O'MALLEY, E./O'CONNELL, L./VAN EGERAAT, C. (2001): Industry Clusters in Ireland: Application of Porter's Model of National Competitive Advantage to Three Sectors. In: *European Planning Studies* 9 (1), S. 7 - 28.

CLAYTON, T. (2003): Service Innovation: Aiming to Win. In: TIDD, J./HULL, F.M. (Hrsg.): Service Innovation. Organizational Responses to Technological Opportunities & Market Imperatives. London 2003, S. 113 - 136.

COASE, R. H. (1937): The Nature of the Firm. In: *Economica* 4 (16), S. 386 - 405.

COMMONS, J. R. (1934): Institutional Economics. Madison 1934.

COMMONS, J. R. (1959): The economics of collective action. 4. Aufl. New York 1959.

CONTRACTOR, F./LORANGE, P. (2010): Competition vs. cooperation: A benefit/cost framework for choosing between fully-owned investments and cooperative relationships. In: *Management International Review* 28, S. 5 - 18.

COOKE, P. (2002): Knowledge Economies. Clusters, learning and cooperative advantage. London 2002.

COOKE, P./MORGAN, K. (1994): The regional innovation system in Baden-Württemberg. In: *International Journal of Technology Management* 9, S. 394 - 429.

CORSTEN, H. (2004): Der Integrationsgrad des externen Faktors als Gestaltungsparameter in Dienstleistungsunternehmungen – Voraussetzungen und Möglichkeiten der Externalisierung und Internalisierung. In: BRUHN, M./STAUSS, B. (Hrsg.): Dienstleistungsqualität. Konzepte – Methoden – Erfahrungen. 3. Aufl. Wiesbaden, S. 145 - 168.

CORSTEN, H. (1986): Zur Diskussion der Dienstleistungsbesonderheiten und ihrer ökonomischen Auswirkungen. In: *Jahrbuch der Absatz- und Verbrauchsforschung* 21 (I), S. 16–41.

CORSTEN, H. (1990): Betriebswirtschaftslehre der Dienstleistungsunternehmen. 2. Aufl. Wien u. München 1990.

CORSTEN, H./GÖSSINGER, R. (2004): Modellierung von Dienstleistungen – Perspektiven einer integrativen Vorgehensweise. In: BRUHN, M./STAUSS, B. (Hrsg.): Dienstleistungsinnovationen. 1. Aufl. Wiesbaden 2004, S. 127 - 150.

CROUCH, C./FARRELL, H. (2001): Great Britain: Falling Through the Holes in the Network Concept in Europe: Rise or Demise? In: CROUCH, C./TROGILIA, P./VOELZKOU, C. E./LE GALÉS, H. (Hrsg.): Local Production System. London 2001, S. 161 - 211.

CROUCH, C./LE GALÉS, P. TROGILIA C. E./VOELZKOU H. (Hrsg.): Local Production Systems in Europe. Rise or Demise? Oxford u. New York 2001.

CRUIJSSEN, F. C. A. M. (2006): Horizontal Cooperation in Transportation and Logistics. Tilburg 2006.

CRUIJSSEN, F. C. A. M./BORM, P./FLEUREN, H./HAMERS, H. (2005): Insinking; A methodology to exploit synergy in transoportation. In: *Tilburg University Working Paper* 2005-121, S. 1 - 25.

CRUIJSSEN, F. C. A. M./BORM, P./FLEUREN, H./HAMERS, H. (2010): Supplier-initiated outsourcing: A methodology to exploit synergy in transportation. In: *European Journal of Operational Research* 207 (2), S. 763 - 774.

CRUIJSSEN, F./BRÄYSY, O./DULLAERT, W./FLEUREN, H./SALOMON, M. (2007a): Joint route planning under varying market conditions. In: International Journal of Physical Distribution & Logistics Management 37 (4), S. 287 - 304.

CRUIJSSEN, F. C. A. M./DULLAERT, W./FLEUREN, H. A. (2007a): Horizontal cooperation in transportation and logistics: A literature review. In: *Transportation Journal* 46 (3), S. 22 - 39.

CRUIJSSEN, F./COOLS, M./DULLAERT, W. (2007b): Horizontal cooperation in logistics: Opportunities and impediments. In: *Transportation Research Part E: Logistics and Transportation Review* 43 (2), S. 129 - 142.

CZAKON, W. (2010): Emerging coopetition: an empirical investigation of coopetition as interorganizational relationship instability. In: Yami, S./Castaldo, S./Dagnino, G. B./Le Roy, F. (Hrsg.): Coopetition. Winning strategies for the 21st century. Cheltenham 2010, S. 58 - 73.

DAHL, M. S. (2003): Knowledge Diffusion and Regional Clusters: Lessons from the Danish ICT Industry. Department of Business Studies, Aalborg University. Aalborg 2003.

DASKIN, M. S. (2010): Service Science. Ann Arbor 2010.

DAVIS, O. A./WHINSTON, A. (1962): Externalities, Welfare, and the Theory of Games. In: *Journal of Political Economy* 70, S. 241 - 262.

DAY, G. S. (2004): Invited Commentaries on "Evolving to a New Dominant Logic for Marketing". In: *Journal of Marketing* 68, S. 18 - 27.

DEUTSCHES INSTITUT FÜR NORMUNG e.V. (DIN) (1992): Qualitätsmanagement und Elemente eines Qualitätssicherungssystems. Leitfaden für Dienstleistungen DIN EN ISO 9004-2. Berlin 1992.

DEUTSCHES INSTITUT FÜR NORMUNG E.V. (DIN) (1998): Service Engineering. Entwicklungsbegleitende Normung (EBN) für Dienstleistungen (DIN-Fachbericht, 75). 1. Aufl. Berlin 1998.

DICKEN, P. (2011): Global Shift: Reshaping the Global Economic Map in the 21th Century. 6. Aufl. London 2011.

DIENER, H.-C. (2009): Die Schmerztherapie. Interdisziplinäre Diagnose- und Behandlungsstrategien. 3., überarb. Aufl. München 2009.

DIETL, H./VAN DER VELDEN, R. (2001): Internationalisierung. In: JOST, P.-J./ALEWELL, D. (Hrsg.): Der Transaktionskostenansatz in der Betriebswirtschaftslehre. Stuttgart 2001, S. 183 - 217.

DILLER, H./MÜLLNER, M. (1998): Kundenbindungsmanagement. In: Meyer, A. (Hrsg.): Handbuch Dienstleistungs-Marketing. Band 2. Stuttgart, S. 1219 - 1240.

DOBB, M. H. (1925): Capitalist Enterprise and Social Progress. In: *London School of Economics and Political Science Studies* 81, S. 32 - 409.

DOERINGER, P./PIORE, M. (1971): Internal Labor Markets and Manpower Analysis. Boston, Massachusetts 1971.

DONABEDIAN, A. (1980): The definition of quality and approaches to its assessment, explorations, quality, assessment and monitoring. Michigan 1980.

DYBE, G./KUJATH, H. J. (2000): Hoffnungsträger Wirtschaftscluster. Unternehmensnetzwerke und regionale Innovationssysteme: Das Beispiel der deutschen Schienenfahrzeugindustrie. Berlin 2000.

EBERS, M. (1997): Die Gestaltung interorganisationaler Informationssysteme – Möglichkeiten und Grenzen einer transaktionskostentheoretischen Erklärung. In: SYDOW, J. (Hrsg.): Management interorganisationaler Beziehungen. Vertrauen, Kontrolle und Informationstechnik. Unveränd. Nachdr. der 1. Aufl. Opladen 1997, S. 22 - 48.

EBERS, M./GOTSCH, W. (1995): Institutionenökonomische Theorien der Organisation. In: KIESER, A. (Hrsg.): Organisationstheorien. Mannheim 1995, S. 185 - 235.

EDVARDSSON, B./OLSSON, J. (1996): Key concepts for new service development. In: *The Service Industries Journal* 16 (2), S. 140 - 164.

EGGEBRECHT, H. H./RIETHMÜLLER, A. (Hrsg.): Handwörterbuch der musikalischen Terminologie. Akademie der Wissenschaften und der Literatur. Stuttgart 1995.

EIGLER, J. (2001): Personalmanagement. In: JOST, P.-J./ALEWELL, D. (Hrsg.): Der Transaktionskostenansatz in der Betriebswirtschaftslehre. Stuttgart 2001, S. 337 - 359.

EISENHARDT, K. M. (1989): Building Theories from Case Study Research. In: Academy of Management Review 14 (4), S. 532 - 550.

EKLUND, L. (2007): Schwedische Cluster und der Cluster Competitiveness Report. In: ASTOR, M./BROICH, B. (Hrsg.): Cluster in der Umsetzung. Lösungen für die regionale Innovationspolitik. Prognos Studien Innovation. Basel u. Berlin 2007, S. 59 - 66.

ELBERT, R./MÜLLER, F. (2010): Kundenintegration in horizontalen Transportkooperationen. Diskussionspapier der TU Berlin. Berlin 2010.

ELBERT, R./SCHÖNBERGER R./TSCHISCHKE T. (2009): Wettbewerbsvorteile durch Logistik-Cluster. In: WOLF-KLUTHAUSEN, H. (Hrsg.): Jahrbuch Logistik. Korschenbroich 2009, S. 61 - 67.

ELBERT, R./MÜLLER, F./PERSCH, J. D. (2009): IKT-Cluster. Potenziale der Region Südhessen/Rhein Main Neckar zur Entwickung eines Clusters der Informations- und Kommunikationstechnologie. Darmstadt 2009.

ELBERT, R./MÜLLER, F. (2008): Kompetenzen kleiner und mittlerer Unternehmen für das Cluster-Management. In: MEYER, J.-A. (Hrsg.): Management-Kompetenz in kleinen und mittleren Unternehmen. 1. Aufl. Lohmar 2008, S. 161 - 176.

ELBERT, R./SCHÖNBERGER, R./MÜLLER, F. (2008): Regionale Gestaltungsfelder für robuste und sichere globale Logistiksysteme. Strategien zur Vermeidung, Reduzierung und Beherrschung von Risiken durch Logistik-Cluster. In: WIMMER T./PFOHL, H.-CHR. (Hrsg.): Wissenschaft und Praxis im Dialog: Robuste und sichere Logistiksysteme. Hamburg, S. 294 - 322.

ELBERT, R. (2005): Sprache der Wertsteigerung zur wertbewussten Unternehmensführung. Ergebnisse einer strukturationstheoretischen Analyse und eines qualitativen Experiments in der Logistik. Wiesbaden 2005.

ELLERKMANN, F. (2003): Horizontale Kooperationen in der Beschaffungs- und Distributionslogistik. Dortmund 2003.

ELSNER, W./HÜBSCHER, J. A./ZACHCIAL, M. (2005): Regionale Logistik-Cluster. Statistische Erfassung, Stärken, und Schwächen, Handlungspotenzialen den Beispielen Bremen, Hamburg, und Rotterdam. Frankfurt 2005.

ENDRES, E./WEHNER, T. (2006): Störungen zwischenbetrieblicher Kooperation – Eine Fallstudie zum Grenzstellenmanagement in der Automobilindustrie. In: SYDOW, J. (Hrsg.): Management von Netzwerkorganisationen. Beiträge aus der "Managementforschung". 4., aktualisierte u. erw. Aufl. Wiesbaden 2006, S. 309 - 353.

ENGEL, J. S./DEL-PALACIO, I. (2011): Global Clusters of Innovation: The Case of Israel and Silicon Valley. In: *California Management Review* 53 (2), S. 27 - 49.

ENGELBRECHT, C. (2004): Logistikoptimierung durch Outsourcing. Wiesbaden 2004.

ENGELHARDT, W. H. (1996): Effiziente Customer Integration im industriellen Service Management. In: KLEINALTENKAMP, M./FLIEß, S./JACOB, F. (Hrsg.): Customer Integration. Von der Kundenorientierung zur Kundenintegration. Wiesbaden 1996, S. 73 - 89.

ENGELHARDT, W. H./KLEINALTENKAMP, M./RECKENFELDERBÄUMER, M. (1993): Leistungsbündel als Absatzobjekte – Ein Ansatz zur Überwindung der Dichotomie von Sach- und Dienstleistungen. In: *Zeitschrift für betriebswirtschaftliche Forschung ZfbF* 45 (5), S. 395 - 426.

ENGELHARDT, W. H./FREILING, J. (1995): Integrativität als Brücke zwischen Einzeltransaktion und Geschäftsbeziehung. In: *Marketing ZFP* 17 (1), S. 37 - 43.

ENGELHARDT, W. H./FREILING, J. (1995): Die integrative Gestaltung von Leistungspotenzialen. In: *Zeitschrift für betriebswirtschaftliche Forschung ZfbF* 47 (10), S. 899–918.

ENRIGHT, M. J. (1996): Regional Clusters and Economic Development: A Research Agenda. In: STABER, U./SCHAEFER, N. V./SHARMA, B. (Hrsg.): Business Networks. Prospects for Regional Development. Berlin u. New York 1996, S. 190 - 233.

ENRIGHT, M. J. (2001): Regional clusters. What we know and what we should know. Konferenzbeitrag, Anlass: *International workshop on innovation clusters. 12.-13. 11.2011 Kiel.*

ENRIGHT, M. J./ROBERTS B. H. (2001): Regional Clustering in Australia. In: *Australian Journal of Management* 26 (Special Issue August (2001), S. 65 - 86.

ENRIGHT, M. J./THE COMPETITIVENESS INSTITUTE (2000): Survey on the Characterization of Regional Clusters: Initial Result. *Working Paper, März 2000.*

ERDMANN, M. (1999): Konsolidierungspotenziale von Speditionskooperationen: Eine simulationsgestützte Analyse. Köln 1999.

EßIG, M. (Hsg.): Cooperative Sourcing: Erklärung und Gestaltung horizontaler Beschaffungskooperationen in der Industrie. Frankfurt am Main 1999.

EßIG, M. (2008): Kooperationen in der Beschaffungslogistik. In: ARNOLD, D./FURMANS, K./ISERMANN, H./KUHN, A./TEMPELMEIER, H. (Hrsg.): Handbuch Logistik. 3., neu bearb. Aufl. Berlin u. Heidelberg 2008, S. 985 - 997.

EYEFORTRANSPORT (2009): European Supply Chain Horizontal Collaboration. London 2009.

EYERS, N. (2010): "Pooling": a successful collaborative approach. A successful business case of Henkel in France. Konferenzbeitrag. Anlass: Horizontal collaboration in the Supply Chain (Eye for Transport). Brüssel, 1. Juni 2010.

FÄHNRICH, K.-P./OPITZ, M. (2003): Service Engineering – Entwicklungspfad und Bild einer jungen Disziplin. In: BULLINGER, H.-J./SCHEER, A.-W./GRIEBLE, O. (Hrsg.): Service Engineering. Entwicklung und Gestaltung innovativer Dienstleistungen. Berlin 2009, S. 83 - 115.

FAßNACHT, M. (1996): Preisdifferenzierung bei Dienstleistungen: Implementationsformen und Determinanten. Wiesbaden 1996.

FELDMANN, M. P. (2001): The Entrepreneurship Event Revisited: Firm Formation in a Regional Context. In: *Industrial and Corporate Change* 10 (4), S. 861 - 891.

FESER, E. J. (2000): Old and new theories of industry clusters. In: STEINER, M. (Hrsg.): Clusters and Regional specialization: On Geography, Technology, and Networks. London 2000, S. 18 - 40.

FESER, E. J./LUGER, M. I. (2003): Cluster analysis as a mode of inquiry: Its use in science and technology policymaking in North Carolina. In: *European Planning Studies* 11 (1), S. 11 - 24.

FITZSIMMONS, J. A. (1985): Customer Participation and Productivity in Service Operations. In: *Interfaces* 15 (3), S. 60 - 67.

FLEISCHMANN, B. (2008): Systeme der Transportlogistik. In: ARNOLD, D./FURMANS, K./ISERMANN, H./KUHN, A./TEMPELMEIER, H. (Hrsg.): Handbuch Logistik. 3., neu bearb. Aufl. Berlin u. Heidelberg 2008, S. 12 - 18.

FLEISCHMANN, B. (2008): Grundlagen: Begriff der Logistik, logistische Systeme und Prozesse. In: ARNOLD, D./FURMANS, K./ISERMANN, H./KUHN, A./TEMPELMEIER, H. (Hrsg.): Handbuch Logistik. 3., neu bearb. Aufl. Berlin u. Heidelberg 2008, S. 3 - 12.

FLIEß, S. (2001): Die Steuerung von Kundenintegrationsprozessen. Effizienz in Dienstleistungsunternehmen. Wiesbaden 2001.

FLICK, U. (2008): Triangulation. Eine Einführung. 2. Aufl. Wiesbaden 2008.

FLOETING, H./ZWICKER-SCHWARM, D. (2008): Clusterinitiativen und Netzwerke - Handlungsfelder lokaler und regionaler Wirtschaftspolitik. In: FLOETING, H. (Hrsg.): Cluster in der kommunalen und regionalen Wirtschaftspolitik. Vom Marketingbegriff zum Prozessmanagement. Berlin 2008, S. 15 - 40.

FLOETING, H. (Hrsg.): Cluster in der kommunalen und regionalen Wirtschaftspolitik. Vom Marketingbegriff zum Prozessmanagement. Berlin 2008.

FORSCHNER, G. (1989): Investitionsgüter-Marketing mit funktionellen Dienstleistungen. Berlin 1989.

FRANCK, E./JUNGWIRTH, C. (2001): Produktion. In: JOST, P.-J./ALEWELL, D. (Hrsg.): Der Transaktionskostenansatz in der Betriebswirtschaftslehre. Stuttgart 2001, S. 273 - 299.

FRESE, E. (2005): Grundlagen der Organisation. Entscheidungsorientiertes Konzept der Organisationsgestaltung. 9., vollst. überarb. Aufl. Wiesbaden 2005.

FRIEDL, J. (2006): Horizontale Kooperationen im Supply Chain Management. Entwicklung eines umweltorientierten Koordinationsmechanismus. Wiesbaden 2006.

FRINGS, A. (2007): Ausschreibungsoptionen bei der Fremdvergabe komplexer Logistikaufgaben. In: STÖLZLE, W./WEBER, J./HOFMANN, E./WALLENBURG, C.M. (Hrsg.): Handbuch Kontraktlogistik. Management komplexer Logistikdienstleistungen. Weinheim 2007, S. 151 - 65.

FROMM, M./PASCHELKE, S. (2006): Wissenschaftliches Denken und Arbeiten. Eine Einführung und Anleitung für pädagogische Studiengänge. München 2006.

FROSCHMAYER, A./GÖPFERT, I. (2010): Logistik-Bilanz. Erfolgsmessung neuer Strategien, Konzepte und Maßnahmen. 2., überarb. u. erw. Aufl. Wiesbaden 2010.

FUCHS, V. R. (1968): The Service Economy. New York 1968.

FUCHS, V. R. (Hrsg.): Policy Issues and Research Opportunities in Industrial Organization. New York 1972.

GAITANIDES, M. (1983): Prozessorganisation. Entwicklung, Ansätze und Programme prozeßorientierter Organisationsgestaltung. München 1972.

GALVAGNO, M./GARRAFFO, F. (2010): The promise of coopetition as a new theoretical perspective in strategic management. In: YAMI, S./CASTALDO, S./DAGNINO, G. B./LE ROY, F. (Hrsg.): Coopetition. Cheltenham 2010, S. 40 - 57.

GASSEN, J. (2001): Rechnungslegung. In: JOST, P.-J./ALEWELL, D. (Hrsg.): Der Transaktionskostenansatz in der Betriebswirtschaftslehre. Stuttgart 2001, S. 396 - 413.

GEBAUER, M. I./SCHIERMEIER, R. J./WALL, F. (2003): Methoden zur Auswahl Partnem Dienstleistungsnetzwerken. In: BRUHN, M./STAUSS, B. (Hrsg.): Dienstleistungsnetzwerke. Wiesbaden 2003, S. 185 - 213.

GERHOLD, J./WIECHMANN, G. (2009): Best Practice: Ausgliederung der Logistik – Etablierung als Logistikdienstleister. In: MÜLLER-DAUPPERT, B. (Hrsg.): Logistik-Outsourcing. Ausschreibung, Vergabe, Controlling. 2. Aufl., München 2009, S. 111 - 120.

GERRING, J. (2007): Case Study Research. Principles and practices. U.a. Cambridge 2007.

GIMENEZ, C. (2005): Case Studies and Surveys in Supply Chain Management Research – Two Complementary Methodologies. In: KOTZAB, H./SEURING, S./MÜLLER, M./REINER, G. (Hrsg.): Research Methodologies in Supply Chain Management. Heidelberg 2005, S. 315–330.

GLEIßNER, H./FEMERLING, J. C. (2008): Logistik. Grundlagen – Übungen – Fallbeispiele. Wiesbaden 2008.

GODIN, P./SHAW, P. (2010): Horizontal Collaboration in Action: The Tyre Market (Bridgestone). Konferenzbeitrag. Anlass: Horizontal collaboration in the Supply Chain (Eye for Transport). Brüssel, 1. Juni 2010.

GOUTHIER, M. H. J. (2003): Kundenentwicklung im Dienstleistungsbereich. Wiesbaden 2003.

GÖBL, M./FROSCHMAYER, A. (2011): Logistik als Erfolgspotenzial – The power of logistics. Von der Strategie zum logistischen Businessplan – From strategy to logistics business plan. Wiesbaden 2011.

GÖPFERT, I. (2006): Die Anwendung der Zukunftsforschung für die Logistik. In: GÖPFERT, I. (Hrsg.): Logistik der Zukunft – Logistics for the future. 4., aktual. u. überarb. Aufl. Wiesbaden 2006, S. 39 - 85.

GÖSSINGER, R. (2005): Dienstleistungen als Problemlösung. Eine produktionstheoretische Analyse auf der Grundlage von Eigenschaften. Wiesbaden 2005.

GRAMM, F. (2009): Vergabeverhandlungen für logistische Dienstleistungen. In: MÜLLER-DAUPPERT, B. (Hrsg.): Logistik-Outsourcing. Ausschreibung, Vergabe, Controlling. 2. Aufl., München 2009, S. 65 - 70.

GRAßY, O. (1993): Industrielle Dienstleistungen – Diversifikationspotentiale für Industrieunternehmen. München 1993.

GRIMM, J./GRIMM W. (1873): Deutsches Wörterbuch. Fünfter Band. K. Bearbeitet von S. HIRZEL. Leipzig 1873.

GROCHLA, E. (1972): Unternehmensorganisation. Neue Ansätze und Konzeptionen. Reinbeck 1972.

GRÖNER, L. (1993): Konstruktionsbegleitende Kalkulation innerhalb Target Costing. In: *Betrieb und Wirtschaft* 47 (17), S. 565 - 570.

GUDEHUS, T. (Hrsg.): Logistik. Grundlagen, Strategien, Anwendungen. 4., aktual. Aufl. Berlin u. Heidelberg 2010.

GUDEHUS, T. (2007): Logistik 1: Grundlagen, Verfahren und Strategien. 3., akt. u. erw. Aufl. Berlin, Heidelberg u. New York 2007.

GUDEHUS, T. (Hrsg.): Logistik Grundlagen Strategien Anwendungen. Berlin 2005.

GUDEHUS, T. (2000): Logistik II. Netzwerke, Systeme und Lieferketten. Berlin u. Heidelberg 2000.

GUMMESSON, E. (2008): Quality, service-dominant logic and many-to-many marketing. In: *The TQM Journal* 20 (2), S. 143 - 153.

GUPTA, V./SUBRAMANIAN, RAM (2008): Seven perspectives on regional clusters and the case of grand Rapids office furniture city. In: *International Business Review* 17, S. 371 - 384.

HALLDÓRSSON, Á./ARLBJORN, J. S. (2005): Research Methodologies in Supply Chain Management – What Do We Know? In: KOTZAB, H./SEURING, S./MÜLLER, M./REINER, G. (Hrsg.): Research Methodologies in Supply Chain Management. Heidelberg 2005, S. 107–122.

HALLER, S. (2001): Dienstleistungsmanagement. Grundlagen, Konzepte, Instrumente. 2. überarb. u. erw. Aufl. Wiesbaden 2001.

HANF, C.-H. (1986): Entscheidungslehre. Informationsbeschaffung, Planung und Entscheidung unter Unsicherheit. München 1986.

HANSEN, T. E. (Hrsg.): Karl R. Popper. Frühe Schriften. Tübingen 2006.

HARMS, A.-K. (2002): Adoption technologiebasierter Self-Service-Innovationen. Analyse der Wirkungsmechanismen im Entscheidungsprozess der Konsumenten. Wiesbaden 2002.

HAYEK, F. A. V. (1933): The Trend of Economic Thinking. In: *Economica* 40, S. 121 - 137.

HAYEK, F. A. V. (1945): The Use of Knowledge in Society. In: *American Economic Review* 35, S. 519 - 530.

HE, Z. (2008): Research on impetus of purchasing consortia based on related total cost. In: *Journal of Modern Accounting and Auditing* 4 (4), S. 55 - 62.

HEINZ GMBH (2010): The original Pure Food Company. Konferenzbeitrag. Anlass: Horizontal collaboration in the Supply Chain Summit (Eye for Transport). Brüssel, den 1. Juni 2010.

HEISSINGER, P./EICHHORN, F./FELDHOFFF, J./SCHMIDT, G. (2000): Fokus und Balance. Aufbau und Wachstum industrieller Netzwerke. Wiesbaden 2000.

HENDERSON, V. (1994): Externalities and industrial development. In: *Journal of Urban Economics* 42, S. 449 - 470.

HENDRICK, T. E. (1996): Purchasing consortiums. Horizontal alliances among firms buying common goods and services. Tempe 1996.

HERBST, C. (2002): Interorganisationales Schnittstellenmanagement. Ein Konzept zur Unterstützung des Managements von Transaktionen. Frankfurt am Main 2002.

HERTEL, M./SCHREINER, P. (2001): Methodische Gestaltung von wirtschaftlichen Prozessen in der Patientenversorgung. In: *BALK Info* 12 (6), S. 8 - 12.

HERRMANN, T./KLEINBECK, U./KRCMAR, H. (Hrsg.): Konzepte für das Service Engineering. Modularisierung, Prozessgestaltung und Produktivitätsmanagement. Heidelberg 2005.

HESS, T./WITTENBERG, S. (2003): Interne Märkte in Dienstleistungsnetzwerken. In: BRUHN, M./B. STAUSS (Hrsg.): Dienstleistungsnetzwerke. Wiesbaden 2003, S. 161 - 184.

HILKE, W. (1989a): Grundprobleme und Entwicklungstendenzen des Dienstleistungs-Marketing. In: HILKE, W. (Hrsg.): Dienstleistungs-Marketing. Wiesbaden 1989, S. 5 - 44.

HILKE, W. (Hrsg.): Grundprobleme und Entwicklungstendenzen des Dienstleistungs-Marketing. Wiesbaden 1989.

HILL, T. (1977): On goods and services. In: *Review of income and wealth* 23, S. 315–338.

HINTZE, P. (2007): Prioritäten setzen. Cluster als Instrument der Wirtschaftspolitik. In: ASTOR, M./BROICH, B. (Hrsg.): Cluster in der Umsetzung. Lösungen für die regionale Innovationspolitik. Prognos Studien Innovation. Basel und Berlin 2007, S. 20 - 26.

HIRSCHMAN, A. O. (1978): The Strategy of Economic Development. New Haven 1978.

HOFFMANN, E./NOTHARDT F. (2009): Logistics Due Diligence Analyse-Bewertung-Anlässe-Checklisten. Berkley 2009.

HOMBURG, C./LÜERS, T. (2007): Grundlagen des Dienstleistungsmarketings und Beziehungsmanagements. In: STÖLZLE, W. (Hrsg.): Handbuch Kontraktlogistik. Management komplexer Logistikdienstleistungen. 1. Aufl. Weinheim 2007, S. 245 - 261.

HOMBURG, C./KROHMER, H. (2006): Marketingmanagement: Strategie, Instrumente, Umsetzung, Unternehmensführung. 2. Auflage. Wiesbaden 2006.

HREHOCIK, M. (2010): Group purchasing organizations. In: *LTL-Magazine* 7, S. 23 - 25.

HUBER, C. (Hrsg.): Kooperationsnetze der Wirtschaft. Einführung, Bausteine, Fallbeispiele. Zürich 2005.

HÜNERBERG, R./MANN, A. (2004): Dialogkommunikation als Instrument des Innovationsmanagements in Dienstleistungsunternehmen. In: BRUHN, M./STAUSS, B. (Hrsg.): Dienstleistungsinnovationen. Wiesbaden 204, S. 251 - 280.

IFOR, F.-W. (2005): Cluster Based Economic Development. In: ROWE, J. E. (Hrsg.): Economic development: The New Zealand experience. Aldershot (GB) 2005, S. 187 - 204.

INGSTRUP, M. B./FREYTAG, P. V./DAMGAARD, T. (2009): Cluster initiation and development: A critical view from a network perspective! Competitive Paper. 25th IMP Conference at Euromed Management. Vorgestellt in Marseilles am 03.09.09.

INSTITUTE OF WELSH AFFAIRS (2001): World Best Practise in Regional Economic Development. Cardiff 2001.

ISKAN, S. (2009): Verkehrsmittelwahl für internationale Lieferbeziehungen. Dargestellt am Beispiel der Automotive Industrie. Hamburg 2009.

JACOBS, D./MAN, A.-P. (1996): Clusters, Industrial Policy and Form Strategy: A Menue Approach. In: *Technology Analysis & Strategic Management* 8 (4), S. 425 - 437.

JARILLO, J. C. (1988): On Strategic Networks. In: *Strategic Management Journal* 9 (9), S. 31 - 41.

JASCHINSKI, C. (1998): Qualitätsorientiertes Redesign von Dienstleistungen. Aachen 1998.

JAYARAMAN, V./ROSS, A. D./AGARWAL, A. (2008): Role of information technology and collaboration in reverse logistics supply chains. In: *International Journal of Logistics: Research and Applications* 11 (6), S. 409 - 425.

JOST, P.-J. (2001a): Der Transaktionskostenansatz im Unternehmenskontext. In: JOST, P.-J./ALEWELL, D. (Hrsg.): Der Transaktionskostenansatz in der Betriebswirtschaftslehre. Stuttgart 2001, S. 9 - 34.

JOST, P.-J. (2001b): Innerbetriebliche Koordination. In: JOST, P.-J./ALEWELL, D. (Hrsg.): Der Transaktionskostenansatz in der Betriebswirtschaftslehre. Stuttgart 2001, S. 301 - 336.

JOST, P.-J. (2000): Ökonomische Organisationstheorie. Wiesbaden 2000.

JUNG, H. (2006): Allgemeine Betriebswirtschaftslehre. 10. Aufl. Oldenbourg 2006.

KAAS, K.-P. (2001): Marketing. In: JOST, P.-J./ALEWELL, D. (Hrsg.): Der Transaktionskostenansatz in der Betriebswirtschaftslehre. Stuttgart 2001, S. 219 - 239.

KAHLE, E. (1990): Betriebliche Entscheidungen. 2., erw. Aufl. München 1990.

KAHNERT, R. (2009): Ausschreibungen aus Sicht der Dienstleister – Ein Weg zu profitablem Wachstum. In: MÜLLER-DAUPPERT, B. (Hrsg.): Logistik-Outsourcing. Ausschreibung, Vergabe, Controlling. 2. Aufl. München 2009, S. 167 - 177.

KAPPELHOFF, P. (2000): Der Netzwerkansatz als konzeptueller Rahmen für eine Theorie interorganisationaler Netzwerke. In: SYDOW, J./WINDELER, A. (Hrsg.): Steuerung von Netzwerken. Stuttgart 2000, S. 25 - 57.

KATAWAZI, M. (2010): Cluster. Die urbane Anziehungskraft von Metropolen. Hamburg 2010.

KAUPP, M. (1997): City-Logistik als kooperatives Güterverkehrs-Management. Wiesbaden 1997.

KENNEY, M./BURG U. V. (1999): Technology Entrepreneurship and Path Dependence: Industrial Clustering Silicon Valley and Route 128. In: *Industrial and Corporate Change* 8 (1), S. 67 - 103.

KENNEY, M. (2000): Understanding Silicon Valley. The anatomy of an entrepreneurial region. Stanford 2000.

KENZIE, R.B./TULLOCK, G. (1984): Homo Oeconomicus. Ökonomische Dimensionen des Alltags. Frankfurt am Main 1984.

KERSTEN, W./KERN, E.-M./ZINK, T. (2003): Collaborative Service Engineering. In: BULLINGER, H.-J./SCHEER, A.-W./GRIEBLE, O. (Hrsg.): Service Engineering. Entwicklung und Gestaltung innovativer Dienstleistungen. Berlin 2003, S. 351 - 369.

KERSTEN, W./KERN, E. –M/ZINK, T. (2006): Collaborative Service Engineering. In: BURMANN, C./FREILING, J./HÜLSMANN, M. (Hrsg.): Neue Perspektiven des Strategischen Kompetenzmanagements. Wiesbaden 2006, S. 341 - 357.

KETELS, C. (2008): Clusterentwicklung als Element lokaler und regionaler Wirtschaftsentwicklung – internationale Erfahrungen. In: FLOETING, H. (Hrsg.): Cluster in der kommunalen und regionalen Wirtschaftspolitik. Vom Marketingbegriff zum Prozessmanagement. Berlin 2008, S. 14 - 54.

KEUTH, H. (2002): Was bleibt vom kritischen Rationalismus? In: J. M. Böhm/Holweg, H./Hoock, C. (Hrsg.): Karl Poppers kritischer Rationalismus heute. Tübingen 2002, S. 43 - 57.

KHANNA, T. (1998): The scope of alliance. In: *Organization science* 9 (3), S. 340 - 355.

KIESE, M. (2008): Clusterkonzepte zwischen Theorie und Praxis. In: FLOETING, H. (Hrsg.): Cluster in der kommunalen und regionalen Wirtschaftspolitik. Vom Marketingbegriff zum Prozessmanagement. Berlin 2008, S. 55 - 81.

KINGMAN-BRUNDAGE, J. (1989): The ABC's of Service System Blueprinting. In: BITNER, M./CROSBY, L. (Hrsg.): Designing a Winning Strategy. Chicago 1989, S. 30 - 33.

KINGMAN-BRUNDAGE, J. (1995): Service Mapping: Back to Basics. In: GLYNN, W. J./BARNES, J. G. (Hrsg.): Understanding Service Management. Chichester 1995, S. 119 - 142.

KIRCHGÄSSNER, G. (1991): Homo Oeconomicus. Tübingen 1991.

KIßLING, V. (1999): Beschaffung professioneller Dienstleistungen. Eine empirische Untersuchung zum Transaktionsverhalten. München 1998.

KLEINALTENKAMP, M./BACH T./GRIESE I. (2009): Der Kundenintegrationsbegriff im (Dienstleistungs-) Marketing. In: BRUHN, M./STAUSS, B. (Hrsg.): Kundenintegration. 6. Auf. Wiesbaden 2009, S. 35–62.

KLEINALTENKAMP, M. (1997a): Integrativität als Kern einer umfassenden Leistungslehre. In: BACKHAUS, K./ENGELHARDT, W. H. (Hrsg.): Marktleistung und Wettbewerb. Strategische und operative Perspektiven der marktorientierten Leistungsgestaltung. Wiesbaden 1997, S. 83–114.

KLEINALTENKAMP, M. (1997b): Kundenintegration. In: *Wirtschaftswissenschaftliches Studium* 26 (7), S. 350–354.

KLEINALTENKAMP, M./BACH T./GRIESE I. (2001): Der Kundenintegrationsbegriff im (Dienstleistungs-) Marketing. Wiesbaden 2001, S. 35–62.

KLEINALTENKAMP, M./FLIEß, S./JACOB, F. (Hrsg.): Customer Integration. Von der Kundenorientierung zur Kundenintegration. Wiesbaden 1996.

KNIGHT, F. H. (1921): Risk, Uncertainty and Profit. Boston u. Massachusetts 1921.

KOHL, H. (1998): Dienstleistungen – Schlüssel für Wachstum und Beschäftigung. In: MANGOLD, K. (Hrsg.): Die Welt der Dienstleistung. Perspektiven für Arbeit und Gesellschaft im 21. Jahrhundert. Frankfurt u. Wiesbaden 1998, S. 37–53.

KORNAI, J. (1971): Anti-equilibrium. Amsterdam 1971.

KORNMEIER, M. (2007): Wissenschaftstheorie und wissenschaftliches Arbeiten. Eine Einführung für Wirtschaftswissenschaftler. Heidelberg 2007.

KOTLER, P./BLIEMEL, F. (1992): Marketingmanagement: Analyse, Planung, Umsetzung und Steuerung. 7. Auflage. Stuttgart 1992.

KOULIKOFF-SOUVIRON, M./HARRISON, A. (2005): Using Case Study Methods in Researching Supply Chains. In: KOTZAB, H./SEURING, S./MÜLLER, M./REINER, G. (Hrsg.): Research Methodologies in Supply Chain Management. Heidelberg 2005, S. 267–282.

KREBS, M./ROCK, R. (1997): Unternehmungsnetzwerke – eine intermediäre oder eigenständige Organisationsform? In: SYDOW, J. (Hrsg.): Management interorganisationaler Beziehungen. Vertrauen, Kontrolle und Informationstechnik. Unveränd. Nachdr. der 1. Aufl. Opladen 1997, S. 322–347.

KRUGMAN, P. R. (2000): Geography and Trade. Leuven 2000.

KRÜGER, R. (2003): Das Just-in-Time-Konzept für globale Logistikprozesse. Wiesbaden 2003.

Küpper, U. I. (2008): Mobilisierung von Entwicklungspotenzialen über Clusterstrategien: Neue Governance-Anforderungen an Städte und Netzwerke. In: FLOETING, H. (Hrsg.): Cluster in der kommunalen und regionalen Wirtschaftspolitik. Vom Marketingbegriff zum Prozessmanagement. Berlin 2008, S. 83–103.

LAAGER, F. (1974): Die Bildung von problemangepasster Entscheidungsmodelle. Zürich 1974.

LAMBERT, D./EMMELHAINZ M./GARDNER J. (1999): Building successful logistics partnerships. In: *Journal of Business Logistics* 20 (1).

LAMBERT, D./EMMELHEINZ, M. A./GARDNER, J. T. (1996): So You Think You Want a Partner? Not all close business relationships are partnerships, nor should they be. In: *Marketing Management* 5 (2), S. 25–41.

LAMNEK, S. (2005): Qualitative Sozialforschung. 4., vollst. überarb. Aufl. Weinheim u. Basel 2005.

LANGEARD, E. (1981): Grundfragen des Dienstleistungsmarketing. In: *Marketing ZFP* 3 (4), S. 233–240.

LANGEN, P. (2002): Governance in Seaport Clusters. Konferenzbeitrag. Anlass: IAME Panama 2002 Conference Proceedings. Panama, 13.-15.11.2002.

LANGENHAN, F. O. (2004): Dienstleistungen. In: LÜCK, W. (Hrsg.): Lexikon der Betriebswirtschaft. München 2004, S. 136.

LASSHOF, B. (2006): Produktivität von Dienstleistungen. Mitwirkung und Einfluss des Kunden. Wiesbaden 2006.

LASUÉN, J. R. (1969): On Growth Poles. In: *Urban Studies* (Juni) 1969, S. 137 - 161.

LASUÉN, J. R. (1973): Urbanisation and Development - the Temporal Interaction between Geographical and Sectoral Clusters. In: *Urban Studies* 10, S. 163 - 188.

LAUX, H. (1998): Entscheidungstheorie. 4., neubearb. u. erw. Aufl. Berlin u. Heidelberg 1998.

LAYTON, R. A. (2008): The Search for a Dominant Logic: A Macromarketing Perspective. In: *Journal of Macromarketing* 28 (3), S. 215 - 227.

LAZERSON, M. H./LORENZONI G. (1999): The Firms that Need Industrial Districts: A Return to the Italian Source. In: *Industrial and Corporate Change* 8 (3), S. 235 - 266.

LAZZERETTI, L./CINTI, T. (2009): Governance specific Factors and Cultural Clusters: The Case of the Museum Clusters in Florence. In: Creative Industries Journal 2 (1), S. 19 - 35.

LEE, C.-M. (2000): The Silicon Valley edge. A habitat for innovation and entrepreneurship. Stanford 2000.

LEGEWIE, H. (1995): Beobachtungsverfahren. Feldforschung und teilnehmende Beobachtung. In: FLICK, U./V. KARDORFF, H. K./V. ROSENSTIEL, L./WOLFF, S. (Hrsg.): Handbuch Qualitative Sozialforschung. Grundlagen, Konzepte, Methoden und Anwendungen. 2. Aufl. München 1995, S. 189 - 193.

LEHMANN, A. (1998): Dienstleistungsbeziehung zwischen Kunden und Unternehmen. In: BRUHN, M./MEFFERT, H. (Hrsg.): Handbuch Dienstleistungsmanagement: Von der strategischen Konzeption zur praktischen Umsetzung. Wiesbaden 1998, S. 827 - 842.

LEHMANN, H. (1980): Integration. In: GROCHLA, E. (Hrsg.): Handwörterbuch der Organisation. 2., völlig neu gestaltete Auflage, Sp. 976 - 984.

LI, S. X./ROWLEY, T. J. (2002): Inertia and evaluation mechanisms in interorganizational Partner Selection. Syndicate formation arnong U.S. investment banks. In: *Academy of Management Journal* 45 (6), S. 1104 - 1119.

LINCOLN, J. R. (1982): Intra- (and Inter-)organizational Networks. In: Badarach, S. B. (Hrsg.): Research in the Sociology on Organizations 1. Greenwich, Conn. 1982, S. 1 - 38.

LONG, G. (2005): Pursuing supply chain gains. In: *Healthcare Financial Management* 59 (9), S. 118 - 122.

LOOSE, A./SYDOW, J. (1997): Vertrauen und Ökonomie in Netzwerkbeziehungen – Strukturationstheoretische Betrachtungen. In: SYDOW, J. (Hrsg.): Management interorganisationaler Beziehungen. Vertrauen, Kontrolle und Informationstechnik. Unveränd. Nachdr. der 1. Aufl. Opladen 1997, S. 106 - 193.

LORENZONI G. (1990): L'architettura di sviluppo delle imprese minori. Bologna 1990.

LORZ, S. (2007): Einführung in die Volkswirtschaftslehre. 15., vollst. überarb. Aufl. Wiesbaden 2007.

LUCAS, M./SANDS, A./WOLFE, D. A. (2009): Regional Clusters in a Global Industry: ICT Clusters in Canada. In: *European Planning Studies* 17 (2), S. 189 - 209.

LUCZAK, H./HOECK, H. (2004): Planung von Dienstleistungsprogrammen anhand des Produktlebenszyklus. In: BRUHN, M. UND STAUSS, B. (Hrsg.): Dienstleistungsinnovationen. 1. Aufl. Wiesbaden 2004, S. 97 - 216.

LUSCH, R. F. (2006): The Small and Long View. In: *Journal of Macromarketing* 26 (2), S. 240 - 244.

LUSCH, R. F. (2007): Marketing's Evolving Identity: Defining Our Future. In: *American Marketing Association* 26 (2), S. 261 - 268.

LUSCH, R. F./VARGO, S. L. (2006a): Service-dominant logic: reactions, reflections and refinements. In: *marketing theory articles* 6 (3), S. 281 - 288.

LUSCH, R. F./VARGO, S. L./WESSELS, G. (2008): Towards a conceptual foundation for service science: Contributions from service-dominant logic. In: *IBM Systems Journal* 47 (1), S. 5 -14.

LUSCH, R. F./VARGO, S. L./TANNIRU, M. (2010): Service, value networks and learning. In: *Journal of the Academy of Marketing Science* 38, S. 19 - 31.

LUSCH, R. F./VARGO, S. L./MALTER, A. J. (2006): Taking a Leadership Role in Global Marketing Management. In: *Organizational Dynamics* 35 (3), S. 264 - 278.

LUSCH, R. F./VARGO, S. L./O'BRIEN M. (2007): Competing through service: Insights from service-dominant logic. In: *Journal of Retailing* 81 (1), S. 5 - 18.

LUSCH, R. F./VARGO, S. L. (2006b): Service-Dominant Logic as a Fpundation for a General Theory. In: LUSCH, R.F./STEPHEN L. VARGO (Hrsg.): The service-dominant logic of marketing. Dialog, debate, and directions. Armonk 2006, S. 406 - 420.

LUSCH, R. F./VARGO, S.L. (Hrsg.) (2006c): The service-dominant logic of marketing. Dialog, debate, and directions. Armonk 2006.

LUTZ, A. (2004): Management von Projektnetzwerken in dynamischen Dienstleistungsindustrien. Wiesbaden 2004.

LUZCAK, H./LIESTMANN, V./GILL, C. (2003): Service Engineering industrieller Dienstleistungen. In: BULLINGER, H.-J./SCHEER, A.-W./GRIEBLE, O. (Hrsg.): Service Engineering. Entwicklung und Gestaltung innovativer Dienstleistungen. Berlin 2003, S. 443 - 465.

MAG, W. (1977): Entscheidung und Information. München 1977.

MALAKAUSKAITE, A./NAVICKAS, V. (2011): Relation between a cluster's life cycle and competitiveness level. In: Economics and management 16, S. 214 - 218.

MALERI, R. (1994): Grundlagen der Dienstleistungsproduktion. 3., vollst. überarb. u. erw. Aufl. Heidelberg 1994.

MALICHA, R. (2004,): Nachfragerevidenz im Dienstleistungsbereich. Konzeptualisierung und Operationalisierung. Wiesbaden 2004.

MARSHALL, A. (1922): Principles of Economics. London 1922.

MARTIN, R./SUNLEY, P. (2003): Deconstructing clusters: chaotic concept or policy panacea? In: *Journal of Economic Geography* 3, S. 5 - 35.

MARTIN, R./SUNLEY, P. (2001): Deconstructing clusters: chaotic concept or policy panacea? In: *Journal of Economics Geography* 1 (3), S. 5 - 35.

MASKELL, P./LORENZEN, M. (2004): The Cluster as Market Organisation. In: *Urban Studies* 41 (5/6), S. 991 - 1009.

MASON, R. (2007): Combining vertical and horizontal collaboration for transport optimization. In: *Supply Chain Management: An International Journal* 12 (3), S. 187 - 199.

MATSUO, T. (2009): A reassuring mechanism design for traders in electronic group purchasing. In: Applied Artificial Intelligence 23 (1), S. 1 - 15.

MCCARTHY, T.M./GOLICIC, S.L. (2005): A Proposal for Case Study Methodology in Supply Chain Integration Research. In: KOTZAB, H./SEURING, S./MÜLLER, M./REINER, G. (Hrsg.): Research Methodologies in Supply Chain Management. Heidelberg 2005, S. 267 - 182.

MCCUTHEON, D./MEREDITH, J. (1993): Conducting case study research in Operations Management. In: Journal of Operations Management 11, S. 239 - 256.

MECKL, R. (1994): Schnittstellenmanagement bei unternehmensübergreifender Zusammenarbeit. Regensburger Diskussionsbeiträge zur Wirtschaftswissenschaft, Nr. 268. Regensburg 1994.

MEFFERT, H. (1994): Marktorientierte Führung von Dienstleistungsunternehmen: Neuere Entwicklungen in Theorie und Praxis. In: *Die Betriebswirtschaft* 54 (4), S. 519 - 541.

MEFFERT, H./BRUHN, M. (2009): Dienstleistungsmarketing. Grundlagen – Konzepte – Methoden. 6., vollständig neubearb. Aufl. Wiesbaden.

MEFFERT, H./BRUHN M./MEFFERT, H. (1999): Dienstleistungsmarketing. Grundlagen – Konzepte – Methoden. Wiesbaden 1999.

MEIREN, T. (2001): Entwicklung von Dienstleistungen unter besonderer Berücksichtigung von Human Ressources. In: Bullinger, H.-J. (Hrsg.): Entwicklung und Gestaltung innovativer Dienstleistungen. Tagungsband zur Service Engineering (2001), (IAO). Stuttgart 2001.

MENZEL, M.-P./FORNAHL, D. (2009): Cluster life cycles – dimensions and rationales of cluster evolution. In: *Industrial and Corporate Change* 19 (1), S. 205 - 238.

MERRIAM, S. B. (1998): Qualitative Research and Case Study Applications in Education. Revised and Expanded from Case Study Research in Education. San Francisco 1992.

MERRIAM-WEBSTER (1989): Webster's Ninth New Collegiate Dictionary. Springfield 1989.

MERZ, M. A./HE, Y./VARGO, S. L. (2009): The evolving brand logic: A service-dominant logic perspective. In: *Journal of the Academy of Marketing Science* 37 (3), S. 328 - 344.

MEYER, A. (1991): Handbuch Dienstleistungs-Marketing. In: *Die Betriebswirtschaft* 1991 Heft 2, S. 195 - 213 .

MEYER, A. (1998): Dienstleistungs-Marketing: Grundlagen und Gliederung des Handbuchs. In: MEYER, A. (Hrsg.): Handbuch Dienstleistungs-Marketing. Stuttgart 1998, S. 3 - 22.

MEYER, A. (2001): Dienstleistungs-Marketing – Erkenntnisse und praktische Beispiele. 9. Aufl. München 2001.

MEYER, A. D./BLÜMELHUBER, C./PFEIFFER, M. (2000): Der Kunde als Co-Produzent und Co-Designer – oder: die Bedeutung der Kundenintegration für die Qualitätspolitik Dienstleistungsanbietern. In: BRUHN, M./STAUSS, B. (Hrsg.): Dienstleistungsqualität. Konzepte – Methoden – Erfahrungen. 3. Aufl. Wiesbaden 2000, S. 50 - 70.

MEYER, C./MATTMÜLLER, R. (1987): Qualität von Dienstleistungen – Entwurf eines praxisorientierten Qualitätsmodells. In: *Marketing – Zeitschrift für Forschung und Praxis ZFP* 9 (3), S. 187 - 195.

MICHALSKI, T. (2003): Strategische Entwicklungsperspektiven von innovativen wissensintensiven Dienstleistungsangeboten in Wertschöpfungsnetzwerken. In: BRUHN, M./STAUSS, B. (Hrsg.): Dienstleistungsnetzwerke. Wiesbaden 2003, S. 63 - 85.

MICHEL. S./VARGO, S. L./LUSCH, R. F. (2008): Reconfiguration of the conceptual landscape: A tribute to the service logic of Richard Normann. In: *Academy of Marketing Science* 36, S. 152 -155.

MILBERG, J. (Hrsg.): Erfolg in Netzwerken. Berlin 2002.

MILES, I. (2003): Service and the Knowledge-Based Economy. In: TIDD, J./HULL, F. M. (Hrsg.): Service Innovation. Organizational Esponses to Technological Opportunities & Market Imperatives. London 2003, S. 81 - 112.

MILES, R. E./SNOW, C. C. (1986): Organizations. New Concepts for New Forms. In: *California Management Review* 28 (2), S. 62 - 73.

MITCHELL, J. C. (1969): The Concept and Use of Social Networks. In: MITCHELL, J. C. (Hrsg.): Social Networks in Urban Situations: Manchester, S. 1 - 32.

MITRA, K. (2000): Making connections: Innovation and collective learning in small businesses. In: *Education and Training* 4/5, S. 228 - 236.

MOELLER, S. (2008): Customer Integration – A Key to an Implementation Perspective of Service Provision. In: *Journal of Service Research* 11, S. 197 - 210.

MÖLLER, S. (2004): Innovationspotenziale von Interaktionsepisoden zwischen Kunde und Kontraktmitarbeiter. In: BRUHN, M./STAUSS, B. (Hrsg.): Dienstleistungsinnovationen. Wiesbaden 2004, S. 281 - 302.

MONFORT, M.-J./DUTAILLY, J.-C (1983): Les Filières de Production. Paris 1983.

MORRIS, A. (2010): Practical Methods of Implementation. Konferenzbeitrag. Anlass: Horizontal collaboration in the Supply Chain Summit (Eye for Transport). Brüssel, 1. Juni 2010.

MORSCHETT, D. (2005): Formen von Kooperationen, Allianzen und Netzwerken. In: ZENTES, J./SWOBODA, B./MORSCHETT, D. (Hrsg.): Kooperationen, Allianzen und Netzwerke. Grundlagen –Ansätze – Perspektiven. 2., überarb. u. erw. Aufl. Wiesbaden 2005, S. 377 - 403.

MOULAERT, F./SEKIA, F. (2003): Territorial Innovation Models: A Critical Survey. In: *Regional Studies* 37 (3), S. 289 - 302.

MOULINES, C. U. (2008): Die Entwicklung der modernen Wissenschaftstheorie (1890 - 2000). Eine historische Einführung. Hamburg 2008.

MÜLLER, J./ERMEL, R. (2007): Tendermanagement für die Kontraktlogistik. In: STÖLZLE, W. et al. (Hrsg.): Handbuch Kontraktlogistik. Management komplexer Logistikdienstleistungen. Weinheim 2007, S. 293 - 308.

MÜLLER, M. (2007): Integrationskompetenz von Kunden bei individuellen Leistungen. Konzeptualisierung, Operationalisierung und Erfolgswirkung. Wiesbaden 2007.

MÜLLER-DAUPPERT, B. (Hrsg.): Logistik-Outsourcing. Ausschreibung, Vergabe, Controlling. 2. Aufl. München 2009.

MÜLLER-DAUPPERT, B. (2009a): Potenzialanalyse Logistik-Outsourcing. In: MÜLLER-DAUPPERT, B. (Hrsg.): Logistik-Outsourcing. Ausschreibung, Vergabe, Controlling. 2. Aufl., München 2009, S. 13 - 34.

MÜLLER-DAUPPERT, B. (2009b): Ausschreibung und Vergabe von Logistikdienstleistungen. In: MÜLLER-DAUPPERT, B. (Hrsg.): Logistik-Outsourcing. Ausschreibung, Vergabe, Controlling. 2. Aufl. München 2009, S. 35 - 64.

MÜLLER-DAUPPERT, B. (2009c): Aufbau eines Joint Ventures. In: MÜLLER-DAUPPERT, B. (Hrsg.): Logistik-Outsourcing. Ausschreibung, Vergabe, Controlling. 2. Aufl., München 2009, S. 105 - 109.

MÜLLER-DAUPPERT, B./STOLL, M. (2006): Mit Ausschreibungen gewinnen. München 2006.

MYRDAL, G. (1957): Economic Theory and Underdeveloped Regions. London 1957.

NASSIMBENI, G. (2004): Supply chains: A network perspective. In: New, S./Westbrook, R. (Hrsg.): Understanding Supply Chains. Oxford 2004, S. 43 - 68.

NELSON, R. R./WINTER, S. (1973): Toward an Evolutionary Theory of Economic Cababilities. In: *American Economic Review* 63, S. 440 - 449.

NEUBURGER, R. (1997): Auswirkungen von EDI auf die zwischenbetriebliche Arbeitsteilung und Koordination - Eine transaktionskostentheoretische Analyse. In: SYDOW, J. (Hrsg.): Management interorganisationaler Beziehungen. Vertrauen, Kontrolle und Informationstechnik. Opladen 1997, S. 49 - 70.

NEUS, W. (2001): Finanzierung. In: JOST, J.-P./ALEWELL, D. (Hrsg.): Der Transaktionskostenansatz in der Betriebswirtschaftslehre. Stuttgart 2001, S. 107 - 153.

NOHRIA, N./ECCLES, R. G. (Hrsg.): Networks and Organizations. Structure, Form, and Action. Boston 1992.

NORDSIECK, F. (1971): Betriebsorganisation. Lehre und Technik. 2. bearb. Aufl. Stuttgart 1971.

OAKEY, R. M./KIPLING S./WILDGUST (2001): Clustering Among Firms in the non-Broadcast Visual Communications (NBVC) Sector. In: *Regional Studies* 35, S. 401 - 414.

O'DONNELL, R. (1998): Post-Porter: exploring policy for the Irish context sustaining competitive advantage. In: *Sustaining competitive advantage: Proceedings of NESC seminar Research Series. Dublin 1998*, S. 48 - 67.

OSTERLOH, M./WEIBEL, A. (2000): Ressourcensteuerung in Netzwerken. In: SYDOW, J./WINDELER, A. (Hrsg.): Steuerung von Netzwerken. Wiesbaden 2000, S. 88 - 106.

OTTO, A./KOTZAB, H. (2007): Geschäftsanbahnungsprozesse in der Kontraktlogistik. In: STÖLZLE, W. (Hrsg.): Handbuch Kontraktlogistik. Management komplexer Logistikdienstleistungen. 1. Aufl. Weinheim 2007, S. 281 - 291.

OHRT, C. (2007): Tourenplanung im Straßengüterverkehr. Wiesbaden 2007.

PANDIT, N. R./COOK G. A. S./SWANN G. M. P. (2002): A Comparison of Clustering Dynamics the British Broadcasting and Financial Services Industries. In: *International Journal of the Economics of Business* 9 (2), S. 195 - 224.

PANICCIA, I. (1998): One, A hundred, thousands of industrial districts. Organizational variety in local networks of small and medium sized enterprises. In: *Organizational Studies* 19, S. 667 - 699.

PARASURAMAN, A./ZEITHAML, V./BERRY, L. (1985): A Conceptual Model of Service Quality and Its Implications for Future Research. In: *Journal of Marketing*, S. 41 - 50.

PERROUX, F. (1969): L'economie du XXe siècle. 3. Aufl. Paris 1969.

PFOHL, H.-CHR. (2010): Logistiksysteme. Betriebswirtschaftliche Grundlagen. 8., neu bearb. und aktual. Aufl. Berlin 2010.

PFOHL, H.-CHR./ELBERT, R./MÜLLER, F. (2008): Innovationsmanagement in regionalen Unternehmensnetzwerken: Ansätze für das strategische Kompetenzmanagement kleiner und mittelständischer Unternehmen. In: EISENKOPF, A./OPITZ, C./PROFF, H. (Hrsg.): Strategisches Kompetenz-Management in der Betriebswirtschaftslehre. Eine Standortbestimmung. Wiesbaden 2008, S. 283 - 300.

PFOHL, H.-CHR. (2004): Logistikmanagement. Konzeption und Funktionen. 2., überarb. u. erw. Aufl. Berlin, Heidelberg und New York 2004.

PFOHL, H.-CHR./BRAUN, G. E. (1981): Entscheidungstheorie. Normative und deskriptive Grundlagen des Entscheidens. Landsberg am Lech 1981.

PHILIPSENBURG, G. (2008): Clusterförderung im Rahmen der Hightech-Strategie für Deutschland. In: FLOETING, H. (Hrsg.): Cluster in der kommunalen und regionalen Wirtschaftspolitik. Vom Marketingbegriff zum Prozessmanagement. Berlin 2008.

PICOT, A./REICHWALD, R./WIGAND, R. T. (2003): Die grenzenlose Unternehmung. 5., aktual. Aufl. Wiesbaden 2003.

PICOT, A./SCHULLER, S. (2001): Corporate Governance. In: JOST, P.-J./ALEWELL, D. (Hrsg.): Der Transaktionskostenansatz in der Betriebswirtschaftslehre. Stuttgart 2001, S. 79 - 105.

PIETROBELLI, C./BARRERA, T. O. (2002): Enterprise Clusters and Industrial Districts in Colombia's Fashion Sector. In: *European Planning Studies* 10 (5), S. 541 - 562.

POPPER, K. R. (2006): Über die empirische Methode und den Begriff der Erfahrung (1935). In: HANSEN, T. E. (Hrsg.): Karl R. Popper. Frühe Schriften. Tübingen 2006, S. 459 - 476.

POPPER, K. R. (2010): I. Buch. Das Induktionsproblem (Erfahrung und Hypothese). Die beiden Grundprobleme der Erkenntnistheorie. Band I. In: HANSEN, T. E. (Hrsg.): Die beiden Grundprobleme der Erkenntnistheorie. Aufgrund von Manuskripten aus den Jahren 1930-1933. Tübingen 2001.

PORTER, M. E. (1998a): On Competition. Boston, Massachusetts 1998.

PORTER, M. E. (1990): The competitive advantage of nations. London 1990.

PORTER, M. E. (1991): Nationale Wettbewerbsvorteile. Erfolgreich konkurrieren auf dem Weltmarkt. München 1991.

PORTER, M. E. (1998b): Clusters and the New Economics of Competition. In: *Harvard Business Review* (November/Dezember), S. 77 - 90.

PORTER, M. E. (1998c): The Adam Smith address: Location, clusters, and the 'new' microeconomics of competition. In: *Business Economics* 33 (1), S. 7–13.

PORTER, M. E. (1999): Wettbewerb und Strategie. München 1999.

PORTER, M. E. (2000): Location, Competition, and Economic Development: Local Clusters in a Global Economy. In: *Economic Development Quarterly* 14, S. 15 - 34.

PORTER, M. E. (2003): The Economic Performance of Regions. In: *Regional Studies* 37 (6 und 7), S. 549 - 578.

POUDER, R./ST. JOHN, C. H. (1996): Hot Spots and Blind Spots: Geographical Clusters of Firms and Innovation. In: *Academy of Management Review* 21 (4), S. 1192 - 1225.

POZNANSKI, S. (2007): Wertschöpfung durch Kundenintegration. Eine empirische Untersuchung am Beispiel von Strukturierten Finanzierungen. Wiesbaden 2007.

PRECHT, P. (2009): Die Idee der "Supra-Adaptivität" in der Automobillogistik: Ausschreibungen von Logistikdienstleistungen als konkreter Ansatz. In: MÜLLER, S./ROTH, A./SCHMIDT, N. (Hrsg.): Märkte, Anwendungsfelder und Technologien in der Logistik. Ergebnisse und Reflexion von 20 Jahren Logistikforschung. Wiesbaden 2009, S. 87 - 100.

PRECHT, P. (2007): Ausschreibungen von Logistikdienstleistungen: Gegenüberstellung von Industrie- und Logistikdienstleister-Sicht. In: GÜNTHNER, W.A. (Hrsg.): Neue Wege in der Automobillogistik. Die Vision der Supra-Adaptivität. Berlin u. Heidelberg 2007, S. 259 - 270.

PYKE, F./BECANTTINI, G./SENGENBERGER, W. (Hrsg.): Industrial Districts and Inter-Firm Cooperation in Italy. International Institute for Labour Studies. Genf 1990.

RAFÉE, H./ABEL, B. (Hrsg.): Wissenschaftstheoretische Grundfragen der Wirtschaftswissenschaften. München 1979.

RAMASWAMY. R. (1996): Design and management of service processes. Reading 1996.

RAMME, I. (2003): Darstellung und Bedeutung von Dienstleistungen. In: PEPELS, W. (Hrsg.): Betriebswirtschaft der Dienstleistungen. Berlin 2003.

RASCHKE, F. W. (2009): Regionale Wettbewerbsvorteile. Identifikation, Analyse und Management von Clustern am Beispiel der Logistik im Rhein-Main-Gebiet. Wiesbaden 2008.

RAUEISER, M. (2005): Das Biotechnologie-Cluster im nordeuropäischen Wachstumsraum Øresundregion. Köln 2005.

RECKENFELDERBÄUMER, M. (2006): Konzeptionelle Grundlagen des Dienstleistungscontrolling – Kritische Bestandsaufnahme und perspektiven der Weiterentwicklung zu einem Controlling der Kundenintegration. In: BRUHN, M. (Hrsg.): Dienstleistungscontrolling. Forum Dienstleistungsmanagement. Wiesbaden 2006, S. 31 - 51.

RECKENFELDERBÄUMER, M./BUSSE, D. (2003): Kundenmitwirkung bei der Entwicklung von industriellen Dienstleistungen – eine phasenbezogene Analyse. In: BULLINGER, H.-J./SCHEER, A. W./GRIEBLE, O. (Hrsg.): Service Engineering. Entwicklung und Gestaltung innovativer Dienstleistungen. Berlin 2003, S. 145 - 170.

REIß, M. (2000): Koordinatoren in Unternehmensnetzwerken. In: Kaluza, B./Blecker, T./Kaluza, B. (Hrsg.): Management der Produktion und der Logistik in der Unternehmung ohne Grenzen. Produktions- und Logistikmanagement in virtuellen Unternehmen und Unternehmensnetzwerken. Berlin 2000, S. 217 - 148.

REPPAHN, T. (2003): Service Engineering bei einem Logistikdienstleister am Beispiel eines Outsourcing- und Logistikprojekts. In: BULLINGER, H.-J./SCHEER, A.-W./GRIEBLE, O. (Hrsg.): Service Engineering. Entwicklung und Gestaltung innovativer Dienstleistungen. Berlin 2003, S. 761–774.

RITSCH, K. (2005): Wissensorientierte Gestaltung von Wertschöpfungsnetzwerken. Graz 2005.

RITTER, T./GEMÜNDEN, H.-G. (1998): Die netzwerkende Unternehmung: Organisationale Voraussetzungen Netzwerk-kompetenter Unternehmen. In: *Zeitschrift Führung+Organisation* 67 (5), S. 385 - 409.

ROELANDT, T. J. A./DEN HERTOG P. (1999): Cluster Analysis and Cluster-Based Policy Making in OECD Countries: An Introduction to the Theme. Ch. 1. In: OECD (Hrsg.): Boosting Innovtion: The Cluster Approach. Paris 1999, S. 9 - 23.

ROSADA, M. (1990): Kundenstrategien im Automobilsektor. Berlin 1990.

ROSENFELD, S. A. (1997): Bringing Business Clusters into the Mainstream of Economic Development. In: *European Planning Studies* 5 (1), S. 1 - 5.

ROWE, J. E. (2005): Lessons learned and future directions. In: Rowe, J. E. (Hrsg.): Economic development: The New Zealand experience. Aldershot, UK 2005, S. 223 - 234.

RAUE J. S./SCHMOLTZKI, C./WALLENBURG, C. M. (2010): Auf gute Partnerschaft – Erfolgsfaktoren beim Management von Logistikkooperationen – Ergebnisse einer Benchmarkingstudie. Berlin 2010.

REIß, M./BERNECKER, T. (2003): Entwicklungsdynamik von Dienstleisternetzwerken. In: BRUHN, M./STAUSS, B. (Hrsg.): Dienstleistungsnetzwerke. Wiesbaden 2003, S. 87 - 112.

SALMAN, R. (2004): Kostenerfassung und Kostenmanagement von Kundenintegrationsprozessen. Berlin 2004.

SAMUELSON, P. A. (1954): The Pure Theory of Public Expenditure. In: *The Review of Economics and Statistics* 36, S. 387 - 389.

SAUNDERS, M./LEWIS, P./THORNHILL, A. (2003): Collecting primary data through observation. In: SAUNDERS, M./LEWIS, P./THORNHILL, A. (Hrsg.): Research Methods for Business Studies. 3. Aufl. London, New York u.a. 2003, S. 221 - 244.

SAUTTER, B. (2004): Regionale Cluster: Konzept, Analyse und Strategie zur Wirtschaftsförderung. In: *Standort - Zeitschrift für Angewandte Geographie* 28 (2), S. 66 - 72.

SAXENIAN, A. (1994): Regional advantage: Culture and cempetition in Silicon Valley and Route 128. Boston, Massachusetts 1994.

SCHALLER, C./RACKENSPERGER, D./REICHWALD, R. (2004): Innovationsmanagement von Dienstleistungen – Ein ganzheitlicher Ansatz und seine Umsetzung in die Praxis. In: BRUHN, M./STAUSS, B.(Hrsg.): Dienstleistungsinnovationen. 1. Aufl. Wiesbaden 2994, S. 47 - 72.

SCHANNES, P. (2009): Wahrheit, Gültigkeit und die materiale Implikation. Ein Essay über die Probleme der deduktiven Logik. Norderstedt 2009.

SCHANZ, G. (1977): Jenseits von Empirismus. In: KÖHLER, R. (Hrsg.): Empirische und handlungstheoretische Forschungskonzeptionen in der Betriebswirtschaftslehre. Bericht über die Tagung in Aachen, März 1976. Stuttgart 1977, S. 65 - 84.

SCHEER, A.-W. (2007): Clusterstrategie des Saarlands. In: ASTOR, M./BROICH, B. (Hrsg.): Cluster in der Umsetzung. Lösungen für die regionale Innovationspolitik. Prognos Studien Innovation. Basel und Berlin, S. 52 - 59.

SCHEER, A.-W./HERRMANN K./KLEIN, R. (2004): Modellgestütztes Service Engineering - Entwicklung und Design neuer Dienstleistungen. In: BRUHN, M./STAUSS, B. (Hrsg.): Dienstleistungsinnovationen. 1. Aufl. Wiesbaden 2004, S. 97 - 126.

SCHEER, A.-W./GRIEBLE, O./KLEIN, R. (2003): Modellbasiertes Dienstleistungsmanagement. In: BULLINGER, H.-J./SCHEER, A.-W./GRIEBLE, O.W. (Hrsg.): Service Engineering. Entwicklung und Gestaltung innovativer Dienstleistungen. Berlin 2003, S. 19 - 49.

SCHEIBLER, A. (1974): Betriebswirtschaftliche Entscheidungen in Theorie und Praxis. Wiesbaden 1974.

SCHEMBRI, S. (2006): Rationalizing service logic, or understanding services as experience? In: *marketing theory* 6 (3), S. 381 - 392.

SCHENK, M. (1984): Soziale Netzwerke und Kommunikation. Tübingen 1984.

SCHEUCH, F.(1982): Dienstleistungsmarketing. München 1982.

SCHEUING, E. E./JOHNSON, E. M. (1989): A proposed model for new service development. In: *The Journal of Service Marketing* 3 (2), S. 25 - 34.

SCHEUING, E.E (1998): Beschaffung von Dienstleistungen. In: MEYER, A. (Hrsg.): Handbuch Dienstleistungs-Marketing. Band 2. Stuttgart, S. 1725 - 1286.

SCHIMANK, U. (2007): Elementare Mechanismen. In: Benz, A./Lütz, S./Schimank, U./Simonis, G. (Hrsg.): Handbuch Governance. Theoretische Grundlagen und empirische Anwendungsfelder. Wiesbaden 2007, S. 29 - 45.

SCHMIDTCHEN, D. (2005): Wettbewerb und Kooperation (Co-opetition): Neues Paradigma für Wettbewerbstheorie und Wettbewerbspolitik? In: ZENTES, J./SWOBODA, B./MORSCHETT, D. (Hrsg.): Kooperationen, Allianzen und Netzwerke. Grundlagen - Ansätze - Perspektiven. 2., überarb. und erw. Aufl. Wiesbaden 2005, S. 65 - 93.

SCHMIELE, A./SOFKA, W. (2007): Internationalizing R&D co-opetition: Dress for the dance with the devil. In: *Centre for European Economic Research*. Discussion Paper Nr. 07-045.

SCHNÄBELE, P. (1997): Mass Customized Marketing. Effiziente Individualisierung von Vermarktungsobjekten und -prozessen. Wiesbaden 1997.

SCHNEIDER, O. (2001): Betriebswirtschaftslehre. Bd. 4. Geschichte und Methoden der Wirtschaftswissenschaft. München 2001.

SCHNEIDER, K./WAGNER, D./BEHRENS, H. (2003): Vorgehensmodelle zum Service Engineering. In: BULLINGER, H.-J./SCHEER, A.-W./GRIEBLE, O. (Hrsg.): Service Engineering. Entwicklung und Gestaltung innovativer Dienstleistungen. Berlin 2003, S. 117 - 141.

SCHNELL, R./HILL, P.B/ESSER, E. (2008): Methoden der empirischen Sozialforschung. 8., unveränd. Aufl. München 2008.

SCHOLZ-REITER, B./TOONEN, C./WINDT, K. (2005): Logistikdienstleistungen. In: GUDEHUS, T. (Hrsg.): Logistik Grundlagen Strategien Anwendungen. Berlin 2005, S. 581 - 607.

SCHÖNBERGER, R. (2011): Produktion folgt Logistik. Über den Einfluss von Logistik-Clustern auf die regionale Wertschöpfung. Berlin 2011.

SCHRAMM-KLEIN, H. (2005): Wettbewerb und Kooperation in regionalen Branchenclustern. In: ZENTES, J./SWOBODA, B./MORSCHETT, D. (Hrsg.): Kooperationen, Allianzen und Netzwerke. Grundlagen – Ansätze – Perspektiven. 2., überarb. u. erw. Aufl. Wiesbaden 2005, S. 532 - 556.

SCHUMPETER, J. A. (1954): The Theory of Economic Development. Cambridge.

SCHURZ, G. (2002): Karl Popper, Deduktion, Induktion und Abduktion. In: BÖHM, J.M./HOLWEG, H./HOOCK, C. (Hrsg.): Karl Poppers kritischer Rationalismus heute. Tübingen, S. 126 - 143.

SCHURZ, G. (2011): Einführung in die Wissenschaftstheorie. 3. Aufl. Darmstadt 2011.

SCHWENGELS, C. (2003): Kostenorientierte Entwicklung von Dienstleistungen. In: BULLINGER, H.-J./SCHEER, A.-W./GRIEBLE, O. (Hrsg.): Service Engineering. Entwicklung und Gestaltung innovativer Dienstleistungen. Berlin 2003, S. 507 - 529.

SCOTT, A. J./STORPER, M. (1992): The collective order of flexible production agglomeration: Lessons for local economic development, policy, and strategic choice. In: *Economic Geography* 68, S. 219 - 233.

SEMLINGER, K. (2000): Kooperation und Konkurrenz in japanischen Netzwerkbeziehungen. In: SYDOW, J./WINDELER, A. (Hrsg.): Steuerung von Netzwerken. Wiesbaden, S. 126 - 155.

SEMLINGER, K. (2006): Effizienz und Autonomie in Zuliefernetzwerken. In: SYDOW, J. (Hrsg.): Management von Netzwerkorganisationen. Beiträge aus der "Managementforschung". 4., aktualisierte und erw. Aufl. Wiesbaden 2006, S. 29 - 74.

SEURING, S. (2005): Case Study Research in Supply Chains - An Outline and Three Examples. In: KOTZAB, H./SEURING, S./MÜLLER, M./REINER, G. (Hrsg.): Research Methodologies in Supply Chain Management. Heidelberg 2005, S. 235 - 250.

SEURING, S./MÜLLER, M./REINER, G./KOTZAB, H. (2005): Is There a Right Research Design for Your Supply Chain Study? In: KOTZAB, H./SEURING, S./MÜLLER, M./REINER, G. (Hrsg.): Research Methodologies in Supply Chain Management. Heidelberg 2005, S. 1 - 12.

SFORZI, F. (1990): The Quantitative Importance of MArshallian Industrial Districts in the Italian Economy. In: PYKE, F./BECANTTINI, G./SENGENBERGER, W. (Hrsg.): Industrial Districts and Inter-Firm Cooperation in Italy. International Institute for Labour Studies. Genf 1990, S. 75 - 107.

SHANNON, E. C. (1967): The mathematical theory of communication. In: SHANNON, E. C./WEAVER, W. (Hrsg.): The mathematical theory of communication. Illinois 1967, S. 29 - 128.

SHOSTACK, G. L. (1977): Breaking Free from Product Marketing. In: *Journal of Marketing* 41 (2), S. 73 - 80.

SHOSTACK, G. L. (1982): How to Design a Service. In: *European Journal of Marketing* 16 (1), S. 49 - 139.

SHOSTACK, G. L. (1984a): Designing Services that Deliver. In: *Harvard Business Review* 62 (1), S. 133 - 139.

SHOSTACK, G. L. (1984b): Planung effizienter Dienstleistungen. In: *Harvard manager* 6 (3), S. 93–99.

SHOSTACK, G. L. (1984c): Service Design in the Operating Environment. In: GEORGE, W.R./MARSHALL, C. E. (Hrsg.): Developing New Services. Chicago 1984, S. 27 - 43.

SHOSTACK, G. L. (1987): Service Positioniong through Structural Change. In: *Journal of Marketing* 51, S. 34 - 43.

SHUGAN, S. M. (2004): Editorial: The Impact of Advancing Technology on Marketing and Academic Research. In: *Marketing Science* 23 (4), S. 469 - 475.

SIEBEN, G./SCHILDBACH, T. (1975): Betriebswirtschaftliche Entscheidungstheorie. Düsseldorf 1975.

SIEBERT, H. (2006): Ökonomische Analyse von Unternehmensnetzwerken. In: SYDOW, J. (Hrsg.): Management von Netzwerkorganisationen. Beiträge aus der "Managementforschung". 4., aktualisierte u. erw. Aufl. Wiesbaden 2006, S. 7 - 27.

SIEGMANN, J./HEIDMEIER, S. (2008): Eisenbahngüterverkehr. In: ARNOLD, D./FURMANS, K./ISERMANN, H./KUHN, A./TEMPELMEIER, H. (Hrsg.): Handbuch Logistik. 3., neu bearb. Aufl. Berlin u. Heidelberg 2008, S. 743 - 756.

SILVESTRE, B. D. S./DALCOL, P. R. T. (2010): Innovation in Natural Resource-based Industrial Clusters: *A* Study of the Brazilian Oil and Gas Sector. In: *International Journal of Management* 27 (3, Teil 2), S. 713 - 727.

SIMMIE, J./SENNET, J./HART, D. (Hrsg.) (1999): The spatial dimensions of Innovation in the London metropolitan region. "Regional Cohesion and Competitiveness in 21st Century Europe". The 39th European Congress of the Regional Science Association. Dublin 23. - 27.10.1999.

Sölvell, Ö./Lindqvist, G./Ketels, Ch. (2003): The cluster initiative greenbook. Stockholm 2003.

SORENSON, O./STUART, T. (2001): Syndication networks and the spatial distribution of venture capital investments. In: *American Journal of Sociology* 106 (6), S. 1546 - 1588.

SPIEGEL, T. (2003): Prozessanalyse in Dienstleistungsunternehmen. Hierarchische Integration strategischer und operativer Methoden im Dienstleistungsmanagement. Wiesbaden 2003.

STAKE, R. E. (1995): The Art of Case Study Research. Thousand Oaks 1995.

STAKE, R. E. (2005): Qualitative Case Studies. In: DENZIN, N. K./LINCOLN, Y. S. (Hrsg.): The Sage Handbook of Qualitative Research. 3. Aufl. Thousand Oaks 2005, S. 443–466.

STAUSS, B. (2004): Dienstleistungsmarketing und Dienstleistungsmanagement. In: *Die Betriebswirtschaft* 52 (5), S. 675 - 689.

STAUSS, B. (2003): Plattformstrategien im Service Engineering. In: BULLINGER, H.-J./SCHEER, A.-W./GRIEBLE, O. (Hrsg.): Service Engineering. Entwicklung und Gestaltung innovativer Dienstleistungen. Berlin 2003, S. 330 - 350.

STEINER, M. (2007): Clusterstrategien in Österreich. In: ASTOR, M./BROICH, B. (Hrsg.): Cluster in der Umsetzung. Lösungen für die regionale Innovationspolitik. Prognos Studien Innovation. Basel und Berlin, S. 66 - 71.

STORPER, M. (1995): The Resurgence of Regional Economics, Ten Years Later: The Region as a Nexus of Untraded Interdependencies. In: *European Urban and Regional Studies* 2 (3), S. 191 - 221.

STURGEON, T. J./VAN BIESEBROECK, J. (2009): Crisis and protection in the Automotive Indusry: A Global value Chain Perspective. In: *Policy Research Working Paper Series, Nr. 5060, Washington.*

STRAUBE, F./FROHN, J. (2007): Kundennutzen durch logistische Mehrwertleistungen. In: STÖLZLE, W. (Hrsg.): Handbuch Kontraktlogistik. Management komplexer Logistikdienstleistungen. 1. Aufl. Weinheim 2007, S. 181 - 197.

STRAUSS, A. L. (1998): Grundlagen qualitativer Sozialforschung. 2. Auflage München 1998.

SUCKY, E. (2008): Netzwerkmanagement. In: ARNOLD, D./FURMANS, K./ISERMANN, H./KUHN A./TEMPELMEIER, H. (Hrsg.): Handbuch Logistik. 3., neu bearb. Aufl. Berlin u. Heidelberg 2008, S. 934 - 945.

SWANN, G. M. P. (1998): Towards a Model of Clustering in High-Technology Industries. In: SWANN, G. M. P./PREVEZER M./STOUT D. (Hrsg.): The Dynamics of Industrial Clustering: International Comparisons Computing and Biotechnology. New York 1998, S. 52 - 76.

SWANN, G. M. P./PREVEZER M. (1998): Introduction. In: SWANN, G. M. P./PREVEZER M./STOUT D. (Hrsg.): The Dynamics of Industrial Clustering: International Comparisons Computing and Biotechnology. New York 1998, S. 1 - 12.

SWANN, G. M. P./PREVEZER M./STOUT D. (Hrsg.): The Dynamics of Industrial Clustering: International Comparisons Computing and Biotechnology. New York 1998.

SWANN, G. M. P./PREVEZER M. (1996): A comparison of the dynamics of industrial clustering computing and biotechnology. In: *Research Policy* 25 (7), S. 1139 - 1157.

SYDOW, J. (1992): Strategische Netzwerke: Evolution und Organisation. Wiesbaden 1992.

SYDOW, J. (2006a): Management von Netzwerkorganisationen - Zum Stand der Forschung. In: Sydow, J. (Hrsg.): Management von Netzwerkorganisationen. Beiträge aus der "Managementforschung". 4., aktual. u. erw. Aufl. Wiesbaden 2006, S. 387 - 472.

SYDOW, J./WINDELER, A. (1997a): Über Netzwerke, virtuelle Integration und Interorganisationsbeziehungen. In: SYDOW, J. (Hrsg.): Management interorganisationaler Beziehungen. Vertrauen, Kontrolle und Informationstechnik. Unveränd. Nachdr. der 1. Aufl. München 1997, S. 1 - 21.

SYDOW, J./WINDELER, A. (2000): Steuerung von und in Netzwerken - Perspektiven, Konzepte, vor allem aber offene Fragen. In: SYDOW, J./WINDELER, A. (Hrsg.): Steuerung von Netzwerken. Wiesbaden 2000, S. 14- 24.

SYDOW, J./WINDELER, A. (1997b): Über Netzwerke, virtuelle Integration und Interorganisationsbeziehungen. In: SYDOW, J. (Hrsg.): Management interorganisationaler Beziehungen. Vertrauen, Kontrolle und Informationstechnik. Unveränd. Nachdr. der 1. Aufl. Opladen 1997, S. 1 - 21.

SYDOW, J./MÖLLERING, G. (2004): Produktion in Netzwerken. Make. Buy & Cooperate. München 2004.

SYDOW, J. (2001): Zwischenbetriebliche Kooperationen. In: JOST, P.-J./ALEWELL, D. (Hrsg.): Der Transaktionskostenansatz in der Betriebswirtschaftslehre. Stuttgart 2001, S. 241 - 271.

SYDOW, J. (Hrsg.) (2006b): Management von Netzwerkorganisationen. Beiträge aus der "Managementforschung". 4., akt. u. erw. Aufl. Wiesbaden 2006.

TEIGLAND, R./LINDQVIST, G. (2007): Seeing Eye-to-eye: How do Public and Private Sector View of a Biotech Cluster and its Cluster Initiative Differ? In: *European Planning Studies* 15 (6), S. 767 - 786.

TERSTRIEP, J. (2007): Cluster Management – Status Quo & Perspektiven. In: Institut für Arbeit und Technik (Hrsg.): Jahrbuch (2007), S. 60 - 70.

TIBERIUS, V. (2008): Prozesse und Dynamik des Netzwerkwandels. Wiesbaden 2008.

TIDD, J./HULL, F. M. (Hrsg.) (2003a): Service Innovation. Organizational Esponses to Technological Opportunities & Market Imperatives. London 2003.

TIDD, J./HULL, F. M. (2003b): Managing Service Innovation: Variations of Best Practice. In: TIDD, J./HULL, F.M (Hrsg.): Service Innovation. Organizational Esponses to Technological Opportunities & Market Imperatives. London 2003, S. 3 - 34.

TRUMPFHELLER, M. (2004): Die Fallstudienmethode in der Logistikforschung. In: PFOHL, H.-CHR. (Hrsg.): Netzkompetenz in Supply Chains. Wiesbaden 2004, S. 175 - 188.

TUTOR, J. I. G. (1988): Das Induktions- und Abgrenzungsproblem in den Frühschriften von Karl R. Popper. Frankfurt 1988.

ULRICH, H./SCHWANINGER, M. (2001): Systemorientiertes Management. Das Werk von Hans Ulrich. Bern 2001

VAN DEN BERG, L./BRAUN, E./VAN WINDEN, W. (2001): Groth Clusters in European Cities: An Integral Approach. In: *Urban Studies* 38 (1), S. 186 - 206.

VAN GRUNSVEN, L./VAN EGERAAT, C. (1999): Achievements of the industrial 'high-road' and clustering strategies in Singapore and their relevance to European peripheral economies. In: *European Planning Studies* 17 (2), S. 145 - 173.

VANDERMERWE, S. (2003): Getting "Customer Lock On" Through Innovation in Services. In: TIDD, J./HULL, F. M. (Hrsg.): Service Innovation. Organizational Esponses to Technological Opportunities & Market Imperatives. London 2003, S. 55 - 80.

VAHRENKAMP, P. (2005): Logistik. Management und Strategien. 5. Aufl. München 2005.

VARGO, S. L. (2007a): On a Theory of Markets and Marketing: From Positively Normative to Normatively Positive. In: *Australasian Marketing Journal* 15 (1).

VARGO, S. L. (2007b): Paradigms, Pluralisms, and Peripheries: On the Assessment of the S-D- Logic. In: *Australasian Marketing Journal* 15 (1).

VARGO, S. L. (2008): Customer Integration and value Creation. Paradigmatic Traps and Perspectives. In: *Journal of Service Research* 11 (2), S. 211 - 215.

VARGO, S. L. (2009): Toward a transceding conceptualization of relationship: A service-dominant logic pespective. In: *Journal of Business & Industrial Marketing* 24 (5/6), S. 373 - 379.

VARGO, S. L./LUSCH, R. F./MORGAN, F. W. (2006): Historical Perspectives on Service-Dominant Logic. In: LUSCH, R. F./VARGO, S. L. (Hrsg.): The service-dominant logic of marketing. Dialog, debate, and directions. Armonk 2006, S. 30 - 42.

VARGO, S. L./LUSCH, R. F. (2004a): The Four Service Marketing Myths. Remnants of *A* Goods-Based, Manufacturing Model. In: *Journal of Service Research* 6 (4), S. 324 - 335.

VARGO, S. L./LUSCH, R. F. (2006): Service-Dominant Logic. What It Is, What It Is Not, What It Might Be. In: LUSCH, R.F./STEPHEN L. VARGO (Hrsg.): The service-dominant logic of marketing. Dialog, debate, and directions. Armonk N.Y.: M.E. Sharpe, S. 43 - 56.

VARGO, S. L./LUSCH, R. F. (2008a): From goods to service(s): Divergences and convergences of logics. In: *Industrial Marketing Management.*

VARGO, S. L./AKAKA, M. A. (2009): Service-Dominant Logic as *A* Foundation for Service Science: Clarifications. In: *Service Science* 1 (1), S. 32 - 41.

VARGO, S. L./LUSCH, R. F. (2008b): Why "service"? In: *Academy of Marketing Science* 36, S. 25 - 38.

VARGO, S. L./MORGAN, F. W. (2004): Services in Society and Academic Thought: An Historical Analysis. In: *Journal of Macromarketing* 25 (1), S. 42 - 53.

VARGO, S. L./LUSCH, R. F. (2004b): Evolving to a New Dominant Logic for Marketing. In: *Journal of Marketing* 68, S. 1 - 17.

VARGO, S. L./MAGLIO, P. P./AKAKA, M. A. (2008): On value and value co-creation: A service systems and service logic perspective. In: *European Management Journal* 26, S. 145 - 152.

VARGO, S. L./LUSCH, R. F. (2007): Service-dominant logic: continuing the evolution. In: *Journal of Academy of Marketing Science* 36, S. 1 - 10.

VELLUZZI, N. D. (2010): Community Colleges, Clusters, and Competition: A Case from Washington Wine Country. In: Regional Studies März 2010, S. 201 - 214.

VERMEULEN, P./VAN DER A. W. (2003): Organizing Innovation in Services. In: TIDD, J./HULL, F.M. (Hrsg.): Service Innovation. Organizational Esponses to Technological Opportunities & Market Imperatives. London 2003, S. 35 - 54.

VICEDO, J. C. (2011): Industrial Clusters, Innovation and Universities - The Role of the University in a Textile Cluster. In: International Journal of Business and Social Science 2 (8), S. 267 - 275.

VOEGELE, A. R./SCHINDELE, S. (1998): Einkaufskooperationen in der Praxis: Chancen, Risiken, Lösungen. Wiesbaden 1998.

VOSKAMP, U./WITTKE, V. (1997): Von "Silicon Valley" zur "virtuellen Integration" –Neue Formen der Organisation von Innovationsprozessen am Beispiel der Halbleiterindustrie. In: SYDOW, J. (Hrsg.): Management interorganisationaler Beziehungen. Vertrauen, Kontrolle und Informationstechnik. Unveränd. Nachdr. der 1. Aufl. München 1997, S. 212 - 243.

VOß, P. H. (2008): Horizontale Supply-Chain-Beziehungen. Potentiale der Zusammenarbeit zwischen Zulieferern in Supply Chains. Wiesbaden 2008.

WALLENBURG, C. M./RAUE J. S. (2011): Conflict and its governance in horizontal cooperations of logistics service providers. In: International Journal of Physical Distribution and Logistics Management 41 (4), S. 385 - 400.

WALLENBURG, C. M./SCHMOLTZI, C./RAUE, J. S. (2010a): Auf Augenhöhe - Die wachsende Relevanz von horizontalen Kooperationen zwischen Logistikunternehmen. In: Wolf-Kluthausen, H. (Hrsg.): Jahrbuch Logistik 2010. Korschenbroich 2010, S. 110 - 114.

WALLENBURG, C. M./SCHMOLTZKI, C./RAUE J.S. (2010b): Horizontale Kooperationen von Logistikunternehmen. In: SCHÖNBERGER, R./ELBERT, R. (Hrsg.): Dimensionen der Logistik. Funktionen, Institutionen und Handlungsebenen. Wiesbaden 2010, S. 1193–1215.

WALLENBURG, C. M./SCHMOLTZKI, C./RAUE J.S. (2010c): Managing Logistics Service Provider Cooperations in Times of Chance. In: DELFMANN, W./WIMMER, T. (Hrsg.): Strukturwandel in der Logistik. Hamburg 2010, S. 94 - 104.

WARD, B. N. (1971): Organozation and Comparative Economics: Some Approaches. In: ECKSTEIN, A. (Hrsg.): Comparison of Economic Systems. Berkley1971, S. 103 - 121.

WEBER, B. (1997): Unternehmungsnetzwerke aus systemtheoretischer Sicht – Zum Verhältnis von Autonomie und Abhängigkeit in Interorganisationsbeziehungen. In: SYDOW, J. (Hrsg.): Management interorganisationaler Beziehungen. Vertrauen, Kontrolle und Informationstechnik. Unveränd. Nachdr. der 1. Aufl. Opladen 1997, S. 275 - 297.

WEINSTEIN, B. L. (2006): The Role of Group Purchasing Organizations (GPOs) in the U.S. Medical Industry Supply Chain. In: *Estudios de Economia Aplicada* 24 (3), S. 1 - 14.

WEISBROD, B. A. (1964): Collective-Consumption Services of Individual-Consumption Goods. In: *Quarterly Journal of Economics* 78, S. 471 - 477.

WERNER, H. (2010): Supply Chain Management. Grundlagen, Strategien, Instrumente und Controlling. 4., aktual. u. überarb. Aufl. Wiesbaden 2010.

WHITE, T. R./HEDE, A.-M./RENTSCHLER, R. (2009): Lessons from arts experiences for service-dominant logic. In: *Marketing Intelligence and Planning* 27 (6), S. 775 - 788.

WHITTAM, G./DANSON, M. (2001): Power and the Spirit of Clustering. In: *European Planning Studies* 9 (8), S. 949 - 963.

WIESE, H. (2005): Kooperative Spieltheorie. München 2005.

WIKSTRÖM, K./HELLSTRÖM, M./ARTTO, K./KUJALA, J./KUJALA, S. (2009): Services in project-based firms - Four types of business logic. In: *International Journal of Project Management* 27, S. 113 - 122.

WILKENS, U. M./BRUSSIG M. (2003): Strategieentwicklung von KMU im Globalisierungsprozess. In: SCHREYÖGG, G./SYDOW, J. (Hrsg.): Strategische Prozesse und Pfade. Wiesbaden 2003, S. 35 - 91.

WILLIAMS, P. (2002): The competent boundary spanner. In: *Public Administration SO* 1, S. 103 - 124.

WILLIAMSON, O. E. (1971): The Vertical Integration of Production: Market Failure Considerations. In: *American Economic Review* 61, S. 112–123.

WILLIAMSON, O. E. (1973): Markets an Hierarchies: Some Elementary Considerations. In: *American Economic Review* 63, S. 316–325.

WILLIAMSON, O. E. (1990): Die ökonomischen Institutionen des Kapitalismus. Tübingen 1990.

WILLIAMSON, O. E. (1985): The Economic Institutions of Capitalism. Firms, Markets, Relational Contracting. New York 1985.

WILLIAMSON, O. E. (1986): Economic organization. Firms, markets and policy control. New York 1986.

WILLIAMSON, O. EATON (1975): Markets and hierarchies: analysis and antitrust implications. A study in the economics of internal organization. New York 1975

WINDSPERGER, J. (1996): Transaktionskostenansatz der Entstehung der Unternehmensorganisation. Heidelberg 1996.

WINDSPERGER, J. (2001): Strategie und Organisationsstruktur. In: JOST, P.-J./ALEWELL, D. (Hrsg.): Der Transaktionskostenansatz in der Betriebswirtschaftslehre. Stuttgart 2001, S. 156 - 181.

WOLFF, H. (1998): Die volkswirtschaftliche Bedeutung von Dienstleistungen und ihr Niederschlag in der Statistik. In: MEYER, A. (Hrsg.): Handbuch Dienstleistungs-Marketing. Band 1. Stuttgart 1998, S. 47 - 66.

WORATSCHEK, H. (2001): Zum Stand einer "Theorie des Dienstleistungsmarketing". In: *Die Unternehmung* 55 (4/5), S. 261 - 278.

WORATSCHEK, H./ROTH, S. (2005): Kooperation: Erklärungsperspektive der Neuen Institutionenökonomik. In: Zentes, X., Swoboda, B. et al. (Hrsg.): Kooperationen, Allianzen und Netzwerke. Grundlagen - Ansätze - Perspektiven. 2., überarb. und erw. Aufl. Wiesbaden 2005.

WRONA, T./SCHELL, H. (2005): Globalisierungsbetroffenheit von Unternehmen und die Potenziale der Kooperation. In: ZENTES, J./SWOBODA, B./MORSCHETT, D. (Hrsg.): Kooperationen, Allianzen und Netzwerke. Grundlagen - Ansätze - Perspektiven. 2., überarb. und erw. Aufl. Wiesbaden 2005, S. 323 - 348.

WURCHE, S. (1997): Vertrauen und ökonomische Rationalität in kooperativen Interorganisationsbeziehungen. In: SYDOW, J. (Hrsg.): Management interorganisationaler Beziehungen. Vertrauen, Kontrolle und Informationstechnik. Unveränd. Nachdr. der 1. Aufl. Ort 1997, S. 142 - 159.

YAZDANPARAST, A./MANUJ, I./SWARTZ, S. M. (2010): Co-Creating Logistics Value: A Service Dominant Logic Perspective. In: *The International Journal of Logistics Management* 21 (3), S. 1 - 44.

YIN, R. K. (2009): Case Study Research. Design and Methods. 4. Aufl. Newbury Park, Kalifornien 2009.

ZAHN, E./STANIK, M. (2003a): Integrierte Entwicklung von Dienstleistungen und Netzwerken - Dienstleistungskooperationen als strategischer Faktor. In: BULLINGER, H.-J./SCHEER, A.-W./GRIEBLE, O. (Hrsg.): Service Engineering. Entwicklung und Gestaltung innovativer Dienstleistungen. Berlin 2003, S. 309 - 328.

ZAHN, E./STANIK, M. (2003b): Integrierte Entwicklung von Dienstleistungen und Netzwerken - Dienstleistungskooperationen als strategischer Erfolgsfaktor. In: BULLINGER, H.-J./SCHEER, A.-W./GRIEBLE, O. (Hrsg.): Service Engineering. Entwicklung und Gestaltung innovativer Dienstleistungen. Berlin 2003, S. 309 - 328.

ZARKA, C. (1958): Un example de Pole de Croissance. L'industrie du Nord de la France. In: *Revue Économique* 9 (1), S. 65 - 106.

ZEITHAML, V./BITNER, M. (2000a): Service Marketing. Integrating the Customer Focus Across the Firm. New York u.a. 2000.

ZEITHAML, V./PARASURAMA, A./BERRY, L. (1985): Problems and Strategies in Service Marketing. In: *Journal of Marketing* 49 (I), S. 33 - 46.

ZENTES, J./SWOBODA, B./MORSCHETT, D. (Hrsg.): Kooperationen, Allianzen und Netzwerke. Grundlagen – Ansätze – Perspektiven. 2., überarb. u. erw. Aufl. Wiesbaden 2005.

ZENTES, J./SWOBODA, B./MORSCHETT, D. (2005b): Kooperationen, Allianzen und Netzwerke - Entwicklung der Forschung und Kurzabriss. In: ZENTES, J./SWOBODA, B./MORSCHETT, D. (Hrsg.): Kooperationen, Allianzen und Netzwerke. Grundlagen –Ansätze – Perspektiven. 2., überarb. u. erw. Aufl. Wiesbaden 2005, S. 3 - 32.

ZHANG, J. (2003): Growing Silicon Valley on a landscape: An agent-based approach to high-tech industrial clusters. In: *Journal of Evolutionary Economics* 13, S. 529 - 548.

ZILS, M./WALLMANN, C. (2010): Idetifying and assessing horizontal collaboration partnerships. McKinsey & Company Konferenzbeitrag. Anlass: Horizontal collaboration in the Supply Chain Summit (Eye for Transport). Brüssel, 1. Juni 2010.

ZINN, W./PARASURAMAN, A. (1997): Scope and Intensity of Logistics-Based Strategic Alliances. In: *Industrial Marketing Management* 26, S. 137 - 147.

ZIRPINS, C. (2007): Interaktionsorientierte Komposition virtueller Dienstleistungsprozesse. Hamburg 2007.